材料科学与工程学科教材系列

材料加工原理

（下册）

王浩伟
顾剑锋　主编
董湘怀

上海交通大学出版社
SHANGHAI JIAO TONG UNIVERSITY PRESS

内容提要

本书阐述了材料加工的主要工艺方法及加工过程的基本原理。全书共分三篇18章。第一篇:液态金属成形原理;第二篇:金属材料塑性成形原理;第三篇:固态相变原理。

本书的特点是将材料加工的基本原理、工艺方法与材料科学的前沿理论有机地结合在一起,并将材料科学应用中的最新技术融入其中。

图书在版编目(CIP)数据

材料加工原理. 下/王浩伟,顾剑锋,董湘怀主编.
—上海:上海交通大学出版社,2019
ISBN 978-7-313-21216-0

Ⅰ. ①材… Ⅱ. ①王…②顾…③董… Ⅲ. ①工程材料-加工 Ⅳ. ①TB3

中国版本图书馆CIP数据核字(2019)第075153号

材料加工原理(下册)

主　　编:王浩伟　顾剑锋　董湘怀
出版发行:上海交通大学出版社　　地　　址:上海市番禺路951号
邮政编码:200030　　电　　话:64071208
印　　制:上海景条印刷有限公司　　经　　销:全国新华书店
开　　本:787mm×1092mm 1/16　　印　　张:21
字　　数:513千字
版　　次:2019年5月第1版　　印　　次:2019年5月第1次印刷
书　　号:ISBN 978-7-313-21216-0/TB
定　　价:53.00元

总　序

材料是当今社会物质文明进步的根本性支柱之一，是国民经济、国防及其他高新技术产业发展不可或缺的物质基础。材料科学与工程是关于材料成分、制备与加工、组织结构与性能，以及材料使用性能诸要素和他们之间相互关系的科学，是一门多学科交叉的综合性学科。材料科学的三大分支学科是材料物理与化学、材料学和材料加工工程。

材料科学与工程专业酝酿于20世纪50年代末，创建于60年代初，已历经半个世纪。半个世纪以来，材料的品种日益增多，不同效能的新材料不断涌现，原有材料的性能也更为改善与提高，力求满足多种使用要求。在材料科学发展过程中，为了改善材料的质量，提高其性能，扩大品种，研究开发新材料，必须加深对材料的认识，从理论上阐明其本质及规律，以物理、化学、力学、工程等领域学科为基础，应用现代材料科学理论和实验手段，从宏观现象到微观结构测试分析，从而使材料科学理论和实验手段迅速发展。

目前，我国从事材料科学研究的队伍规模占世界首位，论文数目居世界第一，专利数目居世界第一。虽然我国的材料科学发展迅速，但与发达国家相比，差距还较大：论文原创性成果不多，国际影响处于中等水平；对国家高技术和国民经济关键科学问题关注不够；对传统科学问题关注不够，对新的科学问题研究不深入，等等。

在这一背景下，上海交通大学出版社组织召开了“材料学科学及工程学科研讨暨教材编写大会”，历时两年组建编写队伍和评审委员会，希冀以“材料科学及工程学科”系列教材的出版带动专业教育紧跟科学发展和技术进步的形势。为保证此次编写能够体现我国科学发展水平及发展趋势，丛书编写、审阅人员汇集了全国重点高校众多知名专家、学者，其中不乏德高望重的院士、长江学者等。丛书不仅涵盖传统的材料科学与工程基础、材料热力学等基础课程教材，也包括材料强化、材料设计、材料结构表征等专业方向的教材，还包括适应现代材料科学研究需要的材料动力学、合金设计的电子理论和计算材料学等。

在参与本套教材编写的上海交通大学材料科学与工程学院教师和其他兄弟院校教师的共同努力下，本套教材的出版，必将促进材料专业的教学改革和教材建设事业的发展，对中青年教师的成长有所助益。

林栋樑

前　言

“材料加工原理”是材料科学与工程专业的一门主干课程，也是该专业的主要技术基础课。本课程以“加工原理”为主线，分为“材料液态成形原理”、“材料塑性成形原理”和“材料固态相变原理”三大基本组成部分，力图融合主要工程材料加工过程中共性的、基本的原理，并突出各类材料加工过程中的特性。通过授课、讨论、实验和课外实践等各个教学环节，运用现代教学手段和方法，使学生掌握各类材料在各种加工过程中的物理冶金、化学冶金和力学冶金以及各种组织转变、传热、传质现象等基本概念、基本原理和基本计算方法。并结合材料加工的各种综合实验，了解材料加工制备的基本过程，加深理论认识，掌握实验技能，提高分析问题和解决问题的能力，为学生学习后续课程，从事工程技术工作和科学研究工作打下坚实的基础。

在本书的编写过程中，注意突出了以下几方面的特色：

(1) 根据科学技术发展的最新动态和我国高等学校专业学科归并的现实需求，坚持面向一级学科、加强基础、拓宽专业面、更新教材内容的基本原则。

(2) 结合现今国防军工、航空航天等国家战略领域对新材料的巨大需求，通过实际案例讲解、分析和讨论，旨在培育学生的“学科认同感”。

(3) 遵循由浅入深的认识规律，加强了对一些基本概念的叙述，注重阐述的系统性，以便于学生理解和自学。

(4) 在保留学科经典内容的同时，增加材料加工领域创新技术等相关内容，反映当代科学技术的新概念、新知识、新理论、新技术、新工艺，充分体现教材内容的现代化。

(5) 在教材编写过程中，对国内外同类教材进行了对比分析和研究，吸取了国内外同类教材的精华，重点反映新教材体系结构特色，把握教材的科学性、系统性和适用性。

参与本教材编写的都是工作在材料学科教学研究第一线的、既具有丰富教学经验又具有深厚科研功底的老师。我们希望通过本教材，解决学生对于“为什么要学习材料科学”“学好材料科学能做什么”和“怎么样才能学好材料科学”等核心问题的疑惑。

本教材由上海交通大学王浩伟教授、董湘怀教授和顾剑锋教授主编。第一篇《材料液态成形原理》由王浩伟教授和吴一博士编写，第二篇《材料塑性成形原理》由董湘怀教授、申昱副教授和董杰副教授编写，第三篇《材料固态相变原理》由顾剑锋教授编写。厉松春研究员对本教材进行了认真的审阅，在此表示由衷感谢。

本教材的编写是材料专业基础课程教材创新的初步尝试，由于水平有限，经验不足，时间仓促，必然存在很多缺点和错误，恳切希望读者提出宝贵意见。

目　录

第二篇　金属材料塑性成形原理

第三篇　材料固态相变原理

第二篇
金属材料塑性成形原理

第 8 章　塑性成形的物理基础

8.1　塑性成形理论与应用概述

8.1.1　金属塑性成形的特点和分类

1. 金属塑性成形的特点

在现代制造业中，广泛地利用金属材料生产各种零件和产品。金属加工的方法多种多样，包括成形、切削，等等。金属塑性成形是其中一种重要的加工方法。它是利用固态下金属的塑性，使金属在外力作用下成形的一种加工方法，因而也称为金属塑性加工或金属压力加工。

与其他金属加工方法相比，金属塑性成形方法有如下特点。

(1) 金属材料经过相应的塑性加工后，不仅形状发生改变，而且其组织、性能都能得到改善和提高。

(2) 金属塑性成形主要是靠金属在塑性状态下的体积转移，而不需靠部分地切除金属的体积，因而制件的材料利用率高，流线分布合理，从而也提高了制件的强度。

(3) 用塑性成形方法得到的工件可以达到较高的精度。应用先进的技术和设备，不少零件已达到少切削、无切削的要求，即净成形或近净成形。

(4) 塑性成形方法具有很高的生产率。例如，在曲柄压力机上压制一个汽车覆盖件仅需几秒钟，多工位冷锻机的生产节拍可达 200 件/min。

由于金属塑性加工具有以上的优点，因而钢总产量的 90%以上，有色金属总产量的约 70%需经过塑性加工成材，其产品品种规格繁多，广泛应用于交通运输、机械制造、电力电讯、化工、建材、仪器仪表、国防工业、航天技术，以及民用五金和家用电器等各个部门。它是制造业的一个重要组成部分，也是先进制造技术的一个重要领域。21 世纪的塑性加工技术呈现高技术化、技术融合、精密化等发展趋势。

2. 金属塑性成形方法的分类

金属成形工艺的种类很多，可以从不同的角度进行分类，但并无统一的分类方法。常用的塑性加工方法有轧制、挤压、拉拔、锻造和冲压等基本的工艺类型。其中，每一类型又可以进一步细分。表 8-1 按照加工时工件的受力和变形方式对常用的塑性加工方法进行了分类。其中，轧制、挤压和锻造依靠压力的作用使金属产生塑性变形；拉拔和冲压依靠拉力的作用使金属产生塑性变形；弯曲依靠弯矩的作用使金属产生弯曲变形；剪切依靠剪力作用产生剪切变形。轧制、挤压和锻造大部分在热态下进行；拉拔、冲压、弯曲和剪切一般在室温下进行。

轧制是指将金属坯料通过两个旋转轧辊间的特定空间使其产生塑性变形，以获得一定截面形状材料的塑性成形方法。这是由大截面坯料变为小截面材料常用的加工方法。利用轧制方法可生产出型材、板材和管材。

拉拔是指将中等截面的坯料拉过有一定形状的模孔，以获得小截面坯料的塑性成形方法。利用拉拔方法可以获得棒材、管材和线材。

挤压是指将在筒体中的大截面坯料或锭料一端加压，使金属从模孔中挤出，以获得符合模孔截面形状的小截面坯料的塑性成形方法。因为挤压是在三向受较大的压应力状态下的成形过程，所以更适于生产低塑性材料的型材和管材。

锻造通常分为自由锻和模锻两大类。自由锻一般是在锤或水压机上，利用简单的工具将金属锭料或块料锻成特定形状和尺寸的加工方法。表 8－1 中的镦粗即为一例。进行自由锻时不使用专用模具，因而锻件的尺寸精度低，生产率也不高，所以自由锻主要用于单件、小批量生产或大锻件的生产。

模锻是适于大批量生产的锻造方法，锻件的成形要用适合于每个锻件的模具来进行。由于模锻时金属的成形由模具控制，因此模锻件就有相当精确的外形和尺寸，也有相当高的生产率。

冲压是指利用凸模将板料冲入凹模，生产薄壁空心零件的方法。板料冲压时厚度基本不发生变化。表 8－1 所示为最典型的一种冲压工序——拉深。

弯曲成形依靠弯矩的作用，使坯料发生弯曲变形或者通过反复的弯曲对坯料进行矫直。

剪切是靠剪力作用将板料或棒料剪断。

为了扩大产品的品种规格，提高生产率，随着科学技术的进步，相继研究出或正在研究由基本加工方法相组合的各种新的塑性加工方法，如轧制和弯曲组合而成的辊弯成形。它使带材通过一系列轧辊孔型达到弯曲成形，可生产各种断面的辊弯型材。又如锻造和轧制组合而成的辊锻方法，可生产变断面的零件。由此可见，各种基本塑性加工方式的组合，可以产生新的塑性加工方法。不仅如此，还可以将塑性加工工艺与液态金属成形工艺等加工工艺结合起来，开发新的金属加工方法，如液态模锻、半固态成形、摩擦焊接等。

在实际应用中，通常根据工件所受应力状态和变形的特点将塑性成形工艺分为体积成形和板料成形两个主要类别。体积成形的典型工艺包括锻造、轧制、挤压等。在体积成形中工件受三向应力的作用，发生明显的体积转移。板料成形工艺主要是冲压，在板料成形中，工件所受沿厚度方向的应力与其面内所受应力相比很小，可以忽略，其变形特点是由平板变为空间薄壳结构，薄壁管材的成形也归于此类。

成形过程中变形区域不变的属稳定塑性流动，具有这种变形特点的成形工艺通常用于生产等截面的板材、型材、管材等还需后续加工的原材料，属于连续型的成形方式。变形区域随变形过程而变化的属非稳定塑性流动，具有这种变形特点的成形工艺通常用于零件或毛坯的逐件生产，属于离散型的成形方式。当然非稳定塑性流动过程比稳定塑性流动要复杂得多。

塑性加工按成形时工件的温度划分还可以分为热成形、冷成形和温成形 3 类。热成形是在充分进行再结晶的温度以上所完成的加工，如热轧、热锻、热挤压等；冷成形是在不产生回复和再结晶的温度以下进行的加工，如冷轧、冷冲压、冷挤压、冷锻等；温成形是在介于冷、热成形之间的温度下进行的加工，如温锻、温挤压等。

表 8-1　金属塑性加工按工件的受力和变形方式分类

加工方式	受力/组合方式	工艺名称		工序简图	流动性质
基本加工方式	压力	轧制	纵轧	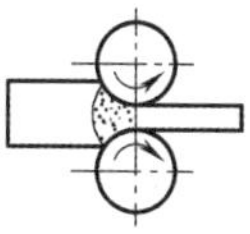	稳定流动
			横轧	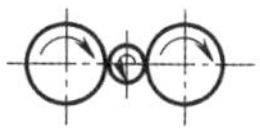	非稳定流动
		挤压	正挤压	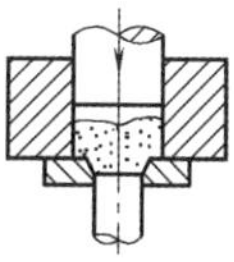	稳定流动
			反挤压	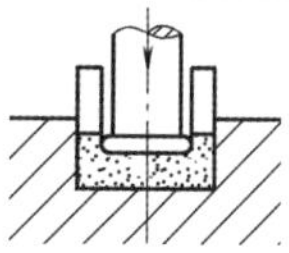	非稳定流动
		锻造	镦粗	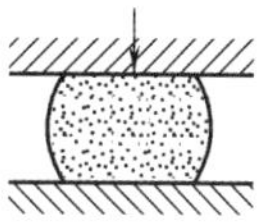	非稳定流动
			模锻	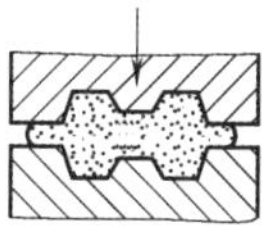	非稳定流动
	拉力	拉拔		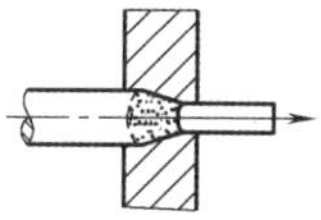	稳定流动
		拉深		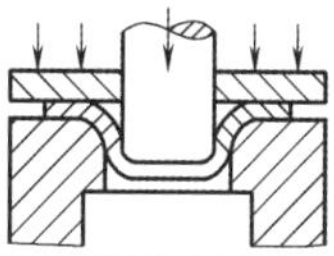	非稳定流动
	弯矩	弯曲		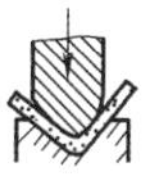	非稳定流动
	剪力	剪切		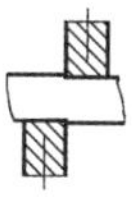	非稳定流动
组合加工方式	轧制-弯曲	辊弯		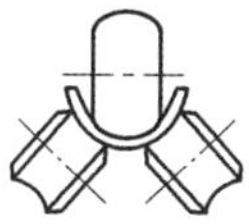	稳定流动
	轧制-锻造	辊锻		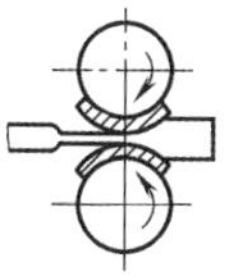	非稳定流动

8.1.2 金属塑性成形理论的发展概述

金属塑性加工方法种类繁多，有各自的特点；但是它们却有许多共同的理论基础，如都要采用合适的温度、变形速率、外力等条件，提高被加工金属的塑性，改善其组织性能，加工过程中均不可避免地受到外摩擦的影响，等等。其中外力、工件变形与外力的关系及外摩擦等属于力学的范畴；金属的塑性、组织性能与工艺参数的关系等属于材料科学的范畴。应该指出的是，这两方面的研究工作并不是孤立的，而是相互渗透、相互影响、相互促进的。目前，这方面的研究正沿着阐明塑性变形材料的宏观力学性能与微观组织结构间的定量关系的方向向纵深发展。

在金属塑性变形的材料科学研究方面，20 世纪 30 年代提出的位错理论从微观上对塑性变形的机制做出了科学的解释。材料科学中对位错、位错密度、晶粒大小、晶粒取向及其分布的检测和形成的理论，也是研究金属塑性成形对微观组织的影响和演化规律的实验和理论基础。

在塑性成形力学方面，1864 年，法国工程师屈雷斯加(H. Tresca)提出了最大剪应力屈服准则，即屈雷斯加屈服准则。1870 年，圣维南(B. Saint－Venant)第一次利用屈雷斯加屈服准则求解了管子受弹塑性扭转和弯曲时的应力，随后又研究了平面应变方程式。同年，列维(M. Levy)按圣维南的观点提出了三维问题的方程式和平面问题的方程式的线性化方法。1913 年，米塞斯(Von Mises)从纯数学角度提出了另一新的屈服准则——米塞斯屈服准则。1923 年，汉基(H. Hencky)和普朗特(L. Prandtl)论述了平面塑性变形中滑移线的几何性质。l930 年，劳斯(A. Reuss)根据普朗特的观点提出了考虑弹性应变增量的应力应变关系式。20 世纪 50 年代，英国学者约翰逊(W. Johnson)和日本学者工藤(H. Kudo)等，根据极值原理提出了一个比滑移线法简单的求极限载荷的上限法。其后又发展出了上限单元法。也是在 50 年代，美国学者汤姆生(E. G. Thomson)等提出了视塑性法(visioplasticity)。该方法根据实验求得的速度场计算变形体内的应变场。该方法是一种由实验结果和理论计算相结合的方法，广泛地应用于塑性变形过程中应变的检测。

第一次将塑性理论用于金属塑性加工的学者可认为是德国的卡尔曼。他在 1925 年用初等方法分析了轧制时的应力分布，其后不久，萨克斯(G. Sachs)和齐别尔(E. Siebel)在研究拉丝过程中提出了相似的求解方法——切块法(slab method)，即后来所称的主应力法。20 世纪 50 年代，前苏联学者翁克索夫(Унксов)提出了一个实质上与主应力法相似的方法——近似平衡方程和近似塑性条件的联解法，并对镦粗时接触表面上的摩擦力分析提出了新见解。

实际的金属塑性加工问题，模具形状可能十分复杂，由于摩擦的影响工件变形不均匀，变形过程中伴随着温度和工件组织性能的演化，因此难以进行精确的分析。上述解析方法只能针对简单的工件与模具形状、并在简化的工艺条件下进行分析，得出的结果虽然能够定性地表示各种材料和工艺参数与成形力的函数关系，但是定量上不够精确，也不能描述变形的全过程。随着电子计算机的发展，自 20 世纪 60 年代起，以有限元法为代表的数值模拟方法得到了迅猛的发展。其中，60 年代研究者们提出了小变形问题的弹塑性有限元法，70 年代又提出了大变形问题的弹塑性有限元法，以及针对大塑性变形问题的刚塑性有限元法。自 90 年代以来，金属塑性成形过程的数值模拟技术已在研究和设计中得到了广泛的应用。

采用数值模拟方法，能够综合地考虑各种影响因素、分析十分复杂的问题，分析结果也更精确，但是不能直接地表示出各种因素之间的函数关系。因此，在金属塑性成形工艺研究中，解析方法与数值方法是相辅相成、互为补充的。本书的内容也为读者学习和应用数值模拟方法打下必要的基础。

8.2　金属塑性变形的机制及其对组织与性能的影响

8.2.1　金属的晶体结构

固态物质按其原子排列特征可分为晶体与非晶体两大类。晶体中原子在空间呈有规则的周期性重复排列，如金属、金刚石、食盐等；而非晶体中原子呈无规则排列，如塑料、橡胶、玻璃、木材等。金属及其合金在固态下一般都是晶体，结合键都是金属键。金属中原子规则排列的方式称为晶体结构。为了研究方便，可将各个原子抽象成空间几何阵点，然后用许多平行的直线将所有阵点连接起来构成空间格子，这种假想的空间格子称为晶格，能反映该晶格特征的最小组成单元称为晶胞。晶胞在三维空间的重复排列构成晶格。

1. 常见晶体结构

不同元素组成的金属晶体因晶格形式的不同，表现出不同的物理、化学和力学性能。工程中常用的金属有几十种，其固态纯金属的晶格形式多样，但最常见和最典型的晶格类型有以下 3 种。

1）体心立方晶格

体心立方晶格的晶胞模型如图 8－1 所示，8 个金属原子分别位于立方体的 8 个顶角上，一个原子位于立方体的几何中心，角上 8 个原子与中心原子紧靠。具有体心立方晶格的金属有钼(Mo)、钨(W)、钒(V)和 α-铁(α-Fe，<912℃)等。

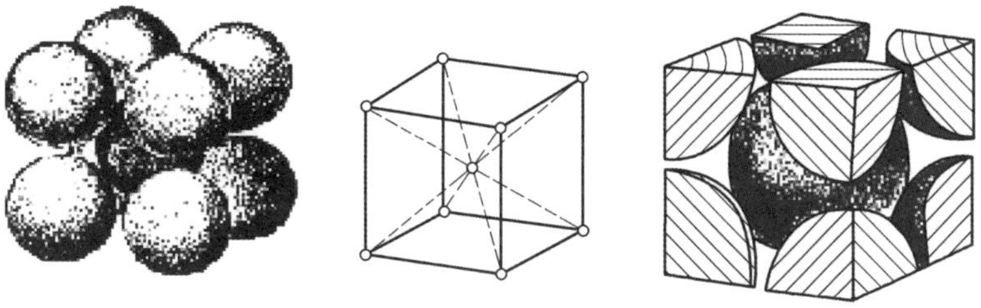

(a)　　(b)　　(c)

图 8－1　体心立方晶格

(a) 模型；(b) 晶胞；(c) 晶胞原子数

2）面心立方晶格

面心立方晶格的晶胞模型如图 8－2 所示，8 个金属原子分别处于立方体的 8 个顶角上，6 个原子分别位于立方体 6 个面的几何中心。面中心的原子与该面 4 个顶角上的原子紧靠。具有这种晶格的金属有铝(Al)、铜(Cu)、镍(Ni)、金(Au)、银(Ag)和 γ-铁(γ-Fe，912～1 394℃)等。

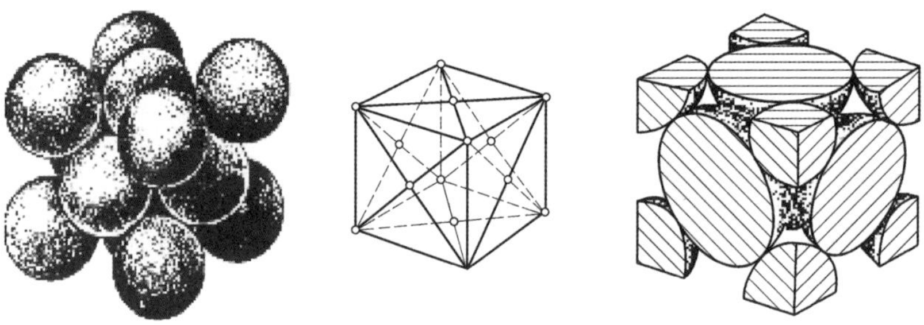

(a) (b) (c)

图 8-2 面心立方晶格

(a) 模型;(b) 晶胞;(c) 晶胞原子数

3）密排六方晶格

密排六方晶格的晶胞模型如图 8-3 所示,12 个金属原子分别位于上下底面的正六边形的顶角上,2 个原子分别位于上下底面的几何中心,3 个原子均匀地分布在上下底面之间。具有这种晶格的金属有镁(Mg)、镉(Cd)、锌(Zn)、铍(Be)和 α-钛(α-Ti,<882℃)等。

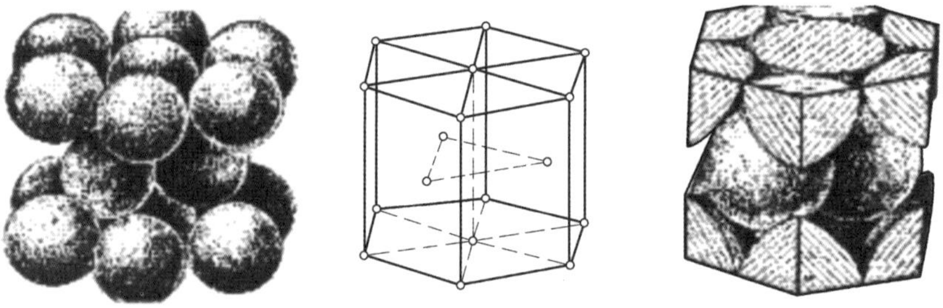

(a) (b) (c)

图 8-3 密排六方晶格

(a) 模型;(b) 晶胞;(c) 晶胞原子数

面心立方晶格和密排六方晶格的晶胞不同,但其原子排列紧密程度完全相同,在空间上是排列最紧密的两种形式。与前两者相比,体心立方晶格中原子排列紧密程度要低些,所以 Fe 等金属从面心立方晶格向体心立方晶格转变时,将伴随着体积的膨胀。面心立方晶格中的空隙半径比体心立方晶格中的空隙半径大,表示容纳小直径原子的能力比容纳其他原子的能力要大,如 γ-Fe 中最多可容纳 2.11%的碳原子,而 α-Fe 中最多只能容纳 0.02%的碳原子。

金属的晶格类型和大小的区别将造成金属性能的不同,同一种晶格类型在不同方向上的性能也会有所不同,即具有各向异性。因此,在选用金属材料和制定塑性成形工艺过程中,要充分考虑这个特性,以保证成形零件的质量。

2. 实际金属的晶体结构

实际金属中原子的排列并不像理想晶体那样整齐划一、完美无缺,而是存在一系列缺陷,这些晶体缺陷对金属的性能产生非常大的影响。图 8-4 是固态纯镁的二维金相显微组织照片,从中可以观察到许多由黑线划分的形状和大小不同的小区域,这些小区域称为晶粒。单个晶粒就是一个具有一定位向的单晶体,相邻晶粒位向不同,过渡区称为晶界。所以实际金属就是由许多处于不同位向的晶粒通过晶界结成的多晶体，其三维示意图如图 8-5 所示。晶粒的尺寸因材料而异，一般在 1～100 μm，肉眼难以观察到。晶界是一类晶体缺陷。

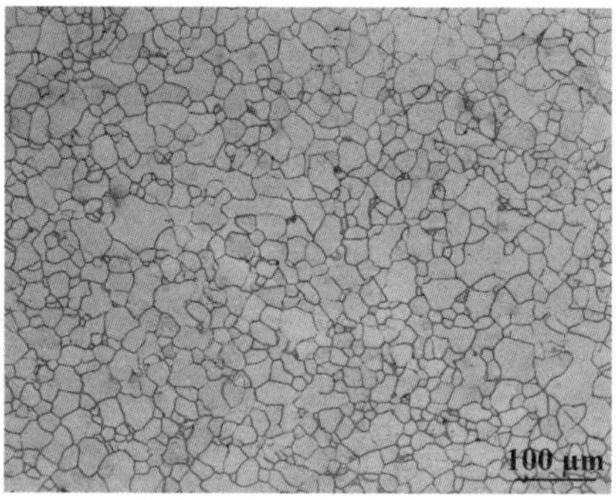

图 8-4　固态纯镁金相组织

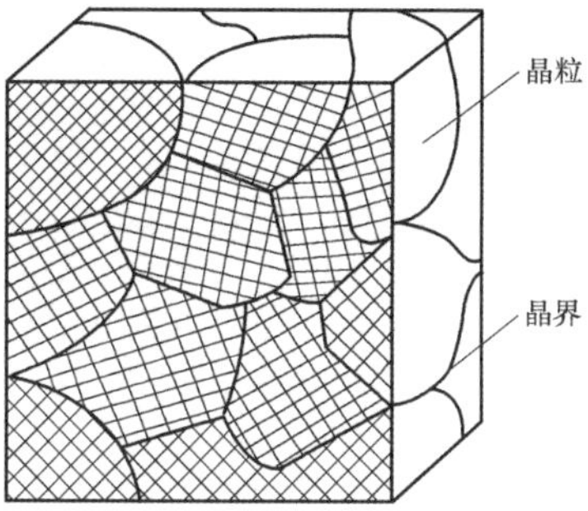

图 8-5　多晶体三维结构

晶体中的缺陷按其三维尺度的不同可分为点缺陷、线缺陷和面缺陷 3 类。

1）点缺陷

点缺陷的长、宽、高三维尺寸都很小，常见的点缺陷包括空位、间隙原子和杂质原子。

图 8-6(a)所示为空位与间隙原子示意图。在晶格空位和间隙原子附近，原子间作用力的平衡被破坏，晶格发生歪曲，即晶格发生畸变，使金属的强度提高、塑性降低。

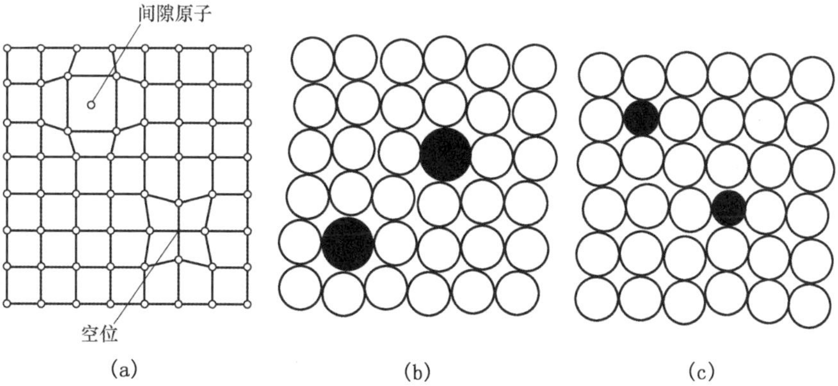

图 8-6　常见点缺陷结构

(a) 空位与间隙原子；(b) 杂质原子体积大；(c) 杂质原子体积小

杂质原子是指金属中或多或少存在的其他元素。当杂质原子与金属原子的半径接近时，异质原子可能占据晶格的一些结点；当杂质原子的半径比金属原子的半径小得多时，则杂质原子位于晶格的空隙中，它们都会导致附近晶格的畸变。一般来说，间隙原子产生的晶格畸变比置换原子的剧烈。

2）线缺陷

线缺陷是指宽、高两维尺度很小，而第三维长度方向尺度很大的缺陷，亦称位错，是由晶体中原子平面的错动引起的。如图 8-7 所示是透射电镜下观察到的线缺陷，图中的黑色线段代表位错线。最简单的位错是刃型位错和螺型位错。

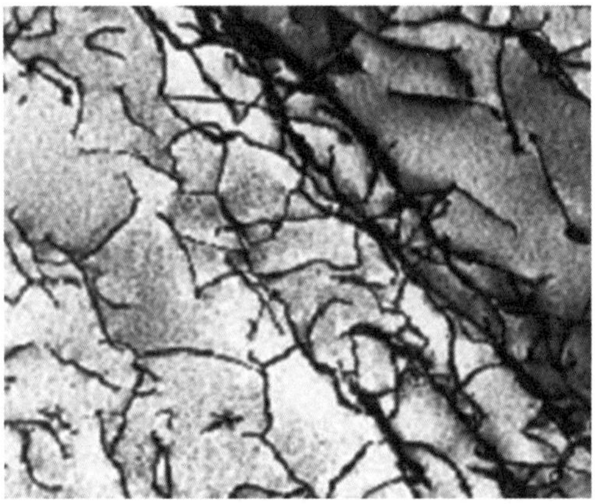

图 8-7 透射电镜下观察到的线缺陷

刃型位错是在金属晶体中，由于某种原因，晶体的一部分相对于另一部分出现一个多余的半原子面，如图 8-8 所示。这个多余的半原子面犹如切入晶体的刀片，刀片的刃口线即为位错线，故称为刃型位错。螺型位错是晶体的一部分相对另一部分错动一个原子间距，若将错动区的原子用线连接起来，则具有螺旋型管道状特征，故称螺型位错，如图 8-9 所示。螺型位错按螺旋方向有左、右旋之分。

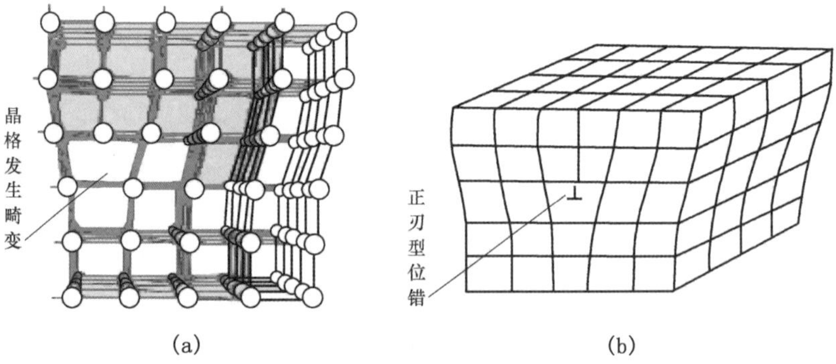

图 8-8 刃型位错示意图

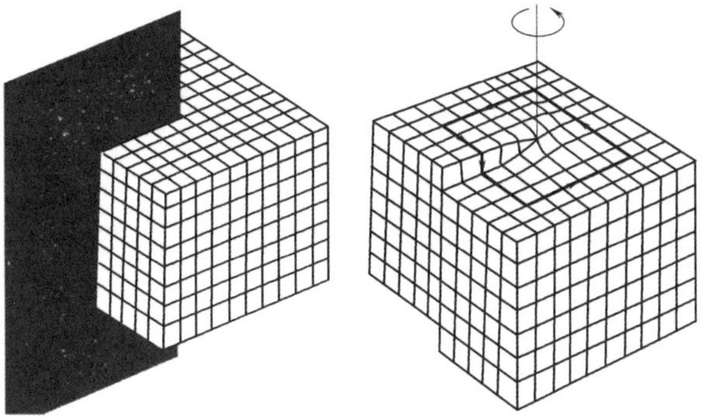

(a)　　　　(b)

图 8-9　螺型位错示意图

3）面缺陷

面缺陷是指长、宽两维尺度很大，而第三维高度方向尺度很小而呈面状的缺陷。这类缺陷主要是指晶界和亚晶界，如图 8-10(a)所示。晶界实际上是原子排列从一种位向过渡到另外一种位向的过渡层。晶界在空间上呈网状，晶界上原子呈不规则排列；晶界处有较高的强度和硬度，其对塑性变形影响较大。

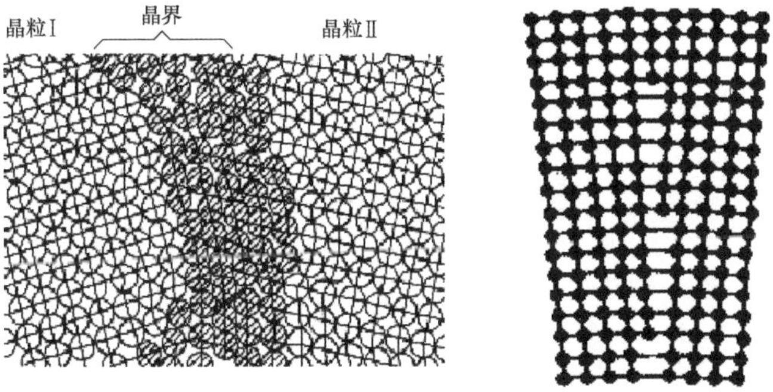

(a)　　　　(b)

图 8-10　晶界与亚晶界

单个晶粒内部也不是完全理想的单晶体，而是由许多位向相差很小的所谓亚晶粒组成的，如图 8-10(b)所示。晶粒内的亚晶粒又叫晶块或镶嵌块。亚晶粒之间的位向差只有几秒、几分，最多达 1°～2°。亚晶粒之间的边界叫亚晶界，亚晶界是位错规则排列的结构，如亚晶界可由位错垂直排列的位错墙构成。亚晶界也是晶粒内的一种面缺陷。

8.2.2　金属的塑性变形机制

从微观角度来看，外力作用下金属变形体内部产生应力，应力促使原子离开原来的平衡位置，于是改变了原子间的相对距离，大量原子的运动导致宏观上的变形。变形过程中原子位能增高，处于高位能的原子具有返回到原来低位能平衡位置的倾向，当外力停止作用后，应力消失，变形也随之消失，这就是金属的弹性变形。而当外力持续增大，使金属内部的应力超过金属的屈服极限后，原子打破原有平衡而进入下一个低位能的平衡位置，此时即使外力撤去，原子仍无法回到原来低位能平衡位置，所以宏观上体现为金属的变形没有消失。这种永久的、残余的、不可恢复的变形称为塑性变形。

下面从晶体角度讨论金属的塑性变形机制。

1. 单晶体的塑性变形

实验表明,晶体只有受到切应力作用时才会发生塑性变形。单晶体的塑性变形主要是通过晶粒内部的滑移和孪生两种方式进行,特殊条件下也可通过扭折对变形起一定的协调作用。

1）滑移

(1) 滑移、滑移面和滑移方向。如图 8-11 所示,在剪切应力 τ 的作用下,晶体的一部分相对于另一部分沿着一定的晶面和晶向产生移动,称为滑移。产生滑移的晶面和晶向分别称为滑移面和滑移方向。滑移通常在许多晶面上同时发生,在晶体表面形成阶梯状的滑移带,如图 8-12 所示。滑移线由滑移面和晶体表面相交形成,两条滑移线组成一个滑移层,多个滑移层在一起组成滑移带。抛光后的金属试件经拉伸变形后,可以在显微镜下观察到滑移线和滑移带。图 8-13 所示是锌单晶体在 300℃拉伸时出现的滑移线和滑移带。

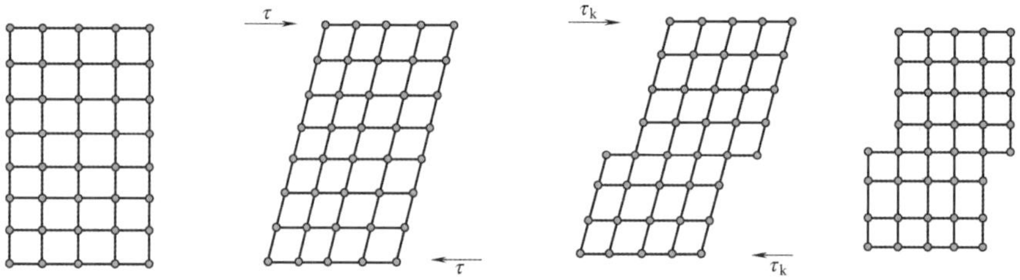

图 8-11 单晶体的滑移模式

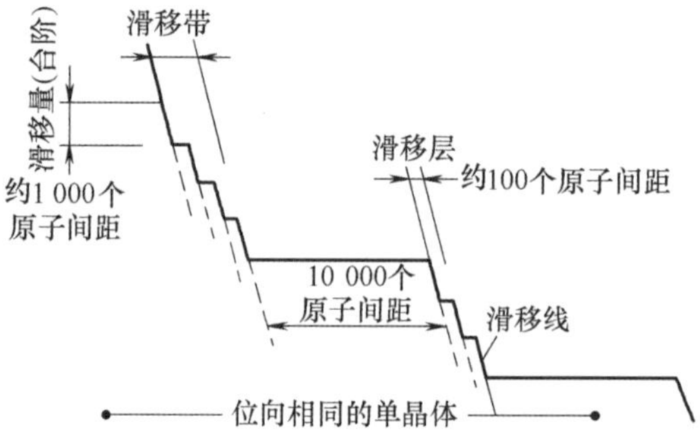

图 8-12 滑移线与滑移带

图 8-13 锌单晶体的滑移线与滑移带

实验表明,滑移并非沿任意晶面和晶向发生,而总是沿着该晶体中原子排列最紧密的晶面和晶向发生。以图 8-14 所示晶体为例,*AA* 晶面的原子排列密度最大,原子间距最小,原子间的结合力最强,但该晶面与相邻晶面间的距离却最大,因而结合力也最弱,故 *AA* 面最易成为滑移面。而 *BB* 晶面原子间距大,结合力弱,晶面与晶面间距离小,结合力强,故难以滑移。同理,可以解释沿原子排列最紧密的晶向滑移阻力最小,因而容易成为滑移方向。

(2) 滑移系。通常,同一种类型的晶格有几个可能产生滑移的晶面,即同时存在几个滑移面;而每一滑移面上又同时存在几个滑移方向,由一个滑移面和其上一个滑移方向构成一个滑移系。同一种类型晶格的滑移系总数是其晶胞上滑移面数和该滑移面上滑移方向数的乘积。

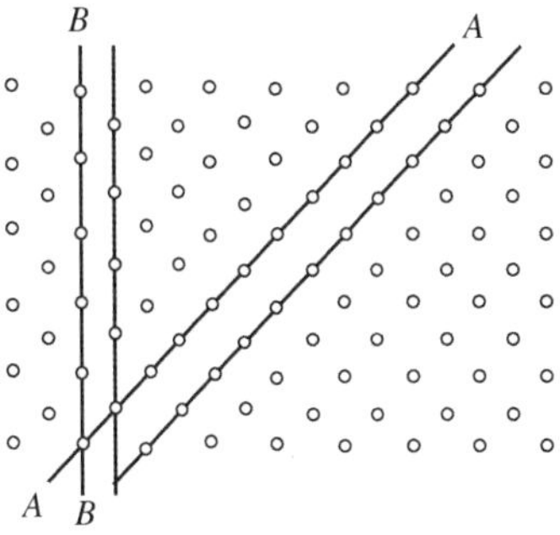

图 8 - 14　滑移面示意图

前述 3 种常见晶格的滑移系如表 8 - 2 所示。由表可知,具有立方晶格的金属有 12 个滑移系,其塑性变形的能力较强;而具有密排六方晶格的金属仅有 3 个滑移系,其塑性变形的能力较弱。具有体心立方和面心立方晶格的金属,均具有 12 个滑移系,但塑性变形能力不一样,实验证明具有面心立方晶格的 Al、Cu、γ-Fe 等金属的塑性明显优于具有体心立方晶格的 α－Fe 等,其主要原因是滑移方向数量的影响大于滑移面数量的影响。体心立方晶格中每个晶胞滑移面上的滑移方向仅有 2 个,而面心立方晶格中每个晶胞滑移面上却有 3 个滑移方向,所以后者的塑性变形能力更好。

表 8 - 2　3 种晶格的滑移系

晶格	体心立方晶格		面心立方晶格		密排六方晶格	
滑移面	(110)×6	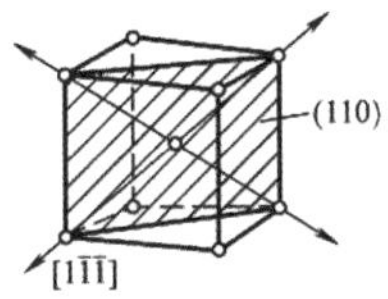	(111)×4	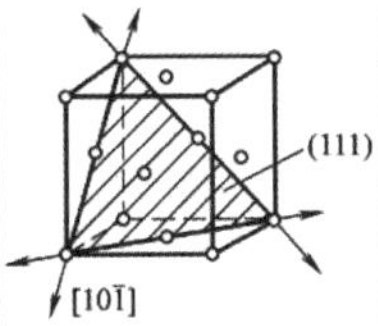	(0001)×1	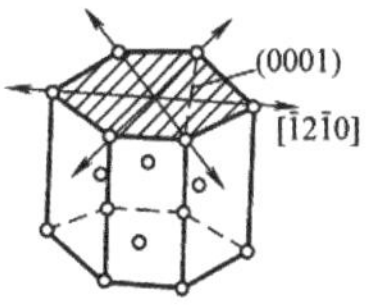
滑移方向	[1$\bar{1}\bar{1}$]×2		[10$\bar{1}$]×3		[$\bar{1}2\bar{1}0$]×3	
滑移系	6×2=12		4×3=12		1×3=3	
金属	α-Fe、Cr、W、V、Mo		Al、Cu、Ag、Ni、γ-Fe		Mg、Zn、Cd、α-Ti	

(3) 临界剪切应力。要使单晶体在外力作用下产生变形,必须使滑移面上沿滑移方向的剪切应力达到一定值——临界剪切应力。大量实验证明,对于不同取向的单晶体,其开始滑移的拉伸力不同,但此时这些力在晶体滑移面上沿滑移方向的应力分量即临界剪切应力是完全相同的。临界剪切应力的大小主要取决于该晶体滑移面间的原子结合力,它是一个定值,而与晶体位向无关。如图 8 - 15 所示,F 为沿单晶试件轴向的拉伸力,A 为试件的横截面积,φ 为滑移面法向与拉伸力方向之间的夹角,λ 为滑移方向与拉伸力方向之间的夹角,则作用在滑移面上沿滑移方向的剪切应力 τ 为

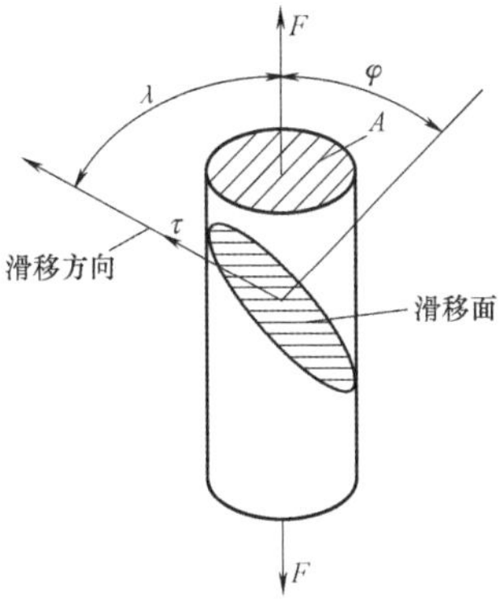

图 8 - 15　应力的分解

$$\tau = \frac{F}{A}\cos\varphi\cos\lambda = \sigma\cos\varphi\cos\lambda$$

当拉伸应力达到屈服应力 σ_s 时,晶体开始塑性变形,这时滑移方向上的剪切应力即临界剪切应力 τ_c 满足下式:

$$\sigma_s = \frac{\tau_c}{\cos\varphi\cos\lambda}$$

上式表明，单晶体的屈服极限不是定值，它是晶体位向的函数，而多晶体的屈服极限是定值，与晶体位向无关。可以证明，在单晶试样单向拉伸条件下，当 $\lambda=\varphi=\pi/4$ 时，屈服极限 σ_s 最小。所以，当单晶体的滑移系处于有利位向时，达到 τ_c 所需的 σ_s 较低，易于发生滑移，称为软取向；反之，当单晶体滑移系处于不利位向时，达到 τ_c 所需的 σ_s 趋向极大，难以进行滑移，称为硬取向。

(4) 晶体的转动和滑移面的弯曲。金属晶体的滑移主要是晶面的相对滑动，也会伴随有由外部约束条件引起的晶体转动和滑移面的弯曲。图 8－16 所示为锌单晶体拉伸变形时的情况。晶体的滑移面为便于继续滑移而力图向外力方向转动，同时还会发生滑移面的弯曲，两者彼此相关。当压缩变形时，如图 8－17 所示，晶体的转动力图使滑移面转向与压力垂直的方向。

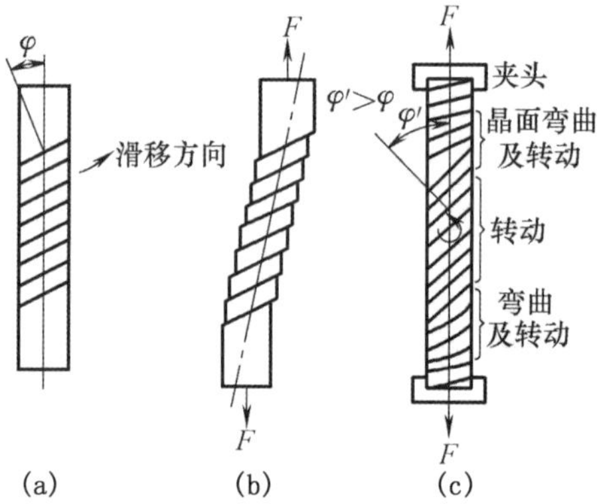

图 8－16　单晶拉伸变形时晶体的转动

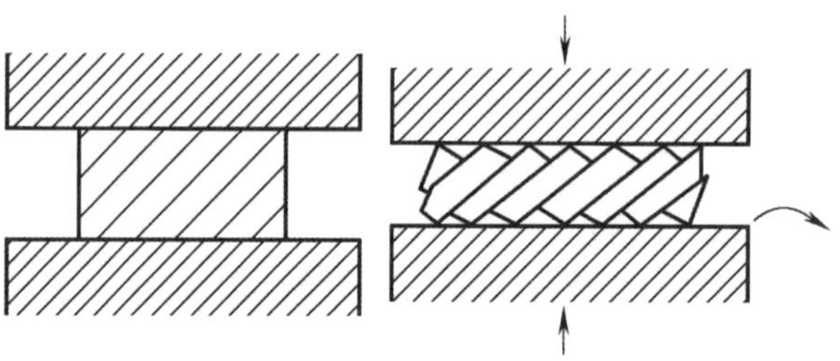

图 8－17　压缩时晶体转动示意图

随着变形程度的增大，由于滑移面的转动和弯曲加剧，使滑移越来越难以在这些原始滑移面上进行，这种现象称为几何硬化。滑移系总数多的金属晶体在一个滑移系发生几何硬化时，另一个滑移系可能由于晶体的转动而越来越处于有利的位向，使其易于产生滑移，这种现象称为几何软化。此时，新的滑移面将和旧的滑移面相交错。这种有两个滑移系启动，滑移不是同步而是依次交替进行的滑移称为双滑移。双滑移由于新旧滑移面相交，提高了变形抗力，并且总是破坏滑移区内的完整性而诱发微裂纹。

2）孪生

孪生是指晶体中某局部区域内的某一晶面(孪生面)所有原子沿一定方向(孪生方向)发

生均匀切变的过程，它通常作为滑移不易进行时的补充。图 8－18 为面心立方单晶体发生孪生变形时原子位移示意图，图中纸面相当于($1\bar{1}0$)面，(111)面垂直于纸面，可观察到变形区域内所有(111)面的原子均沿[$11\bar{2}$]方向发生了均匀切变移动，即所有与孪生面平行晶面内的原子均向同一方向定向作移动，移动距离与该原子面距孪晶面之距离成正比。虽然每层晶面原子移动位移较小，但许多层晶面积累起来的位移便可形成比原子间距大许多倍的变形。已变形区域内的晶体位向发生改变，与未变形区域晶体以孪生面互为对称。

发生孪生的临界剪切应力要比发生滑移的临界剪切应力大得多，因此，只有在滑移难以进行的条件下，晶体才能发生孪生变形。密排六方晶格的金属由于滑移系少，常发生孪生变形。孪生能使晶体变形部分的位向趋软，可以变得有利于滑移，为晶体发生滑移创造条件。所以在六方晶体中，滑移与孪生可交替进行。孪生的变形量不大，但能够改变晶体的位向，激发进一步滑移，使滑移与孪生交替进行，从而可获得较大的变形。例如，一个镁单晶体单纯依靠孪生只能获得 7.39％的变形量，而依靠滑移则可获得高达 300％的变形量。体心立方晶格在冲击力作用下或低温变形时，也常发生孪生。面心立方晶格的金属一般不发生孪生，只有在低温时才可能发生。此外，在退火时还有可能出现退火孪晶。

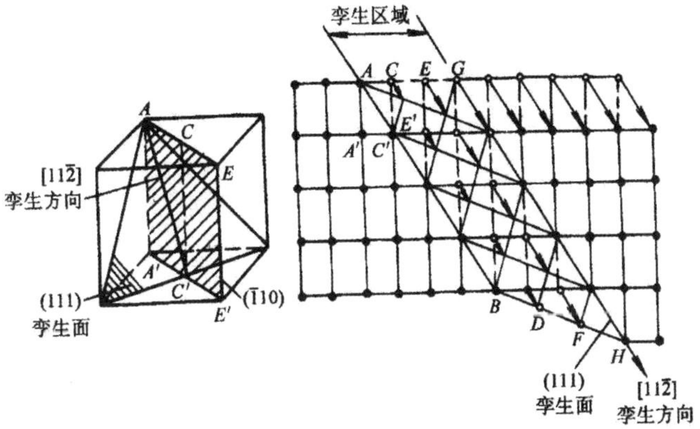

图 8－18　面心立方单晶体孪生变形时原子位移示意图

孪生可造成晶格畸变，使金属得到强化。近年来，也有学者利用孪生增加纳米晶的韧性的报道。

与滑移比较，孪生具有以下特点：①突然性：滑移是一个渐进的过程，而孪晶呈跳跃式，如锡在孪晶过程中发生锡鸣现象；②对称性：孪生变形前后原子关于孪生面对称，而滑移变形没有对称性；③微小性：孪生变形量远小于滑移；④破坏性：孪生变形后，金属内部易出现空隙。

3）位错理论的基本内容

(1) 概述。早在 20 世纪 20 年代，科学家们就对金属单晶体的塑性变形进行了系统的研究。弗兰克尔(Frenkel)根据静电理论按滑移面上一原子层相对于另一原子层同时滑移进行计算，所得临界剪切应力的理论值($10^9 \sim 10^{10}$ N/m^2)要比实际值($10^6 \sim 10^8$N/m^2)大几十倍甚至几百倍。为了解释这一现象，1934 年泰勒(G. I. Taylor)、奥罗万(E. Orowan)、波兰伊(M. Polanyi)几乎在同一时间分别提出了晶体中的位错假设，即认为晶体中存在一种线缺陷，它在剪切应力作用下容易滑移，并引起塑性变形。

近代研究指出:①实际金属晶体中的原子排列并非是理想的,而是如前所述存在着种种缺陷;②将晶体的滑移看成是滑移面上一层原子相对于另一层原子同时滑移也是不符合实际的;③晶体的滑移是在剪切应力的作用下通过滑移面上的位错运动进行的,滑移面上的原子是逐个移动的。

位错最基本的类型为刃型位错和螺型位错两种形式。刃型位错的运动方向和晶体滑移方向一致,如图 8-19 所示。螺型位错的运动方向则和晶体滑移方向垂直,如图 8-20 所示。一个位错滑移到晶体表面形成一个原子间距的滑移量,同一滑移面上许多位错滑移到晶体表面便形成明显的滑移线,所以滑移所需应力比实际值自然要小得多。

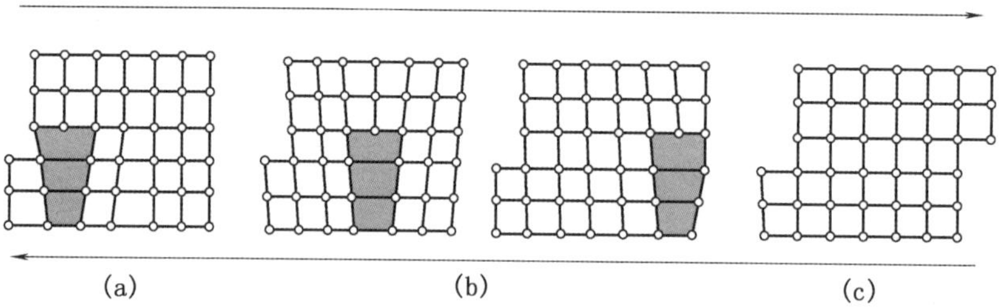

图 8-19 晶体中刃型位错运动造成的滑移

(a) 未变形;(b) 位错运动;(c) 塑性变形

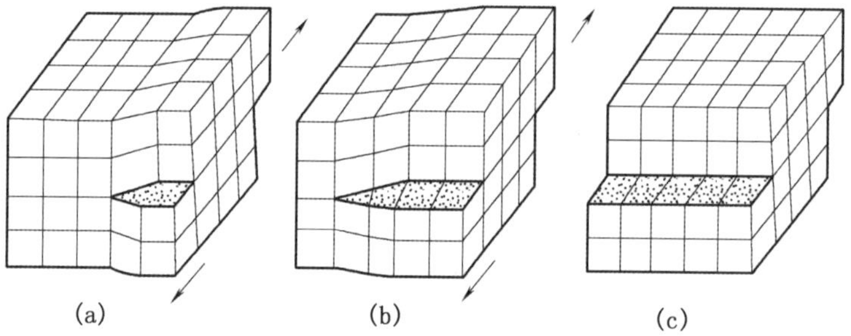

图 8-20 晶体中螺型位错造成的滑移

(a) 未变形;(b) 位错运动;(c) 塑性变形

(2)柏氏矢量。为了方便、确切地表达晶体中不同类型位错的特征,柏格斯于 1939 年提出用柏氏回路来定义位错,即借助一个规定的矢量——柏氏矢量(Burgers vector)来描述位错的本质。柏氏矢量是描述位错实质的重要物理量。通常将柏氏矢量称为位错强度,位错的许多性质如位错的能量、所受的力、应力场、位错反应等均与其有关,它也可表示晶体滑移时原子移动的大小和方向。

① 如图 8-21(a)所示,在含有位错的实际晶体中作一由 M 点出发、一个包含位错发生畸变的回路 MNOP,然后将这同样大小的回路置于图 8-21(b)所示的理想晶体中,此时回路将不能封闭,需引一个额外的矢量 $\boldsymbol{b}$ 连接回路,才能使回路闭合,这个矢量 $\boldsymbol{b}$ 就是实际晶体中位错的柏氏矢量。

如图 8-22 所示,用同样的方法可确定螺型位错的柏氏矢量。

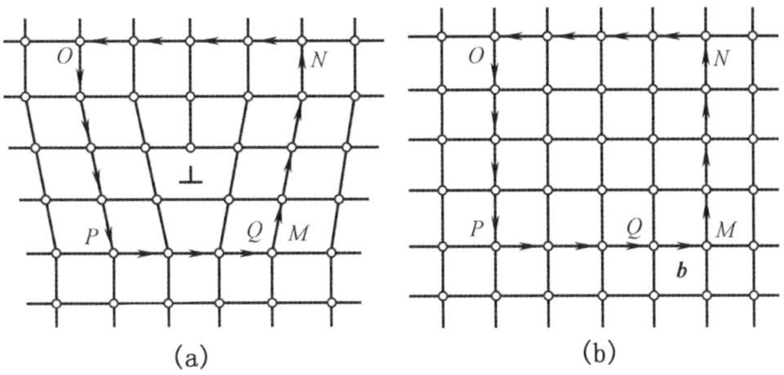

图 8－21　刃型位错柏氏矢量的确定

(a) 实际晶体的柏氏回路；(b)完整晶体的相应回路

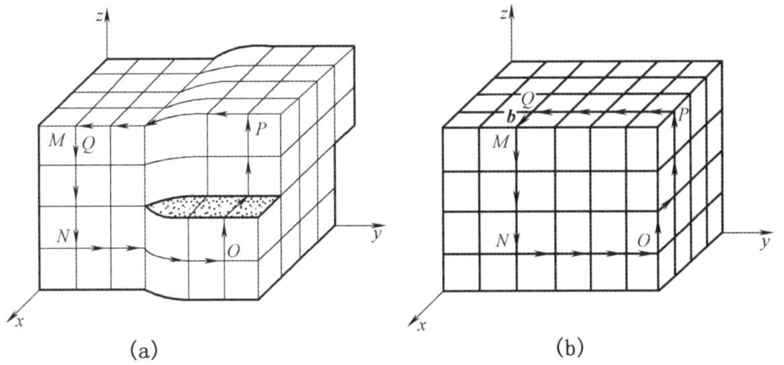

图 8－22　螺型位错柏氏矢量的确定

(a) 实际晶体的柏氏回路；(b) 完整晶体的相应回路

② 刃型位错的柏氏矢量与位错线垂直，其正负可用右手法则确定：若设位错线的方向由纸面向外为正，然后用右手食指表示位错线的方向，中指表示柏氏矢量的方向，则当拇指向上时为正刃型位错，向下时为负刃型位错。

螺型位错的柏氏矢量与位错线平行，且规定柏氏矢量与位错线正向平行的为右旋；反向平行的为左旋。

柏氏矢量可判断位错的类型。若柏氏矢量与位错线垂直，为刃型位错；若平行，为螺型位错；若既不垂直又不平行，则为混合位错。柏氏矢量反映位错区域点阵畸变总累积的大小，柏氏矢量越大，位错周围晶体畸变越严重。柏氏矢量还可以表示晶体滑移的方向和大小，位错运动导致晶体滑移时，滑移量即为柏氏矢量 $\boldsymbol{b}$，滑移方向即为柏氏矢量的方向。

一条位错线具有唯一的柏氏矢量。它与柏氏回路的大小和回路在位错线上的位置无关，位错在晶体中运动或改变方向时，其柏氏矢量不变。若位错可分解，则分解后各分位错的柏氏矢量之和等于原位错的柏氏矢量。

由于位错线是已滑移区与未滑移区的边界线，因此一根位错线不能终止于晶体内部，而只能逸出于晶体表面或晶界，如其终止于晶体内部，则必与其他位错线相连接，或在晶体内部形成封闭曲线，这个封闭曲线称为位错环，如图 8－23 所示。位错环是图中的阴影区，是滑移面上一个封闭的已滑移区，位错环各处的位错结构类型可按相应位置的位错线方向与柏氏矢量的关系划分，A、B 两处是刃型位错，C、D 两处是螺型位错. 其他各处均为混合型位错。

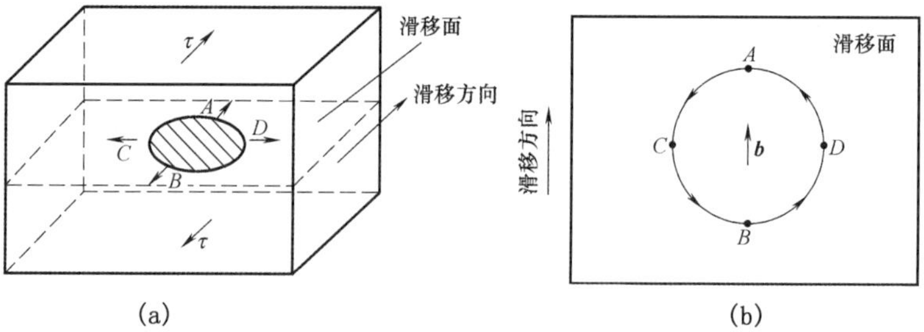

图 8-23 晶体中的位错环

(3) 位错移动所需的临界剪切应力(即 P—N 力)。由前述已知,晶体的滑移并不是一部分相对于另一部分作整体刚性移动,而是借助于位错在滑移面上的运动来逐步进行的。当宏观上标志晶体滑移进行的临界剪切应力与微观上克服位错运动阻力的外力相等时,位错在滑移面上开始运动。

实际晶体中,位错的移动要遇到多种阻力,位错运动的阻力主要包含以下几方面:

①位错与其他位错的交互作用阻力;②位错交割后形成的割阶与扭折阻力;③位错与一些缺陷发生交互作用的阻力;④位错运动的点阵阻力。

其中,最基本的固有阻力是点阵阻力——即 P—N 力。1940 年,派尔斯(Peierls)假设了在简单立方晶体中形成一个刃型位错的数学模型,1947 年,经纳巴罗(Nabarro)加以发展,计算出位错的中心宽度,并进一步计算出使位错在晶体中开始运动所需的剪切应力。所用的这个模型称为 P—N 模型。这个模型将滑移面视为晶体点阵结构,用比较简单的点阵模型来处理位错中心问题,因此也可称为位错的半点阵模型。其计算公式是:

$$\tau_{P-N}=\frac{2G}{1-\mu}\exp\left(-\frac{2\pi a}{\boldsymbol{b}(1-\mu)}\right) \tag{8-1}$$

式中,G 为弹性剪切模量,a 为滑移面的面间距,$\boldsymbol{b}$ 为柏氏矢量,μ 为泊松比。

采用上式,可简单推算晶体位错移动所需的临界剪切应力,以典型的立方结构金属为例,计算得 $\tau_{P-N}=3.6\times10^{-4}G$,比刚性模型理论计算值约为 $G/30$ 小得多,接近临界剪切应力的实验值。

(4) 刃型位错的攀移。滑移是刃型位错在滑移面上沿滑移方向的运动;攀移是刃型位错在垂直于滑移面方向的运动。攀移有正负之分,正攀移是正刃型位错的附加半原子面向上的运动;反之,正刃型位错的附加半原子面向下的运动称为负攀移,如图 8-24 所示。刃型位错的攀移相当于多余半原子面的伸长或缩短,可通过物质迁移即原子或空位的扩散来实现。如有半原子面下端的原子迁出到他处或他处的空位迁入到半原子面下端,则原半原子面就缩短,表现为位错向上运动,即发生了正攀移;反之,若有原子迁入到半原子面下端,则原半原子面将伸长,表现为位错向下运动,即发生了负攀移。螺型位错没有多余的半原子面,因此不会发生攀移。

位错的攀移需要热激活,较滑移所需的能量更大,所以对大多数金属材料来说,在室温下很难进行位错攀移,只有在较高温度下,攀移才较易实现。

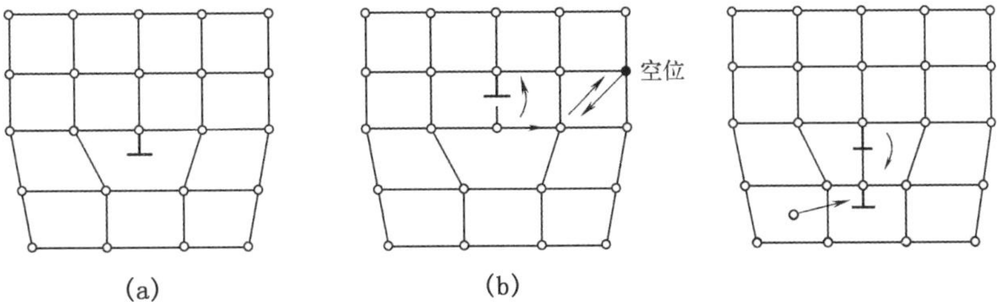

图 8-24　刃型位错的攀移运动示意图

(a) 未攀移的位错；(b) 空位引起的正攀移；(c) 间隙原子引起的负攀移

(5) 螺型位错的交滑移。对于螺型位错而言，所有包含位错线的晶面都可以成为其滑移面，因此，当某一螺型位错在原滑移面上运动受阻时，有可能从原滑移面转移到与之相交的另一滑移面上去继续滑移，这一过程称为交滑移。如果交滑移后的位错再转回到和原滑移面平行的滑移面上继续运动，则称为双交滑移，如图 8-25 所示。交滑移只有螺型位错可以发生，刃型位错则不发生交滑移。图 8-26 所示是变形后的铝单晶体经表面抛光后在显微镜中观察到的表面交滑移带。

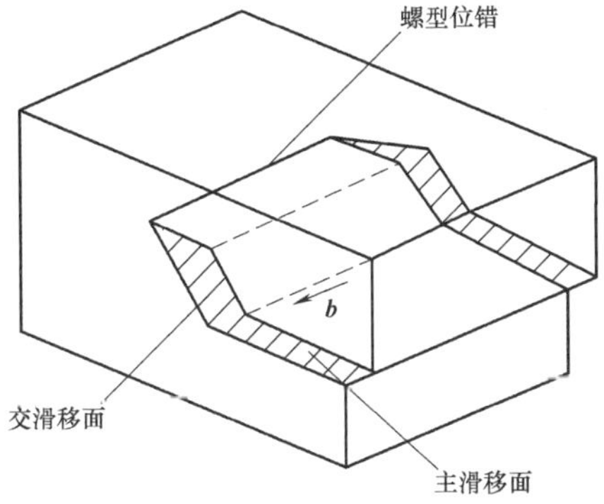

图 8-25　螺型位错的交滑移

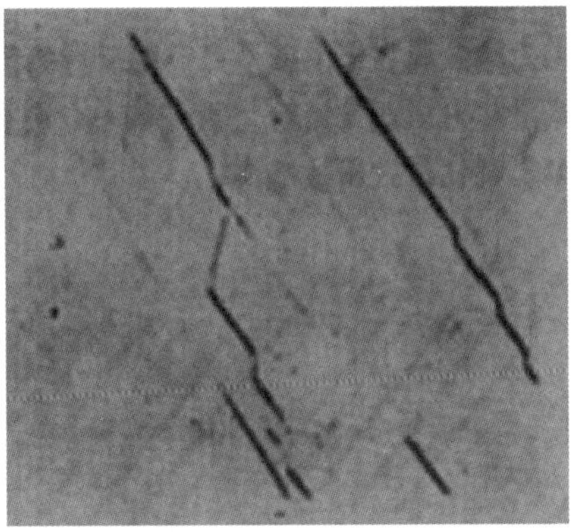

图 8-26　铝单晶体的表面交滑移带

(6) 位错的交割。晶体内的位错滑移会在各个滑移面上同时进行，当某位错在某一滑移面上运动时，会与穿过滑移面的其他位错相遇而发生交割。运动位错交割后，可以产生扭折或割阶，其大小和方向取决于另一位错的柏氏矢量，与其方向平行，大小为其模，但具有原位错的柏氏矢量。如果另一位错的柏氏矢量与该位错线平行，则交割后该位错线不出现曲折。所有割阶都是刃型位错，而扭折可以是刃型位错，也可以是螺型位错。交割后曲折段的方向取决于位错相对滑移过后引起晶体的相对位移情况。相对位移可通过右手定则来进行判断，食指指向位错线正方向，中指指向位错运动方向，拇指指向沿柏氏矢量方向运动的一侧晶体。扭折与原位错在同一滑面上，可随主位错线一起运动，几乎不产生阻力，且扭折在线张力作用下易消失。割阶与原位错线在同一滑移面上，除攀移外割阶一般不能随主位错一起运动，成为位错运动的障碍。所以，位错交割对材料的强化、点缺陷的产生有重要意义。

(7) 位错的增殖。从表面上看，位错在塑性变形中要不断地移动到晶体表面，并在表面形成滑移台阶，大量的台阶组成了滑移带，这种现象似乎应使晶体中位错密度不断减少。然而事实并非如此，经过剧烈塑性变形后的金属晶体，其位错密度反而可增加 4～5 个数量级，这种现象足以说明晶体在变形过程中位错在不断地增殖。

图 8－27 所示为弗兰克－瑞德(Frank－Read)位错源增殖机制。设某一滑移面上有一段刃型位错 DD'，其两端被位错网节点钉住，不能运动。现沿位错的柏氏矢量 $\boldsymbol{b}$ 方向加剪切应力 τ_b，使位错沿滑移面向前进行滑移运动。但由于 DD' 两端固定，所以只能使位错线发生弯曲，并沿着法线方向向外扩展，而两端则分别绕节点 D、D' 发生回转。当两端弯曲部分线段相互靠近时，由于两线段平行于柏氏矢量，但位错线方向相反，分别属于左螺型位错和右螺型位错，它们互相抵消，形成一闭合的位错环和位错环内的一小段曲线型位错线。只要外加剪切应力继续作用，位错环便继续向外扩张，同时环内的曲线位错在线张力的作用下又被拉直，恢复到原始状态，如此循环往复，源源不断地产生新的位错环，从而造成位错的增殖，使晶体产生可观的滑移量。

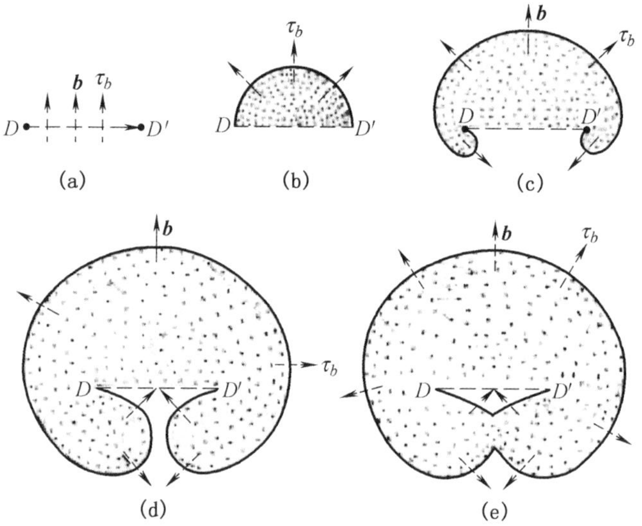

图 8－27　Frank-Read 位错增殖机制

位错的增殖机制还有很多，例如螺型位错的双交滑移增殖机制、攀移增殖机制等。

(8) 位错的塞积。在金属的变形过程中，滑移面上移动的位错会在晶界、亚晶界、第二相、固定位错的阻挡下停留于晶界附近或内部，在同号位错排斥力的作用下不能移动而堆积，形成塞积在障碍物前的位错系列，称为塞积群。图 8－28 所示是位错塞积示意图，图 8－29 所示是用透射电镜观察到的不锈钢晶界处的位错塞积。不断聚集的位错组成的塞积群，其排斥力也不断累加，对障碍物的作用力越来越大，领先位错的前端会产生很大的应力集中。这种强大的应力集中可以使塞积群中的螺型位错通过交滑移而越过障碍物，也可能因其达到晶体的理论剪切应力而形成断裂核心。

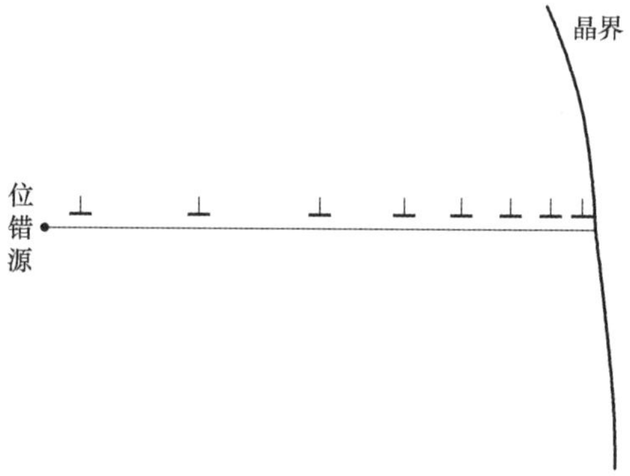

图 8－28　位错塞积示意图

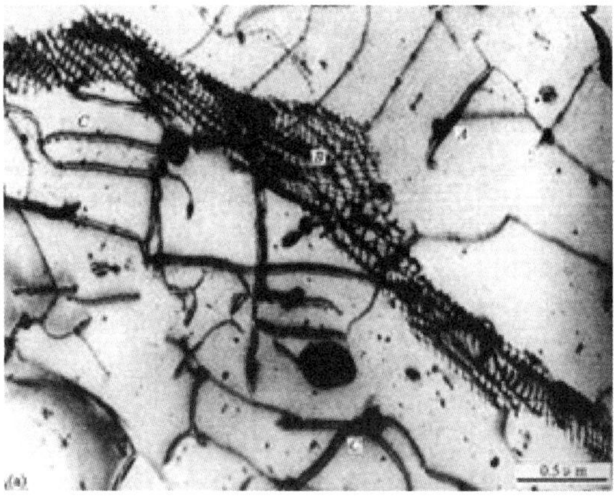

图 8-29　不锈钢晶界处的位错塞积

2. 多晶体的塑性变形

工程上使用的金属绝大部分是多晶体。多晶体塑性变形与单晶体塑性变形既有相同之处，又有不同之处。相同之处是变形方式也是以滑移、孪生为其基本方式。不同之处是由于在多晶体材料中，各个晶粒位向不同，且存在许多晶界，变形受到晶界阻碍与位向不同晶粒的影响，因此需要重视单晶内变形的不均匀性、多晶间变形的不同步性及晶界协调变形作用等特点。

1）多晶体的变形方式

在多晶体内，单个晶粒的塑性变形方式和单晶体是一样的，即滑移和孪生，这种晶粒内部的塑性变形称为晶内变形；另外，多晶体内还存在晶粒之间的互相滑动和转动，这种晶粒之间的变形称为晶间变形；还有介于晶内和晶间变形的扩散性蠕变。

相邻晶粒间的相互滑动和转动是晶间变形的主要方式。由于实际金属是一个由大量晶粒靠原子间的吸引力和晶粒间的机械连锁力联结在一起的组合体，因此晶间变形是困难的。如图 8-30 所示，多晶体中各个晶粒在变形时滑移面会发生转动，但由于各个晶粒的位向不同，它们发生转动的方向和转角也各不相同，而且彼此又会互相箝制。粗晶粒的板料在冲压变形后，由于晶粒发生转动而引起冲压件表面的凹凸不平，这就是所谓"桔皮"现象，也是晶粒发生转动的最好证明。晶粒间的滑动则是非常微小的，否则将引起晶界处的结构破损，进而导致金属在晶界上的断裂。只有诸如在高温条件下变形，晶体能够恢复这种晶间微观破损的情况下，才可能出现较大的晶间滑动变形。

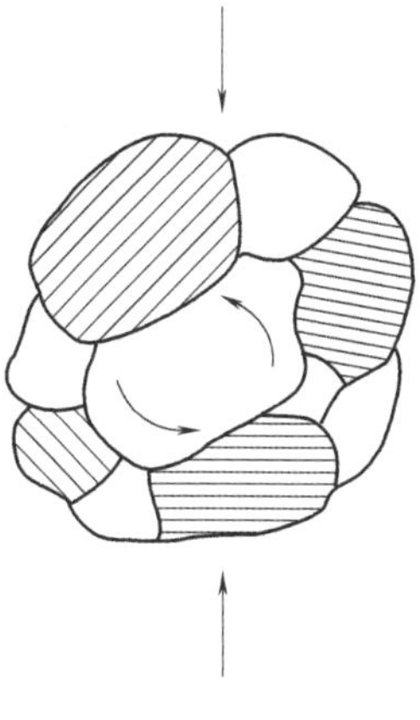

图 8-30　晶粒间相互滑动与转动

所谓扩散性蠕变理论又称空位蠕变理论，此理论的基本观点是：高温时位错密度很小，由于应力低，位错能动性也差，因而位错运动不可能成为塑性变形的主要形式。另外，材料内部存在着大量过饱和空位，这些空位因应力梯度的作用而扩散，空位的扩散运动导致原子向相反方向的扩散。

扩散性蠕变按扩散途径分为晶内和晶界两种形式。

晶内扩散性蠕变如图 8-31(a)所示，是在应力场作用下，由空位或原子的定向移动引起的。受拉应力的晶界，尤其是与拉应力垂直的晶界处的空位浓度高于其他晶界。由于各部位的化学位能不同，所以处于高位能的空位或原子将会向低位能处作定向移动，即空位从垂直于拉应力的晶界放出，向空位浓度低的平行于拉应力方向的晶界运动，而原子则呈反向运动。晶内扩散引起晶粒在拉应力方向的伸长变形，亦或在压应力方向上的缩短变形，如图8-31(b)所示。晶界扩散如图8-31(c)所示，是由于晶粒边界附近形成空位的自由能和空位在该处运动的激活能明显地比晶粒内部低。因此，空位将沿晶界进行扩散，而原子在晶粒边界附近沿相反的方向运动，结果表现为似乎使晶粒发生了"转动"，而晶粒的大小与形状并未发生变化。扩散性蠕变既可直接转化为塑性变形，亦可以对晶界滑动起调节作用。

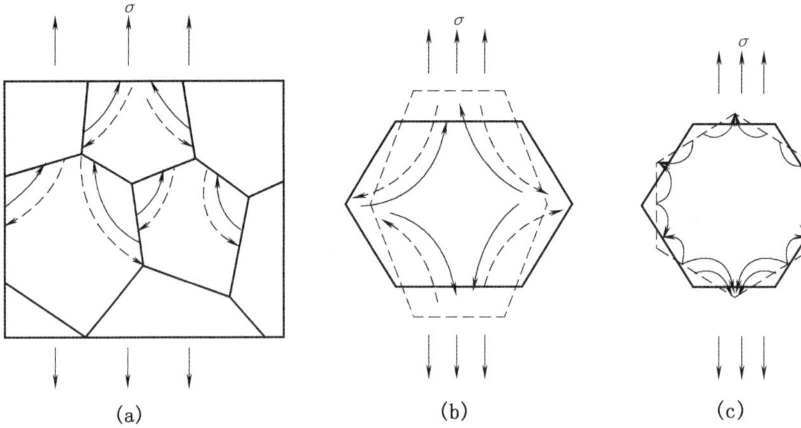

图8-31 扩散性蠕变

(a) 空位和原子的移动方向引起的正攀移；(b) 晶内扩散；(c)晶界扩散

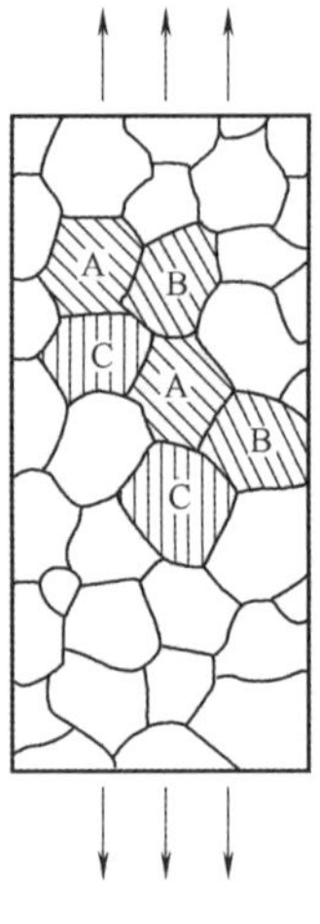

图8-32 晶体方位与变形顺序图

2）多晶体的变形特点

(1)各晶粒变形不同步。多晶体中每个晶粒位向随机分布，一些晶粒的滑移面和滑移方向接近于最大剪切应力方向，处于软位向，另一些晶粒的滑移面和滑移方向与最大剪切应力方向相差较大，处于硬位向。在发生滑移时，软位向晶粒先开始，而当位错在晶界受阻逐渐堆积时，其他晶粒将发生滑移，因而多晶体变形时晶粒分批地逐步地变形。

如图8-32所示，多晶体在拉力作用下，晶粒A和B处在较软的位向，晶粒C处在较硬的位向，所以塑性变形首先在A和B晶粒上开始；C晶粒则首先发生弹性变形，这类晶粒不仅不发生塑性变形，而且还对发生塑性变形的晶粒起阻碍作用。随着变形程度的增加，发生塑性变形的晶粒数量会越来越多。而最先变形的那些晶粒由于滑移面的转向和弯曲，发生了几何硬化，不再继续滑移，滑移转移到其他由于转动而处于有利位向的晶粒上进行。

(2) 各晶粒变形不自由。在多晶体中，相邻晶粒的大小、位向不同。因此，单个晶粒在塑性变形过程中必然受到周围晶粒的制约和影响，难以自由、独立地变形。此外，由于晶界原子排列不规则，在结晶时还积聚了许多不固溶的杂质，在塑性变形时又堆积了大量位错(大多数位错运动到晶界处即行停止)，再加上其他缺陷等，均造成了晶界内的晶格畸变，所以晶界也制约了晶粒自由变形。如图8-33所示，A、B晶粒因不能自由变形而引起内应力，这种内应力在变形结束后不会消失，成为残余应力。

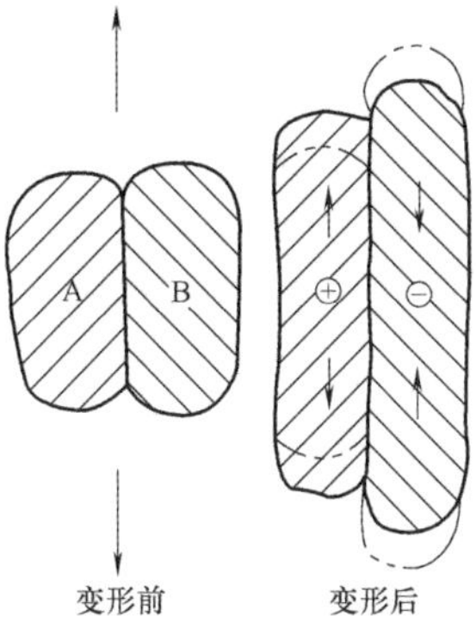

图 8-33　变形与内应力

（3）各晶粒变形不均匀。多晶体中各晶粒位向不同，且受晶界的约束，造成各晶粒的变形不均匀，甚至在同一晶粒内的不同部位变形也不一致，因而造成多晶体变形的不均匀性。图 8-34 所示是粗晶铝在一定的变形量下，不同晶粒所发生的实际变形量。显然，各晶粒的变形量均不同，且晶界上最小。

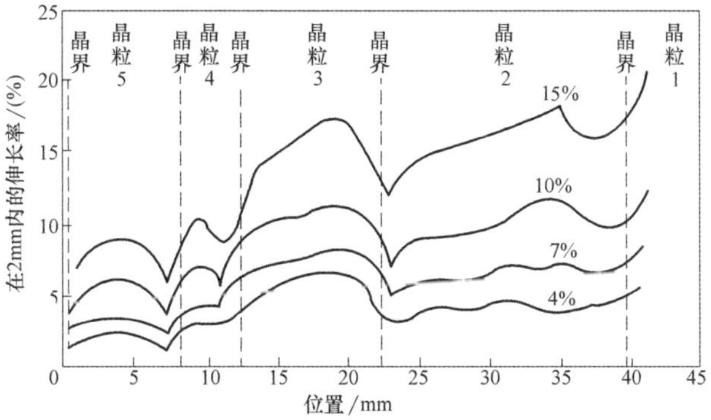

图 8-34　不同晶粒的变形量对比

（4）多晶体变形与晶粒大小的关系。多晶体内晶粒越细，晶界面积就越大，金属的强度、硬度也就越高。另外，晶粒越细，则在同一体积内晶粒数越多，塑性变形时变形分散在许多晶粒内进行，单个晶粒分摊的变形份额变小，相对而言，各晶粒的变形就会均匀些。与同一体积内晶粒数少、且变形不够均匀的粗晶金属相比，由于局部地区发生应力集中的程度轻微，故出现裂纹和发生断裂的趋势被削弱，在断裂前可以承受较大的变形量，所以细晶粒金属不仅强度、硬度高，而且塑性也较好。

实验和理论研究表明，多晶体的强度随着晶粒尺寸的减小而增大。Hall 和 Petch 研究了两者的定量关系，提出了描述多晶体屈服强度 σ_s 与单晶粒平均直径 d 关系的 Hall—Petch 表达式：

$$\sigma_s = \sigma_0 + K_y d^{1/2} \tag{8-2}$$

式中，σ_0、K_y 均为材料常数，前者是晶内变形抗力，约为单晶体临界剪切应力的 2～3 倍，后者考虑晶界对变形的影响。此公式适用于大多数金属，也大致适用于亚晶粒大小对多晶体屈服强度的影响。图 8-35 所示为不同材料晶粒直径与屈服强度的关系。

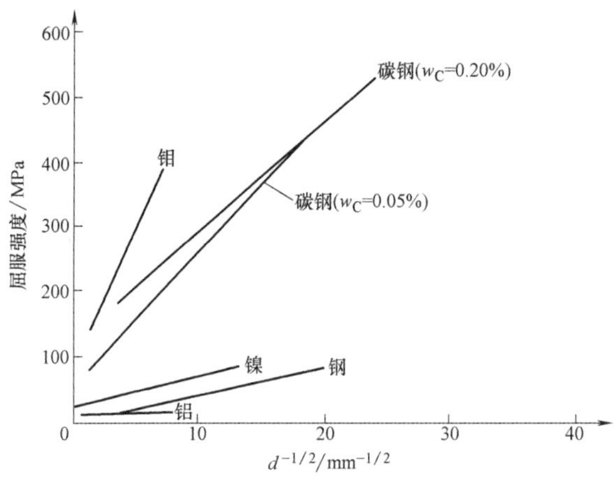

图 8-35 屈服强度与晶粒直径的关系

8.2.3 金属塑性变形后的组织与性能变化

1. 塑性变形对金属组织结构的影响

塑性变形后的多晶体金属除和单晶体一样在各个晶粒内产生不同程度的滑移和孪生外，还可能产生下列组织的变化。

1）纤维组织

如图 8-36 所示，金属发生很大程度的塑性变形后，所有的晶粒都发生变形，并由于滑移面的转向，所有晶粒沿同一变形方向被显著拉长或压扁。当变形量很大时，晶粒变成细条状，金属中晶界上的夹杂物也被拉长，形成显微镜下可观察到的纤维状条纹，这种组织称为纤维组织。

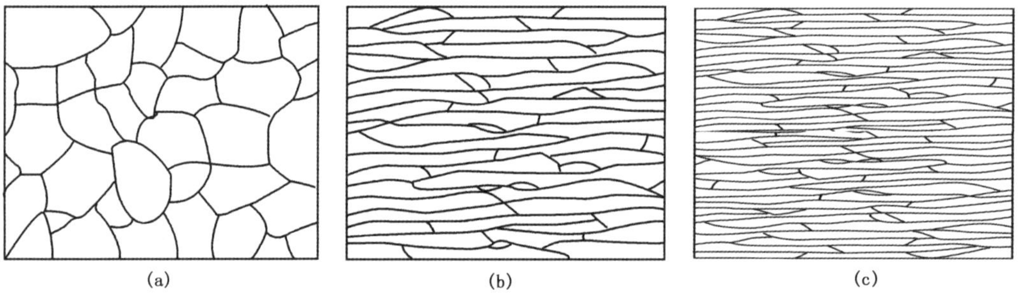

图 8-36 纤维组织的形成

(a) 等轴状；(b) 细长状；(c)纤维状

2）亚结构

如图 8-37 所示，金属经大塑性变形后，由于位错的密度增大和发生交互作用，大量位错堆积在局部地区，并相互缠结，形成不均匀的分布，使晶粒分化成许多位向略有不同的小晶块，而在晶粒内产生亚晶粒。亚晶粒之间有亚晶界，是两个亚晶粒间晶格不连续、位向差极小的过渡区。亚晶界上堆积有大量位错。

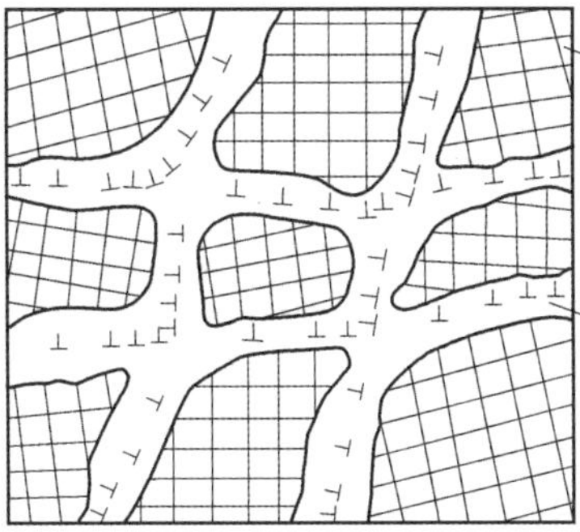

图 8－37　亚结构

3）变形织构

金属塑性变形程度达到 70％以上时，由于晶粒发生转动，使各晶粒的位向趋近于一致，形成特殊的择优取向，这种有序化的结构叫做变形织构。变形织构一般分两种：一种是各晶粒的一定晶向平行于拉拔方向，称为丝织构，例如低碳钢经大延伸率冷拔后，其<100>晶向平行于拔丝方向，如图 8－38(a)所示。另一种是各晶粒的一定晶面和晶向平行于轧制方向，称为板织构，如低碳钢的板织构为{001}<110>，如图 8－38(b)所示。

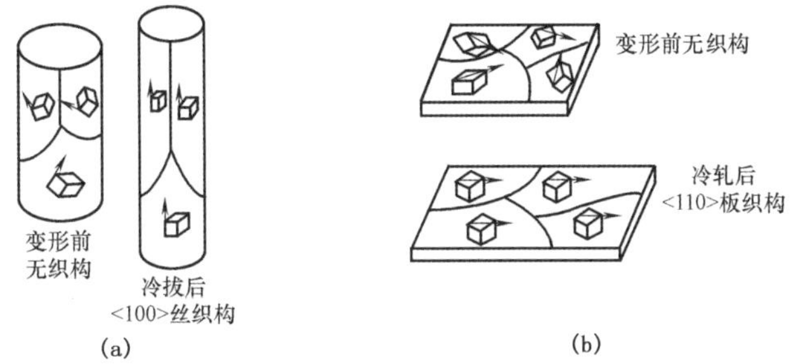

图 8－38　变形织构示意图

(a) 丝织构；(b)板织构

变形织构使金属材料的力学性能和物理性能表现出明显的各向异性。产生变形织构的金属经退火后，多数情况下仍存在织构，称为再结晶织构。通常不希望金属材料产生织构，因为织构会造成材料各向异性。例如，用于深冲压成形的板材，织构会造成各个方向变形的不均匀性，使冲出来的工件厚薄不均，沿口不齐，出现如图 8－39 所示的“制耳”现象。但在某些场合下，织构的存在是有利的，如电器上使用的硅钢片，采取适当的冷轧和退火工艺，可以获得高导磁性织构成分。

图 8－39　拉深“制耳”

2. 加工硬化现象

金属随着塑性变形程度的增大，其力学性能变化如图 8-40 所示，强度和硬度显著提高，塑性和韧性明显下降。其物理化学性能的变化是：导电性、导热性、抗腐蚀性均降低，并改变了铁磁金属的磁性。这样的现象称为加工硬化，也叫形变强化。

1）单晶体的加工硬化

图 8-41 所示是几种典型的金属单晶体的加工硬化曲线，可见不同的晶体结构其加工硬化曲线有明显的区别。密排六方金属单晶体只能沿一组滑移面进行滑移，加工硬化曲线的斜率很小，也就是加工硬化率很低；立方类金属可以同时开动多个滑移系统，呈现较强的加工硬化效应。因此，显著的加工硬化的根源在于位错在相交的滑移面上滑移时产生的相互干扰作用。

图 8-42 所示是概括了大量实验结果而得出的面心立方金属单晶体的加工硬化曲线，整个加工硬化可以分为 3 个阶段。

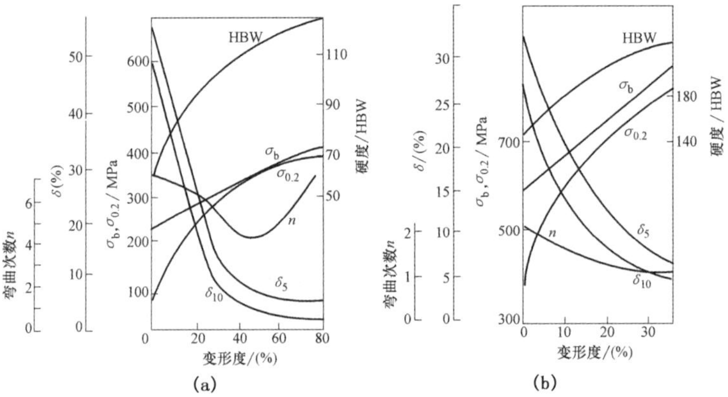

图 8-40　两种常见金属材料的力学性能—变形度曲线

（a）工业纯铁；（b）45 号钢

第Ⅰ阶段称为易滑移阶段，硬化率很低，与密排六方金属的硬化率相近，可发生较大塑性变形，位错间交互作用很少，滑移距离长。本阶段紧接在屈服之后发生。

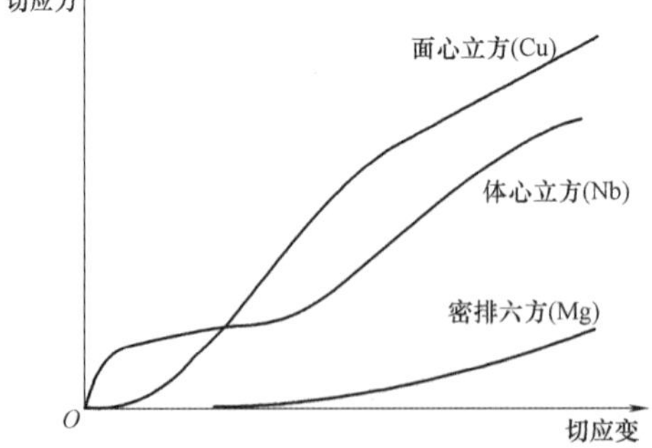

图 8-41　典型金属单晶体的应力—应变曲线

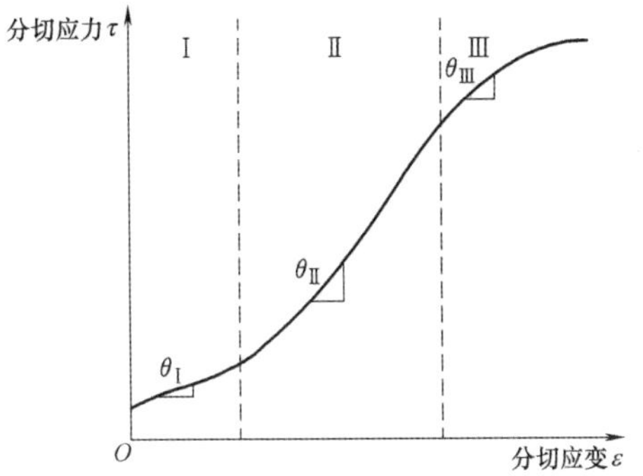

图 8-42　面心立方单晶体的加工硬化曲线

第Ⅱ阶段称为线性硬化阶段，本阶段的特点是加工硬化迅速增加，其曲线斜率与外加应力、取向等的关系不大。实验观察表明，位错一般是以缠结的形式出现的，且主、次滑移系统中有位错交互作用的迹象。在本阶段后期，出现不规则的胞状组织，滑移线很短。

第Ⅲ阶段称为抛物线硬化阶段。此时胞状组织明显出现，本阶段的起点明显依赖于温度。滑移线变成滑移带，且滑移带发生碎化。螺型位错发生交滑移，使塞积位错得以松弛，加工硬化程度减弱。

2）多晶体的加工硬化

多晶体与单晶体相比，出现了大面积的晶界，由于晶界的作用，多晶体的加工硬化不同于单晶体。晶界对塑性变形的作用表现为：①阻碍晶内滑移的进行。②为了保持晶界上不出现裂纹，被迫在小变形时局部区域产生多滑移。

多晶体由于晶界的约束，塑性变形没有与单晶体类似的第Ⅰ阶段硬化，而是一开始就进入第Ⅱ阶段，且不久就进入第Ⅲ阶段。

多晶体加工硬化的位错组态与单晶体类似。原始的位错与次滑移的位错交互作用，可以产生偶极位错和位错环，发生局部位错缠结区，并逐步发展成为亚晶界的三维网络。亚晶胞的尺寸随着应变的增加而减小。各类金属间的结构差别，主要在于亚晶界的显著程度不同。在具有高层错能的体心立方和面心立方金属中，位错缠结区重新排列为明显的亚晶界。但是，在具有低层错能的金属中，位错因扩散而使交滑移受到限制，即使在有很大应变时，也不能形成明显的亚晶界。

当滑移从某晶粒转入相邻晶粒时，晶界起着阻碍作用。所以，晶界必然对加工硬化产生影响。此外，由于多晶体的连续性，使得在晶界附近区域内随着变形的增加而产生复杂的滑移。当延伸率不超过百分之几时，加工硬化是与晶粒尺寸相关的，此后，加工硬化就不再依赖于晶粒尺寸了。

3）加工硬化的原因及利弊

根据前述内容并结合近年来的研究成果，归纳加工硬化产生的原因包括：晶粒内产生滑移带和孪晶带；因滑移面转向引起的晶粒旋转；变形程度很大时形成纤维组织；晶粒被破碎而形成亚结构；当变形程度很大时各晶粒位向趋于一致，形成变形织构；由于晶间变形在晶界造成许多破损；由于变形不均匀引起各种内应力；因位错密度增加，位错间的交互作用增强，相互缠结，造成位错运动阻力的增大等。

加工硬化现象的发生使金属后续塑性加工难度加大，亦或使产品力学和理化性能受到不良影响，通常可采用退火处理来加以消除；但另一方面，加工硬化也是一种重要的强化金属的工艺措施。例如，大型发电机上的护环零件，其材料是不能用热处理强化的无磁钢，生产上常采用液压胀形、楔块扩孔、芯轴扩孔、爆炸成形等工艺，即利用加工硬化来提高其强度。例如，用16Mn钢板冲裁制成的自行车链条的链片时，若经五道冷轧，厚度由3.5mm减至1.2mm，其形变强化效果明显，材料的硬度、抗拉强度可成倍提高，且重量亦有所减轻。加工硬化还有利于金属进行均匀变形，因为金属变形部分得到强化时，后续变形将向未变形部分转移，可防止变形集中而引起塑性失稳，这对板材的深冲成形很有利。

3. 回复与再结晶

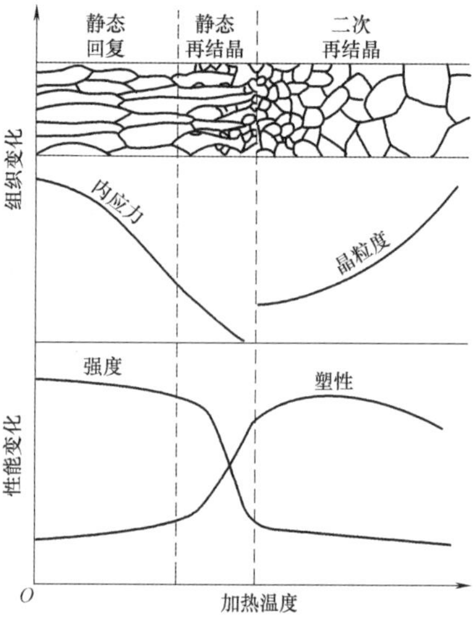

图 8-43 冷变形金属的静态回复与再结晶

金属的加工硬化微观上造成位错运动阻力的增大，宏观上造成后续塑性加工难度加大，采用再加热的办法可以消除或者部分消除加工硬化的影响。

1）冷变形金属的静态回复和静态再结晶

在对经冷变形产生加工硬化效应的金属进行加热时，随着温度的升高，其组织和性能会发生一系列的变化，通常经历3个阶段：静态回复、静态再结晶和二次再结晶。图8-43所示是冷变形金属加热时组织和性能变化示意图。

所谓静态回复和再结晶是指金属在变形停止或中断的无外力状态下发生的回复和再结晶。

（1）静态回复。静态回复的实质是原子排列从高能态的杂乱排列向低能态的规则排列的转变过程，如图8-43所示。此阶段晶体的内应力大大下降，强度稍有下降，塑性稍有提高。

金属在塑性变形时外力所做功的大部分用来使金属发生变形并转化为热能而消失，1%～10%的能量则以各种应变能的方式储存于金属内。例如，产生晶格畸变、点缺陷、位错等，因而使晶体内能上升，处于热力学上的不稳定状态，这种不稳定状态随时有自发向稳定状态转变的趋势。但在室温情况下由于原子扩散慢，很难观察到这种变化。但当加热时，由于原子动能增加，这种潜在的转化趋势就显现出来，首先发生的就是静态回复过程。

静态回复发生时，由于温度不高，晶体内只有间隙原子和空位的运动。大量空位移到晶界或晶体表面，或与间隙原子合并而同时消失。此时变形金属晶粒的外形无明显变化，仍呈条纹状，因只消除了晶格畸变，因此金属的力学性能并无显著变化，而诸如导电性、导热性、抗腐蚀性等物理化学性能则大部分恢复。

产生静态回复的温度为

$$T_{\text{回复}}=(0.25\sim0.3)T_{\text{熔点}}$$

式中，$T_{\text{熔点}}$表示该金属的熔点温度，单位为绝对温度K。

静态回复亦即热处理中的低温退火，在工业生产中被广泛应用。例如，冷变形后的机械零件由于存在内应力，使用时易因工作应力与内应力迭加而断裂，又如精密零件由于内应力的长期作用易引起尺寸的不稳定等，均可利用回复效应消除这些不良影响。这样既消除了内应力，又保持了形变强化所获得的高硬度和高强度。另外如导电材料冷变形后，获得了必要的强度，但电阻亦显著增大，此时亦可利用回复效应在保持其强度的同时恢复其导电性。

(2) 静态再结晶。当变形金属继续加热到较高温度时，由于原子获得了更大的活动能力，首先在变形晶粒的晶界或滑移带、孪晶带等变形剧烈的地区产生结晶核心，即一些原子规则排列的小晶块，然后晶核逐渐长大，成为具有正常晶格的新晶粒，新晶粒长大到彼此边界相遇，结晶过程结束。这一阶段的生核、成长的过程称为静态再结晶。静态再结晶过程使变形金属的晶粒外形改变：破碎晶粒变成完整晶粒，伸长晶粒变成等轴晶粒。再结晶使力学、物理和化学性能完全恢复，加工硬化全部消除。

凭借电子显微镜的观察发现，静态再结晶核心的形成服从低能区生核理论，即认为在回复后，原来剧烈变形区上的破碎晶块中，总可以找到大于临界晶核的无畸变小晶块，以它作为再结晶核心，向周围长大；或者是由于亚晶粒间位向差极小，高畸变的亚晶粒向低畸变的亚晶粒转动，使位向趋于一致，合并成一体成为再结晶核心。这就是说，静态再结晶的生核过程是低能晶块通过高能晶块的供养完成，所以没有高能区就没有低能区的晶核形成。

静态再结晶过程的实质是亚晶粒的合并和晶界的迁移。回复后的亚晶组织中有大角度晶界和小角度晶界。静态再结晶过程中只有小角度晶界的亚晶组织能合并长大。这些小角度晶界亚晶的合并长大，实际上是亚晶界上位错逸出的过程，其主要推动力是亚晶粒之间的应变能差。当亚晶粒之间的应变能差和界面能减少、变形金属完全变成了无畸变的等轴晶粒后，静态再结晶过程便结束。

静态再结晶温度通常定义为：经过70%变形量变形的金属，在均匀温度中保持1小时能完成静态再结晶过程的最低温度。通常，工业用纯金属静态再结晶温度可认为是：

$$T_{再}=(0.35\sim0.4)T_{熔点}$$

影响静态再结晶过程的因素主要有加热温度、保温时间、变形程度、原始晶粒度和金属的化学成分等。在相同条件下提高加热温度，会加快静态再结晶速度，因而可以缩短静态再结晶的时间。保温时间长，原子的扩散能充分进行，因而静态再结晶温度就低。金属发生静态再结晶的必要条件是一定的变形程度，低于这一变形程度就不会发生静态再结晶；而变形程度越大，储存的应变能便越高，静态再结晶所需温度也越低，静态再结晶过程也越易发生。原始晶粒细小，则变形抗力大，变形后储存的应变能较高，静态再结晶温度便较低。而且，原始晶粒越细小，晶界总面积越大，经同样程度变形后的金属导致的晶格畸变的区域也越多，从而提供更多的生核场所，静态再结晶生核率便更高，形成的新晶粒也越细小。通常，金属纯度越高，其静态再结晶温度则越低；而合金中化学成分越复杂，含量越高，静态再结晶温度便越高。例如，工业纯铁的静态再结晶温度为450℃，低碳钢为450～550℃，亚共析钢为450～650℃，钢中如加入W、Mo、V、Ti等元素，可显著提高静态再结晶温度。

(3) 二次再结晶。由静态再结晶得到的无畸变的等轴细晶粒，在加热温度继续升高或长时间保温的条件下，会发生互相吞并而急剧长大，形成粗大晶粒，称为二次再结晶。从热力学条件看，在一定体积中晶粒越粗大，则总的晶界面积越小，界面能也就越低。当温度很高时，原子有足够的扩散能力，较大晶粒的晶界会向相邻较小晶粒的晶界推进，将较小晶粒吞併而长大，处于界面能更低的较稳定状态。所以二次再结晶是晶体界面能减小的自发过程。分布在晶界上的第二相粒子能够有效钉扎晶界，从而抑制晶界的迁移。但当温度很高时，第二相粒子溶解，使大小晶粒能互相吞併而发生二次再结晶。二次再结晶造成的粗大晶粒使金属和合金的强度、塑性和冲击韧性变坏，特别是使冲击韧性大大下降，故生产上应特别重视再结晶后的晶粒度。

2）热变形金属的动态回复和动态再结晶

所谓动态回复和动态再结晶是指金属在热变形过程中，在温度和外力联合作用下发生的回复和再结晶。

动态回复主要发生在层错能高的金属的热加工过程中，如铝、铁素体钢以及一些密排六方结构金属锌、锡等。由于温度持续升高，原子获得了更大的活动能，于是位错开始运动，经合并、组合后位错密度降低甚至完全消失，当由变形所引起的位错增加速率与动态回复所引起的位错消失速率几乎相等时，硬化现象消失。所以，动态回复是金属在热变形中发生的一种软化过程。

动态再结晶易发生在层错能低的金属中，如奥氏体不锈钢、镍及镍基高温合金、镁、铜、银、金等合金。这类材料容易产生层错，扩展位错中的层错带较宽，不易产生动态回复，因而在热加工过程中，会局部积累足够高的位错密度，导致发生动态再结晶。动态再结晶的能力还与晶界迁移的难易有关。金属越纯，发生动态再结晶的能力越强，当溶质原子固溶于金属基体中时会使动态再结晶的能力有所增加。弥散的第二相因能阻碍晶界的移动，所以它阻碍动态再结晶的进行。

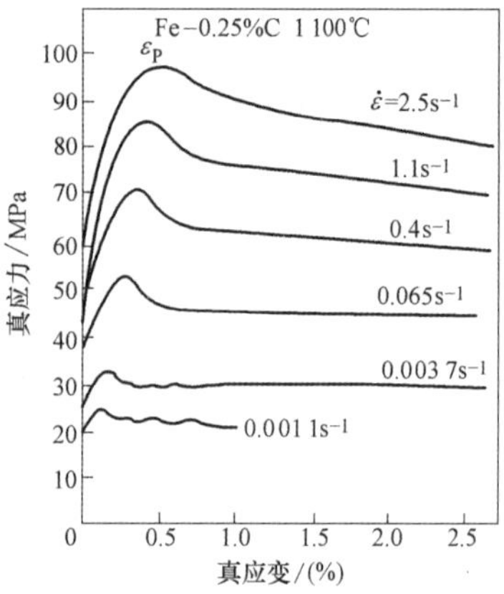

图 8-44 发生动态再结晶的真应力—真应变曲线

动态再结晶与静态再结晶原理基本一样，也是通过成核和长大来完成的。其机制是大角度晶界或亚晶界向高位错密度区域的迁移。动态再结晶的晶粒是由具有低位错密度的再结晶刚刚结束的晶粒到具有高位错密度的即将开始再结晶之前的晶粒所构成。由于变形的不断进行，再结晶后的每个晶粒仍处于变形状态。

图 8-44 所示是普通 25 号钢在 1 100℃发生动态再结晶时的真应力—真应变曲线，从中可以看出，在高应变速度下，流变应力迅速上升，然后由于动态再结晶的发生而引起软化，并逐渐达到平稳态，此时硬化过程和软化过程达到平衡，即处于稳定变形阶段。在低应变速率情况下，应力应变曲线呈波浪形。波峰对应新的动态再结晶的开始，此后由于软化作用大于硬化作用，而使曲线下降。波谷则代表再结晶完结。此后硬化作用大于软化作用，而使曲线上升。当储存能积累到一定程度后又开始新的再结晶，如此反复进行，就出现了波浪形的应力应变曲线。

8.2.4 金属的冷、热、温塑性变形

金属的塑性变形方法有冷变形、热变形和温变形 3 种。冷、热、温变形不是根据变形时是否加热来区分的，而是根据变形时的温度与静态再结晶温度的关系来划分的。低于再结晶温度的加工称为冷加工，而高于再结晶温度的加工称为热加工，如 Fe 的再结晶温度为 451℃，即使将其加热到 450℃加工仍为冷变形。而 Sn 的再结晶温度为－71℃，即使在室温下加工也是热变形。

诸如低碳钢的冷轧、冷拔、冷冲等冷变形方式，由于变形温度处于再结晶温度以下，金属

材料发生塑性变形时不会伴随再结晶过程。与热变形相比，经冷变形的金属材料其强度和硬度升高，塑性和韧性下降，即产生形变强化现象。所以变形过程中变形程度不宜过大，以避免产生破裂。冷变形还能使金属获得较高的精度和表面质量。

而在钢材的热锻和热轧等热变形过程中，随着塑性变形的发生，随即发生再结晶，因此塑性变形引起的变形硬化效应随时被再结晶过程的软化作用所抵消，使材料保持良好的塑性状态。熔点高的金属，再结晶温度高，热变形温度也较高。在热变形过程中还应考虑材料性质和变形条件。对于合金元素含量不高的碳素结构钢和低合金结构钢，其再结晶速度快，一般在热变形温度范围内能顺利变形；但成分复杂的高合金钢、高温合金、某些有色金属等，由于合金元素含量高等原因，使其再结晶速度缓慢，若变形速度较高，硬化速度大于软化速度，则会引起开裂，使变形难以继续。

热变形对金属的组织和性能的影响主要有以下几个方面：

(1) 热变形能使铸态金属中的气孔、疏松、微裂纹焊合，提高金属的致密度；减轻甚至消除树枝晶偏析和改善夹杂物、第二相的分布等；明显提高金属的力学性能，特别是韧性和塑性。

(2) 热变形能打碎铸态金属中的粗大树枝晶和柱状晶，并通过再结晶获得等轴细晶粒，而使金属的力学性能全面提高。但这与热变形的变形量和变形终了温度关系很大，一般来说变形量应大些，变形终了温度不能太高。

(3) 热变形能使金属中残存的枝晶偏析、可变形夹杂物和第二相沿金属流动方向被拉长而形成“流线”，称为纤维组织。纤维组织相对稳定，回复和再结晶不能改变其已有的分布特征。但纤维组织使金属的力学性能特别是塑性和韧性具有明显的方向性，其纵向性能显著优于横向性能。因此热变形时应力求工件流线分布合理。

如图 8-45 所示，锻造曲轴的流线分布合理，可保证曲轴工作时所受的最大拉应力与流线一致，而外加剪切应力或冲击力与流线垂直，使曲轴不易断裂。切削加工制成的曲轴，其流线被切断，分布不合理，易沿轴肩发生断裂。

由于热变形可使金属的组织和性能得到显著改善，所以受力复杂、载荷较大的重要工件，一般都采用热变形方法来制造。

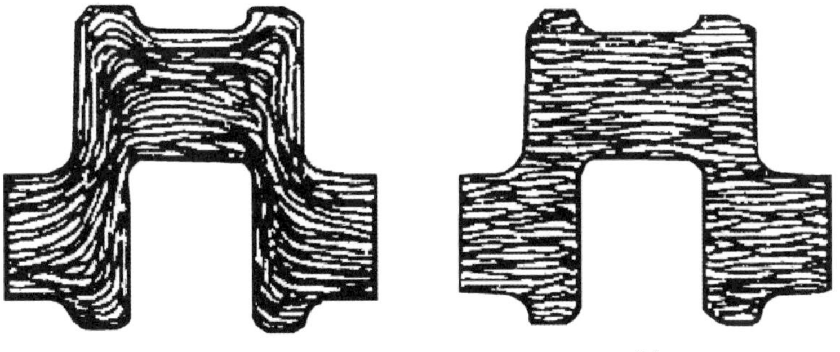

(a) (b)

图 8-45 锻造与切削加工曲轴的流线分布

(a) 锻造；(b) 切削加工

若在再结晶温度以下变形，变形过程中既产生加工硬化也产生回复，则称为温变形。在温变形过程中，既有强烈的加工硬化，也有静态回复的软化，但软化作用远远抵消不了加工硬化的影响，变形后的金属内部总是较多地保留硬化的特征。某些工件若用冷变形，则变形抗力大，易开裂；若用热变形，则因氧化严重，难以保证精度，这种情况适宜采用温变形，如温挤压、温锻等。温变形既有热变形时的变形抗力小、塑性高、允许变形量大的优点，还有冷变形精度高的优点，但温变形要求有加热装置，其工作条件要比冷变形要求高。

8.3 金属的塑性

塑性是变形金属的重要工艺性能，塑性越好，意味着金属具有更好的塑性成形适应性。为了提高塑性加工的效率和质量，工程实践中总是希望金属具有较高的塑性。现代塑性加工业中出现了许多低塑性、高强度的新型材料，传统的塑性加工方法不能满足节约能源、保护环境的行业要求，所以需要采取相应的新工艺进行加工。因此，研究如何提高金属的塑性具有十分重要的意义。

8.3.1 塑性的概念与指标

1. 塑性的概念

塑性是指金属在外力作用下能稳定地产生永久变形而不破坏其完整性的能力。

塑性是相对的，即使是同一种材料在不同的变形条件下，也会表现出不同的塑性。例如，通常情况下铅的塑性极好，但在三向等拉伸应力状态下却表现出很大的脆性；而大理石和红砂石这样的脆性材料在特殊的三向压应力装置中却表现出很好的塑性。

金属的塑性和硬度是两个既有联系又相互独立的物理量。对于有些金属材料，塑性与硬度成简单的反比关系，即硬度高的金属其塑性一般不好，但对于另外一些材料，这一关系并不成立，如 Fe、Ni 不但硬度高，塑性也很好，而 Mg、Sb 虽然硬度低，但塑性又很差。同样，塑性高的材料其变形抗力不一定就低。例如，奥氏体不锈钢在室温下可以经受很大的变形而不发生破坏，即这种钢具有很高的塑性，但是要使它变形却需要很大的变形力，亦即同时它又具有很高的变形抗力。

2. 塑性指标

为了便于比较各种材料的塑性变形能力和确定每种材料在一定变形条件下的加工性能，需要有一种描述金属在不同变形条件下允许的最大变形量的度量指标，这种指标即为塑性指标。

由于变形条件对金属的塑性有很大影响，所以目前还没有一种实验方法能测出可表示所有塑性加工方式下金属的塑性指标。每种实验方法测定的塑性指标，仅能表明金属在该变形过程中所具有的塑性。尽管如此，却也不能否定一般测定方法的应用价值，因为通过一般性试验可以得到相对塑性指标。此类数据可在一定变形条件下定性地说明金属塑性的优劣，或同一金属在何种变形条件下塑性好，在何种变形条件下塑性差等。这可用来指导选择变形时合适的温度、速度和变形量范围。

最常用的金属塑性测定方法有力学性能试验法和模仿某加工变形过程的模拟试验法两大类。前者如拉伸试验时的断面收缩率及延伸率；后者如镦粗或压缩试验时第一条裂纹出现前的压缩率；扭转试验时破坏前的扭转角或扭转圈数；偏心辊轧制时的压下率，等等。这里，分别简述如下。

1）拉伸试验

拉伸试验在材料试验机上进行，拉伸速度通常在$(3\sim10)\times10^{-3}$ m/s 以下，对应的应变速

率为 $10^{-3} \sim 10^{-2}$/s，相当于一般液压机的变形速度。有的试验在高速试验机上进行，拉伸速度为 3.8～4.5m/s，相当于蒸汽锤、线材轧机、宽带钢连轧机变形速度的下限。

拉伸试验可以测定伸长率（δ）和断面收缩率（ψ）两个塑性指标。δ 和 ψ 的数值由下式确定：

$$\delta = \frac{L_h - L_0}{L_0} \times 100\% \tag{8-3}$$

$$\psi = \frac{F_0 - F_h}{F_0} \times 100\% \tag{8-4}$$

式中，L_0 为拉伸试样原始标距长度；L_h 为拉伸试样破断后标距间的长度；F_0 为拉伸试样原始断面积；F_h 为拉伸试样破断处的断面积。

伸长率（δ）表示金属在拉伸方向上断裂前的最大变形。大量试验结果表明，对塑性较好的金属来说，当拉伸变形进行到一定程度就开始出现缩颈，缩颈使变形集中在试样的局部地区，加快了拉断的进程。事实上，在缩颈出现前试样受单向拉应力，而在缩颈出现后，在细颈处受三向拉应力作用。由此可见，试样断裂前的延伸率，包括缩颈出现前后的均匀变形和局部变形两部分，反映在单向拉应力和三向拉应力作用下两个阶段的塑性总和。伸长率大小与试样的原始计算长度有关；试样越长，集中变形数值的作用越小，伸长率就越小。因此，为了使伸长率具有可比性，需要把计算长度固定下来。

与伸长率相同，断面收缩率也是反映在单向拉应力和三向拉应力作用下的塑性指标，但其数值与试样的原始计算长度无关，所以可以得出比较稳定的数值，也更能反映实际情况。

2）压缩试验

压缩试验也称镦粗试验，是指将圆柱形试样在压力机或锻锤上镦粗，当试样侧面出现第一条用肉眼可观察到的裂纹时，记录其变形量作为塑性指标，即

$$\varepsilon = \frac{H_0 - H_h}{H_0} \times 100\% \tag{8-5}$$

式中，ε 为压缩率；H_0 为试样原始高度；H_h 为试样压缩后，在侧面出现第一条裂纹时的高度。

压缩试验时，由于受接触摩擦的影响可能会出现鼓形，此时试样中部呈三向压应力状态，当鼓形较大时，侧面还会出现环向拉应力作用。鼓形的存在说明压缩变形的不均匀性，此时测到的压缩率有其局限性。

另外，若是在高温下对塑性较高的金属进行压缩试验，可能在很大的变形程度下试样侧表面也不出现裂纹，因而得不到塑性极限。同时，还应注意到这样的事实，压缩过程中，试样表面存在的缺陷也可能快速扩大而形成裂纹，但此裂纹非彼裂纹。

实验数据表明，同一金属在相同的温度和速度条件下进行压缩时，由于接触表面上的外摩擦条件和试样的原始尺寸不完全相同，也可能得出不同的塑性指标。因此，为使所得结果具有可比性，对压缩试验必须定出相应的规程，说明进行试验的具体条件。

压缩试验时，H_0 一般取原始直径 D_0 的 1.5 倍。

3）扭转试验

扭转试验是在专门的扭转试验机上进行的。试验时圆柱体试样的一端固定，另一端扭转。记录试样的扭转圈数，直到发生断裂。材料的塑性指标用破断前的总扭转圈数（n）或扭

转角来表示。总扭转圈数越高，塑性越好。图 8-46 所示是 W18Cr4V 高速钢扭转断裂前的扭转圈数与试验温度的关系图，图中记录的信息表明，W18Cr4V 高速钢约在 1 020℃时的扭转变形能力最强。

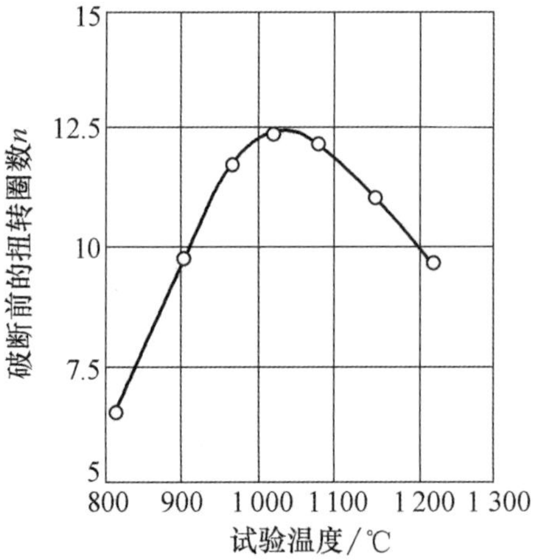

图 8-46　W18Cr4V 高速钢扭转断裂前扭转圈数与试验温度的关系

为了与拉伸、压缩变形试验的塑性指标相对应，亦可将扭转圈数换作剪切率(γ)：

$$\gamma = R\frac{2\pi n}{L_0} \tag{8-6}$$

式中，R 为试样工作段的半径；L_0 为试样工作段的长度；n 为试样破坏前的总圈数。

在这种测定方法中，试样受纯剪力，剪切应力在试样截面中心为零，在表面达最大值。纯剪时一个主应力为拉应力，另一个主应力为等值的压应力，其应力状态接近于零静水压力。

扭转试验由于试样从开始变形到破坏为止，其整个长度上的塑性变形均匀分布，试样在全部变形过程中保持圆柱形，不像拉伸试验时会出现细颈，压缩试验时会出现鼓形，从而排除了变形不均匀性的影响。所以扭转试验在许多国家被广泛用于金属与合金的塑性研究上。

4）轧制试验法

如图 8-47 所示，用偏心轧辊轧制矩形试样，找出试样上产生第一条可见裂纹时的临界压下率作为轧制过程的塑性指标。即：

$$\varepsilon = \frac{\Delta h}{H} = \frac{H-h}{H} \times 100\% \tag{8-7}$$

式中，ε 为压下率；H 为试样原始厚度；h 为试样轧制后，在侧表面出现第一条裂纹时的出口厚度。

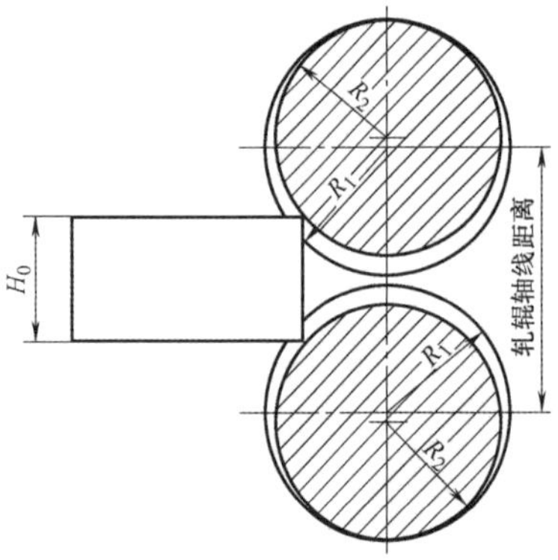

图 8-47　偏心轧制原理

图 8-48 所示是偏心轧辊轧制后的楔形试样，试样材料为铸态 W18Cr4V 钢，原始断面为 36mm×36mm，试验温度为 890℃，裂纹开始发生时的压下率约为 58%。

偏心辊轧制试验法的优点首先是一次试验便可以得

到相当大的压下率范围，因此往往只需进行一次试验便可以确定极限变形量；其次是试验条件可以很好地模拟轧制时的情况。因此，这种方法广泛用于确定金属与合金轧制过程中的塑性。

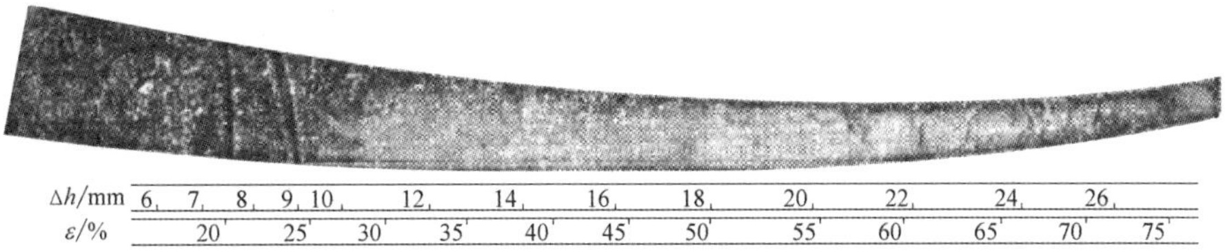

图 8-48　偏心轧制后的试样形状

8.3.2　影响金属塑性的因素

影响金属塑性的因素很多，大致可分为两大类。一类是源于金属材料材质方面的内在因素，另一类是来自变形条件方面的外在因素。具体又可分为 3 个方面：金属的化学成分与组织，变形的温度—速度条件和变形的力学条件。下面分别予以阐述。

1. 化学成分和组织状态对塑性的影响

1）化学成分的影响

金属材料中的化学元素种类繁多，各元素的含量、比例也各不相同。以钢为例，碳钢所含基本元素是 Fe 和 C；合金钢中还有 Si、Mn、Cr、Ni、W、Mo、V、Co、Ti 等。此外，由于矿石、冶炼和加工方面的原因，钢中还含有 P、S、N、H、O 等杂质元素。这些元素对塑性的影响错综复杂。

通常，金属的塑性是随杂质含量的增加而降低的。例如，杂质含量为 0.04％的铝，延伸率为 45％，杂质含量为 2％的铝，其延伸率则只有 30％左右。金属和合金中的杂质，有金属、非金属、气体等，它们所起的作用各不相同。而那些使金属和合金产生脆化现象的杂质混入或其含量达到一定的值后，可使冷热变形都非常困难，甚至无法进行。

下面以碳钢为例，讨论化学成分对塑性的影响。这些影响在其他各类钢中也大体相似。

（1）碳和杂质元素的影响：

碳　碳对碳钢的塑性影响最大。碳能固溶在铁里，形成铁素体和奥氏体，它们都具有良好的塑性。当含碳量增大时，超过铁的溶解能力，多余的碳和铁形成化合物渗碳体。它有很高的硬度，塑性几乎为零，渗碳体对基体的塑性变形起阻碍作用，因而使碳钢的塑性降低，强度提高。随着含碳量的增大，渗碳体的数量也增加，塑性的降低也更显著。图 8-49 所示是碳钢在退火状态下，塑性与抗力指标与含碳量的关系。由图可见，总的趋势是随着含碳量的增加，其塑性迅速降低。

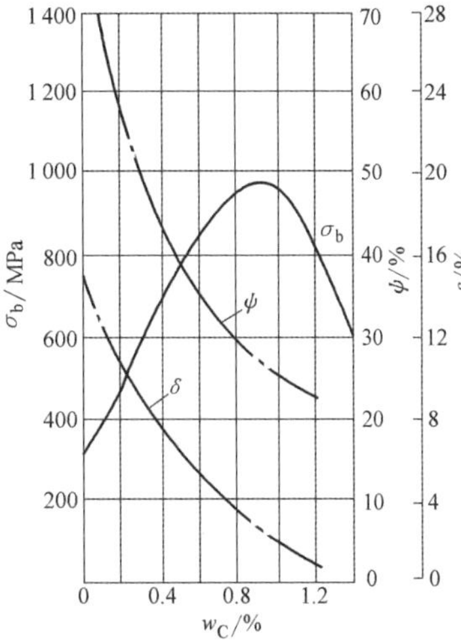

图 8-49　钢中含碳量对钢机械性能的影响

实践证明，含碳量小于 1.49％的铸钢，可很好地进行锻造和轧制。高于 1.4％时析出渗碳体和莱氏体，使塑性下降。具有 1.4％～1.7％C 的碳钢在很窄的温度范围内形成固溶体。而当含碳量高于 1.7％时，其塑性将视钢中的渗碳体和莱氏体的影响程度而定。对于含碳量很高的铸铁,只有在特殊条件下才能进行塑性加工。

磷 磷是钢中的有害杂质。磷能溶于铁素体中,使钢的强度、硬度显著提高,塑性、韧性显著降低。磷严重地影响钢的冷变形能力,其影响效果与含磷量成正比,这就是所谓冷脆现象。当钢中的含磷量超过 0.1%时,这种现象就特别显著,当含磷量大于 0.3%时,钢已全部变脆。当然钢中含磷量不会如此之多,但磷具有极大的偏析能力,会使钢中局部区域达到较高的含磷量而变脆。磷对钢的热变形能力影响不大,对碳钢来讲,当含磷量高达 1%~1.5%时仍不降低其塑性,这是因为磷已溶于铁的固溶体中。

硫 硫也是钢中的有害杂质。硫很少溶于固溶体内,多以 FeS、MnS 等硫化物夹杂的形式存在。如果在钢中含有合金元素时,还会形成镍、铂和其他合金元素的硫化物。硫化物共晶体和化合物的熔点温度较低,如 FeS 与 FeO 形成的共晶体,其熔点为 985℃,当钢在 1 000℃以上进行热加工时,由于晶界处的 FeS-FeO 共晶体熔化,导致锻件开裂,这种现象称为热脆(或红脆)性。特别是呈网状形式包围晶粒的硫化物的危害最大。例如,铁的硫化物与铁形成网状形式的易熔共晶体包围在初始晶粒的周围就是这样的。形成网状来包围初始晶粒的硫化物还有硫与镍形成的化合物,这种化合物的熔点比硫与铁和其他金属形成的化合物还要低。

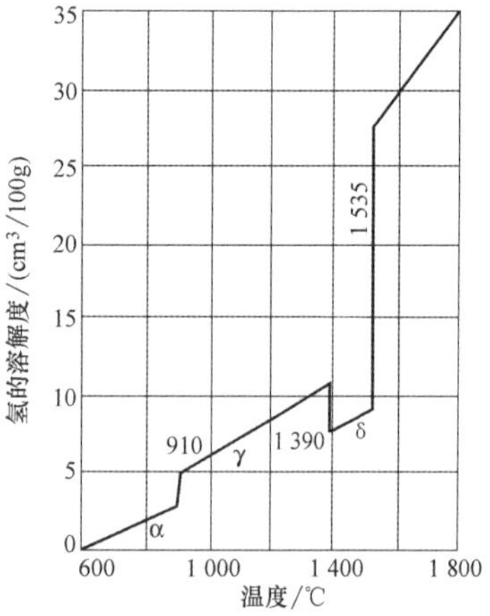

图 8-50 氢的溶解度

钢中加 Mn 可减轻或消除 S 的有害作用,因为钢液中 Mn 可与 FeS 发生如下反应:

$$FeS + Mn = MnS + Fe$$

MnS 在 1 620℃时才熔化,而且在热加工温度范围内有较好的塑性,可以和基体一起变形。

氮 氮在奥氏体中溶解度较大,但随温度下降而减小。在 590℃时溶解度约为 0.1%,在室温时,即当奥氏体转变为铁素体时其溶解度降至 0.001%。将含氮量高的钢由高温快速冷却时,由于来不及析出而形成过饱和固溶体。以后,在室温或稍高温度下,氮将以 Fe_4N 形式析出,使钢的强度、硬度提高,塑性、韧性大为降低,这种现象称为时效脆性。若在 300℃左右加工时,表现为断口呈蓝色的蓝脆现象。

氢 钢中溶解的氢含量较大时,钢的塑性会大大降低,引起所谓氢脆现象。如图 8-50 所示,氢在钢中的溶解度随温度降低而降低。当含氢量较高的钢锭经锻轧后较快冷却时,从固溶体析出的氢原子没有足够的时间向钢坯表面扩散,而集中在钢内缺陷如晶界、嵌镶块边界和显微空隙等处,形成氢气团,产生相当大的压力。此时,若上述压力再与组织应力、温度应力等内应力迭加,累加到一定程度会出现细小裂纹,即所谓白点。白点一般易在大型合金钢锻件中出现。

氧 氧与硫类似,也会使钢出现热脆(或红脆)现象,氧在金属中存在的主要形式是 FeO、Al_2O_3、SiO_2 等氧化物。多数氧化物的熔点高于轧制或锻造前的加热温度,但也有不少氧化物和共晶体的熔点在加热温度范围内或更低。因此,这些熔点较低、分布在晶界上的共晶体,由于其软化或熔化使晶间联系削弱,使物体在热变形时出现热脆(或红脆)。

(2) 合金元素的影响:

在金属材料中加入特定的合金元素，不仅改善金属材料的使用性能，如提高了强度、热稳定性、耐腐蚀性等，同时也改变了金属材料的塑性，其对塑性的影响取决于加入元素的特性、加入元素的数量、元素之间的相互作用等。下面就合金元素对钢的塑性影响机制略作阐述。

固溶体的影响　合金元素无论是溶入奥氏体还是溶入铁素体中形成固溶体后，都将使铁的晶格发生不同程度的畸变，从而使其抗力提高，塑性降低。当 Si、Mn 的含量大于 1%时，铁素体的塑性指标明显下降，如图 8-51 所示，所以 Si、Mn 含量大的钢在冷态时的塑性较差，不宜进行塑性变形。如深拉深用板材一般分别控制 Si、Mn 含量在 0.04%和 0.5%之下，而变压器用硅钢片则控制 Si 含量在 3.5%以下。相对 Si、Mn 而言，Cr、Ni、W、Mo 等合金元素对铁素体塑性的影响则不显著。

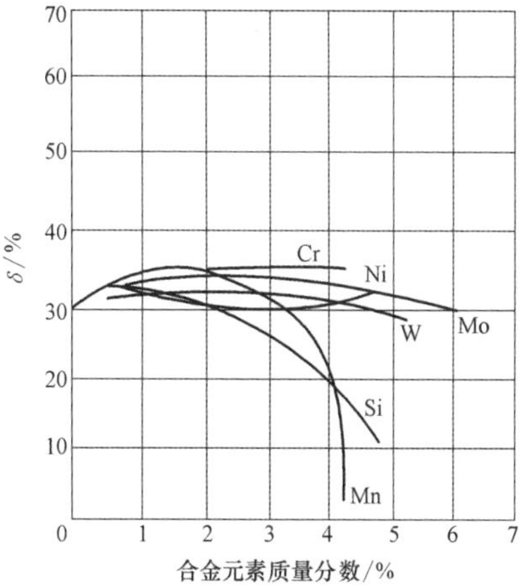

图 8-51　合金元素对铁素体伸长率的影响

碳化物的影响　合金元素若与钢中的碳形成硬而脆的碳化物，如碳化铬、碳化钨、碳化钼、碳化钒、碳化钛等，会使钢的强度提高，塑性降低。不过碳化物的影响还与其形状、大小和分布情况相关。

冷态下，Nb、Ti、V 含量少时，其碳化物呈极小颗粒高度分散而起弥散强化作用，使钢的强度大幅提高，但对塑性影响不大。而诸如高速钢等高合金钨钢由于晶界上含有大量共晶化合物，塑性很差。

热变形时，大量碳化物溶入奥氏体形成固溶体，削弱了碳化物对钢的强化作用，改善了钢的塑性。但对含有大量 W、Mo、V、Ti、Cr 和 C 等元素的高合金钢，在热成形温度范围内，碳化物并非全部溶入奥氏体，而是分布于奥氏体之外，使其高温抗力比碳含量同的碳钢高出许多，塑性也明显降低。

硫、氧化物的影响　合金元素与钢中的氧、硫形成氧化物和硫化物夹杂，造成钢的热脆性，降低了钢的热塑性。例如，在钼钢或镍基合金中，较高含量的硫与钼或镍化合，生成硫化钼或硫化镍的低熔点共晶产物，分布于晶界上削了弱晶粒间的结合力，产生热脆效应。不过还应注意到，锰、钛等元素也能与硫化合，但形成的是熔点高于 FeS 的硫化物，反而使钢的热塑性提高，有利于热成形的进行。

总之，若合金元素与硫、氧形成共晶低熔点化合物时将引起热脆；反之，若合金元素与硫、氧形成共晶高熔点化合物时将改善钢的热塑性。

相的影响　合金元素可以改变钢中相的组成，造成组织的多相性，从而使钢的塑性下降。例如铁素体不锈钢和奥氏体不锈钢均为单相组织，在高温时具有良好的塑性，但如成分调配不当则会在铁素体不锈钢中出现第二相，因两相的高温性能和再结晶速度的不同，引起变形不均而降低塑性。

组织与晶粒的影响　合金元素也可通过影响钢的铸造组织与晶粒大小来改变钢材的塑性，如 Si、Ni、Cr 等会促使铸钢中柱状晶长大，降低塑性；V 能细化铸造组织，对提高钢的塑性有利；W、V、Ti 等元素对钢材加热时的晶粒长大有强烈阻碍作用，可起到细化晶粒的效果，从而提高高温塑性。Si、Mn 等会促使奥氏体晶粒在加热过程中粗大化，亦即对过热的敏感性很大,因而使塑性降低。

低熔点元素的影响 若钢中含有 Sb、Pb、Sn、As、Bi 等低熔点元素,这些元素几乎不溶于基体金属,而以纯金属相存在于晶界,故造成钢的热脆性。如图 8－52 所示是锡与铅对含碳量为 0.2%～0.25%钢的热成形性的影响情况。

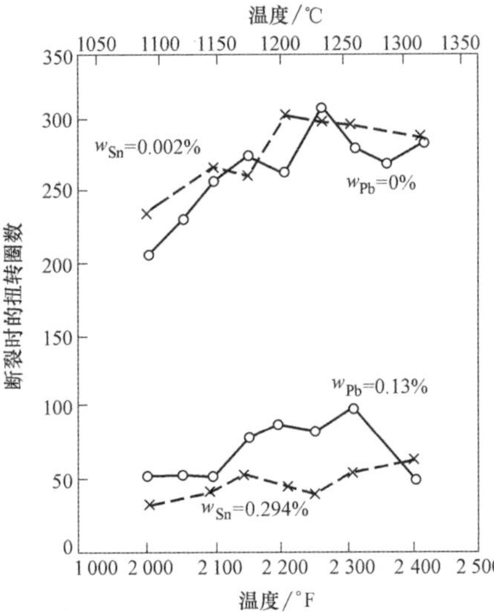

图 8－52 锡与铅对钢热成形性影响情况

"稀土元素"的影响 稀土元素在铁、镍、铬基合金及其他合金中的溶解度并不大,但这些少量的元素对钢及其合金的性能影响却非常显著。大量实验数据表明,如把稀土元素铈和镧加入到 Ni-Cr-Mo、Ni-Cr-W 和 Ni-Cr-Mo-Cu 钢中均会明显改善其热塑性。但需严格控制稀土元素加入量,只有加入的稀土元素量恰好抵消杂质的有害作用才能达到预期效果,加入过多或过少都不会明显改善其塑性。

2) 组织的影响

一定化学成分的钢,其组织状态不同,其塑性亦有很大区别。

(1) 相组成的影响。属单相系的纯金属和固溶体比多相系的塑性好,原因是由于单相系晶体具有较均匀的力学性能,晶间物质是较细的夹层,且少见易熔的夹杂物、共晶体或低强度的脆性相等。而两相以上的多相系合金的塑性较差,原因是各相的特性、晶粒的大小、形状和显微组织的分布状况等参差不齐,因而使塑性变差,如在锡磷青铜中含磷量为 0.1%时,磷与铜形成熔点为 707℃的化合物 Cu_3P,此化合物又与锡青铜形成熔点为 628℃的三元共晶体;当含磷量超过 0.3%时,磷形成磷化共析体夹杂而析出;当含磷量大于 0.5%时,磷化物在热加工温度时熔化而成为液态,各晶粒的晶界结合力大为降低,造成热脆性,使热塑性变形难以进行。

综上,单相组织的塑性比多相组织的好,且多相组织中相与相之间性能差越小越好。两相若变形性能相近,则其组合后的塑性介于两相之间;若一塑性相与一脆性相组合,则变形主要在塑性相进行,脆性相则起阻碍变形的作用。另外,相的形状、分布状况对塑性亦有较大影响。若组合中的脆性相呈网状分布于晶界,其影响作用最大,这时组合体的塑性完全决定于脆性相;若组合中的脆性相呈片或层状分布于晶粒内部,则影响较小;若组合中的脆性相呈粒状均布于晶内,则几乎不产生影响。

(2) 晶粒大小的影响。金属和合金的晶粒越细小,塑性越好。其原因是:

① 变形分散进行:晶粒越细,同一体积内晶粒数目越多,于是在一定变形量下,变形分散到许多晶粒内进行,每一晶粒分摊的变形量减小,这样比起粗晶粒的材料,由于某些局部区域应力集中而出现裂纹以致断裂这一过程会发生得迟些,即在断裂前可以承受较大的变形量。

② 晶界作用深化:金属和合金晶粒越细化,每一闭合晶界所包围的材料量越少,晶界的影响越易遍及整个晶粒,于是晶粒中部的应变和晶界处的应变差异就越小。

③ 有利位向晶粒数多:晶粒越细,晶粒数目越多,塑性变形时位向有利于滑移的晶粒数也越多,可同时滑移变形的晶粒数越多,变形能越易均匀地分摊给更多的晶粒。

3）铸造组织的影响

由于铸锭的成分和组织不均匀，所以导致其塑性变形能力低。归纳其原因，有如下几方面：

(1) 非连续组织的存在。如铸锭的端部和中心部位存在的宏观和微观孔洞、裂纹，沸腾钢则因脱氧反应而产生皮下气泡等，这些均使铸锭的密度降低。

(2) 不均匀组织的存在：如用普通熔炼方法获得的铸锭，其硫、磷等有害杂质偏析倾向较大；大钢锭中的枝晶偏析现象严重；两相以上的钢与合金中，通常第二相粗大的夹杂物会分布在晶界上。

(3) 不利附加应力的存在。加工时产生不均匀变形，出现有害的附加拉应力或剪切应力，助长宏观或微观孔隙、脆性相以及液态相开裂。

2. 变形温度、速度、程度对塑性的影响

1）变形温度的影响

变形温度对金属的塑性有着重大影响。塑性加工因温度选择不当而造成诸如开裂等失败的事件屡见不鲜。

对大多数金属和合金来说，变形温度对塑性影响的总趋势是：随着温度升高，塑性增加。其增加趋势并不是单调的，在某些温度区间，某些合金的塑性还可能降低。由于金属和合金的种类繁多，加热温度范围又较大，所以很难用一种简单的模式来概括。下面以碳钢的塑性随温度的变化为例作一说明。碳钢的塑性随着温度的升高出现了“三起三落”现象，即 3 个塑性较好的区，4 个脆性区，如图 8－53 所示。

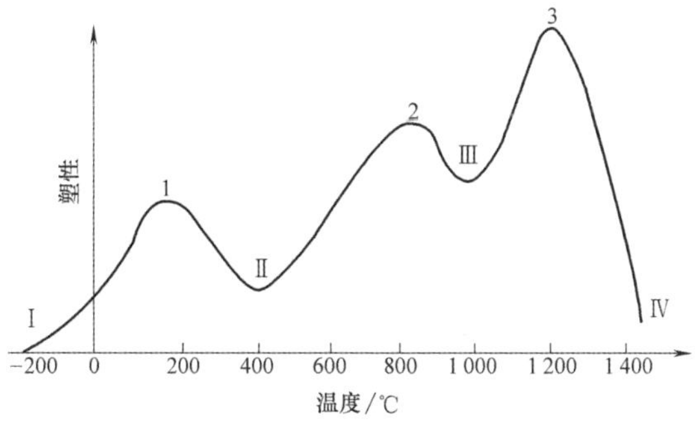

图 8－53　碳钢的塑性随温度的变化曲线

在大约－100℃以下的超低温脆性区Ⅰ，原子的热运动几乎被完全冻结，所有可能的塑性变形形式都不能发生，其表现为钢的塑性几乎为零，此时钢呈现出极大的脆性。也有学者认为，低温脆性的出现与晶粒边界的某些组织成分随温度降低而脆化有关。例如，含磷高于 0.08％和含砷高于 0.3％的钢轨，在－40～－60℃时已经变得很脆。

在 100～200℃的区域，塑性呈增加趋势。一般认为原因有两个：首先是由于温度的升高使原子的热运动复苏并加剧；其次是变形使原子动能增加。这些现象均有利于塑性变形的发生。

在 200～400℃的低温脆性区Ⅱ，塑性出现了第一次较大的降低，此时碳钢脆性断裂的断口呈蓝色，俗称蓝脆区。其原因有多种，一般认为是氮化物、氧化物等脆性相以沉淀形式析出于晶界、滑移面上所致，其效果类似于时效硬化。

在 700～800℃的区域，由于再结晶和扩散现象发生，有利于塑性的改善，所以在这个区域，塑性又呈增加趋势。

在 800～950℃的高温脆性区Ⅲ，由于在相变区有铁素体和奥氏体共存，产生了变形的不均匀性，出现附加拉应力；在晶界区又出现了低熔点的硫化共晶体产物，所以碳钢的塑性出现了第二次较大的降低，此区俗称红脆(热脆)区。

在 950～1 250℃的区域，一方面，钢的组织转化为均匀一致的奥氏体，高温奥氏体的塑性优于低温时的铁素体和其他组织；另一方面，实验表明，包围在晶粒外面的硫化物薄膜在此温度段熔化而扩散到晶粒内部，其对塑性的不利影响得以消除。这两方面的原因均使钢的塑性得到提高。

在大于 1 250℃的超高温脆性区Ⅳ，碳钢已接近于熔化状态，此时晶粒迅速长大，晶间强度大幅削弱，继续加热将产生"过热"和"过烧"现象，使碳钢的塑性出现了第三次较大的降低，此时的钢几乎完全失去了塑性变形的能力。

对于不同结构与组织的金属和合金而言，温度变化引起的物理化学状态变化不尽相同，所以温度对其塑性的影响规律也差别较大。但归纳塑性因温度升高而增加的共性原因有以下几方面。

(1) 温度的升高导致了回复和再结晶。回复能使变形金属的晶格畸变等得到缓解，再结晶则能完全消除变形金属的加工硬化，使金属和合金的塑性显著提高。

(2) 温度的升高使临界剪切应力降低、能启动的滑移系增加。因为温度升高使原子的热运动能量增大，原子间的结合力就降低，从而使临界剪切应力降低。同时，在高温时还可能激发新的滑移系。例如，具有面心立方结构的铝及其合金，在室温时滑移面为(111)，当升温至 400℃时，(100)面也开始发生滑移，所以在 450～550℃的温度范围内，铝的塑性最好；但继续加热至 600℃以上时，滑移面(111)又停止作用了，再加上"过热"现象的发生，所以铝的塑性反而大幅下降。再如，镁是密排六方晶格，在低温时只有一个滑移面(0001)，而在 300℃以上时，由于镁合金晶体中产生了附加滑移面$(10\bar{1}1)$，因而塑性提高了。故一般镁合金在 350～450℃的温度范围内可进行各种压力加工。

(3) 金属的组织结构发生变化。如由多相组织变为单相组织，或由滑移系个数少的晶格变为滑移系个数多的晶格。例如，碳钢在 950～1 250℃范围内塑性好，这与此时处于单相组织和转变为面心立方晶格有关。又如，钛在室温时呈密排六方晶格，只有 3 个滑移系，当温度高于 882℃时，转变为体心立方晶格，有 12 个滑移系，塑性有明显提高。

(4) 扩散塑性变形形式的发生。当温度升高时，原子热振动加剧，晶格中的原子处于不稳定的状态。当晶体受外力作用时，原子就沿应力场梯度方向，非同步、连续地由一个平衡位置转移到另一个平衡位置，使金属产生塑性变形。这种转移不像滑移一样沿着一定的晶面和晶向进行，所以称为扩散塑性变形或热塑性变形。

扩散塑性变形是非晶体发生变形的唯一方式，对晶体来说则是一种附加方式。扩散塑性变形较多地发生在晶界和亚晶界，晶粒越细，温度越高，扩散塑性变形的作用越大。在回复温度以下，扩散塑性变形对金属塑性变形所起的作用并不明显，只有在很低的变形速度下才有可能发生。

(5) 晶界滑动作用的增强。加热时晶界的性质发生了变化，既有利于晶间滑移变形的发生，也有利于消除晶间的破坏。因为不规则排列的晶界原子处于不稳定状态，有利于其移动和扩散的进行。当金属多晶体的温度较高时，晶界的强度低于晶粒本身；这不仅减小了晶界对晶内变形的阻碍作用，而且晶界本身更易于发生滑动变形。另外，在高温时由于原子扩散能力提高，塑性变形过程中被破坏了的晶界在很大程度上得到修复。这些现象均使金属和合金在高温下具有较好的塑性。

归纳大量实验事实，考虑材质和温度因素，金属和合金的可锻性可概括为 8 种类型，如图 8-54 所示。图中的曲线表示可锻性变化的情况。可锻性包括变形抗力和塑性两个方面，变形抗力小、塑性大的材料，可以认为其可锻性好。由图可见，与前述相同，随着温度升高，塑性一般呈增加趋势，但也可能是由于晶粒粗大化以及金属内化合物、析出物或第二相的存在、分布和变化等原因，使塑性在某些温度区间出现回落。

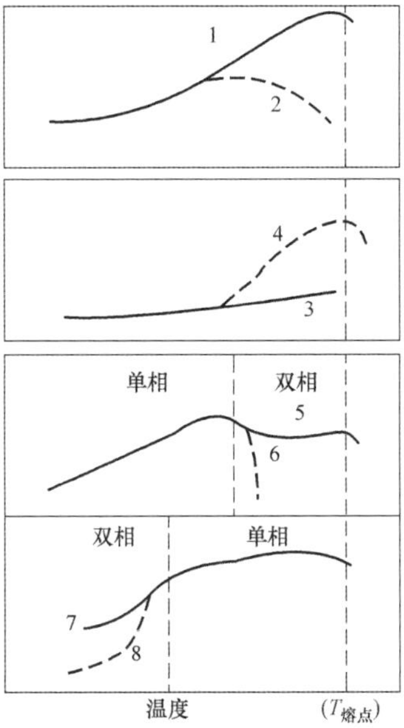

图 8-54　可锻性的 8 种类型

1—纯金属和单相合金，如铝、钽合金、铌合金；
2—晶粒成长敏感的纯金属和单相合金，如铍、镁合金、钨合金、β 单相钛合金；
3—含有形成非固溶性化合物元素的合金，如含有硒的不锈钢；
4—含有形成固溶性化合物元素的合金，如含有氧化物的钼合金，含有固溶性碳化物或氮化物的不锈钢；
5—加热时形成韧性第二相的合金，如高铬不锈钢；
6—加热时形成低熔点第二相的合金，如含硫铁、含有锌的镁合金；
7—冷却时形成韧性第二相的合金，如低碳钢、低合金钢、α-β 及 α 钛合金；
8—冷却时形成脆性第二相的合金，如镍-钴-铁超合金、磷氢不锈钢(根据 **H. J. Henning, F. W. Boulger** 论述)

2) 变形速度的影响

变形速度是指单位时间内的应变，通常称为应变速率，其单位是 s^{-1}。塑性成形的工作速度是单位时间内的位移，其单位是 m/s 或 cm/s。塑性成形的工作速度虽然不等于变形速度，但在很大程度上决定变形速度的大小，所以工作速度的差别将导致工件变形时的变形速度差别。

常见的塑性成形工艺的工作速度差别很大，速度较低的材料试验机不超过 1cm/s、水压机为 1～10cm/s、机械压力机为 30～100cm/s，速度中等的通用锻锤为 500～900cm/s、高速锤为 1 200～1 800cm/s，速度较高的爆炸成形为 1 200～7 000m/s、电液成形为 6 000m/s、电磁成形为 3 000～7 000m/s。

为了合理制订塑性成形时的速度规范，正确利用由普通材料试验机获取的材料塑性指标，讨论变形速度对塑性的影响是非常必要的。

(1) 热效应和温度效应。为了讨论变形速度对材料塑性的影响，先要了解一下热效应现象。塑性变形体所吸收的能量，将转化为弹性变形位能和塑性变形热能。这种塑性变形过程中变形能转化为热能的现象，称为热效应。

据有关资料介绍，在室温下压缩镁、铝、铜、铁等金属，变形体所吸收能量的 85%～90%转化为塑性变形热能，而这些金属相应的合金则有 75%～85%转化为塑性变形热能，可见热效应现象十分可观。

塑性变形产生的热能一部分散发到周围介质中，其余部分将使变形体温度升高。这种由于塑性变形过程中产生的热量使变形体温度升高的现象，称为温度效应。

温度效应首先决定于变形速度，变形速度越高，单位时间内的变形量越大，所产生的热量则越多，热量的散失相对来说便少，因而温度效应也就越大。在塑性成形生产实践中，常可以看到这样的现象，锻造时使锻锤重击快击，毛坯温度不仅不会降低反而会升高。其次，变形体与工具接触面、周围介质的温差越小热量散失就越少，温度效应也就越大。此外，温度效应与变形温度有关。温度越高，材料变形抗力越低，单位体积的变形能减小，温度效应自然也减小。相反，在冷塑性变形时，因材料变形抗力高，单位体积变形功大，温度效应也就高。

(2) 变形速度对塑性的影响。变形速度对塑性的影响，实质上是变形热效应在起作用。因为，使金属产生塑性变形的能量，将消耗于弹性变形和塑性变形中。消耗于弹性变形的能量造成物体处于应力状态，而消耗于塑性变形的能量绝大部分转化为热量。当部分热量来不及向外扩散而停留于变形体内部时，促使金属的温度升高。

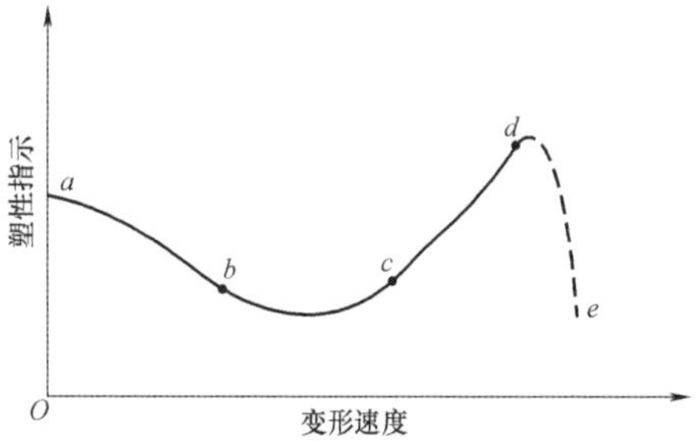

图 8-55 变形速度对塑性的影响示意图

变形速度对塑性的影响机制比较复杂，各种资料中的观点是不完全相同的，有时甚至是有矛盾的。整理已有研究结果，通常认为随着变形速度的提高，塑性指标变化的一般趋势如图 8-55 所示。

在变形速度不大的 ab 段，增加变形速度将使塑性降低。这是由于加工硬化及位错受阻而形成内裂所引起的，本阶段虽然也发生了可促进软化的热效应现象，但加工硬化发生的速度超过软化进行的速度，塑性降低效应大于温度效应引起的塑性增加效应。在变形速度较大的 bc 段，由于温度效应显著，其引起的塑性增加基本上抵消了加工硬化所引起的塑性降低，所以使塑性不再随变形速度的增加而降低。在变形速度很大的 cd 段，由于温度效应的显著作用，使加工硬化得到全面消除，而且变形的扩散机制也参与作用，加上位错能借攀移而重新启动，变形金属塑性上升的速度完全超过了变形硬化造成的塑性下降速度，于是在本阶段出现了塑性回升的现象，这种现象特别有利于塑性较差材料的塑性成形。而在变形速度更大的 de 段，温度效应的发生促进了过热、过烧等脆化现象的发生，所以塑性指标再次出现了回落，这个变形速度段是不适宜进行塑性变形的。应该指出，图 8-

55 所示的变化趋势并没有任何定量的意义，只是定性地说明塑性与变形速度之间的关系。

目前，在普通设备上进行塑性加工时，变形速度一般在 0.8～300cm/s 左右，仅在个别情况下可达 1 000cm/s 以上。由于高能成形，特别是爆炸成形等新工艺的出现，金属的变形速度得到大幅提高，比常规的塑性成形的变形速度高出 1 000 倍。如在爆炸时的冲击波作用下，钛和不锈钢等一般不易加工的耐热合金表现出了良好的塑性。有些资料认为，在这样高的变形速度下，金属可能具有符合流体动力学原理的流体性质。另外，罗伯特做过这样的假设，即假定形变硬化与时间因素也有关系，对于一种金属或合金在一定温度下存在一个特殊的限定时间——形变硬化的“停留时间”。总可以找到一个尽量短的时间，使塑性变形在此时间内完成，这样就可以使变形的能量消耗降到最低，并且可以保证变形过程在裂纹来不及传播的情况下进行。似乎可以用此假说来解释爆炸成形及高速锤锻的工作效果好的原因。

事实上，变形速度对塑性成形工艺有广泛的影响。提高变形速度还有下列影响：第一，降低摩擦系数，从而降低变形抗力，改善变形的不均匀性，提高工件质量；第二，减少热加工时的热量散失，从而减少毛坯温度的下降和温度分布的不均匀性，这有利于诸如具有薄壁、高筋等形状复杂或材料的锻造温度范围较狭窄的工件的成形；第三，提高变形速度，会由于“惯性作用”，使复杂工件易于成形，例如锤上模锻时上模型腔容易充填。

在分析变形速度对金属塑性的影响时，还应考虑变形温度的因素，因为在变形过程中所引起的金属组织结构变化，是两者综合作用的结果。С. И. 布拉特等总结了不同变形温度条件下变形速度对各种钢与合金的塑性影响的规律，如图 8－56 所示。此图将有助于全面了解温度与变形速度的综合影响机制。

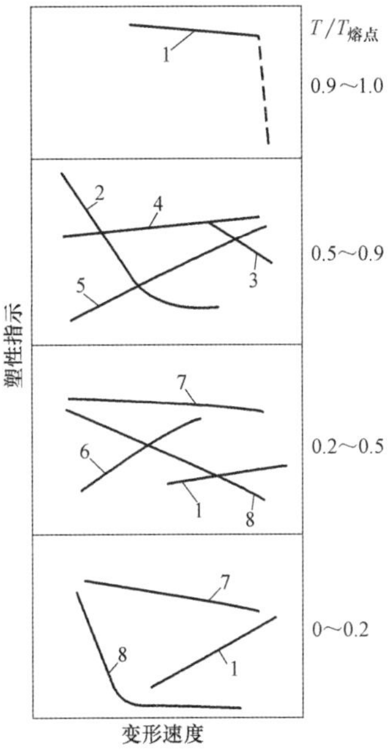

图 8－56　在不同的相对温度下变形速度对金属塑性的影响示意图

1—绝热的升温；**2**—超塑性材料；**3**、**4**—高塑性钢；**5**—有热脆性的钢与合金；**6**—在温变形区有弥散强化的钢与合金；**7**—面心立方晶格的钢与合金；**8**—体心立方晶格的钢与合金

3）变形程度的影响

变形程度是一次变形的总量，变形量与金属变形过程中的塑性行为密切相关，原因有以下几点。

（1）变形量与加工硬化程度相关。热变形过程中，若加工硬化速度小于软化速度、微裂纹的修复速度大于发生速度，则变形程度对塑性的影响不显著。但在冷变形时，由于没有微裂纹的修复效应，所以随着变形量的增加，塑性总是要降低。

冷变形时两次退火间的变形量与金属的性质密切相关，对硬化现象严重的金属与合金，应在下一次中间退火前选择较小的变形量，以便于恢复其塑性；对于硬化现象轻微的金属与合金，则可以在两次中间退火之间选择较大的变形程度。

对于难变形的 Cr23Ni13、CrNi77TiAl 等耐热钢与合金钢，可以采用增加道次、减小单次变形量的加工方法。事实证明，如此分散变形的方法可以提高塑性 2.5～3 倍，原因是分散的小变形可以充分发挥并保持材料的塑性。

（2）变形量与热脆现象相关。在加工难变形金属与合金时，一次大变形可使热效应产生的变形热甚至可以使其局部温度升高到过烧温度，从而引发热脆现象。所以增加道次、减小单次变形量的做法有改善难变形金属与合金塑性的效果。

(3) 变形量与变形内应力相关。若变形量大，则变形不均匀倾向大，变形金属内所产生的内应力也大，内应力将促进微裂纹的成长而引起变形金属的断裂。

所以在热变形中也可采用分散变形，以减小单次变形量，使单次变形的塑性要求远低于塑性指标。另外，还可以减小变形金属内所产生的应力，使其不足以引起金属的断裂。同时，在各次变形的间隙时间内由于软化的发生，也使塑性在一定程度上得以恢复。

3. 变形力学条件对塑性的影响

1) 应力状态的影响

应力状态即变形体中某立方微元体 3 个面上的应力大小和方向，如果微元体 3 个面的法线方向和 3 个主方向相同，则 3 个面上表示的是主应力，称主应力图。习惯上用主应力图来定性表示变形体的应力状态。

如图 8－57 所示，主应力图共有 9 种，即两种单向主应力图——单向受拉和单向受压；3 种二向主应力图——二向受拉、二向受压和一向受拉一向受压；4 种三向主应力图——三向受拉、三向受压、二向受拉一向受压和二向受压一向受拉。在二向和三向主应力图中，各向主应力符号相同时，称同号主应力图；符号不同时，称异号主应力图。

应力状态不同对塑性的影响也不同，通常主应力图中的压应力个数越多，且数值越大，即静水压力越大，则金属的塑性越好；反之，拉应力个数越多，数值越大，即静水压力越小，则金属的塑性越差。实践证明，单向压缩可达到的变形程度比单向拉伸大许多；三向压应力状态的挤压比二向压缩一向拉伸的拉拔更有利于材料塑性的发挥；同样是三向压应力状态的镦粗和挤压变形，后者的塑性好，这是因为其压应力数值比前者大。所以，主应力图 8－57 中，左下角的三向压应力状态塑性最好，右下角的三向拉应力状态塑性最差。

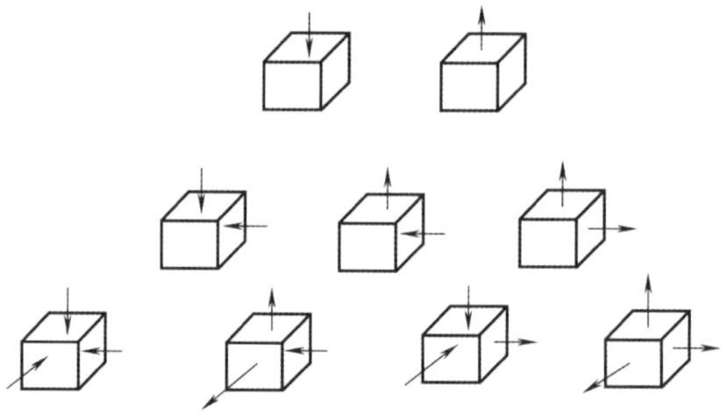

图 8－57　九种主应力图

德国的卡尔曼在 20 世纪初对大理石和红砂石进行过一次著名的试验，其试验结果可以清楚地说明应力状态对塑性影响的原因。卡尔曼把圆柱形大理石和红砂石试样置于如图 8－58所示的试验装置中进行压缩，同时从底部压入甘油对试样施加侧向压力。记录的试验结果如图 8－59 所示，当没有侧向压力作用即图中的 $\sigma_2=0$ 时，大理石和红砂石显示完全的脆性；在有侧向压力作用时，却表现出一定的塑性；而且侧向压力越大，塑性越高。限于当时的实验条件，卡尔曼所得到大理石的最大压缩程度如图 8－59(a)所示，当 $\sigma_2=1\ 650\times10^5$ Pa 时，为 8%～9%；红砂石如图 8－59(b)所示，当 $\sigma_2=2\ 475\times10^5$ Pa 时，为 6%～7%。后来，拉斯切加耶夫在更大的侧向压力下进行了大理石的压缩实验，结果获得高达 78%的变形程度，并在很大的侧向压力下拉伸大理石试样，得到了 25％的延伸率，还出现了与金属试样相似的缩颈现象。

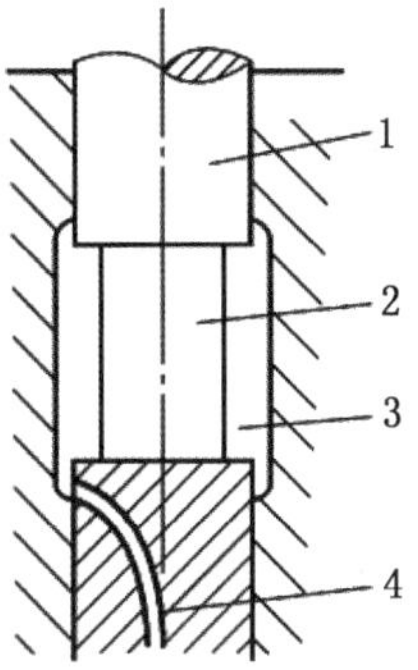

图 8-58　卡尔曼试验装置

1—压力柱塞；2—试样；3—试验腔室；4—高压液体注入处

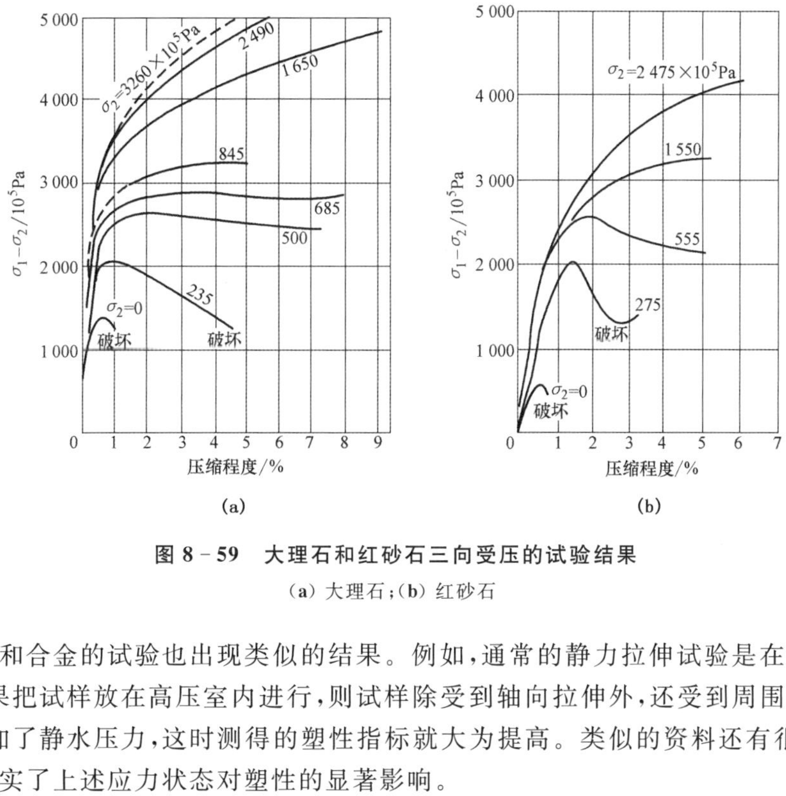

图 8-59　大理石和红砂石三向受压的试验结果

(a) 大理石；(b) 红砂石

对金属和合金的试验也出现类似的结果。例如，通常的静力拉伸试验是在大气压力下进行的，如果把试样放在高压室内进行，则试样除受到轴向拉伸外，还受到周围高压介质的作用，即增加了静水压力，这时测得的塑性指标就大为提高。类似的资料还有很多，这些资料都充分证实了上述应力状态对塑性的显著影响。

静水压力越大，金属的塑性就越高，其原因可以解释如下：

(1) 拉伸应力促进晶间变形，加速晶界破坏，压缩应力抑制或减少晶间变形。随着三向压缩作用的增强，晶间变形越加难以进行，因而改善了金属的塑性。

(2) 压应力有利于抑制或消除晶体中由于塑性变形引起的各种微观损伤，而拉应力则相反，它促使各种损伤发展、扩大。如图 8-60 所示，某晶粒滑移面上因滑移面产生的损伤点在拉应力作用下将分离并扩大，在压应力作用下将收缩甚至消除。

(3) 当变形体内原来存在脆性杂质、微观裂纹、液态相等缺陷时，三向压应力能抑制这些缺陷，全部或部分地消除其危害性。而在拉应力作用下，如图 8－61 所示，将使这些缺陷发展，形成应力集中，促使金属被破坏。

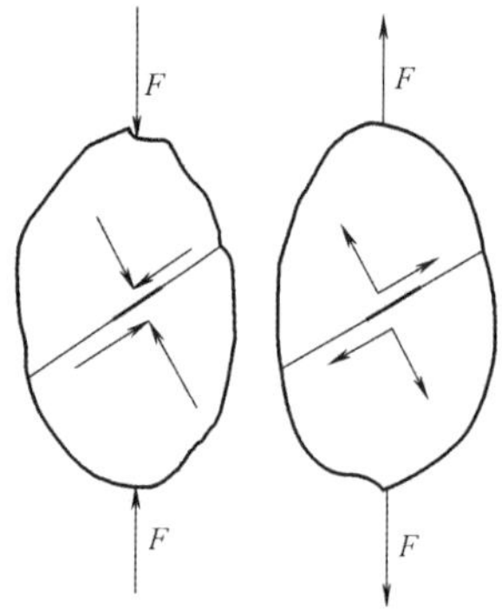

图 8－60　滑移面上的损伤与应力性质的关系

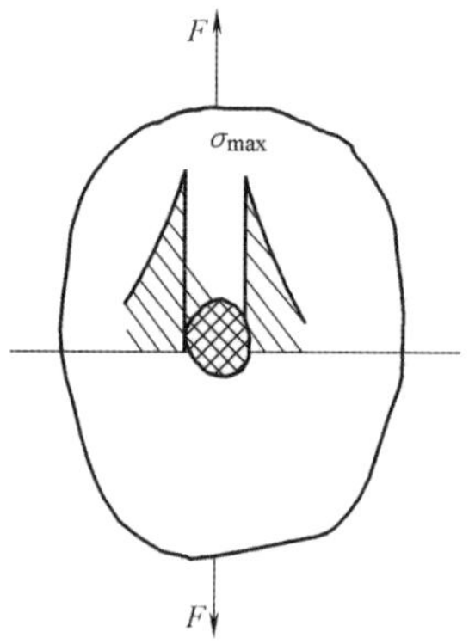

图 8－61　晶粒内部缺陷引起的应力集中

(4) 三向压应力能抵消由于变形不均匀所引起的附加拉应力，从而减轻附加拉应力所造成的拉裂作用。例如，圆柱体镦粗，侧表面可能出现附加切向拉应力，施加侧向压力后，能抵消此附加拉应力而防止裂纹的产生。

由此可见，静水压力越大，则塑性越高。因此在塑性加工中，常常通过改变应力状态，增大变形时的静水压力来提高金属的塑性。例如，在加工某些有色合金或耐热合金等低塑性材料时，如图 8－62(a)所示，用塑性较高的材料制成包套来进行压缩成形，以增加径向压力，用此法可使淬火后变得很脆的材料能够产生塑性变形。类似这种方法，也可用到如图 8－62(b)所示的挤压工艺中，但用做包套的材料及其厚薄需选择适当，否则会因包套变形大，对被包材料反而产生很大的附加拉应力，以致拉裂低塑性的被包覆材料。

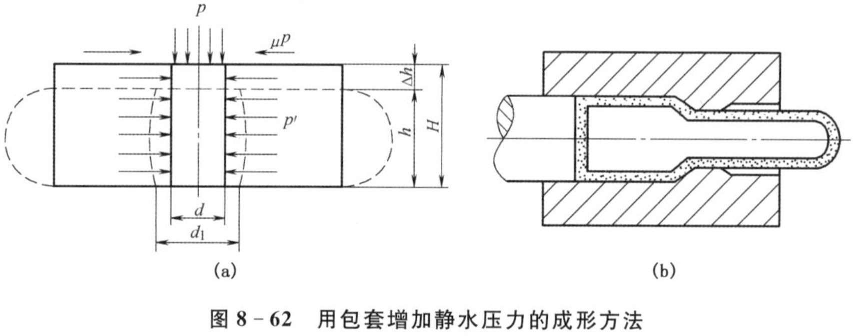

(a)　　(b)

图 8－62　用包套增加静水压力的成形方法

(a) 包套压缩；(b) 包套挤压

另外，在成形装备方面也采取了许多措施，以增加三向压应力中应力球张量的数值，提高材料的塑性，减少开裂现象。如图 8－63(a)所示，利用 V 型砧座和锤头拔长合金钢棒材时，与传统的平砧拔长相比，由于工具侧面的压力作用，减小了毛坯中心的拉应力，有效防止了毛坯中心裂纹的产生；如图 8－63(b)所示，用 4 个锤头以 400 次/分以上的速度高速对击，进行旋转精锻等均可提高材料的塑性，防止裂纹产生。

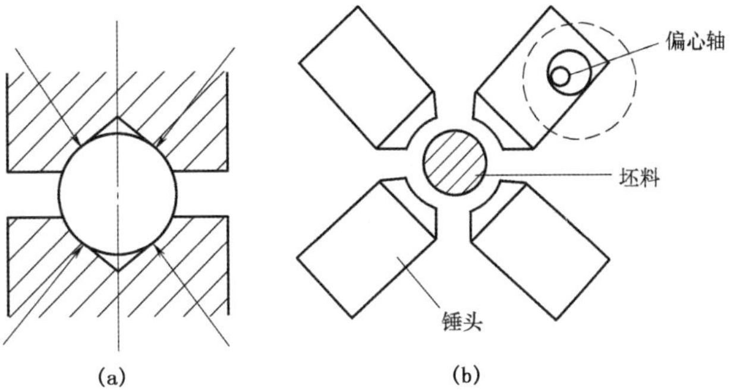

图 8-63　增加三向压应力的工艺措施

(a) V 型砧拔长棒坯；(b)高速精锻机

2）应变状态的影响

与讨论应力状态对塑性影响的做法相同，应变状态对塑性的影响也可用主应变图来说明。由于压缩变形有利于塑性的发挥，而拉伸变形则有损于塑性，所以主应变图中压缩分量越多，对于充分发挥材料的塑性越有利。按此原则可将主应变图排列为：二向压缩一向拉伸的主应变形式最有利于塑性；一向压缩一向拉伸次之；二向拉伸一向压缩的主应变形式最有损于塑性。

下面以图 8-64 为例解释一下主应变形式对塑性的影响。图 8-64(a)所示是某变形体内存在的杂质缺陷。此杂质缺陷在如图 8-64(b)所示的二向压缩一向延伸的主应变形式作用下，可被压缩成线缺陷，抑制了对塑性的损害。而在如图 8-64(c)所示的二向延伸一向压缩的主应变形式影响下，杂质缺陷向两个方向扩展而由点缺陷变为面缺陷，增大了对塑性的损害。

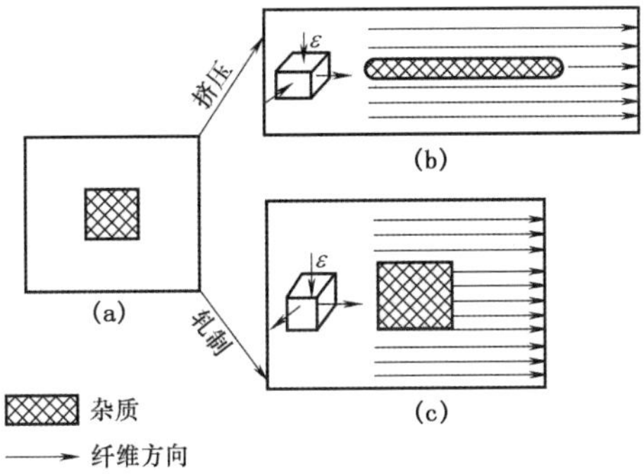

图 8-64　主应变图对金属缺陷形态的影响

(a)变形前；(b)二压一拉变形后；(c) 一压二拉变形后

另外，由于主应变形式影响变形体内的杂质分布状态，这将使金属呈各向异性。以拉拔、挤压等成形工艺为例，其主应变形式是二向压缩一向延伸，随着变形程度的增加，变形体中诸如 MnS 等塑性夹杂将被延伸成连续的条状或线状。而如 Al_2O_3 等脆性夹杂物将被拉伸成断续的串链状，这将会引起横向的塑性指标和冲击韧性下降。而镦粗和带宽展的轧制等成形工艺的主应变形式是二向延伸一向压缩，变形程度的增加将使杂质沿厚度方向以层状排列，从而使厚度方向的性能被削弱，如轧制厚度大于 25mm 的沸腾钢钢板时，不论是塑性指标还是强度指标在板厚方向都将大幅降低,其中强度的降低幅度为15%以上,而塑性的降低幅度将高达80%以上。因此,当轧制厚度大于25mm的厚板时,一般多用偏析较少的镇静钢。

综合应力、应变状态对塑性的影响机制可知,三向压缩主应力状态和二向压缩一向延伸的主应变状态相组合是对塑性最有利的塑性加工方法。但还应指出,三向压应力状态有益于金属塑性的发挥,却同时也使变形抗力呈增加趋势。因此,为选择合适的成形方法,还要具体分析。比如,加工低塑性材料时,提高金属塑性是主要目标,则应采用三向压应力的塑性加工工艺,至于变形抗力大的问题可用增加设备能力的方法来解决。而在冷轧低碳板带钢时,材料的塑性不是问题,如何减少变形抗力是此类工艺的问题所在,此时则需要采用张力、异步轧制等措施。

4. 尺寸因素对塑性的影响

研究金属的塑性时,一般都是针对小的变形体或标准试样。而工程实践中所用的变形体要大得多,有的重达十几吨,甚至几百吨。因此要把实验室的结果用在实际生产上,还需要讨论变形体的大小,即尺寸因素对塑性的影响。

事实上,已有的塑性成形实践表明,金属的塑性与变形体的尺寸、体积大小密切相关。例如,在同等实验条件下,用平锤头压缩锌试件,试件尺寸为ϕ 10 mm×10 mm时,出现第一条宏观裂纹时的最大压下量可达75%~80%,当试件尺寸增大为ϕ 20 mm×20 mm时,最大压下量减小为35%~40%。同样,压缩黄铜柱体,坯料尺寸为ϕ 10 mm×10 mm时,最大压下量是70%~75%,当坯料尺寸增大至ϕ 20 mm×20 mm时,最大压下量减小到50%。

深入讨论尺寸因素对金属塑性的影响机制,一般性结论如图8-65所示,随着变形体体积的增大,塑性总的趋势是降低,开始时降低得很显著,随后降低的幅度渐缓,到某一临界值后,体积对塑性的影响微乎其微。

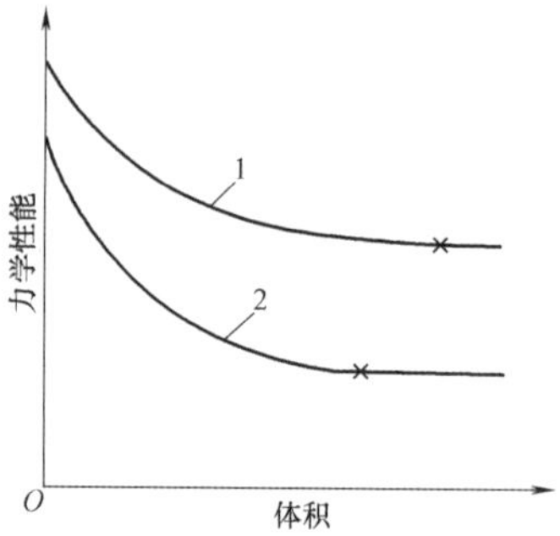

图8-65 变形物体体积对力学性能的影响

1—塑性;2—变形抗力;×—临界体积点

究其原因,可分析如下:实际金属中有偏析、气孔、夹杂、缩孔和空洞等缺陷,体积越大,这些缺陷的绝对含量就越多,而在缺陷处易引起应力集中,造成裂纹源,因而引起塑性的降低。对于锭料来说,这种现象更显著。同样,对铸件来说,小铸件容易得到相对致密细腻和均匀的组织,大铸件则反之。

讨论尺寸因素对塑性的影响时,还应考虑组织因素和表面因素。

金属越趋向于脆性状态,则组织因素的影响越大。在实际的金属中,一般都存在大量的各种组织缺陷，它们也是引起应力集中的根源。这些组织缺陷在变形体内是不均匀分布的，在单位体积内平均缺陷数量相同时，变形物体的体积越大，其分布越不均匀，因而引起塑性降低，所以大铸锭的塑性总是比小铸锭的塑性差。

表面因素对塑性和变形抗力的影响也取决于金属表面层和中间的力学状态和物理一化学状态。例如，一般来说，大锭的表面质量较差，会使其塑性降低。

表面因素的影响可用变形体的表面积与体积之比来表示，有时也用接触表面积与体积之比来表示。表面积与体积之比值越大，受加热介质气氛的影响将越大。大多数金属和合金在高温下容易受到周围气氛的侵入，这种侵入一般是通过氧化、溶解及扩散等方式进行的。周围介质和气氛能使变形体表面层溶解并与金属基体形成脆性相，因而使变形体呈现脆性状态。如在煤气炉中直接加热的镍及其合金，热轧时很容易开裂，这是由于炉内气氛中含有硫，硫被金属吸收后生成 Ni_3S_2，此化合物又与 Ni 形成熔点温度为 625～650℃ 的低熔点共晶物，并呈薄膜状分布于晶界，使镍及其合金产生红脆性。又如钛及其合金在铸造或在还原性气氛中加热及酸洗时，均能吸氢而生成 TiH_2，使其变脆。周围介质的溶解作用，通常在有应力作用下加速，并且作用的应力值越大，溶解作用进行得越显著。因此，对于易与外部介质发生作用而产生不良影响的金属与合金，不仅加热、退火时要选用一定的保护气氛，而且在加工过程中也要在保护气氛中进行。

5. 提高金属塑性的对策

根据前述对塑性影响因素的分析，为了适应生产中对金属高塑性的要求，必须从影响金属塑性的主要因素出发，设法促进对塑性有利的因素，同时要减小或避免不利的因素。归纳起来，提高塑性的主要途径有以下几个方面。

1）提高材料的成分和组织的均匀性

合金铸锭的化学成分和组织通常很不均匀，若在变形前进行高温扩散退火，则能起到均匀化的作用，从而提高塑性。例如，将含铝 5.5%～7.0% 的镁合金加热到 400℃ 时进行均匀化处理 10h，在压力机上的压缩变形程度可达 75% 以上。如果不进行高温均匀化处理，容许的变形程度仅为 45% 左右。

另外，还可通过减少金属材料中如 P、S 等对塑性有害杂质元素的含量，添加 Si、Mn 等有益于塑性的合金元素等方法提高塑性。

2）合理选择变形温度和变形速度

根据金属与合金的塑性在不同温度时的表现，合理选择变形温度，如合金钢的始锻温度通常比同碳分的碳钢低，而终锻温度则较高，其始、终锻锻造温度差一般仅为 100～200℃。若加热温度选择过高，则易使晶界处的低熔点物质熔化，而对有些铁素体钢其晶粒有过分长大的危险；若变形温度选择过低，则会使回复、再结晶等软化过程不能充分进行，这些均会导致金属塑性的降低，引起成形时的开裂。因此，必须合理选择变形温度，并保证毛坯的温度均匀分布，避免局部区域因与工具接触时间过长而使实际温度过分降低，或因热效应显著而使温度过分升高。对于具有速度敏感性的材料，要注意合理选择变形速度，例如前述的镁合金在变形速度较慢的压力机上成形顺利，但在变形速度较高的锤类设备上模锻时，则要先轻击后重击，逐次增加变形程度，方能完成成形。

3）选择三向受压较强的变形方式

由于静水压力越大，越有利于变形体塑性的发挥，所以同样的材料，挤压变形时的塑性高于开式模锻，而开式模锻又比自由锻时塑性高。为使低塑性材料能够便于成形，可采取一些增强三向压应力状态的措施，如前述的包套、对击等方法。

4) 减少变形的不均匀性

金属不均匀变形会使塑性降低，促使裂纹产生。为此可采用各种措施，减少不均匀变形的程度。可使用适宜的润滑剂以减少外摩擦的有害影响，如钢热挤压时可用玻璃润滑剂，以减少金属内、外层向外流动的不均匀性，从而防止表面周期性裂纹的产生；低塑性材料镦粗时可用软金属垫代替润滑剂，同样可减少鼓形程度，防止侧面裂纹产生。合理确定变形工艺条件亦可减少不均匀变形，如优化工模具形状、采用铆锻叠锻等方法均可降低变形不均匀程度。

8.3.3 金属的超塑性

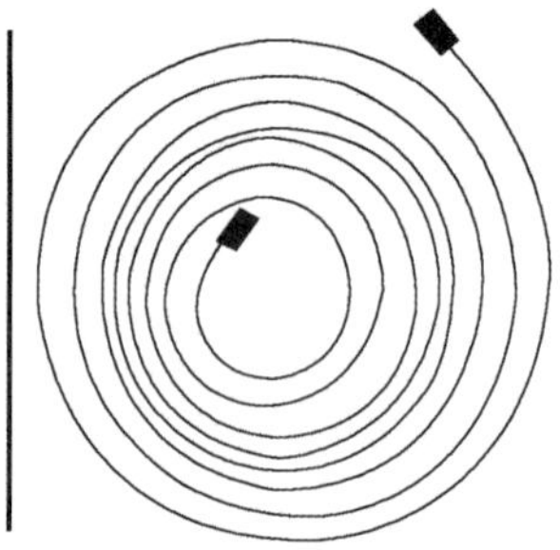

图 8-66 Bi-44Sn 材料在慢速拉伸下获得1 950%的延伸率

超塑性是指材料在特定的内部组织条件和外部工艺条件下，呈现出异常低的流变抗力、异常高的流变性能的现象。其组织条件包括晶粒形状及尺寸、相变等，工艺条件包括如温度、应变速率等。

一般金属的平均延伸率均不超过 100%，黑色金属不大于 40%，有色金属不大于 60%，如软铝约为 50%，而塑性很好的金、银一般也只有 80%，这些材料即使在高温下，延伸率也难以达到 100%。为了与普通塑性区分，通常把延伸率 δ 超过 100%的材料统称为“超塑性材料”，相应地把延伸率超过 100%的现象叫做“超塑性”。例如，Bi-44Sn 材料在慢速拉伸下延伸率可达到1 950%，如图 8-66 所示。随着研究的深入，学者们发现，大多数金属材料，包括钢铁等黑色金属及一般认为难成形的钛合金等，在特定条件下都具有超塑性。例如，Ti-6Al-4V 板材在常温下的延伸率约 10%，加热到 700℃时，约为 65%，850℃时约为 90%，即使加热到 900℃也只能达到 110%左右。然而在进入超塑性状态后，延伸率可高达 500%～1 000%以上。

1. 超塑性变形的特点与力学特性

1) 超塑性变形的特点

(1)变形量大。材料在超塑性状态下可实现很大的塑性变形，特别是拉伸试验的延伸率可达百分之几百甚至百分之几千，据国外资料报道，有的可高达 5 000%。由于超塑性变形比普通塑性变形稳定性高，能够大幅提高材料的成形性能，所以可使形状复杂件及难成形材料顺利成形。例如，用于人造卫星上的钛合金球形燃料箱，由于其壁厚仅为 0.71～1.5mm，普通成形方法几乎无法成形，采用超塑性成形方法则可实现成形。采用超塑性成形还可一次成形各种汽车外壳、箱板及形状复杂的工艺制品、家用电器制件，等等，可大幅降低生产成本。

(2) 无宏观缩颈。普通金属材料在拉伸变形过程中出现早期缩颈后，由于应力集中效应使缩颈在局部迅速发展，导致突然断裂，试样断裂后有明显的宏观缩颈。而进入超塑性状态的金属的宏观变形能力很好，抗局部变形能力极大，亦即对缩颈的传播能力很强。于是其变形出现类似于黏性物质的流动过程，即无明显的应变硬化效应，但会出现“应变速率硬化效应”，即当变形速率增加时，材料发生强化的现象。所以，超塑性材料变形时虽会有初期缩颈形成，但由于缩颈部位变形速率增加而发生局部强化，变形向着未强化的部分转移而继续变形，如此反复进行可获得很大的宏观变形量。超塑性变形后的试样断口部位，其截面尺寸与其他部位相差很小，试样整体的变形梯度平缓而且均匀。例如，典型的 Zn-22%Al 超塑性合金，断口部位可达到头发丝那样细的程度。因此，超塑性材料的变形具有宏观“无缩颈”的特点。

(3) 流动应力小。由于超塑性金属具有黏性或半黏性流动的特点，在变形过程中，流动应力很小。在最佳变形条件下，流动应力是非超塑性状态下的几分之一甚至几十分之一。例如，Zn-22%Al 合金的最大流动应力仅为 1.96MPa，超塑性钛合金 Ti-6Al-4V 的最大流动应力仅为 1.47MPa，轴承钢 GCr15 也仅为 2.94MPa 左右，所以，超塑性材料成形时，压力加工的设备吨位可以大大减小。

(4) 成形适应性好。由于超塑性变形过程中基本上没有或只有很小的应变硬化效应，应变速率硬化效应又有利于变形的均匀传播，所以超塑性材料可实现大的变形量，且变形抗力小。因此，超塑性合金易于变形，流动性和填充性极好，可以进行体积成形，板材、管材的气压成形，无模拉丝，无模成形等诸多方式的成形，而且产品质量也可大幅提高。

2) 超塑性变形的力学特性

超塑性拉伸试验与普通金属的拉伸试验有很大区别，图 8-67 所示是钛合金 Ti-6Al-4V 在变形温度为 900℃、拉伸速度为 0.728 8mm/min 时，拉伸力 F 与夹头位移 ΔL 的关系曲线，由图可见，当载荷迅速达到最大值后，随应变值的增加缓慢下降，此时金属的流动非常稳定，几乎看不到缩颈趋势。而相应的真应力—真应变曲线如图 8-68 所示，应力与应变之间的关系类似于理想刚塑性体。

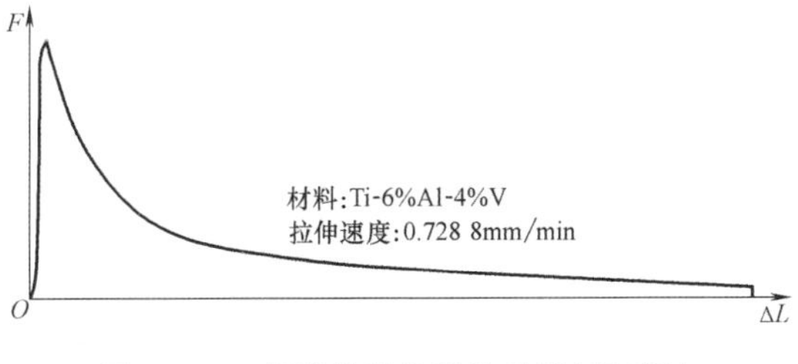

图 8-67　超塑性拉伸试验曲线(900℃)

超塑性的另一个力学特性是流动应力对应变速率敏感，即真应力与应变速率之间的关系类似于牛顿黏性流体的流变特征，即应力随应变速率的增加而上升。W. A. Backofen 等曾提出了一个力学公式，称为黏-塑性体状态方程：

$$Y = K\varepsilon^{n}\dot{\varepsilon}^{m} \tag{8-8}$$

式中：

Y——真应力；

ε——真应变；

$\dot{\varepsilon}$——真应变速率；

n——硬化指数；

m——应变速率敏感性指数；

K——决定于试验条件的常数。

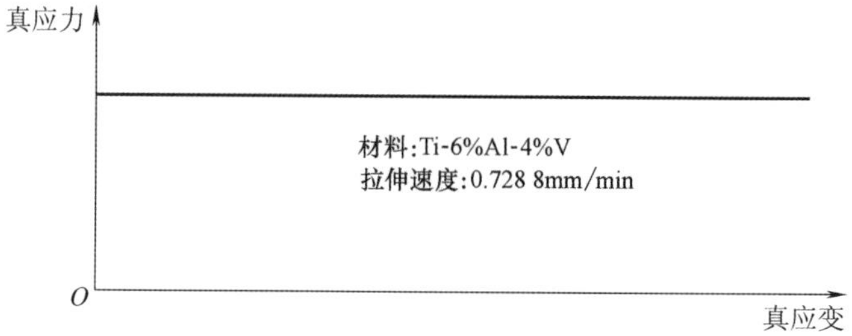

图 8－68　真应力—真应变曲线

因超塑性材料近似于理想刚塑性体,可以认为超塑性变形为无硬化的稳定流动,硬化指数 n 可认为是零,故上式可改为

$$Y = K\dot{\varepsilon}^m \tag{8-9}$$

上述方程中,m 是描述超塑性的一个重要参数,当 m 值很大时,若试样某处出现缩颈趋势,该处应变速率增大,则继续变形所需的流动应力也相应增大,由于此处载荷达不到这一要求,故抑制了该处缩颈的发展。所以,m 值反映了材料拉伸时抗缩颈的能力,m 值大就有出现大延伸率的可能性。通常,普通金属 $m=0.02\sim0.2$;超塑性金属 $m=0.3\sim1.0$;高温玻璃和高温聚合物 $m=0.3\sim1.0$。

根据式(8－9),应变速率敏感性指数可定义为

$$m = \frac{\mathrm{d}\ \ln Y}{\mathrm{d}\ \ln\dot{\varepsilon}} \tag{8-10}$$

即 m 为图 8－69(a)曲线上任何特定应变速率的斜率。曲线根据应变速率分为三个区,Ⅰ区为低应变速率区,对应蠕变变形;Ⅲ区为高应变速率区,对应普通塑性变形;Ⅱ区为中等应变速率区,对应超塑性变形。其相应的应变速率敏感性指数如图 8－69(b)所示,Ⅱ区 $m\geqslant0.25$ 或 $m\geqslant0.3$,而Ⅰ区和Ⅲ区 $m\leqslant0.25$。综合分析 3 个分区中应变速率和速率敏感指数数值表明,Ⅱ区是适宜于超塑性变形的区域。

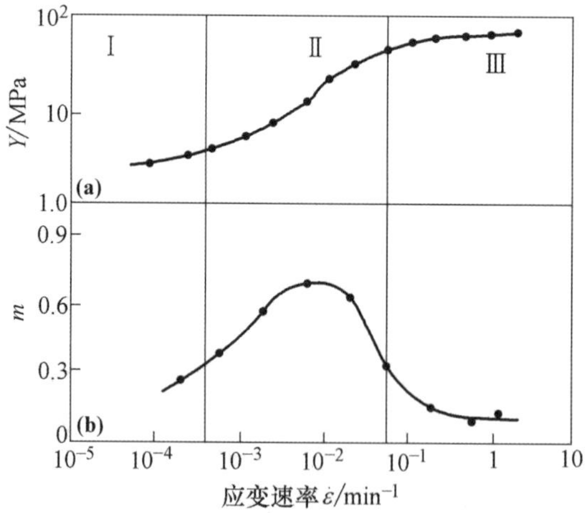

图 8－69　Mg-Al 共晶合金的应变速率与流动应力及应变速率敏感性指数的关系

(晶粒尺寸 10.6μm,变形温度 350℃)

下面讨论截面收缩率与 m 值的关系。设试样截面积 A 上受拉伸载荷 P 的作用,则 $Y=$

P/A，由前式可得：

$$Y = K\dot{\varepsilon}^m = P/A \tag{8-11}$$

根据试样塑性变形时的体积不变条件，并据应变速率定义有：

$$\dot{\varepsilon} = -\frac{1}{A}\frac{\mathrm{d}A}{\mathrm{d}t} \tag{8-12}$$

式中，t 为时间。

联解前二式后可得：

$$\frac{\mathrm{d}A}{\mathrm{d}t} = -\left(\frac{P}{K}\right)^{1/m} \cdot A^{1-\frac{1}{m}} \tag{8-13}$$

或

$$-\frac{\mathrm{d}A}{\mathrm{d}t} \propto \frac{1}{A^{\frac{(1-m)}{m}}}$$

上式表明，试样的截面收缩率与 $\frac{1}{A^{\frac{(1-m)}{m}}}$ 成比例关系，其中 m 与 $\frac{\mathrm{d}A}{\mathrm{d}t}$ 的关系可作图表示于图 8－70 中，当 $m=1$ 时，$\frac{\mathrm{d}A}{\mathrm{d}t}$ 是常数，与截面 A 的大小无关，此时材料的变形属于牛顿黏性流动行为；当 m 值减小时，其数值越小，则在小截面处的截面变化越快，从图中可以看出，同一截面 A 处，$m=\frac{1}{4}$ 时的截面变化速度 $\left(\frac{\mathrm{d}A}{\mathrm{d}t}\right)$ 比 $m=\frac{3}{4}$ 的要快得多，这意味着如果试样某处由于发生了如缩颈等特殊原因使截面变小了的话，则如图中 $m=\frac{1}{4}$ 之类的 m 值小的材料，截面则迅速减小直至断裂。相反，具有大 m 值的材料，对局部收缩的抗力增大，截面变化平缓，则有可能发生大的延伸变形。

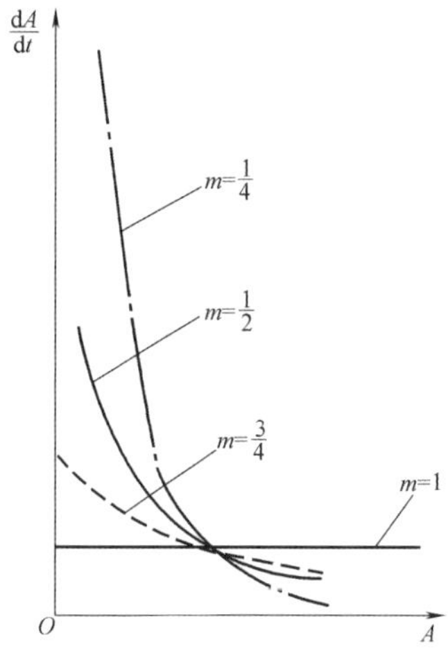

图 8－70　dA/dt 与 A 的关系

2. 超塑性的分类与应用

1）超塑性的分类

归纳目前各国学者的研究结果，按照实现超塑性的组织、温度、应力状态等条件，可将超塑性分为以下 3 类。

(1) 结构超塑性。结构超塑性也称细晶超塑性、恒温超塑性或第一类超塑性。一般意义上的超塑性多属此类，它是目前国内外研究得最多的一种。实现细晶超塑性的条件是：

① 材料结构条件：材料要具有稳定的超细等轴晶粒，晶粒直径多在 5μm 以下，且晶粒越细越有利于提高塑性。但对有些材料来说，例如钛合金，其晶粒尺寸达几十微米时仍有良好的超塑性性能。还应指出，由于超塑性是在一定的温度区间出现的，因此即使初始组织具有微细晶粒的尺寸，如果热稳定性差，在变形过程中晶粒迅速长大，仍不能获得良好的超塑性。

② 变形温度条件：变形温度在大于 $0.4T_M$ 的一定温度区间内。T_M 是材料熔点温度，且在变形过程中保持恒定的温度。

③ 变形速度条件：较低的、稳定的变形速度，通常在 10^{-4}～10^{-1}/s，要比普通金属塑性变形时至少低一个数量级。

目前，已发现共晶型和共析型合金具有细晶超塑性，但也不限于此，在许多两相合金中相当一部分也呈现超塑性。

(2) 相变超塑性。相变超塑也称动态超塑性、变态超塑性或第二类超塑性。

相变超塑性不要求材料具有超细晶粒组织，而是要求材料在一定的温度和应力条件下，经过多次循环相变或同素异构转变而能获得大延伸率。产生相变超塑性的必要条件，是材料应具有固态相变的特性，并在外加载荷作用下，在相变温度上下循环加热与冷却，诱发产生反复的组织结构变化，使金属原子发生剧烈运动而呈现出超塑性。例如，碳素钢和低合金钢，施加一定的负荷，同时于 A_{13} 温度上下施以反复的一定范围的加热和冷却，每一次循环发生铁素体到奥氏体的两次 $\alpha \underset{冷却}{\overset{加热}{\rightleftharpoons}} \gamma$ 转变，可以得到二次跳跃式的均匀延伸，这样多次的循环即可获得累加的大变形。

相变超塑性不要求微细等轴晶粒，这是有利的，但要求变形温度反复变化，给实际生产带来困难，故使用上受到限制。相变超塑性在热处理、焊接、切削加工等方面也得到了应用。

(3) 其他超塑性或称第三类超塑性。长期的超塑性研究实践发现，非超塑性材料在一定条件下快速变形时，也可能出现超塑性。例如，标距为 25mm 的热轧低碳钢棒快速加热到 $\alpha+\gamma$ 两相区，保温 5～10s，快速拉伸，其延伸率可达到 100%～300%。这种短时间内的超塑性可称为短暂超塑性。关于短暂超塑性机制的研究目前还不多。

另外，在去应力退火过程中，有些材料在内应力作用下也可能出现超塑性，如 Al-5%Si 及 Al-4%Cu 合金在溶解度曲线上下施以循环加热可以得到超塑性。此外，国外正在研究的还有升温超塑性，异向超塑性等。

也有学者把上述的第二类及第三类超塑性统称为动态超塑性，或称环境超塑性。

2) 超塑性的应用

由于金属材料在超塑性状态下塑性好、变形抗力低，非常方便应用于新的成形领域。从 20 世纪 60 年代起，各国学者在研究超塑性材料和超塑性变形机制等基础理论的同时，也十分注重超塑性成形工艺方面的应用研究。典型的超塑性成形工艺有超塑性胀形、超塑性拉深、超塑性模锻和挤压、超塑成形与扩散连结(SPF/DB)组合等。下面以超塑性胀形为例介绍超塑性成形工艺的特点。

传统的胀形工艺是用机械、液压或用爆炸成形的方法实现，使用的压力与能量都比较高，且由于材料塑性的限制，变形量不大。超塑性胀形是一种用低能、低压就可获得大变形量的成形工艺，由于材料在变形过程中是自由的，因此，全部动力都消耗在变形功上，摩擦损失很小，所以与其他冲压成形工艺有本质的区别。

如图 8－71 所示是抛物面天线超塑成形模具，抛物面天线形状和尺寸精度要求高。若用铝板旋压成形，加工时间约 60min，表面粗糙度大，形状精度也难以保证；若用传统的冲压成形，要用一套价格昂贵的模具和 400t 双动压力机；而若用超塑性 Zn-22%A1 合金气压胀形，只要用一件简单的模具，先用约 0.2MPa 的气压初步胀形 2min，后用约 lMPa 的气压充分贴模 1min，共 3min 就可以做出一件质量优良的产品。抛物面处处变形均匀、充分，无回弹现象，形状、尺寸精度高，效率也提高了 10～20 倍。

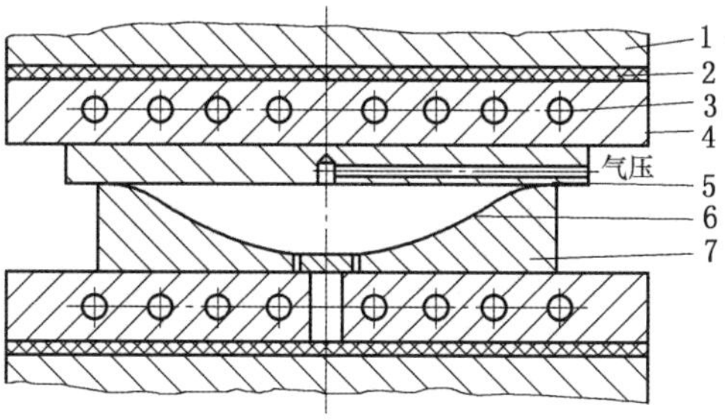

图 8－71　天线气压成形模

1—垫板；2—隔热板；3—加热棒；4—加热板；5—上模；6—工件；7—下模

另外，如图 8－72 所示的吹塑花瓶，是将 Zn-22%A1 超塑合金用反挤或车削的方法预制成的管状毛坯，采用对开式镶块模，加热到 250℃，先引入 0.5～0.7MPa 的压缩空气，保压 3～5min，得到初步形状，最后引入约 1.5MPa 的氮气，进行精确成形。成形后的花瓶图案醒目、字迹清晰。

3. 超塑性变形机制

大量实验证明，经过超塑性变形后的金属，其显微组织具有下列特征：①变形后晶粒仍为等轴晶粒，变形前拉长的晶粒，变形后也变成等轴晶粒；变形前存在的带状组织，变形后逐步减弱，甚至消失；②事先经抛光处理的试样，经超塑性变形后，不出现滑移带；③将超塑性变形后的试样制成薄膜，用透射电子显微镜观察时，看不到亚结构，也看不到位错组织；④随着变形程度的增加，晶粒逐步长大，一般当延伸率达 500%时，晶粒长大 50%～100%；⑤在特别制备的试样中，能见到显著的晶界滑动和晶粒旋转的痕迹。

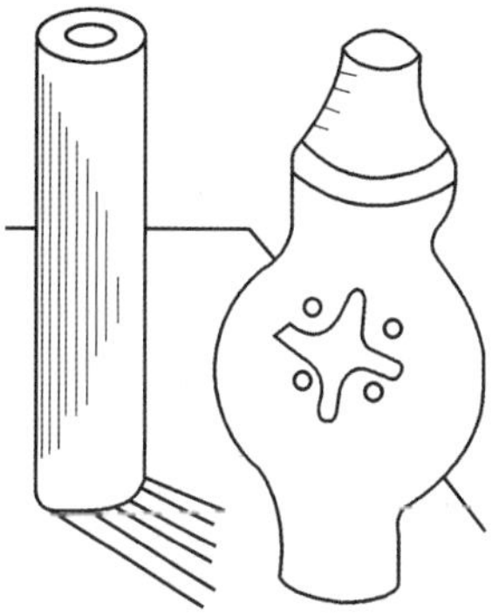

图 8－72　吹塑花瓶

显然用普通塑性变形的机制已不能解释上述现象，为了解决这个问题，学者们进行了大量的理论和试验研究，内容包括微观物理机制和宏观力学特征两方面。微观物理机制方面，大部分工作集中在结构超塑性变形的机制上。迄今为止，已有的理论都还不够成熟。至于相变超塑性和其他类型超塑性变形微观机制的研究，成熟理论不如结构超塑性多。下面按对超塑变形贡献由大到小的顺序，就结构超塑性变形微观机制方面的一些研究结果做一简述。

1）晶间滑动说

超塑性变形后晶粒保持等轴状，形状与大小无显著变化，且未出现滑移带，可见未发生晶内滑移。为解释结构超塑性，可考虑晶界运动在超塑性流变过程中的作用，事实上，超细晶材料的晶界具有异乎寻常大的总面积，所以晶界运动的作用不可回避。

晶界运动一般分为滑动和移动（迁移）两种。前者为晶粒沿晶界的滑移，后者可以看作是相邻晶粒间的相互侵噬而产生的晶界迁移。在实际变形中，晶界的运动往往不是可分得很明确的滑动和移动，而是两者混在一起，特别是高温变形时，这两种过程交替进行，会引起晶界的变形、晶粒的长大，甚至形成裂纹。

关于晶间滑动说，曾提出了许多理论模型，下面以 A. Ball 和 M. M. Hutchison 于 1969

年首次提出、后由 A. K. Mukherjee 于 1971 年加以改进的位错运动调节晶间滑动的理论模型为例略作说明。Ball 和 Hutchison 将图 8－73 所示的几个晶粒看成一个组态，假设图中两晶粒群的晶间滑动遇到障碍晶粒而被迫停止，由此引起的应力集中将在障碍晶粒内形成位错并使其运动，而后通过障碍晶粒塞积到对面的晶界上，当塞积到一定程度时，前端的位错沿晶界攀移而消失，如此循环积累，障碍晶粒的阻碍作用消失，晶间滑动再次发生。

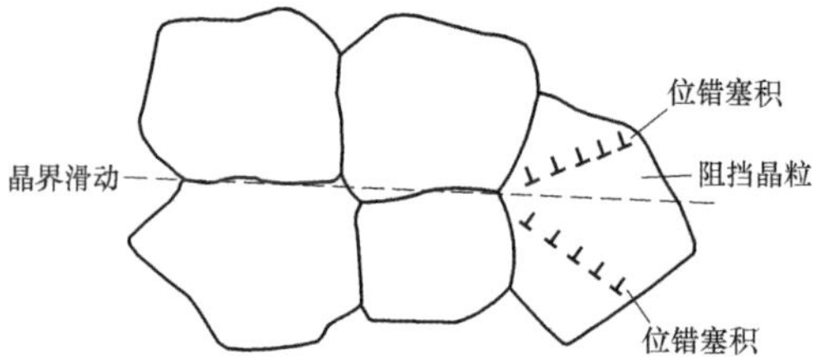

图 8－73　位错运动调节晶间滑动的 Ball 和 Hutchison 模型

2）扩散蠕变说

前一章在介绍多晶体塑性变形机制时提到的扩散性蠕变，在超塑性成形状态下更易发生。即在细晶状态、低应力、低应变速率、适宜温度条件下能缓慢、持续进行。其原因可解释如下：温度适宜，原子的动能和扩散能力就大；晶粒细，则意味着晶界多、原子扩散路径短；应变速率低，表明原子扩散时间充足。这些条件都有利于扩散性蠕变的进行。

超塑性变形过程中发生的扩散性蠕变机制与前一章所述相同，这里不再赘述。

3）动态再结晶说

扩散蠕变会使晶粒拉长，这与超塑成形后晶粒大致是等轴的结果相矛盾，再结晶说可以解释这个问题。

晶界移动（迁移）与再结晶现象密切相关。这种再结晶可使内部有畸变的晶粒变为无畸变的晶粒，从而消除其预先存在的应变硬化。在高温变形时，这种再结晶过程是一个动态的、连续的恢复过程，即一面产生应变硬化，一面产生再结晶恢复（软化）。实验表明，再结晶过程的进行受应变速率控制。应变速率过小，再结晶过程进行比较充分，晶粒容易长大。应变速率过大，再结晶受到抑制，变形硬化不能充分消除，应力集中得不到及时松弛，材料内部易过早地出现空洞和裂纹。这两种情况使材料的变形潜力得不到充分的发挥。所以，一个合理的变形速率范围是保证动态再结晶适度进行，从而获得大延伸率的一个必要条件。

对此机制的认识仍存在一些争议，因为超塑性变形后材料仍保持非常细小的等轴晶，全无再结晶发生的迹象。但大多数学者认为，这一过程在超塑性变形时确实存在。在一定条件下，可以把超塑性看作是同时发生变形与再结晶的结果。

4）晶界滑动和扩散蠕变联合说

1973 年，M. F. Ashby 和 R. A. Verrall 提出了一个由晶内－晶界扩散蠕变过程共同调节的晶界滑动模型。该学说认为，在晶界滑移的同时伴随着蠕变，对晶界起调节作用的不是晶内的位错运动，而是原子的扩散迁移。如图 8－74 所示，这个模型由一组二维的 4 个六方晶粒组成的晶界滑动模型。在拉伸应力作用下，由初态 a 过渡到中间态 b，最后达到终态 c，在从初态 a 到终态 c 的过程中，包含着一系列由晶内和晶界扩散流动所控制的晶界滑动和晶界迁移过程。变形初期，晶粒 2、4 被晶粒 1、3 所楔开，楔开过程中，晶粒之间发生了晶间滑动，同时为了弥合晶粒 2、4 离开后的空隙，4 个晶粒均发生了体扩散；变形后期，主要是晶粒 1、3 的沿晶扩散，结果使两晶粒的取向旋转了约 60°，但变形前后晶粒仍保持其等轴性。

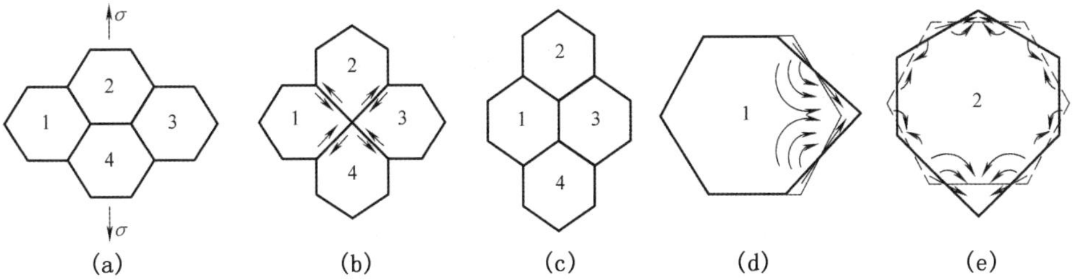

图 8-74　晶内-晶界扩散蠕变共同调节的晶界滑动模型

第 9 章　塑性成形的力学基础

在一定外力作用下，金属由弹性进入塑性状态，内部质点相对位置改变导致整体形状发生变化（变形），同时其力学行为也呈现一定特点。研究金属在塑性状态下的力学行为及变形特点的理论称为塑性理论或塑性力学，它是连续介质力学的一个分支。本章主要阐述了塑性成形相关的力学基础知识，主要包含两部分内容：应力相关理论及应变相关理论。外力作用下的物体，其内部各质点间会产生相应的作用力及相对位置变化，该作用力及位置变化的大小和方向随着质点的不同（空间位置的不同）而变化。因此，为了客观描述物体内部质点的受力与变形状态，引入应力张量与应变张量的概念，并对应力张量、应变张量与塑性成形密切相关的性质及物理量展开讨论。

塑性成形相关力学基础知识均基于如下假设：

（1）连续性假设。变形体由连续介质组成，即整个变形体内不存在任何空隙。这样，应力、应变、位移等物理量都是连续变化的，可表示为坐标的连续函数。

（2）均匀性假设。变形体内各质点的组织、化学成分都是均匀而且是相同的，即各质点的物理性能均相同，且不随坐标的改变而变化。

（3）各向同性假设。变形体内各质点在各方向上的物理性能、力学性能均相同，也不随坐标的改变而变化。

（4）初应力为零假设。物体在受外力之前是处于自然平衡状态，即物体变形时内部所产生的应力仅是由外力引起的。

（5）体积力为零假设。体积力如重力、磁力、惯性力等与面力相比十分微小，可忽略不计。

（6）体积不变假设。物体在塑性变形前后的体积不变。

以后的章节也采用了这些假设。

9.1　应力分析

9.1.1　应力基本概念

塑性成形过程中材料始终受到外力的作用。物体所受外力通常可分为两类：一类是作用在物体表面的力，通常由模具与材料相互作用产生，称为面力或接触力，常常为分布力，如成形过程中材料与模具接触面上的压力和摩擦力；另一类是作用在物体每个质点上的力，如重力、磁力以及惯性力等，称为体力。塑性成形过程中，除高速锻造、爆炸成形、电磁成形等少数情况外，相对面力而言，体力为微小量，通常忽略不计。因此，本章假设所讨论的物体在面力作用下是保持静力平衡的。

外力作用下物体内部各质点间的相互作用力称为内力，单位面积上的内力相应称为内应力。如图 9－1 所示，物体在外力 F_1、F_2…的作用下内部产生相应的内力。这里，我们过物

体内任一点 Q 作法线为 N 的平面 A 将物体切为两部分，取下半部分作为研究对象。

若在点 Q 取一很小的面积 ΔA，并设 ΔA 上内力的合力为 ΔF，则定义

$$S=\lim_{\Delta A\to 0}\frac{\Delta F}{\Delta A}$$

式中，S 为 A 面上 Q 点的全应力，其国际单位为 Pa(N/m^2)。全应力 S 可以分解为垂直于 A 面的正应力 σ 和平行于 A 面的剪应力 τ。面积 dA 为 Q 点在 N 方向的微分面，S、σ 及 τ 则分别称为 Q 点在 N 方向微分面上的全应力、正应力及剪应力，三者之间满足 $S^2=\sigma^2+\tau^2$。过 Q 点可以作无限多的平面，不同平面上的应力分量相对而言是不同的，即 Q 点的全应力 S 是随着平面法线方向 N 的变化而变化的。

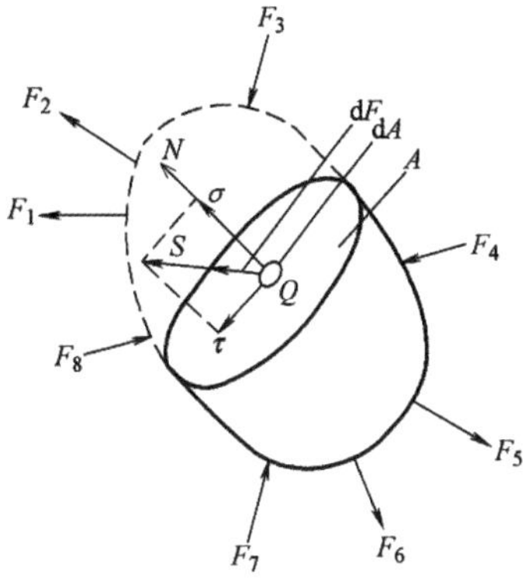

图 9-1　面力、内力和应力

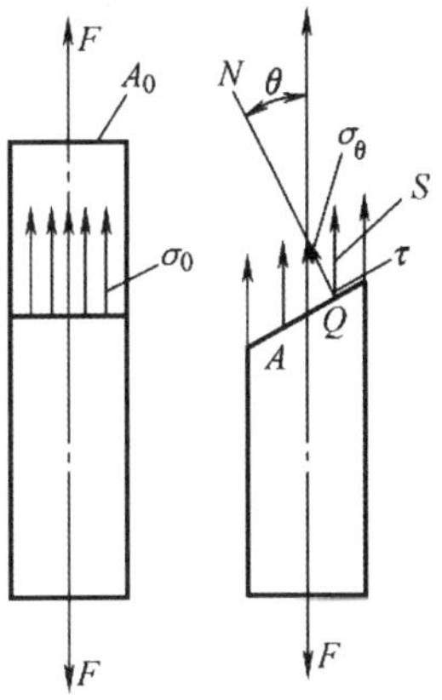

图 9-2　均匀单向拉伸时的应力

如图 9-2 所示，假设一横截面积为 A_0 的匀截面棒料所受拉力为 F，过棒料内一点 Q 作一截面，其法线 N 与拉伸轴成 θ 角。假设均匀拉伸，则 A 面上的应力为均匀分布。若设 Q 点在 A 面上的全应力为 S，则 S 平行于拉伸轴，大小为

$$S=\frac{P}{\dfrac{A_0}{\cos\theta}}=\frac{P}{A_0}\cos\theta=\sigma_0\cos\theta \tag{9-1}$$

其中，σ_0 为横截面上的正应力。相应地，由式(9-1)可得全应力 S 的正应力分量 σ 及剪应力分量 τ 为

$$\left.\begin{aligned}\sigma&=S\cos\theta=\sigma_0\cos^2\theta\\ \tau&=S\sin\theta=\frac{1}{2}\sigma_0\sin2\theta\end{aligned}\right\} \tag{9-2}$$

由式(9-2)可以看出，棒料处于单向受力状态，若 Q 点任一截面的应力已知，则其他截面的应力可以确定。但是，实际塑性成形过程中材料绝大部分情况下处于多向受力状态，内部一点任意截面的应力都无法由该点其他方向截面上的应力确定，即仅用某一方向截面上的应力是无法全面表示一点所受应力的情况的。因此，为了全面描述一点的受力情况，有必要引入“点应力状态”的概念。

9.1.2　一点的应力状态

由前述可知，一点的应力状态无法用某一方向截面上的应力来完整描述。假设直角坐标系中一承受任意外力的物体处于静力平衡状态，在物体内任一点 Q 取一微小的六面体单元，该六面体的所有面分别平行于 3 个坐标平面。取六面体中 3 个相互垂直的表面作为微分面，若此 3 个微分面上的应力已知，则根据空间物体的静力平衡条件，该单元体任意方向上的应力都可确定，即在直角坐标系中可以用 3 个相互垂直的微分面上的应力来完整描述该质点的应力状态。相应地，3 个微分面上的应力均可沿坐标轴方向分解为 3 个分量。考虑到每个微分面都平行于一个坐标平面，因此分解后必有一个应力分量为垂直于微分面的正应力分量，两个为平行于微分面的剪应力分量，3 个微分面共有 9 个应力分量。因此，一点的

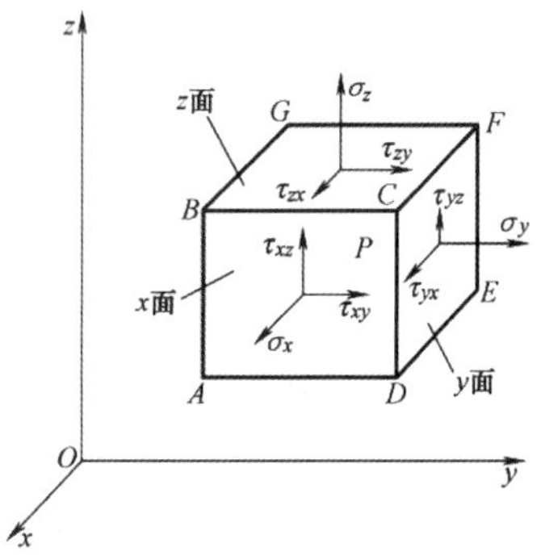

图 9-3 单元体上的应力分量

应力状态通常可用 9 个应力分量来描述,如图 9-3 所示。

为了明确表示各微分面上的应力分量,微分面可用各自的法线方向命名,如图 9-3 中 $ABCD$ 面叫 x 面,$CDEF$ 面叫 y 面等。每个应力分量通过两个下标进行标识,本书中约定,第一个下标表示应力分量的作用面,第二个下标表示作用方向。依此规则,两个下标相同的是正应力分量,如 σ_{xx} 表示 x 面上平行于 x 轴的正应力分量,可简写为 σ_x;两个下标不同的是剪应力分量,如 τ_{xy} 表示 x 面上平行于 y 轴的剪应力分量。9 个应力分量可表示如下:

$$
\begin{array}{lll}
\sigma_{xx} & \tau_{xy} & \tau_{xz} \longrightarrow \text{作用在}x\text{面上} \\
\tau_{yx} & \sigma_{yy} & \tau_{yz} \longrightarrow \text{作用在}y\text{面上} \\
\tau_{zx} & \tau_{zy} & \sigma_{zz} \longrightarrow \text{作用在}z\text{面上} \\
& & \quad\ \ \Big|\ \ \ \ \longrightarrow \text{作用方向为}z \\
& \Big|\ \ \ \ \longrightarrow \text{作用方向为}y \\
\Big|\ \ \ \ \longrightarrow \text{作用方向为}x
\end{array}
$$

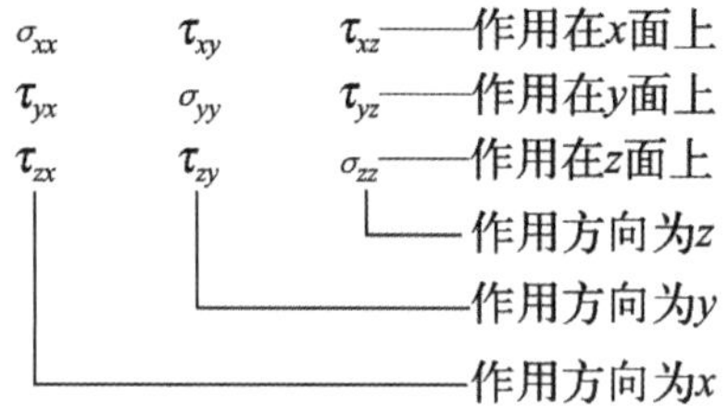

应力分量的正、负号本书中约定按如下方法确定:在单元体上,外法线指向坐标轴正向的微分面(图 9-3 中的前、右、上 3 个面)称为正面,反之称为负面;在正面上,指向坐标轴正向的应力分量取正号,指向负向的取负号。负面上的应力分量则相反,指向坐标轴负向的为正,反之为负。按此规定,正应力分量以拉为正,以压为负,图 9-3 中画出的剪应力分量都是正的。同时,考虑到单元体处于静力平衡状态,则单元体沿 3 个坐标轴方向的合力矩为零,由此可得到如下关系:

$$\tau_{xy} = \tau_{yx}\ ;\ \tau_{yz} = \tau_{zy}\ ;\ \tau_{zx} = \tau_{xz} \tag{9-3}$$

式(9-3)称为剪应力互等定律。它表明剪应力总是成对出现的。因此,一点的应力状态只需用 6 个独立的应力分量即可表示。

另外,一点应力状态还可以用符号 σ_{ij}(i,$j = x$、y、z)表示 9 个应力分量,下标 i、j 分别依次等于 x、y、z,即可得到应力的 9 个分量,如 $i = x$、$j = x$ 可得 σ_{xx},即 σ_x;如 $i = x$、$j = y$ 则得 σ_{xy},即 τ_{xy}。也可以矩阵形式表示为

$$
\sigma_{ij} = \begin{bmatrix} \sigma_x & \tau_{xy} & \tau_{xz} \\ \tau_{yx} & \sigma_y & \tau_{yz} \\ \tau_{zx} & \tau_{zy} & \sigma_z \end{bmatrix} \tag{9-4}
$$

"σ_{ij}"形式的符号叫带下标符号的应力张量,它可使书写大为简化,详见附录 A。

上述应力状态表示中各应力分量的描述是基于直角坐标系的,实际塑性成形问题中还经常用特殊坐标系如柱坐标系、球坐标系及更为复杂的曲线坐标系中的应力状态来描述,相关论述可参考本章的后续内容及相关书籍。

由前述分析可知,如果一点的所有应力分量已知,则可通过静力平衡条件求得该点任意方向上的应力。在直角坐标系中任取一质点 Q,设其应力分量为 σ_{ij},若任意方向的斜截面 ABC 将 Q 点处的单元体切为一个四面体 $QABC$(见图 9-4),则 ABC 面上的应力就是质点在任意截面上的应力,可由四面体 $QABC$ 的静力平衡条件确定。若设 ABC 面的法线为 N,则其方向余弦为 l、m、n(或 l_x,l_y,l_z)。

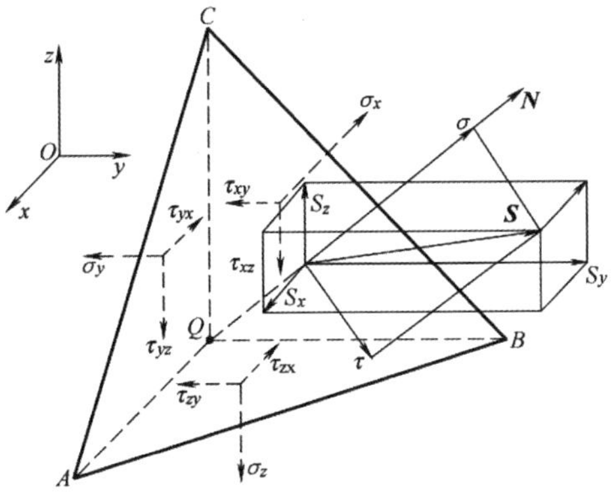

图 9－4　斜截微分面上的应力

$$l=\cos(N,x)\ ;\ m=\cos(N,y)\ ;$$
$$n=\cos(N,z)$$

简写为

$$l_i=\cos(N,x_i)$$

设 ABC 的面积为 $\mathrm{d}A$，QBC（x 面）、QCA（y 面）、QAB（z 面）的面积分别为 $\mathrm{d}A_x$、$\mathrm{d}A_y$ 及 $\mathrm{d}A_z$，则

$$\mathrm{d}A_x=l\mathrm{d}A\ ;\ \mathrm{d}A_y=m\mathrm{d}A\ ;\ \mathrm{d}A_z=n\mathrm{d}A$$

设 ABC 面上的全应力为 S，其 3 个坐标轴方向的分量为 S_x、S_y、S_z。由 3 个坐标轴方向的静力平衡条件得

$$\sum P_x=S_x\mathrm{d}A-\sigma_x l\mathrm{d}A-\tau_{yx}m\mathrm{d}A-\tau_{zx}n\mathrm{d}A=0$$
$$\sum P_y=S_y\mathrm{d}A-\tau_{xy}l\mathrm{d}A-\sigma_y m\mathrm{d}A-\tau_{zy}n\mathrm{d}A=0$$
$$\sum P_z=S_z\mathrm{d}A-\tau_{xz}l\mathrm{d}A-\tau_{yz}m\mathrm{d}A-\sigma_z n\mathrm{d}A=0$$

整理后可得 S_x、S_y、S_z 的表达式为

$$\left.\begin{aligned}S_x&=\sigma_x l+\tau_{yx}m+\tau_{zx}n\\S_y&=\tau_{xy}l+\sigma_y m+\tau_{zy}n\\S_z&=\tau_{xz}l+\tau_{yz}m+\sigma_z n\end{aligned}\right\}\tag{9-5}$$

经整理简写为

$$S_j=\sigma_{ij}l_i\tag{9-5a}$$

这里下标 $i,j=x,y,z$。式(9－5a)按附录 A 中的下标求和约定进行简写。

斜截微分面 ABC 上的全应力 S 可由下式确定：

$$S^2=S_x^2+S_y^2+S_z^2=S_iS_i$$

进而斜截微分面上的正应力和剪应力也可确定。正应力 σ 就是 S 在法线 N 上的投影，即

$$\sigma=S_xl+S_ym+S_zn\tag{9-6}$$

将式(9－5)代入式(9－6)，并考虑到 $\tau_{ij}=\tau_{ji}$，整理后可得正应力为

$$\sigma=\sigma_xl^2+\sigma_ym^2+\sigma_zn^2+2(\tau_{xy}lm+\tau_{yz}mn+\tau_{zx}nl)\tag{9-7}$$

由

$$S^2=\sigma^2+\tau^2$$

可得斜截微分面上的剪应力为

$$\tau^2 = S^2 - \sigma^2 \tag{9-8}$$

如果质点处在物体的边界上，斜截微分面 ABC 为物体的外表面，设该面上作用的外力为 T_j（$j = x, y, z$），则由静力平衡条件可知式(9-5)仍成立。用 T_j 代替式(9-5a)中的 S_j，得到

$$T_j = \sigma_{ij} l_i \tag{9-9}$$

上式即为应力边界条件表达式。

9.1.3 应力张量

由前面的论述可知，当物体受到一个外力作用时，其内部任意质点的应力状态是确定的。但是，随着坐标系的变化，应力分量将相应变化。由此可知，不同坐标系的应力分量之间必然存在一定的关系。若设图 9-4 中斜截面法线 N 是某一坐标系 $ox'y'z'$ 的一个坐标轴，如 x' 轴，则式(9-7)所示的 σ 为新坐标系中的 $\sigma_{x'}$，N 的方向余弦 l、m、n 就是新坐标轴 x' 在原坐标系中的方向余弦，改写为 $l_{x'x}$、$l_{x'y}$、$l_{x'z}$，简记为 $l_{x'i}$（$i = x, y, z$）。式(9-5a)可改写为

$$S_j = \sigma_{ij} l_{x'i}$$

式(9-6)也可写成

$$\sigma_{x'x'} = S_j l_{jx'} = \sigma_{ij} l_{x'i} l_{jx'} \tag{9-10}$$

将上式按求和约定展开，并考虑到 $i = j$ 时，$l_{x'i} = l_{jx'}$，即可得到式(9-7)。在式(9-8)中的剪应力 τ 没有按坐标方向分成两个分量，但如给出新坐标系另两个坐标轴 y'、z' 在原坐标系中的方向余弦 $l_{y'i}$ 及 $l_{z'i}$，那么把 S_j 分别投影到 y' 及 z' 轴上，也即分别乘以 $l_{jy'}$ 及 $l_{jz'}$，即可直接求得 x' 微分面上的两个剪应力分量：

$$\begin{aligned}\tau_{x'y'} &= \sigma_{x'y'} \\ &= S_j l_{jy'} \\ &= \sigma_{ij} l_{x'i} l_{jy'}\end{aligned} \tag{9-11}$$

$$\begin{aligned}\tau_{x'z'} &= \sigma_{x'z'} \\ &= S_j l_{jz'} \\ &= \sigma_{ij} l_{x'i} l_{jz'}\end{aligned} \tag{9-12}$$

将(9-10)、(9-11)、(9-12)三式合并表示如下：

$$\sigma_{x'k} = \sigma_{ij} l_{x'i} l_{jk} \quad (k = x', y', z')$$

对 y' 及 z' 方向的微分面上的应力进行类似处理，得到

$$\sigma_{lk} = \sigma_{ij} l_{li} l_{jk} \quad (l, k = x', y', z') \tag{9-13}$$

式(9-13)即为该应力状态在 $ox'y'z'$ 坐标系中的 9 个分量，可通过原坐标系 $oxyz$ 中的应力分量 σ_{ij} 及 x'、y'、z' 轴的方向余弦求得。不同坐标系中的 9 个量可以用式(9-13)所示的线性关系来变换，则此 9 个量就构成一个特殊的物理量，叫做二阶张量，简称张量(参看附录 B)。因此，一点的应力状态是张量，叫做应力张量。式(9-4)所示的矩阵叫张量矩阵。由剪应力互等、张量矩阵主对角线两边对称，得到应力张量为二阶对称张量，可表示为

$$\sigma_{ij}=\begin{bmatrix}\sigma_x & \tau_{xy} & \tau_{xz}\\ \cdot & \sigma_y & \tau_{yz}\\ \cdot & \cdot & \sigma_z\end{bmatrix}$$

应力张量具有张量的许多特性，如可以合并、分解，存在主方向、主值及不变量等等，它们对于分析应力状态很有用，同时对于判断材料成形性能优劣、制定合理成形工艺具有重要作用。应力张量的主应力及不变量、应力球张量、应力偏张量、主剪应力及最大剪应力、八面体应力和等效应力在塑性成形中具有重要意义，下面将分别展开论述。

1. 主应力和应力不变量

根据式(9-7)及式(9-8)，若一点应力状态确定，则有可能存在一组特殊的法线方向，使剪应力 $\tau\equiv 0$ 。另外，由张量的性质可知，一个二阶对称张量必然有 3 个相互垂直的方向，叫做主方向。在主方向上，下标不同($i\neq j$)的分量均为零，此时下标相同($i=j$)的分量叫做该张量的主值。对于应力张量，主值就是主方向上的 3 个正应力，叫做主应力；与 3 个主方向垂直的微分面叫主平面，主平面上剪应力为零；与 3 个主方向一致的坐标轴称为主轴。具体证明见附录 B 或相关张量专著。利用线性代数方法也可证明上述结论。

设图 9-4 中的法线方向余弦为 l 、m 、n 的斜截微分面 ABC 为主平面，面上的剪应力 $\tau=0$ ，由式(9-8)可得主应力 $\sigma=S$ ，其在 3 个坐标轴方向上的投影相应为 S_x 、S_y 及 S_z ，即

$$S_x=l\sigma\;;\;S_y=m\sigma\;;\;S_z=n\sigma$$

将 S 的分量代入式(9-5)，整理得到以 l 、m 、n 为未知数的齐次线性方程组：

$$\left.\begin{aligned}(\sigma_x-\sigma)l+\tau_{yx}m+\tau_{zx}n&=0\\ \tau_{yr}l+(\sigma_y-\sigma)m+\tau_{zy}n&=0\\ \tau_{xz}l+\tau_{yz}m+(\sigma_z-\sigma)n&=0\end{aligned}\right\}\tag{9-14}$$

其解就是应力主轴的方向。此方程组的一组解是 $l=m=n=0$ 。由解析几何可知，方向余弦之间必须满足

$$l^2+m^2+n^2=1\tag{9-15}$$

它们不能同时为零，因此必存在非零解。方程组(9-14)存在非零解的条件是方程组的系数所组成的行列式等于零，即

$$\begin{vmatrix}(\sigma_x-\sigma) & \tau_{yx} & \tau_{zx}\\ \tau_{xy} & (\sigma_y-\sigma) & \tau_{zy}\\ \tau_{xz} & \tau_{yz} & (\sigma_z-\sigma)\end{vmatrix}=0$$

展开整理后得

$$\sigma^3-(\sigma_x+\sigma_y+\sigma_z)\sigma^2+[\sigma_x\sigma_y+\sigma_y\sigma_z+\sigma_z\sigma_x-(\tau_{xy}^2+\tau_{yz}^2+\tau_{zx}^2)]\sigma$$
$$-[\sigma_x\sigma_y\sigma_z+2\tau_{xy}\tau_{yz}\tau_{zx}-(\sigma_x\tau_{yz}^2+\sigma_y\tau_{zx}^2+\sigma_z\tau_{xy}^2)]=0$$

设

$$\left.\begin{aligned}J_1&=\sigma_x+\sigma_y+\sigma_z\\ J_2&=-(\sigma_x\sigma_y+\sigma_y\sigma_z+\sigma_z\sigma_x)+\tau_{xy}^2+\tau_{yz}^2+\tau_{zx}^2\\ J_3&=\sigma_x\sigma_y\sigma_z+2\tau_{xy}\tau_{yz}\tau_{zx}-(\sigma_x\tau_{yz}^2+\sigma_y\tau_{zx}^2+\sigma_z\tau_{xy}^2)\end{aligned}\right\}\tag{9-16}$$

则上式可写成

$$\sigma^3 - J_1\sigma^2 - J_2\sigma - J_3 = 0 \tag{9-17}$$

式(9－17)为一个以σ为未知数的三次方程，叫做应力状态的特征方程，方程必然有3个实根(证明见附录B)，即3个主应力，用σ_1、σ_2、σ_3表示。将解得的主应力代入式(9－14)并与式(9－15)联解，即可得到该主应力的方向余弦，即3个相互垂直的主方向。

对于一个确定的应力状态，只能有一组(3个)主应力的数值。因此，特征方程式(9－17)的系数J_1、J_2及J_3是单值的，不随坐标而变。由此得出重要结论：尽管应力张量的各分量随坐标而变，但按式(9－16)组合起来的函数的值是不变的。因此，J_1、J_2及J_3分别称为应力张量的第一、第二和第三不变量。存在不变量也是张量的特性之一。应力张量的这3个不变量在塑性加工中具有重要物理意义。

如果取三个主方向为坐标轴，则通常用下标1、2、3代替x、y、z，这时应力张量写为

$$\sigma_{ij} = \begin{bmatrix} \sigma_1 & 0 & 0 \\ 0 & \sigma_2 & 0 \\ 0 & 0 & \sigma_3 \end{bmatrix} \tag{9-4a}$$

将式(9－4a)的各分量代入式(9－7)、(9－8)，即可得到主轴坐标系中斜截面上的正应力和剪应力公式：

$$\sigma = \sigma_1 l^2 + \sigma_2 m^2 + \sigma_3 n^2 \tag{9-7a}$$

$$\begin{aligned} \tau^2 &= S^2 - \sigma^2 \\ &= \sigma_1^2 l^2 + \sigma_2^2 m^2 + \sigma_3^2 n^2 - (\sigma_1 l^2 + \sigma_2 m^2 + \sigma_3 n^2)^2 \end{aligned} \tag{9-8a}$$

此时3个应力不变量为

$$\begin{aligned} J_1 &= \sigma_1 + \sigma_2 + \sigma_3 \\ J_2 &= -(\sigma_1\sigma_2 + \sigma_2\sigma_3 + \sigma_3\sigma_1) \\ J_3 &= \sigma_1\sigma_2\sigma_3 \end{aligned} \tag{9-16a}$$

点的应力状态还可在主轴坐标系中用几何图形进行表示。将主轴坐标系的应力分量式(9－4a)代入式(9－5)，得到任意斜截面上全应力的3个分量S_1、S_2及S_3：

$$S_1 = \sigma_1 l\,;\ S_2 = \sigma_2 m\,;\ S_3 = \sigma_3 n$$

或

$$l = \frac{S_1}{\sigma_1}\,;\ m = \frac{S_2}{\sigma_2}\,;\ n = \frac{S_3}{\sigma_3}$$

考虑到

$$l^2 + m^2 + n^2 = 1$$

得

$$\frac{S_1^2}{\sigma_1^2} + \frac{S_2^2}{\sigma_2^2} + \frac{S_3^2}{\sigma_3^2} = 1 \tag{9-18}$$

对于一点的应力状态，主应力σ_1、σ_2、σ_3是确定的，则(9－18)表示一个椭球面，叫做应力椭球面，它表示过一点的任意截面上全应力矢量$\boldsymbol{S}$端点的轨迹(见图9－5)，其主半轴的长度分别等于σ_1、σ_2、σ_3。还可发现，3个主应力中的最大值和最小值即该点所有方向的应力中的最大值和最小值。

主应力的特点可以用于对成形过程中材料的应力状态进行区分：$\sigma_1, \sigma_2, \sigma_3 \neq 0$，称为三向应力状态，见图 9-6(a)。此种应力状态常见于锻造、挤压、轧制等工艺；若 3 个主应力中有一个为零，则称为二向应力状态，见图 9-6(b)。此时，应力椭球面退化为在某个平面上的椭圆轨迹。此种应力状态存在于弯曲、扭转等工艺中；若 3 个主应力中有两个相等，如 $\sigma_1 \neq \sigma_2 = \sigma_3$，则可称为圆柱形应力状态，见图 9-6(c)。此处“圆柱形”表示应力分布的特点，而不是应力椭球面的退化形状。单向应力状态时 $\sigma_1 \neq \sigma_2 = \sigma_3 = 0$，也属于这种状态。在这种状态下，与 σ_1 轴垂直的所有方向都是主方向，且这些方向上的主应力都相等；若 3 个主应力相等，则椭球面变为球面(见图 9-6(d))，称为球应力状态。由式(9-8a)可知，此时 $\tau \equiv 0$，即所有方向都没有剪应力，均为主方向，且所有方向的应力相等。

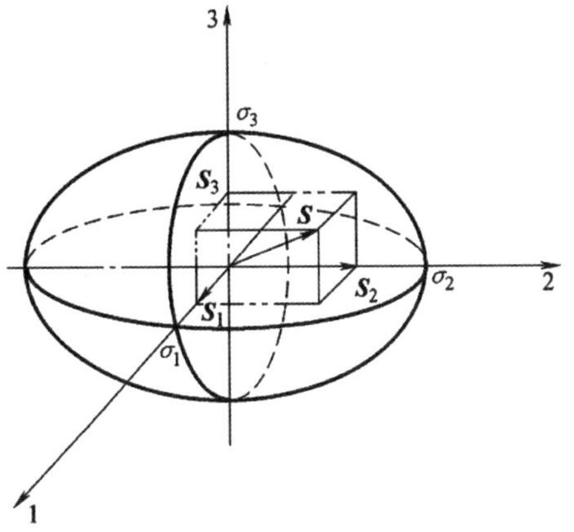

图 9-5　应力椭球面

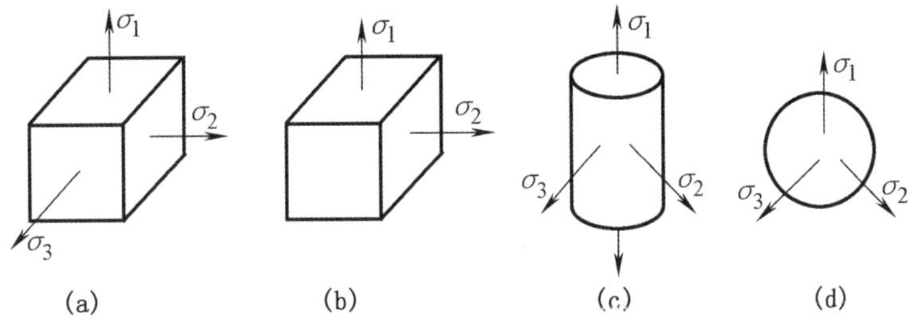

图 9-6　各种应力状态

利用主应力表示应力张量可使运算大为简化。同时，塑性成形中质点主应力还被用来衡量变形金属工艺塑性的优劣。

例题 9-1　设某点的应力状态如图 9-7(a)所示，试求其主应力及主方向(应力单位：N/mm²)。

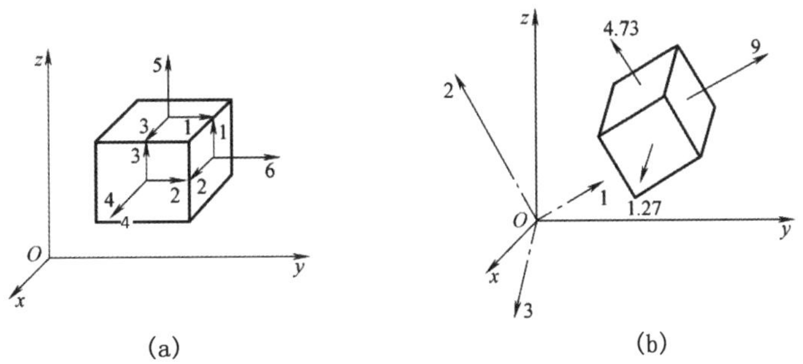

图 9-7　某点应力状态、主应力和主方向

解　图 9-7(a)所示的应力张量为

$$(\sigma_{ij})=\begin{bmatrix}4 & 2 & 3\\2 & 6 & 1\\3 & 1 & 5\end{bmatrix}$$

代入式(9-16),得

$$J_1=15 \qquad J_2=-60 \qquad J_3=54$$

代入(9-17),得

$$\sigma^3-15\sigma^2+60\sigma-54=0$$

解得

$$\sigma_1=9\ (\mathrm{N/mm^2})$$

$$\sigma_2=3+\sqrt{3}\ (\mathrm{N/mm^2})$$

$$\sigma_3=3-\sqrt{3}\ (\mathrm{N/mm^2})$$

将应力分量代入式(9-14),并与式(9-15)联立,得

$$(4-\sigma)l+2m+3n=0$$

$$2l+(6-\sigma)m+n=0$$

$$3l+m+(5-\sigma)n=0$$

$$l^2+m^2+n^2=1$$

将解得的3个主应力值分别代入上式,并联解方程组(注:上列方程组中的前三式是不定方程组,可用其中两式与第四式联解,或者求出不定方程的通解代入第四式求解),得到的3个主方向的方向余弦为

$$l_1=m_1=n_1=\frac{1}{\sqrt{3}}=0.5773\ 5$$

$$l_2=0.211\ 32\ ;\ m_2=-0.788\ 67\ ;\ n_2=0.577\ 35$$

$$l_3=-0.788\ 67\ ;\ m_3=-0.211\ 32\ ;\ n_3=0.577\ 35$$

$$\left(注:\sqrt{\frac{2+\sqrt{3}}{6}}=0.788\ 67\ ;\ \sqrt{\frac{2-\sqrt{3}}{6}}=0.211\ 32\right)$$

所得主应力及主方向如图9-7(b)所示。

2. 主剪应力和最大剪应力

金属塑性变形的一个重要指标是材料所受的剪应力。由前可知,主应力的方向对应正应力的极值。类似地,斜截面上的剪应力也必然存在极值,此极值称为“主剪应力”。主剪应力所在平面称为“主剪应力平面”。取3个主应力方向构成参考坐标系,则任意斜截面上的剪应力可由式(9-8a)确定:

$$\tau^2=\sigma_1^2l^2+\sigma_2^2m^2+\sigma_3^2n^2-(\sigma_1l^2+\sigma_2m^2+\sigma_3n^2)^2$$

考虑到3个方向余弦值不独立,将 $n^2=1-l^2-m^2$ 代入上式消去 n 得

$$\tau^2=(\sigma_1^2-\sigma_3^2)l^2+(\sigma_2^2-\sigma_3^2)m^2+\sigma_3-[(\sigma_1-\sigma_3)l^2+(\sigma_2-\sigma_3)m^2+\sigma_3]^2 \tag{9-19}$$

对式(9-19)求极值,即分别对 l 、m 求偏导并使之等于零,得

$$\left.\begin{aligned}&[(\sigma_1-\sigma_3)-2(\sigma_1-\sigma_3)l^2-2(\sigma_2-\sigma_3)m^2](\sigma_1-\sigma_3)l=0\\&[(\sigma_2-\sigma_3)-2(\sigma_1-\sigma_3)l^2-2(\sigma_2-\sigma_3)m^2](\sigma_2-\sigma_3)m=0\end{aligned}\right\} \tag{9-20}$$

显然 $l=m=0$ 是式(9-20)的一组解,则 $n=\pm1$,为一对主平面,剪应力为零。此组解不是

要找的解。当 $\sigma_1=\sigma_2=\sigma_3$，即球处于应力状态时，$\tau\equiv 0$，上式无解。如 $\sigma_1\neq\sigma_2=\sigma_3$，则从第一式解得 $l=\pm\frac{1}{\sqrt{2}}$，圆柱处于应力状态。此时与 σ_1 轴成 45°（或 135°）的所有平面都是主剪应力平面，单向拉伸就是如此。对于 $\sigma_1\neq\sigma_2\neq\sigma_3$ 的一般情况，如 $l\neq 0$，$m\neq 0$，则式(9-20)中两式的方括号内的项必同时为零，因此将有 $\sigma_1=\sigma_2$，与前提条件 $\sigma_1\neq\sigma_2\neq\sigma_3$ 不符，因此这种情况下式(9-20)无解。如 $l=0$，$m\neq 0$，即斜截微分面始终平行于1轴(参见图9-8(a))，则由式(9-20)的第二式得

$$(\sigma_2-\sigma_3)(1-2m^2)=0$$

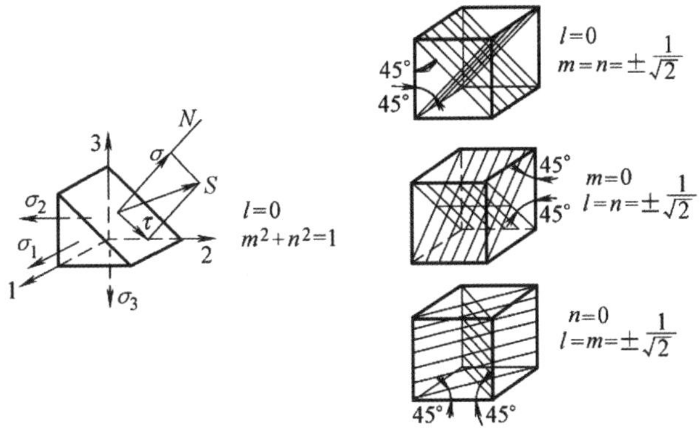

(a)　　(b)

图9-8　主剪应力平面

由此解得

$l=0$，$m=\pm\frac{1}{\sqrt{2}}$，从而 $n=\pm\frac{1}{\sqrt{2}}$。若 $l\neq 0$，$m=0$，则可由式(9-20)第一式解得

$$l=\pm\frac{1}{\sqrt{2}}\ ;\ m=0\ ;\ n=\pm\frac{1}{\sqrt{2}}$$

如最初从式(9-8a)消去 l 或 m，可同样求解。除去重复的解，还可以得到一组解为

$$l=\pm\frac{1}{\sqrt{2}}\ ;\ m=\pm\frac{1}{\sqrt{2}}\ ;\ n=0$$

上述3组解各表示一对相互垂直的主剪应力平面，它们分别与一个主平面垂直并与另两个主平面成 45° 角，如图9-8(b)所示。每对主剪应力平面上的主剪应力都相等。将上列3组方向余弦值代入式(9-8a)，即可求得3个主剪应力如下：

$$\left.\begin{aligned}\tau_{23}&=\pm\frac{(\sigma_2-\sigma_3)}{2}\\ \tau_{31}&=\pm\frac{(\sigma_3-\sigma_1)}{2}\\ \tau_{12}&=\pm\frac{(\sigma_1-\sigma_2)}{2}\end{aligned}\right\}\tag{9-21}$$

主剪应力中绝对值最大的一个，即一点所有方向截面上的最大剪应力，叫做最大剪应力，以 $\tau_{\max}$ 表示。如设 $\sigma_1\geqslant\sigma_2\geqslant\sigma_3$，则

$$\tau_{\max}=\pm\frac{(\sigma_1-\sigma_3)}{2}\tag{9-22}$$

将3组方向余弦值代入式(9-7a),即可求得主剪应力平面上的正应力为

$$\left.\begin{aligned}\sigma_{23} &= \frac{(\sigma_2+\sigma_3)}{2}\\ \sigma_{31} &= \frac{(\sigma_3+\sigma_1)}{2}\\ \sigma_{12} &= \frac{(\sigma_1+\sigma_2)}{2}\end{aligned}\right\} \tag{9-23}$$

应注意到,每对主剪应力平面上的正应力都是相等的,图9-9所示为$\sigma_1\sigma_2$平面上的例子。

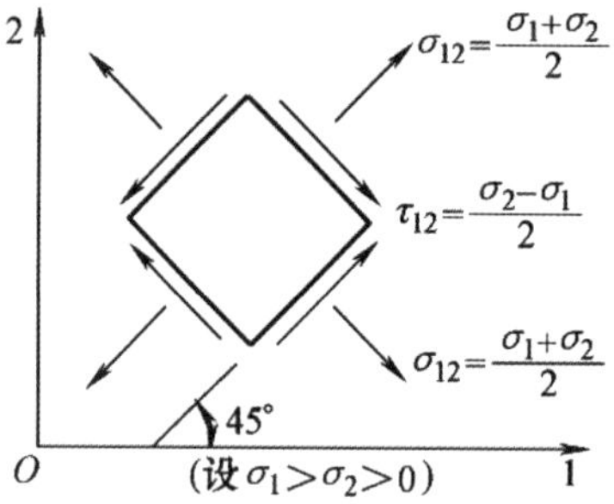

图9-9 主剪应力平面上的正应力

下面将6对特殊平面的结果列于表9-1中。

表9-1 6对特殊平面的方向余弦和应力

l	0	0	± 1	0	$\pm\frac{1}{\sqrt{2}}$	$\pm\frac{1}{\sqrt{2}}$
m	0	± 1	0	$\pm\frac{1}{\sqrt{2}}$	0	$\pm\frac{1}{\sqrt{2}}$
n	± 1	0	0	$\pm\frac{1}{\sqrt{2}}$	$\pm\frac{1}{\sqrt{2}}$	0
剪应力	0	0	0	$\pm\frac{(\sigma_2-\sigma_3)}{2}$	$\pm\frac{(\sigma_3-\sigma_1)}{2}$	$\pm\frac{(\sigma_1-\sigma_2)}{2}$
正应力	σ_3	σ_2	σ_1	$\frac{(\sigma_2+\sigma_3)}{2}$	$\frac{(\sigma_3+\sigma_1)}{2}$	$\frac{(\sigma_1+\sigma_2)}{2}$

3. 应力球张量和应力偏张量

与矢量类似,应力张量是可以分解的。设σ_m为3个正应力分量的平均值,即

$$\sigma_m=\frac{1}{3}(\sigma_x+\sigma_y+\sigma_z)=\frac{1}{3}J_1=\frac{1}{3}(\sigma_1+\sigma_2+\sigma_3) \tag{9-24}$$

σ_m叫做平均应力,是不变量,与坐标系无关。对于一个确定的应力状态,它是单值的。

3个正应力分量可表示为

$$\begin{aligned}\sigma_x &= (\sigma_x-\sigma_m)+\sigma_m=\sigma'_x+\sigma_m\\ \sigma_y &= (\sigma_y-\sigma_m)+\sigma_m=\sigma'_y+\sigma_m\\ \sigma_z &= (\sigma_z-\sigma_m)+\sigma_m=\sigma'_z+\sigma_m\end{aligned}$$

将上式代入应力张量式(9-4),即可将应力张量分解成两个张量:

$$[\sigma_{ij}]=\begin{bmatrix}\sigma'_x+\sigma_m & \tau_{xy} & \tau_{xz}\\ \tau_{yx} & \sigma'_y+\sigma_m & \tau_{yz}\\ \tau_{zx} & \tau_{zy} & \sigma'_z+\sigma_m\end{bmatrix}=\begin{bmatrix}\sigma'_x & \tau_{xy} & \tau_{xz}\\ \tau_{yx} & \sigma'_y & \tau_{yz}\\ \tau_{zx} & \tau_{zy} & \sigma'_z\end{bmatrix}+\begin{bmatrix}\sigma_m & 0 & 0\\ 0 & \sigma_m & 0\\ 0 & 0 & \sigma_m\end{bmatrix} \tag{9-25}$$

用张量的分量符号可简记为

$$\sigma_{ij}=\sigma'_{ij}+\delta_{ij}\sigma_m \tag{9-25a}$$

其中，δ_{ij} 叫克氏符号(Kronecker delta)，是单位球张量的标记，详见附录 A。

张量的分量 $\delta_{ij}\sigma_m$ 表示球应力状态，故称应力球张量。在球应力状态下，任何方向都是主方向，而且主应力相同，所以 σ_m 可看成是一种静水应力。另外，由于球应力状态在任何截面上都没有剪应力，所以它不能使物体产生形状变化和塑性变形，只能产生体积变化。

σ'_{ij} 叫做应力偏张量，它是由原应力张量减去球张量后得到的，其分量表示为

$$\sigma'_{ij}=\sigma_{ij}-\delta_{ij}\sigma_m$$

由于应力球张量没有剪应力，任意方向都是主方向且主应力相同，因此，减去球张量后得到的 σ'_{ij} 的剪应力分量、主剪应力、最大剪应力及应力主轴等等都与原应力张量相同。应力偏张量只能使物体产生形状变化，而不能产生体积变化。应力偏张量同样有 3 个不变量，可用 J'_1、J'_2 及 J'_3 表示。将应力偏张量的分量代入式(9－16)，可得

$$\left.\begin{aligned}J'_1&=\sigma'_x+\sigma'_y+\sigma'_z=(\sigma_x-\sigma_m)+(\sigma_y-\sigma_m)+(\sigma_z-\sigma_m)=0\\ J'_2&=-(\sigma'_x\sigma'_y+\sigma'_y\sigma'_z+\sigma'_z\sigma'_x)+\tau_{xy}^2+\tau_{yz}^2+\tau_{zx}^2\\ &=\frac{1}{6}[(\sigma_x-\sigma_y)^2+(\sigma_y-\sigma_z)^2+(\sigma_z-\sigma_x)^2]+\tau_{xy}^2+\tau_{yz}^2+\tau_{zx}^2\\ J'_3&=\begin{vmatrix}\sigma'_x & \tau_{xy} & \tau_{xz}\\ \tau_{yx} & \sigma'_y & \tau_{yz}\\ \tau_{zx} & \tau_{zy} & \sigma'_z\end{vmatrix}\end{aligned}\right\} \tag{9-26}$$

对于主轴坐标系，则

$$\begin{aligned}J'_1&=0\\ J'_2&=\frac{1}{6}[(\sigma_1-\sigma_2)^2+(\sigma_2-\sigma_3)^2+(\sigma_3-\sigma_1)^2]\\ J'_3&=\sigma'_1\sigma'_2\sigma'_3\end{aligned} \tag{9-26a}$$

将式(9－26)中的第一式两边平方后整理可得

$$-(\sigma'_x\sigma'_y+\sigma'_y\sigma'_z+\sigma'_z\sigma'_x)=\frac{1}{2}(\sigma'^2_x+\sigma'^2_y+\sigma'^2_{zz})$$

将上式代入式(9－26)，第二式可得

$$J'_2=\frac{1}{2}(\sigma'^2_x+\sigma'^2_x+\sigma'^2_x+2\tau_{xy}^2+2\tau_{yz}^2+2\tau_{zx}^2)=\frac{1}{2}\sigma'_{ij}\sigma'_{ij} \tag{9-26b}$$

4. 八面体应力和等效应力

设物体内任意点 Q 为原点，以该点的应力主轴为坐标轴，在无限靠近 Q 点处作等倾微分面，其法线与三根坐标轴的夹角都相等，即 $|l|=|m|=|n|$。坐标空间 8 个象限的等倾斜微分面可以形成一个正八面体(见图 9－10)。这种微分面叫八面体平面，面上的应力叫八面体应力。

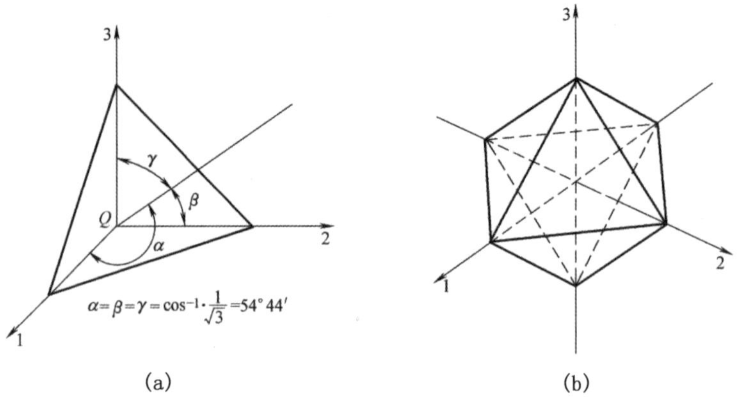

图 9-10 八面体和八面体平面

八面体平面的方向余弦为

$$l=\pm\frac{1}{\sqrt{3}},m=\pm\frac{1}{\sqrt{3}},n=\pm\frac{1}{\sqrt{3}}$$

将上述方向余弦代入斜截面应力公式(9-7a),得八面体正应力为

$$\sigma_8=\sigma_1 l^2+\sigma_2 m^2+\sigma_3 n^2=\frac{1}{3}(\sigma_1+\sigma_2+\sigma_3)=\sigma_m=\frac{1}{3}J_1 \tag{9-27}$$

将八面体平面的方向余弦代入式(9-8a),整理后得八面体剪应力为

$$\tau_8=\pm\frac{1}{3}\sqrt{(\sigma_1-\sigma_2)^2+(\sigma_2-\sigma_3)^2+(\sigma_3-\sigma_1)^2}=\pm\sqrt{\frac{2}{3}J'_2} \tag{9-28}$$

可见,σ_8 就是平均应力或静水应力,是不变量。τ_8 则是与应力球张量无关的不变量。对于一个确定的应力偏张量,τ_8 是确定的。上述两式中的 J_1 和 J'_2 分别用式(9-16)和(9-26)中的函数式代入,即可得到任意坐标系中的应力分量表示的八面体应力:

$$\sigma_8=\frac{1}{3}(\sigma_x+\sigma_y+\sigma_z) \tag{9-27a}$$

$$\tau_8=\pm\frac{1}{3}\sqrt{(\sigma_x-\sigma_y)^2+(\sigma_y-\sigma_z)^2+(\sigma_z-\sigma_x)^2+6(\tau_{xy}^2+\tau_{yz}^2+\tau_{zx}^2)} \tag{9-28a}$$

进一步地,将八面体剪应力 τ_8 取绝对值,并乘以系数 $\frac{3}{\sqrt{2}}$,所得到的量仍是一个不变量,称为"等效应力",也称广义应力或应力强度,在本书中以 $\bar{\sigma}$ 表示。对于主轴坐标系,等效应力的表达式为

$$\bar{\sigma}=\frac{3}{\sqrt{2}}\tau_8=\sqrt{3J'_2}=\sqrt{\frac{1}{2}[(\sigma_1-\sigma_2)^2+(\sigma_2-\sigma_3)^2+(\sigma_3-\sigma_1)^2]} \tag{9-29}$$

对于任意坐标系,则为

$$\bar{\sigma}=\sqrt{\frac{1}{2}[(\sigma_x-\sigma_y)^2+(\sigma_y-\sigma_z)^2+(\sigma_z-\sigma_x)^2+6(\tau_{xy}^2+\tau_{yz}^2+\tau_{zx}^2)]} \tag{9-29a}$$

将式(9-26b)代入式(9-29)得

$$\bar{\sigma}=\sqrt{\frac{3}{2}\sigma'_{ij}\sigma'_{ij}} \tag{9-29b}$$

前面讨论的主应力、主剪应力、八面体应力等都是在某些特殊微分面上实际存在的应力，而等效应力则是不能在某特定微分面上表示出来的。但是，等效应力可以在一定意义上“代表”整个应力状态中的偏张量部分，因此，它和塑性变形的关系非常密切，在金属塑性成形中具有十分重要的意义。

具体地，根据式(9－29)，单向应力状态下

$$\bar{\sigma} = |\sigma_1|$$

三向应力状态下如 $\sigma_1 \geqslant \sigma_2 \geqslant \sigma_3$ ，则有

$$\bar{\sigma} = \left(1 \sim \frac{\sqrt{3}}{2}\right)(\sigma_1 - \sigma_3) = (2 \sim 1.732)\tau_{\max}$$

可见，$\bar{\sigma}$ 和最大剪应力的 2 倍相差不大。

9.1.4　应力平衡微分方程

设物体(连续体)内有一点 Q ，其坐标为 x 、y 、z 。以 Q 为顶点切取一个边长为 $\mathrm{d}x$ 、$\mathrm{d}y$ 、$\mathrm{d}z$ 的平行六面体。六面体另一顶点 Q' 的坐标即为 $x+\mathrm{d}x$ 、$y+\mathrm{d}y$ 、$z+\mathrm{d}z$ 。由于坐标的微量变化，各个应力分量也将产生微量的变化。一般地，应力分量可看作是坐标的连续函数，而且有连续的一阶偏导数。设 Q 点的应力状态为 σ_{ij} ，其 x 面上的正应力分量为

$$\sigma_x = f(x, y, z)$$

在 Q' 点的 x 面上，由于坐标变化了 $\mathrm{d}x$ ，故其正应力分量将为

$$f(x+\mathrm{d}x, y, z) = f(x, y, z) + \frac{\partial f}{\partial x}\mathrm{d}x + \frac{1}{2}\frac{\partial^2 f}{\partial x^2}\mathrm{d}x^2 + \cdots \approx \sigma_x + \frac{\partial \sigma_x}{\partial x}\mathrm{d}x$$

其余的 8 个应力分量也可同样推导得到相类似的式子，如图 9－11 所示。

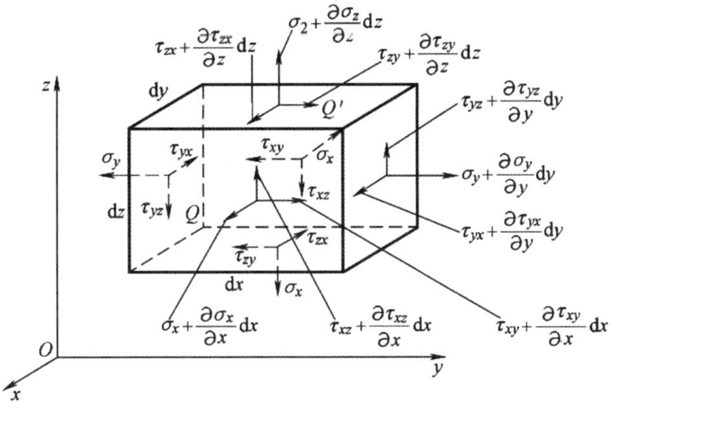

图 9－11　单元体 6 个面上的应力分量

设图 9－11 所示的单元体处于静力平衡状态，且不考虑体力，则由平衡条件 $\sum P_x = 0$ 有

$$\left(\sigma_x + \frac{\partial \sigma_x}{\partial x}\mathrm{d}x\right)\mathrm{d}y\mathrm{d}z + \left(\tau_{yx} + \frac{\partial \tau_{yx}}{\partial y}\mathrm{d}y\right)\mathrm{d}z\mathrm{d}x + \left(\tau_{zx} + \frac{\partial \tau_{zx}}{\partial z}\mathrm{d}z\right)\mathrm{d}x\mathrm{d}y$$
$$- \sigma_x \mathrm{d}y\mathrm{d}z - \tau_{yx}\mathrm{d}z\mathrm{d}x - \tau_{zx}\mathrm{d}x\mathrm{d}y = 0$$

简化整理后得

$$\frac{\partial\sigma_x}{\partial x}+\frac{\partial\tau_{yx}}{\partial y}+\frac{\partial\tau_{zx}}{\partial z}=0$$

按 $\sum P_y=0$ 及 $\sum P_z=0$ 可得两个类似的式子，因此直角坐标系中质点的平衡微分方程为

$$\left.\begin{aligned}\frac{\partial\sigma_x}{\partial x}+\frac{\partial\tau_{yx}}{\partial y}+\frac{\partial\tau_{zx}}{\partial z}=0\\\frac{\partial\tau_{xy}}{\partial x}+\frac{\partial\sigma_y}{\partial y}+\frac{\partial\tau_{zy}}{\partial z}=0\\\frac{\partial\tau_{xz}}{\partial x}+\frac{\partial\tau_{yz}}{\partial y}+\frac{\partial\sigma_z}{\partial z}=0\end{aligned}\right\}\tag{9-30}$$

简记为

$$\frac{\partial\sigma_{ij}}{\partial x_i}=0\tag{9-30a}$$

另外，考虑单元体对力矩的平衡条件，可以导出剪应力互等定律。

式(9－30)所列的平衡微分方程中，3 个式子包含了 6 个未知应力分量，所以是超静定的。若要解该方程组，还应寻找补充方程。

9.1.5 特殊应力状态

利用解析方法求解一般的三向应力状态问题是很困难的。某些特殊问题，如部分简单冲压工艺、镦粗工艺等可近似地简化为特殊应力状态，从而使得应力张量和平衡微分方程可以得到某些简化，有可能找到相应的解析解。

1. 平面应力状态

平面应力状态的基本特征如下述。

①物体内所有质点在与某一方向垂直的平面上都没有应力，如取该方向为坐标的 z 轴，则有 $\sigma_z=\tau_{zx}=\tau_{zy}=0$，只留下 σ_x、σ_y、τ_{xy} 这 3 个应力分量。z 向必为主方向，所有质点都是两向应力状态；②各应力分量都与 z 坐标无关，因此整个物体的应力分布可以在 xy 坐标平面上表示出来。材料力学中的一些问题，如梁的弯曲、薄壁管扭转等都是平面应力状态。另外，薄壁容器承受内压以及塑性成形中的一些板料成形工序，例如拉深工艺等，由于壁厚或板厚方向的应力相对很小，可以忽略，所以一般也看成是平面应力状态。根据上述分析，平面应力状态的应力张量为

$$(\sigma_{ij})=\begin{bmatrix}\sigma_x & \tau_{xy}\\\tau_{yx} & \sigma_y\end{bmatrix}$$

或

$$(\sigma_{ij})=\begin{bmatrix}\sigma_1 & 0\\0 & \sigma_2\end{bmatrix}\tag{9-31}$$

在两向应力状态中有一种“纯剪”状态，它的特点是在主剪平面上的正应力为零，如图 9－12(a)所示。棒料或者管料在小变形扭转时就是这种状态。纯剪状态的应力莫尔圆如图 9－15(b))所示，纯剪应力 τ 就是最大剪应力，主轴与坐标轴成 45° 角，主应力的特点是 $\sigma_1=-\sigma_2=\tau$。

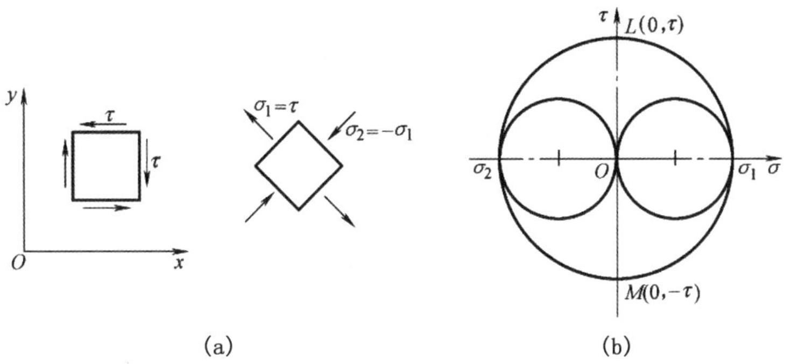

图 9－12　纯剪应力状态及其莫尔圆

平面应力状态时，由于 $\sigma_z = \tau_{zx} = \tau_{zy} = 0$ ，所以其平衡微分方程为

$$\left.\begin{aligned}\frac{\partial \sigma_x}{\partial x} + \frac{\partial \tau_{yx}}{\partial y} = 0 \\ \frac{\partial \tau_{xy}}{\partial x} + \frac{\partial \sigma_y}{\partial y} = 0\end{aligned}\right\} \tag{9-32}$$

2. 轴对称应力状态

回转体所受外力对称于回转轴且没有周向力时，则物体内的质点就处于轴对称应力状态。处于轴对称状态时，回转体的每个子午面都始终保持平面，而且各子午面之间的夹角始终不变。用圆柱坐标表示的单元体及应力状态如图 9－13 所示，其一般的应力张量为

$$(\sigma_{ij}) = \begin{bmatrix} \sigma_\rho & \tau_{\rho\theta} & \tau_{\rho z} \\ \tau_{\theta\rho} & \sigma_\theta & \tau_{\theta z} \\ \tau_{z\rho} & \tau_{z\theta} & \sigma_z \end{bmatrix} \tag{9-33}$$

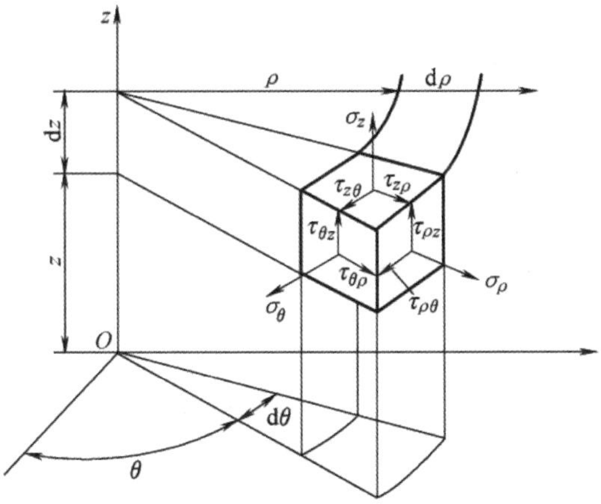

图 9－13　圆柱坐标中单元体上的应力分量

平衡微分方程的一般形式为

$$
\left.\begin{aligned}
&\frac{\partial \sigma_\rho}{\partial \rho}+\frac{1}{\rho}\left(\frac{\partial \tau_{\theta\rho}}{\partial \theta}\right)+\frac{\partial \tau_{z\rho}}{\partial z}+\frac{\sigma_\rho-\sigma_\theta}{\rho}=0\\
&\frac{\partial \tau_{\rho\theta}}{\partial \rho}+\frac{1}{\rho}\left(\frac{\partial \sigma_\theta}{\partial \theta}\right)+\frac{\partial \tau_{z\theta}}{\partial z}+\frac{\tau_{\rho\theta}}{\rho}=0\\
&\frac{\partial \tau_{\rho z}}{\partial \rho}+\frac{1}{\rho}\left(\frac{\partial \tau_{\theta z}}{\partial \theta}\right)+\frac{\partial \sigma_z}{\partial z}+\frac{2\tau_{\rho z}}{\rho}=0
\end{aligned}\right\}\qquad(9-34)
$$

轴对称状态时，由于子午面（也即 θ 面）在变形过程中始终不会扭曲，所以其特点是：①在 θ 面上没有剪应力，即 $\tau_{\rho\theta}=\tau_{\theta z}=0$，故应力张量只有 σ_ρ、σ_θ、σ_z、$\tau_{\rho z}$ 这 4 个分量，而且 σ_θ 是一个主应力；②各应力分量与 θ 坐标无关，对 θ 的偏导数都为零。所以，用圆柱坐标时的平衡微分方程为

$$
\left.\begin{aligned}
&\frac{\partial \sigma_\rho}{\partial \rho}+\frac{\partial \tau_{z\rho}}{\partial z}+\frac{\sigma_\rho-\sigma_\theta}{\rho}=0\\
&\frac{\partial \tau_{\rho z}}{\partial \rho}+\frac{\partial \sigma_z}{\partial z}+\frac{\tau_{\rho z}}{\rho}=0
\end{aligned}\right\}\qquad(9-35)
$$

用球坐标时的单元体及应力状态如图 9-14 所示，其应力分量为 σ_ρ、σ_θ、σ_φ、$\tau_{\rho\theta}$、$\tau_{\theta\varphi}$、$\tau_{\varphi\rho}$。一般的平衡微分方程为

$$
\left.\begin{aligned}
&\frac{\partial \sigma_\rho}{\partial \rho}+\frac{1}{\rho\sin\varphi}\left(\frac{\partial \tau_{\theta\rho}}{\partial \theta}\right)+\frac{1}{\rho}\left(\frac{\partial \tau_{\varphi\rho}}{\partial \varphi}\right)+\frac{\partial \tau_{\theta\rho}}{\partial \theta}+\frac{1}{\rho}(2\sigma_\rho-\sigma_\theta+\tau_{\varphi\rho}\operatorname{ctg}\varphi)=0\\
&\frac{\partial \tau_{\rho\theta}}{\partial \rho}+\frac{1}{\rho\sin\varphi}\left(\frac{\partial \sigma_\theta}{\partial \theta}\right)+\frac{1}{\rho}\left(\frac{\partial \tau_{\varphi\theta}}{\partial \varphi}\right)+\frac{1}{\rho}(3\tau_{\rho\theta}+2\tau_{\varphi\theta}\operatorname{ctg}\varphi)=0\\
&\frac{\partial \tau_{\rho\varphi}}{\partial \rho}+\frac{1}{\rho\sin\varphi}\left(\frac{\partial \tau_{\theta\varphi}}{\partial \theta}\right)+\frac{1}{\rho}\left(\frac{\partial \sigma_\varphi}{\partial \varphi}\right)+\frac{1}{\rho}[(\sigma_\varphi-\sigma_\theta)\operatorname{ctg}\varphi+3\tau_{\rho\theta}]=0
\end{aligned}\right\}\qquad(9-36)
$$

轴对称状态时，$\tau_{\theta\rho}=\tau_{\theta\varphi}=0$，各分量对 θ 的偏导数为零，故用球坐标时其平衡微分方程为

$$
\left.\begin{aligned}
&\frac{\partial \sigma_\rho}{\partial \rho}+\frac{1}{\rho}\left(\frac{\partial \tau_{\varphi\rho}}{\partial \varphi}\right)+\frac{1}{\rho}(2\sigma_\rho-\sigma_\theta-\sigma_\varphi+\tau_{\rho\varphi}\operatorname{ctg}\varphi)=0\\
&\frac{\partial \tau_{\rho\varphi}}{\partial \rho}+\frac{1}{\rho}\left(\frac{\partial \sigma_\varphi}{\partial \varphi}\right)+\frac{1}{\rho}[(\sigma_\varphi-\sigma_\theta)\operatorname{ctg}\varphi+3\tau_{\rho\varphi}]=0
\end{aligned}\right\}\qquad(9-37)
$$

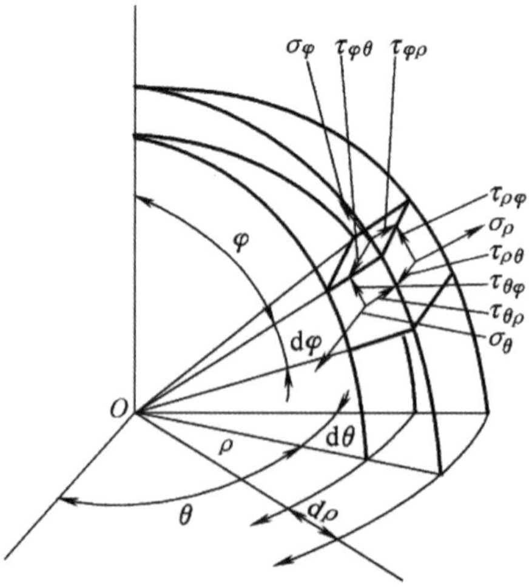

图 9-14　球坐标中单元体上的应力分量

9.2　应变分析

物体受力后其内部质点不仅要发生相对位置的改变(产生了位移),而且要产生形状的变化,即发生了变形。应变是表示变形大小的一个物理量。物体变形时,体内各质点在所有方向上都会有应变,故需要引入“点应变状态”的概念。点应变状态也是二阶对称张量,与应力张量有许多相似的性质。应变分析主要是几何学和运动学的问题,它与物体中的位移场或速度场有密切联系。

图 9-15 所示为塑性成形中的几种典型变形。图 9-15(a)表示均匀拉伸,而图 9-15(b)表示坯料在有摩擦的平板间被压缩成鼓形,图 9-15(c)表示理想化的剪切过程,图 9-15(d)所示为弯曲工序。

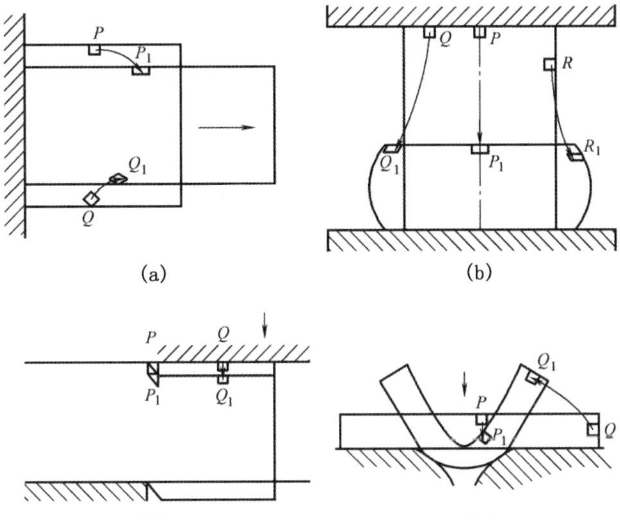

图 9-15　典型变形过程示意图

由图 9-15 可以看出,单元体的变形可归为两种形式。一种是线尺寸的伸长缩短,叫做正变形或线变形;一种是单元体发生畸变,叫做剪变形或角变形。正变形和剪变形也可统称“纯变形”;对于同一质点,随着切取单元体的方向不同,则变形数值也相应变化;单元体一般同时发生平移、转动、正变形和剪变形,平移和转动本身并不代表变形,只表示刚体位移;变形体内所有的点都产生位移。单元体作刚体位移时,各点的相对位置都未改变,单元体变形时,各点的相对位置都发生了变化。由此可见,物体的变形也就是物体内各点位移不同而致使各点相对位置发生变化的表现。因此,变形和物体内的位移场密切地联系在一起。另外,为了便于进行变形分析,引入如下假设:单元体的变形是均匀变形,即单元体原来的直线和平面在变形后仍然是直线和平面,且原来相互平行的直线和平面仍将保持平行。单元体变形后仍为平行六面体。

9.2.1　小变形分析

材料力学及一般弹、塑性理论中所讨论的变形常常不超过 $10^{-3}\sim10^{-2}$ 数量级,这种很小的变形统称为小变形。

1. 小应变

应变可分为正应变与剪(切)应变。设一单元体 $PABC$ 在 xoy 坐标平面内发生了微小的变形(见图 9－16(a),这里暂不考虑刚体位移),变为 $PA_1B_1C_1$。单元体内各线元长度相应发生变化。若设线元 PB 由原长 r 变成了 $r_1 = r + \delta r$,则其单位长度的变化为

$$\varepsilon = \frac{r_1 - r}{r} = \frac{\delta r}{r} \tag{9-38}$$

称为线元 PB 的正应变。线元伸长时 ε 为正,压缩时 ε 为负。其他线元也可同样定义。例如,平行于 x 轴和 y 轴的线元 PA 和 PC,将分别有

$$\varepsilon_x = \frac{\delta r_x}{r_x};\ \varepsilon_y = \frac{\delta r_y}{r_y}$$

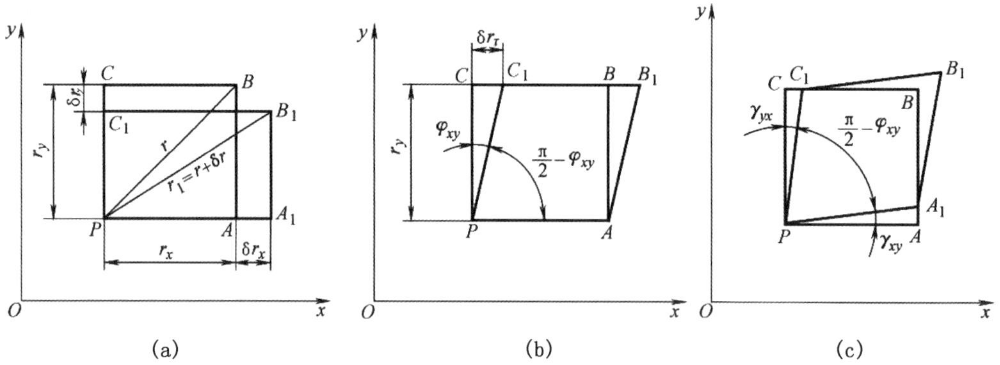

图 9－16　单元体在 xoy 坐标平面内的变形

又设单元体在 xoy 坐标平面内发生剪(切)变形(见图 9－16(b)),线元 PA 和 PC 所夹的直角 $\angle CPA$ 缩减了 φ 角,变成了 $\angle C_1PA$,相当于 C 点在垂直于 PC 的方向偏移了 δr_τ,一般把

$$\frac{\delta r_\tau}{r_y} = \tan\varphi \approx \varphi \tag{9-39}$$

称为相对切应变,也称工程切应变。$\angle CPA$ 缩减时 φ 取正号。图 9－16(b)中的 φ 是在 xoy 坐标平面内发生的,故可写为 φ_{xy}。应指出,由于变形很小,故可认为 PC 偏转至 PC_1 时长度不变。相对切应变可看成 PA 和 PC 同时向内偏转相同的角度 γ_{xy} 及 γ_{yx}(见图 9－16(c))。

$$\gamma_{yx} = \gamma_{xy} = \frac{1}{2}\varphi_{yx} \tag{9-40}$$

γ_{xy}、γ_{yx} 定义为切应变。切应变 γ_{ij} 角标的意义是:第一个角标表示线元(棱边)的方向,第二个角标表示线元偏转的方向,如 γ_{xy} 表示 x 方向的线元向 y 方向偏转的角度。实际变形中线元 PA 和 PC 的偏转角度不一定相同。现设它们的实际偏转角度分别是 α_{xy}、α_{yx}(见图 9－17(a)),偏转的结果仍然使 $\angle CPA$ 缩减了 φ_{xy},于是有

$$\left.\begin{aligned}\varphi_{xy} &= \alpha_{yx} + \alpha_{xy}\\ \gamma_{yx} &= \gamma_{xy} = \frac{1}{2}(\alpha_{yx} + \alpha_{xy})\end{aligned}\right\} \tag{9-41}$$

则 α_{xy}、α_{yx} 中已经包含了刚体转动。假设线元 PA 和 PC 先同时偏转了 γ_{xy} 及 γ_{yx}(见图 9－17(b)),然后整个单元体绕 z 轴转动了一个角度 ω_z(见图 9－17(c)),由几何关系有

$$\left.\begin{aligned}\alpha_{xy} &= \gamma_{xy} - \omega_z\\ \alpha_{yx} &= \gamma_{yx} + \omega_z\\ \omega_z &= (\alpha_{yx} - \alpha_{xy})/2\end{aligned}\right\} \tag{9-42}$$

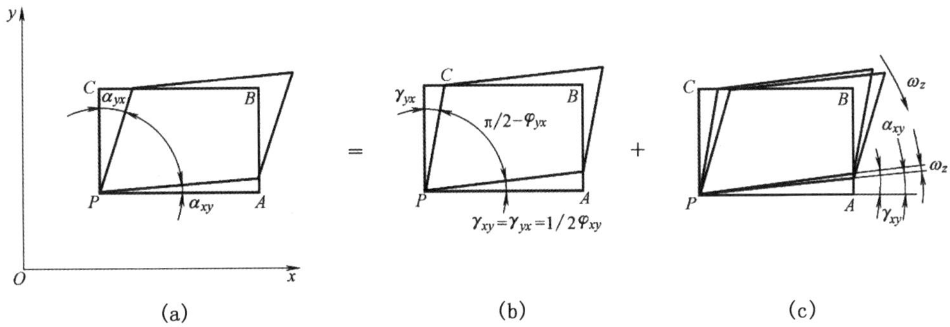

图 9－17　切应变与刚性转动

2. 点的应变状态和应变张量

在直角坐标系中取一极小的单元体 $PA\cdots G$，边长分别为 r_x、r_y、r_z，小变形后移至 $P_1A_1\cdots G_1$，变成了一个偏斜的平行六面体，如图 9－18(a)所示。图 9－18(b)为它在 3 个坐标平面上的投影。这时，单元体同时产生正应变、切应变、刚体平移和转动。假设单元体首先平移至 $P_1A'\cdots G'$，然后可能产生如图 9－19 所示的 3 种正应变和 3 种切应变。

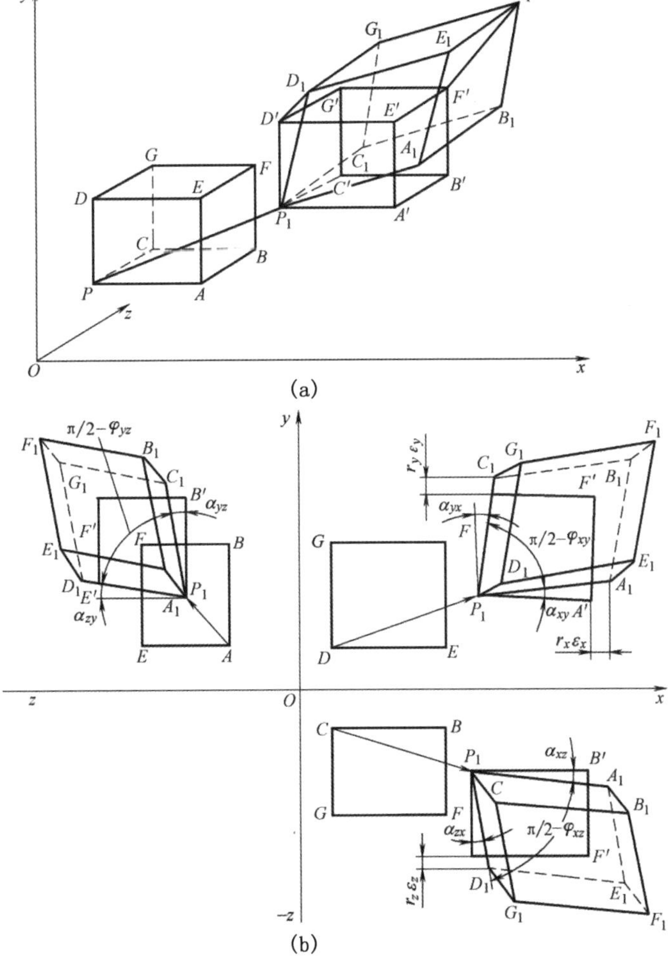

图 9－18　单元体变形

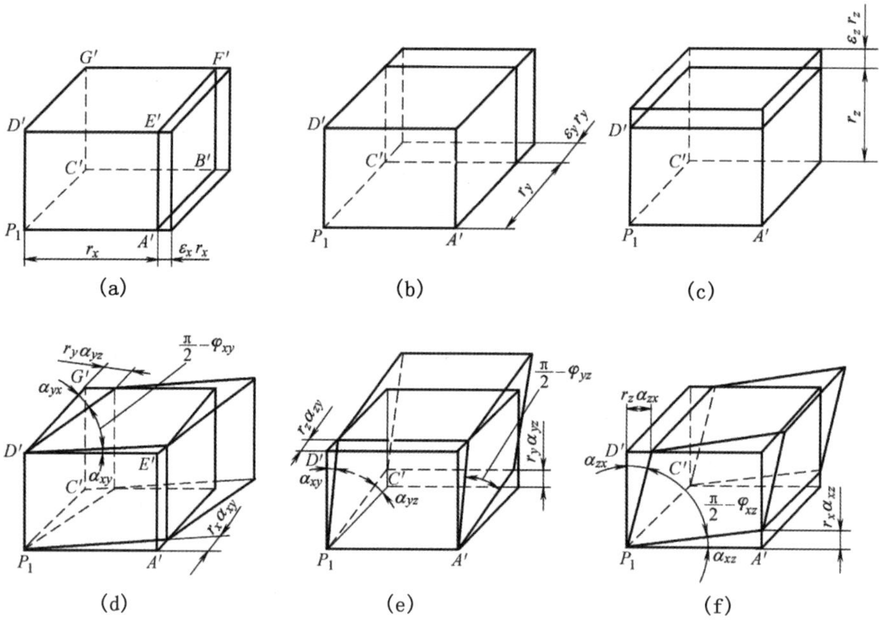

图 9－19　单元体变形的分解

(1) 单元体在 x 方向的长度变化了 δr_x，其正应变为 $\varepsilon_x=\dfrac{\delta r_x}{r_x}$（见图 9－19(a)）。

(2) 在 y 方向的长度变化了 δr_y，其正应变为 $\varepsilon_y=\dfrac{\delta r_y}{r_y}$（见图 9－19(b)）。

(3) 在 z 方向的长度变化了 δr_z，其正应变为 $\varepsilon_z=\dfrac{\delta r_z}{r_z}$，（见图 9－19(c)）。

(4) 单元体的 $P_1C'G'D'$ 面（也即 x 面）在 xoy 平面中偏转了 α_{yx} 角，y 面（$P_1A'E'D'$）偏转了 α_{xy} 角，形成了工程切应变 $\varphi_{xy}=\alpha_{xy}+\alpha_{yx}$（见图 9－19(d)）。

(5) y 面和 z 面在 yoz 平面分别偏转了 α_{zy} 角 α_{yz}，形成了工程切应变 $\varphi_{yz}=\alpha_{yz}+\alpha_{zy}$（见图 9－19(e)）。

(6) z 面和 x 面在 zox 平面分别偏转了 α_{xz} 角 α_{zx}，形成了工程切应变 $\varphi_{zx}=\alpha_{zx}+\alpha_{xz}$（见图 9－19(f)）。

将上述 6 个变形叠加起来就可得到图 9－18(a)中偏斜的六面体 $P_1A_1\cdots G_1$。于是该单元体的变形就可以用上述的 ε_x、ε_y、ε_z、φ_{xy}、φ_{yz}、φ_{zx} 等 6 个应变来表示。

3 个工程切应变 φ 由 6 个偏转角 α 组成。它们之中实际上包含了切应变与刚体转动，将前述的式(9－40)、(9－41)、(9－42)推广至三维，得到的切应变 γ_{ij} 为

$$\left.\begin{aligned}\gamma_{xy}&=\gamma_{yx}=\frac{1}{2}(\alpha_{xy}+\alpha_{yx})\\ \gamma_{yz}&=\gamma_{zy}=\frac{1}{2}(\alpha_{yz}+\alpha_{zy})\\ \gamma_{zx}&=\gamma_{xz}=\frac{1}{2}(\alpha_{zx}+\alpha_{xz})\end{aligned}\right\}\qquad(9-43)$$

刚体转动为

$$\left.\begin{aligned}\omega_x &= (\alpha_{zy}-\alpha_{yz})/2\\ \omega_y &= (\alpha_{xz}-\alpha_{zx})/2\\ \omega_z &= (\alpha_{yx}-\alpha_{xy})/2\end{aligned}\right\} \tag{9-44}$$

式中，ε_x 、α_{xy} …等 9 个分量可构成一个张量，称为相对位移张量 r_{ij} ，而

$$[r_{ij}]=\begin{bmatrix}\varepsilon_x & \alpha_{xy} & \alpha_{xz}\\ \alpha_{yx} & \varepsilon_y & \alpha_{yz}\\ \alpha_{zx} & \alpha_{zy} & \varepsilon_z\end{bmatrix}$$

在一般情况下，$\alpha_{xy}\neq\alpha_{yx}$；$\alpha_{yz}\neq\alpha_{zy}$；$\alpha_{zx}\neq\alpha_{xz}$ ，即 $r_{ij}\neq r_{ji}$ ，故它是非对称张量的分量。将 r_{ij} 叠加上一个为零的张量的分量 $(r_{ji}-r_{ji})/2$ ，即可把它分解为

$$(r_{ij})=r_{ij}+(r_{ji}-r_{ji})/2=(r_{ij}+r_{ji})/2+(r_{ij}-r_{ji})/2$$

将式(9－43)、(9－44)代入上式，可得

$$[r_{ij}]=\begin{bmatrix}\varepsilon_x & \gamma_{xy} & \gamma_{xz}\\ \gamma_{yx} & \varepsilon_y & \gamma_{yz}\\ \gamma_{zx} & \gamma_{zy} & \varepsilon_z\end{bmatrix}+\begin{bmatrix}0 & -\omega_z & \omega_y\\ \omega_z & 0 & -\omega_x\\ -\omega_y & \omega_x & 0\end{bmatrix} \tag{9-45}$$

式中的后一项为反对称张量，表示刚体转动，称为刚体转动张量；前一项为对称张量，表示纯变形，这就是我们要重点讨论的应变张量，一般用 $[\varepsilon_{ij}]$ 表示，即

$$[\varepsilon_{ij}]=\begin{bmatrix}\varepsilon_x & \gamma_{xy} & \gamma_{xz}\\ \gamma_{yx} & \varepsilon_y & \gamma_{yz}\\ \gamma_{zx} & \gamma_{zy} & \varepsilon_z\end{bmatrix}$$

为便于记忆，两个下标的意义可以这样来理解：第一个下标表示通过 P 点的单元棱边(线元)的方向，第二个下标表示该线元变形的方向。例如，ε_x (即 ε_{xx})表示 P 点 x 方向线元在 x 方向的线应变，γ_{xy} 表示 x 方向线元在 y 方向的偏转角，等等。

进一步观察图 9－18(a)可知，当单元体 $PA\cdots G$ 刚性平移到 $P_1A'\cdots G'$时，各角点之间的相对位置都没有发生变化。产生变形后，角点的相对位置才发生变化。其中 P_1 的对顶角点 F'移至 F_1，矢量 $\boldsymbol{F'F_1}$ 就是 F 点相对于 P 点的位移，它集中反映了全部变形的结果。因此，只要从位移场出发，分析 F 点和 P 点的相对位移，就能建立起变形和位移的关系图。

3. 位移分量与小应变几何方程

1）位移及其分量

变形体内一点变形前后的直线距离称为位移。在坐标系中，一点的位移矢量在 3 个坐标轴上的投影称为该点的位移分量，一般用 u、v、w 或角标符号 u_i 来表示。

变形体内不同点的位移分量也是不同的。根据连续性假设，位移分量应是坐标的连续函数，而且一般都有连续的二阶偏导数，该函数可表示为

$$\left.\begin{aligned}u&=u(x,y,z)\\ v&=v(x,y,z)\\ w&=w(x,y,z)\end{aligned}\right\} \tag{9-46}$$

或

$$u_i=u_i(x,y,z)$$

式(9－46)表示变形体内的位移函数，即位移场。

一般情况下，位移场是待求的，而且求解比较复杂。但在某些比较简单而且理想的场

合，可以通过几何关系直接求得位移场。例如，图 9－47 表示一矩形柱体在无摩擦的光滑平板间进行塑性压缩，这时该柱体在压缩后仍是矩形柱体，且可假定其体积不变，如设压缩量 δH 很小，则柱体内的位移场为

$$\left.\begin{aligned} u &= \frac{\delta H}{2H}x \\ v &= \frac{\delta H}{2H}y \\ w &= -\frac{\delta H}{H}z \end{aligned}\right\}$$

现在来研究变形体内无限接近两点的位移分量之间的关系。设受力物体内任一点 M，其坐标为(x, y, z)，小变形后移至 M_1，其位移分量为 $u_i(x, y, z)$。与 M 点无限接近的一点 M'，其坐标为$(x+\mathrm{d}x, y+\mathrm{d}y, z+\mathrm{d}z)$，小变形后移至 M'_1，其位移分量为 $u'_i(x+\mathrm{d}x, y+\mathrm{d}y, z+\mathrm{d}z)$，如图 9－21 所示。将函数 u'_i 按泰勒级数展开并略去高阶微量，可得

$$u'_i = u_i + \frac{\partial u_i}{\partial x_j}\mathrm{d}x_j = u_i + \delta u_i \tag{9-47}$$

式中，$\delta u_i = \dfrac{\partial u_i}{\partial x_j}\mathrm{d}x_j$ 称为 M' 点相对于 M 点的位移增量。

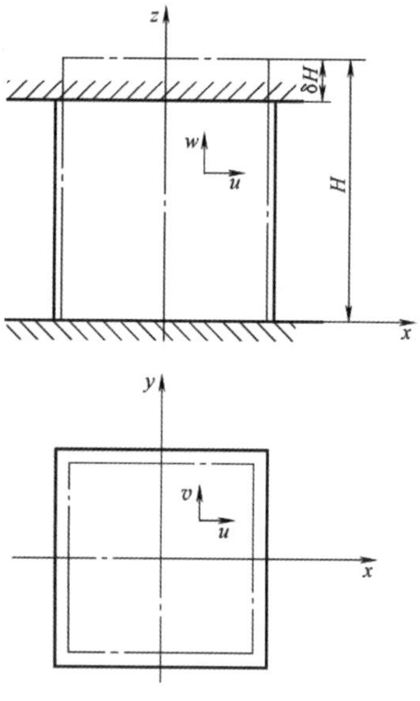

图 9－20　光滑平板间镦粗时的位移

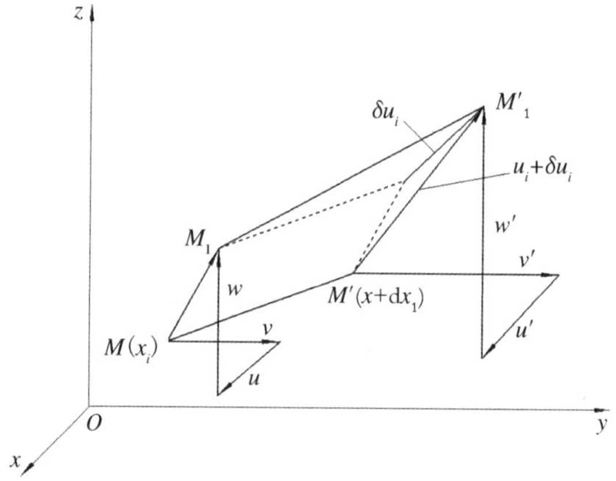

图 9－21　变形体内无限接近两点的位移分量及其位移增量

式(9－47)说明，若已知变形物体内一点 M 的位移分量，则与其邻近一点 M' 的位移分量可以用 M 点的位移分量及其增量来表示，其中的位移增量 δu_i 可写成

$$\left.\begin{aligned} \delta u &= \frac{\partial u}{\partial x}\mathrm{d}x + \frac{\partial u}{\partial y}\mathrm{d}y + \frac{\partial u}{\partial z}\mathrm{d}z \\ \delta v &= \frac{\partial v}{\partial x}\mathrm{d}x + \frac{\partial v}{\partial y}\mathrm{d}y + \frac{\partial v}{\partial z}\mathrm{d}z \\ \delta w &= \frac{\partial w}{\partial x}\mathrm{d}x + \frac{\partial w}{\partial y}\mathrm{d}y + \frac{\partial w}{\partial z}\mathrm{d}z \end{aligned}\right\} \tag{9-48}$$

若无限接近两点的连线 MM' 平行于某坐标轴，如 $MM' /\!/ x$ 轴，则式(9－48)中的 $\mathrm{d}x \neq 0$，

$dy = dz = 0$，此时，式(9-48)变为

$$\left.\begin{aligned} \delta u &= \frac{\partial u}{\partial x}dx \\ \delta v &= \frac{\partial v}{\partial x}dx \\ \delta w &= \frac{\partial w}{\partial x}dx \end{aligned}\right\} \tag{9-49}$$

2）小应变几何方程

设图 9-22 中，$abdc$ 为单元体变形前在 xoy 坐标平面上的投影，b、c 点为 a 点的邻近点，并设 $ac=dx$，$ac \parallel ox$ 轴；$ab=dy$，$ab \parallel oy$ 轴。$a_1b_1\ d_1\ c_1$ 为单元体变形后的投影。设图中 a 点位移分量为 u、v，则 b、c 点相对于 a 点的位移增量为

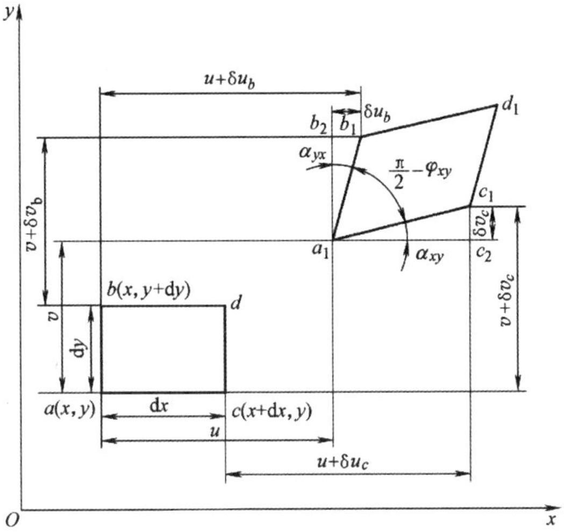

图 9-22　位移分量与应变分量的关系

$$\left.\begin{aligned} \delta u_c &= \frac{\partial u}{\partial x}dx \\ \delta v_c &= \frac{\partial v}{\partial x}dx \\ \delta u_b &= \frac{\partial u}{\partial y}dy \\ \delta v_b &= \frac{\partial v}{\partial y}dy \end{aligned}\right\} \tag{9-50}$$

根据式(9-50)和图 9-22 的几何关系，可求出棱边 ac(即 dx)在 x 方向的线应变 ε_x，即

$$\varepsilon_x = \frac{[(dx + u + \delta u_c) - u] - dx}{dx} = \frac{\delta u_c}{dx} = \frac{\partial u}{\partial x} \tag{9-51}$$

同理，棱边 ab(即 dy)在 y 方向的线应变为

$$\varepsilon_y = \frac{[(dy + v + \delta v_b) - v] - dy}{dy} = \frac{\delta v_b}{dy} = \frac{\partial v}{\partial y} \tag{9-52}$$

由图 9-22 的几何关系，有

$$\tan\alpha_{yx}=\frac{b_1b_2}{a_1b_2}=\frac{u+\delta u_b-u}{\mathrm{d}y+v+\delta v_b-v}=\frac{\frac{\partial u}{\partial y}\mathrm{d}y}{\mathrm{d}y\left(1+\frac{\partial v}{\partial y}\right)}=\frac{\frac{\partial u}{\partial y}}{1+\frac{\partial v}{\partial y}}$$

因为 $\frac{\partial v}{\partial y}=\varepsilon_y$,其值远小于 1,故有

$$\tan\alpha_{yx}\approx\alpha_{yx}=\frac{\partial u}{\partial y}$$

同理可得

$$\tan\alpha_{xy}\approx\alpha_{xy}=\frac{\partial v}{\partial x}$$

因而工程切应变为

$$\varphi_{xy}=\varphi_{yx}=\alpha_{xy}+\alpha_{yx}=\frac{\partial u}{\partial y}+\frac{\partial v}{\partial x}$$

则切应变为

$$\gamma_{xy}=\gamma_{yx}=\frac{1}{2}\varphi_{xy}=\frac{1}{2}\varphi_{yx}=\frac{1}{2}\left(\frac{\partial u}{\partial y}+\frac{\partial v}{\partial x}\right) \tag{9-53}$$

类似地,由单元体在 yoz 和 zox 平面上投影的几何关系可得其余应变分量的公式。综合上述可得

$$\left.\begin{aligned}\varepsilon_x&=\frac{\partial u}{\partial x};\ \gamma_{yz}=\gamma_{zy}=\frac{1}{2}\left(\frac{\partial v}{\partial z}+\frac{\partial w}{\partial y}\right)\\ \varepsilon_y&=\frac{\partial v}{\partial y};\ \gamma_{zx}=\gamma_{xz}=\frac{1}{2}\left(\frac{\partial w}{\partial x}+\frac{\partial u}{\partial z}\right)\\ \varepsilon_z&=\frac{\partial w}{\partial z};\ \gamma_{xy}=\gamma_{yx}=\frac{1}{2}\left(\frac{\partial u}{\partial y}+\frac{\partial v}{\partial x}\right)\end{aligned}\right\} \tag{9-54}$$

用角标符号表示为

$$\varepsilon_{ij}=\frac{1}{2}\left(\frac{\partial u_i}{\partial x_j}+\frac{\partial u_j}{\partial x_i}\right) \tag{9-54a}$$

式(9-54)表示小变形时位移分量和应变分量之间的关系,它是由变形几何关系导出的,故称为小应变几何方程。即如果物体中位移场为已知,则由几何方程可求得应变场。

4. 应变连续方程

由小应变几何方程可知,6 个应变分量取决于 3 个位移分量。很显然这 6 个应变分量不应是任意的,其间必存在一定的关系,才能保证变形物体的连续性。应变分量之间的关系称为应变连续方程或应变协调方程,应变连续方程可分为两组,即每个坐标平面内、不同平面间应变分量之间应满足的关系共 6 个式子。

1) 坐标平面内的应变连续方程

在 xoy 坐标平面内,将几何方程式(9—54)中的 ε_x 、ε_y 分别对 y、x 求两次偏导数,可得

$$\frac{\partial^2\varepsilon_x}{\partial y^2}=\frac{\partial^2}{\partial x\partial y}\left(\frac{\partial u}{\partial y}\right) \tag{9-55}$$

$$\frac{\partial^2\varepsilon_y}{\partial x^2}=\frac{\partial^2}{\partial x\partial y}\left(\frac{\partial v}{\partial x}\right) \tag{9-56}$$

由式(9-55)+式(9-56),得

$$\frac{\partial^2 \varepsilon_x}{\partial y^2}+\frac{\partial^2 \varepsilon_y}{\partial x^2}=\frac{\partial^2}{\partial x \partial y}\left(\frac{\partial u}{\partial y}+\frac{\partial v}{\partial x}\right)=2\frac{\partial^2 \gamma_{xy}}{\partial x \partial y}$$

同理,可得 yoz、zox 坐标平面内线应变分量与切应变分量的关系式,连同上式综合可得

$$\left.\begin{aligned}\frac{\partial^2 \gamma_{xy}}{\partial x \partial y}&=\frac{1}{2}\left(\frac{\partial^2 \varepsilon_x}{\partial y^2}+\frac{\partial^2 \varepsilon_y}{\partial x^2}\right)\\ \frac{\partial^2 \gamma_{yz}}{\partial y \partial z}&=\frac{1}{2}\left(\frac{\partial^2 \varepsilon_y}{\partial z^2}+\frac{\partial^2 \varepsilon_z}{\partial y^2}\right)\\ \frac{\partial^2 \gamma_{zx}}{\partial z \partial x}&=\frac{1}{2}\left(\frac{\partial^2 \varepsilon_z}{\partial x^2}+\frac{\partial^2 \varepsilon_x}{\partial z^2}\right)\end{aligned}\right\}\qquad(9-57)$$

式(9-57)表明,在每个坐标平面内,两个线应变分量一经确定,则对应的切应变分量也就被确定了。

2) 不同平面间的应变连续方程

将式(13—54)中的 ε_x 对 y、z,ε_y 对 z、x,ε_z 对 x、y 分别求偏导,并将切应变分量 γ_{xy}、γ_{yz}、γ_{zx} 分别对 z、x、y 求偏导数,得

$$\frac{\partial^2 \varepsilon_x}{\partial y \partial z}=\frac{\partial^3 u}{\partial x \partial y \partial z}\qquad(9-58)$$

$$\frac{\partial^2 \varepsilon_y}{\partial z \partial x}=\frac{\partial^3 v}{\partial x \partial y \partial z}\qquad(9-59)$$

$$\frac{\partial^2 \varepsilon_z}{\partial x \partial y}=\frac{\partial^3 w}{\partial x \partial y \partial z}\qquad(9-60)$$

$$\frac{\partial \gamma_{xy}}{\partial z}=\frac{1}{2}\left(\frac{\partial^2 u}{\partial y \partial z}+\frac{\partial^2 v}{\partial x \partial z}\right)\qquad(9-61)$$

$$\frac{\partial \gamma_{yz}}{\partial x}=\frac{1}{2}\left(\frac{\partial^2 v}{\partial z \partial x}+\frac{\partial^2 w}{\partial x \partial y}\right)\qquad(9-62)$$

$$\frac{\partial \gamma_{zx}}{\partial y}=\frac{1}{2}\left(\frac{\partial^2 w}{\partial x \partial y}+\frac{\partial^2 u}{\partial z \partial y}\right)\qquad(9-63)$$

将式(9-61)+式(9-62)-式(9-63),得

$$\frac{\partial \gamma_{xy}}{\partial z}+\frac{\partial \gamma_{yz}}{\partial x}-\frac{\partial \gamma_{zx}}{\partial y}=\frac{\partial^2 v}{\partial x \partial z}$$

再将上式对 y 求偏导数,并考虑到式(9-59),得

同理可得:

$$\left.\begin{aligned}\frac{\partial}{\partial y}\left(\frac{\partial \gamma_{xy}}{\partial z}+\frac{\partial \gamma_{yz}}{\partial x}-\frac{\partial \gamma_{zx}}{\partial y}\right)&=\frac{\partial^2 \varepsilon_y}{\partial z \partial x}\\ \frac{\partial}{\partial z}\left(\frac{\partial \gamma_{yz}}{\partial x}+\frac{\partial \gamma_{zx}}{\partial y}-\frac{\partial \gamma_{xy}}{\partial z}\right)&=\frac{\partial^2 \varepsilon_z}{\partial x \partial y}\\ \frac{\partial}{\partial x}\left(\frac{\partial \gamma_{zx}}{\partial y}+\frac{\partial \gamma_{xy}}{\partial z}-\frac{\partial \gamma_{yz}}{\partial x}\right)&=\frac{\partial^2 \varepsilon_x}{\partial y \partial z}\end{aligned}\right\}\qquad(9-64)$$

式(9-64)表明,在不同平面间的 3 个切应变分量一经确定,则线应变分量也就被确定了。

需要指出的是:如果已知一点的位移分量,并利用几何方程求得应变分量 ε_{ij},则 ε_{ij} 自然满足连续方程。但如果先用其他方法求得应变分量,则只有当它们满足连续方程时,才能用几何方程求得正确的位移分量。

例题 9-2　设 $\varepsilon_x=a(x^2-y^2)$;$\varepsilon_y=axy$;$\gamma_{xy}=2bxy$。其中 a、b 为常数。试问上述

应变场在什么情况下成立?

解:应变场成立必须满足应变连续方程,根据给定的 ε_x 、ε_y 和 γ_{xy} 可求得

$$\frac{\partial^2 \varepsilon_x}{\partial y^2} = -2a\ ;\ \frac{\partial^2 \varepsilon_y}{\partial x^2} = 0\ ;\ \frac{\partial^2 \gamma_{xy}}{\partial x \partial y} = 2b$$

代入连续方程式(9-57)解得

$$a = -2b$$

这说明给定应变场只有在 $a = -2b$ 时才能成立。

5. 塑性变形体积不变条件

由基本假设,塑性变形时物体变形前后的体积保持不变,可用数学式表达。设单元体初始边长为 $\mathrm{d}x$、$\mathrm{d}y$、$\mathrm{d}z$,则变形前的体积为

$$V_0 = \mathrm{d}x\mathrm{d}y\mathrm{d}z$$

考虑到小变形时,切应变引起的边长变化及体积变化都是高阶微量,可以忽略,则体积的变化只是由线应变引起的,如图 9-23 所示。在 x 方向上的线应变为

$$\varepsilon_x = \frac{r_x - \mathrm{d}x}{\mathrm{d}x}$$

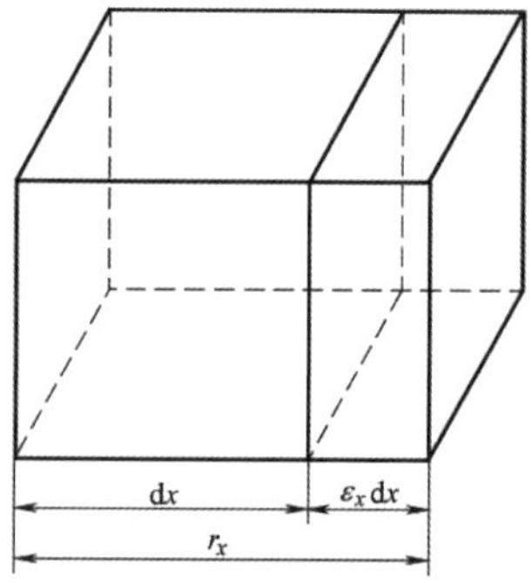

图 9-23 单元体边长的线应变

所以 $$r_x = \mathrm{d}x(1+\varepsilon_x)$$

同理 $$r_y = \mathrm{d}y(1+\varepsilon_y)$$

$$r_z = \mathrm{d}z(1+\varepsilon_z)$$

变形后单元体的体积为

$$V_1 = r_x r_y r_z = \mathrm{d}x\mathrm{d}y\mathrm{d}z(1+\varepsilon_x)(1+\varepsilon_y)(1+\varepsilon_z)$$

将上式展开,并略去二阶以上的高阶微量,于是得单元体单位体积的变化(单位体积变化率)为

$$\theta = \frac{V_1 - V_0}{V_0} = \varepsilon_x + \varepsilon_y + \varepsilon_z$$

在塑性变形时,由于材料内部质点连续且致密,体积变化很微小,所以由体积不变假设可得

$$\theta = \varepsilon_x + \varepsilon_y + \varepsilon_z = 0 \qquad (9-65)$$

式中,ε_x 、ε_y 、ε_z 为塑性变形的 3 个线应变分量。

式(9-65)称为塑性变形时的体积不变条件。由式(9-65)可以看出,塑性变形时 3 个

线应变分量不可能全部同号，绝对值最大的应变永远和另外两个应变的符号相反。在金属塑性成形过程中，体积不变条件是一项很重要的原则，有些问题可根据几何关系直接利用体积不变条件来求解。

6. 点的应变状态表达方式

点的应变张量与应力张量具有相似的形式、性质和特性。在研究点的应变状态时一些公式不需再推导，可直接由与应力张量相似性得到，只需将应变张量中的线应变分量和切应变分量分别与应力张量中的正应力分量和切应力分量相对应即可。

1）主应变、应变张量不变量、主切应变和最大切应变、主应变简图

(1)主应变。变形体内一点存在有 3 个相互垂直的应变主方向(也称应变主轴)，该方向上的线元没有切应变，只有线应变，称为主应变，用 ε_1 、ε_2 、ε_3 表示。

若取应变主轴为坐标轴，则应变张量为

$$\boldsymbol{\varepsilon}_{ij} = \begin{bmatrix} \varepsilon_1 & 0 & 0 \\ 0 & \varepsilon_2 & 0 \\ 0 & 0 & \varepsilon_3 \end{bmatrix} \tag{9-66}$$

(2)应变张量不变量。若已知一点的应变张量，求过该点的 3 个主应变，也存在一个应变状态的特征方程：

$$\varepsilon^3 - I_1\varepsilon^2 - I_2\varepsilon - I_3 = 0$$

对于一个确定的应变状态，3 个主应变具有单值性，故上述特征方程式中的系数 I_1 、I_2 、I_3 也应具有单值性，即它们都是应变张量的不变量，其表达式为

$$\left.\begin{aligned} I_1 &= \varepsilon_x + \varepsilon_y + \varepsilon_z = \varepsilon_1 + \varepsilon_2 + \varepsilon_3 = \text{常数} \\ I_2 &= -(\varepsilon_x\varepsilon_y + \varepsilon_y\varepsilon_z + \varepsilon_z\varepsilon_x) + (\gamma_{xy}^2 + \gamma_{yz}^2 + \gamma_{zx}^2) \\ &= -(\varepsilon_1\varepsilon_2 + \varepsilon_2\varepsilon_3 + \varepsilon_3\varepsilon_1) = \text{常数} \\ I_3 &= \varepsilon_x\varepsilon_y\varepsilon_z + 2\gamma_{xy}\gamma_{yz}\gamma_{zx} - (\varepsilon_x\gamma_{yz}^2 + \varepsilon_y\gamma_{zx}^2 + \varepsilon_z\gamma_{xy}^2) \\ &= \varepsilon_1\varepsilon_2\varepsilon_3 = \text{常数} \end{aligned}\right\} \tag{9-67}$$

(3)主切应变和最大切应变。在与应变主方向成 ±45° 角的方向上存在 3 对各自相互垂直的线元，它们的切应变有极值，称为主切应变。主切应变的计算公式为

$$\left.\begin{aligned} \gamma_{12} &= \pm\frac{1}{2}(\varepsilon_1 - \varepsilon_2) \\ \gamma_{23} &= \pm\frac{1}{2}(\varepsilon_2 - \varepsilon_3) \\ \gamma_{31} &= \pm\frac{1}{2}(\varepsilon_3 - \varepsilon_1) \end{aligned}\right\} \tag{9-68}$$

3 对主切应变中，绝对值最大的主切应变称为最大切应变。若 $\varepsilon_1 \geqslant \varepsilon_2 \geqslant \varepsilon_3$ ，则最大切应变为

$$\gamma_{\max} = \pm\frac{1}{2}(\varepsilon_1 - \varepsilon_3) \tag{9-69}$$

(4) 主应变简图。用主应变的个数和符号来表示应变状态的简图称为主应变状态图，简称主应变简图或主应变图。3 个主应变中绝对值最大的主应变反映了变形的特征，称为特征应变。由塑性变形的体积不变条件可知，特征应变等于其他两个应变之和，但方向相反。如用主应变简图来表示应变状态，根据体积不变条件和特征应变，则塑性变形只能有如

下 3 种变形类型，如图 9-24 所示。

① 压缩类变形：如图 9-24(a)所示，特征应变为负应变（即 $\varepsilon_1 < 0$），另两个应变为正应变，即 $-\varepsilon_1 = \varepsilon_2 + \varepsilon_3$ 。

② 剪切类变形（平面变形）：如图 9-24(b)所示，一个应变为零，其他两个应变大小相等，方向相反，即 $\varepsilon_2 = 0$ ，$\varepsilon_1 = -\varepsilon_3$ 。

③ 伸长类变形：如图 9-24(c)所示，特征应变为正应变（即 $\varepsilon_1 > 0$），另两个应变为负应变，即 $\varepsilon_1 = -(\varepsilon_2 + \varepsilon_3)$ 。

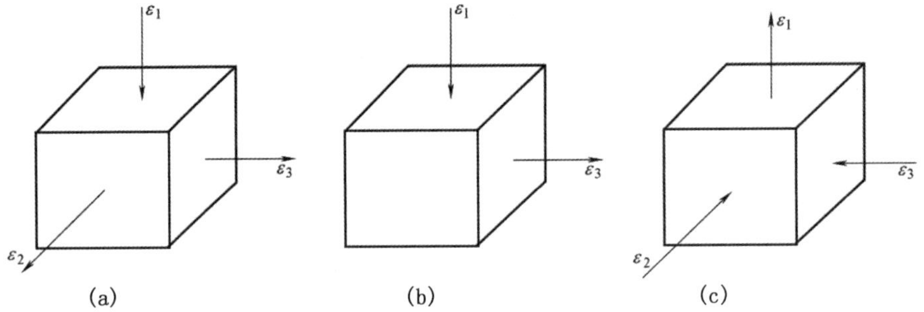

图 9-24　3 种变形类型

主应变简图对于分析塑性变形时金属流动具有重要意义，它可以用来判定塑性变形的类型。

2）应变偏张量和应变球张量

应变张量也可以分解为如下两个张量，即

$$[\varepsilon_{ij}] = \begin{bmatrix} \varepsilon_x & \gamma_{xy} & \gamma_{xz} \\ \gamma_{yx} & \varepsilon_y & \gamma_{yz} \\ \gamma_{zx} & \gamma_{zy} & \varepsilon_z \end{bmatrix} = \begin{bmatrix} \varepsilon_x - \varepsilon_m & \gamma_{xy} & \gamma_{xz} \\ \gamma_{yx} & \varepsilon_y - \varepsilon_m & \gamma_{yz} \\ \gamma_{zx} & \gamma_{zy} & \varepsilon_z - \varepsilon_m \end{bmatrix} + \begin{bmatrix} \varepsilon_m & 0 & 0 \\ 0 & \varepsilon_m & 0 \\ 0 & 0 & \varepsilon_m \end{bmatrix}$$

$$= \varepsilon'_{ij} + \delta_{ij}\varepsilon_m \tag{9-70}$$

式中，$\varepsilon_m = \dfrac{1}{3}(\varepsilon_x + \varepsilon_y + \varepsilon_z)$，称为平均应变；$\varepsilon'_{ij}$ 称为应变偏张量，表示变形单元体形状的变化；$\delta_{ij}\varepsilon_m$ 称为应变球张量，表示变形单元体体积的变化。

应变偏张量也有 3 个不变量，称为应变偏张量的第一、第二和第三不变量：

$$\left.\begin{aligned} I'_1 &= \varepsilon'_x + \varepsilon'_y + \varepsilon'_z = \varepsilon'_1 + \varepsilon'_2 + \varepsilon'_3 = 0 \\ I'_2 &= -(\varepsilon'_x\varepsilon'_y + \varepsilon'_y\varepsilon'_z + \varepsilon'_z\varepsilon'_x) + (\gamma_{xy}^2 + \gamma_{yz}^2 + \gamma_{zx}^2) \\ &= -(\varepsilon'_1\varepsilon'_2 + \varepsilon'_2\varepsilon'_3 + \varepsilon'_3\varepsilon'_1) = I_2 \\ I'_3 &= \varepsilon'_x\varepsilon'_y\varepsilon'_z + 2\gamma_{xy}\gamma_{yz}\gamma_{zx} - (\varepsilon'_x\gamma_{yz}^2 + \varepsilon'_y\gamma_{zx}^2 + \varepsilon'_z\gamma_{xy}^2) \\ &= \varepsilon'_1\varepsilon'_2\varepsilon'_3 = \varepsilon_1\varepsilon_2\varepsilon_3 = I_3 \end{aligned}\right\} \tag{9-71}$$

塑性变形时，根据体积不变条件，有 $\varepsilon_m = 0$ ，故此时应变偏张量即为应变张量。

3）八面体应变

如以 3 个应变主轴为坐标轴，同样可作出正八面体，八面体平面的法线方向线元的应变称为八面体应变，分为八面体线应变和八面体切应变，分别记为 ε_8 、γ_8 。

八面体线应变为

$$\varepsilon_8 = \frac{1}{3}(\varepsilon_x + \varepsilon_y + \varepsilon_z) = \frac{1}{3}(\varepsilon_1 + \varepsilon_2 + \varepsilon_3) = \varepsilon_m = \frac{1}{3}I_1 \tag{9-72}$$

八面体切应变 γ_8 为

$$\begin{aligned}\gamma_8 &= \frac{1}{3}\sqrt{(\varepsilon_x - \varepsilon_y)^2 + (\varepsilon_y - \varepsilon_z)^2 + (\varepsilon_z - \varepsilon_x)^2 + 6(\gamma_{xy}^2 + \gamma_{yz}^2 + \gamma_{zx}^2)} \\ &= \frac{1}{3}\sqrt{(\varepsilon_1 - \varepsilon_2)^2 + (\varepsilon_2 - \varepsilon_3)^2 + (\varepsilon_3 - \varepsilon_1)^2}\end{aligned} \tag{9-73}$$

4）等效应变

取八面体切应变绝对值的 $\sqrt{2}$ 倍所得之参量称为等效应变，也称广义应变或应变强度，记为

$$\begin{aligned}\bar{\varepsilon} &= \sqrt{2}\,|\gamma_8| \\ &= \frac{\sqrt{2}}{3}\sqrt{(\varepsilon_x - \varepsilon_y)^2 + (\varepsilon_y - \varepsilon_z)^2 + (\varepsilon_z - \varepsilon_x)^2 + 6(\gamma_{xy}^2 + \gamma_{yz}^2 + \gamma_{zx}^2)} \\ &= \frac{\sqrt{2}}{3}\sqrt{(\varepsilon_1 - \varepsilon_2)^2 + (\varepsilon_2 - \varepsilon_3)^2 + (\varepsilon_3 - \varepsilon_1)^2}\end{aligned} \tag{9-74}$$

按照与应力分析中类似的方法可以推得等效应变的形式更简单的表达式：

$$\bar{\varepsilon} = \sqrt{\frac{2}{3}\varepsilon'_{ij}\varepsilon'_{ij}} \tag{9-74a}$$

等效应变有如下特点：

（1）等效应变是一个不变量。

（2）在塑性变形时，等效应变在数值上等于单向均匀拉伸或均匀压缩方向上的线应变 ε_1，即 $\bar{\varepsilon} = \varepsilon_1$。因单向应力状态时，其主应变为 ε_1，$\varepsilon_2 = \varepsilon_3$，由体积不变条件可得 $\varepsilon_2 = \varepsilon_3 = -\frac{1}{2}\varepsilon_1$，代入式(9-74)，得

$$\bar{\varepsilon} = \frac{\sqrt{2}}{3}\sqrt{\left(\frac{3}{2}\varepsilon_1\right)^2 + \left(-\frac{3}{2}\varepsilon_1\right)^2} = \varepsilon_1$$

（3）等效应变并不代表某一实际线元上的应变，因此在坐标系中不存在这一特定线元。

（4）等效应变可以理解为代表一点应变状态中应变偏张量的综合作用。

例 3 设一物体在变形过程中某一极短的时间内的位移场为

$$u = (10 + 0.1xy + 0.05z) \times 10^{-3}$$
$$v = (5 - 0.05x + 0.1yz) \times 10^{-3}$$
$$w = (10 - 0.1xyz) \times 10^{-3}$$

试求点 $A(1, 1, 1)$ 的应变分量、应变球张量、应变偏张量、主应变、等效应变与最大剪应变。

解：根据小变形几何方程式(9-54)，可得

$$\left.\begin{aligned}\varepsilon_x &= \frac{\partial u}{\partial x} = 0.1y \times 10^{-3},\ \gamma_{xy} = \frac{1}{2}\left(\frac{\partial u}{\partial y} + \frac{\partial v}{\partial x}\right) = 0.1x \times 10^{-3} - 0.05 \times 10^{-3} \\ \varepsilon_y &= \frac{\partial v}{\partial y} = 0.1z \times 10^{-3},\ \gamma_{yz} = \frac{1}{2}\left(\frac{\partial v}{\partial z} + \frac{\partial w}{\partial y}\right) = 0.1y \times 10^{-3} - 0.1xz \times 10^{-3} \\ \varepsilon_z &= \frac{\partial w}{\partial z} = -0.1xy \times 10^{-3},\ \gamma_{zx} = \frac{1}{2}\left(\frac{\partial w}{\partial x} + \frac{\partial u}{\partial z}\right) = -0.1yz \times 10^{-3} + 0.05 \times 10^{-3}\end{aligned}\right\}$$

将 P 点坐标 $x=1$，$y=1$，$z=1$ 代入上述各式，得 P 点的应变张量为

$$\varepsilon_{ij}=\begin{bmatrix}0.1 & 0.025 & -0.025\\ 0.025 & 0.1 & 0\\ -0.025 & 0 & -0.1\end{bmatrix}\times 10^{-3}$$

因 $\varepsilon_m=\frac{1}{3}(\varepsilon_x+\varepsilon_y+\varepsilon_z)=\frac{1}{3}(0.1+0.1-0.1)\times 10^{-3}=\frac{1}{3}\times 10^{-4}\approx 0.033\times 10^{-3}$，则该点的应变球张量、应变偏张量分别为

$$\delta_{ij}\varepsilon_m=\begin{bmatrix}0.033 & & \\ & 0.033 & \\ & & 0.033\end{bmatrix}\times 10^{-3}\text{；}\boldsymbol{\varepsilon}'_{ij}=\begin{bmatrix}0.067 & 0.025 & -0.025\\ 0.025 & 0.067 & 0\\ -0.025 & 0 & -0.133\end{bmatrix}\times 10^{-3}$$

根据式(9-67)得 3 个应变不变量为

$$I_1=\varepsilon_x+\varepsilon_y+\varepsilon_z=(0.1+0.1-0.1)\times 10^{-3}=0.1\times 10^{-3}$$
$$I_2=-(\varepsilon_x\varepsilon_y+\varepsilon_y\varepsilon_z+\varepsilon_z\varepsilon_x)+(\gamma_{xy}^2+\gamma_{yz}^2+\gamma_{zx}^2)=-0.01125\times 10^{-6}$$
$$I_3=\varepsilon_x\varepsilon_y\varepsilon_z+2\gamma_{xy}\gamma_{yz}\gamma_{zx}-(\varepsilon_x\gamma_{yz}^2+\varepsilon_y\gamma_{zx}^2+\varepsilon_z\gamma_{xy}^2)=-0.001\times 10^{-9}$$

代入应变张量特征方程，得

$$\varepsilon^3-0.1\times 10^{-3}\varepsilon^2-0.01125\times 10^{-6}\varepsilon+0.001\times 10^{-9}=0$$

令 $10^4\cdot\varepsilon=t$，方程变为

$$t^3-t^2-1.125t+1=0$$

解方程得 3 个根为 $t_1=1.264, t_2=0.767, t_3=-1.031$，则 3 个主应变为

$$\varepsilon_1=0.1264\times 10^{-3},\ \varepsilon_2=0.0767\times 10^{-3},\ \varepsilon_3=-0.1031\times 10^{-3}$$

由式(9-74)得等效应变为

$$\bar{\varepsilon}=\sqrt{2}\,|\gamma_8|=\frac{\sqrt{2}}{3}\sqrt{(\varepsilon_1-\varepsilon_2)^2+(\varepsilon_2-\varepsilon_3)^2+(\varepsilon_3-\varepsilon_1)^2}$$
$$=0.1394\times 10^{-3}$$

由式(9-69)得最大剪应变为

$$\gamma_{max}=\pm\frac{1}{2}(\varepsilon_1-\varepsilon_3)=\pm\frac{1}{2}(0.1264+0.1031)\times 10^{-3}=\pm 0.1148\times 10^{-3}$$

9.2.2 应变增量和应变速率张量

前面所讨论的是小应变，反映单元体在某一变形过程或变形过程中的某个阶段结束时的应变，称为全量应变。而塑性成形问题一般都是大变形，且大塑性变形的整个过程十分复杂。因此，前面讨论小应变时的这些公式在大变形中就不能直接应用。然而，大变形是由很多瞬间的小变形累积而成的，有必要分析大变形过程中某个特定瞬间的变形情况，这就需要提出应变增量和应变速率的概念。

1. 速度分量和速度场

物体变形时，体内各质点都在运动，因此在变形过程中的每一时刻，物体内都存在一个速度场。前面讨论全量应变时，只是用了某变形过程终了时的位移场，所以没有引入时间参数。在描述整个变形过程时，则必须引入时间参数，这时的位移分量为

$$u_i=u_i(x,y,z,t) \tag{9-75}$$

式中，x,y,z 是物体中一点在某时刻的坐标，它也是时间的函数。所以，位移分量 u_i 对时间

的全导数就是该点的移动速度分量，一般以 $\dot{u}$ 、$\dot{v}$ 、$\dot{w}$ 表示，可记为

$$\dot{u}_i = \frac{\mathrm{d}u_i}{\mathrm{d}t} = \frac{\partial u_i}{\partial x}\frac{\mathrm{d}x}{\mathrm{d}t} + \frac{\partial u_i}{\partial y}\frac{\mathrm{d}y}{\mathrm{d}t} + \frac{\partial u_i}{\partial z}\frac{\mathrm{d}z}{\mathrm{d}t} + \frac{\partial u_i}{\partial t} = \dot{u}_i(x,y,z,t) \tag{9-76}$$

小变形时，$\dot{u}_i$ 很小，全导数中的牵连部分可忽略不计，于是有

$$\dot{u}_i \approx \frac{\partial u_i}{\partial t} = \dot{u}_i(x,y,z,t) \tag{9-76a}$$

对于变形过程中的某一瞬时，即 t 为某定值时，$\dot{u}_i$ 为坐标的连续函数，可确定一瞬时速度场。

2. 位移增量和应变增量

物体在变形过程中，在一个极短的时间 $\mathrm{d}t$ 内，任一质点发生的极小的位移变化量称为位移增量，记为 $\mathrm{d}u_i$ 。在图 9－25 中，设物体中某一点 P，它在变形过程中经 $PP'P_1$ 的路线到达 P_1，这时的位移为 PP_1，将 PP_1 的分量代入几何方程求得的应变就是该变形过程的全量应变。若在某一瞬时，该点移动至 $PP'P_1$ 路线上的任一点，例如 P' 点，则由 $\boldsymbol{PP'}$ 求得的应变就是该瞬时的全量应变。如果该质点由 P' 再沿原路线经极短的时间 $\mathrm{d}t$ 移动无限小的距离到 P''，这时位移矢量 $\boldsymbol{PP''}$ 与 $\boldsymbol{PP'}$ 之差即为此时的位移增量。

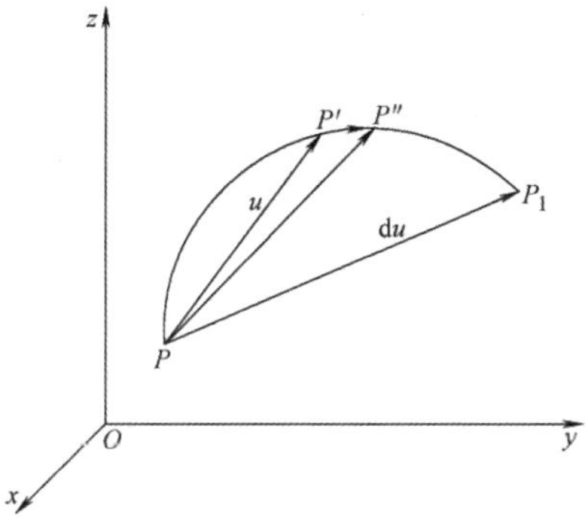

图 9－25　位移矢量和增量

设此时的速度分量为 $\dot{u}_i$ ，在随后的时间间隔 $\mathrm{d}t$ 之内，物体内各点的位移增量的分量为

$$\mathrm{d}u_i = \dot{u}_i \mathrm{d}t \tag{9-77}$$

根据前面小应变分析，产生位移增量后，变形体内各质点就有相应的无限小的应变增量，用 $\mathrm{d}\varepsilon_{ij}$ 表示。通俗地说，以物体在变形过程中某瞬时的形状尺寸为原始状态，在此基础上发生的无限小应变就是应变增量。由于在极短的时间内所产生的位移增量（ $\mathrm{d}u_i$ ）与相应的应变增量（ $\mathrm{d}\varepsilon_{ij}$ ）都是十分微小的，故可看作是小应变。此时位移增量与应变增量之间的关系，也即几何方程，形式上与小应变几何方程相同，只要将 $\mathrm{d}u_i$ 代替 u_i ，$\mathrm{d}\varepsilon_{ij}$ 代替 ε_{ij} 即可，于是得

$$\left.\begin{aligned}
\mathrm{d}\varepsilon_x &= \frac{\partial(\mathrm{d}u)}{\partial x};\mathrm{d}\gamma_{xy} = \mathrm{d}\gamma_{yx} = \frac{1}{2}\left[\frac{\partial(\mathrm{d}u)}{\partial y} + \frac{\partial(\mathrm{d}v)}{\partial x}\right] \\
\mathrm{d}\varepsilon_y &= \frac{\partial(\mathrm{d}v)}{\partial y};\mathrm{d}\gamma_{yz} = \mathrm{d}\gamma_{zy} = \frac{1}{2}\left[\frac{\partial(\mathrm{d}v)}{\partial z} + \frac{\partial(\mathrm{d}w)}{\partial y}\right] \\
\mathrm{d}\varepsilon_z &= \frac{\partial(\mathrm{d}w)}{\partial z};\mathrm{d}\gamma_{zx} = \mathrm{d}\gamma_{xz} = \frac{1}{2}\left[\frac{\partial(\mathrm{d}w)}{\partial x} + \frac{\partial(\mathrm{d}u)}{\partial z}\right]
\end{aligned}\right\} \tag{9-78}$$

简记为

$$d\varepsilon_{ij} = \frac{1}{2}\left[\frac{\partial(du_i)}{\partial x_j} + \frac{\partial(du_j)}{\partial x_i}\right] \tag{9-78a}$$

一点的应变增量也是二阶对称张量，称为应变增量张量：

$$d\varepsilon_{ij} = \begin{bmatrix} d\varepsilon_x & d\gamma_{xy} & d\gamma_{xz} \\ \cdot & d\varepsilon_y & d\gamma_{yz} \\ \cdot & \cdot & d\varepsilon_z \end{bmatrix} \tag{9-79}$$

应变增量是塑性成形理论中最常用的概念之一，因为在塑性变形加载过程中，质点在每一瞬时的应力状态一般是与该瞬时的应变增量相对应的，所以在分析塑性加工时，主要用应变增量。但应指出，塑性变形过程中某瞬时的应变增量 $d\varepsilon_{ij}$，是当时具体变形条件下的无限小应变，而当时的全量应变则是该瞬时以前的变形积累的结果。该瞬时的变形条件和以前的变形条件不一定相同，所以应变增量的主轴与当时的全量应变主轴不一定重合。

应变增量张量和小应变张量一样，具有 3 个应变增量主方向、3 个主应变增量（$d\varepsilon_1$、$d\varepsilon_2$、$d\varepsilon_3$）、3 个不变量、3 对主切应变增量、应变增量偏张量、应变增量球张量、等效应变增量，等等。它们的定义和表达式的形式与小应变张量一样，只需用 $d\varepsilon_{ij}$ 代替 ε_{ij} 即可。记 $d(\varepsilon_{ij}) = \varepsilon_{ij}(t+\Delta t) - \varepsilon_{ij}(t)$，则式中 $\varepsilon_{ij}(t)$ 和 $\varepsilon_{ij}(t+\Delta t)$ 都是以初始状态为参考状态计算的全量应变，而 $d\varepsilon_{ij}$ 则是以瞬时状态为参考状态计算的，所以 $d(\varepsilon_{ij}) \neq d\varepsilon_{ij}$。只有在变形很微小且主应变方向保持不变的情况下，才有 $d(\varepsilon_{ij}) = d\varepsilon_{ij}$。可见，这里 $d\varepsilon_{ij}$ 中的 d 表示增量，不是微分的符号，对一般的塑性变形过程，$d\varepsilon_{ij}$ 并不表示 ε_{ij} 的微分。同理，对 $d\varepsilon_{ij}$ 的积分一般并不等于 ε_{ij}。

3. 应变速率张量

单位时间内的应变称为应变速率，俗称变形速度，用 $\dot{\boldsymbol{\varepsilon}}_{ij}$ 表示，其单位为 s^{-1}。

将式(9-77)代入式(9-78a)，得

$$d\varepsilon_{ij} = \frac{1}{2}\left[\frac{\partial}{\partial x_j}(\dot{u}_i dt) + \frac{\partial}{\partial x_i}(\dot{u}_j dt)\right]$$

将上式两边除以时间 dt，则得应变速率为

$$\dot{\varepsilon}_{ij} = \frac{d\varepsilon_{ij}}{dt} = \frac{1}{2}\left(\frac{\partial \dot{u}_i}{\partial x_j} + \frac{\partial \dot{u}_j}{\partial x_i}\right) \tag{9-80}$$

或者写成：

$$\left.\begin{aligned} \dot{\varepsilon}_x &= \frac{\partial \dot{u}}{\partial x};\ \dot{\gamma}_{xy} = \dot{\gamma}_{yx} = \frac{1}{2}\left(\frac{\partial \dot{u}}{\partial y} + \frac{\partial \dot{v}}{\partial x}\right) \\ \dot{\varepsilon}_y &= \frac{\partial \dot{v}}{\partial y};\ \dot{\gamma}_{yz} = \dot{\gamma}_{zy} = \frac{1}{2}\left(\frac{\partial \dot{v}}{\partial z} + \frac{\partial \dot{w}}{\partial y}\right) \\ \dot{\varepsilon}_z &= \frac{\partial \dot{w}}{\partial z};\ \dot{\gamma}_{zx} = \dot{\gamma}_{xz} = \frac{1}{2}\left(\frac{\partial \dot{w}}{\partial x} + \frac{\partial \dot{u}}{\partial z}\right) \end{aligned}\right\} \tag{9-80a}$$

一点的应变速率也是一个二阶对称张量，称为应变速率张量。

$$\dot{\varepsilon}_{ij} = \begin{bmatrix} \dot{\varepsilon}_x & \dot{\gamma}_{xy} & \dot{\gamma}_{xz} \\ \cdot & \dot{\varepsilon}_y & \dot{\gamma}_{yz} \\ \cdot & \cdot & \dot{\varepsilon}_z \end{bmatrix} \tag{9-81}$$

应注意，$\dot{\varepsilon}_{ij}$ 是应变增量 $d\varepsilon_{ij}$ 对时间 dt 的微商，正如前所述，$d\varepsilon_{ij}$ 通常并不是全量应变 ε_{ij} 的微分，所以 $\dot{\varepsilon}_{ij}$ 一般也不等于 ε_{ij} 对时间的导数，即

$$\dot{\varepsilon}_{ij} \neq \frac{\mathrm{d}}{\mathrm{d}t}\varepsilon_{ij}$$

应变速率张量与应变增量张量相似，它们都可描述瞬时变形状态。在塑性成形理论中，如果不考虑应变速率对材料性能及外摩擦的影响，或对这种影响另行考虑，则用应变增量和应变速率进行计算所得的结果是一致的。若对于应变速率敏感的材料（如超塑性材料）则需采用应变速率来进行计算。

应变速率张量也有其主方向（主轴方向）、主应变速率（$\dot{\varepsilon}_1$ 、$\dot{\varepsilon}_2$ 、$\dot{\varepsilon}_3$ ）、主切应变速率（ $\dot{\gamma}_{12}$ 、$\dot{\gamma}_{23}$ 、$\dot{\gamma}_{31}$ ）、应变速率偏张量（$\dot{\varepsilon}'_{ij}$）、应变速率球张量（ $\delta_{ij}\dot{\varepsilon}_m$ ）、应变速率张量不变量、等效应变速率（$\dot{\bar{\varepsilon}}$），等等，它们的含义和表达式的形式都和小应变张量一样。

应变速率表示变形的快慢，它不但取决于成形工具的运动速度，而且与变形体的形状尺寸及边界条件有关，所以不能仅仅用工具或质点的运动速度来衡量物体内质点的变形速度。例如，在试验机上均匀压缩一柱体，下垫板不动，上压板以速度 $\dot{u}_0$ 下移，取柱体下端为坐标原点，压缩方向为 x 轴，柱体某瞬时高度为 h（如图 9 - 26 所示），此时，柱体内各质点在 x 方向上的速度为

$$\dot{u}_x = \frac{\dot{u}_0}{h}x$$

于是，各质点在 x 方向的应变速率分量为

$$\dot{\varepsilon}_x = \frac{\partial \dot{u}_x}{\partial x} = \frac{\dot{u}_0}{h}$$

设 $h = 100\text{mm}$，$\dot{u}_0 = -6\text{mm/min}$，则 $\dot{\varepsilon}_x = -10^{-3}s^{-1}$，接近准静态压缩。在锤上锻造时，$\dot{u}_0 = -(5 \sim 9)\ \text{m/s}$，则 $\dot{\varepsilon}_x = -(50 \sim 90)\ \text{s}^{-1}$；高速锤锻造时 $\dot{u}_0 = -(15 \sim 20)\ \text{m/s}$，则 $\dot{\varepsilon}_x = -(150 \sim 200)\ \text{s}^{-1}$。如柱体的高度 h 压缩为 10mm，则上述的应变速率都增加到原来的 10 倍。显然，位移速度和应变速率是两个不同的概念。

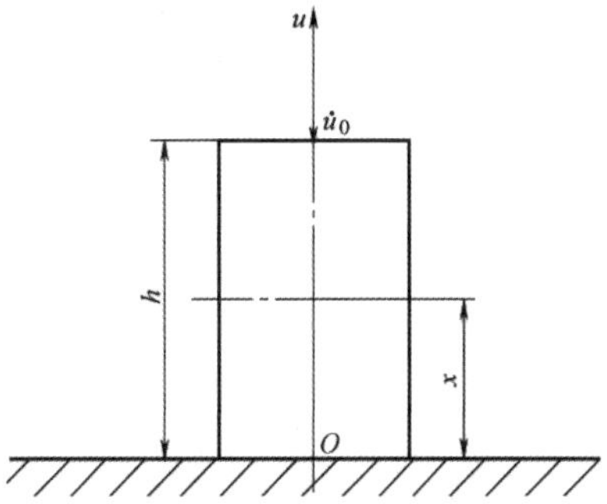

图 9 - 26　单向均匀压缩时的位移速度

9.2.3　平面变形问题和轴对称问题

1. 平面变形问题

平面问题又分为平面应力问题和平面应变问题两类。其中平面应力问题已在前面介绍过，此处介绍平面应变问题。

如果物体内所有质点都只在同一个坐标平面内发生变形，而在该平面的法线方向没有变形，这种变形称为平面变形或平面应变。发生变形的平面称为塑性流动平面。

设无变形的方向为坐标的 z 向，则 z 向必为应变主方向。z 方向上的位移分量 $w = 0$ ，其余两个位移分量对 z 的偏导数必为零，故有 $\varepsilon_z = \gamma_{xz} = \gamma_{yz} = 0$ ，所以平面应变问题中只有 3 个应变分量，即 ε_x 、ε_y 、γ_{xy} 。

平面应变状态下的几何方程为

$$\left.\begin{aligned} &\varepsilon_x = \frac{\partial u}{\partial x};\ \varepsilon_y = \frac{\partial v}{\partial y} \\ &\gamma_{xy} = \gamma_{yx} = \frac{1}{2}\left(\frac{\partial u}{\partial y} + \frac{\partial v}{\partial x}\right) \end{aligned}\right\} \tag{9-82}$$

在塑性变形时,根据体积不变条件有

$$\varepsilon_x = -\varepsilon_y$$

平面变形问题是塑性理论中最常见的问题之一,所以有必要进一步分析其应力状态。平面变形状态下的应力状态有如下特点:

(1) 由于平面变形时,物体内与 z 轴垂直的平面始终不会倾斜扭曲,所以 z 平面上没有切应力分量,即 $\tau_{zx} = \tau_{zy} = 0$,z 方向也必为应力主方向,σ_z 即为主应力。下一章将证明,平面变形时 σ_z 为 σ_x 、σ_y 的平均值,即为中间应力,又是平均应力,是一个不变量:

$$\sigma_z = \sigma_2 = \frac{1}{2}(\sigma_x + \sigma_y) = \sigma_m \tag{9-83}$$

此时,只有 3 个独立的应力分量 σ_x 、σ_y 、τ_{xy} 。平面应变状态的应力张量为

$$[\sigma_{ij}] = \begin{bmatrix} \sigma_x & \tau_{xy} & 0 \\ \tau_{yx} & \sigma_y & 0 \\ 0 & 0 & \frac{\sigma_x + \sigma_y}{2} \end{bmatrix} \text{或} [\sigma_{ij}] = \begin{bmatrix} \sigma_1 & 0 & 0 \\ 0 & \sigma_2 & 0 \\ 0 & 0 & \frac{\sigma_1 + \sigma_2}{2} \end{bmatrix}$$

(2) 若以应力主轴为坐标轴,则有

$$[\sigma_{ij}] = \begin{bmatrix} \sigma_1 & 0 & 0 \\ 0 & \sigma_2 & 0 \\ 0 & 0 & \frac{\sigma_1 + \sigma_2}{2} \end{bmatrix} = \begin{bmatrix} \frac{\sigma_1 - \sigma_2}{2} & 0 & 0 \\ 0 & -\frac{\sigma_1 - \sigma_2}{2} & 0 \\ 0 & 0 & 0 \end{bmatrix} + \begin{bmatrix} \frac{\sigma_1 + \sigma_2}{2} & 0 & 0 \\ 0 & \frac{\sigma_1 + \sigma_2}{2} & 0 \\ 0 & 0 & \frac{\sigma_1 + \sigma_2}{2} \end{bmatrix}$$

上式中 $\sigma_3 = \sigma_m = \sigma_z = \frac{\sigma_1 + \sigma_2}{2}$ 。由于上式中的偏应力 $\sigma'_1 = \frac{\sigma_1 - \sigma_2}{2} = -\sigma'_2$,$\sigma'_3 = 0$,故为纯切应力状态。所以,平面变形时应力状态就是纯切应力状态叠加一个应力球张量。因此,它的应力莫尔圆(见图 9-27)除圆心坐标为 $\frac{\sigma_1 + \sigma_2}{2}$ 之外,与纯切应力状态下的应力莫尔圆是一样的。

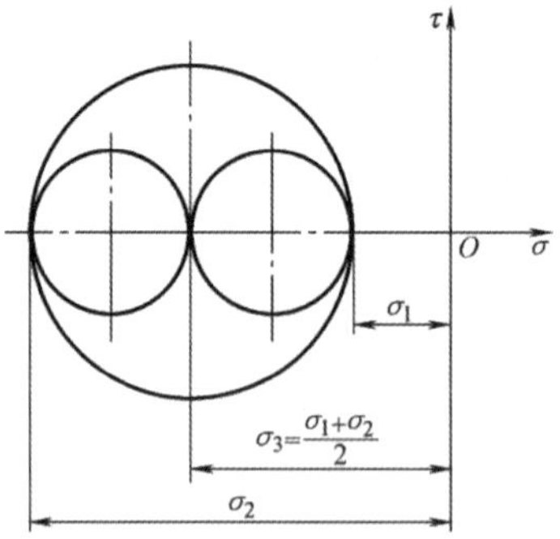

图 9-27　平面变形时的应力莫尔圆

(3) 平面变形时,由于 σ_z 是不变量,而且其他应力分量都与 z 轴无关,所以应力平衡微分方程和平面应力状态下的应力平衡微分方程是一样的,即

$$\left.\begin{aligned}\frac{\partial \sigma_x}{\partial x}+\frac{\partial \tau_{yx}}{\partial y}=0\\ \frac{\partial \tau_{xy}}{\partial x}+\frac{\partial \sigma_y}{\partial y}=0\end{aligned}\right\}$$

平面变形状态下的主切应力和最大切应力为

$$\left.\begin{aligned}\tau_{12}&=\pm\frac{\sigma_1-\sigma_2}{2}=\tau_{\max}\\ \tau_{23}&=\pm\frac{\sigma_2-\sigma_3}{2}\end{aligned}\right\} \tag{9-84}$$

式中，$\sigma_3=\sigma_m$ 为中间主应力。

2. 轴对称变形问题

采用圆柱坐标系（见图 9－28)时，轴对称问题的几何方程为

$$\left.\begin{aligned}\varepsilon_\rho&=\frac{\partial u}{\partial \rho};\gamma_{\rho\theta}=\frac{1}{2}\left(\frac{\partial v}{\partial \rho}-\frac{v}{\rho}+\frac{1}{\rho}\frac{\partial u}{\partial \theta}\right)\\ \varepsilon_\theta&=\frac{1}{\rho}\left(\frac{\partial v}{\partial \theta}+u\right);\gamma_{\theta z}=\frac{1}{2}\left(\frac{\partial v}{\partial z}+\frac{1}{\rho}\frac{\partial w}{\partial \theta}\right)\\ \varepsilon_z&=\frac{\partial w}{\partial z};\gamma_{z\rho}=\frac{1}{2}\left(\frac{\partial w}{\partial \rho}+\frac{\partial u}{\partial z}\right)\end{aligned}\right\} \tag{9-85}$$

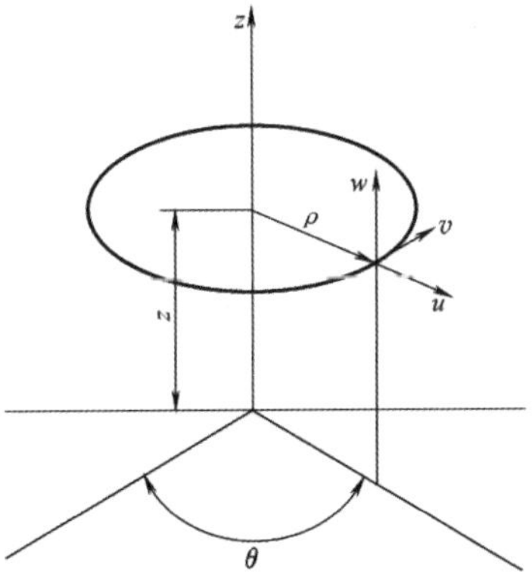

图 9－28　圆柱坐标系中的位移分量

在轴对称变形时，子午面始终保持平面，所以 θ 向位移分量 $v=0$，且各位移分量均与 θ 坐标无关。因此，$\gamma_{\rho\theta}=\gamma_{\theta z}=0$，所以 θ 向必为应变主方向，这时只有 4 个应变分量，几何方程为

$$\left.\begin{aligned}\varepsilon_\rho=\frac{\partial u}{\partial \rho};\ \varepsilon_\theta=\frac{u}{\rho};\ \varepsilon_z=\frac{\partial w}{\partial z}\\ \gamma_{z\rho}=\frac{1}{2}\left(\frac{\partial w}{\partial \rho}+\frac{\partial u}{\partial z}\right)\end{aligned}\right\} \tag{9-86}$$

9.2.4　真实应变

假设物体内两质点相距为 l_0，经变形后距离为 l_n，则名义线应变为

$$\boldsymbol{\varepsilon}=\frac{l_n-l_0}{l_0}$$

这种名义线应变一般用于小应变情况。在大的塑性变形过程中，名义线应变不足以反映实际的变形情况。因为 $\varepsilon = \dfrac{l_n - l_0}{l_0}$ 中的基长 l_0 是不变的，而在实际变形过程中，长度 l_0 系经过无穷多个中间的数值逐渐变成 l_n 的，如 l_0 ，l_1 ，l_2 ，l_3 …，l_{n-1} ，l_n ，其中相邻两长度相差均极微小，由 l_0 到 l_n 的总的变形程度，可以近似地看作是各个阶段名义应变之和，即

$$\frac{l_1 - l_0}{l_0} + \frac{l_2 - l_1}{l_1} + \frac{l_3 - l_2}{l_2} + \cdots + \frac{l_n - l_{n-1}}{l_{n-1}}$$

或用微分概念，设 dl 是每一变形阶段的长度增量，则物体的总的变形程度为

$$\in = \int_{l_0}^{l_n} \frac{\mathrm{d}l}{l} = \ln \frac{l_n}{l_0} \tag{9-87}$$

∈ 称为真实应变或对数应变。式(9-68)的积分在应变主轴方向不变的情况下才能进行。因此，对数应变可定义为：塑性变形过程中，在应变主轴方向保持不变情况下应变增量的总和。

由于对数应变能够真实地反映变形的积累过程，所以也称真实应变，简称为真应变。与名义应变相比，真实应变具有误差小、可叠加、可比的特点，在大的塑性变形问题中，只有用真实应变才能得出合理的结果。真实应变与名义应变相比有如下特点：

(1)名义应变不能表示变形的实际情况，而且变形程度越大，误差也越大。

如将真实应变用名义应变表示，并按泰勒级数展开，则有

$$\in = \ln \frac{l_n}{l_0} = \ln(1 + \varepsilon) = \varepsilon - \frac{\varepsilon^2}{2} + \frac{\varepsilon^3}{3} - \frac{\varepsilon^4}{4} + \cdots \tag{9-88}$$

由此可见，只有当变形程度很小时，ε 才能近似等于 ∈ ，变形程度越大，误差也越大。用 ε 与 ∈ 计算得到的变形程度的结果如图 9-29 所示。当变形程度小于 10%时，ε 与 ∈ 的数值比较接近，但当变形程度大于 10%以后，误差逐渐增加。

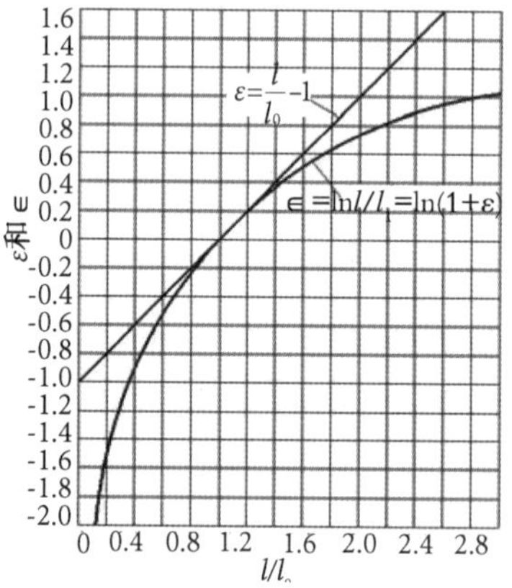

图 9-29 ε、∈ 与 $\dfrac{l}{l_0}$ 的关系

(2) 真实应变为可叠加的应变，而名义应变为不可叠加的应变。假设某物体的原长为 l_0 ，经历 l_1 、l_2 变为 l_3 ，总的名义应变为

$$\varepsilon_{03} = \frac{l_3 - l_0}{l_0}$$

各阶段的名义应变为

$$\varepsilon_{01}=\frac{l_1-l_0}{l_0};\ \varepsilon_{12}=\frac{l_2-l_1}{l_1};\ \varepsilon_{23}=\frac{l_3-l_2}{l_2}$$

显然
$$\varepsilon_{03}\neq\varepsilon_{01}+\varepsilon_{12}+\varepsilon_{23}$$

而用真实应变，则无上述问题，因为各阶段的真实应变为

$$\in_{01}=\ln\frac{l_1}{l_0};\ \in_{12}=\ln\frac{l_2}{l_1};\ \in_{23}=\ln\frac{l_3}{l_2}$$

且有

$$\in_{01}+\in_{12}+\in_{23}=\ln\frac{l_1}{l_0}+\ln\frac{l_2}{l_1}+\ln\frac{l_3}{l_2}=\ln\frac{l_1l_2l_3}{l_0l_1l_2}=\ln\frac{l_3}{l_0}=\in_{03}$$

即真实应变为可叠加的应变，又称可加应变。

(3) 真实应变为可比应变，名义应变为不可比应变。假设某物体由 l_0 拉长 1 倍后，尺寸为 $2l_0$，其名义应变为

$$\varepsilon^{+}=\frac{2l_0-l_0}{l_0}=1=100\%$$

如果缩短一半，尺寸变为 $0.5l_0$，则其名义应变为

$$\varepsilon^{-}=\frac{0.5l_0-l_0}{l_0}=-0.5=-50\%$$

当物体拉长 1 倍与缩短一半时，物体的变形程度应该是一样的。然而如用名义应变表示拉、压的变形程度则数值相差悬殊，失去可以比较的作用。

而用真实应变表示拉、压两种不同性质的变形程度时，并不失去可以比较的性质。例如，在上例中，物体拉长 1 倍的对数应变为

$$\in^{+}=\ln\frac{2l_0}{l_0}=\ln 2=69\%$$

缩短一半的对数应变为

$$\in^{-}=\ln\frac{0.5l_0}{l_0}=\ln\frac{1}{2}=-69\%$$

采用对数应变表示体积不变条件则更为准确。设变形体的原始长、宽、高分别为 l_0、b_0、h_0，变形后为 l_1、b_1、h_1，则体积不变条件可表示为

$$\in_l+\in_b+\in_h=\ln\frac{l_1}{l_0}+\ln\frac{b_1}{b_0}+\ln\frac{h_1}{h_0}=\ln\frac{l_1b_1h_1}{l_0b_0h_0}=0$$

第 10 章　屈服准则与本构方程

金属材料只有在屈服以后才能进行塑性加工，这时材料中发生塑性变形区域中的质点的应力必须满足屈服准则。不同的材料或同一种材料在不同的加工条件下，其变形和抗力是不同的，这是因为其本构方程即应力—应变关系是不同的。可以说屈服准则和本构方程是金属塑性成形力学理论的基石。同时，这两者又有着密切的联系，根据关联的流动法则，可以从屈服准则推导出相应的塑性本构方程。

本章主要介绍两种最常用的屈服准则——屈雷斯加屈服准则和米塞斯屈服准则，以及可以由米塞斯屈服准则经关联的流动法则导出的塑性本构方程，下一章将采用它们求解塑性成形载荷。另外，也简要介绍几种形式略为复杂、但能更合理地描述金属塑性变形的某些特征的屈服准则和本构方程，如常用于金属板料的正交各向异性屈服准则、描述包辛格效应的随动硬化屈服准则、根据位错滑移导致塑性变形的原理建立的晶体塑性本构方程等。这些理论在解析方法中的应用较为繁难，但广泛地应用于数值模拟中。

实际的金属材料在不同工艺条件下的塑性行为是千差万别的，为了进行更准确的描述，人们一直在努力建立针对特定材料的、越来越精密、但通常也越来越复杂的本构方程。每种材料在特定条件下的本构方程应由理论和实验共同建立。关于本构方程的研究，一直是一个十分活跃的力学与材料科学交叉的前沿领域。

10.1　屈服准则

10.1.1　基本概念

1. 屈服准则的概念

质点处于单向应力状态时，只要单向应力达到屈服应力，该质点即行屈服，进入塑性状态。例如，标准试样拉伸时，若拉伸应力达到屈服极限，试样即开始塑性变形。在多向应力状态下，显然不能仅仅用某一个应力分量来判断质点是否进入塑性状态，而必须同时考虑所有的应力分量。研究表明，只有当各应力分量之间符合一定的关系时，质点才进入塑性状态。这种关系就叫屈服准则，也称塑性条件或塑性方程。屈服准则的数学表达式一般呈如下形式：

$$f(\sigma_{ij}) = C \tag{10-1}$$

上式左边是应力分量的函数，对于各向同性材料，它一般是应力不变量的函数；等式右端的 C 是一个只与材料在变形时的性质相关的常数（对于理想塑性材料），或者是一个与材料性质以及应变历史有关的函数（对于硬化材料）。质点在整个塑性变形过程中，上述应力分量之间的关系应始终保持着，所以屈服准则是求解塑性问题的必要的补充方程。

应注意：

① 由于屈服准则只是相对质点而言的，所以，如物体内应力均布（例如，单向拉伸试验

时)，则所有质点可以同时进入塑性状态，物体即开始塑性变形。在塑性成形时，应力分布一般是不均匀的，于是在加载过程中某些质点将早一些进入塑性状态，这时整个物体并不一定会变形。只有当整个物体或物体内某些连通区域中的质点全都进入塑性状态时，物体才能开始塑性变形；

② 如式(10－1)中的函数 $f(\sigma_{ij})<0$ 时，质点处于弹性状态，$f(\sigma_{ij})=0$ 时，处于塑性状态，但是任何情况下都不存在 $f(\sigma_{ij})>0$ 的状态，也就是说不存在“超过”屈服准则的应力状态；

③ 本章着重讨论的两个屈服准则与材料力学中的第三、第四强度理论在形式上是相同的。

2. 有关材料性质的一些基本概念

材料中没有空隙裂缝叫做“连续”；各质点性能相同，叫做“均质”；材料在各个方向的性能都一样，叫做“各向同性”，否则就叫“各向异性”。对于各向同性材料，可用与坐标取向无关的不变量的函数来表示屈服准则。常用金属材料可以近似看成是连续的均质材料。同时，虽然金属材料是由各向异性的晶粒组成的，但由于晶粒取向没有规则，所以经过仔细退火的金属材料可以近似地看成是各向同性材料，只有在经过大的冷塑性变形之后，才会表现出明显的各向异性。

弹性变形时应力与应变完全成线性关系的材料，叫理想弹性材料。对于这种材料，我们可以假定它从弹性变形过渡到塑性变形是突然的(见图 10－1(a)、(b)、(d))。塑性变形时不产生硬化的材料叫做理想塑性材料，这种材料在进入塑性状态之后，应力不再增加，也即在中性载荷时即可连续产生塑性变形(见图 10－1(b)、(c))。在塑性变形时要产生硬化的材料叫变形硬化材料。这种材料在进入塑性状态后，如应力保持中性变载，则不能进一步变形，只有当应力不断增加，也即在加载条件下才能连续产生塑性变形。理想塑性材料的屈服准则和硬化材料的屈服准则当然是不同的。一般材料在塑性变形之前以及在塑性变形的同时，都有弹性变形，所以也称弹塑性材料。如果在塑性变形之前，材料像刚体一样不产生弹性变形，这样的材料就叫“刚塑性材料”(见图 10－1(c)、(e))。当然，刚塑性材料实际上是没有的，但在大塑性变形时，弹性变形相对说很小，可以忽略不计，于是就可把材料看成是刚塑性的。

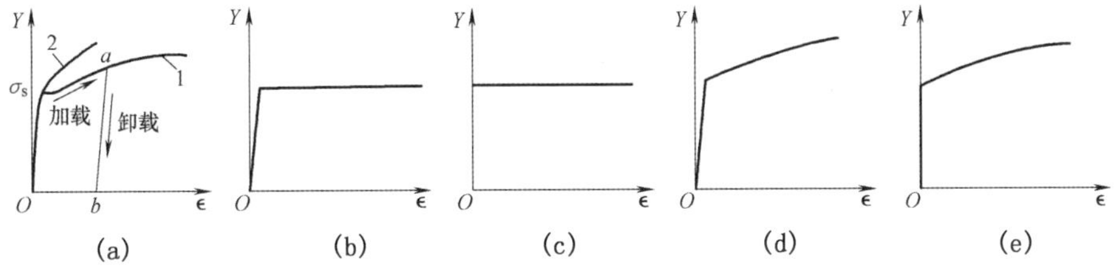

图 10－1　真实应力—应变曲线及某些简化形式

(a)实际金属材料（1—有物理屈服点，2—无明显物理屈服点）；(b)理想弹塑性；(c)理想刚塑性；(d)弹塑性硬化；(e)刚塑性硬化

实际金属材料在拉伸曲线的比例极限以下是理想弹性的，由于比例极限和弹性极限以至屈服极限通常都很接近，所以一般可以认为金属材料是理想弹性材料。金属材料在慢速热变形时接近理想塑性，冷变形时则一般都会发生硬化。但是，部分材料在拉伸曲线上有明

显的物理屈服点。这时曲线上的屈服平台部分接近于理想塑性，过了平台之后，材料才开始硬化。

有的材料（如橡胶）在弹性阶段应力与应变之间的关系也呈现非线性，但卸载时沿加载曲线的逆向变化，卸载后没有残留的永久变形，如图 10-1(a)中的 aO 所示；图中的 ab 则表示发生塑性变形的材料的卸载路径，Ob 表示卸载后留下的永久变形。对一般材料而言，加载过程中应力—应变曲线出现非线性时不能区分发生的是非线性弹性变形还是塑性变形，只有当卸载后留下了永久变形，才能确认发生了塑性变形。

10.1.2 两个常用的屈服准则

本小节中介绍两个适用于匀质、各向同性、理想刚塑性材料的屈服准则。

1. 屈雷斯加屈服准则（最大剪应力不变条件）

1864 年，法国工程师屈雷斯加（Tresca）根据库伦在土力学中的研究结果，以及他自己所做的金属挤压试验，提出材料的屈服与最大切应力有关，即当受力物体（质点）中的最大切应力达到某一定值时，该物体就发生屈服。或者说，材料处于塑性状态时，其最大切应力是一个不变的定值。该定值只取决于材料在变形条件下的性质，而与应力状态无关。所以该屈服准则又称最大切应力不变条件。该准则可以写成

$$\tau_{\max} = \left|\frac{\sigma_{\max} - \sigma_{\min}}{2}\right| = C \tag{10-2}$$

式中，$\sigma_{\max}$、$\sigma_{\min}$ ——代数值最大、最小的主应力；

C——与变形条件下的材料性质有关而与应力状态无关的常数，它可通过单向均匀拉伸试验求得。

在某一变形温度和变形速度条件下，材料单向均匀拉伸时，当拉伸应力 σ_1 达到材料屈服点 σ_s 时，材料就开始进入塑性状态，此时

$$\sigma_{\max} = \sigma_1 = \sigma_s, \sigma_{\min} = 0$$

将上式代入式(10-2)，解得

$$C = \frac{\sigma_s}{2}$$

则

$$\tau_{\max} = \frac{\sigma_s}{2} = K \tag{10-3}$$

或

$$|\sigma_{\max} - \sigma_{\min}| = \sigma_s = 2K \tag{10-4}$$

式(10-3)、式(10-4)即为屈雷斯加屈服准则的数学表达式，式中 K 为材料屈服时的最大切应力值，也称剪切屈服强度。

若规定主应力大小顺序为 $\sigma_1 \geqslant \sigma_2 \geqslant \sigma_3$ 时，则式(10-4)可以写成

$$|\sigma_1 - \sigma_3| = 2K \tag{10-4a}$$

如果不知道主应力大小顺序时，则屈雷斯加屈服准则表达式为

$$\left.\begin{aligned} \sigma_1 - \sigma_2 &= \pm 2K = \pm \sigma_s \\ \sigma_2 - \sigma_3 &= \pm 2K = \pm \sigma_s \\ \sigma_3 - \sigma_1 &= \pm 2K = \pm \sigma_s \end{aligned}\right\} \tag{10-5}$$

式(10－5)左边为主应力之差,故又称主应力差不变条件。式(10－5)中 3 个式子中只要满足一个,该点即进入塑性状态。

很显然,在事先知道主应力大小顺序的情况下,屈雷斯加屈服准则的使用是非常方便的。但是在一般的三向应力状态下,主应力是待求的,大小顺序也不能事先知道,这时使用屈雷斯加屈服准则就不很方便。

对于平面变形以及主应力为异号的平面应力问题,因为

$$\tau_{\max} = \sqrt{\left(\frac{\sigma_x - \sigma_y}{2}\right)^2 + \tau_{xy}^2}$$

所以用任意坐标系应力分量表示的屈雷斯加屈服准则可写成

$$(\sigma_x - \sigma_y)^2 + 4\tau_{xy}^2 = \sigma_s^2 = 4K^2 \tag{10-6}$$

2. 米塞斯屈服准则(弹性形变能不变条件)

米塞斯(Mises)于 1913 年提出另一个屈服准则。米塞斯认为,为了便于数学处理,上述式(10－5)的 3 个式子可以统一起来写成平方和的形式;上列两个式子等号左边的平方和就等于应力偏张量第二不变量 J'_2 的 6 倍,所以,米塞斯屈服准则可以表述为:当应力偏张量的第二不变量 J'_2 达到某定值时,材料就会屈服。更为方便的表述方式是:当质点的等效应力达到某一与应力状态无关的定值时,材料就屈服;或者说,材料处于塑性状态时,等效应力始终是一不变的定值,也即

$$\bar{\sigma} = \sqrt{\frac{1}{2}[(\sigma_1 - \sigma_2)^2 + (\sigma_2 - \sigma_3)^2 + (\sigma_3 - \sigma_1)^2]} = C \tag{10-7}$$

同样,用单向拉伸屈服时的应力状态如(σ_s,0,0)代入上式即可得到常数 C,即

$$\sqrt{\frac{1}{2}[(\sigma_s - 0)^2 + (0 - \sigma_s)^2]} = \sigma_s = C$$

于是,米塞斯屈服准则的表达式为

$$\bar{\sigma} = \sqrt{\frac{1}{2}[(\sigma_1 - \sigma_2)^2 + (\sigma_2 - \sigma_3)^2 + (\sigma_3 - \sigma_1)^2]} = \sigma_s \tag{10-8}$$

即

$$(\sigma_1 - \sigma_2)^2 + (\sigma_2 - \sigma_3)^2 + (\sigma_3 - \sigma_1)^2 = 2\sigma_s^2 \tag{10-9}$$

或

$$(\sigma_x - \sigma_y)^2 + (\sigma_y - \sigma_z)^2 + (\sigma_z - \sigma_x)^2 + 6(\tau_{xy}^2 + \tau_{yz}^2 + \tau_{zx}^2) = 2\sigma_s^2 \tag{10-10}$$

汉基(H. Hencky)于 1927 年阐明了米塞斯屈服准则的物理意义,这就是:当材料的质点内单位体积的弹性形变能(即形状变化的能量)达到某临界值时,材料就屈服。

米塞斯屈服准则和屈雷斯加准则实际上相当接近,在有两个主应力相等的应力状态下两者还是一致的。米塞斯在提出自己的准则时,还认为屈雷斯加准则是准确的而自己的则是近似的,但以后的大量试验证明,对于绝大多数金属材料来说米塞斯准则更接近于实验值。

上述两个屈服准则有一些共同的特点,这些特点对于各向同性理想塑性材料的屈服准则是有普遍意义的:

(1) 屈服准则的表达式都和坐标的选择无关,等式左边都是不变量的函数。

(2) 3 个主应力可以任意置换而不影响屈服。同时,认为拉应力和压应力的作用是一样的。

(3)各表达式都和应力球张量无关,实验证明,在通常的工作应力下,应力球张量对材料

屈服的影响较小，可以忽略不计。应指出的一点是，如果应力球张量的 3 个分量是拉应力，那么球张量大到一定程度后材料就将脆断，不能发生塑性变形。

10.1.3 屈服准则的几何表达——屈服轨迹和屈服表面

屈服准则的数学表达式可以用几何图形形象化地表示出来。在 $\sigma_1\sigma_2\sigma_3$ 坐标系中，屈服准则都是空间曲面，叫做屈服表面。如把屈服准则表示在各种平面坐标系中，则它们都是封闭曲线，叫做屈服轨迹。屈服表面和屈服轨迹是进一步分析屈服准则的有力工具。

1. 二向应力状态的屈服轨迹

以 $\sigma_3 = 0$ 代入式(10－8)即可得到两向应力状态的米塞斯屈服准则：

$$\sigma_1^2 - \sigma_1\sigma_2 + \sigma_2^2 = \sigma_s^2 \quad (10-11)$$

上式在 $\sigma_1\sigma_2$ 坐标平面内是一个椭圆(见图 10－2)，它的中心在原点，对称轴与坐标轴(即主轴 σ_1 、σ_2)成 45°，长半轴为 $\sqrt{2}\sigma_s$ ，短半轴为 $\sqrt{2/3}\sigma_s$ ，与原坐标轴的截距为 $\pm\sigma_s$ 。这个椭圆就叫 $\sigma_1\sigma_2$ 平面上的米塞斯屈服轨迹。

同样，以 $\sigma_3 = 0$ 代入式(10－5)，可得两向应力状态时的屈雷斯加屈服准则：

$$\sigma_1 - \sigma_2 = \pm\sigma_s;\sigma_1 = \pm\sigma_s;\sigma_2 = \pm\sigma_s \quad (10-12)$$

这是一个六边形，内接于米塞斯椭圆(见图 10－2)，称为屈雷斯加六边形。

由于任一个二向应力状态都可用 $\sigma_1\sigma_2$ 主应力坐标平面上的一点 P 来表示，并可用矢量 **OP** 来代表。因此，屈服轨迹的几何意义是：若 P 点在屈服轨迹里面，则材料的质点处于弹性状态；若 P 点在屈服轨迹上，则该质点处于塑性状态。对于理想塑性材料，P 点不可能在屈服轨迹的外面。

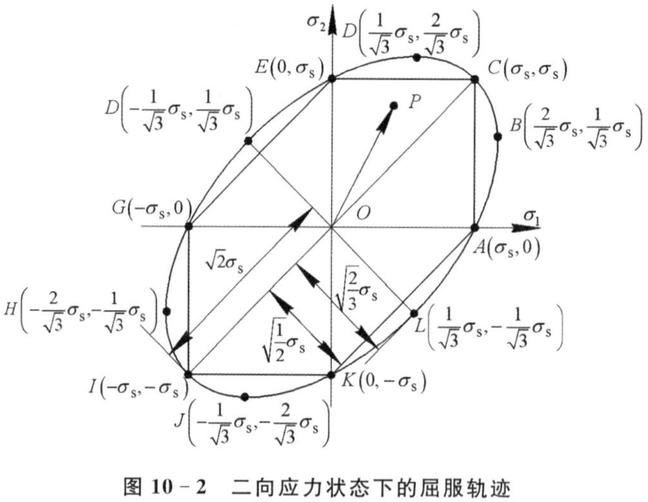

图 10－2 二向应力状态下的屈服轨迹

屈雷斯加六边形内接于米塞斯椭圆，这就意味着，在 6 个角点上，两个屈服准则是一致的。其中与坐标轴相交的 A、E、G、K 等 4 点表示单向应力状态；与椭圆长轴相交的 2 个点 C、I 为轴对称应力状态，其特征是 $\sigma_1 = \sigma_2$ 。除这 6 点外，两个准则都不一致。米塞斯椭圆在外，意味着按米塞斯屈服准则需要较大的应力才能使材料(质点)屈服。两个屈服准则差别最大的也只有 6 个点(B、D、F、H、J、L)。其中，F、L 两点的特征是 $\sigma_1 = -\sigma_2$ ，即纯剪状态。另 4 点 B、D、H、J 的特征是 $\sigma_1 = 2\sigma_2$ 或 $2\sigma_1 = \sigma_2$ ，因为 $\sigma_3 = 0$ ，$\sigma_2 = \frac{\sigma_1}{2} = \sigma_m$ ，或 $\sigma_1 = \frac{\sigma_2}{2} =$

σ_m，故为平面应变状态。在这 6 个点上，两个屈服准则的差别都是 15.5%。

2. 主应力空间中的屈服表面

以主应力为坐标轴可以构成一个“主应力空间”，如图 10-3 所示。一种应力状态（σ_1，σ_2，σ_3）即可用该空间中的一点 P 来表示，并可用矢量 $\boldsymbol{OP}$ 来代表。设 ON 为该空间第一象限的等倾线。由 P 点引一直线 $PM \perp ON$，并把矢量 $\boldsymbol{OP}$ 分解成 $\boldsymbol{OM}$ 及 $\boldsymbol{MP}$，则 $\boldsymbol{OM}$ 表示应力张量中的球张量，而 $\boldsymbol{MP}$ 表示应力偏张量。等倾线 ON 有这样的特点：在垂直于 ON 的平面上，任何点的应力球张量都相同；在平行于 ON 的直线上，各点的应力偏张量都相同。下面讨论如何在主应力空间中表示屈服准则。

由于矢量
$$\boldsymbol{OP} = \boldsymbol{OM} + \boldsymbol{MP}$$
所以矢量的模
$$|\boldsymbol{MP}| = \sqrt{|\boldsymbol{OP}|^2 - |\boldsymbol{OM}|^2}$$
其中
$$|\boldsymbol{OP}|^2 = \sigma_1^2 + \sigma_2^2 + \sigma_3^2$$
而 $|\boldsymbol{OM}|$ 就是 σ_1、σ_2、σ_3 在 ON 线上的投影之和，考虑到 ON 的方向余弦为 $l = m = n = 1/\sqrt{3}$，于是
$$|\boldsymbol{OM}| = \sigma_1 l + \sigma_2 m + \sigma_3 n = \frac{1}{\sqrt{3}}(\sigma_1 + \sigma_2 + \sigma_3)$$
由此得
$$\begin{aligned}|\boldsymbol{MP}| &= \sqrt{\sigma_1^2 + \sigma_2^2 + \sigma_3^2 - \frac{1}{3}(\sigma_1 + \sigma_2 + \sigma_3)^2}\\ &= \sqrt{\frac{1}{3}[(\sigma_1 - \sigma_2)^2 + (\sigma_2 - \sigma_3)^2 + (\sigma_3 - \sigma_1)^2]}\\ &= \sqrt{\frac{2}{3}}\bar{\sigma}\end{aligned}$$

根据米塞斯屈服准则，当 $\bar{\sigma} = \sigma_s$ 时材料就屈服，故当 $|\boldsymbol{MP}| = \sqrt{2/3}\sigma_s$ 时材料就屈服。由于垂直于 ON 线的平面上所有的点都具有相同的球张量，而球张量又不影响屈服，所以，若以 M 为圆心，以 $\sqrt{2/3}\sigma_s$ 为半径，在垂直于 ON 线的平面上作一圆，则该圆上各点的应力偏张量均相等，即均为 $\sqrt{2/3}\sigma_s$，所以圆上各点都进入屈服状态。又由于平行于 ON 的直线上所有的点都有相同的偏张量，所以，以 ON 为轴线，以 $\sqrt{2/3}\sigma_s$ 为半径作一圆柱面，则此圆柱面上的点都满足米塞斯屈服准则。这个圆柱面就是主应力空间中的米塞斯屈服表面（见图 10-4）。同理，屈雷斯加屈服准则的表达式（10-5），在主应力空间中的几何图形是一个内接于米塞斯圆柱面的正六棱柱面，称为屈雷斯加屈服表面（图 10-4）。

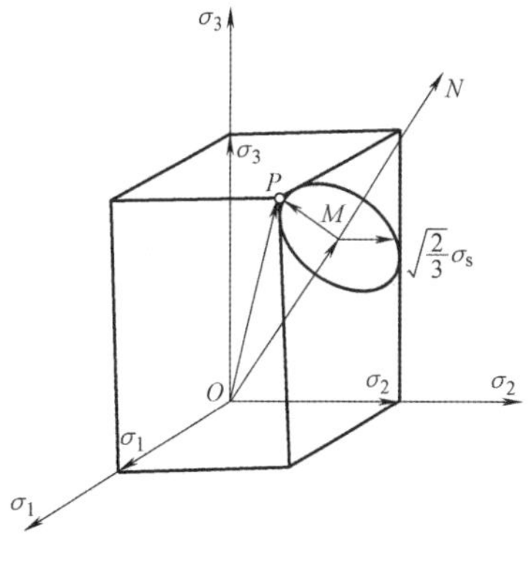

图 10-3　主应力空间

屈服表面的几何意义是：若主应力空间中一点应力状态矢量的端点（P 点）在屈服表面内部，则该点处于弹性状态；若 P 点位于屈服表面，则该点处于塑性状态。对于理想塑性材料，P 点不能在屈服表面之外。

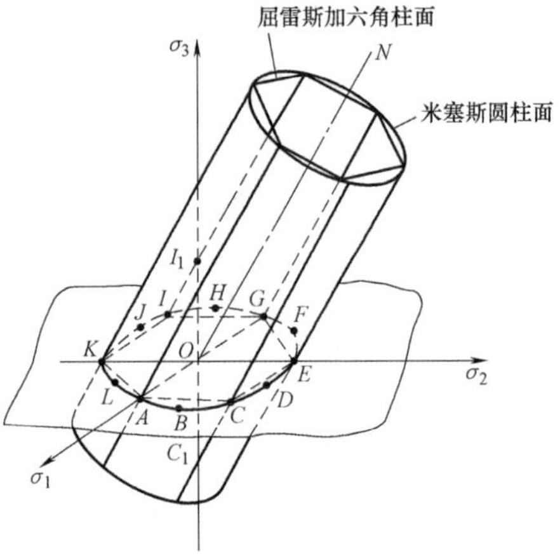

图 10－4　主应力空间中的屈服表面

实际上前面图 10－2 所示的屈服轨迹就是上述屈服表面与 $\sigma_1O\sigma_2$ 平面的交线。图 10－2 中的 12 个特征点在屈服表面上就成了柱面的母线。其中，通过 A、C、E、G、I、K 等 6 点的母线就是六棱柱面的棱，它们都与坐标轴相交。所以，这 6 条母线上的点实际上都代表叠加了不同静水压力 σ_0 的单向屈服应力状态：

通过 A 及 G 点的母线为$(\sigma_0\pm\sigma_s,\sigma_0,\sigma_0)$；

通过 E 及 K 点的母线为$(\sigma_0,\sigma_0\pm\sigma_s,\sigma_0)$；

通过 C 及 I 点的母线为$(\sigma_0,\sigma_0,\sigma_0\pm\sigma_s)$。

它们共同的特点是有两个主应力相等。这就是说，对于有两个主应力相等的应力状态，两个准则是一致的，而单向应力状态和一部分轴对称状态正是属于这种情况。两个屈服准则相差最大的 6 条母线上的点，实际上都是纯剪状态（即一个主应力为零，另两个主应力数值相等，符号相反）叠加了不同的静水压力，它们的共同特点都是：一个主应力是另外两个的平均值，这正是平面变形状态的特征。所以，平面变形时，两个屈服准则相差最大。

3. π 平面上的屈服轨迹

在主应力空间中，通过坐标原点并垂直于等倾线 ON 的平面称为 π 平面，其方程为

$$\sigma_1+\sigma_2+\sigma_3=0$$

π 平面与两个屈服表面都垂直，故屈服表面在 π 平面上的投影（也即为交线）是半径为 $\sqrt{2/3}\sigma_s$ 的圆及其内接正六边形，这就是 π 平面上的屈服轨迹，见图 10－5。

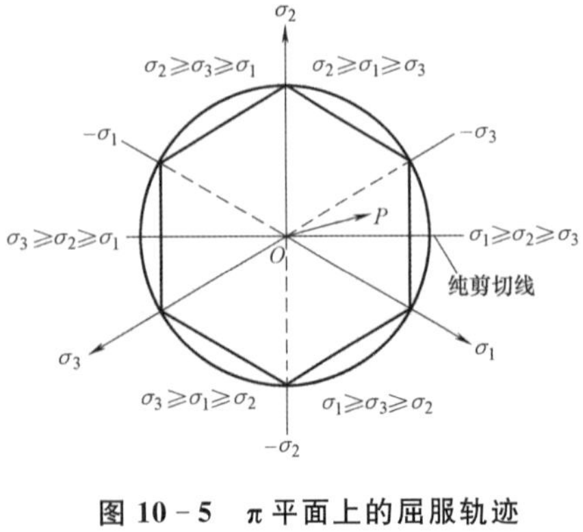

图 10－5　π 平面上的屈服轨迹

由于 π 平面是通过坐标原点并与等倾线 ON 垂直的平面，则该面上 $\sigma_m=0$，即没有应力球张量的影响，平面上任何一个应力矢量均表示应力偏张量。因此，π 平面上的屈服轨迹更清楚地表示出屈服准则的性质。

3 根主轴在 π 平面上的投影互成 120°角，如果把主轴负向的投影也画出来，就把 π 平面等分成 6 个 60°角的区间，每个区间内应力的大小次序互不相同。3 根主轴线上的点都表示（减去了球张量的）单向应力状态。每个 60°角的平分线上的点都表示纯剪应力

状态。由于 6 个区间的屈服轨迹是一样的，所以，实际上只要用一个区间（如图 10－5 中的 $\sigma_1 \geqslant \sigma_2 \geqslant \sigma_3$ 区间）就可以表示出整个屈服轨迹的性质。

4. 中间主应力的影响

下面进一步讨论两个屈服准则的差别。设若 $\sigma_1 \geqslant \sigma_2 \geqslant \sigma_3$，则屈雷斯加屈服准则可写成

$$\sigma_1 - \sigma_3 = \sigma_s$$

这时，中间主应力 σ_2 可以在 $\sigma_2 = \sigma_1$ 到 $\sigma_2 = \sigma_3$ 之间任意变化而不影响材料的屈服，但在米塞斯屈服准则中 σ_2 是有影响的。为了评价其影响，应先找到一个能表征中间主应力变化的参数，此参数不应受应力球张量的影响。由第 9 章可知，三向应力莫尔圆的 3 个半径就是 3 个主剪应力，它们和球张量无关。如 σ_1 和 σ_3 不变，则大圆的半径不变，而两个小圆的半径将随 σ_2 而变，所以，我们可以用中间两个小莫尔圆的半径之差与大圆半径的比值作为表征中间主应力变化的参数，用 μ_σ 表示。该参数是由罗代（W. Löde）提出的，叫做罗代应力参数，即

$$\mu_\sigma = \frac{(\sigma_2 - \sigma_3) - (\sigma_1 - \sigma_2)}{\sigma_1 - \sigma_3} = \frac{\sigma_2 - \dfrac{\sigma_1 + \sigma_3}{2}}{\dfrac{\sigma_1 - \sigma_3}{2}} \tag{10-13a}$$

当 σ_2 在 σ_1 至 σ_3 之间变化时，μ_σ 将在 +1 至 −1 之间变化。

为了便于比较，我们利用 μ_σ 将米塞斯屈服准则改写成类似于屈雷斯加屈服准则的形式。由式（10－13a）可以解得

$$\sigma_2 = \frac{\sigma_1 + \sigma_3}{2} + \mu_\sigma \frac{\sigma_1 - \sigma_3}{2}$$

代入式（10－9），整理后得

$$\sigma_1 - \sigma_3 = \frac{2}{\sqrt{3 + \mu_\sigma^2}} \sigma_s \tag{10-13b}$$

若设

$$\beta = \frac{2}{\sqrt{3 + \mu_\sigma^2}} \tag{10-14}$$

则式（10－13b）即可写成

$$\sigma_1 - \sigma_3 = \beta \sigma_s \tag{10-15}$$

式中的 β 的变化范围为 1～1.155，如图 10－6 及表 10－1 所示。

表 10－1

中间主应力	μ_σ	β	应力状态
$\sigma_2 = \sigma_1$	1	1	单向应力叠加球张量
$\sigma_2 = \frac{1}{2}(\sigma_1 + \sigma_3)$	0	1.155	平面应变状态
$\sigma_2 = \sigma_3$	−1	1	单向应力叠加球张量

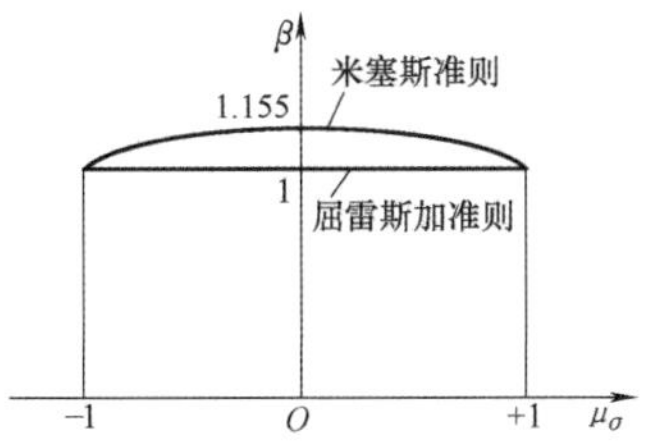

图 10－6　β 和 μ_σ 的关系

屈雷斯加准则相当于式(10－15)中 $\beta\equiv1$ 的情况，即如图 10－6 中的水平线所示。这样，两个屈服准则及中间主应力的影响就可看得很清楚了。其中，单向应力叠加球张量时，两个准则是一致的；若为平面应变，也即纯剪叠加球张量时，两个准则相差最大，为 15.5%。

由以上分析可知，只要采用不同的 β 值，式(10－15)也可成为两个准则的统一表达式。这种表达式还可以写成另一种形式。式(10－15)中等号左边的 $\sigma_1-\sigma_3$ 就等于屈服时的最大剪应力的 2 倍。如以符号 K 表示屈服时的最大剪应力，则

$$K=\frac{1}{2}(\sigma_1-\sigma_3)=\frac{\beta}{2}\sigma_s \tag{10-9}$$

于是，式(10－15)即可改写成

$$\sigma_1-\sigma_3=2K \tag{10-17}$$

式中，按屈雷斯加屈服准则，$K\equiv\sigma_s/2$，按米塞斯准则，则 $K=(0.5\sim0.577)\sigma_s$。

5. 平面问题和轴对称问题中屈服准则的简化

在平面问题和轴对称问题中，一些应力分量或为零或为常数，故屈服准则的表达式可得到某些简化。

对于米塞斯屈服准则，其通式为式(10－9)或式(10－10)。用圆柱坐标时，将其中的下角标 x、y 换成 r、θ。

平面应力时，令 $\sigma_z=\sigma_3=\tau_{zx}=\tau_{zy}=0$，故上两式简化为式(10－11)，即

$$\sigma_1^2-\sigma_1\sigma_2+\sigma_2^2=\sigma_s^2$$

或

$$\sigma_x^2+\sigma_y^2-\sigma_x\sigma_y+3\tau_{xy}^2=\sigma_s^2 \tag{10-18}$$

平面应变时，令 $\tau_{zx}=\tau_{zy}=0$，σ_1、σ_2 为塑性流动平面内的主应力，故 $\sigma_z=(\sigma_x+\sigma_y)/2=(\sigma_1+\sigma_2)/2$，则式(10－9)及式(10－10)简化为

$$|\sigma_1-\sigma_2|=\frac{2}{\sqrt{3}}\sigma_s=2K \tag{10-19a}$$

或

$$(\sigma_x-\sigma_y)^2+4\tau_{xy}^2=\frac{4}{3}\sigma_s^2=4K^2 \tag{10-19b}$$

研究轴对称问题时，$\tau_{r\theta}=\tau_{\theta z}=0$，故以主应力表示的米塞斯准则与式(10－9)没有不同，但式(10－10)则可简化为

$$(\sigma_r-\sigma_\theta)^2+(\sigma_\theta-\sigma_z)^2+(\sigma_z-\sigma_r)^2+6\tau_{rz}^2=2\sigma_s^2 \tag{10-20}$$

在特殊情况下，如 $\sigma_1=\sigma_2$ 或 $\sigma_r=\sigma_\theta$，则为

$$|\sigma_1-\sigma_3|=\sigma_s \tag{10-21a}$$

或

$$(\sigma_r-\sigma_z)^2+3\tau_{rz}^2=\sigma_s^2 \tag{10-21b}$$

对于屈雷斯加准则，在平面变形以及已知主应力异号的平面应力状态下，都可以直接用 xy 平面上的应力分量表示：

$$(\sigma_x-\sigma_y)^2+4\tau_{xy}^2=\sigma_s^2 \tag{10-22}$$

例题 10－1 一两端封闭的薄壁圆筒，半径为 r，壁厚为 t(设 $t\ll r$)，受内压力 p 的作用(见图 10－7)，试求此圆筒产生屈服时的内压力 p(设材料单向拉伸时的屈服应力为 σ_s)。

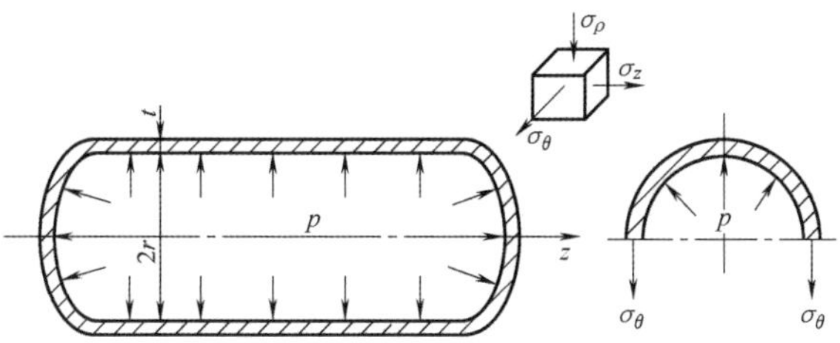

图 10 - 7　受内压的薄壁圆筒

解:先求应力分量。取长度为 l 的一段圆筒,通过轴线建立圆柱坐标系,各应力分量如图 10 - 7 所示。

如图 10 - 8 所示,在圆筒壁上任取一微元面积 $l\mathrm{d}A_k$,设作用在该微元面积上的法向力为 $\mathrm{d}P_n$,则

$$\mathrm{d}P_n = pl\,\mathrm{d}A_k$$

$\mathrm{d}P_n$ 沿竖直方向的分力为

$$\mathrm{d}P = \mathrm{d}P_n\cos\alpha$$

即

$$\mathrm{d}P = pl\,\mathrm{d}A_k\cos\alpha$$

另一方面,上式右端的 $l\mathrm{d}A_k\cos\alpha$ 即是微元面积 $l\mathrm{d}A_k$ 在水平方向的投影面积 $l\mathrm{d}A$,即 $l\mathrm{d}A = l\mathrm{d}A_k\cos\alpha$。于是有 $\mathrm{d}P = pl\,\mathrm{d}A$

由此可见,对于受正压力作用的微元表面,不管其空间方位如何,由正压力产生的合力沿某指定方向的分量,可以用该微元表面在与该给定方向相垂直的平面上的投影面积,乘以正压力来确定。采用该投影法则,可以简化计算。

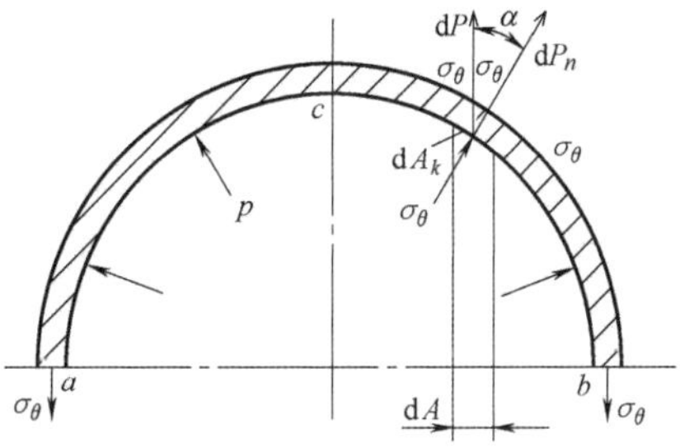

图 10 - 8　法向应力的投影计算

正压力对图 10 - 8 中半圆柱面的合力,可以通过对投影面的积分得到:

$$P = \int_{-r}^{r} pl\,\mathrm{d}A$$

由于内压力 p 为常数,$\int_{-r}^{r}\mathrm{d}A = \int_{-r}^{r}\mathrm{d}\rho = 2r$,所以

$$P = 2plr$$

由竖直方向力的平衡条件 $P = 2\sigma_\theta lt$,得

$$p2r = 2\sigma_\theta t,$$

于是

$$\sigma_\theta = \frac{pr}{t} > 0$$

同理可求得

$$\sigma_z = \frac{pr}{2t} > 0$$

由以上两式可以看出,当 $t << r$ 时,$\sigma_\theta >> p$,$\sigma_z >> p$,而 $|\sigma_\rho| \leqslant p$,即与 σ_θ 和 σ_z 相比,σ_ρ 可以忽略,故可视为平面应力问题,于是可令 $\sigma_\rho = 0$。即有

$$\sigma_1 = \sigma_\theta = \frac{pr}{t},\sigma_2 = \sigma_z = \frac{pr}{2t},\sigma_3 = \sigma_\rho = 0$$

(1) 由米塞斯屈服准则得

$$(\sigma_1-\sigma_2)^2+(\sigma_2-\sigma_3)^2+(\sigma_3-\sigma_1)^2=2\sigma_s^2$$

则

$$\left(\frac{pr}{t}-\frac{pr}{2t}\right)^2+\left(\frac{pr}{2t}\right)^2+\left(\frac{pr}{t}\right)^2=2\sigma_s^2$$

可求得

$$p=\frac{2}{\sqrt{3}}\frac{t}{r}\sigma_s$$

(2)由屈雷斯加屈服准则得

$$\sigma_1-\sigma_3=\sigma_s$$

即

$$\frac{pr}{t}-0=\sigma_s$$

所以可求得

$$p=\frac{t}{r}\sigma_s$$

10.1.4 屈服准则的实验验证

自 1926 年以来,用实验来验证屈服准则的工作一直在进行。实验的方法是多种多样的,最普通的方法是用各种金属薄壁管承受复合载荷(例如,拉伸与扭转、拉伸与弯曲或者拉伸与内压复合等),实验的要求都非常严格。下面只简单介绍薄壁管承受拉扭复合载荷的实验。

薄壁管拉扭组合作用下可以认为处于平面应力状态,承受均匀的拉应力 σ 及剪应力 τ(见图 10-9)。根据图中 P 点的应力分量,可以用应力莫尔圆求得主应力:

$$\sigma_1=\frac{\sigma}{2}+\sqrt{\frac{\sigma^2}{4}+\tau^2}$$

$$\sigma_2=0$$

$$\sigma_3=\frac{\sigma}{2}-\sqrt{\frac{\sigma^2}{4}+\tau^2}$$

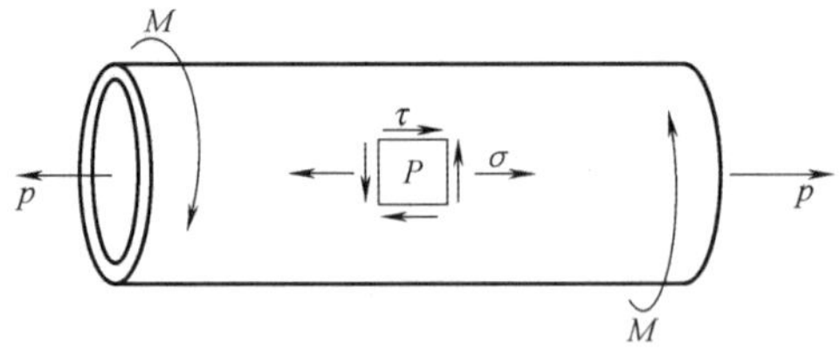

图 10-9 薄壁管复合拉扭试验

将它们代入屈雷斯加准则的式(10-4)得

$$\sigma_1-\sigma_3=\sqrt{\sigma^2+4\tau^2}=\sigma_s$$

可写成

$$\left(\frac{\sigma}{\sigma_s}\right)^2+4\left(\frac{\tau}{\sigma_s}\right)^2=1 \tag{10-23}$$

将上列主应力代入米塞斯准则的式(10-9),可得

$$\sigma^2 + 3\tau^2 = \sigma_s^2$$

或
$$\left(\frac{\sigma}{\sigma_s}\right)^2 + 3\left(\frac{\tau}{\sigma_s}\right)^2 = 1 \tag{10-24}$$

式(10－23)及式(10－24)就是 (σ/σ_s) — (τ/σ_s) 坐标平面上的屈服轨迹，它们都是椭圆，如图 10－10 所示。

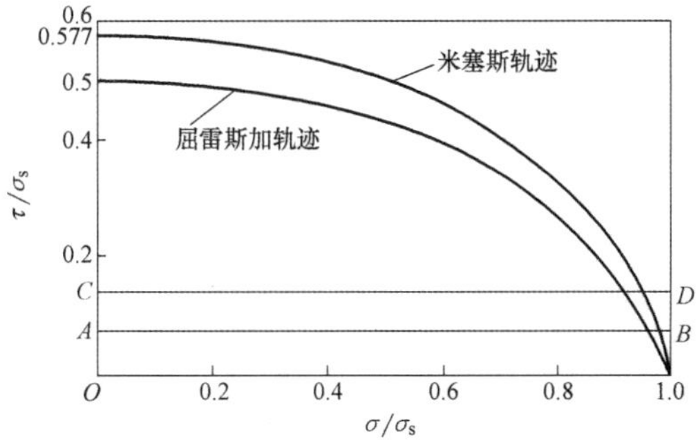

图 10－10　(σ/σ_s)—(τ/σ_s) 平面上的屈服轨迹

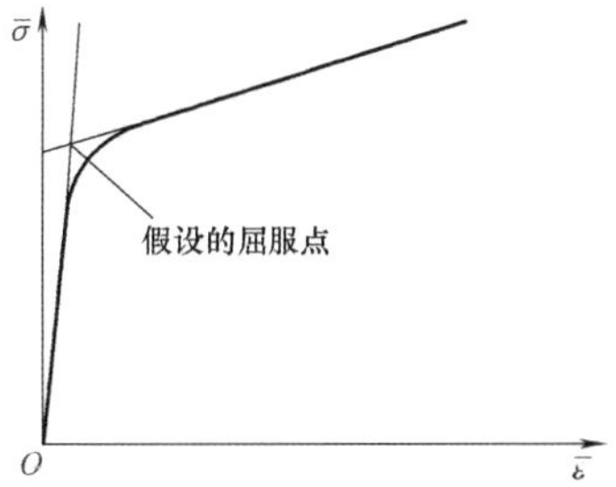

图 10－11　$\bar{\sigma}$—$\bar{\varepsilon}$ 试验曲线及假想屈服点

试验前应极其仔细地准备试样，尽可能做到各向同性，并测得拉伸屈服应力 σ_s。试验时先加一定的扭矩，使材料产生剪应力 τ，然后不断增加拉力，亦即按图 10－10 中的 OAB 路线加载，直至明显屈服。加拉力后即连续记下载荷、扭角及伸长量，并换算成 σ、γ 及 ε，算出相应的 $\bar{\sigma}$ 及 $\bar{\varepsilon}$，作出 $\bar{\sigma}$ — $\bar{\varepsilon}$ 曲线，并用图 10－11 所示的方法求得假想屈服点。根据屈服时的 σ/σ_s 及 τ/σ_s 值，即可在图 10－10 中记下一点。下次试验可按图 10－10中的 OCD 路线加载，又可得到一点。这样连续试验，即可记下许多屈服点，它们的连线就是试验的屈服轨迹。

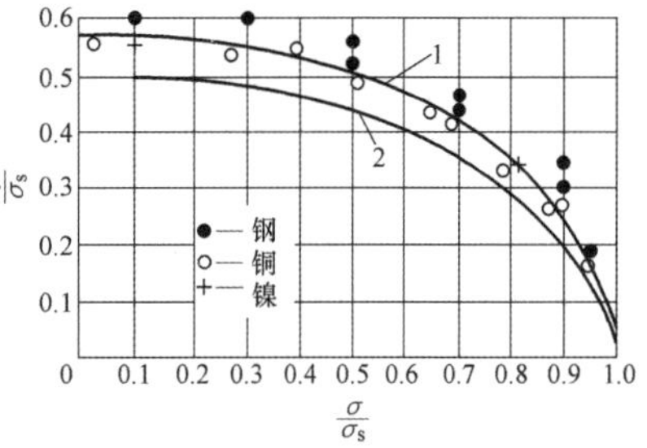

图 10－12　泰勒及奎乃实验结果

1—米塞斯准则；2—屈雷斯加准则

1931 年，泰勒(Taylor)及奎乃(Quinney)用钢、铜、镍的薄壁管进行了拉扭复合试验，结果如图 10－12 所示。大量试验表明，韧性金属材料的实验数据点大多很接近米塞斯椭圆。因此，米塞斯屈服准则是比较符合实际的。

10.1.5　正交各向异性屈服准则

冲压成形工艺中采用的板料，是用轧制方法生产出来的。由于在轧制等加工过程中形成晶粒的择优取向(即织构),故沿轧制方向、宽度方向和厚度方向其塑性性能(如屈服应力)各不相同,即具有正交各向异性。塑性各向异性不仅导致沿各个方向发生塑性变形程度的差别,而且对板料的成形性能有重要的影响。因此,采用正交各向异性材料屈服准则,能提高板料成形问题的分析精度。

英国学者希尔(R. Hill)于1948年提出了一个被人们广泛采用的正交各向异性屈服准则:

$$2f(\sigma_{ij}) = F(\sigma_y - \sigma_z)^2 + G(\sigma_z - \sigma_x)^2 + H(\sigma_x - \sigma_y)^2 + 2L\tau_{yz}^2 + 2M\tau_{zx}^2 + 2N\tau_{xy}^2 = 1 \tag{10-25a}$$

式中,F、G、H、L、M 和 N 是表示各向异性状态的瞬时参数,x、y 和 z 是材料中的各向异性主轴,即板料的轧制方向、宽度方向和厚度方向。

将材料沿各向异性主轴进行单向拉伸,并设拉伸屈服应力分别为 X、Y 和 Z,当拉伸方向为 x 轴方向时,由式(10-25a)得

$$G + H = \frac{1}{X^2} \tag{10-25b}$$

类似地有

$$F + H = \frac{1}{Y^2} \tag{10-25c}$$

$$F + G = \frac{1}{Z^2} \tag{10-25d}$$

由式(10-25b)、(10-25c)、(10-25d)可解得

$$2F = -\frac{1}{X^2} + \frac{1}{Y^2} + \frac{1}{Z^2}$$

$$2G = \frac{1}{X^2} - \frac{1}{Y^2} + \frac{1}{Z^2}$$

$$2H = \frac{1}{X^2} + \frac{1}{Y^2} - \frac{1}{Z^2}$$

将材料沿各向异性主轴进行纯剪切,并设剪切屈服应力分别为 K_{yz}、K_{zx} 和 K_{xy},由式(10-25a)可得

$$2L = \frac{1}{K_{yz}^2},\ 2M = \frac{1}{K_{zx}^2},\ 2N = \frac{1}{K_{xy}^2}$$

对于 z 轴回转对称的各向异性材料,在 xy 平面内则是各向同性的,这时,$F=G$,$L=M$。在 xy 平面内 $\tau_{xy} = K_{xy}$ 条件下的屈服等价于 $\tau_{xy} = 0$,$\sigma_x = K_{xy}$,$\sigma_y = -K_{xy}$ 条件下的屈服,将这两种条件分别代入式(10-25a),可得

$$N = F + 2H = G + 2H \tag{10-25e}$$

如果材料是各向同性的,显然应有 $F=G=H$ 和 $L=M=N$。考虑到式(10-25e),得到

$$L=M=N=3F=3G=3H$$

如果把上述参数的特殊值代入方程(10-25a)中,则屈服准则化简为

$$(\sigma_y - \sigma_z)^2 + (\sigma_z - \sigma_x)^2 + (\sigma_x - \sigma_y)^2 + 6(\tau_{yz}^2 + \tau_{zx}^2 + \tau_{xy}^2) = 2\sigma_s^2 = \frac{1}{F}$$

于是,式(10-25a)退化为米塞斯屈服准则式(10-9)。

10.1.6 应变硬化和后继屈服

以上所讨论的屈服准则只适用于各向同性的理想塑性材料。对于应变硬化材料,可以

认为其初始屈服时服从前述的准则。当材料产生应变硬化后，屈服准则将发生变化，在变形过程中的每一时刻，都将有一后继的瞬时屈服表面和屈服轨迹。这种后继屈服表面和轨迹，也称加载表面（轨迹）。

后继屈服轨迹的变化是很复杂的，通常采用的几种假说都只是近似地反映了其主要特点。以下介绍常用的 3 种硬化假说。

1. 各向同性硬化

目前最常用的硬化假说是各向同性硬化假说，也称为等向强化模型，其要点是：

(1) 材料在硬化后仍然保持各向同性。

(2) 硬化后屈服轨迹的中心位置和形状保持不变，它们在 π 平面上仍然是以原点为中心的对称封闭曲线，但其大小则随变形的进行而不断地扩大。如材料初始屈服时服从米塞斯或屈雷斯加屈服准则，则后继屈服轨迹就是一系列同心圆或正六边形（见图 10－13）。这时屈服表面也在不断均匀扩大。

如把前述屈服准则统一写成 $f(\sigma_{ij})=C$ 的形式，则屈服轨迹（或屈服表面）的中心位置和形状就由函数 $f(\sigma_{ij})$ 决定，而常数 C 则决定轨迹的大小。因此，根据上述假说，各向同性硬化屈服准则可以用同样的函数表示，只是为与初始屈服准则相区别而加上星号作为上标，即表示为 $f^*(\sigma_{ij})$，然后只要将等号右边的常数 C 改成随变形而变的变量就行了。假设这一变量用 Y 表示，于是各向同性硬化的屈雷斯加和米塞斯屈服准则分别为

$$f^*(\sigma_{ij})=|\sigma_1-\sigma_3|=Y\text{（屈雷斯加屈服准则）}\tag{10-26}$$

或

$$f^*(\sigma_{ij})=\bar{\sigma}=Y\text{（米塞斯屈服准则）}\tag{10-27}$$

关于 Y 的变化规律，目前有两种假设。第一种叫做单一曲线假设，即认为对于任一种材料而言，单向应力状态下的真实应力—真实应变曲线与复杂应力状态下的等效应力—等效应变曲线是一致的。根据这种假设，Y 只是等效应变 $\bar{\varepsilon}$ 的函数，这一函数只取决于材料的性质而与应力状态无关，因此可用单向拉伸等比较简单的试验来确定，这时，Y 实际上就是流动应力 S（参看 10.2 节）。这种假设在简单加载以及某些非简单加载条件下已被证明是正确的。由于这种假设的使用比较方便，所以，尽管它还不能为更多的试验所证实，但仍得到广泛的应用。第二种假设是“能量条件”，它认为材料的硬化程度只取决于变形过程中的塑性变形功，而与应力状态及加载路线无关。因此，Y 是塑性功的函数。这一假设得到了更多的实验证明，具有更为一般的性质，但比较复杂，使用不够方便。

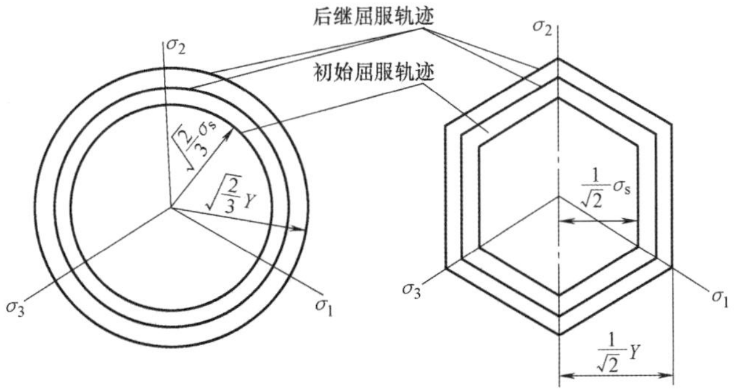

图 10－13　各向同性硬化材料的后继屈服轨迹

2. 随动硬化

设对于某种硬化材料，在一个方向(例如拉伸)加载使之进入塑性以后，在 $\sigma = \sigma_{r1}$ 时卸载，并反方向(压缩)加载，直至材料进入新的塑性屈服状态。由于存在包辛格效应，反向屈服应力通常在数值上既不等于材料的初始屈服应力 σ_{s0}，也不等于卸载时的应力 σ_{r1}，如图 10-14所示。当 $\sigma_{r1} - \sigma_{s11} = 2\sigma_{s0}$ 时，该用材称为随动硬化材料；当 $|\sigma_{s13}| = \sigma_{r1}$ 时，该用材称为各向同性硬化材料。如果处于上述情况之间，即 $|\sigma_{s12}| < \sigma_{r1}$，同时 $\sigma_{r1} - \sigma_{s12} > 2\sigma_{s0}$，则称材料为混合硬化材料。

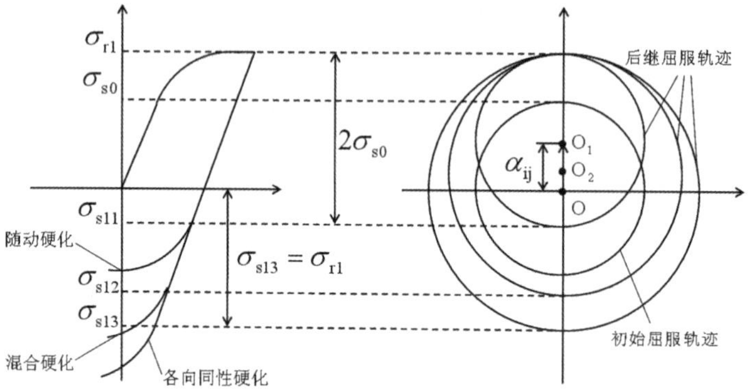

图 10-14　反向加载与后继屈服轨迹

图 10-14 还显示了 π 平面上后继屈服轨迹的变化。假定加载是沿竖直向上的方向，前面已经述及，各向同性硬化材料的后继屈服轨迹是保持形状和中心不变而均匀地扩大，其半径由 σ_{s0} 增大为 σ_{r13}；随动硬化材料的后继屈服轨迹保持形状和大小不变，在主应力空间作刚体移动，其中心的移动量为 $\boldsymbol{\alpha}_{ij}$；混合硬化材料的后继屈服轨迹仅保持形状不变，其大小和中心均发生变化，变化的幅度介于前二者之间。

随动硬化后继屈服函数可表示为

$$f^*(\sigma_{ij} - \boldsymbol{\alpha}_{ij}) = \sigma_{s0}$$

其中，$\boldsymbol{\alpha}_{ij}$ 称为背应力，是加载曲面的中心在应力空间的移动张量。它与材料硬化特性以及变形历史有关。中心的移动规律可以用普拉格(Prager)随动硬化法则计算。

普拉格假设后继屈服曲面中心的移动是沿屈服表面上加载应力点处的法线方向的，如图 10-14 所示。采用米塞斯屈服条件时，普拉格随动硬化法则的后继屈服函数是

$$f^*(\sigma_{ij}, \boldsymbol{\alpha}_{ij}) = \bar{\sigma} = \sigma_{s0} \tag{10-28}$$

其中，$\bar{\sigma} = \sqrt{\frac{3}{2}(\sigma'_{ij} - \boldsymbol{\alpha}'_{ij})(\sigma'_{ij} - \boldsymbol{\alpha}'_{ij})}$。

对于单调加载情况，随动硬化法则与各向同性硬化法则是等价的。如果发生卸载和反向屈服，例如对冲压后回弹的工件，则各向同性硬化法显然过高地估计了反向屈服应力，导致产生明显的误差；这时可采用随动硬化法则，它适合于 $\sigma_{r1} - \sigma_{s1} = 2\sigma_{s0}$ 的材料。

3. 混合硬化法则

一般材料的后继屈服轨迹既有大小的变化，也有中心的移动。哈奇(Hodge)将各向同性硬化和运动硬化两种法则综合考虑，提出了混合硬化法则。

混合硬化的后继屈服函数可以表示为

$$f^{*}(\sigma_{ij},\alpha_{ij})=\bar{\sigma}=\sigma_{s0}+M(Y(\bar{\varepsilon}^{p})-\sigma_{s0}) \tag{10-29}$$

其中，$\bar{\sigma}=\sqrt{\frac{3}{2}(\sigma'_{ij}-\alpha_{ij})(\sigma'_{ij}-\alpha_{ij})}$；$M$ 表示各向同性硬化特性在全部硬化特性中所占的比例，称之为混合硬化参数。一般取 $M=0\sim1$，如令 $M=1$ 或 $M=0$，混合硬化法则就分别蜕化为各向同性硬化法则和随动硬化法则。

类似于随动硬化法则，混合硬化法则主要用于发生反向加载的情况。

实际的后继屈服轨迹比上述简化模型更为复杂。图 10－15 为艾维(1vey)对铝合金薄管作拉扭实验的屈服轨迹，可见，当应力点向正 τ 方向加载时，整个屈服面向正 τ 方向移动，表现出明显的包辛格效应，加载面形状也有明显的变化。所以以上介绍的几种硬化模型仍然是近似的简化模型。

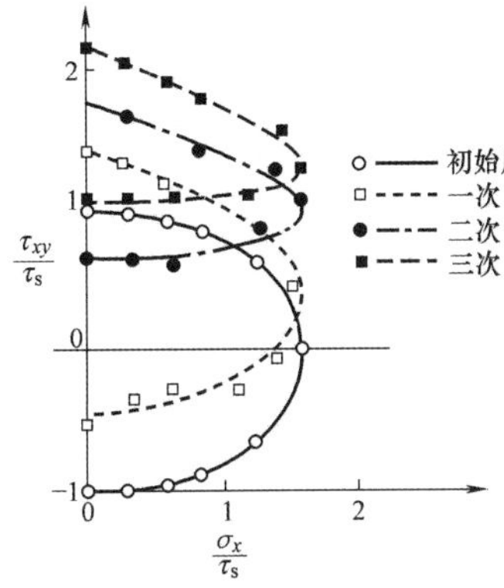

图 10－15 铝合金薄管拉扭实验的后继屈服轨迹

(引自 Ivey, H. J. J. Mech Eng Sci, 1961(3):15)

10.2 应力—应变曲线

10.2.1 试验曲线

1. 单向拉伸

1) 拉伸图和名义应力—应变曲线

室温下的静力拉伸试验是在万能材料试验机上，以 10^{-3}/s 的速度进行的，这样可认为是准静力的拉伸试验。

图 10－16 是记录下的退火低碳钢的拉伸图。图的纵坐标表示载荷 P，横坐标表示标距的伸长 Δl 。如将拉伸图的纵坐标 P 除以试样原始断面积 F_0，即得名义应力为

$$\sigma_0=\frac{P}{F_0} \tag{10-30}$$

将拉伸图的横坐标 Δl 除以试样标距长度 l_0，即得相对伸长

$$\varepsilon=\frac{\Delta l}{l_0} \tag{10-31}$$

根据式(10－30)、(10－31)即可由拉伸图作出名义应力—应变曲线。如果取的比例适当，则显然作出的名义应力—应变曲线和原来的拉伸图完全一致。所以图 10－16 既是拉伸图，又是名义应力—应变曲线，只是坐标不同而已。

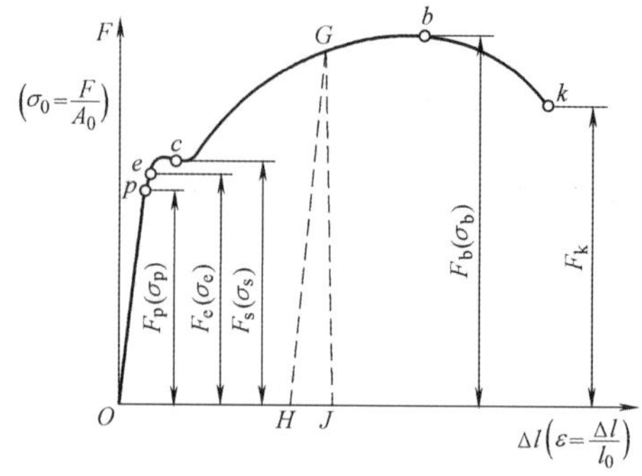

图 10-16 低碳钢的拉伸图或名义应力—应变曲线

σ_p，P_p—比例极限及其相应拉力；σ_e，P_e—弹性极限及其相应拉力；σ_s，P_s—屈服极限及其相应拉力；σ_b，P_b—强度极限及其相应拉力；P_k—断裂时拉力

下面根据图 10-16 的名义应力—应变曲线来说明试样从开始加载到断裂过程中的力学特性。

在作用于试样上的名义应力小于弹性极限 σ_e 以前，材料只产生弹性变形，只有在应力达到屈服极限 σ_s 时，材料才产生明显的塑性变形，在曲线的 c 处出现了一段所谓的屈服平台。但大多数工业用塑性金属，如调质处理的合金钢、退火铝合金、青铜、镍等，则没有明显的屈服点，如图 10-17 所示。这时的屈服应力规定用 $\varepsilon=0.2\%$ 时的应力表示。

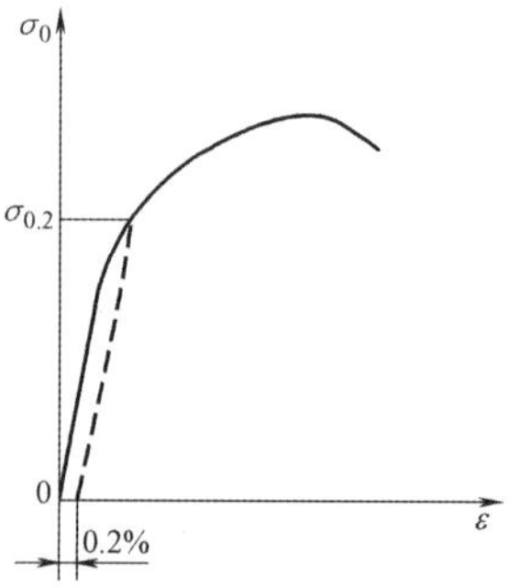

图 10-17 没有明显屈服点的塑性材料的名义应力—应变曲线

试样在屈服点以上继续拉伸，名义应力随变形程度 ε 的增加而上升，直到最大拉应力点 b，这时的名义应力即强度极限 σ_b。b 点以后继续拉伸，试样断面出现局部收缩，形成所谓的缩颈。b 点称为塑性失稳点，该点处拉伸载荷达到最大值。此后，名义应力逐渐减小，曲线下降，直到 k 点发生断裂。

下面来观察一下试样在屈服点以后卸载和重新加载时发生的情况，参看图 10-16。如果将试样加载到 G 点然后卸载，这时，已有伸长量为 OJ 的试样将沿着 GH 线(与 Op 平行)弹性回复一段距离 HJ，剩下永久变形量 OH。此后，如将此试样重新加载，则可发现这时的拉伸曲线就以 H 点为原始点，几乎沿着 HG 线回升(实际上有一点偏离，这里已作简化)，在达到 G 点以前，试样不发生塑性流动，虽然应力已超过了 σ_s。只有当应力达到 G 点后，塑性流动才又开始，以后的曲线仍循着 Gbk 的路线发展下去，所以这时的拉伸曲线就是 $HGbk$ 了。G 点处的应力就是试样重新加载时的条件流动应力。如果重复上述卸载、加载过程，就可发现重新加载时的条件流动应力按 Gb 线上升，即表明材料在逐渐硬化。

另外，卸载并反向加载时会出现包辛格效应，使材料产生各向异性。包辛格效应可用缓慢退火除去。

2) 拉伸时的真实应力—应变曲线

(1) 3 种应变表达式的关系。用真实应力表示的应力—应变曲线，按不同的应变表示方式，可以有 3 种型式：即真实应力和相对伸长组成的曲线、真实应力和相对断面收缩组成的曲线以及由真实应力和对数应变组成的曲线。

真实应力 S 是作用于试样瞬时断面面积上的应力，也即瞬时的流动应力，表示为

$$S=\frac{F}{A} \tag{10-32}$$

式中，F——载荷；

A——试样瞬时断面面积。

相对伸长 ε 由式(10-31)表示为

$$\varepsilon=\frac{\Delta l}{l_0}=\frac{l_1-l_0}{l_0} \tag{10-33}$$

式中，l_0——试详原始标距长度；

l_1——拉伸后标距的长度。

相对断面收缩 ψ 定义为

$$\psi=\frac{A_0-A_1}{A_0} \tag{10-34}$$

式中，A_0———试样原始断面面积；

A_1——拉伸后试样的断面面积。

对数应变(真实应变) $\in$ 定义为

$$\in=\int_{l_0}^{l_1}\mathrm{d}\in=\int_{l_0}^{l_1}\frac{\mathrm{d}l}{l}=\ln\frac{l_1}{l_0} \tag{10-35}$$

在出现缩颈以前，试样处于均匀拉伸状态.因此上述3种应变间存在以下关系：

因为
$$\in=\ln\frac{l_1}{l_0}=\ln\frac{l_0+\Delta l}{l_0}=\ln(1+\varepsilon) \tag{10-36}$$

在小变形时可认为 $\in\approx\varepsilon$ 。

因
$$\varepsilon=\frac{l_1}{l_0}-1$$

故
$$\frac{l_1}{l_0}=1+\varepsilon \tag{10-37}$$

由式(10-34)并考虑式(10-37)得

$$\psi=\frac{A_0-A_1}{A_0}=1-\frac{A_1}{A_0}=1-\frac{l_0}{l_1}=\frac{\varepsilon}{1+\varepsilon} \tag{10-38}$$

或
$$\varepsilon=\frac{\psi}{1-\psi} \tag{10-39}$$

由式(10-36)可得

$$\varepsilon=e^{\in}-1 \tag{10-40}$$

(2)真实应力—应变曲线的绘制。作真实应力与相对伸长的曲线($S-\varepsilon$ 曲线)比较方便.只需将图10-16中的名义应力—应变曲线上的名义应力换算成真实应力即成。真实应力与名义应力的关系如下：

$$S=\frac{F}{A}=\frac{F}{A_0}(1+\varepsilon)=\sigma(1+\varepsilon)$$

如果以 σ—ε 曲线为基础，利用对数应变 $\in$ 和相对伸长 ε 的关系，即

$$\in=\ln\frac{l_1}{l_0}=\ln\frac{(l_0+\Delta l)}{l_0}=\ln(1+\varepsilon) \tag{10-41}$$

可以很容易求出对数应变表示的真实应力—应变曲线。

在金属成形理论中，较普遍地采用对数应变表示的真实应力—应变曲线，因为对数应变反映了瞬态的变形，因此能比另外两种应变更真实地表示试样的变形程度。

还应指出，因为单向拉伸时的 σ、ε 分别与等效应力 $\bar{\sigma}$ 和等效应变 $\bar{\varepsilon}$ 相等，所以在简单加载条件下的等效应力 $\bar{\sigma}$ 与等效应变 $\bar{\varepsilon}$ 曲线就是对数应变表示的真实应力—应变曲线。

真实应力—应变曲线在塑性失稳点没有极大值，失稳以后的曲线仍是上升的。这说明材料抵抗塑性变形的能力随应变的增加而增加，就是不断地产生硬化，所以真实应力—应变曲线有时也称硬化曲线。

3）拉伸真实应力—应变曲线塑性失稳点的特性

如某一瞬间的轴向力为 F，试样断面积为 A，真实应力为 S，则有

$$F = SA$$

因为 $\in = \ln\frac{l}{l_0} = \ln\frac{A_0}{A}$，可得以下关系式：

$$A = \frac{A_0}{e^{\in}} \tag{10-42}$$

故

$$P = S\frac{F_0}{e^{\in}} \tag{10-43}$$

当在塑性失稳点时，F 有极大值，所以 $dF = 0$，即

$$dF = -A_0(e^{\in}\, dS - Se^{\in}\, d\in)/e^{2\in} = 0$$

化简后得

$$dS - Sd\in = 0$$

因在塑性失稳点 $S = S_b$、$\in = \in_b$，代入上式，得

$$\frac{dS}{d\in} = S_b \tag{10-44}$$

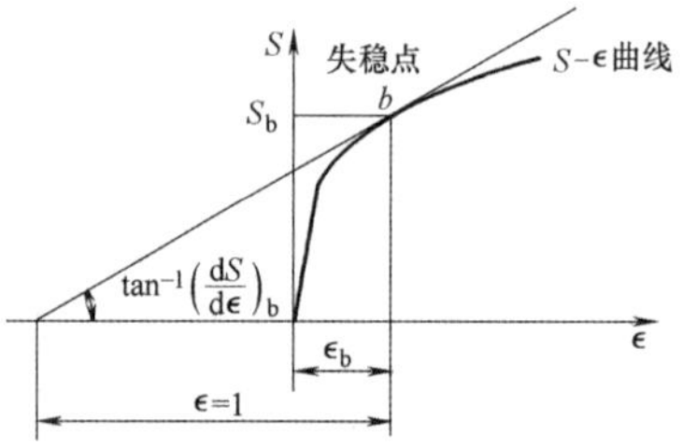

图 10-18 S—∈ 曲线塑性失稳点的切线

式(10-44)表示在 S—$\in$ 曲线失稳点所作的切线的斜率为 S_b。这样，此切线和横坐标轴的交点到失稳点横坐标间的距离必为 $\in = 1$（见图 10-18）。这就是真实应力—应变曲线在塑性失稳点上所作切线的特征。

2. 压缩试验曲线

拉伸试验曲线的最大应变量受到出现缩颈的限制，曲线的精确段在 $\in < 0.3$ 的范围内，而实际塑性成形中的应变往往超过 1 很多。例如模锻 $\in \leqslant 1.6$，反挤压 $\in \leqslant 2.5$，因此拉伸试验的曲线便不够用。但压缩试验曲线可以达到很大的变形量，一般认为到达 $\in = 2$ 并无多大困难，甚至有人在压缩铜试样时曾获得 $\in = 3.9$ 的变形程度，因此为获得大变形程度下的真实应力—应变曲线，便可采用压缩试验。

但压缩试验有一个较大的缺点，即试样与压头接触面上不可避免地存在着摩擦，这就改变了试样的单向压应力状态，并使试样出现鼓形，因而求得的应力也就不是真正的单向压缩应力。所以，消除接触表面间的摩擦是求得精确真实应力—应变曲线的关键。

图 10－19 是圆柱压缩试验简图。试样尺寸一般取 $\frac{D_0}{H_0}=1$，$D_0=20\sim30\text{mm}$。

压缩时的对数应变（见图 10－19）为

$$\in=\ln\frac{H_0}{H} \tag{10-45}$$

式中，H_0、H 分别为试样压缩前、后的高度。

压缩时的真实应力为

$$S=\frac{F}{A}=\frac{F}{A_0 e^{\in}} \tag{10-46}$$

式中，A_0、A 分别为试样压缩前、后的断面面积；F 为轴向载荷。

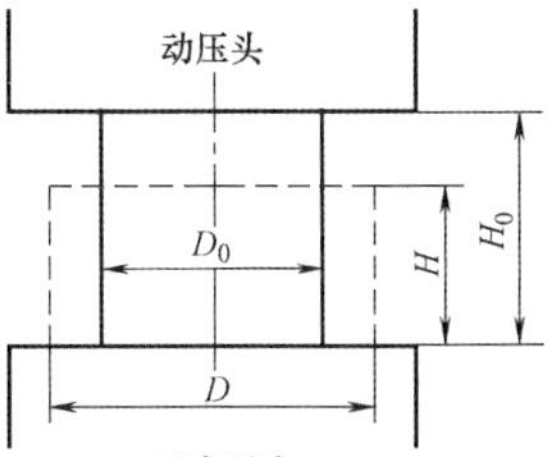

图 10－19　圆柱压缩试验

下面介绍用外推法求压缩真实应力—应变曲线，以便消除摩擦影响的实验方法。

圆柱压缩试验表明，压缩曲线受 $\frac{D_0}{H_0}$ 值的影响（见图 10－20）。$\frac{D_0}{H_0}$ 大的试件所得曲线总高于 $\frac{D_0}{H_0}$ 小的试样所获得的曲线。这是因为试样断面大，所受摩擦影响大，因而需要较高的应力。由此可以推想，如果使 $\frac{D_0}{H_0}$ 为零，即取断面积为零的试样，则摩擦影响也将为零，这时就是理想的单向压缩状态。但是 $\frac{D_0}{H_0}=0$ 的试样实际上是不存在的，于是就用下面的外推方法间接推出 $\frac{D_0}{H_0}=0$ 时的真实应力，进而就可求出真实应力—应变曲线。

准备 4 种不同的 $\frac{D_0}{H_0}$ 值的试样，如 $\frac{D_1}{H_1}=0.5$、$\frac{D_2}{H_2}=1$、$\frac{D_3}{H_3}=2$ 和 $\frac{D_4}{H_4}=3$。按上述方法，对每种试样进行压缩试验（可容许出现鼓形），记录下各次压缩后的高度 H 和压力 P，利用式（10－45）和式（10－46）即可求得每种试样的 $S-\in$ 曲线，如图 10－20(a)所示。然后将图 10－20(a)中的曲线转换成 $S-\frac{D}{H}$ 曲线，如图 10－20(b)所示。这样，(a)中的 1、2、3、4 点画在(b)中就是 1′、2′、3′、4′点，然后根据 1′、2′、3′、4′连线的趋势外推到 $\frac{D_0}{H_0}=0$ 的纵坐标轴上，得截距为 S_3，S_3 即为试样在 $\in=\in_3$ 处的真实应力。同理亦可求得 $\frac{D_0}{H_0}=0$ 试样在 $\in_1$、$\in_2$ 处的应力 S_1、S_2。于是将 $(S_1,\in_1)$，$(S_2,\in_2)$，$(S_3,\in_3)$ 等画到 $S-\in$ 坐标系中，连成曲线，就作出了所求的真实应力—应变曲线（见图 10－20(a)中的点划线）。

10.2.2　变形温度、速度对真实应力一应变曲线的影响

1. 变形温度对真实应力—应变曲线的影响

在第 15 章中已经知道，金属在加热条件下，原子激活能增加会促成回复和再结晶，使变形中的硬化效应得到消除或部分消除。这些软化现象的出现，就使流动应力降低，但在某些

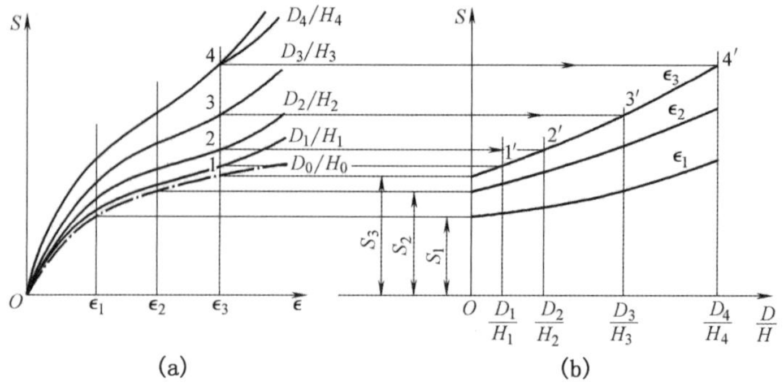

图 10 - 20　用外推法求压缩真实应力—应变曲线

温度区域，由于金属的脆性，出现了一些例外情况，如钢在 400℃左右的蓝脆区和 800℃左右的相变区，则流动应力反而有所升高，如图 10 - 21 所示。但总的趋势仍是流动应力随温度升高而下降。从真实应力—应变曲线来看，随着温度升高，金属的硬化强度减小（即曲线的斜率减小），并从一定温度开始，应力—应变曲线成为水平线，这表明金属变形中的硬化效应完全被软化所抵消。图 10 - 22 是低碳钢在各种温度下的真实应力—应变曲线，从中可以看出温度对软化的影响。

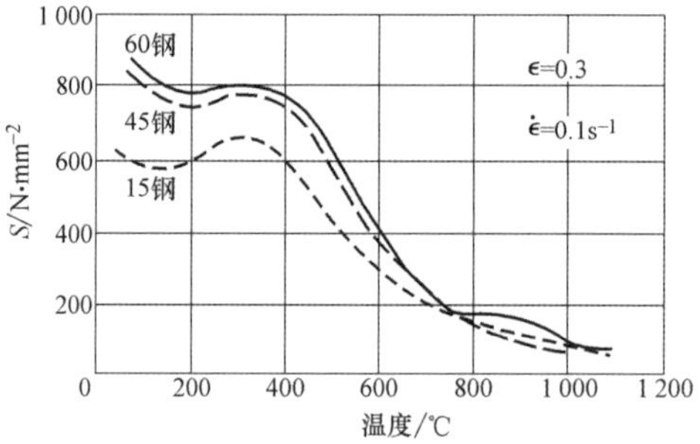

图 10 - 21　碳钢在不同温度下的流动应力

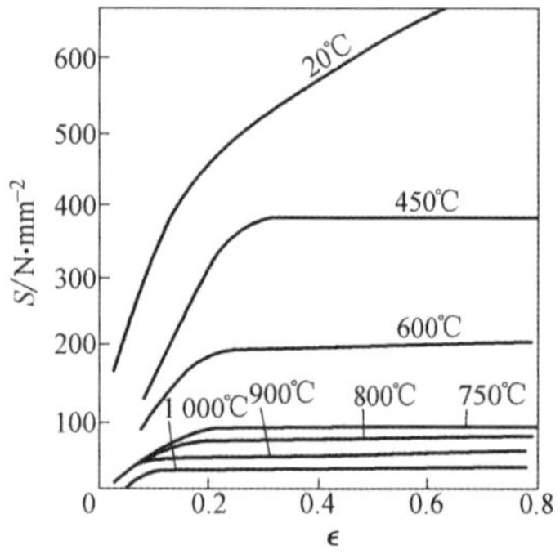

图 10 - 22　低碳钢在不同温度下的静载压缩应力—应变曲线

2. 变形速度对真实应力—应变曲线的影响

位错运动的速度与剪应力的关系可以表达为 $v = v_0 \exp\left(-\dfrac{A}{\tau T}\right)$，分析后可知，变形速度的增加，就意味着位错运动速度 v 的加快，因此必然需要作用更大的剪应力。换言之，增加变形速度，流动应力必然要提高。此外，由于变形速度增加，没有足够时间发展软化过程，这也会促使流动应力提高；另一方面，增加变形速度又导致了热效应的增加。由此可见，变形速度最终对流动应力的影响，问题就比较复杂，它主要由金属在具体条件下变形时硬化与软化的相对强度而定。

在冷变形时，由于热效应显著。强化被软化所抵消，最终表现的是：变形速度的影响不明显，真实应力—应变曲线比静态的冷变形曲线略高一点，差别不大（见图 10 - 23(a)）。但在高温下情况则不同。高温时热效应小，变形速度的强化作用显著，应力—应变曲线比静态热变形时的高出很多，如图 10－23(c)所示。温变形中真实应力—应变曲线比静态的温变形曲线增高的程度小于热变形时的情况(见图 10－23(b))。

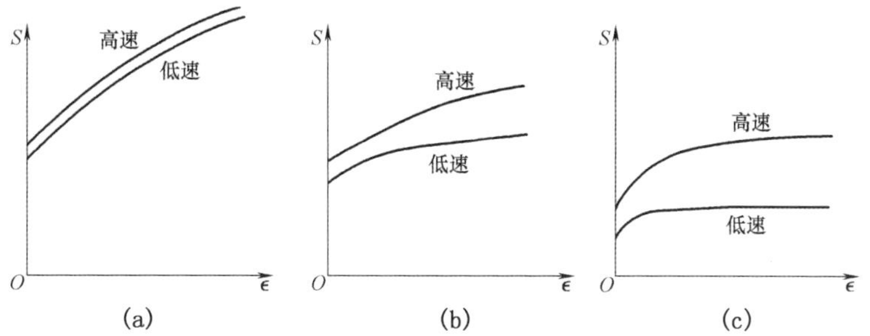

图 10－23　不同温度下变形速度对真实应力—应变曲线的影响

(a)冷变形；(b)温变形；(c)热变形

10.2.3　真实应力—应变曲线的表达式

试验所得的真实应力—应变曲线一般都不是简单的函数关系。为了实际应用，常希望能将此曲线表达成某一函数形式。最简单的函数关系仅将真实应力表达为真实应变的函数，这在分析常温下的塑性成形问题时是合适的，但在温成形和热成形问题的分析中，还应该考虑变形温度和速度的影响。

1. 应变硬化

当只考虑应变硬化时，根据对真实应力—应变曲线的研究，可将它归纳成 4 种类型，如图 10－24(a)、(b)、(c)、(d)所示。

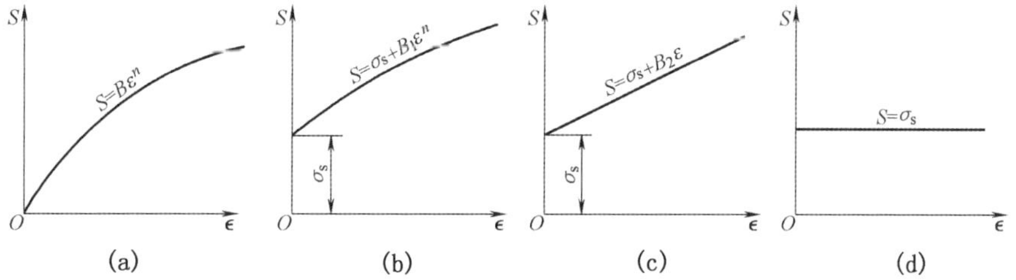

图 10－24　真实应力—应变曲线的基本类型

1) 幂函数方程

很多金属的真实应力—应变曲线近似于抛物线形状，对于立方晶格的退火金属(如铁、铜、铝等)，其真实应力—应变曲线可相当精确地用以下幂函数形式表示(见图 10－24(a))：

$$S = K \in^{n} \tag{10-47}$$

式中，K——与材料有关的常数，称为硬化系数；

n——硬化指数。

K 与 n 的数值可从各种材料手册中查到，也可按如下方法由拉伸失稳点的真实应力 S_b 和对数应变 $\in_b$ 求得。

对式(10－47)求导数，得

$$\frac{dS}{d\in} = n \cdot K \cdot \in^{n-1}$$

因在失稳点 b 处，故根据式(10－44)，有

$$\frac{dS}{d\in} = S_b = n \cdot K \cdot \in_b^{n-1}$$

因 $$S_b = K \cdot \in_b^n \qquad (10-48)$$

所以从以上两式可求得 $$n = \in_b \qquad (10-49)$$

代入式(10－48)，即得

$$K = \frac{S_b}{\in_b^{\in_b}} \qquad (10-50)$$

于是 K 、n 值可由 S_b 、$\in_b$ 求得。式(10－47)也可写成

$$S = S_b\left(\frac{\in}{\in_b}\right)^{\in_b} \qquad (10-51)$$

这种函数形式应用很广，但还有一些不足，如在塑性变形量很大时，许多金属材料的硬化会逐渐减慢，直至停止，即达到饱和，而幂函数不能描述硬化饱和现象。因此，对于在塑性变形量很大的场合，可以采用如下 Voce 形式的硬化函数：

$$S = A - Be^{-C\in} \qquad (10-52)$$

其中，A 为饱和应力，B、C 为材料常数；采用此函数，虽然真实应力仍将随着真实应变的增加而提高，但不会超过饱和应力 A。

另外，在弹性阶段，应力—应变之间为线性函数关系，屈服后才呈曲线关系。弹性阶段的直线与上述函数曲线应该在屈服点相交。但由于幂函数中的各个参数是通过函数曲线与实验曲线的拟合得到的，使得这个交点处的应力并不等于屈服应力。可以采用下述 Swift 形式的硬化函数使交点与屈服点重合：

$$S = K(\in_0 + \in)^n \qquad (10-53)$$

其中，$\in_0 = \left(\frac{\sigma_{s0}}{K}\right)^{\frac{1}{n}}$ 称为初应变。

2）刚塑性材料的幂函数方程

对于有初始屈服应力 σ_s 的冷变形金属材料，可较好地表达为

$$S = \sigma_s + K_1 \in^n \qquad (10-54)$$

这时曲线直接由 S 轴上的 σ_s 作出(见图 10－24(b))。这里略去了弹性变形阶段，因为对大塑性变形来说，略去弹性变形，不影响其精确性。式中的 K_1、n 两参数需根据实验曲线求出。

3）线性硬化方程

有时为了简单起见，可将真实应力—应变曲线视作直线，其表达式为

$$S = \sigma_s + B_2 \in \qquad (10-55)$$

这一直线是硬化曲线的简化，故也称之为硬化直线。式中，$B_2 = \frac{S_b - \sigma_s}{\in_b}$ (见图 10－18)。

4）理想塑性

对于几乎不产生硬化的材料，可认为真实应力—应变曲线是一水平线，如图 10－24(d)所示。这时的表达式为

$$S = \sigma_s \qquad (10-56)$$

在室温下，只有纯度极高的铅可认为不产生加工硬化。高温下的钢，也可采用这一无硬化的假设。

2. 考虑应变速率和变形温度的影响

如图 10-23 所示,随着变形温度的提高,金属材料的应变硬化减弱,其流动应力随着应变速率的增加而提高,这种性质称为黏性。黏塑性材料的流动应力是应变、应变速率和温度的函数,下面两种工程中常用的真实应力表达式考虑了应变速率的影响。

1) Backofen 模型

$$S = k\dot{\in}^{m} \tag{10-57}$$

式中,$\dot{\in}$ ——应变速率;

k——材料常数;

m——应变速率敏感指数。

超塑性材料的真实应力就是采用这种模型描述的。

2) Rosserd 模型

$$S = k\in^{n}\dot{\in}^{m} \tag{10-58}$$

可见,它是式(10-47)和式(10-57)的综合,同时考虑了应变和应变速率对真实应力的影响。

热成形时真实应力随温度的升高而降低,因此可以在式(10-58)中引入温度的影响因素,将它修改为

$$S = k\in^{n}\dot{\in}^{m}\mathrm{e}^{-cT} \tag{10-59}$$

式中,T——温度;

c——材料常数。

10.3 本构方程

本节讨论应力状态与应变状态之间的关系。这种关系的数学表达式称为本构方程,也叫做物理方程,它也是求解弹性或塑性问题的补充方程。

对于理想塑性材料的某些简单问题,通过平衡微分方程及屈服准则即可求解。例如,求解塑性成形所需变形力时,广为应用的"主应力法"(见下一章)就是把问题简化成静定问题。

但是对于一般问题,可能有 6 个未知的应力分量,而平衡方程和屈服准则最多只能给出 4 个方程,所以是超静定问题,这时就要用到本构方程。

在弹性变形时,弹性全量应变与当时的应力状态有确定的单值关系,即广义虎克定律。在塑性变形时,塑性全量应变与加载历史有关,很难建立起应力应变之间的普适关系。只有在小塑性变形及"简单加载"(各应力分量都按同一比例增加)的条件下,才有可能建立起塑性全量应变与应力之间的关系。这种关系叫做"全量理论"或"形变理论"。塑性成形大多是大变形,而且一般都不能满足简单加载条件,所以全量理论的应用受到很大限制。在一般情况下,塑性应变增量或应变速率与应力状态之间总是存在一定的关系。这种关系叫做"增量理论"或"流动理论"。本节除了介绍上述经典理论外,考虑到晶体塑性理论能从位错滑移机理出发,描述金属塑性变形的许多特性,因此对这种理论也进行了简要的介绍。

10.3.1 弹性本构方程

1. 广义虎克定律

在单向应力状态下,弹性变形时应力与应变之间的关系,由虎克定律表达,即

$$\sigma = E\varepsilon$$

$$\tau = 2G\gamma$$

对于一般应力状态下的各向同性材料的应力与应变之间的关系，则由广义虎克定律表达，即

$$\left.\begin{aligned} \varepsilon_x &= \frac{1}{E}[\sigma_x - \nu(\sigma_y + \sigma_z)];\gamma_{xy} = \frac{1}{2G}\tau_{xy} \\ \varepsilon_y &= \frac{1}{E}[\sigma_y - \nu(\sigma_z + \sigma_x)];\gamma_{yz} = \frac{1}{2G}\tau_{yz} \\ \varepsilon_z &= \frac{1}{E}[\sigma_z - \nu(\sigma_x + \sigma_y)];\gamma_{zx} = \frac{1}{2G}\tau_{zx} \end{aligned}\right\} \tag{10-60}$$

式中，E——弹性模量；

ν——泊松比；

G——切变模量。

3 个弹性常数 E、v、G 之间有以下关系：

$$G = \frac{E}{2(1+\nu)} \tag{10-61}$$

若将式(10－60)中的 3 个等式相加整理后可得

$$\varepsilon_x + \varepsilon_y + \varepsilon_z = \frac{1-2\nu}{E}(\sigma_x + \sigma_y + \sigma_z)$$

即

$$\varepsilon_{\mathrm{m}} = \frac{1-2\nu}{E}\sigma_{\mathrm{m}} \tag{10-62}$$

式(10－62)表明，物体弹性变形时其单位体积变化率 θ（$\theta = 3\varepsilon_{\mathrm{m}}$）与平均应力成正比，说明应力球张量使物体产生弹性的体积改变。

若将式(10－60)中的前三式分别减去式(10－62)，例如：

$$\varepsilon_x - \varepsilon_{\mathrm{m}} = \frac{1+\nu}{E}(\sigma_x - \sigma_{\mathrm{m}}) = \frac{1}{2G}(\sigma_x - \sigma_{\mathrm{m}})$$

即

$$\varepsilon'_x = \frac{1}{2G}\sigma'_x$$

可得 3 个式子，将这 3 个式子与式(10－60)中的后三式合并，可写成如下形式：

$$\left.\begin{aligned} \varepsilon'_x &= \frac{1}{2G}\sigma'_x;\gamma_{xy} = \frac{1}{2G}\tau_{xy} \\ \varepsilon'_y &= \frac{1}{2G}\sigma'_y;\gamma_{yz} = \frac{1}{2G}\tau_{yz} \\ \varepsilon'_z &= \frac{1}{2G}\sigma'_z;\gamma_{zx} = \frac{1}{2G}\tau_{zx} \end{aligned}\right\} \tag{10-63}$$

简记为

$$\boldsymbol{\varepsilon}'_{ij} = \frac{1}{2G}\sigma'_{ij} \tag{10-63a}$$

上式表示应变偏张量与应力偏张量成正比，即表明物体形状的改变只是由应力偏张量引起的。

由上一章可知，应变张量可以分解为应变偏张量和应变球张量：

$$\varepsilon_{ij} = \varepsilon'_{ij} + \delta_{ij}\varepsilon_{\mathrm{m}}$$

将式(10－62)及式(10－63(a))代入上式，就可得到广义虎克定律的张量形式：

$$\varepsilon_{ij}=\varepsilon'_{ij}+\delta_{ij}\varepsilon_{m}=\frac{1}{2G}\sigma'_{ij}+\frac{1-2}{E}\delta_{ij}\sigma_{m} \tag{10-64}$$

2. 应变能

若物体在外力作用下产生弹性变形，设物体保持平衡且无温度变化，则外力所做的功将全部转换成弹性势能(位能)。弹性位能可以通过应力所做的功来计算。

如图 10－25(a)所示，设一单元体在应力作用下发生弹性变形，单元体棱长为 dx、dy 及 dz，它在 x 方向的正应变为 ε_x，考虑到应力随应变线性增长，正应力分量 σ_x 所作的功为

$$A_x=\frac{1}{2}\sigma_x dydz\varepsilon_x dx$$

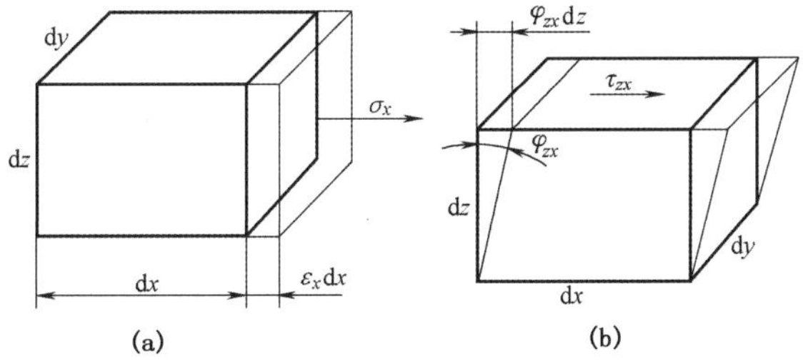

图 10－25　单元体应力与变形的示意

(a) σ_x 所作的功；(b) τ_{zx} 所作的功

单位体积的弹性位能为

$$w_x=\frac{A_x}{V}=\frac{\sigma_x dydz(\varepsilon_x dx)}{2dxdydz}=\frac{1}{2}\sigma_x\varepsilon_x$$

同样，如图 10－25(b)所示，剪应力分量 τ_{zx} 对单位体积所作的弹性功为

$$w_{zx}=\frac{A_{zx}}{V}=\frac{\tau_{zx}dxdy(\varphi_{zx}dz)}{2dxdydz}$$

$$=\frac{1}{2}\tau_{zx}\varphi_{zx}=\tau_{zx}\gamma_{zx}$$

其他应力分量所作的变形功也可同样处理。由此，单元体单位体积的变形功(即弹性位能)为

$$w=\frac{1}{2}(\sigma_x\varepsilon_x+\sigma_y\varepsilon_y+\sigma_z\varepsilon_z)+(\tau_{xy}\gamma_{xy}+\tau_{yz}\gamma_{yz}+\tau_{zx}\gamma_{zx})=\frac{1}{2}\sigma_{ij}\varepsilon_{ij} \tag{10-65a}$$

单位体积内总的弹性位能 w 可以分解为体积变化位能 w_V 和形状变化位能 w_φ(弹性形变能)，即

$$w=w_V+w_\varphi$$

$$w_\varphi=w-w_V \tag{10-65b}$$

为了计算方便，选用主轴为坐标轴，则

$$w=\frac{1}{2}(\sigma_1\varepsilon_1+\sigma_2\varepsilon_2+\sigma_3\varepsilon_3)$$

将广义虎克定律式(10－60)代人式(10－65a)，整理后得

$$w=\frac{1}{2E}[(\sigma_1^2+\sigma_2^2+\sigma_3^2)-2v(\sigma_1\sigma_2+\sigma_2\sigma_3+\sigma_3\sigma_1)] \tag{10-65b}$$

单位体积的体积变化位能(由应力球张量引起)为

$$w_V = \frac{1}{2}\sigma_m\varepsilon_m\delta_{ij}\delta_{ij} = \frac{3}{2}\sigma_m\varepsilon_m \tag{10-65c}$$

式中,$\sigma_m = \frac{1}{3}(\sigma_1 + \sigma_2 + \sigma_3)$,$\varepsilon_m = \frac{1}{3}(\varepsilon_1 + \varepsilon_2 + \varepsilon_3)$,$\varepsilon_1$、$\varepsilon_2$、$\varepsilon_3$ 又可用式(10-60)代入,将式(10-65c)简化为

$$\begin{aligned} w_V &= \frac{1}{6E}[(\sigma_1 + \sigma_2 + \sigma_3)^2 - 2v(\sigma_1 + \sigma_2 + \sigma_3)^2] \\ &= \frac{1}{6E}[(\sigma_1 + \sigma_2 + \sigma_3)^2(1 - 2v)] \end{aligned} \tag{10-65d}$$

将式(10-65c)、式(10-65d)代入式(10-65b),整理后得

$$w_\varphi = \frac{1+v}{6E}[(\sigma_1 - \sigma_2)^2 + (\sigma_2 - \sigma_3)^2 + (\sigma_3 - \sigma_1)^2] \tag{10-65e}$$

将式(10-65e)与米塞斯屈服准则比较,若满足屈服准则,则有

$$w_\varphi = \frac{1+v}{6E}2\sigma_s^2 = \frac{1+v}{3E}\bar{\sigma}^2 = \frac{1}{6G}\bar{\sigma}^2 = \frac{1}{2G}J'_2 \tag{10-65f}$$

式(10-65f)说明,单位体积的弹性形变能 w_φ 达到常数 $\frac{1}{6G}\sigma_s^2$ 时,该材料(质点)就开始进入屈服状态,故将米塞斯屈服准则简称为能量准则或能量条件。

设变形体体积为 V,则整个变形体的弹性位能为

$$W = \int_V \frac{1}{2}\sigma_{ij}\varepsilon_{ij}\,dV \tag{10-66}$$

另外,当材料产生塑性应变增量 $d\boldsymbol{\varepsilon}_{ij}^p$ 时,考虑到时间 dt 内应力可以视为常量,故单位体积的塑性变形功增量 dw 可以由下式计算:

$$dw = \sigma_{ij}\,d\varepsilon_{ij}^p \tag{10-67}$$

由于塑性应力—应变关系是非线性的,单位体积的塑性变形功 w 只能通过对 dw 的积分求得

$$w = \int_0^\varepsilon dw = \int_0^\varepsilon \sigma_{ij}\,d\varepsilon_{ij}^p \tag{10-68a}$$

由于塑性变形中体积不变,应力球张量不作功,上式又可以写成

$$w = \int_0^\varepsilon (\sigma'_{ij} + \delta_{ij}\sigma_m)\,d\varepsilon_{ij}^p = \int_0^\varepsilon \sigma'_{ij}\,d\varepsilon_{ij}^p \tag{10-68b}$$

10.3.2 塑性本构方程

1. 塑性本构方程的特点

前述弹性变形时的应力—应变关系有如下特点:①应力与应变成线性关系;②应力主轴与应变主轴重合;③由于弹性变形是可逆的,所以应力与应变之间是单值关系,如 6 个应力分量已知,即可由广义虎克定律求出 6 个应变分量,反过来也一样,也就是说一种应力状态总是对应一种应变状态,而与加载路径无关;④应力球张量使物体产生弹性的体积变化,所以泊松比 $\nu < 0.5$,参见式(10-62)。

塑性变形时全量应变与应力之间的关系则完全不同:①应力与应变之间的关系是非线性的;②全量应变主轴与应力主轴不一定重合;③塑性变形是不可恢复的,应力与应变之间

没有一般的单值关系，而是与加载历史或应变路径有关；④塑性变形时可以认为体积不变，即应变球张量为零，泊松比 $v=0.5$ 。对于②、③两个特点，我们举一些实例加以说明。

最简单的例子就是单向拉伸(见图 10－26)。在弹性范围内，应变只取决于当时的应力；反之亦然。例如，σ_c总是对应 ε_c，不管 σ_c是由 σ_a加载而得，还是由 σ_d卸载而得。在塑性范围内，如果是理想塑性材料(图 10－26 中的虚线)，则同一 σ_s可以对应任何应变；如果是硬化材料，则由 σ_s加载到 σ_e，对应的应变为 ε_e。如由 σ_f卸载到 σ_e，则应变为 ε'_f，所以不是单值关系。

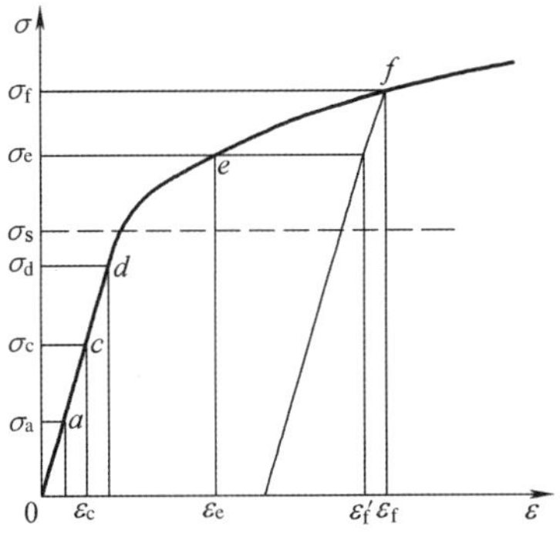

图 10－26　单向拉伸时的应力—应变曲线

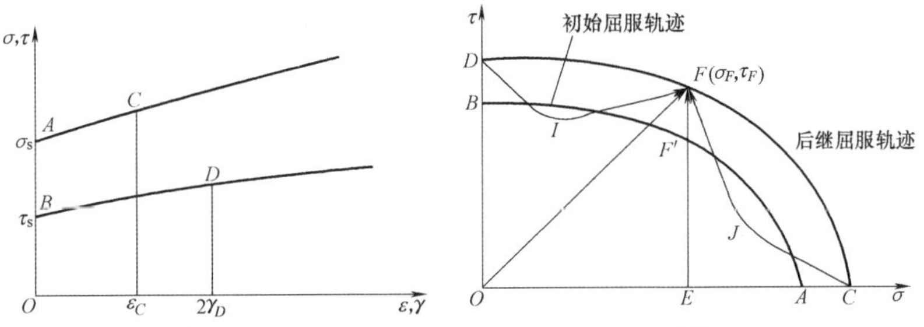

图 10－27　拉剪复合应力时的塑性应力应变关系

(a) 应力—变曲线；(b) 屈服轨迹

表 10－2　加载路线不同时的应力和应变

序号	加载路线	最终应力状态	全量应变状态	说明
1	OAC	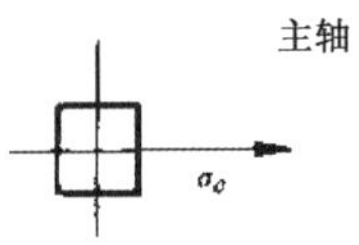	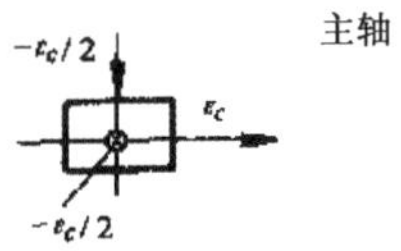	比例加载 应力应变对应， 主轴重合
2	OAC(E,J)F	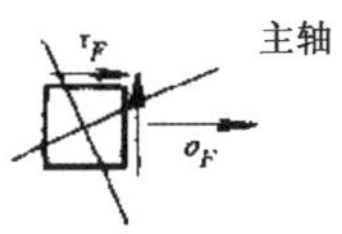	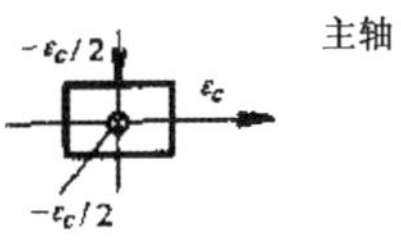	应力改变了， 应变未改变， 主轴不重合
3	OBD	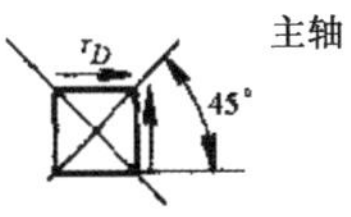	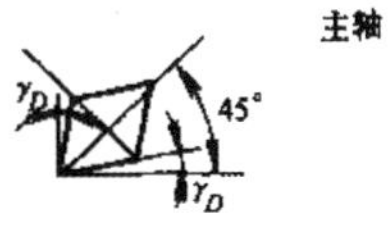	比例加载 应力应变对应， 主轴重合

（续表）

序号	加载路线	最终应力状态	全量应变状态	说明
4	OBD(I)F	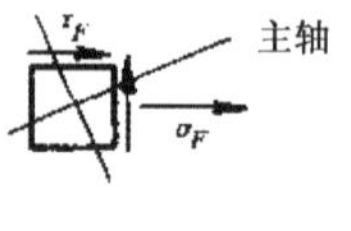	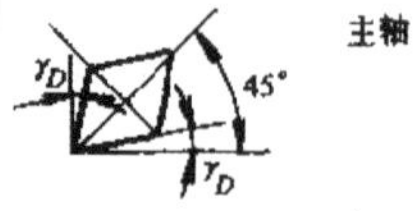	应力改变了，应变未改，主轴不重合
5	OF′F	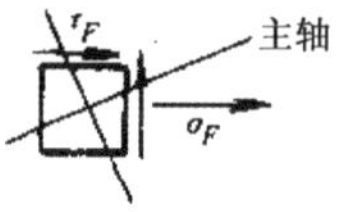	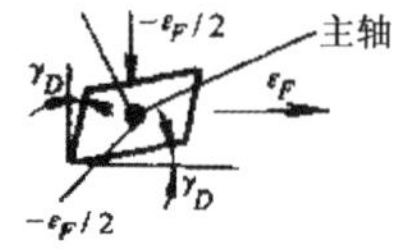	比例加载应力应变对应，主轴重合

下面再举一个二向应力的例子。设一刚塑性硬化材料的单向拉伸及纯剪时的真实应力—应变曲线如图 10－27(a)所示，它在 $\sigma-\tau$ 坐标平面上的屈服轨迹见图 10－27(b)。现将材料单向拉伸至初始屈服点 A 后，再继续拉至 C 点，这时，应力为 σ_c，应变为 $\varepsilon_1=\varepsilon_c$、$\varepsilon_2=\varepsilon_3=-\varepsilon_c/2$（见表 14－2 第一行），此时材料的后继屈服轨迹为 CFD，现设减小拉应力，加上剪应力，通过后继屈服轨迹里面的任意路径，例如 CEF、CJF 或 CF，等等，变载至 F 点；这时应力为 σ_F、τ_F，但由于 F 点和 C 点在同一屈服轨迹上，等效应力并未增加，不能进一步变形，所以应变状态并无变化（见表 14－2 第二行），于是应力和应变并不对应，而且主轴不重合。如果从初始状态先加纯剪应力，通过屈服点 B 到达 D 点，这时的应力和应变见表 10－2 的第三行。如同样经后继屈服轨迹里面的任意路径变载至 F 点，则应力和应变见表 10－2 的第四行。如果从初始状态沿直线 $OF'F$ 到达 F 点，则应力和应变见表 10－2 第五行，这时它们的主轴重合。上述的第一、三、五种加载路径称为简单加载。由表中可看出，同样的一种应力状态 σ_F、τ_F，由于加载路径不同，就有好几种应变状态；同样一种应变状态，也可有几种应力状态；而且应力、应变主轴不一定重合。从上述简单的例子中，可以看到，离开加载路径来建立应力与全量塑性应变之间的普遍关系是不可能的。因此，一般情况下只能建立起应力和应变增量之间的关系，然后根据具体的加载路径，具体分析。另一方面，从上述例子中也看到，在简单加载的条件下，应力和应变的主轴重合，而且它们之间有对应关系，因此可以建立全量理论。

2. 加、卸载准则和杜拉克公设

1）加载和卸载准则

（1）理想塑性材料的加载和卸载。理想塑性材料的屈服应力是不变的，所以加载条件和屈服条件一样，在应力空间中，加载曲面的形状、大小和位置都和屈服曲面一样。当应力点保持在屈服面上时，称之为加载，这时塑性变形可任意增长（后面将证明，各塑性应变分量之间的比例不能任意，需要满足一定关系）；当应力点从屈服面上变到屈服面之内时就称之为卸载。如果以 $f(\sigma_{ij})=0$ 表示屈服面，则可以把上述加载和卸载准则用数学形式表示如下：

$$\left.\begin{array}{ll} f(\sigma_{ij})<0 & \text{弹性状态} \\ f(\sigma_{ij})=0,\ \mathrm{d}f=\dfrac{\partial f}{\partial \sigma_{ij}}\mathrm{d}\sigma_{ij}=0 & \text{加载} \\ f(\sigma_{ij})=0,\ \mathrm{d}f=\dfrac{\partial f}{\partial \sigma_{ij}}\mathrm{d}\sigma_{ij}<0 & \text{卸载} \end{array}\right\} \tag{10-69}$$

在应力空间中，屈服面的外法线方向 $\boldsymbol{n}$ 向量的分量与 $\dfrac{\partial f}{\partial \sigma_{ij}}$ 成正比，$\dfrac{\partial f}{\partial \sigma_{ij}}\mathrm{d}\sigma_{ij}<0$ 表示应力增量

向量指向屈服面内；$\frac{\partial f}{\partial \sigma_{ij}} d\sigma_{ij}=0$ 表示 $\boldsymbol{n}\cdot d\boldsymbol{\sigma}=0$，即应力点只能沿屈服面上变化，仍属加载（见图 10－28）。由于屈服面不能扩大，$d\boldsymbol{\sigma}$ 不能指向屈服面以外。

(2)强化材料的加载和卸载。强化材料的加载条件和屈服条件不同，它随着塑性变形的发展而不断变化。它一般可表示为下述形式：

$$f(\sigma_{ij}, H_\alpha)=0 \tag{10-70}$$

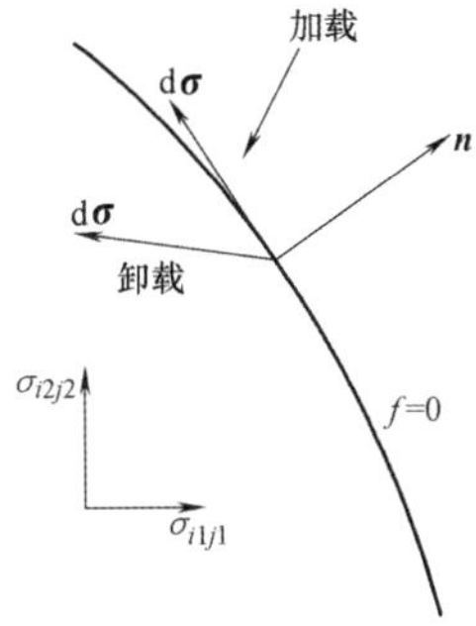

图 10－28　理想塑性材料屈服面上的应力增量

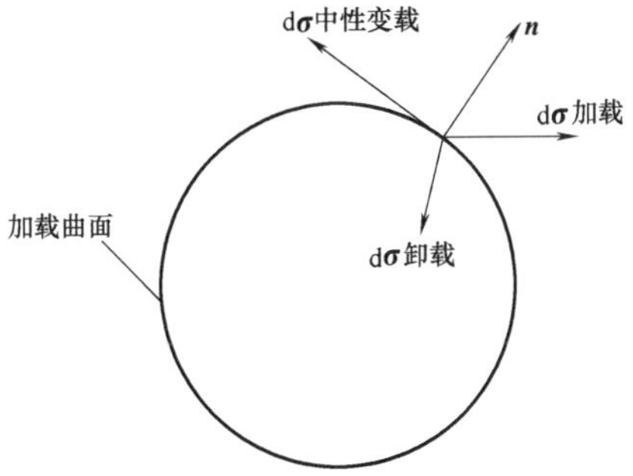

图 10－29　强化材料屈服面上的应力增量

其中，H_α ($\alpha=1,2,\cdots$)是表征由于塑性变形引起的物质微观结构变化的参量，它们与塑性变形历史有关。例如，流动应力 $Y(\bar{\varepsilon}^p)$、背应力 α_{ij} 等。在应力空间内，式(10－70)所表示的加载曲面随 H_α 的变化而改变其形状、大小和位置。

以下讨论强化材料的加载和卸载准则，它和理想塑性材料的不同之处是这时 $d\sigma$ 在指向屈服面之外时才算加载（见图 10－29），而当 $d\sigma$ 正好沿着加载面变化时，加载面不会变化，这种变化过程叫做中性变载过程，这个过程中应力状态发生变化，但不引起新的塑性变形。对单向应力状态或理想塑性材料没有这个过程。当 $d\sigma$ 向着加载面内部变化时，则是卸载过程，用数学形式表示为

$$\left.\begin{aligned} f=0,\quad &\text{当}\frac{\partial f}{\partial \sigma_{ij}}d\sigma_{ij}>0\quad \text{加载}\\ &\text{当}\frac{\partial f}{\partial \sigma_{ij}}d\sigma_{ij}=0\quad \text{中性变载}\\ &\text{当}\frac{\partial f}{\partial \sigma_{ij}}d\sigma_{ij}<0\quad \text{卸载}\end{aligned}\right\} \tag{10-71}$$

2) 杜拉克(Drucker)强化公设

考察如图 10-30 所示的一个单向应力状态下强化材料的应力循环过程。设材料从某个应力状态 σ^0 开始加载，在到达加载应力 σ 后，再增加一个 $d\sigma$，它将引起一个新的塑性应变增量 $d\varepsilon^p$ 。在这样一个变形过程中，应力做了功，如果现在将应力重新降回到 σ^0，弹性应变将得到恢复，弹性应变能得到释放，然而塑性应变能部分则是不可逆的，在这样一个应力循环过程中，所作的功恒大于零，也即消耗了功，这部分功转化成热能以及引起材料微观组织变化的能。这个功是消耗于塑性变形的，称为附加应力所做的塑性功，可表示如下（见图 10-30中的阴影面积）：

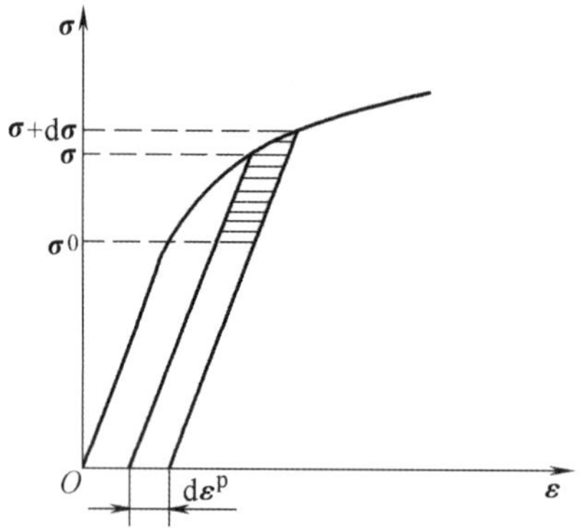

图 10-30　应力循环

$$(\boldsymbol{\sigma}-\boldsymbol{\sigma}^0)d\varepsilon^p \geqslant 0 \tag{10-72}$$

若 $\boldsymbol{\sigma}^0$ 正好处于塑性状态，即 $\boldsymbol{\sigma}^0=\boldsymbol{\sigma}$，则在 $d\boldsymbol{\sigma}$ 增加和 $d\boldsymbol{\sigma}$ 减小的应力循环中塑性功为正，这里可表示为

$$d\boldsymbol{\sigma} d\boldsymbol{\varepsilon}^p \geqslant 0 \tag{10-73}$$

其中，等号仅对理想塑性材料成立。

杜拉克根据这一性质及有关热力学的规律，提出了弹塑性介质强化的假设，一般叫做杜拉克公设。杜拉克公设可表述如下：

设在外力作用下处于平衡状态的材料单元体上，施加某种附加外力，使单元体的应力增加，然后移去附加外力，使单元体的应力卸载到原来的应力状态。于是，在施加应力增量（加载）的过程中，以及在施加和卸去应力增量的循环过程中，附加外力所作的功不为负。

在一般应力状态下，式(10-72)和(10-73)分别为

$$(\sigma_{ij}-\sigma_{ij}^0)d\varepsilon_{ij}^p \geqslant 0 \tag{10-74}$$

$$d\sigma_{ij}d\varepsilon_{ij}^p \geqslant 0 \tag{10-75}$$

下面我们说明不等式(10-74)和式(10-75)的几何意义。为此我们将应力空间 σ_{ij} 和塑性应变空间 ε_{ij}^p 的坐标重合。这时应力状态 σ_{ij}^0 用向量 $\boldsymbol{OA}_0$ 表示，应力 σ_{ij} 用向量 $\boldsymbol{OA}$ 表示，塑性应变增量 $d\varepsilon_{ij}^p$ 用向量 $\boldsymbol{AB}$ 表示，应力增量 $d\sigma_{ij}$ 用 $\boldsymbol{AC}$ 表示。$\sigma_{ij}-\sigma_{ij}^0$ 是向量 $\boldsymbol{A_0A}$。这时不等式(10-74)（见图 10-31）就表示为

$$\boldsymbol{A_0A}\cdot\boldsymbol{AB}\geqslant 0$$

它表示向量 $\boldsymbol{A_0A}$ 与 $\boldsymbol{AB}$ 的夹角不大于直角。设在 A 点作一超平面垂直于 $\boldsymbol{AB}$。要保证上式成立，则位于加载曲面上或其内的所有应力点 A_0 只能在过屈服面上任何点所作的超平面的同侧，这就是说，加载曲面必须是外凸的。这里外凸包括加载面是平的情形。

其次，讨论代表 $d\varepsilon_{ij}^{p}$ 的向量 $\boldsymbol{AB}$ 的方向问题。假定 A 点处在光滑的加载面上，在这点处的外法线向量 $\boldsymbol{n}$ 存在而且是唯一的。我们将证明 $\boldsymbol{AB}$ 的方向与 $\boldsymbol{n}$ 的方向一致。实际上如果向量 $\boldsymbol{AB}$ 不与 $\boldsymbol{n}$ 的方向重合，则我们总可以找到一点 A_0（在加载面上和加载面内）使 $\boldsymbol{AB}$ 与 $\boldsymbol{A_0A}$ 的夹角超过直角。只有 $\boldsymbol{AB}$ 和 $\boldsymbol{n}$ 重合，$\boldsymbol{AB}$ 与 $\boldsymbol{A_0A}$ 的夹角才不会超过直角。这时，$d\varepsilon_{ij}^{p}$ 的方向就可以用数学形式表示为

$$d\varepsilon_{ij}^{p} = d\lambda \frac{\partial f}{\partial \sigma_{ij}} \tag{10-76}$$

其中，$d\lambda > 0$ 为一比例系数。上式表明，塑性应变增量各分量之间的比例可由 σ_{ij} 在屈服面 $f(\sigma_{ij})$ 上的位置决定，而与 $d\sigma_{ij}$ 无关。上式称为塑性流动法则。

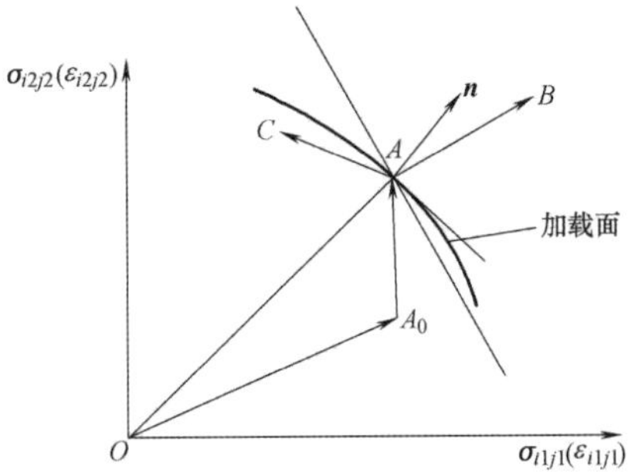

图 10-31 式(10-74)和式(10-75)的几何意义

下面再讨论式(10-75)的几何意义。它可以写成(见图 10-31)

$$AC \cdot \boldsymbol{AB} \geqslant 0 \qquad 或 \qquad AC \cdot \boldsymbol{n} \geqslant 0$$

它表示当 $d\varepsilon_{ij}^{p}$ 不为零时，$d\sigma_{ij}$ 必须指向加载面的外法线一侧，这就是加载准则，这时

$$\frac{\partial f}{\partial \sigma_{ij}} d\sigma_{ij} \geqslant 0$$

如果 $d\sigma_{ij}$ 不指向外法线一侧，则只有 $d\varepsilon_{ij}^{p} = 0$ 才不违反上式。这就是卸载准则。

对于理想塑性材料，由于 $d\sigma_{ij}$ 不能指向外法线一侧，因此不论加载和卸载都有

$$d\sigma_{ij} d\varepsilon_{ij}^{p} = 0$$

（加载时 AC 与 $\boldsymbol{n}$ 垂直，卸载时 $d\varepsilon_{ij}^{p} = 0$）

早先人们不了解 $d\varepsilon_{ij}^{p}$ 与加载面有什么关系，米塞斯在 *1928* 年类比了弹性应变增量可以用弹性位势函数对应力进行微分后所得的表达式，提出了塑性位势的概念. 其数学形式是：

$$d\varepsilon_{ij}^{p} = d\lambda \frac{\partial g}{\partial \sigma_{ij}}$$

此处 g 是塑性位势函数，而上述公式称为塑性位势理论。在有了杜拉克公设以后，则在该公设成立的条件下，由式(10-76)必然得出 $g=f$，一般将 $g=f$ 的塑性本构关系称为与加载条件相关联的流动法则。

应该指出，由于屈雷斯加屈服准则是由几个方程分段表示的，其屈服轨迹为分段直线，各线段之间的交点是一个角点，没有唯一的法线方向。屈雷斯加屈服准则的这些特点对于相应的塑性应力—应变关系的建立带来很多不便，相关的应用也不多。因此，本书只针对米塞斯屈服准则等具有光滑屈服面的情况建立塑性应力—应变关系。

3. 塑性变形的增量理论

增量理论又称流动理论，是描述材料处于塑性状态时，应力与应变增量或应变速率之间

关系的理论，它是针对加载过程中的每一瞬间的应力状态来确定该瞬间的应变增量的，这样就撇开了加载历史的影响。

1）列维—米塞斯(Levy-Mises)方程

对于刚塑性材料，由于塑性变形时体积不变，应变增量张量就是应变增量偏张量，即

$$d\varepsilon_{ij} = d\varepsilon'_{ij}$$

设材料符合米塞斯屈服准则，则将米塞斯屈服准则代入式(10－76)，得

$$d\varepsilon_{ij} = d\lambda\sigma'_{ij} \tag{10－77a}$$

即应变增量与应力偏量成正比。式中 $d\lambda$ 为一正的瞬时常数，在加载的不同瞬时是变化的，在卸载时 $d\lambda=0$。

式(10－77)称为列维—米塞斯方程。是列维和米塞斯分别在1871年和1913年建立的。考虑到刚塑性变形时 $d\varepsilon_{ij} = d\varepsilon'_{ij}$，比较式(10－77)与广义虎克定律式(10－63b)，可见两者形式相似，仅比例系数不同。

上式可写成以下形式：

$$\frac{d\varepsilon_x}{\sigma'_x} = \frac{d\varepsilon_y}{\sigma'_y} = \frac{d\varepsilon_z}{\sigma'_z} = \frac{d\gamma_{xy}}{\tau_{xy}} = \frac{d\gamma_{yz}}{\tau_{yz}} = \frac{d\gamma_{xz}}{\tau_{xz}} = d\lambda \tag{10－77b}$$

利用等比定理就可得到

$$\frac{d\varepsilon_x - d\varepsilon_y}{\sigma_x - \sigma_y} = \frac{d\varepsilon_y - d\varepsilon_z}{\sigma_y - \sigma_z} = \frac{d\varepsilon_z - d\varepsilon_x}{\sigma_z - \sigma_x} = d\lambda \tag{10－78a}$$

或

$$\frac{d\varepsilon_1 - d\varepsilon_2}{\sigma_1 - \sigma_2} = \frac{d\varepsilon_2 - d\varepsilon_3}{\sigma_2 - \sigma_3} = \frac{d\varepsilon_3 - d\varepsilon_1}{\sigma_3 - \sigma_1} = d\lambda \tag{10－78b}$$

上式表明应力莫尔圆和应变增量莫尔圆是几何相似的，只是原点位置不同。

比例系数 $d\lambda$ 可按如下方法求得。将式(10－78)写成3个式子然后平方，得

$$\left.\begin{aligned} (d\varepsilon_x - d\varepsilon_y)^2 &= (\sigma_x - \sigma_y)^2 d\lambda^2 \\ (d\varepsilon_y - d\varepsilon_z)^2 &= (\sigma_y - \sigma_z)^2 d\lambda^2 \\ (d\varepsilon_z - d\varepsilon_x)^2 &= (\sigma_z - \sigma_x)^2 d\lambda^2 \end{aligned}\right\} \tag{10－78c}$$

再将式(10－77b)中 $i \neq j$ 的3个式子平方并乘以6，可得

$$\left.\begin{aligned} 6d\gamma_{xy}^2 &= 6\tau_{xy}^2 d\lambda^2 \\ 6d\gamma_{yz}^2 &= 6\tau_{yz}^2 d\lambda^2 \\ 6d\gamma_{zx}^2 &= 6\tau_{zx}^2 d\lambda^2 \end{aligned}\right\} \tag{10－77c}$$

将式(10－78c)和式(10－77c)两边相加，整理后可得

$$\frac{9}{2}d\bar{\varepsilon}^2 = 2\bar{\varepsilon}^2 d\lambda^2$$

所以

$$d\lambda = \frac{3}{2}\frac{d\bar{\varepsilon}}{\bar{\varepsilon}} \tag{10－79}$$

其中，$d\bar{\varepsilon} = \frac{\sqrt{2}}{3}\sqrt{(d\varepsilon_x - d\varepsilon_y)^2 + (d\varepsilon_y - d\varepsilon_z)^2 + (d\varepsilon_z - d\varepsilon_x)^2 + 6(d\gamma_{xy}^2 + d\gamma_{yz}^2 + d\gamma_{zx}^2)}$ 称为等效应变增量。

对于理想塑性材料，式中的 $\bar{\varepsilon} = \sigma_s$，这时 $d\lambda$ 的含义可参考图10－32来理解。

将式(10－79)代入式(10－77)，并考虑到 $\sigma_m = (\sigma_x + \sigma_y + \sigma_z)/3$，经整理后可得

$$\left.\begin{aligned}
d\varepsilon_x &= \frac{d\bar{\varepsilon}}{\bar{\varepsilon}}\left[\sigma_x - \frac{1}{2}(\sigma_y + \sigma_z)\right], \quad d\gamma_{xy} = \frac{3}{2}\frac{d\bar{\varepsilon}}{\bar{\varepsilon}}\tau_{xy} \\
d\varepsilon_y &= \frac{d\bar{\varepsilon}}{\bar{\varepsilon}}\left[\sigma_y - \frac{1}{2}(\sigma_x + \sigma_z)\right], \quad d\gamma_{yz} = \frac{3}{2}\frac{d\bar{\varepsilon}}{\bar{\varepsilon}}\tau_{yz} \\
d\varepsilon_z &= \frac{d\bar{\varepsilon}}{\bar{\varepsilon}}\left[\sigma_z - \frac{1}{2}(\sigma_x + \sigma_y)\right], \quad d\gamma_{zx} = \frac{3}{2}\frac{d\bar{\varepsilon}}{\bar{\varepsilon}}\tau_{zx}
\end{aligned}\right\} \tag{10-80}$$

这与广义虎克定律式(10－60)的形式接近，前 3 式中的 1/2 就是体积不变时的泊松比。

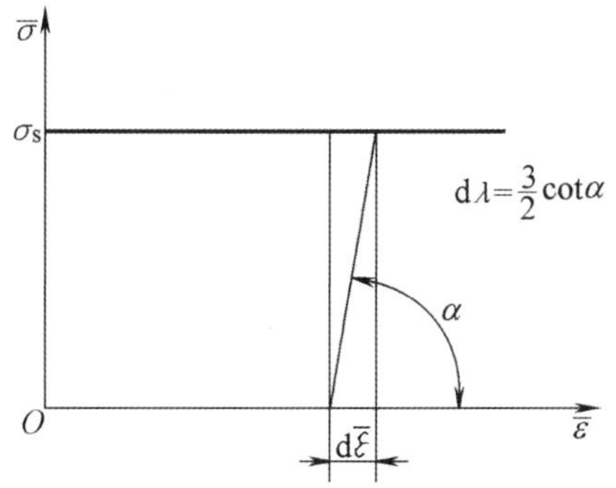

图 10－32　dλ 的涵义

下面我们利用米塞斯方程来证明上一章中指出过的一些结论：

(1) 塑性平面变形时，如设 z 向没有变形，则有 $d\varepsilon_z = 0$，按体积不变条件有

$$d\varepsilon_x + d\varepsilon_y = 0$$

将式(10－80)的前两式代入上式，有

$$\frac{d\bar{\varepsilon}}{\bar{\varepsilon}}\left[\sigma_x - \frac{1}{2}(\sigma_y + \sigma_z) + \sigma_y - \frac{1}{2}(\sigma_x + \sigma_z)\right] = 0$$

由此可得　$\sigma_z = \frac{1}{2}(\sigma_x + \sigma_y)$

(2)在某些轴对称状态中，有 $d\varepsilon_\rho = d\varepsilon_\theta$，根据式(10－77)有 $\sigma'_\rho = \sigma'_\theta$，因此有 $\sigma_\rho = \sigma_\theta$。

应指出，米塞斯方程仅适用于理想刚塑性材料，它只给出了应变增量与应力偏量之间的关系。由于 $d\varepsilon_m = 0$，因而应力球张量不能唯一确定。因此，如果已知 $d\varepsilon_{ij}$，则由式(10－77)或式(10－80)只能求得 σ'_{ij}，而不能直接求得 σ_{ij}。这是刚塑性假设的一个弱点。另一方面，对于理想塑性材料，式(10－80)中的 $\bar{\varepsilon}$ 等于常数 σ_s，而 $d\bar{\varepsilon}$ 实际上是不定的，所以，如果已知 σ_{ij}，则由式(10－77)或式(10－80)只能求得 $d\varepsilon_{ij}$ 各分量之间的比值，而不能直接求出它们的实际数值。因此，对于理想刚塑性材料，应变增量与应力分量之间还不完全是单值关系，但在本书所讨论的范围内并不影响其使用。

2) 应力—应变速率方程(圣维南塑性流动方程)

若将式(10－77(a))除以时间 dt，可得

$$\frac{d\varepsilon_{ij}}{dt} = \frac{d\lambda}{dt}\sigma'_{ij}$$

式中，$d\varepsilon_{ij}/dt = \dot{\boldsymbol{\varepsilon}}_{ij}$ 即为应变速率张量；令 $\dot{\lambda} = d\lambda/dt$，则上式即为

$$\dot{\boldsymbol{\varepsilon}}_{ij} = \dot{\lambda}\sigma'_{ij} \tag{10-81}$$

式中，$\dot{\lambda} = d\lambda/dt = 3\dot{\bar{\varepsilon}}/(2\bar{\varepsilon})$。

式(10－81)中，$\dot{\bar{\varepsilon}}$称为等效应变速率。卸载时 $\dot{\lambda}=0$ 。上式就是应力—应变速率方程，它同样可以写成

$$\left.\begin{aligned}\dot{\varepsilon}_x &= \frac{\dot{\bar{\varepsilon}}}{\bar{\varepsilon}}\left[\sigma_x-\frac{1}{2}(\sigma_y+\sigma_z)\right], & \dot{\gamma}_{xy} &= \frac{3}{2}\frac{\dot{\bar{\varepsilon}}}{\bar{\varepsilon}}\tau_{xy}\\ \dot{\varepsilon}_y &= \frac{\dot{\bar{\varepsilon}}}{\bar{\varepsilon}}\left[\sigma_y-\frac{1}{2}(\sigma_z+\sigma_x)\right], & \dot{\gamma}_{yz} &= \frac{3}{2}\frac{\dot{\bar{\varepsilon}}}{\bar{\varepsilon}}\tau_{yz}\\ \dot{\varepsilon}_z &= \frac{\dot{\bar{\varepsilon}}}{\bar{\varepsilon}}\left[\sigma_z-\frac{1}{2}(\sigma_x+\sigma_y)\right], & \dot{\gamma}_{zx} &= \frac{3}{2}\frac{\dot{\bar{\varepsilon}}}{\bar{\varepsilon}}\tau_{zx}\end{aligned}\right\} \tag{10-82}$$

式(10－82)最早是由圣维南(Saint－Venant)于 1870 年提出的，它与牛顿黏性流体的牛顿公式很相似，所以也叫塑性流动方程。米塞斯方程实际上就是流动方程的增量形式，所以，如果不考虑应变速率对材料性能的影响，则两者是一致的。

3）普朗特—劳斯方程

普朗特和劳斯在米塞斯方程的基础上进一步考虑了弹性变形，他们认为，在塑性变形时，总应变增量 $d\varepsilon_{ij}$ 是塑性应变增量 $d\varepsilon_{ij}^p$ 及弹性应变增量 $d\varepsilon_{ij}^e$ 之和，即

$$d\varepsilon_{ij}=d\varepsilon_{ij}^e+d\varepsilon_{ij}^p \tag{10-83}$$

其中，$d\varepsilon_{ij}^p$ 和应力之间的关系可用米塞斯方程计算：

$$d\varepsilon_{ij}^p=d\lambda\sigma'_{ij}=\frac{3}{2}\frac{d\bar{\varepsilon}^p}{\bar{\varepsilon}}\sigma'_{ij}$$

弹性应变增量可由式(10－64)微分得到，即

$$d\varepsilon_{ij}^e=\frac{1}{2G}d\sigma'_{ij}+\frac{1-2v}{E}\delta_{ij}d\sigma_m$$

将以上两式代入式(10－69)，即可得到普朗特－劳斯方程：

$$d\varepsilon_{ij}=\frac{1}{2G}d\sigma'_{ij}+\frac{1-2v}{E}\delta_{ij}d\sigma_m+d\lambda\sigma'_{ij} \tag{10-84}$$

上式也可分别写成

$$\left.\begin{aligned}d\varepsilon'_{ij}&=d\lambda\sigma'_{ij}+\frac{1}{2G}d\sigma'_{ij}\\ d\varepsilon_m&=\frac{1-2v}{E}d\sigma_m\end{aligned}\right\} \tag{10-85}$$

分析上式可知，如 $d\varepsilon_{ij}$ 为已知，则应力张量 σ_{ij} 是确定的，但对于理想塑性材料，仍然不能由 σ_{ij} 求得确定的 $d\varepsilon_{ij}$ 值。对于硬化材料，变形过程每瞬时的 $d\lambda$ 是定值，因此，劳斯方程中的 $d\varepsilon_{ij}$ 和 σ_{ij} 之间完全是单值关系。

劳斯方程由于考虑了弹性变形，因此可以求解回弹及残余应力问题，但求解的难度远高于不考虑弹性变形的米塞斯方程。随着计算机技术的进步，劳斯方程在数值模拟中得到了广泛的应用。

增量理论表达了塑性变形中各瞬时应变增量或速率与应力的关系，通过对各瞬时段变形的累加可以得出各种应变路径下的整个变形过程。因此，增量理论能够反映加载过程的历史对变形的影响，对于各种塑性变形条件都是普遍适用的。但要注意，对于大变形问题，要采用有限应变。

4. 塑性变形的全量理论(形变理论)

在简单加载时，也即各应力分量按同一比例增加时，应力主轴的方向将固定不变。由于

应变增量的主轴是和应力主轴重合的，所以它的主轴也将始终不变，这种变形也称简单变形。这种条件下，可以对劳斯方程进行积分得到全量应变和应力之间的关系，叫做全量理论。

我们可用以下的式子表示简单加载：

$$\sigma_{ij} = C\sigma_{ij}^{0}; \sigma'_{ij} = C\sigma_{ij}^{0\prime}$$

式中，σ_{ij}^{0}、$\sigma_{ij}^{0\prime}$ ——初始应力状态；

C ——变形过程中的单调增函数。

对于理想塑性材料，塑性变形阶段的 C 为常数。

于是劳斯方程式(10－85)的第一式可写为

$$\mathrm{d}\varepsilon'_{ij} = C\sigma_{ij}^{0\prime}\mathrm{d}\lambda + \frac{1}{2G}\mathrm{d}\sigma'_{ij}$$

在小变形情况下，$\mathrm{d}\varepsilon_{ij}$ 的积分就是小应变张量 ε_{ij}，故对上式积分即得

$$\varepsilon_{ij} = \sigma_{ij}^{0\prime}\int C\mathrm{d}\lambda + \frac{1}{2G}\sigma'_{ij} = \sigma'_{ij}\frac{\int C\mathrm{d}\lambda}{C} + \frac{1}{2G}\sigma'_{ij}$$

如设 $\lambda = \dfrac{\int C\mathrm{d}\lambda}{C}$，则由式(10－85)积分所得到的全量关系为

$$\left.\begin{aligned} \varepsilon'_{ij} &= \left(\lambda + \frac{1}{2G}\right)\sigma'_{ij} \\ \varepsilon_{\mathrm{m}} &= \frac{1-2\nu}{E}\sigma_{\mathrm{m}} \end{aligned}\right\} \tag{10-86}$$

上式最早是由汉基于 1924 年提出的，所以叫做汉基方程。汉基方程没有考虑硬化，因此系数 λ 中所包含的函数 C 在塑性变形时是常数，于是

$$\lambda = \frac{\int C\mathrm{d}\lambda}{C} = \int \mathrm{d}\lambda = \frac{3}{2}\int\frac{\mathrm{d}\bar{\varepsilon}^{p}}{\sigma_{\mathrm{s}}} = \frac{3}{2}\frac{\bar{\varepsilon}^{p}}{\sigma_{\mathrm{s}}}$$

将式(10－86)与广义虎克定律作一对比，将有助于对汉基方程的理解。如果我们引入一个符号 G'（它也可叫做塑性剪切模量），使得

$$\frac{1}{2G'} = \lambda + \frac{1}{2G}$$

则式(10－86)的第一式即可写成

$$\varepsilon'_{ij} = \frac{1}{2G'}\sigma'_{ij}$$

于是式(10－86)和广义虎克定律的表达式(10－62)和式(10－63b)在形式上是一样的。通过与推导式(10－79) $\mathrm{d}\lambda$ 同样的推导方法，由上式可以得到

$$\frac{1}{2G'} = \frac{3}{2}\frac{\bar{\varepsilon}}{\bar{\sigma}}$$

同样，由广义虎克定律的式(10－63(b))也可得到

$$\frac{1}{2G} = \frac{3}{2}\frac{\bar{\varepsilon}^{e}}{\bar{\sigma}}$$

对于理想塑性材料，λ、G'、G 的涵义都可以从图 10－33(b))所示的 $\bar{\sigma}-\bar{\varepsilon}$ 曲线上表示出来。

对于硬化材料，则如图 10－33(b)所示。从图中可以看出，G' 和 G 的涵义很相似，区别仅在于弹性剪切模量 G 是材料常数，而 G' 则随变形过程而变。所以我们可以把小变形全量理论看成是广义虎克定律在小塑性变形中的推广。而且小变形全量理论中也已经包含了广义虎克定律。

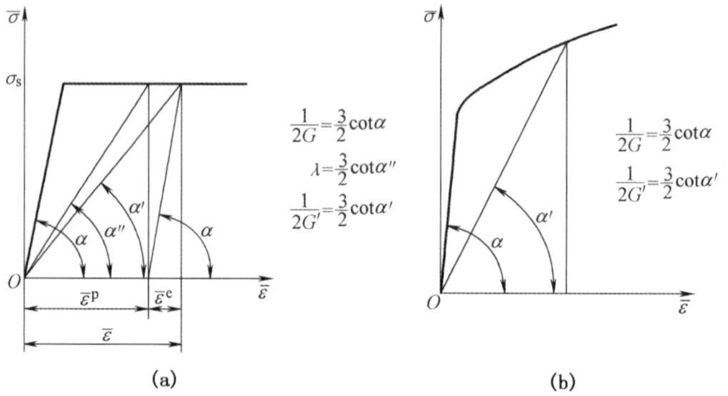

图 10－33　λ、G、G' 的几何意义

1945 年前后，伊留辛(A. Ильюшин)发展了汉基理论，把它推广到硬化材料。而且他证明了在满足下列条件时，可保证物体内每个质点都是简单加载：

① 塑性变形是微小的，和弹性变形属于同一个数量级；

② 外载荷的各分量按比例增加，即 $T_i = CT_i^0$；

③ $\bar{\sigma} - \bar{\varepsilon}$ 曲线符合单一曲线假设，且呈幂函数形式，即 $\bar{\sigma} = K\bar{\varepsilon}^n$。

伊留辛发展了的小变形理论在解决小弹塑性变形问题中得到了广泛的应用。

如果假定材料是刚塑性的，则式(10－86)中的 $\dfrac{1}{2G} = 0$，$\varepsilon_m = 0$，就是米塞斯方程在小变形时的积分形式。

$$\varepsilon'_{ij} = \lambda\sigma'_{ij}$$

考虑到塑性变形时体积不变，$\varepsilon'_{ij} = \varepsilon_{ij}$，上式也可写成如下形式：

$$\left.\begin{aligned}
\varepsilon_x &= \frac{\bar{\varepsilon}}{\bar{\sigma}}\left[\sigma_x - \frac{1}{2}(\sigma_y + \sigma_z)\right],\ \gamma_{xy} = \frac{3\bar{\varepsilon}}{2\bar{\sigma}}\tau_{xy}\\
\varepsilon_y &= \frac{\bar{\varepsilon}}{\bar{\sigma}}\left[\sigma_y - \frac{1}{2}(\sigma_z + \sigma_x)\right],\ \gamma_{yz} = \frac{3\bar{\varepsilon}}{2\bar{\sigma}}\tau_{yz}\\
\varepsilon_z &= \frac{\bar{\varepsilon}}{\bar{\sigma}}\left[\sigma_z - \frac{1}{2}(\sigma_x + \sigma_y)\right],\ \gamma_{zx} = \frac{3\bar{\varepsilon}}{2\bar{\sigma}}\tau_{zx}
\end{aligned}\right\} \tag{10-87}$$

上式与米塞斯方程的式(10－80)、流动方程的式(10－82)乃至广义虎克定律的式(10－60)等在形式上都是非常相似的。

对于大塑性变形，纳达依在简单加载条件下由米塞斯方程的积分得到了大塑性变形的全量关系，并考虑了变形硬化。但是在大塑性变形条件下，除了少数接近理想状态的场合外，一般难于保证简单加载。因此，大塑性变形全量理论的应用受到了很大的限制。

通过以上分析可知，在上述各种理论中，劳斯方程是普遍适用的；在弹性变形可以忽略的情况下，米塞斯方程和塑性流动方程也是普遍适用的。它们也可以推广到硬化材料。全量理论则是增量理论在简单加载条件下的积分，所以在一般情况下不能普遍适用。在塑性成形中，由于难以保证简单加载，所以一般都采用增量理论，其中主要是米塞斯方程或流动方程。但应指出，塑性成形理论中很重要的问题之一是求变形力，这时一般只需研究变形过程中某一特定瞬间的极其短暂的变形，如果我们以变形体在该瞬时的形状、尺寸及性能作为原始状态，那么小变形全量理论和增量理论可以认为是一致的，所以在有些文献中，就使用小变形全量理论的表达式进行运算。

5. 塑性应力应变关系的实验验证

罗代于 1926 年最早用试验来验证塑性应力应变的关系。他引入了应力参数 μ_σ（见式(10 - 13)）及应变参数 μ_ε：

$$\mu_\sigma = \frac{(\sigma_2 - \sigma_3) - (\sigma_1 - \sigma_2)}{\sigma_1 - \sigma_3}$$

$$\mu_\varepsilon = \frac{(\mathrm{d}\varepsilon_2^p - \mathrm{d}\varepsilon_3^p) - (\mathrm{d}\varepsilon_1^p - \mathrm{d}\varepsilon_2^p)}{\mathrm{d}\varepsilon_1^p - \mathrm{d}\varepsilon_3^p} \tag{10-88}$$

按前述的增量理论，有如下关系：

$$\frac{\mathrm{d}\varepsilon_1^p - \mathrm{d}\varepsilon_2^p}{\sigma_1 - \sigma_2} = \frac{\mathrm{d}\varepsilon_2^p - \mathrm{d}\varepsilon_3^p}{\sigma_2 - \sigma_3} = \frac{\mathrm{d}\varepsilon_3^p - \mathrm{d}\varepsilon_1^p}{\sigma_3 - \sigma_1} = \mathrm{d}\lambda$$

由此可得 $\mu_\sigma = \mu_\varepsilon$（见图 10 - 34 中的实线），这一关系可用试验方法来验证。试验方法与验证屈服准则的方法相似，但由于 $\mathrm{d}\varepsilon_{ij}$ 是测不出来的，需要用 ε_{ij} 代替 $\mathrm{d}\varepsilon_{ij}$，所以必须简单加载。试验结果如图 10 - 34 中的虚线所示，试验数据基本符合理论值，但存在系统的偏差。后来，有的试验者用更好的方法消除材料各向异性的影响，证实前述方程是足够精确的。

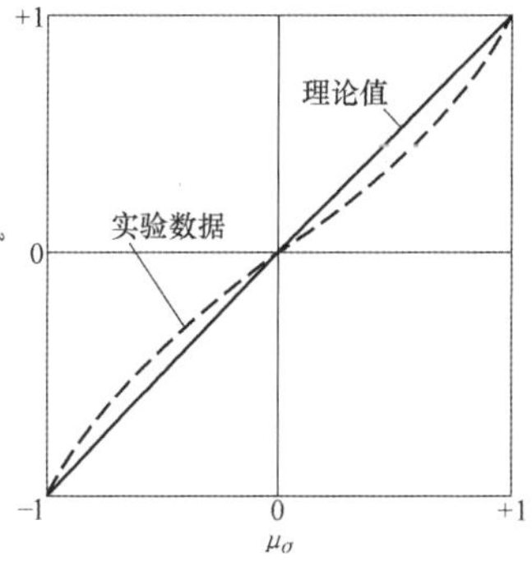

图 10 - 34　塑性应力应变关系的实验验证

6. 最大散逸功原理

如前所述，一种应力状态 σ_{ij} 可以用主应力空间中的矢量来表示，塑性变形时，该矢量的端点一定在屈服表面上。同样，应变增量 $\mathrm{d}\varepsilon_{ij}$ 也可以用主应变空间里的矢量来表示。由于应变增量的主轴与应力主轴是重合的，故它们可以画在同一主轴空间内。

由于塑性变形时，

$$\mathrm{d}\varepsilon_1 + \mathrm{d}\varepsilon_2 + \mathrm{d}\varepsilon_3 = 0$$

所以表示 $\mathrm{d}\varepsilon_{ij}$ 的矢量 $\boldsymbol{OQ}$ 一定在 π 平面上。设应力矢量 $\boldsymbol{OP}_0$ 在 π 平面上的投影为 OP（见图 10 - 35），则 $\boldsymbol{OP}$ 即可代表应力偏张量 σ'_{ij}。现在我们将矢量 $\boldsymbol{OQ}$ 的起点移至 $\boldsymbol{OP}$ 的端点，变成 $\boldsymbol{PQ}$。这样，单位体积塑性功增量就是矢量 $\boldsymbol{OP}$ 与 $\boldsymbol{PQ}$ 的数量积：

$$\mathrm{d}w = \sigma'_{ij}\mathrm{d}\varepsilon_{ij} = \boldsymbol{OP} \cdot \boldsymbol{PQ} \tag{10-89}$$

在这里,我们假定应力 σ_{ij} 满足米塞斯屈服准则,于是 P 点即在米塞斯圆上。同时,假设应力与应变符合米塞斯方程,于是,σ'_{ij} 与 $d\varepsilon_{ij}$ 成正比,故矢量 **PQ** 的方向一定与 **OP** 相同。可见,代表应变增量的矢量 **PQ** 必然垂直于 P 点处的屈服轨迹。

与前述的 σ_{ij} 符合同一屈服准则,但不一定与前述 $d\varepsilon_{ij}$ 符合应力—应变关系的应力状态是很多的。我们用 σ_{ij}^* 表示这样的应力状态,并用 π 平面上的矢量 $\boldsymbol{OP}^*$ 代表其应力偏张量 $\sigma^{*\prime}_{ij}$(见图 10-35)。将 $\sigma^{*\prime}_{ij}$ 与前述的 $d\varepsilon_{ij}$ 相乘,同样可得到一个单位体积塑性功增量:

$$dw* = \sigma_{ij}^{*\prime} d\varepsilon_{ij} = \boldsymbol{OP}^* \cdot \boldsymbol{PQ} \tag{10-90}$$

将式(10-89)减去式(10-90),可得(见图 10-35)

$$\begin{aligned} dw - dw* &= (\sigma'_{ij} - \sigma_{ij}^{*\prime}) d\varepsilon_{ij} = (\boldsymbol{OP} - \boldsymbol{OP}^*) \cdot \boldsymbol{PQ} = \boldsymbol{P}^*\boldsymbol{P} \cdot \boldsymbol{PQ} \\ &= |P^*P||PQ|\cos\theta \end{aligned}$$

由于:①屈服轨迹是外凸的曲线,P^* 点一定在 P 点处屈服轨迹切线 MN 的左边;②**PQ** 垂直于 P 点处的屈服轨迹,所以,$\theta \leqslant \pi/2$,$\cos\theta \geqslant 0$,由此得

$$dw - dw* = (\sigma'_{ij} - \sigma_{ij}^{*\prime}) d\varepsilon_{ij} \geqslant 0$$

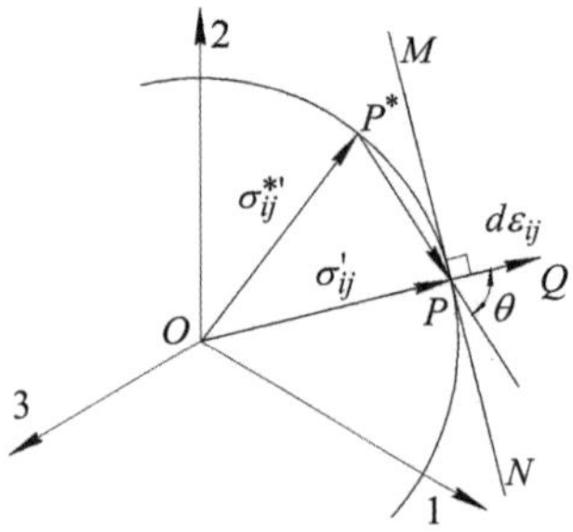

图 10-35 π 平面上的偏应力矢量及应变矢量

将上式对整个体积积分,可得

$$\int_V (\sigma'_{ij} - \sigma_{ij}^{*\prime}) d\varepsilon_{ij} dV \geqslant 0 \tag{10-91}$$

对上式可作如下的表述:对于一定的应变增量场而言,在所有符合屈服准则的应力场中,与该应变增量场符合应力—应变关系的应力场所做的塑性功最大。如果与 $\sigma^{*\prime}_{ij}$ 符合应力应变关系的应变增量场为 $d\varepsilon_{ij}^*$,这时代表 $d\varepsilon_{ij}^*$ 的矢量也必然垂直于矢量 $\sigma^{*\prime}_{ij}$ 端点处的屈服轨迹,于是同样存在如下关系:

$$\int_V (\sigma_{ij}^{*\prime} ij - \boldsymbol{\sigma}') d\varepsilon_{ij}^* dV \geqslant 0$$

将上述原理应用于实际变形。设 $d\varepsilon_{ij}$ 为真实应变增量场,则真实应力场 σ_{ij} 必然与 $d\varepsilon_{ij}$ 符合应力一应变关系,于是由式(10-91)可知,它们所做的塑性功,相对于虚拟的或可能的应力场而言,总是最大的。也就是说,由于屈服准则的限制,物体在塑性变形时,总是要导致最大的能量散逸(或称能量消耗)。因此,上述原理就叫最大散逸功原理,它的具体应用见下一章。

10.3.3 晶体塑性本构方程

大多数工业用金属材料都是多晶体材料,常温下金属晶体塑性变形的机制主要是位错滑移。滑移是沿特定的晶面(原子密排面)和晶向(原子密排方向)进行的,这是这类材料塑

性变形在几何学和运动学上的主要特点。由于在晶体内部存在着大量的位错，宏观上可以从体积平均的角度将滑移引起的位移和应变看成是均匀的、连续分布的，采用连续介质力学的方法进行处理。在后继屈服轨迹、塑性各向异性和变形诱导织构演化等方面的研究中，晶体塑性理论有其独特的优越性。我们首先介绍连续滑移模型所导出的单晶体塑性理论，然后简单介绍多晶体的处理方法。

1. 有限应变的其他描述方法

为了便于下面的公式推导，首先引入几个分析有限变形问题常用的概念。

1）变形梯度

我们把物体中所有质点瞬时位置的集合——某一瞬时物体在空间占据的区域 V 称为该物体的构形。我们采用拉格朗日描述，即选择初始（即 $t=t_0=0$）时刻的构形 V_0 作为参考构形，以便定义物体的运动和变形。如图 10－36 所示，采用笛卡儿直角坐标系作为参考坐标系，将构形 V_0 中任一个质点 a 的坐标记为 $X_i(i=1,2,3)$。此后某一时刻 t，物体运动到一个新位置，各质点之间的相互位置关系发生了变化，物体产生了变形，质点 a 的位置坐标从 X_i 改变为 $x_i(i=1,2,3)$。显然，x_i 是 X_i 和时间 t 的函数，即

$$x_i = x_i(X_1, X_2, X_3, t) \tag{10-92}$$

变形后的现时构形记为 V。

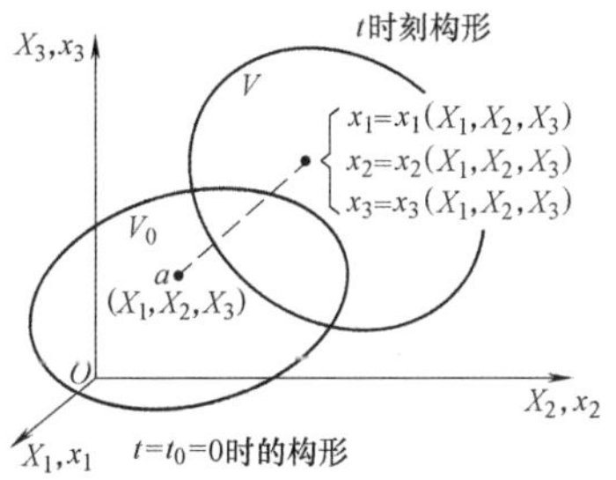

图 10－36　物体的构形

假设物体及其运动和变形都是连续的，则 V_0 中每一个质点 X_i 仅与 V 中一个质点 x_i 对应，反之亦然。因此，函数 $x_i(X_1, X_2, X_3, t)$ 是单值、连续和可微的，且雅可比行列式不等于零，即

$$J = \left|\frac{\partial x_i}{\partial X_j}\right| = \begin{vmatrix} \dfrac{\partial x_1}{\partial X_1} & \dfrac{\partial x_1}{\partial X_2} & \dfrac{\partial x_1}{\partial X_3} \\ \dfrac{\partial x_2}{\partial X_1} & \dfrac{\partial x_2}{\partial X_2} & \dfrac{\partial x_2}{\partial X_3} \\ \dfrac{\partial x_3}{\partial X_1} & \dfrac{\partial x_3}{\partial X_2} & \dfrac{\partial x_3}{\partial X_3} \end{vmatrix} \neq 0 \tag{10-93}$$

也有

$$X_i = X_i(x_1, x_2, x_3, t) \tag{10-94}$$

$$j = \left|\frac{\partial X_i}{\partial x_j}\right| \neq 0 \tag{10-95}$$

$$j = J^{-1} \tag{10-96}$$

由于 x 是 X 的单值、连续和可微的函数，故有

$$\mathrm{d}x_i = \frac{\partial x_i}{\partial X_j}\mathrm{d}X_j \quad (t\ 固定)$$

式中，$\frac{\partial x_i}{\partial X_j} = \boldsymbol{F}_{ij}$ 称为变形梯度，它是一个二阶张量。将上式写成张量的形式为

$$\mathrm{d}\boldsymbol{x} = \frac{\partial \boldsymbol{x}}{\partial \boldsymbol{X}} \cdot \mathrm{d}\boldsymbol{X} = \boldsymbol{F} \cdot \mathrm{d}\boldsymbol{X} \tag{10-97}$$

式中，黑体字表示一阶和二阶张量，“·”表示点积运算。上式表明：变形梯度 $\boldsymbol{F}$ 将初始构形中任一线元 $\mathrm{d}\boldsymbol{X}$ 变换成现时构形中的对应线元 $\mathrm{d}\boldsymbol{x}$，它同时描述了运动与变形过程中线元长度和方向的变化。可以 $\boldsymbol{F}$ 分解成一个纯变形加上一个刚体转动的组合，称为极分解；另一方面，也可以将 $\boldsymbol{F}$ 分解成一个纯塑性变形加上一个弹性变形与刚体转动的组合，称为乘法分解。

2）速度梯度及其分解

如图 10-37 所示，在某一瞬时的现时构形中，任一质点 P 具有速度 $\boldsymbol{v}$，在 P 的邻域内的另一点 Q 具有速度 $\boldsymbol{v}+\mathrm{d}\boldsymbol{v}$。在同一时刻，由于坐标不同而产生的速度变化是：

$$\mathrm{d}v_i = \frac{\partial v_i}{\partial x_j}\mathrm{d}x_j$$

式中，$\frac{\partial v_i}{\partial x_j} = v_{i,j}$ 称为速度梯度，记为 $\boldsymbol{L}_{ij}$，它也是一个二阶张量。如果说变形梯度 $\boldsymbol{F}$ 表明一段时间中变形与转动的大小，则速度梯度 $\boldsymbol{L}$ 表明某一段时刻变形与转动的快慢。

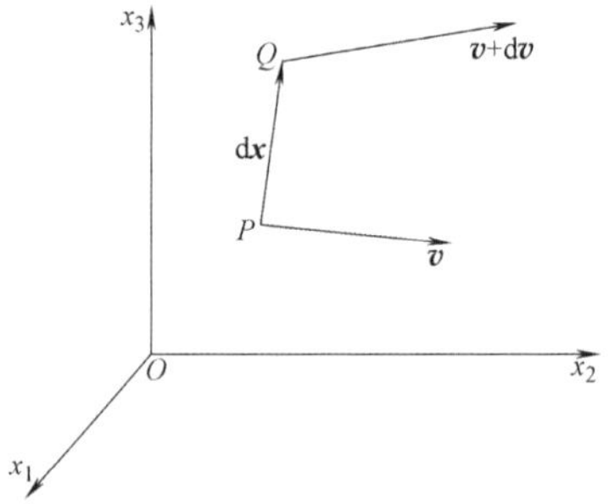

图 10-37　质点速度在空间中的变化

可以将 $\boldsymbol{L}$ 分解为一个对称张量 $\boldsymbol{d}$ 和一个反对称张量 $\boldsymbol{\omega}$ 之和：

$$\boldsymbol{d} = \frac{1}{2}(\boldsymbol{L} + \boldsymbol{L}^{\mathrm{T}})$$

$$\boldsymbol{\omega} = \frac{1}{2}(\boldsymbol{L} - \boldsymbol{L}^{\mathrm{T}}) \tag{10-98}$$

式中，$\boldsymbol{d}$ 即为应变速率；$\boldsymbol{\omega}$ 为旋转速率。

2. 晶体塑性变形几何学

在分析单晶体的塑性变形时，如图 10-38 所示，可以对变形梯度进行如下乘法分解：

$$\boldsymbol{F} = \boldsymbol{F}^{\mathrm{e}} \cdot \boldsymbol{F}^{\mathrm{p}} \tag{10-99}$$

其中，$\boldsymbol{F}^{\mathrm{e}}$ 代表弹性变形（即晶格畸变）和刚体转动所产生的变形梯度；$\boldsymbol{F}^{\mathrm{p}}$ 则表示晶体沿着滑移方向的均匀剪切所对应的变形梯度。式(10-99)所代表的变形过程可看作是分两阶段完成的：首先是没有畸变的晶格中由位错滑移产生变形的梯度 $\boldsymbol{F}^{\mathrm{p}}$，然后晶格在发生弹性畸变

的同时伴随着刚体转动，从而产生变形梯度 $\boldsymbol{F}^{e}$。

设变形前晶体中第 α 个滑移系中沿滑移面法向和滑移方向的单位向量分别为 $\boldsymbol{s}_0^{(\alpha)}$ 和 $\boldsymbol{m}_0^{(\alpha)}$，由于变形晶格发生畸变和刚体转动后，遵循矢量的变换关系它们分别为

$$\boldsymbol{s}^{(\alpha)}=\boldsymbol{F}^{e}\cdot\boldsymbol{s}_0^{(\alpha)}$$
$$\boldsymbol{m}^{(\alpha)}=\boldsymbol{m}_0^{(\alpha)}\cdot(\boldsymbol{F}^{e})^{-1} \qquad (10-100)$$

$\boldsymbol{s}^{(\alpha)}$ 和 $\boldsymbol{m}^{(\alpha)}$ 不再是单位向量，而是仍保持正交；其正交性可以由上述矢量的点积直接验证。

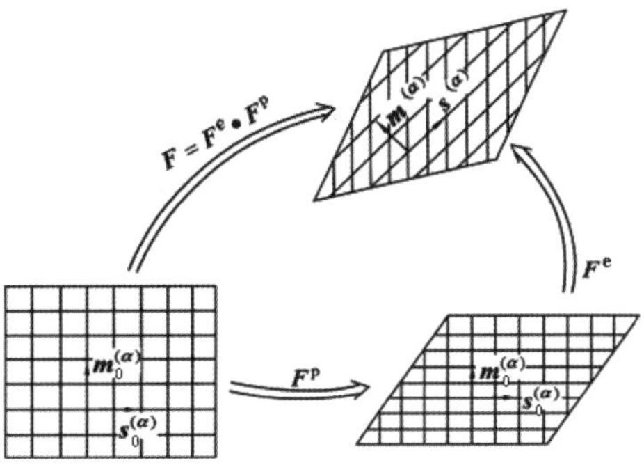

图 10－38　变形梯度的分解

速度梯度 $\boldsymbol{L}$ 可由变形梯度 $\boldsymbol{F}$ 计算如下：

$$\boldsymbol{L}=\frac{\partial \boldsymbol{v}}{\partial \boldsymbol{x}}=\frac{\partial \boldsymbol{v}}{\partial \boldsymbol{X}}\cdot\frac{\partial \boldsymbol{X}}{\partial \boldsymbol{x}}=\dot{F}\cdot\boldsymbol{F}^{-1}$$

$$L_{ij}=\frac{\partial v_i}{\partial x_j}=\frac{\partial v_i}{\partial X_l}\frac{\partial X_l}{\partial x_j}=\dot{F}_{il}F_{lj}^{-1} \qquad (10-101)$$

其中，$\boldsymbol{X}$ 表示初始坐标，$\boldsymbol{x}$ 表示现时坐标。与变形梯度的乘法分解相对应，速度梯度也可分解为分别与滑移和晶格畸变加刚体转动相对应的两部分：

$$\boldsymbol{L}=\dot{\boldsymbol{F}}\boldsymbol{F}^{-1}=\dot{\boldsymbol{F}}^{e}(\boldsymbol{F}^{e})^{-1}+\boldsymbol{F}^{e}\dot{\boldsymbol{F}}^{p}(\boldsymbol{F}^{p})^{-1}(\boldsymbol{F}^{e})^{-1}=\boldsymbol{L}^{e}+\boldsymbol{L}^{p} \qquad (10-102)$$

下面分析怎样将各滑移系中由滑移引起的剪切应变与整体的塑性变形联系起来。首先考虑无弹性畸变的中间构形中的一个滑移系 α 中由滑移剪切应变 $d\gamma^{(\alpha)}$ 引起的位移增量，如图 10－39 所示。其中，$\boldsymbol{m}_0^{(\alpha)}$ 和 $\boldsymbol{s}_0^{(\alpha)}$ 均为单位向量，P 为晶体中任意一点，其矢径为 x，由剪切引起的该点位移为

$$d\boldsymbol{u}(P)=d\dot{\gamma}^{(\alpha)}(x\cdot\boldsymbol{m}_0^{(\alpha)})\boldsymbol{s}_0^{(\alpha)} \qquad (10-103)$$

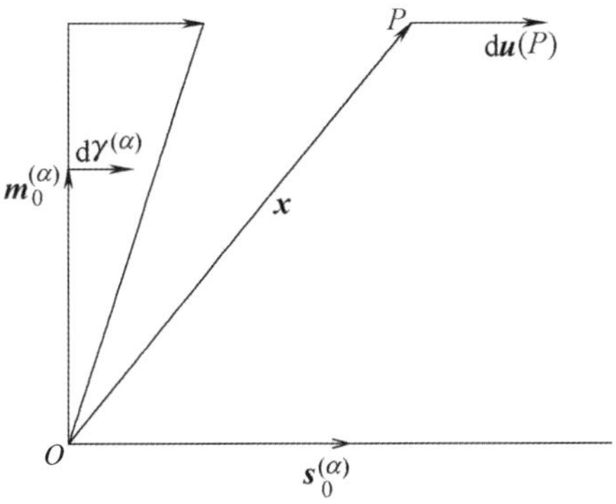

图 10－39　滑移引起的位移增量

将上式写成速率形式并对所有滑移系求和得

$$\boldsymbol{v}=\sum_{\alpha=1}^{N}\dot{\gamma}^{(\alpha)}(\boldsymbol{x}\cdot\boldsymbol{m}_0^{(\alpha)})\boldsymbol{s}_0^{(\alpha)},$$

$$\boldsymbol{v}=\sum_{\alpha=1}^{N}\dot{\gamma}^{(\alpha)}s_{0\,i}^{(\alpha)}x_j m_{0\,j}^{(\alpha)} \qquad (10-104)$$

$$\dot{\boldsymbol{F}}^{p}(\boldsymbol{F}^{p})^{-1}=\sum_{\alpha=1}^{N}\dot{\gamma}^{(\alpha)}\boldsymbol{s}_0^{(\alpha)}\boldsymbol{m}_0^{(\alpha)}$$

其中，$\dot{\gamma}^{(\alpha)}$ 表示第 α 个滑移系的滑移剪切率，对所有开动的滑移系求和。

考虑到式(10-100)，有

$$\boldsymbol{L}^p = \boldsymbol{F}^e\dot{\boldsymbol{F}}^p(\boldsymbol{F}^p)^{-1}(\boldsymbol{F}^e)^{-1} = \sum_{\alpha=1}^{N}\dot{\gamma}^{(\alpha)}\boldsymbol{s}^{(\alpha)}\boldsymbol{m}^{(\alpha)} \tag{10-105}$$

将速度梯度分解为变形速率张量和旋转速率张量之和，而后者又可以分别分解为位错滑移产生的部分和弹性畸变及刚体转动产生的部分，即

$$\boldsymbol{d} = \frac{1}{2}(\boldsymbol{L}+\boldsymbol{L}^{\mathrm{T}})\text{，又 } \boldsymbol{d} = \boldsymbol{d}^{\mathrm{e}}+\boldsymbol{d}^{\mathrm{p}} \tag{10-106}$$

$$\boldsymbol{\omega} = \frac{1}{2}(\boldsymbol{L}-\boldsymbol{L}^{\mathrm{T}})\text{，又 } \boldsymbol{\omega} = \boldsymbol{\omega}^{\mathrm{e}}+\boldsymbol{\omega}^{\mathrm{p}} \tag{10-107}$$

上式中两张量的弹性部分为：

$$\boldsymbol{d}^e = \frac{1}{2}(\dot{\boldsymbol{F}}^{\mathrm{e}}(\boldsymbol{F}^{\mathrm{e}})^{-1}+((\boldsymbol{F}^{\mathrm{e}})^{\mathrm{T}})^{-1}(\dot{\boldsymbol{F}}^{\mathrm{e}})^{\mathrm{T}})$$

$$\boldsymbol{\omega}^{\mathrm{e}} = \frac{1}{2}(\dot{\boldsymbol{F}}^{\mathrm{e}}(\boldsymbol{F}^{\mathrm{e}})^{-1}-((\boldsymbol{F}^{\mathrm{e}})^{\mathrm{T}})^{-1}(\dot{\boldsymbol{F}}^{\mathrm{e}})^{\mathrm{T}}) \tag{10-108}$$

其中，$\boldsymbol{d}^{\mathrm{e}}$ 引起晶格的畸变；$\boldsymbol{\omega}^{\mathrm{e}}$ 引起晶格的转动，是变形诱导织构产生的原因。

塑性部分可由式(10-105)得到

$$\boldsymbol{d}^{\mathrm{p}} = \frac{1}{2}(\boldsymbol{L}^{\mathrm{p}}+(\boldsymbol{L}^{\mathrm{p}})^{\mathrm{T}}) = \sum_{\alpha}\boldsymbol{P}^{(\alpha)}\dot{\gamma}^{(\alpha)}$$

$$\boldsymbol{\omega}^{\mathrm{p}} = \frac{1}{2}(\boldsymbol{L}^{\mathrm{p}}-(\boldsymbol{L}^{\mathrm{p}})^{\mathrm{T}}) = \sum_{\alpha}\boldsymbol{W}^{(\alpha)}\dot{\gamma}^{(\alpha)} \tag{10-109}$$

其中

$$\boldsymbol{P}^{(\alpha)} = \frac{1}{2}(\boldsymbol{s}^{(\alpha)}\boldsymbol{m}^{(\alpha)}+\boldsymbol{m}(\alpha)\boldsymbol{s}^{(\alpha)})$$

$$\boldsymbol{W}^{(\alpha)} = \frac{1}{2}(\boldsymbol{s}^{(\alpha)}\boldsymbol{m}^{(\alpha)}-\boldsymbol{m}^{(\alpha)}\boldsymbol{s}^{(\alpha)}) \tag{10-110}$$

这里，$\boldsymbol{\omega}^{\mathrm{p}}$ 虽然引起单晶体整体的转动，但并不引起晶格方位的变化，如图 10-38 所示。

3. 单晶体的本构关系

如前所述，金属的变形可以分解为弹性变形部分和塑性变形部分，其中弹性变形与应力的关系总是遵循虎克定律。为了将虎克定律推广到大变形问题以及书写的方便，我们对虎克定律进行了改写。虎克定律式(10-60)是将应变表示为应力的线性函数；如果将它看作关于应力的线性方程组，则可以将应力表达成应变的线性函数：

$$\sigma_x = \frac{2G}{1-2\nu}[(1-\nu)\varepsilon_x^e+\nu\varepsilon_y^e+\nu\varepsilon_z^e],\tau_{xy} = G\gamma_{xy}$$

$$\sigma_y = \frac{2G}{1-2\nu}[\nu\varepsilon_x^e+(1-\nu)\varepsilon_y^e+\nu\varepsilon_z^e],\tau_{yz} = G\gamma_{yz}$$

$$\sigma_z = \frac{2G}{1-2\nu}[\nu\varepsilon_x^e+\nu\varepsilon_y^e+(1-\nu)\varepsilon_z^e],\tau_{zx} = G\gamma_{zx}$$

利用求和约定写成张量形式为

$$\sigma_{ij} = C_{ijkl}^{\mathrm{e}}\varepsilon_{kl}^{\mathrm{e}} \tag{10-111}$$

其速率形式为

$$\dot{\boldsymbol{\sigma}} = \boldsymbol{C}^{\mathrm{e}}:\boldsymbol{d}^{\mathrm{e}} \tag{10-111a}$$

其中,符号“ : ”称为双点积,按照求和约定,它表示对方程右端的两个下标都要求和。这种形式用于已知应变速率求应力的场合,通常在有限元计算中就是如此。

在大变形过程中,物体中的质点在变形过程中不可避免地要伴随刚体转动,如果我们在每一质点处建立一个由该点的物质纤维组成的局部坐标系,则每一瞬时局部坐标系与固定不动的参考坐标系的对应关系都在变化,因此应力、应变等都应该采用速率或增量形式表示。由于刚体转动不应引起新的弹性变形和应力增量,因此需要定义能排除刚体转动的影响的应力变化率,使得在质点保持应力状态不变(如单向拉伸)而仅发生刚体转动时,应力变化率为零。满足上述要求的应力变化率有多种,常用的是柯西应力(即定义于现时构形的应力)的久曼速率 $\hat{\boldsymbol{\sigma}}$,在固定参考系中表达为

$$\hat{\boldsymbol{\sigma}} = \dot{\boldsymbol{\sigma}} - \boldsymbol{\omega} \cdot \boldsymbol{\sigma} + \boldsymbol{\sigma} \cdot \boldsymbol{\omega} \tag{10-112}$$

其中,$\dot{\boldsymbol{\sigma}}$ 是固定参考系中的应力变化率,$\boldsymbol{\omega}$ 是局部物质坐标系相对于固定参考系的转动速率。类似地,在与晶格一起旋转的直角坐标系中的柯西应力张量的变化率 $\hat{\boldsymbol{\sigma}}^*$ 为

$$\hat{\boldsymbol{\sigma}}^* = \dot{\boldsymbol{\sigma}} - \boldsymbol{\omega}^{e} \cdot \boldsymbol{\sigma} + \boldsymbol{\sigma} \cdot \boldsymbol{\omega}^{e} \tag{10-113}$$

其中,$\boldsymbol{\omega}^{e}$ 是晶格坐标系相对于固定参考系的转动速率。

由于滑移不影响晶体的弹性性质,在固定参考系中单晶体的弹性本构方程即可写成

$$\hat{\boldsymbol{\sigma}}^{e} = \boldsymbol{C}^{c} : \boldsymbol{d}^{e} \tag{10-114}$$

其中,$\boldsymbol{C}^{c}$ 为晶体的正交各向异性弹性张量,为简化计,以下取为各向同性弹性张量 $\boldsymbol{C}^{e}$。

式(10-113)减去式(10-112),并将式(10-108)、式(10-110)、式(10-111) 代入,可得单晶体的本构方程为

$$\hat{\boldsymbol{\sigma}} = \boldsymbol{C}^{e} : \boldsymbol{d} - \sum_{\alpha=1}^{N} \boldsymbol{R}^{(\alpha)} \dot{\gamma}^{(\alpha)} \tag{10-115}$$

其中

$$\boldsymbol{R}^{(\alpha)} = \boldsymbol{C}^{e} : \boldsymbol{P}^{(\alpha)} + \beta^{(\alpha)}$$
$$\beta^{(\alpha)} = \boldsymbol{W}^{(\alpha)} \cdot \sigma - \sigma \cdot \boldsymbol{W}^{(\alpha)}$$

4. 剪切应变速率的计算

由单晶体本构方程式(10-115)计算应力速率时,需要先求出各滑移系中的剪切应变速率。它是根据硬化方程来计算的。硬化方程有与速率相关(即黏塑性)和与速率无关(即塑性)两种形式。应用较为方便的是速率相关的硬化方程,常采用如下形式的幂函数:

$$\dot{\gamma}^{(\alpha)} = \dot{\gamma}_0^{(\alpha)} \operatorname{sign}(\tau^{(\alpha)}) \left| \frac{\tau^{(\alpha)}}{g^{(\alpha)}} \right|^{\frac{1}{m}} \tag{10-116}$$

其中,$g^{(\alpha)}$ 称为参考剪切应力;$\dot{\gamma}_0^{(\alpha)}$ 称为参考剪切应变速率。若在整个变形过程中 $\dot{\gamma}^{(\alpha)} = \dot{\gamma}_0^{(\alpha)}$,则 $\tau^{(\alpha)} = g^{(\alpha)}$ 就成为在剪切应变速率为 $\dot{\gamma}_0^{(\alpha)}$ 时的 $\tau^{(\alpha)} - \gamma^{(\alpha)}$ 关系曲线的方程。m 为应变速率敏感指数。当 $m=0$ 时,即为与应变速率无关的情况。但是要注意,当 $m \to 0$ 时,计算不稳定。上式中的 $\operatorname{sign}(\tau^{(\alpha)})$ 表示 $\tau^{(\alpha)}$ 的符号,其作用是使 $\dot{\gamma}^{(\alpha)}$ 与 $\tau^{(\alpha)}$ 的方向一致。

设 $\gamma^{(\alpha)} = 0$ 时,$g^{(\alpha)}$ 的初值为 τ_0,τ_0 即是各个滑移系中位错开始滑移时的阻力。虽然按式(10-116)计算时,$\dot{\gamma}^{(\alpha)}$ 一般不会为零,即各个滑移系总是开动的,但是,当 $\tau^{(\alpha)} < g^{(\alpha)}$ 时,其值迅速减小,当 $\left| \frac{\tau^{(\alpha)}}{g^{(\alpha)}} \right| < 0.9$ 时,$\dot{\gamma}^{(\alpha)}$ 通常可以忽略不计。$g^{(\alpha)}$ 的演化由下式确定:

$$\dot{g}^{(\alpha)} = \sum_{\beta=1}^{N} h_{\alpha\beta} \left| \dot{\gamma}^{(\beta)} \right| \tag{10-117}$$

其中，$h_{\alpha\beta}$ 称为硬化系数，其含义是滑移系 β 中的滑移剪切应变对滑移系 α 所造成的硬化。

5. 硬化系数及其演化

晶体塑性理论中，确定硬化系数 $h_{\alpha\beta}$ 是一项困难的任务。它是变形历史、变形温度和速度的函数，其分量也很多。对于高层错能材料，硬化主要是由滑移产生的，在实际分析中，对 $h_{\alpha\beta}$ 可采取简化的计算方法。例如，可取 $h_{\alpha\beta}$ 为如下形式：

$$h_{\alpha\beta} = h(\gamma)q_{\alpha\beta} \tag{10-118}$$

式中，$\gamma = \sum_{\alpha=1}^{N} \left| \gamma^{(\alpha)} \right|$，$h(\gamma)$ 是累积滑移应变 γ 的函数，表明硬化的总趋势；合金与纯金属具有不同的硬化特点，前者具有高的初始屈服应力及低的硬化率，流动应力很快趋于饱和值，后者显示出低的屈服应力并且不趋于饱和，故 $h(\gamma)$ 可分别取如下函数形式：

$$h(\gamma) = \begin{cases} h_0\left(\dfrac{h_0\gamma}{n\tau_0}+1\right)^{n-1} \text{（对纯金属）} \\ h_s + (h_0 - h_s)\operatorname{sech}^2\left[\dfrac{(h_0 - h_s)\gamma}{\tau_s - \tau_0}\right] \text{（对合金）} \end{cases} \tag{10-119}$$

式中，h_0 和 h_s 分别为初始和饱和硬化率，一般可取 $h_s = 0$；τ_s 为饱和剪切应力；n 为应变硬化指数。式(10－118)中的 $q_{\alpha\beta}$ 可用下式近似计算：

$$q_{\alpha\beta} = q + (1-q)\delta_{\alpha\beta} \tag{10-120}$$

其中，q 为潜在硬化率与自硬化率之比，其值一般为 1～1.4，可简单地取为

$$q = \begin{cases} 1\text{（滑移系共面时）} \\ 1.4\text{（滑移系不共面时）} \end{cases} \tag{10-121}$$

我们知道，位错滑移导致位错增殖，从而导致后续的滑移阻力增大，这是应变硬化的基本原因。滑移系 β 中的滑移所造成的硬化，在与之共面的滑移系中(包括其本身)强度相同，而在与之不共面的其他滑移系中强度更高，如式(10－121)所示；这是由于滑移系 β 中的位错对于其他滑移系形成了所谓的“位错林”。对非共面滑移系位错间相互作用的强度进行更仔细的区别处理，可以给出 $q_{\alpha\beta}$ 的更精确的取值。

对于低层错能材料，孪晶在塑性变形中起重要作用，其硬化规律还要考虑孪晶的影响，较为复杂。

6. 多晶体塑性模型

多晶体是由大小、形状、方位各不相同的单晶晶粒集合而成的集合体。假设各相邻晶粒彼此接触，变形后不产生裂缝，则塑性力学中的平衡方程及变形协调条件均应在集合体中得到满足。

从理论上说，若已知各晶粒的本构方程，则采用离散化的方法可以得到整个多晶集合体的本构关系。例如，可将每个晶粒离散为一个或多个有限单元，在研究塑性变形的物体的局部变形情况时可以采用这种建模方法，这种模型能够用来考察各个晶粒的不同取向及晶界的约束对变形的影响。但是如果要对塑性成形中一个工件进行分析，则因为其中所包含的晶粒数目极大，不能采用以上方法。

另一类方法是建立在统计平均的基础上的。假设多晶集合体是均匀的，每一点都呈现集合体的统计平均特性。建立这一类模型关键是要对其中任一个晶粒与其周围的其他取向的晶粒之间在应力、应变等方面的关系进行适当的假设和处理。建立多晶集合体模型的方

法主要有如下3种：① 泰勒型模型：假定集合体中所有晶粒应变相同，都等于宏观应变，即强加了单个晶粒与周围其他晶粒之间的变形协调条件，但由于多晶体的各个晶粒方位各不相同，所以相同的应变在各个晶粒中所对应的应力状态各不相同，在晶界处不能满足应力平衡条件，具有近似性；② Sachs型模型：假定集合体中所有晶粒都处于与宏观应力相同的均匀应力场中，即强加了应力平衡条件，但对于其中各个晶粒而言，相同的应力状态产生的应变也是各不相同的，所以在晶界处不满足变形协调条件，也具有近似性；③ 自洽理论：它采用较为严格的力学推导，建立了单个晶粒与假定为均匀的周围介质之间的关系，能同时满足平衡条件与协调条件，但计算较为复杂，其中泰勒型模型因应用十分方便，而且与实验吻合也较好，因而应用较广泛。

对一个多晶体质点进行应力、应变分析时，首先要依次对其中的每个晶粒进行本构方程的求解，然后对各单晶体中相关物理量的数值进行体积加权平均，所得的结果就是该质点处的多晶集合体中该物理量的数值，即

$$A = \frac{1}{V}\sum_{i=1}^{N} A_i V_i \tag{10-122}$$

式中，A_i 和 A 分别为第 i 个晶粒中所求物理量的值和集合体该物理量的平均值；V_i 和 V 分别为第 i 个晶粒所占体积和集合体的总体积；N 为晶粒个数。

多晶体中晶粒方位在空间中分布的规律称为取向分布函数(ODF)。一般采用单个的晶格局部坐标系与物体的整体坐标系之间3个欧拉角的分布规律来表示。实际多晶材料的取向分布函数可以利用X射线衍射并进行分析计算获得。它是建立精确的多晶体模型的基础。

第11章 塑性成形问题的理论分析方法

11.1 塑性成形问题的力学模型

11.1.1 塑性成形问题的基本方程和边界条件

金属塑性成形是利用金属的塑性，通过模具(或工具)使简单形状的毛坯成形为所需工件的技术。塑性成形工件中的位移、应变和应力的分布，决定了成形件的精度、质量和成形载荷。针对塑性成形工艺问题建立其力学模型，通过求解获得工件的塑性变形规律，位移、应变和应力的分布规律，对于工艺设计和模具设计具有重要的意义。

塑性成形过程的基本规律可以用一组微分方程来描述。例如，前面几章介绍的应力平衡方程、几何方程、屈服准则和本构方程，等等。在这些方程在所讨论的问题中常常称为场方程或控制方程。为了分析一个具体的材料成形问题，除了要给出具有普遍意义的场方程以外，还要给出由该问题的特点所决定的定解条件，在静力学问题中为边界条件，也称为边值条件。这样就把材料成形问题抽象为一个微分方程(组)的边值问题。

在微分方程求解时，要求方程数与待求的场变量数相等。有时只需求解成形工序所需的变形力，所谓变形力是指在塑性加工过程中，工具对坯料所施加的使之发生塑性变形的作用力。它是正确设计模具、选择设备和制定工艺规程的重要参数。由于塑性变形时，变形力是通过工具表面或毛坯的弹性变形区传递给变形金属的，所以为求变形力，需要确定变形体与工具的接触表面或变形区分界面上的应力分布。这可以通过将平衡微分方程和塑性条件(屈服准则)进行联解实现。但是，仅仅将平衡微分方程和塑性条件进行联解往往方程数少于待求的场变量数，这时就必须补充其他方程，如应变连续方程和本构方程，如表11-1所示。联立求解的方程数越多，求解越困难；但能求解出的场变量越多，对成形过程的描述越细致。

表11-1 平衡微分方程和塑性条件进行联解可能性分析

分析对象	方程个数	未知数个数	问题属性	需增加的方程	可解否
一般空间问题	微分方程，3个 塑性条件，1个	6	静不定	本构方程，6个 应变连续方程，3个	方程，13个 未知数，13个 理论上可解，实际不可解
轴对称问题	微分方程，2个 塑性条件，1个	4	静不定	本构方程，4个 应变连续方程，2个	方程，9个 未知数，9个 理论上可解，特殊情况可解
平面问题	微分方程，2个 塑性条件，1个	3	静定		部分情况可解

从表 11-1 可以看出，对于空间问题，平衡微分方程和塑性条件共有 4 个方程和 6 个未知数（$\sigma_x, \sigma_y, \sigma_z, \tau_{xy}, \tau_{yz}, \tau_{zx}$），需要联解本构方程和应变连续方程，这样共有 13 个未知数和 13 个方程，理论上可以求解，但实际上是无法求解的。对轴对称问题，有 3 个方程和 4 个未知数，同样需要联解本构方程和应变连续方程，这样共有 9 个未知数和 9 个方程，理论上可以求解，但研究发现只有个别情况才能求解。对于平面问题，有 3 个方程和 3 个未知数，属静定问题，但这类问题也只有在部分情况下，才有精确解。

将塑性成形过程力学模型中的边界 S 分为 S_T、S_u 和 S_c 几部分，相应的边界条件分别表示如下：

① S_T 为给定了边界面力矢量 $\boldsymbol{T}_i$ 的边界，在此部分边界上要满足应力边界条件：

$$\boldsymbol{T}_i = \sigma_{ij} l_i \tag{a}$$

② S_u 为给定了位移 $\bar{u}_i$（或速度 $\dot{\bar{u}}_i$）的边界，在此部分边界上要满足位移（或速度）边界条件：

$$u_i = \bar{u}_i \quad 或 \quad \dot{u}_i = \dot{\bar{u}}_i \tag{b}$$

③ S_c 为两个物体之间的接触边界，在此部分边界上法向位移（或速度）必须连续，以满足材料连续性条件，但切向可以有相对运动；同时切向应力与法向应力之间应满足摩擦条件，这是一种混合边界条件。

塑性成形工艺设计和模具设计的主要任务是通过改变工件变形的边界条件来改变成形载荷和成形件的质量，所以对于边界条件的控制是十分重要的。

11.1.2 塑性成形中的摩擦

1. 金属塑性成形中摩擦的特点和影响

金属塑性成形中绝大多数工序是在工具和变形金属相接触的条件下进行的，此时金属在工具表面滑动，工具表面就产生阻止金属流动的摩擦力。

金属塑性成形时的摩擦和机械传动中的摩擦相比，有以下特点：

(1) 是在高压作用下的摩擦。金属塑性成形时作用在接触表面上的单位压力很大，一般达 500MPa 左右，钢冷挤压时可高达 2 500MPa。而机械传动中承受载荷的轴承的工作压力一般约为 10MPa，即使重型轧钢机的轴承承受的压力也不过 20～40MPa。接触面的压力越高，润滑越困难。

(2) 是伴随着塑性变形而产生的摩擦。由于接触面压力高，故真实接触表面大。同时，在金属塑性变形过程中会不断增加新的接触面，包括由原来未接触的表面所形成的新表面，以及从原有表面下涌出的新表面。而且，接触面上各处的塑性流动情况各不相同，有快有慢，还有的粘着不动，因而各处的摩擦也不一样。而机械零件间的摩擦则是发生在弹性变形情况下的摩擦。

(3) 是高温下的摩擦。金属塑性成形中有许多工序是在高温下进行的。例如，钢的锻造温度是 800～1 200℃。这时钢的组织性能发生改变，尤其是表面发生强烈的氧化和粘结等，从而对摩擦及润滑产生影响。

所以，塑性成形时的摩擦要比机械传动时的摩擦复杂得多。

金属塑性成形时，接触摩擦在大多数情况下是有害的：它使所需的变形力和变形功增大；引起不均匀变形，产生附加应力，从而导致工件开裂；使工件脱模困难，影响生产效率；增加工具的磨损，缩短模具的使用寿命。

但是，在某些情况下，摩擦在金属塑性成形时会起积极的作用：可以利用摩擦阻力来控制金属的流动，如开式模锻时利用飞边摩擦阻力来保证金属充满模膛；辊锻和轧制时凭借摩擦力把坯料送进轧辊等。

2. 金属塑性成形中摩擦的分类及机理

金属塑性成形时，依据接触摩擦的性质，通常可分为干摩擦、流体摩擦和边界摩擦。

1）干摩擦

干摩擦是指坯料与工具的接触表面上，完全不存在润滑剂或任何其他物质，只是金属与金属之间的摩擦。由于塑性成形时金属表面上总要吸附一些气体、灰尘，或产生的氧化膜，因而真正的干摩擦在生产实践中是不存在的。通常说的干摩擦是指不加润滑剂时的摩擦状态，如图 11－1(a)所示。

2）流体摩擦

流体摩擦是指坯料与工具表面之间完全被润滑油膜隔开时的摩擦，如图 11－1(b)所示。这时两表面在相互运动中不产生直接接触，摩擦发生在流体内部分子之间。它不同于干摩擦，摩擦力的大小与接触面的表面状态无关，而取决于润滑剂的性质（如黏度）、速度梯度等因素，因而流体摩擦的摩擦系数很小。

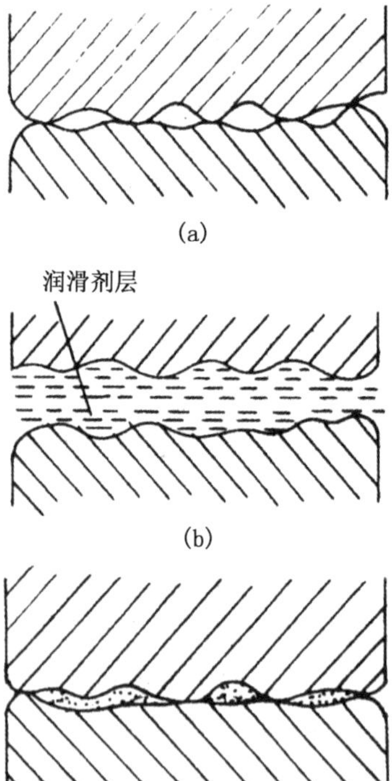

图 11－1 摩擦表面接触方式

(a) 干摩擦；(b) 流体摩擦；(c) 边界摩擦

3）边界摩擦

边界摩擦是指坯料与工具表面之间被一层厚度约为 0.1 μm 的极薄润滑油膜分开时的摩擦状态，介于干摩擦和流体摩擦之间，如图 11－1(c)所示。随着作用于接触表面上压力的增大，坯料表面的部分“凸峰”被压平，润滑剂或形成一层薄膜残留在接触面间，或被完全挤掉，出现金属间的接触，发生粘模现象。大多数塑性成形工序的表面接触状态都属于这种边界摩擦。

在实际生产中，上述 3 种摩擦状态不是截然分开的，有时常会出现混合摩擦状态，如干摩擦与边界摩擦混合的半干摩擦；边界摩擦与流体摩擦混合的半流体摩擦等。

塑性成形时摩擦的性质是复杂的，关于干摩擦的摩擦机制就曾流行以下几种学说。

(1) 表面凸凹学说。所有经过机械加工的表面并非是绝对平坦光滑的，从微观的角度来看仍旧呈现出无数的凸峰和凹谷。当凸凹不平的两个表面相互接触时，一个表面的部分“凸峰”可能会陷入另一个表面的“凹坑”中，产生机械咬合，如图 11－2 所示。当这两个相互接触的表面在外力的作用下发生相对运动时，相互咬合的部分会被剪断，此时摩擦力表现为这些凸峰被剪切时的变形阻力。根据这一观点，相互接触的表面越粗糙，微“凸峰”、“凹坑”越多，相对运动时的摩擦力就越大。因此，降低工具表面粗糙度或涂抹润滑剂以填补表面凹坑，都可以起到减少摩擦的作用。对于普通粗糙度的表面来说，这种观点已得到实践的验证。

（2）分子吸附学说。当两个接触表面非常光滑时，接触摩擦力不但不降低，反而会提高，这一现象无法用机械咬合理论来解释。分子吸附学说认为：摩擦产生的原因是由于接触面上分子之间的相互吸引的结果。物体表面越光滑，接触面间的距离越小，实际接触面积也就越大，分子吸引力就越强，因此，滑动摩擦力也就越大。

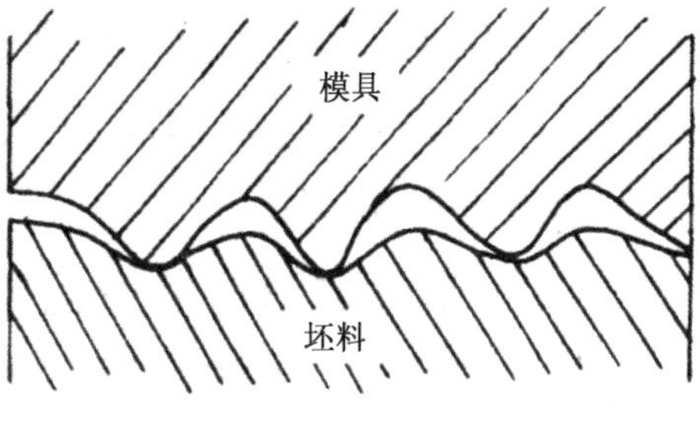

图 11-2　变形工具与变形金属的机械咬合

（3）表面粘着学说。该学说认为：当两表面相接触时，在某些接触点上的单位压力很大，以致这些点将发生粘着或焊合，当一表面相对另一表面滑动时，粘着点即被剪断而产生滑移，摩擦过程就是粘着、剪断与滑移交替进行的过程。摩擦力是剪断金属粘着所需要的剪切力。

近代摩擦理论认为，干摩擦过程中产生摩擦力的主要原因是：机械的相互啮合；分子间的吸引；微凸体的粘着。由于金属表面的形态、组织和工作条件的不同，这些原因各自所起作用的大小也就不同，因而表现出了不同的摩擦效应。

3. 描述接触表面上摩擦力的数学表达式

金属塑性成形时工具与坯料接触面上的摩擦力的确定常采用以下 4 种假设。

1）库伦摩擦条件

该摩擦条件认为：当两个接触表面有相对滑动或相对滑动趋势、且接触面上的粘合现象可以不考虑时，单位面积上的摩擦力 τ 与接触面上的正应力 σ_n 成正比，即

$$\tau = \mu\sigma_n \tag{11-1}$$

式中，τ 为接触表面上的摩擦剪应力；σ_n 为接触面上的正应力；μ 为摩擦系数。

式中摩擦系数 μ 须根据实验来确定。使用上式应注意，摩擦剪应力 τ 不能随 σ_n 的增大而无限制地增大，其最大值为剪切屈服应力 K。

2）常摩擦力条件

这一条件认为，接触面上的摩擦切应力 τ 与被加工金属的剪切屈服强度 K 成正比，即

$$\tau = mK \tag{11-2}$$

式中，m 为摩擦因子，取值范围为 $0 \leqslant m \leqslant 1$。

有时为了应用上的方便，可将常摩擦力条件写成与库伦摩擦力条件相似的形式：

$$\tau = \mu' S \tag{11-3}$$

式中，$\mu' = \dfrac{m}{2}$（按屈雷斯加屈服准则计），或 $\mu' = \dfrac{m}{\sqrt{3}}$（按米塞斯屈服准则计）。但应注意，$\mu'$ 虽然在形式上与库伦摩擦系数相似，但只是摩擦因子的换算值，与库伦摩擦系数在概念上和数值上均不相同。

在热塑性成形时，常采用最大摩擦力条件，即取 $m=1$。在用上限法或有限元法分析塑性成形过程时，一般采用常摩擦力条件，因为采用这一条件，事先不需知道接触面上的正压应力分布情况，因而比较方便。

3）用反正切函数修正的摩擦定律

假设摩擦力为接触面上相对滑动速度 $\dot{u}_r$ 的反正切函数，即

$$\tau = -mK\left[\frac{2}{\pi}\arctan\left(\frac{\dot{u}_r}{\dot{u}_0}\right)\right] \tag{11-4}$$

式中，m 为摩擦因子，$0 \leqslant m \leqslant 1$；$K$ 为工件材料的剪切屈服强度；$\dot{u}_0$ 为一小正数。

该定律表示摩擦力与相对滑动速度方向相反，摩擦力的大小，除了与材料剪切屈服强度和相对滑动速度有关外，还与 $\dot{u}_r/\dot{u}_0$ 有关。$\dot{u}_0$ 值的大小，对有限元求解精度和收敛情况影响很大，一般在 $10^{-3} \sim 10^{-5}$ 为宜。这种摩擦条件特别适合于变形材料中存在相对滑动速度为零的中性点或中性区的加工过程。

4. 影响摩擦系数的主要因素

由于库伦摩擦条件用得比较普遍，因而以下将讨论影响其摩擦系数 μ 的主要因素。

1）金属的种类和化学成分的影响

金属的种类和化学成分对摩擦系数影响很大。由于不同种类的金属，其表面硬度、强度、氧化膜的性质及与工具之间的相互结合力等特性各不相同，因而摩擦系数也不相同。即使同一种金属，当化学成分不同时，摩擦系数也不同。图 11-3 系不同温度下钢中含碳量对金属摩擦系数的影响。一般来说，材料的强度、硬度越高，摩擦系数越小。

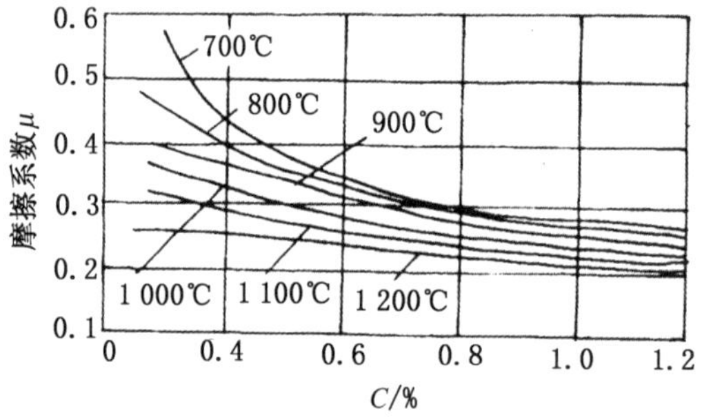

图 11-3 钢的含碳量对摩擦系数的影响

2）工具表面状态的影响

一般来说，工具表面粗糙度越小，表面凸凹不平程度也越轻，因而摩擦系数越小。但是，若工具和坯料的接触面都非常光滑时，由于分子吸附作用增强，反而会引起摩擦系数增加，不过这种现象在塑性成形中并不常见。其次，工具表面粗糙度在各个方向不同时，则各个方向的摩擦系数亦不相同。实验证明，沿着加工方向的摩擦系数比垂直加工方向的摩擦系数约小 20%。

3）变形温度的影响

变形温度对摩擦系数的影响很复杂，因为温度变化时，材料的强度、硬度及接触面上氧化皮的性能都会发生变化。一般认为，开始时摩擦系数随温度升高而升高，达到最大值以后又随温度升高而降低，如图 11-4 所示。这是因为温度较低时，氧化膜黏附在金属表面上，质地又较硬，所以摩擦系数较小。随着温度的升高，氧化膜增厚而且分子间的吸附能力也增加，因而摩擦系数也增大。当温度继续升高时，氧化皮会变软或脱离金属表面，在金属与工具之间形成一个隔离层，起到润滑作用，因而摩擦系数下降。

4）接触面上单位压力的影响

单位压力较小时，表面分子吸附作用不明显，摩擦系数保持不变，和正压力无关。当单

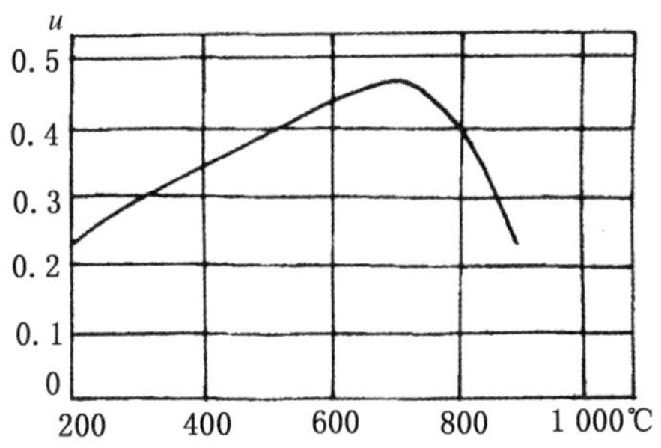

图 11－4　温度对钢的摩擦系数的影响

位压力增加到一定数值后，接触表面的氧化膜遭破坏，润滑剂被挤掉，坯料和工具接触面间分子吸附作用愈益明显，摩擦系数便随单位压力的增大而增大，但增大到一定程度后又趋于稳定，如图 11－5 所示。

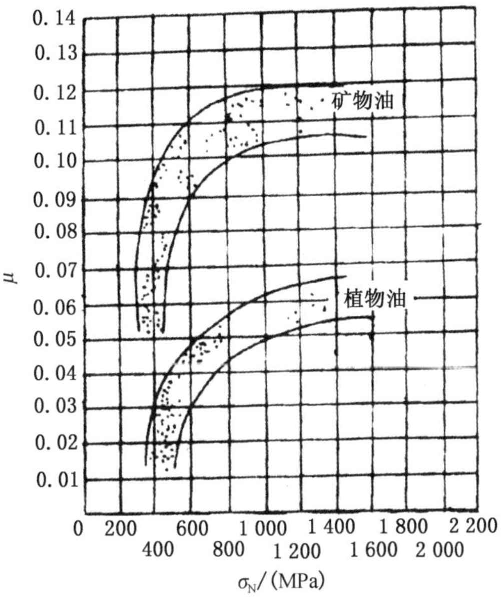

图 11－5　正压力对摩擦系数的影响

5）变形速度的影响

许多试验结果表明，摩擦系数随变形速度的增加而有所下降。例如，锤上镦粗的摩擦系数要比在机械压力机上镦粗时小 20%～25%，其原因在于不同的摩擦条件下是不同的。在干摩擦时，变形速度增加，表面凹凸不平部分来不及相互咬合，表现出摩擦系数的下降。在边界润滑条件下，由于变形速度的增加，会减少润滑剂被挤出的数量，润滑膜厚度增大，使摩擦系数下降，如图 11－6 所示。

11.1.3　塑性成形问题的基本分析方法

求解变形体（毛坯）内部的应力大小及分布需联解平衡微分方程、塑性条件、几何方程和本构方程。一般说来，微分方程的边值问题只是在方程的性质比较简单，问题的求解域的几何形状十分规则的情况下，或是对问题进行充分简化的情况下，才能求得解析解。目前，只有某些特殊情况或将实际问题进行一些简化假设后才能求解。根据简化假设的不同，求解

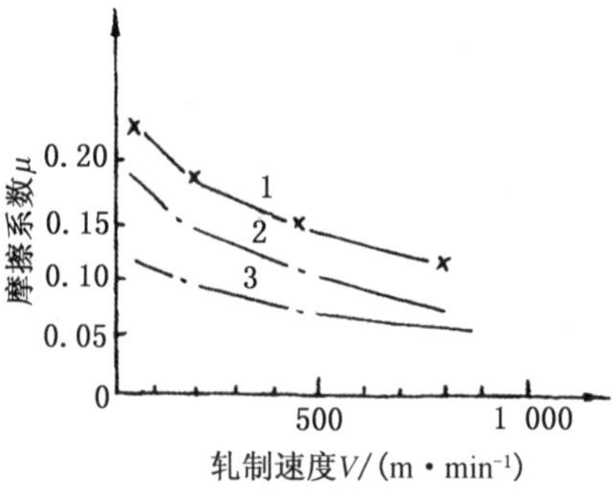

图 11-6　轧制速度对铝的摩擦系数的影响

1—压下率 60%，润滑油中无添加剂；2—压下率 60%，润滑油中加入酒精；
3—压下率 25%，润滑油中加入酒精

方法有主应力法、上限法和滑移线法等。

主应力法是在简化平衡微分方程和塑性条件基础上建立起来的计算方法，其基本思路是将变形体的变形简化为平面变形或轴对称变形，并对应力分量分布规律进行简化，在此基础上，建立变形体中基元板块的力平衡常微分方程，再利用简化的屈服条件对该常微分方程进行简化，积分后利用应力边界条件得出接触面上的应力分布和成形载荷。

上限法是利用虚功原理，将微分方程边值问题转化成积分形式来求解。其中需要根据实际变形情况建立运动学许可的速度场，该速度场要满足速度边界条件、连续性条件和体积不可压缩条件，所求得的载荷大于真实载荷。

滑移线法是一种主要针对平面应变问题的、需要作图求解的方法。应用该方法时，首先要根据边界条件作出变形体中最大剪应力的轨迹(即滑移线)所形成的曲线网格，根据滑移线网格的性质求得变形体中的应力场和速度场。

采用以上方法，可以获得塑性成形问题的理论解，其中主要是成形载荷。这些结果可以定性地表示各个材料和工艺参数与成形力的函数关系，有助于人们对塑性成形规律的理解，但是由于需要引入大量的简化假设以便于求解，所以定量上不够精确。同时，这些方法只能针对成形过程中某一瞬时进行分析的，不能描述成形的全过程。主应力法和上限法仍然为人们广泛地应用，本章将对这两种方法进行介绍。滑移线法由于一般情况下不易作出滑移线网格，应用较为不便，故现在已很少采用，本书也不进行介绍。

随着计算机硬件、软件技术的飞速发展和对塑性成形过程物理规律研究的深入，塑性成形过程数值模拟技术取得了很大的进展。数值模拟即是通过数值计算得到用微分方程边值问题来描述的各种塑性成形问题中工件和模具的位移场(速度场)、应变场、应力场，等等，采用增量计算的方式求得各不同时刻的解，据此预测成形载荷、工件中组织性能的变化及可能出现的缺陷；利用计算机图形技术将这些分析结果直观地、动态地呈现在研究设计人员面前，使他们能通过这个虚拟的塑性加工过程检验工件的最终形状、尺寸、性能等是否符合设计要求，以此来优化模具设计，正确选用机器设备。

数值模拟方法的基本特点是将微分方程边值问题的求解域进行离散化，将原来欲求得在求解域内处处满足场方程、在边界上处处满足边界条件的解析解的要求降低为求得在给定的离散点(节点)上满足由场方程和边界条件所导出的一组代数方程的数值解。这样，就使一个连续的、无限自由度问题变成离散的、有限自由度问题。已经发展的数值模拟方法可以分为两大类：一类以有限元法为代表，另一类以有限差分法为代表。

有限差分法与主应力法有相似之处，都是对微分方程直接进行求解。但有限差分法并不对方程的形式进行简化，而是以差分代替微分，将求解对象在时间与空间上进行离散，对每个离散单元进行各种物理场分析(如温度场、流动场及应力场等)，然后将所有单元的求解结果汇总，得到整个求解对象在不同时刻的行为变化，并对分析对象的可能变化(发展)趋势作出预测。有限差分法具有求解过程简单、速度快、前后处理易于实现等优点。因为有限差分法是对空间坐标进行离散的，因此更适合于流体力学问题。

有限元法与上限法有相似之处，都是采用虚功原理和变分原理，将微分方程边值问题表达成积分方程的形式，假设运动学许可的速度场(或位移场)，通过求泛函极值的方法确定其中的待定参数，从而得到问题的解答。与上限法中要针对整个变形体假设运动学许可的速度场不同，有限元法的特点是将求解域离散为一组有限个形状简单、且仅在节点处相互连接的单元的集合体，在每个单元内用一个满足一定要求的插值函数描述基本未知量(如位移分量)在其中的分布，随着单元尺寸的缩小，近似的数值解将越来越逼近精确解。因此，有限元法能适应任意复杂的和变动的边界，具有强大的分析求解能力。因为有限差分法是对物质坐标进行离散的，因此更适合于固体力学问题。

由此可见，本书介绍的主应力法和上限法这两种理论分析方法与有限差分法和有限元法这两种数值模拟方法有着密切的联系，在应用中也是相辅相成、互为补充的。本章的内容也为学习和应用数值模拟方法打下必要的基础。

11.2　主应力法

金属塑性成形理论的主要任务之一就是确定各种成形工序所需的变形力，所谓变形力是指在塑性加工过程中，工具对坯料所施加的使之发生塑性变形的作用力。变形力是正确设计模具、选择设备和制定工艺规程的重要参数。由于塑性变形时，变形力是通过工具表面或毛坯的弹性变形区传递给变形金属的，所以为求变形力，需要确定变形体与工具的接触表面上的应力分布。

求解变形体内部的应力大小及分布需联解平衡微分方程、塑性条件、几何方程和本构方程。但是，这些方程是包含多个未知数的高阶偏微分方程，再加之塑性变形时变形体的几何条件和边界条件的复杂性，对一般的空间问题处理在数学上极其困难，甚至不可解。目前，只有某些特殊情况或将实际问题进行一些简化假设后才能求解。主应力法是在简化平衡微分方程和塑性条件的基础上建立起来的计算方法。

11.2.1　塑性成形问题的数学解析法

这种方法是将平衡微分方程和塑性条件(屈服准则)进行联解，以求出变形体塑性变形的应力分布，进而求出变形力。在联解过程中，需利用几何方程和本构方程，积分常数需要根据自由表面和接触表面上的边界条件确定。

下面举例说明利用平衡微分方程和塑性条件联解平面问题。

这里，以求长矩形板镦粗时的变形力和单位流动压力为例子。

对于长矩形板，板长 l 远大于高度 h 和宽度 a，故可近似地认为坯料沿长度方向的变形

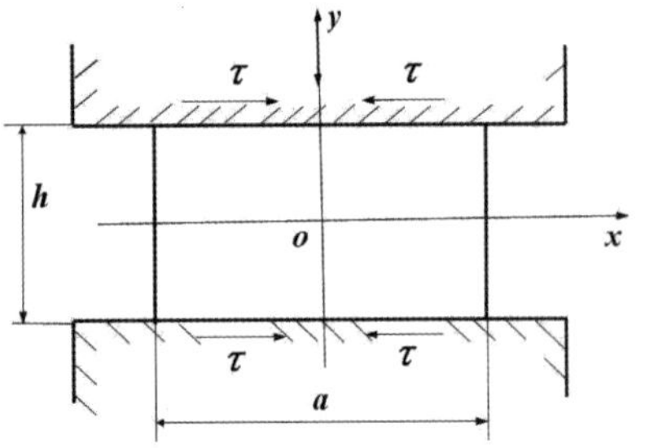

图 11-7 长矩形板镦粗示意图

为零，当作平面变形问题处理，不考虑镦粗过程中矩形断面的畸变(出现鼓形)，接触面上切应力设为 τ(见图 11-7)。由于对称性，故只分析第一象限。

已知平面问题的平衡微分方程为

$$\frac{\partial \sigma_x}{\partial x}+\frac{\partial \tau_{xy}}{\partial y}=0$$

$$\frac{\partial \tau_{xy}}{\partial x}+\frac{\partial \sigma_y}{\partial y}=0$$

将第一式对 y 微分，第二式对 x 微分，得

$$\frac{\partial^2 \sigma_x}{\partial x \partial y}+\frac{\partial^2 \tau_{xy}}{\partial y^2}=0$$

$$\frac{\partial^2 \tau_{xy}}{\partial x^2}+\frac{\partial^2 \sigma_y}{\partial x \partial y}=0$$

从第 1 式减去第 2 式，得

$$\frac{\partial^2(\sigma_x-\sigma_y)}{\partial x \partial y}=\frac{\partial^2 \tau_{xy}}{\partial x^2}-\frac{\partial^2 \tau_{xy}}{\partial y^2} \tag{11-5}$$

平面变形时的塑性条件(按米塞斯屈服准则)为

$$(\sigma_x-\sigma_y)^2+4\tau_{xy}^2=4K^2$$

即

$$\sigma_x-\sigma_y=\pm 2\sqrt{K^2-\tau_{xy}^2} \tag{11-6}$$

因 σ_x 和 σ_y 均为负值，且 $|\sigma_y|>|\sigma_x|$，故 $(\sigma_x-\sigma_y)$ 为正，所以上式右边根号前取正号。

将式(11-6)代入式(11-5)，得

$$2\frac{\partial^2\sqrt{K^2-\tau_{xy}^2}}{\partial x \partial y}=\frac{\partial^2 \tau_{xy}}{\partial x^2}-\frac{\partial^2 \tau_{xy}}{\partial y^2} \tag{11-7}$$

式(11-7)中只包含一个未知数 τ_{xy}，但只有当 τ_{xy} 与 x 无关，而仅为 y 的函数时，上式才有解。这时，式(11-7)可以简化为

$$\frac{\partial^2 \tau_{xy}}{\partial y^2}=0$$

积分得

$$\tau_{xy}=C_1+C_2 y$$

当 $y=0$ 时(即在对称平面 xOz 上)，$\tau_{xy}=0$，由此得 $C_1=0$。已知接触面上的摩擦应力为 τ，即 $y=\frac{1}{2}h$ 时，$\tau_{xy}=-\tau$，由此得

$$C_2=-\frac{2\tau}{h}$$

将 C_1、C_2 代入上式，得

$$\tau_{xy}=-\frac{2\tau}{h}y \tag{11-8}$$

微分式(11-8)得

$$\frac{\partial \tau_{xy}}{\partial y}=\frac{d\tau_{xy}}{dy}=-\frac{2\tau}{h} \tag{11-9}$$

将式(11-9)代入平面问题的平衡微分方程中，且考虑 $\frac{\partial \tau_{xy}}{\partial x}=0$，得

$$\frac{\partial\sigma_x}{\partial x}-\frac{2\tau}{h}=0$$

$$\frac{\partial\sigma_y}{\partial y}=0$$

积分后得

$$\sigma_x=\frac{2\tau}{h}x+\varphi_1(y)$$

$$\sigma_y=\varphi_2(x) \tag{11-10}$$

为了确定式(11－10)中的任意函数 $\varphi_1(y)$ 和 $\varphi_2(x)$，可将该式及式(11－8)代入式(11－6)，得

$$\frac{2\tau}{h}x+\varphi_1(y)-\varphi_2(x)=2\sqrt{K^2-\frac{4\tau^2}{h^2}y^2}$$

移项后得

$$\varphi_2(x)-\frac{2\tau}{h}x=\varphi_1(y)-2\sqrt{K^2-\frac{4\tau^2}{h^2}y^2}$$

上式左边仅为 x 的函数，而右边仅为 y 的函数。因此，只有各等于某一常数 C 时才能满足。因此，得

$$\varphi_2(x)-\frac{2\tau}{h}x=C\text{，}\varphi_2(x)=\frac{2\tau}{h}x+C$$

$$\varphi_1(y)-2\sqrt{K^2-\frac{4\tau^2}{h^2}y^2}=C\text{，}\varphi_1(y)=C-2\sqrt{K^2-\frac{4\tau^2}{h^2}y^2}$$

将 $\varphi_1(y)$ 和 $\varphi_2(x)$ 值代入式(11－10)，得

$$\left.\begin{aligned}\sigma_x&=\frac{2\tau}{h}x+2\sqrt{K^2-\frac{4\tau^2}{h^2}y^2}+C\\ \sigma_y&=\frac{2\tau}{h}x+C\end{aligned}\right\} \tag{11-11}$$

上式表明，接触面上的正应力 σ_y 为 x 的线性函数。式中的积分常数 C 可根据变形的边界条件确定。因在 $x=\frac{a}{2}$、$y=0$ 处，$\sigma_x=0$，代入式(11－11)中第一式，得

$$C=-\frac{a}{h}\tau-2K$$

再将 C 值代入式(11－11)，最后得

$$\sigma_y=-\left(2K+\frac{a-2x}{h}\tau\right) \tag{11-12a}$$

$$\sigma_x=-\left(2K+\frac{a-2x}{h}\tau-2\sqrt{K^2-\frac{4\tau^2}{h^2}y^2}\right) \tag{11-12b}$$

式(11－12a)表明，当 $x=\frac{a}{2}$ 时，$\sigma_y=-2K$，其绝对值最小，随 x 的减小，σ_y 的绝对值逐渐增大，直到 $x=0$ 时出现最大值 $|\sigma_y|=2K+\frac{a}{h}|\tau|$。显然，$\tau$ 值会影响接触面上 σ_y 的分布规律，它的大小可由常摩擦力条件($\tau=\mu' S$)确定。在粗糙平板下镦粗或热镦时，可近似取 $|\tau|=K$，根据式(11－12a)可以求得 σ_y 值为

$$\begin{aligned}\sigma_y &= -\left(2K+\frac{a-2x}{h}\tau\right)\\ &= -\left(2K+\frac{a-2x}{h}K\right) \qquad (11-13)\\ &= -\frac{2}{\sqrt{3}}S\left(1+\frac{0.5a-x}{h}\right)\end{aligned}$$

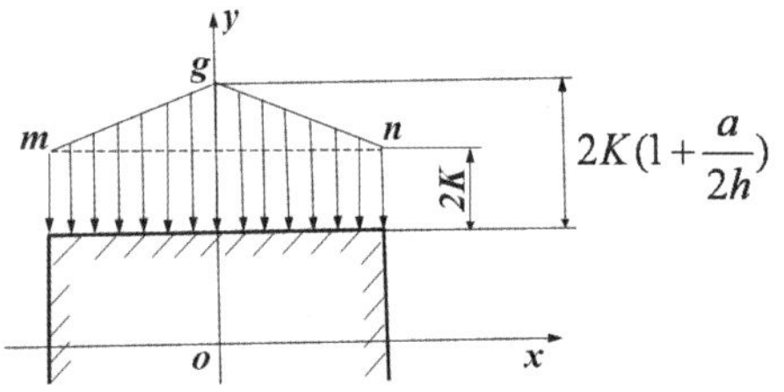

图 11－8　接触面上正应力的分布规律

由式(11－13)可知，正应力 σ_y 的分布规律如图 11－8 的折线 mgn 所示。当无外摩擦力时，沿整个接触面上的正应力均等于 $\frac{2}{\sqrt{3}}S$，如直线 mn 所示。而三角形 gmn 则表示摩擦力所引起的正应力 σ_y 的增加值。

σ_y 确定后，变形力 P 由下式确定：

$$P=\int_F \sigma_y \mathrm{d}A = la\cdot\frac{2}{\sqrt{3}}S\left(1+\frac{1}{4}\frac{a}{h}\right)$$

将变形力除以接触面积，即得单位流动压力：

$$p=\frac{P}{A}=\frac{P}{la}=\frac{2}{\sqrt{3}}S\left(1+\frac{1}{4}\frac{a}{h}\right) \qquad (11-14)$$

平衡微分方程和塑性条件联解的方法比较严密，但所能求解的问题有限，运算也比较复杂。

11.2.2　主应力法的基本原理

主应力法的实质是将应力平衡微分方程和塑性条件联立求解。从 20 世纪 20～30 年代起，许多学者就开始应用主应力法解决镦粗、挤压，轧制等工序的受力分析，它是一种比较简单的分析接触面上正应力分布并求解变形力的方法。主应力法解题的基本原理如下。

(1) 根据实际变形区的情况，将问题简化为轴对称问题或平面问题。对于形状复杂的变形体，可以根据金属流动情况，将它划分为若干形状简单的部分，每一部分分别按轴对称问题或平面问题求解，然后“拼合”在一起，即得到整个问题的解。

(2) 根据金属流动趋势和选取的坐标系，沿变形体整个截面切取一个包含接触面的基元体(又称为基元板块)，或沿变形体部分截面切取含有边界条件已知的表面在内的基元体。假设在接触面上有正应力和切应力(摩擦力)，切面上的正应力假定为主应力，且为均匀分布(即与一坐标无关)。这样，在研究基元体的力学平衡方程时，不仅方程数目减少为一个，而且得到的是常微分方程，大大降低了计算难度。

(3) 由于以任意应力分量表示的塑性条件是非线性的，即使对于平面问题或轴对称问题，也难将其与平衡微分方程联解。因此，在对该基元体列塑性条件时，假定各坐标面上作用的正应力即为主应力，而不考虑面上切应力(包括摩擦切应力)对材料塑性条件的影响。这样，就可将塑性条件简化为线性方程。例如，平面应变问题的塑性条件原为 $(\sigma_x-\sigma_y)^2+4\tau_{xy}^2=4K^2$，现因忽略 τ_{xy} 的影响，而简化为

$$\sigma_x-\sigma_y=2K \text{（当 } \sigma_x>\sigma_y \text{ 时，} K \text{ 为剪切屈服应力）}$$

将上述简化的平衡微分方程和塑性条件联立求解，并利用应力边界条件确定积分常数，

以求得接触面上的应力分布情况，进而求得变形力等，这就是主应力法。由于经过简化的平衡微分方程和塑性条件实质上都是以主应力表示的，由此得名。又因这种解法是从切取基元体或基元板块着手的，故也形象地称为“切块法”。

主应力法的数学运算比较简单，从所得的数学表达式中，可以分析各有关参数（如摩擦系数、变形体几何尺寸、变形程度、模具参数等）对变形力的影响，因此至今仍然是计算变形力的一种重要方法。但用这种方法无法分析变形体内的应力分布，因为所作的假设已使变形体内的应力分布在一个坐标方向上平均化了。

下面介绍主应力法在几种主要塑性加工工序上的应用。

11.2.3 镦粗的主应力法分析

1. 镦粗变形的特点

在外力作用下，使坯料高度减小，横截面增大的塑性成形工序称为镦粗。镦粗通常是在两个平行的平砧之间对坯料进行压缩。镦粗坯料的形状、尺寸及与砧板之间的接触状态对镦粗变形有很大影响，不同的截面和尺寸、不同的摩擦状态，镦粗时的应力应变状态存在很大的差异。

坯料在无摩擦的平行砧板间进行镦粗，变形前的直棱和平面变形后仍然是直棱和平面，而且俯视图上的外形保持相似，这样的变形称为均匀镦粗。不难理解，此时，金属质点沿水平方向的流动必为由横截面中心向四周呈放射状流动。

金属塑性成形时质点的流动规律遵循最小阻力定律，即在塑性成形中，当金属质点有向几个方向移动的可能时，它会向阻力最小的方向移动。但是，在实际镦粗中. 接触面上不可避免地存在摩擦，这就导致了镦粗时的不均匀变形。下面以圆柱体镦粗为例来分析镦粗变形的特点。

当圆柱体的高径比 $\frac{H}{D} \leqslant 2$ 时，镦粗后呈现鼓形，即两端直径小，中间直径大（见图 11－9）。利用网格法可以得到镦粗时坯料子午面上的网格变化。从中可以看出坯料内部的变形是不均匀的，为了便于分析，将变形区按变形程度大致分为 3 个区，如图 11－10 所示。

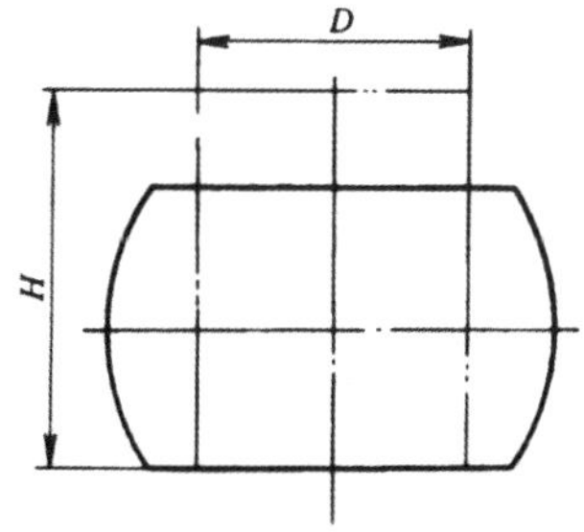

图 11－9 平砧镦粗示意图

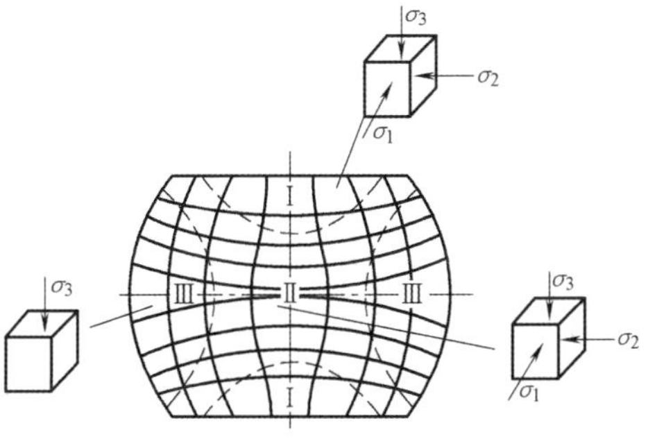

图 11－10 坯料子午面网格变化及各区域应力情况

区域Ⅰ是和工具的上下砧面接触的区域，变形程度最小，称为难变形区。区域Ⅱ处于上下两个难变形区域Ⅰ之间，变形程度最大，称为大变形区。区域Ⅲ是外侧的鼓形区部分，变形程度居中，称为小变形区。变形不均匀产生的主要原因是工具与坯料端面之间存在摩擦。

由于表层受到的摩擦阻力很大，区域Ⅰ内的金属质点受三向压应力。越靠近接触面中心部分. 金属流动受到外层阻碍和摩擦阻力所引起的三向压应力数值也越大，变形也就越困难。因为摩擦力的影响是随离接触表面的距离而减弱的，所以区域Ⅱ受到的摩擦影响小，在水平方向上受到的压应力也较小。金属质点在轴向压应力的作用下产生很大的压应变，径向有较大扩展，同时难变形区Ⅰ对该部分有压挤作用，这些变形的综合作用导致了鼓形的形成。

在平砧间热镦粗坯料时，除摩擦力影响外，温度不均也是不均匀变形产生的原因之一。Ⅰ区金属由于与工具接触，温度降低快，变形抗力大，因此变形也较其他区域困难。

区域Ⅲ外侧为自由表面，受端面摩擦影响小，应力状态近似于单向压缩（σ_3）。但是，由于Ⅱ区变形较大，金属向外流动时对Ⅲ区有径向压应力（σ_2），使该区金属切向受拉应力（σ_1），愈靠近坯料外表面切向拉应力越大。当切向拉应力超出材料的强度极限或切向变形超过材料允许的变形程度时，便会引起纵向裂纹。

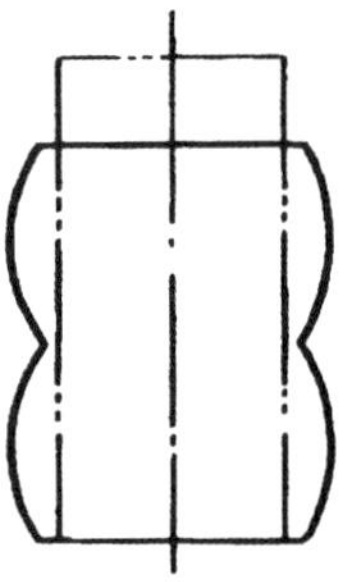

图 11－11　较高坯料镦粗时形成双鼓形

当圆柱体的高径比 $\frac{H}{D}>2$ 时，镦粗后坯料上部和下部变形大，中间变形小，形成双鼓形(见图 11－11)。这是因为与平砧接触的上下端金属受摩擦力影响形成了锥形的难变形区，外力通过它作用于与之相邻的部分，导致了双鼓形的形成。随着镦粗继续，高径比接近 1 时，双鼓形逐渐变成单鼓形。如果坯料更高（$\frac{H}{D}>3$），镦粗时容易失稳而弯曲。

当圆柱体的高径比 $\frac{H}{D}\leqslant 0.5$ 时，镦粗的不均匀程度有所改善。这是由于相对高度较小，上下难变形区已部分重叠(见图 11－12)，坯料不存在大变形区，因此鼓形程度较小。

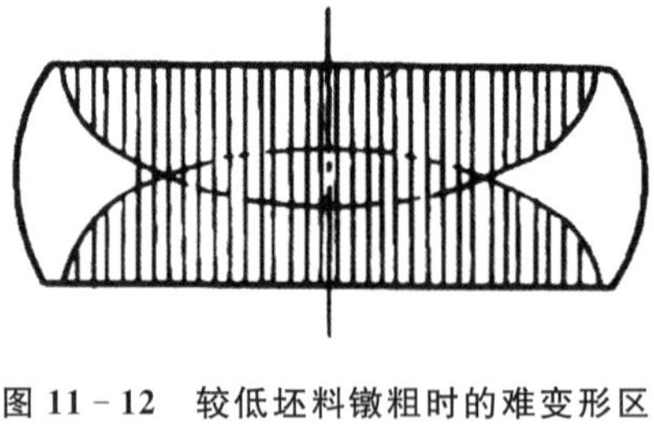

图 11－12　较低坯料镦粗时的难变形区

坯料镦粗变形的不均匀性在其端面也有反映。一般情况下，镦粗毛坯的端面分为边部和心部两个不同区域。在边部区域，金属质点与工具表面有径向滑动，为滑动区；在心部区域，不存在相对滑动，称黏着区，即上下两难变形区的底面。滑动区与黏着区的相对大小与摩擦系数 μ 和高径比 $\frac{H}{D}$ 有关，μ 和 $\frac{H}{D}$ 越大，黏着区越大。在一般坯料镦粗初期，端面尺寸的增大主要是靠侧表面的金属翻上去实现的。

2. 圆柱体镦粗变形力的计算

当我们在计算中用主应力法求解圆柱体镦粗时的应力分布状态时，可以按以下步骤进行：

（1）设圆柱体毛坯的直径和高度分别为 d 和 h，采用坐标原点在圆柱中心而 z 轴与圆柱轴线重合的圆柱坐标系 (r, θ, z)，将问题简化为轴对称问题。

（2）沿整个坯料高度方向在半径 r 处截取一厚度为 $\mathrm{d}r$、圆心角为 $\mathrm{d}\theta$ 的扇形基元体，如图 11-13 中阴影所示。沿基元体的高度方向作用着均布的径向压应力 σ_r 和 $\sigma_r + \mathrm{d}\sigma_r$ 及切向压应力 σ_θ。由于轴对称问题，故 $\tau_{r\theta} = \tau_{z\theta} = 0$，所以 σ_z 和 σ_r 为主应力。

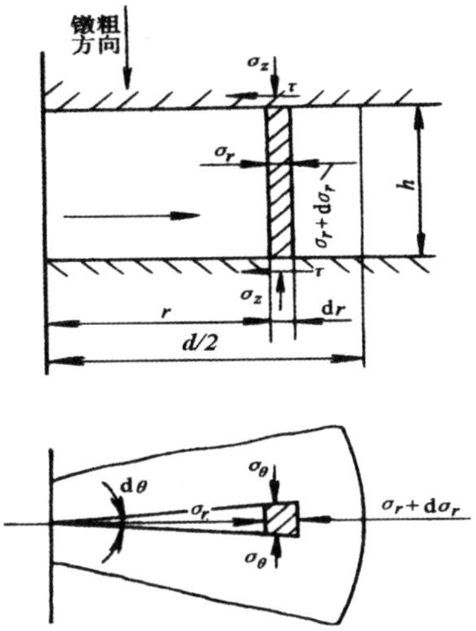

图 11-13　圆柱体镦粗时基元体的应力分析

（3）列基元体径向的力平衡方程(沿 r 向)。

$$\sigma_r rh\,\mathrm{d}\theta + 2\sigma_\theta \sin\frac{\mathrm{d}\theta}{2}h\,\mathrm{d}r - 2\tau\, r\,\mathrm{d}\theta\mathrm{d}r - (\sigma_r + \mathrm{d}\sigma_r)(r + \mathrm{d}r)h\,\mathrm{d}\theta = 0$$

因 $\mathrm{d}\theta$ 是一微小量，故 $\sin\frac{\mathrm{d}\theta}{2} \approx \frac{\mathrm{d}\theta}{2}$，整理并略去高次项，得

$$\sigma_\theta h\,\mathrm{d}r - rh\,\mathrm{d}\sigma_r - \sigma_r h\,\mathrm{d}r - 2\tau r\,\mathrm{d}r = 0$$

圆柱体镦粗时，$\sigma_\theta = \sigma_r$，代入上式得

$$\mathrm{d}\sigma_r = -\frac{2\tau}{h}\mathrm{d}r \tag{11-15}$$

（4）补充塑性条件。轴对称状态时，Mises 与 Tresca 屈服准则一致，忽略摩擦切应力对屈服准则的影响，即为

$$\sigma_z - \sigma_r = S \text{（} \sigma_z \text{、} \sigma_r \text{ 均取正值，} S \text{ 为流动应力）}$$

所以有 $\mathrm{d}\sigma_z = \mathrm{d}\sigma_r$，代入式(11-15)得

$$\mathrm{d}\sigma_z = -\frac{2\tau}{h}\mathrm{d}r \tag{11-16}$$

（5）引入摩擦条件。

① 若采用常摩擦条件 $\tau = \mu' S$，代入式(11-15)得

$$\sigma_z = -\frac{2\tau}{h}r + C = -\frac{2\mu' S}{h}r + C$$

当 $r = d/2$ 时，$\sigma_r = 0$，由屈服准则，$\sigma_z = S$，得积分常数为

$$C = -\frac{\mu' S d}{h} + S$$

于是得接触面正应力为

$$\sigma_z = S\left[1 + \frac{\mu'}{h}(d - 2r)\right] \tag{11-17}$$

已知接触表面正应力分布后，便可求得镦粗变形力和单位流动压力。镦粗变形力 P 为

$$P = \iint \sigma_z \mathrm{d}A$$

单位流动压力 p 为

$$p = \frac{P}{A}$$

式中，A 为坯料的承压面积。

圆柱体镦粗时的单位流动压力(变形力)为

$$p=\frac{P}{A}=\frac{\iiint \sigma_z \mathrm{d}A}{A}=\frac{4}{\pi d^2}\int \sigma_z \mathrm{d}A=\frac{4}{\pi d^2}\int_0^{\frac{d}{2}} S\left[1+\frac{\mu'}{h}(d-2r)\right]2\pi r\mathrm{d}r=S\left(1+\frac{\mu' d}{3h}\right)$$

式中，承压面积 $A=\frac{\pi}{4}d^2$ 。

② 若采用库伦摩擦条件 $\tau=\mu\sigma_z$ ，代入式(11-15)得

$$\mathrm{d}\sigma_z=-\frac{2\mu\sigma_z}{h}\mathrm{d}r$$

对上式积分得 $$\sigma_z=C\mathrm{e}^{-\frac{2\mu}{h}r}$$

与常摩擦条件的边界条件一样，当 $r=d/2$ 时，$\sigma_r=0$ ，$\sigma_z=S$ ，得积分常数为

$$C=S\mathrm{e}^{\frac{\mu d}{h}}$$

于是接触面上正应力分布与摩擦切应力分别为

$$\left.\begin{aligned}\sigma_z&=S\mathrm{e}^{\frac{2\mu}{h}\left(\frac{d}{2}-r\right)}\\ \tau&=\mu S\mathrm{e}^{\frac{2\mu}{h}\left(\frac{d}{2}-r\right)}\end{aligned}\right\} \tag{11-18}$$

单位流动压力为

$$p=\frac{P}{A}=\frac{\int \sigma_z \mathrm{d}A}{A}=\frac{4}{\pi d^2}\int \sigma_z \mathrm{d}A=\frac{4}{\pi d^2}\int_0^{\frac{d}{2}} S\mathrm{e}^{\frac{2\mu}{h}\left(\frac{d}{2}-r\right)}2\pi r\mathrm{d}r=\frac{2h^2}{\mu d^2}S\left[(\mathrm{e}^{\frac{\mu d}{h}}-1)-\frac{\mu d}{h}\right]$$

3. 平面应变镦粗变形力的计算

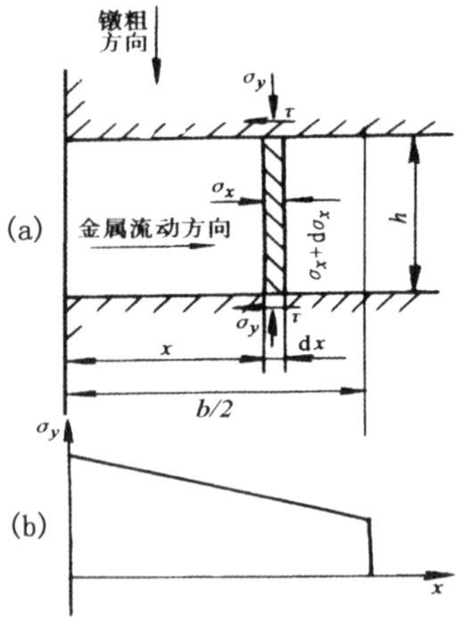

图 11-14 平行砧板间平面应变镦粗及正应力 σ_y 的分布

图 11-14 表示平行砧板间长矩形截面毛坯的镦粗。设毛坯的宽度为 b，高度为 h，长度为 l，假设 $l\gg b$、h，所以可按平面变形进行求解。由于对称，取右半边进行分析。设 $\tau=\mu' S$ (若改变摩擦条件，则推导结果不同，但推导方法和步骤不变)。

对图中的基元板块，沿 x 方向列出力的平衡方程为

$$\sigma_x lh-(\sigma_x+\mathrm{d}\sigma_x)lh-2\tau l\mathrm{d}x=0$$

整理得

$$\mathrm{d}\sigma_x=-\frac{2\tau}{h}\mathrm{d}x \tag{11-19}$$

平面变形时的塑性条件(按 Mises 条件)为

$$\sigma_y-\sigma_x=2K\ (\sigma_y、\sigma_x \text{ 均取正值})$$
$$\mathrm{d}\sigma_y=\mathrm{d}\sigma_x \tag{11-20}$$

将式(11-20)代入式(11-19)，得

$$\mathrm{d}\sigma_y=-\frac{2\tau}{h}\mathrm{d}x$$

积分，并将 $\tau=\mu' S$ 代入，得

$$\sigma_y=-\frac{2\mu' S}{h}x+C$$

利用边界条件确定积分常数 C,当 $x=\frac{b}{2}$ 时,$\sigma_y=\frac{2}{\sqrt{3}}S$,则

$$C=\frac{2}{\sqrt{3}}S+\frac{\mu' b}{h}S$$

最后得

$$\sigma_y=\frac{2\mu' S}{h}\left(\frac{b}{2}-x\right)+\frac{2}{\sqrt{3}}S \tag{11-21}$$

σ_y 的分布如图 11-15(b)所示。

平面应变镦粗的单位流动压力为

$$\begin{aligned} p&=\frac{P}{F}=\frac{\int\sigma_z \mathrm{d}A}{A}=\frac{2}{bl}\int_0^{\frac{b}{2}}\sigma_y l\,\mathrm{d}x\\ &=\frac{2}{b}\int_0^{\frac{b}{2}}\left[\frac{2\mu' S}{h}\left(\frac{b}{2}-x\right)+\frac{2}{\sqrt{3}}S\right]\mathrm{d}x\\ &=S\left(\frac{2}{\sqrt{3}}+\frac{\mu' b}{2h}\right)\end{aligned} \tag{11-22}$$

式中,承压面积 $A=\frac{b}{2}l$ 。

4. 镦粗时的变形功

塑性成形设备主要是根据材料成形时所需要的变形力或变形能量进行选用的。镦粗时常用的设备主要是液压机或锻锤等,其中液压机的作用力是静压力,锻锤的作用力则是冲击力。冲击力是根据能量确定的,所以锻锤类设备的选取以坯料镦粗时的变形功为基础。

假设圆柱体在镦粗过程中某瞬间的单位流动压力为 p,接触面工作面积为 A,变形体高度压下量为 $\mathrm{d}h$,则该瞬时的变形功为

$$\mathrm{d}W=-pA\,\mathrm{d}h$$

设毛坯在变形瞬时高度为 h,圆柱体体积为 V,则 $A=\frac{V}{h}$ 。当圆柱体由初始高度 h_0 镦粗至变形结束时高度 h_1,所需要的总变形功为

$$W=-\int_{h_0}^{h_1}pA\,\mathrm{d}h=\int_{h_1}^{h_0}\frac{pV}{h}\mathrm{d}h=V\int_{h_1}^{h_0}\frac{p}{h}\mathrm{d}h \tag{11-23}$$

由前述变形力的计算可知,单位流动压力 $p=f(h)$,因此式(11-23)积分比较困难。为简化计算,以 $\bar{p}$ 表示坯料由 h_0 至 h_1 的单位流动压力的平均值,代入上式得

$$W=V\int_{h_1}^{h_0}\bar{p}\frac{\mathrm{d}h}{h}=V\bar{p}\ln\frac{h_0}{h_1} \tag{11-24}$$

当变形量不大时,相对压缩量 $\varepsilon=\frac{h_0-h_1}{h_0}\approx\ln\frac{h_0}{h_1}$,式(11-24)又可写成

$$W=V\bar{p}\varepsilon \tag{11-25}$$

式中,$\bar{p}$ 为平均单位流动压力,可根据中值定理求取或近似用 $\bar{p}=\frac{p_0+2p_1}{3}$ 计算;p_0 为镦粗毛坯高度为 h_0 时的单位流动压力;p_1 为镦粗毛坯高度为 h_1 时的单位流动压力。

在热镦粗时,假设材料为理想塑性材料,材料无加工硬化,这时 S 为常数。假设接触表

面间无摩擦，此时单位流动压力 $p = S$，代入式(11－23)得

$$W = SV\ln\frac{h_0}{h_1} \tag{11-26}$$

除用上述方法近似计算镦粗变形功外，也可将单位流动压力公式直接代入后积分求解。

11.2.4 正挤压的主应力法分析

挤压是金属在3个方向的不均匀压力作用下，从模孔中挤出或流入模膛内以获得所需尺寸、形状的制品或零件的一种塑性成形工艺方法。根据金属的流动方向和挤压凸模运动方向的异同，挤压可分为正挤压、反挤压和复合挤压3种。另外，在锻造过程中，毛坯也经常以挤压变形的方式填充模具型腔。

1. 轴对称类挤压的变形力计算

圆柱体从锥形凹模挤出或锻件充填圆锥形模孔(腔)形成凸台均属于这种类型。轴对称挤压金属流动方向和所取基元板块的受力分析如图11－15所示。

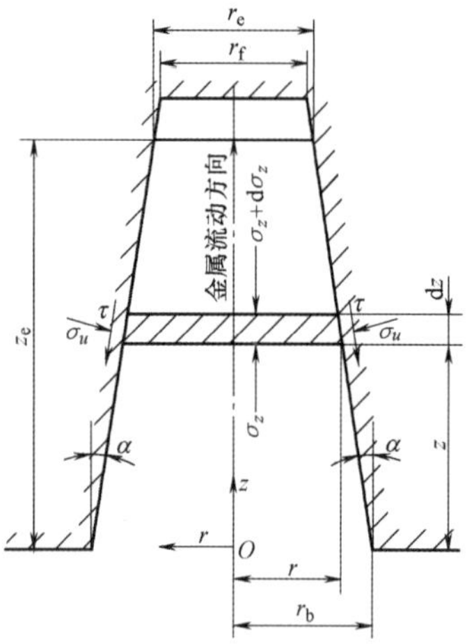

图 11－15 轴对称挤压金属流动方向和基元板块受力分析

列出基元板块 z 方向的力平衡方程，略去高阶微量得

$$2\sigma_z r\tan\alpha dz - r^2 d\sigma_z - 2\tau r dz - 2r\sigma_u\tan\alpha dz = 0$$

由 r 方向的静力平衡关系可得

$$\sigma_u = \sigma_r + \tau\tan\alpha$$

挤压时，r 方向为压应变，z 方向为拉应变；σ_r 和 σ_z 同为压应力，但 σ_r 的绝对值大于 σ_z 的绝对值，故简化的塑性条件为

$$\sigma_r - \sigma_z = S\ (\sigma_r,\sigma_z \text{ 均取正值})$$

联解上列各式，得

$$d\sigma_z = -\frac{2[\tau(1+\tan^2\alpha)+S\tan\alpha]}{r}dz$$

将几何关系

$$r = r_b - z\tan\alpha$$

代入前式，积分后得

$$\sigma_z = K_1\ln(r_b - z\tan\alpha) + C \tag{11-27}$$

式中，$K_1 = \dfrac{2[\tau(1+\tan^2\alpha)+S\tan\alpha]}{\tan\alpha}$

当 $z = z_e$ 时，$\sigma_z = 0$，故 $C = -K_1\ln(r_b - z_e\tan\alpha)$，所以有

$$\sigma_z = K_1\ln\frac{(r_b - z\tan\alpha)}{(r_b - z_e\tan\alpha)} \tag{11-28}$$

$z=0$ 处的 σ_z，即为挤入深度为 z_e 时所需的单位挤压力。

$$p = K_1\ln\frac{r_b}{(r_b - z_e\tan\alpha)} = K_1\ln\frac{r_b}{r_e} \tag{11-29}$$

挤压力为

$$P = p\pi r_b^2 = \pi r_b^2 K_1\ln\frac{r_b}{r_e}$$

若 $r_b = \dfrac{D}{2}$、$r_e = \dfrac{d}{2}$，则

$$p = K_1 \ln \frac{D}{d}\ ,\ P = \pi \frac{D^2}{4} K_1 \ln \frac{D}{d}$$

2. 平面应变类挤压的变形力计算

宽板从平面锥形凹模挤出或锻件充填模腔形成长筋等均属于这种类型。平面应变挤压金属流动方向和所取基元板块的受力分析见图 11-16，设板块的厚度为 1。

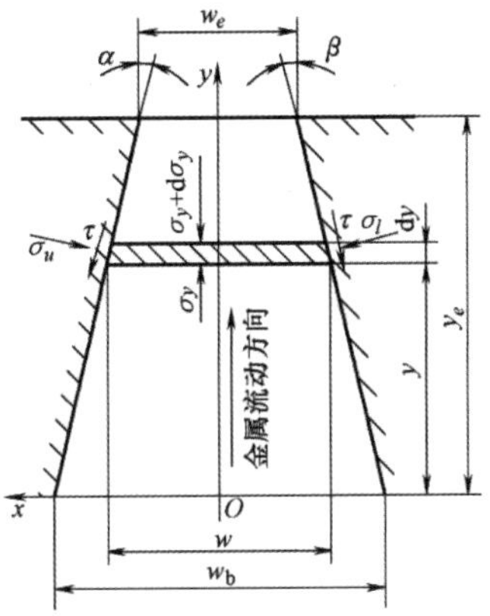

图 11-16　平面应变挤压金属流动方向和基元板块的受力分析

列出基元板块 y 方向的力平衡方程式：

$$\sigma_y w - (\sigma_y + d\sigma_y)[w - (\tan\alpha + \tan\beta)dy] - 2\tau dy - \sigma_u \tan\alpha dy - \sigma_l \tan\beta dy = 0$$

由 x 方向的静力平衡关系可得

$$\sigma_u = \sigma_x - \tau\tan\alpha\ ;\ \sigma_l = \sigma_x - \tau\tan\beta$$

将几何关系式

$$w = w_b - (\tan\alpha + \tan\beta)y$$

代入前式并略去高阶微量，整理得

$$\begin{aligned}&\sigma_y(\tan\alpha + \tan\beta)dy - [w_b - (\tan\alpha + \tan\beta)y]d\sigma_y - 2\tau dy \\ &- \sigma_x(\tan\alpha + \tan\beta)dy - \tau(\tan^2\alpha + \tan^2\beta)dy = 0\end{aligned} \tag{11-30}$$

挤压变形时，x 方向为压应变，y 方向为拉应变，故 σ_x 的绝对值必大于 σ_y 的绝对值，按绝对值列出的近似塑性条件为 $\sigma_x - \sigma_y = \frac{2}{\sqrt{3}}S$，于是有 $d\sigma_x = d\sigma_y$；将其代入式(11-30)，并令

$$K_1 = -(\tan\alpha + \tan\beta)$$

$$K_2 = -\frac{2}{\sqrt{3}}SK_1 + \tau(2 + \tan^2\alpha + \tan^2\beta)$$

得

$$d\sigma_y = -\frac{K_2}{(w_b + yK_1)}dy$$

积分得

$$\sigma_y = -\frac{K_2}{K_1}\ln(w_b + yK_1) + C$$

当 $y = y_e$ 时，$\sigma_y = 0$，得 $C = \frac{K_2}{K_1}\ln w_e$，把 C 代入上式得

$$\sigma_y = \frac{K_2}{K_1}\ln\left(\frac{w_e}{w_b + yK_1}\right) \tag{11-31}$$

由近似塑性条件 $\sigma_x - \sigma_y = \frac{2}{\sqrt{3}}S$（$\sigma_x$、$\sigma_y$ 均取正值），有

$$\sigma_x = \frac{K_2}{K_1}\ln\left(\frac{w_e}{w_b + yK_1}\right) + \frac{2}{\sqrt{3}}S \tag{11-32}$$

显然，$y=0$ 处的 σ_y 即为坯料挤入的深度为 y_e 时所需的单位流动压力，故有

$$p = \frac{K_2}{K_1}\ln\frac{w_e}{w_b} \tag{11-33}$$

挤压力 P 为

$$P = pw_b = w_b\frac{K_2}{K_1}\ln\frac{w_e}{w_b}$$

如果将图 11-15 或图 11-16 按顺时针方向旋转 90°，互换图中的坐标，采用类似的推导方法，可以分别推导出倾斜的砧板间轴对称镦粗或平面应变镦粗时的锻造力和单位流动压力，具体的推导可参见有关参考书。

11.2.5 模锻的主应力法分析

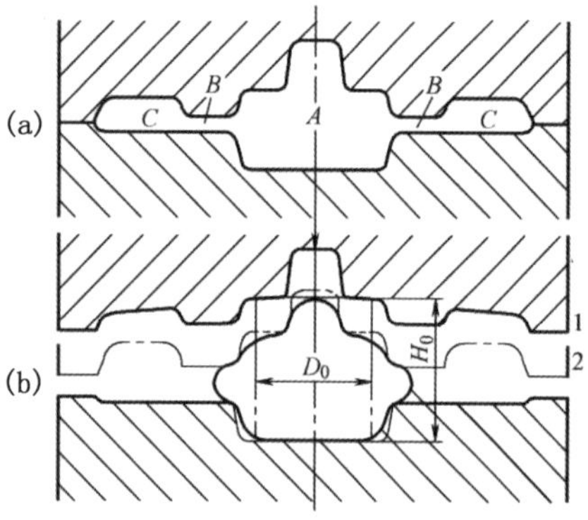

图 11-17 模锻过程示意图

模锻是指在外力作用下，利用模具使金属坯料产生塑性变形并充满型腔的一种加工方法。按照模锻时是否产生飞边，模锻分为开式和闭式两类，图 11-17 所示为开式模锻过程示意图。在模锻过程中，随着上、下模具的闭合，金属一方面充填模腔 A，另一方面多余的金属会流出模膛成为飞边。图 11-17(a)为上下模闭合时的状态。模腔 A 周围有一圈浅槽 B、C，称为飞边槽，其中 B 处非常浅，称为飞边桥部，C 处空腔较深，称为飞边仓部。飞边槽是为了保证锻件成形和容纳多余金属而设置的。若飞边与作用力方向垂直称为横向飞边，锻后须用切边工序去除。

1. 开式模锻的变形特点

开式模锻过程可分为镦粗、充填模膛和多余金属挤入飞边槽 3 个阶段。

第一个阶段是镦粗阶段，坯料处于下模模腔，图 11-17(b)中位置 1 表示上模开始与坯料接触的瞬间，上模对其进行压缩，高度减小，直径增大。

第二个阶段是充填模腔阶段，金属被挤入模腔后，部分金属在压力作用下沿分模面流入飞边槽，如图 11-17(b)中位置 2。由于飞边处的金属薄、冷却快，造成模腔周围一圈流动阻力增大，迫使金属在模腔内流向尚未充填的部位，直至完全充满。但此时锻件高度仍然高于最终要求的成形高度。

第三个阶段是上下模闭合阶段，又称锻足或打靠。为了使锻件高度达到要求尺寸、上下模闭合，必须使锻件在分模面附近的多余金属继续流入飞边槽。试验证明，这时金属的塑性变形区只限于分模面附近较小的部位，且呈透镜状，其他部位金属处于弹性状态。在这一阶

段，变形金属在分模面上投影面积最大，飞边厚度最薄，多余金属由桥部流出时的阻力很大，使得变形抗力急剧增大，因此该阶段所需的变形力最大，是计算模锻力的基础。

2. 圆盘类锻件的变形力

在圆盘类锻件的开式模锻过程中，飞边仓部的金属不受轴向压力，仅受飞边桥部金属的挤压作用，犹如一个受内压的厚壁圆筒，为此先求解厚壁圆筒的应力分布。

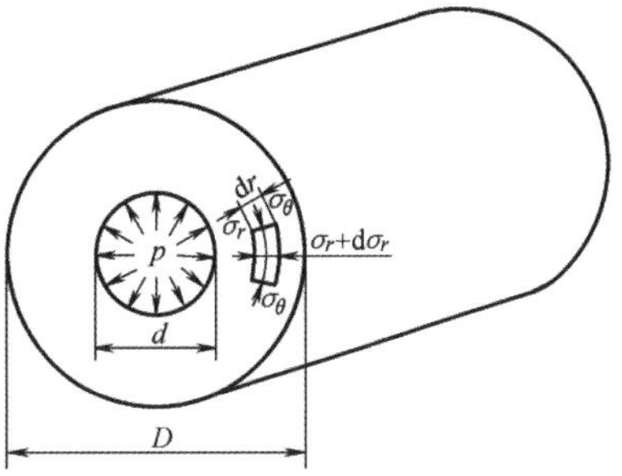

图 11-18 厚壁圆筒受力分析

1）受内压厚壁圆筒的应力分布

假设有一受内压 p 作用的长度一定的厚壁圆筒，其内径为 d，外径为 D，如图 11-18 所示。这是一个轴对称问题，σ_θ 、σ_r 为主应力，$\tau_{rz}=\tau_{r\theta}=0$ 。应力平衡微分方程为

$$\frac{\mathrm{d}\sigma_r}{\mathrm{d}r}+\frac{\sigma_r-\sigma_\theta}{r}=0$$

把塑性条件 $\sigma_\theta-\sigma_r=\beta S$ 代入上式，得

$$\mathrm{d}\sigma_r=\beta S\,\frac{\mathrm{d}r}{r} \tag{11-34}$$

对上式积分得

$$\sigma_r=\beta S\ln(Cr)$$

由边界条件 $r=\dfrac{D}{2}$ ，$\sigma_r=0$ ，确定积分常数 $C=\dfrac{2}{D}$ ，

所以
$$\sigma_r=\beta S\ln\frac{2r}{D}$$

因为，$r=\dfrac{d}{2}$ 时，σ_r 正好等于厚壁筒所受的内压，即 $r=\dfrac{d}{2}$ ，$\sigma_r=-p$ ，所以

$$p=\beta S\ln\frac{D}{d} \tag{11-35}$$

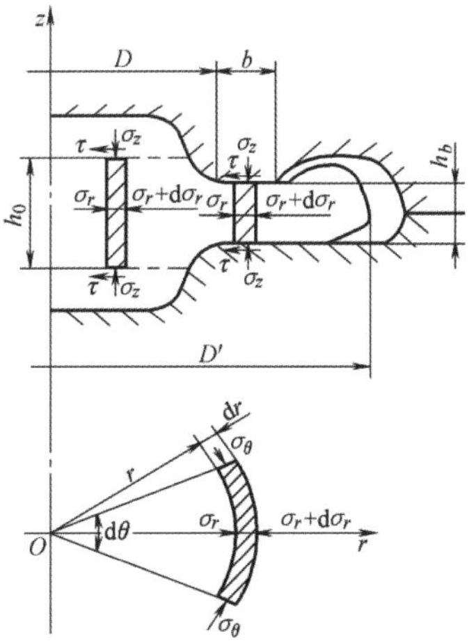

图 11-19 模锻时飞边桥部的基元体受力分析

当圆筒较长时，可以简化为近似平面应变问题处理，取 $\beta=1.155$ 。当圆筒较短时，可以简化为近似平面应力问题，取 $\beta=1.1$ 。

2）圆盘类锻件的变形力

开式模锻时，模具闭合阶段（打靠阶段）的变形力最大，是选择设备和设计模具的基础。现说明用主应力法求解圆盘类锻件打靠阶段所需变形力的方法。圆盘类锻件的模锻成形可以简化为轴对称问题。根据锻件外形，将变形金属分为锻件本体和飞边两部分，每一部分均按轴对称问题计算变形力，然后再求和。

(1) 飞边的变形力。该部分变形金属一方面受上模压缩，另一方面又受到模腔内金属的挤压，接触面上应力分布类似圆柱体镦粗。采用圆柱坐标系沿分模面在飞边桥部处切取包含上下接触面的基元体，如图 11-19 所示。b 为飞边

桥部宽度，h_b 为飞边高度，D 为锻件本体直径，D'为含整个飞边的锻件直径。由基元体的受力情况，根据圆柱体镦粗时的平衡微分方程式，得

$$d\sigma_r = -\frac{2\tau}{h_b}dr$$

设接触面服从常摩擦力条件，即 $\tau = \mu' S$ ，积分得

$$\sigma_r = -\frac{2\tau}{h_b}r + C = -\frac{2\mu' S}{h_b}r + C \tag{11-36}$$

在飞边仓部与飞边桥部的交界处，$r = \frac{D}{2} + b$ ，根据式(11－35)有

$$\sigma_r \big|_{r=\frac{D}{2}+b} = 1.1S\ln\frac{D'}{D+2b} \tag{11-37}$$

一般情况下，锻模设计时，$\frac{D'}{D+2b} \leqslant 1.6$ ，故 $\sigma_r \big|_{r=\frac{D}{2}+b} \approx 0.5S$ ，代入式(11－36)得

$$C = S\left[0.5 + \frac{2\mu}{h_b}\left(\frac{D}{2} + b\right)\right]$$

所以

$$\sigma_r = S\left[0.5 + \frac{2\mu}{h_b}\left(\frac{D}{2} + b - r\right)\right] \tag{11-38}$$

因为基元体受三向压应力，且 $|\sigma_z| > |\sigma_r|$ ，因此近似塑性条件可写成 $\sigma_z - \sigma_r = S$ ，将其代入上式可得飞边处接触面上正应力为

$$\sigma_z = S\left[1.5 + \frac{2\mu}{h_b}\left(\frac{D}{2} + b - r\right)\right] \tag{11-39}$$

如果假设接触面上的摩擦切应力为最大值，即 $\tau = 0.5S$ ，则上式变为

$$\sigma_z = S\left[1.5 + \frac{1}{h_b}\left(\frac{D}{2} + b - r\right)\right] \tag{11-40}$$

上式表明，飞边上正应力 σ_z 呈线性分布。当 $r = \frac{D}{2} + b$ 时，即位于飞边仓部与飞边桥部的交界处，正应力为最小值，$\sigma_{z\min} = 1.5S$；$r = \frac{D}{2}$ 时，在飞边桥部与锻件本体的交界处，正应力为最大值，$\sigma_{z\max} = 1.5S + \frac{bS}{h_b}$ 。

将式(11－40)沿飞边桥部接触面积分，可得飞边成形所需变形力为

$$P_b = \int_{\frac{D}{2}}^{\frac{D}{2}+b} S\left[1.5 + \frac{1}{h_b}\left(\frac{D}{2} + b - r\right)\right]2\pi r dr = \pi Sb(D+b)\left(1.5 + \frac{b}{2h_b}\frac{D + \frac{2}{3}b}{D+b}\right) \tag{11-41}$$

飞边桥部的面积为：$F_b \approx 2\pi\left(\frac{D}{2} + \frac{b}{2}\right)b = \pi(D+b)b$ ，则飞边桥部的单位流动压力为

$$p_b = S\left(1.5 + \frac{b}{2h_b}\frac{D + \frac{2}{3}b}{D+b}\right) \tag{11-42}$$

一般情况下，锻模设计时 $D \geqslant b$ ，式中 $\frac{D + \frac{2}{3}b}{D+b} \approx 1$ ，故

$$p_b = S\left(1.5 + \frac{b}{2h_b}\right) \tag{11-43}$$

(2) 锻件本体的变形力。根据开式模锻的变形特点，在模锻打靠阶段，锻件本体变形只限于分模面附近呈凸透镜状的区域，其他部分金属处于静水压力状态，不产生塑性变形。因此，透镜状金属变形力即为锻件本体变形力，故需确定透镜状区域大小。

国内外许多学者曾对该阶段锻件变形区作了大量的实验和理论研究，得出透镜状变形区高度约为飞边高度的 2～5 倍，且两者的比值随 $\frac{D}{h_b}$ 的增加而增加。为便于计算，将该问题简化为镦粗直径为 D，等效高度为 h_0 的圆盘。由于该变形区周围为弹性变形区，因此在锻件本体刚、塑性交界面上 $\tau = 0.5S$，在上、下交界面之间取如图 11－19 所示的基元体. 将上述参数代入式(11－36)，得

$$\sigma_r = -\frac{S}{h_b}r + C$$

在锻件本体与飞边交界处，这两个区域计算得的径向应力应相等。由式(11－38)得 $\sigma_r\big|_{r=\frac{D}{2}} = S\left(0.5 + \frac{b}{h_b}\right)$，代入上式求得 $C = S\left(0.5 + \frac{b}{h_b} + \frac{D}{2h_0}\right)$，所以

$$\sigma_r = S\left(0.5 + \frac{b}{h_b} + \frac{D-2r}{2h_0}\right) \tag{11-44}$$

将塑性条件 $\sigma_z - \sigma_r = S$（按绝对值）代入上式，则得

$$\sigma_z = S\left(1.5 + \frac{b}{h_b} + \frac{D-2r}{2h_0}\right) \tag{11-45}$$

所以锻件本体的变形力 P_0 和单位流动压力 p_0 分别为

$$P_0 = \int_0^{\frac{D}{2}} \sigma_z 2\pi r dr = \frac{\pi D^2}{4} S\left(1.5 + \frac{b}{h_b} + \frac{D}{6h_0}\right) \tag{11-46}$$

$$p_0 = S\left(1.5 + \frac{b}{h_b} + \frac{D}{6h_0}\right) \tag{11-47}$$

式中，D 为锻件本体直径。

(3) 圆盘类锻件的总模锻力。将上述分别求得的锻件本体和飞边所需变形力相加，其和即为所求总模锻力。若假设模锻时锻件本体等效高度为飞边高度的 2 倍，即 $h_0 = 2h_b$，此时模锻力为

$$P = P_b + P_0 = S\left[A_b\left(1.5 + \frac{b}{h_b}\right) + A_0\left(1.5 + \frac{b}{h_b} + \frac{D}{12h_b}\right)\right] \tag{11-48}$$

式中，A_b 为圆盘类锻件的飞边投影面积；A_0 为圆盘类锻件本体投影面积。

透镜状变形区还有其他简化模式，对应变形力的计算结果也与上述方法有所不同，这里就不一一赘述了。

3. 长轴类锻件的变形力

求长轴类锻件的变形力的基本思想与求圆盘类锻件变形力相似。设锻件飞边桥部宽度为 b，高度为 h_b；本体部分变形区高度为 h，长度 l，宽度为 a。假设 $l >> a$，故可简化为平面变形问题。

1) 飞边的变形力

在飞边部分沿长度方向截取基元体如图 11－20 所示。沿 x 方向建立力平衡方程，整理

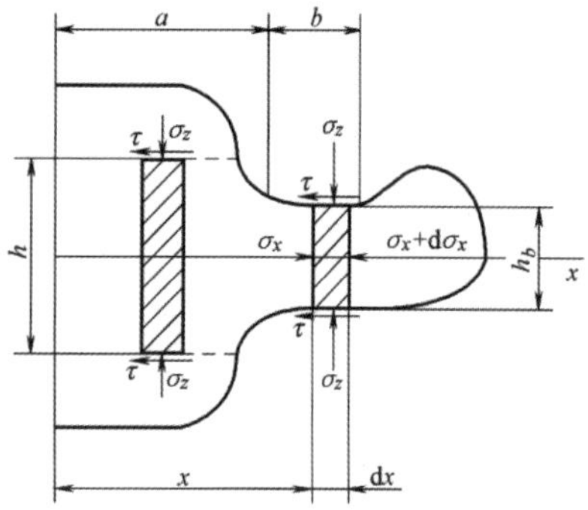

图 11-20　长轴类锻件模锻时的受力分析

后得

$$d\sigma_x = -2\tau \frac{dx}{h_b}$$

平面应变问题的塑性条件为 $\sigma_z - \sigma_x = \beta S = 1.155S = S^*$（按绝对值计），微分得 $d\sigma_z = d\sigma_x$ 。接触面上摩擦条件取为常摩擦力条件 $\tau = 0.5S^*$ ，代入上式得

$$d\sigma_z = -S^* \frac{dx}{h_b} \tag{11-49}$$

积分得

$$\sigma_z = -\frac{S^*}{h_b}x + C \tag{11-50}$$

忽略飞边仓部金属的阻力，边界条件为 $x = \frac{a}{2} + b$ ，$\sigma_z = S^*$ 。故接触面上的正应力为

$$\sigma_z = S^*\left[1 + \frac{1}{h_b}\left(\frac{a}{2} + b - x\right)\right] \tag{11-51}$$

于是，飞边桥部的变形力和单位流动压力分别为

$$P_b = 2l\int_{\frac{a}{2}}^{\frac{a}{2}+b} \sigma_z dx = 2lbS^*\left(1 + \frac{b}{2h_b}\right) \tag{11-52}$$

$$p_b = S^*\left(1 + \frac{b}{2h_b}\right) \tag{11-53}$$

2）成形本体所需的模锻力

在锻件本体的变形区中截取基元体如图 11-20 中的长条状阴影所示，同理可得平衡微分方程为

$$\sigma_z = -\frac{S^*}{h}x + C$$

由边界条件 $x = \frac{a}{2}$ ，$\sigma_z = S^*\left(1 + \frac{b}{h_b}\right)$ ，可得

$$\sigma_z = S^*\left(1 + \frac{b}{h_b} + \frac{0.5a - x}{h}\right) \tag{11-54}$$

所以，锻件本体的变形力和单位流动压力分别为

$$P_0 = 2l\int_0^{\frac{a}{2}} \sigma_z dx = alS^*\left(1 + \frac{b}{h_b} + \frac{a}{4h}\right) \tag{11-55}$$

$$p_0 = S^*\left(1 + \frac{b}{h_b} + \frac{a}{4h}\right)$$

3）长轴类锻件所需总模锻力

假设模锻时 $h = 2h_b$ ，则总模锻力为

$$P = P_b + P_0 = S^*\left[A_b\left(1 + \frac{b}{h_b}\right) + A_0\left(1 + \frac{b}{h_b} + \frac{a}{8h_b}\right)\right] \tag{11-56}$$

式中，A_b 为长轴类锻件的飞边投影面积；A_0 为长轴类锻件本体投影面积。

11.3　上限法

与主应力法一样，界限法是常用的求近似载荷的一种有效方法。界限法包括上限原理和下限原理，统称为极值原理。上限法求得的载荷总是大于(理想情况是等于)真实载荷，即高估的近似值，故称上限法。下限法求得的载荷总是小于(理想情况是等于)真实载荷，故称下限法。由于上限法所确定的载荷是高估值，这对于保证塑性成形过程的顺利进行，选择设备和设计模具都是十分有利的。因此，在金属塑性成形领域内经常采用上限法。

11.3.1　虚功原理和基本能量方程

虚功原理也称虚位移原理，它是力学中应用范围很广的原理之一。它表达了质点系平衡的普遍规律，可以用来研究质点系、刚体和弹、塑性体的平衡问题。虚功原理可叙述如下：

外力作用下变形体处于平衡状态，若在任何方向给该物体一个微小虚位移(可能位移)，则这时外力在虚位移上所作的虚功必等于物体内应力在虚变形上所作的虚功(虚应变能)。

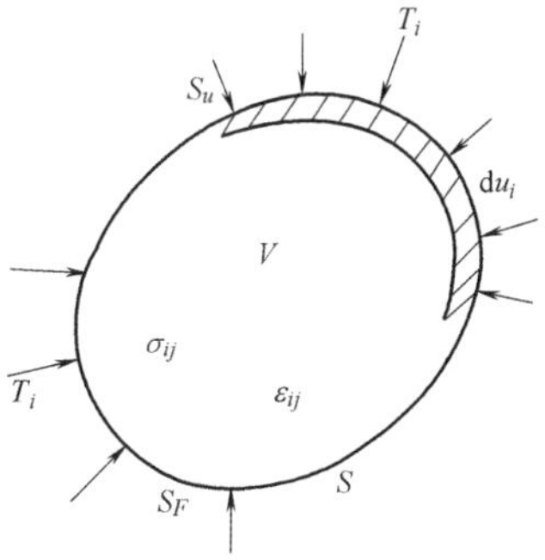

图 11 - 21　变形体上的外力、内力、位移、应变

现假设变形体的体积为 V(见图 11 - 21)，表面积为 S，作用的外力为 T_i，当给以微小的位移增量 du_i 时，物体中相应的应力场 $\boldsymbol{\sigma}_{ij}$ 引起应变增量为 $d\boldsymbol{\varepsilon}_{ij}$，则虚功原理可表达成下式：

$$\int_s T_i du_i dS = \int_V \sigma_{ij} d\varepsilon_{ij} dV \tag{11-57}$$

上式左边部分表示物体上外力所作的虚功(增量)，右边部分表示物体内应力所作虚功(虚应变能增量)。式(11 - 57)称为虚功方程或基本能量方程。

在讨论上述虚功方程时，假设变形体内速度分布是连续的。但在实际塑性问题中，变形体为刚性区和塑性区的组合体，存在速度间断，应用虚功方程时必须加以考虑。

滑移线场理论中的刚塑性边界就是速度出现间断的例子。设物体由速度间断面 S_D 分为Ⅰ和Ⅱ两个区域，在微元面积 dS_D 上的速度间断情况如图 11 - 22 所示。由于塑性变形中物体保持体积不变，材料在法线方向不分离也不重叠，因而Ⅰ、Ⅱ区的法向速度必然相等，即 $V_n^{I} = V_n^{\mathrm{II}}$。切向速度可以发生间断，速度间断值(跳跃量)为 $[V_t] = V_t^{I} - V_t^{\mathrm{II}}$，这样就造成了Ⅰ、Ⅱ区的相对滑移。

所谓速度间断面，实际上是沿 S_D 面的一个速度急剧而连续变化的薄层区域，薄层厚度 Δt 趋近于零，如图 11 - 23 所示。变形体由于存在速度间断而多消耗的功率为

$$\int_{S_D} \tau(V_t^{I} - V_t^{\mathrm{II}}) dS_D = \int_{S_D} \tau[V_t] dS_D \tag{11-58}$$

式中，τ 为沿 dS_D 切线方向的剪应力。在塑性变形时，$\tau = K$。对于存在多个速度间断面的情况，其所消耗的总变形功率为

$$\sum \int_{S_D} K[V_t] dS_D \tag{11-59}$$

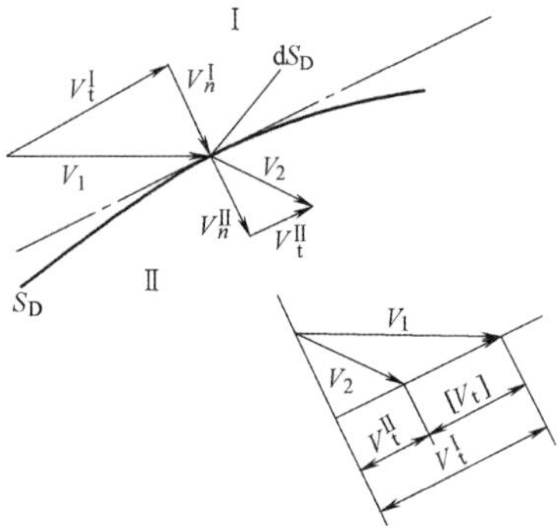

图 11-22 速度间断面 dS_D 上的速度间断

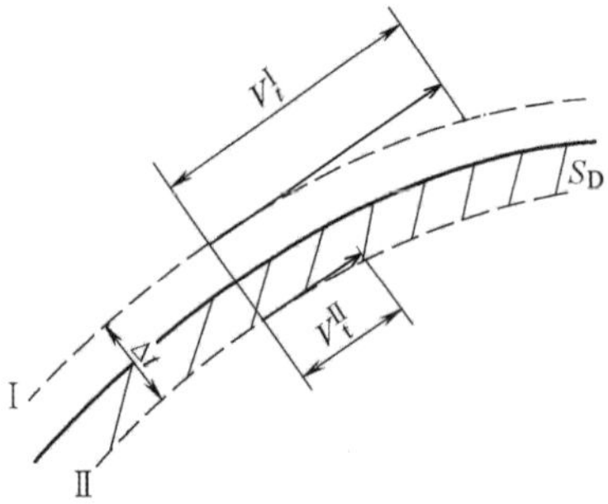

图 11-23 速度间断薄层区

于是,变形体存在速度间断时的虚功(率),方程应写成以下形式:

$$\int_S T_i V_i dS = \int_V \sigma_{ij}\dot{\varepsilon}_{ij} dV + \sum\int_{S_D} K[V_t]dS_D \tag{11-60}$$

11.3.2 上、下限定理

1. 下限法原理

设有一刚塑性体,体积为 V,表面积为 S,受表面力 T_i 作用,整体处于塑性状态。表面 S 分成 S_u 和 S_T 两部分,其中 S_T 部分的表面力 T_i 是给定的(习惯上称 S_T 为力面),S_u 部分的位移增量 du_i 也是给定的(习惯上称 S_u 为位移面)。上述给定的边界条件,叫做混合边界条件(见图 11-24)。

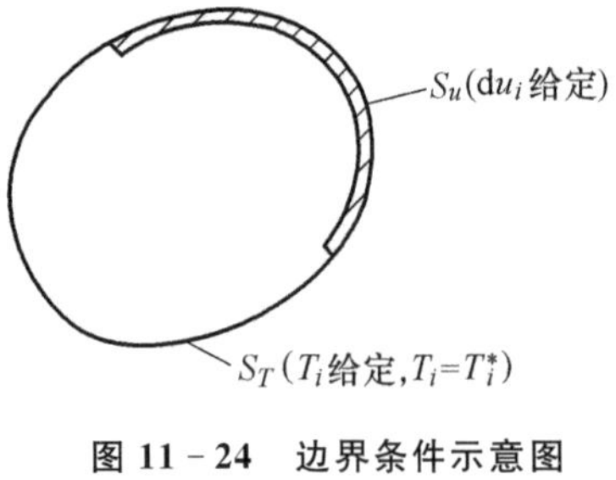

图 11-24 边界条件示意图

用 σ_{ij} 、du_i 和 $d\varepsilon_{ij}$ 分别表示此时变形体的真实应力场、真实位移增量场和真实应变增量场。于是根据式(11-57),有

$$\int_S T_i du_i dS = \int_V \sigma_{ij} d\varepsilon_{ij} dV$$

把左边项的面积分为 S_u 和 S_T 两部分,同时考虑到应力球的张量不作功,故可改写为

$$\int_{S_u} T_i du_i dS_u + \int_{S_T} T_i du_i dS_T = \int_V \sigma'_{ij} d\varepsilon_{ij} dV \tag{11-61}$$

式中，σ'_{ij} 是 σ_{ij} 的偏张量。

现在设有另一应力场 σ_{ij}^* ，它满足平衡微分方程和塑性条件以及 S_T 面上的边界条件(即在 S_T 上，与 σ_{ij}^* 相对应之表面力 T_i^* 等于 T_i)。但由该 σ_{ij}^* 所确定的位移增量场 du_i^* 能否在 S_u 上满足 $du_i = du_i^*$ ，则不加限制。这种应力场称为静力学许可的应力场，它一般不是真实的应力场，但真实的应力场必然是静力学许可的。

下限法原理就是要证明，在 S_u 上，由任一静力学许可应力场所引起的表面力 T_i^* 所作的功增量，总是小于或等于真实表面力 T_i 所作的功增量。证明如下：

把基本能量方程式用于静力学许可应力场 σ_{ij}^* 和真实位移增量场 du_i，可有

$$\int_{S_u} T_i^* du_i dS_u + \int_{S_T} T_i^* du_i dS_T = \int_V \sigma_{ij}^* d\varepsilon_{ij} dV \tag{11-62}$$

因为在 S_T 上，$T_i = T_i^*$ ，故

$$\int_{S_T} T_i du_i dS_T = \int_{S_T} T_i^* du_i dS_T$$

将式(11-61)减去式(11-62)，得

$$\int_{S_u} T_i du_i dS_u - \int_{S_u} T_i^* du_i dS_u = \int_V \sigma'_{ij} d\varepsilon_{ij} dV - \int_V \sigma'^*_{ij} d\varepsilon_{ij} dV = \int_V (\sigma'_{ij} - \sigma'^*_{ij}) d\varepsilon_{ij} dV \tag{11-63}$$

按最大散逸功原理，有

$$\int_V (\sigma'_{ij} - \sigma'^*_{ij}) d\varepsilon_{ij} dV \geqslant 0$$

于是，式(11-63)即可写成

$$\int_{S_u} T_i du_i dS_u \geqslant \int_{S_u} T_i^* du_i dS_u \tag{11-64}$$

由式(11-64)可以进一步说明，在 S_u 上，由 T_i^* 所确定的载荷 P^* ，总是小于或等于由真实表面力 T_i 所确定的载荷 P(即真实载荷)。由于 σ_{ij}^* 可以有许多个，故相应的 T_i^* 和 P^* 也有许多个。如果对一切静力学许可的应力场都能考虑到，则相应的 P^* 中的最大值就是真实载荷。但由于实际情况往往较复杂，很难考虑到一切静力学许可的应力场，因此一般只能得到小于真实载荷的值。

2. 上限法原理

用上限法计算极限载荷的关键在于要对塑性变形区分别虚设若干个运动许可的速度场 $\dot{u}_i^*$ 。这些速度场应满足以下 3 个条件：①符合位移边界条件；②在变形区内保持连续，不产生重叠和拉开；③保持体积不变。而与此速度场 $\dot{u}_i^*$ 对应的应力场 σ_{ij}^* 则不一定要求满足平衡条件和力的边界条件。

上限法原理叙述如下：与任意虚设的运动许可速度场 $\dot{u}_i^*$ 相对应的表面力 T_i^* 在位移面上所作的功率总是大于(或等于)真实表面力 T_i 在真实速度场 $\dot{u}_i$ 情况下所作的功率。证明如下：

设有一刚塑性体，体积为 V，表面积为 S，受表面力 T_i 作用，整体处于塑性状态，表面分成位移面 S_u 和力面 S_T 两部分，通常力面上的边界条件和位移面上的边界条件都是给定的。

今设变形体在外力作用下产生一假想的运动许可速度场 $\dot{u}_i^*$ ，它满足位移面 S_u 上的边界条件，即 $\dot{u}_i^* = \dot{u}_i$(见图 11-25)。在力面 S_T 上，表面力 T_i 也是给定的，与速度场 $\dot{u}_i^*$ 对应

的应力场为 σ_{ij}^* ，应变速率场为 $\dot{\varepsilon}_{ij}^*$ ，速度间断面 S_D 上的速度间断值为 $[V_t]$，这里假设有多个速度间断面，于是，参考式(11－60)，可写出在运动许可速度场 $\dot{u}_i^*$ 条件下的虚功方程为

$$\int_S T_i\dot{u}_i^* \mathrm{d}S = \int_V \sigma_{ij}\dot{\varepsilon}_{ij}^* \mathrm{d}V + \sum\int_{S_D} K[V_t]\mathrm{d}S_D \qquad (11-65)$$

可改写成

$$\int_{S_u} T_i\dot{u}_i \mathrm{d}S + \int_{S_T} T_i\dot{u}_i^* \mathrm{d}S = \int_V \sigma_{ij}\dot{\varepsilon}_{ij}^* dV + \sum\int_{S_D} K[V_t]\mathrm{d}S_D \qquad (11-65a)$$

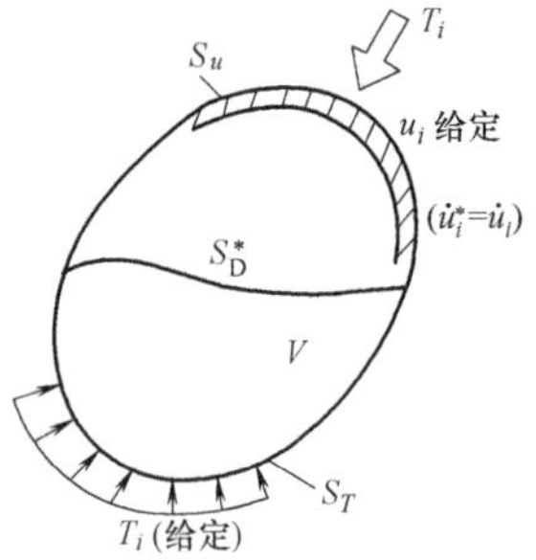

图 11－25　给定运动许可速度场的变形体

根据最大散逸功原理，有

$$\int_V \sigma_{ij}^*\dot{\varepsilon}_{ij}^* \mathrm{d}V \geqslant \int_V \sigma_{ij}\dot{\varepsilon}_{ij}^* \mathrm{d}V$$

则式(11－65a)即可改写成

$$\int_{S_u} T_i\dot{u}_i \mathrm{d}S \leqslant \int_V \sigma_{ij}^*\dot{\varepsilon}_{ij}^* \mathrm{d}V + \sum\int_{S_D} K[V_t]\mathrm{d}S_D - \int_{S_T} T_i\dot{u}_i^* \mathrm{d}S \qquad (11-66)$$

式中，$\int_{S_u} T_i\dot{u}_i \mathrm{d}S$ ——位移面上表面力在给定速度下所作的真实功率；

$\int_V \sigma_{ij}^*\dot{\varepsilon}_{ij}^* \mathrm{d}V$ ——假想速度场 v_i^* 条件下消耗的虚变形功率；

$\sum\int_{S_D} K[V_t]\mathrm{d}S_D$ ——若干速度间断面上的虚剪切功率；

$\int_{S_T} T_i\dot{u}_i^* \mathrm{d}S$ ——力面上克服外力所作的虚功率。

式(11－66)表明，S_u 上真实的变形功率总小于在假想速度场 $\dot{u}_i^*$ 情况下所作的功率。这就是上限原理。

一般在塑性加工中，力面 S_T 通常为自由表面，即 $T_i=0$ ，于是式(11－66)可简化为常用的形式：

$$\int_{S_u} T_i\dot{u}_i \mathrm{d}S \leqslant \int_V \sigma_{ij}^*\dot{\varepsilon}_{ij}^* \mathrm{d}V + \sum\int_{S_D} K[V_t]\mathrm{d}S_D \qquad (11-67)$$

载荷的上限值可在式(11－67)的基础上方便地求得。当假定了运动许可的速度场 $\dot{u}_i^*$ 后，式(11－67)中的不等号右边部分即可求得。根据能量守恒原则，外载荷 P^* 所做功率应该和式(11－66)右边三项能量的代数和相等，即

$$P^*\dot{u}_i = \int_V \sigma_{ij}^*\dot{\varepsilon}_{ij}^* \mathrm{d}V + \sum\int_{S_D} K[V_t]\mathrm{d}S_D - \int_{S_T} T_i\dot{u}_i^* \mathrm{d}S \qquad (11-68)$$

一般，位移面上工具的速度 $\dot{u}_i$ 是常数，在假设 $\dot{u}_i^*$ 时就已经给定，因而上限载荷 P^* 即可求出。

为获得更接近真实载荷的上限解，通常需要多设计几个运动许可的速度场，分别求出相应的 P^*，从中选取最小者，则它与真实载荷 P 就更为接近。

11.3.3　上限法的应用

1. Johnson 上限模式及应用

Johnson 上限模式是 W. Johnson 于 20 世纪 50 年代末用来研究平面应变问题所采用

的上限法求解方法。它的基本思路是设想塑性变形区由若干个刚性三角形构成，塑性变形时完全依靠三角形场间的相对滑动产生，变形过程中每一个刚性块是一个均匀速度场，块内不发生塑性变形，于是块内的应变速度 $\dot{\varepsilon}_{ij}=0$。因此，式(11－68)的能量基本方程中，若不计附加外力及其他功率消耗的话，其塑性变形功率消耗部分也为零，则上限功率表达式变为

$$P^{*}\dot{u}_i=\sum\int_{S_D}K[V_t]\mathrm{d}S_D \tag{11－69a}$$

Johnson 上限模式求解的基本步骤为

(1) 根据变形的具体情况，或参照该问题的滑移线场，确定变形区的几何位置与形状，再根据金属流动的大体趋势，将变形区划分为若干个刚性三角形块。

(2) 根据变形区划分刚性三角形块情况，以及速度边界条件，绘制速端图。

(3) 根据所作几何图形，计算各刚性三角形边长及速端图各刚性块之间的速度间断量，然后按式(11－69a)计算其剪切功率消耗。

(4) 求问题的最佳上限解，一般划分刚性三角形块时，几何形状上包含若干个待定几何参数，所以须先对待定参数求极值确定其具体数值，进而求得最佳的上限解。

这里应指出的一点是，刚性三角形块划分时，要注意当任一刚性三角形的任意两边同时邻接同速度边界条件，则该三角形的速度即为该边界速度。

例题 11－1　平冲头压入半无限体。

根据该问题的变形特点，设想其上限模式如图 11－26 所示，由于对称性，只研究其右半部分。变形区由三个刚性等腰三角形块构成，设其底角为 α（待定参数），并设接触表面光滑无摩擦。三角形各边，除两侧自由表面外，都是速度间断面。图中虚线表示金属质点的流线。设冲头压下速度为 $\dot{u}_0=1$。据此，可绘出其速端图，如图 11－26(b)所示。作速端图时需要注意：进入速度不连续线的合速度矢量，加上不连续线上的剪切矢量，等于速度不连续线出去的合速度矢量。

因此，各块间的剪切功率计算式为

$$p*\frac{W}{2}\dot{u}_0=K(OB\dot{u}_{OB}+AB\dot{u}_{AB}+BC\dot{u}_{BC}+AC\dot{u}_{AC}+CD\dot{u}_{CD}) \tag{11－69b}$$

式中，$p*$ 为平均单位压力的上限解。

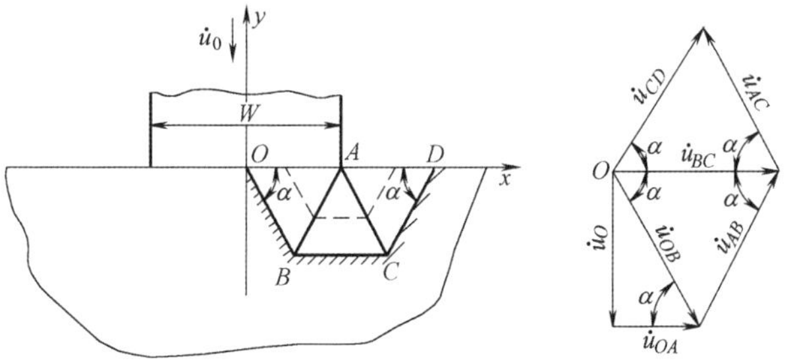

(a)　　(b)

图 11－26　平冲头压入半无限体的速端图

根据图 11－26 的图形的几何关系，各速度间断线的长度为

$$OB=AB=AC=CD=W/(4\cos\alpha)$$
$$BC=AD=OA=W/2 \tag{11－69c}$$

式中，W 为冲头宽度。

同样，根据速端图可计算出各速度间断面上的速度不连续量分别为

$$\dot{u}_{OB}=\dot{u}_{AB}=\dot{u}_{AC}=\dot{u}_{CD}=\dot{u}_0/\sin\alpha$$

$$\dot{u}_{BC}=2\dot{u}_0\cot\alpha \tag{11-69d}$$

将它们代入上式，经整理后得

$$p*(W/2)\dot{u}_0=KW\dot{u}_0[1/(\sin\alpha\cos\alpha)+\cot\alpha]$$

于是

$$p*=2K[1/(\sin\alpha\cos\alpha)+\cot\alpha] \tag{11-69e}$$

其应力状态系数(上限法中常称之为功率消耗系数)为

$$n_\sigma=\frac{p^*}{2K}=(1+\cos^2\alpha)/\sin\alpha\cos\alpha$$

$$=\frac{(\tan^2\alpha+2)}{\tan\alpha} \tag{11-69g}$$

对待定参数 $\tan\alpha$ 进行优化，即取极值 $\mathrm{d}p/\mathrm{d}(\tan\alpha)=0$，得 $\tan\alpha=\sqrt{2}$，即 $\alpha=54°44'$，将其代回原式，得这一问题在上限模式下的最佳上限解为 $n_\sigma=2\sqrt{2}=2.83$，而这一问题的精确解(滑移线场解)为 $n_\sigma=2.57$，上限解高了约 10%。如选用更接近滑移线场的上限模式，则精度可以提高。

2. Avitzur 上限模式及应用

Avitzur 采用的上限模式为连续速度场模式，其基本思路是把整个变形区内金属质点的流动用一个连续速度场 $\dot{u}_i=f_i(x,y,z)$ 来描述，同时要考虑塑性区与刚性区界面上速度的间断性及摩擦功率的影响。因此，Avitzur 上限模式的基本能量方程与式(11-68)是一致的，常简化为

$$N=N_\mathrm{d}+N_\mathrm{D}+N_\mathrm{f}+N_\mathrm{q} \tag{11-70a}$$

令 $p*$ 为工具与工件接触面上的单位流动压力的上限解，$\dot{u}_0$ 为工具的法向速度，A 为接触面积，根据上限原理，有

$$p*=\frac{1}{A\dot{u}_0}(N_\mathrm{d}+N_\mathrm{D}+N_\mathrm{f}+N_\mathrm{q}) \tag{11-70b}$$

式中，N_d 为塑性变形功率消耗，即

$$N_\mathrm{d}=\int_V\sigma_{ij}\dot{\varepsilon}_{ij}\mathrm{d}V \tag{11-71}$$

N_D 为速度间断面上剪切功率消耗，即

$$N_\mathrm{D}=\sum\int_{S_\mathrm{D}}\tau_\mathrm{D}[V_t]\mathrm{d}S \tag{11-72}$$

N_f 为接触面上摩擦功率消耗，即

$$N_\mathrm{f}=\sum\int_{S_\mathrm{f}}\tau_\mathrm{f}\Delta\dot{u}_\mathrm{f}\mathrm{d}S \tag{11-73}$$

N_q 为附加外力消耗的功率(取"+"号)或向系统输入的附加功率(取"－"号)，即

$$N_\mathrm{q}=\int_{S_T}q_i\dot{u}_i\mathrm{d}S \tag{11-74}$$

但应注意，以上各式右边中的速度场 $\dot{u}_i$、$\dot{\varepsilon}_{ij}$ 以及 σ_{ij} 等都是运动学许可的。

下面讨论塑性变形功耗的计算。

将单位体积塑性功表达为

$$w=\int_0^{\varepsilon}\mathrm{d}w=\int_0^{\varepsilon}\sigma_{ij}\,\mathrm{d}\varepsilon_{ij}^{p}$$

写成速率形式,并对体积积分。对于刚塑性材料,应变即为塑性应变,略去上标“p”,可得

$$N_{\mathrm{d}}=\int_V\sigma'_{ij}\dot{\varepsilon}_{ij}\,\mathrm{d}V \tag{11-74a}$$

根据圣维南流动方程,则

$$\dot{\varepsilon}_{ij}=\dot{\lambda}\sigma'_{ij}=\frac{3}{2}\frac{\dot{\bar{\varepsilon}}}{\bar{\sigma}}\sigma' \tag{11-74b}$$

Mises 屈服准则可以写为

$$\bar{\sigma}=\sqrt{\frac{3}{2}\sigma'_{ij}\sigma'_{ij}}=\sigma_s \tag{11-74c}$$

将式(11 - 74b)、(11 - 74c)代入式(11 - 74a)得

$$\begin{aligned}N_d&=\int_V\frac{3}{2}\frac{\dot{\bar{\varepsilon}}}{\bar{\sigma}}\sigma'_{ij}\sigma'_{ij}\,\mathrm{d}V=\int_V\bar{\sigma}\,\dot{\bar{\varepsilon}}\,\mathrm{d}V\\&=\sigma_{\mathrm{s}}\int_V\dot{\bar{\varepsilon}}\,\mathrm{d}V\end{aligned} \tag{11-75}$$

式中,$\dot{\bar{\varepsilon}}=\sqrt{(2/3)\dot{\varepsilon}_{ij}\dot{\varepsilon}_{ij}}$,为等效应变速率。若取 $K=\frac{\sigma_{\mathrm{s}}}{\sqrt{3}}$,则有

$$N_d=2K\int_V\sqrt{\frac{1}{2}\dot{\varepsilon}_{ij}\dot{\varepsilon}_{ij}}\,\mathrm{d}V \tag{11-75a}$$

例题 11 - 2　直角坐标平面应变问题——考虑侧鼓时板坯的平锤压缩

平锤压缩板坯时,由于接触表面的摩擦阻碍作用,使表面层材料的水平流动速度 $\dot{u}_x$ 小于中心层的水平流动速度 $\dot{u}_x$,因而会出现侧面鼓形,如图 11 - 27 所示。若 z 轴方向(垂直纸面)的长度远远大于高度 h 和宽度 W ,则 z 轴方向的应变极小,可简化为平面应变问题。平面应变适合于用直角坐标描述,其坐标原点取在板坯的几何中心点 O 上,由于变形的对称性,可以仅研究右上部分。

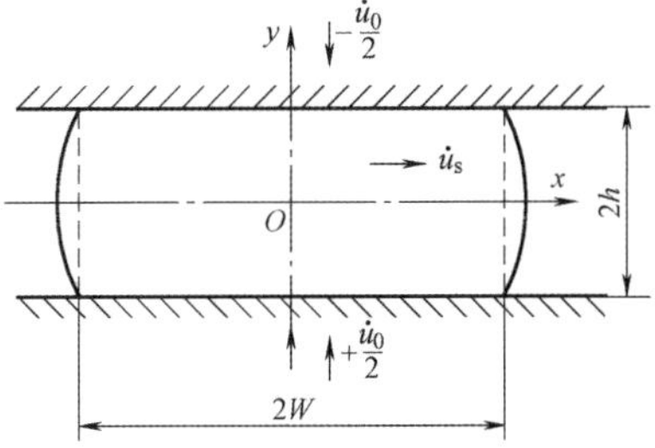

图 11 - 27　带侧鼓时的板坯平锤压缩

为了建立考虑侧面鼓形时的运动学许可速度场,首先分析不考虑侧鼓时的运动学许可速度场。由边界条件设 $y=0$,$\dot{u}_y=0$ 和 $y=\pm h$,$\dot{u}_y=\pm\frac{\dot{u}_0}{2}$,设 $\dot{u}_y$ 与坐标成线性关系,即

$$\dot{u}_y=-\frac{\dot{u}_0}{2}\frac{y}{h}\ (第一象限内)$$

按体积不变条件,平面应变问题有 $\dot{\varepsilon}_x = -\dot{\varepsilon}_y$,于是 $\dot{\varepsilon}_x = \dfrac{\partial \dot{u}_x}{\partial x} = \dfrac{\dot{u}_0}{2h}$,积分得

$$\dot{u}_x = \int \dot{\varepsilon}_x \mathrm{d}x = \frac{\dot{u}_0}{2h}x + f(y)$$

由边界条件 $x = 0$, $\dot{u}_x = 0$ 得 $f(y) = 0$,于是得

$$\dot{u}_x = \frac{\dot{u}_0}{2}\frac{x}{h}$$

可见,不考虑侧鼓时, $\dot{u}_x$ 与 y 无关,即 $\dot{u}_x$ 从中心至表层是均匀的。当考虑侧鼓时, $\dot{u}_x$ 沿 y 的分布不均匀,即 $\dot{u}_x = f(x,y)$ 。现根据 v_x 逐渐减小的特点,假设 $\dot{u}_x$ 沿坐标 y 轴是按指数规律变化的,可令

$$\dot{u}_x = A\frac{\dot{u}_0 x}{2h}\mathrm{e}^{-by/h} \qquad (A,b\text{ 为待定参数})$$

以此作为设计考虑侧鼓时的平锤压缩板坯的运动学许可速度场的出发点,来研究整个运动学许可速度场的情况。

根据平面应变的几何方程和体积不变条件得

$$\left.\begin{aligned}
\dot{\varepsilon}_x &= \frac{\partial \dot{u}_x}{\partial x} = \frac{A\dot{u}_0}{2h}\mathrm{e}^{-by/h}\\
\dot{\varepsilon}_y &= \frac{\partial \dot{u}_y}{\partial y} = -\dot{\varepsilon}_x = -\frac{A\dot{u}_0}{2h}\mathrm{e}^{-by/h}\\
\dot{\varepsilon}_z &= 0
\end{aligned}\right\} \tag{11-75b}$$

由式(11-75b)第二式得

$$\begin{aligned}
\dot{u}_y &= \int \dot{\varepsilon}_y \mathrm{d}y = -\frac{A\dot{u}_0}{2h}\int e^{-by/h}\mathrm{d}y\\
&= \frac{A\dot{u}_0}{2b}\mathrm{e}^{-by/h} + f(x)
\end{aligned}$$

由边界条件 $y = 0, \dot{u}_y = 0$,求得 $f(x) = -\dfrac{A\dot{u}_0}{2b}$,因此

$$\dot{u}_y = \frac{A}{2b}\dot{u}_0(\mathrm{e}^{-by/h} - 1)$$

在 $y = h$ 的表面上, $\dot{u}_y = -\dfrac{\dot{u}_0}{2}$,所以,求得待定参数为

$$A = b/(1-\mathrm{e}^{-b})$$

于是

$$\left.\begin{aligned}
\dot{u}_x &= \frac{b}{1-\mathrm{e}^{-b}}\dot{u}_0\frac{x}{2h}\mathrm{e}^{-by/h}\\
\dot{u}_y &= \frac{1}{2(1-\mathrm{e}^{-b})}\dot{u}_0(\mathrm{e}^{-by/h} - 1)\\
\dot{u}_z &= 0
\end{aligned}\right\} \tag{11-75c}$$

这样,该式便只剩下一个待定参数 b 了。

将式(11-75c)代入式(11-75b),得

$$\left.\begin{aligned}\dot{\varepsilon}_x &= \frac{b\dot{u}_0}{2h(1-e^{-b})}e^{-by/h}\\ \dot{\varepsilon}_y &= \frac{-b\dot{u}_0}{2h(1-e^{-b})}e^{-by/h} = -\dot{\varepsilon}_x\\ \dot{\varepsilon}_{xy} &= \frac{1}{2}\left(\frac{\partial\dot{u}_x}{\partial y}+\frac{\partial\dot{u}_y}{\partial x}\right) = \frac{1}{2}\frac{\partial\dot{u}_x}{\partial y} = \frac{-b^2\dot{u}_0 x}{2h^2(1-e^{-b})}e^{-by/h}\\ \dot{\varepsilon}_z &= \dot{\varepsilon}_{yz} = \dot{\varepsilon}_{xz} = 0\end{aligned}\right\} \tag{11-75d}$$

将式(11-75d)代入式(11-71)，积分经整理后得

$$\begin{aligned}N_d &= 2K\int_V\sqrt{\dot{\varepsilon}_x^2+\dot{\varepsilon}_{xy}^2}\,dV = 2K\frac{2\dot{u}_0 b}{2h(1-e^{-b})}\int_0^h\int_0^w e^{-by/h}\sqrt{1+\left(\frac{b}{h}\right)^2x^2}\,dx\,dy\\ &= 2K\dot{u}_0\left\{w\sqrt{1+\frac{1}{4}\left(\frac{b}{h}\right)^2w^2}+2\frac{h}{b}\ln\left[\frac{wb}{2h}+\sqrt{1+\frac{1}{4}\left(\frac{b}{h}\right)^2w^2}\right]\right\}\end{aligned} \tag{11-75e}$$

设接触表面上摩擦应力 $\tau_f = mK$，m 为摩擦因子，$m = 0 \sim 1.0$ 。接触表面上的速度不连续量 $\Delta\dot{u}_f = \dot{u}_x\Big|_{y=h} = \left(\frac{b\dot{u}_0}{1-e^{-b}}\right)\frac{x}{2h}e^{-b}$，代入式(11-73)，得

$$N_f = \int_0^w mK\frac{b\dot{u}_0}{2(1-e^{-b})}\frac{x}{h}e^{-b}dx = \frac{1}{2}mK\frac{be^{-b}}{2(1-e^{-b})}\dot{u}_0\frac{w^2}{h} \tag{11-75f}$$

于是

$$\begin{aligned}p &= \frac{(N_d+N_f)}{w\dot{u}_0}\\ &= 2K\left[\frac{1}{2}\sqrt{1+\frac{b^2}{4}\left(\frac{w}{h}\right)^2}+\frac{h}{wb}\ln\left(\frac{b}{2}\frac{w}{h}+\sqrt{1+\frac{b^2}{4}\left(\frac{w}{h}\right)^2}\right)+\frac{m}{4}\frac{b}{e^b-1}\frac{w}{h}\right]\end{aligned} \tag{11-75g}$$

对上式求极值可确定待定参数 b，即 $\frac{\partial p}{\partial b} = 0$，经一系列数学推导后求出：

$$b = \frac{3}{1+\left(\frac{2}{m}\right)\left(\frac{w}{h}\right)} \tag{11-75h}$$

将 b 值代入式(11-75g)，得该模式下的最佳上限解为

$$p = 2K\left[1+\frac{m}{4}\frac{w}{h}-\frac{3}{2}\frac{\left(\frac{m}{4}\right)^2}{1+2\left(\frac{m}{4}\right)\left(\frac{h}{w}\right)}\right] \tag{11-75i}$$

$$n_\sigma = \frac{p}{2K} = 1+\frac{m}{4}\frac{w}{h}-\frac{3}{2}\frac{\left(\frac{m}{4}\right)^2}{1+2\left(\frac{m}{4}\right)\left(\frac{h}{w}\right)} \tag{11-75j}$$

若不计侧面鼓形，上式右边第三项为零。

第三篇　材料固态相变原理

第 12 章　固态相变基础

相是指合金中具有同一聚集状态、同一晶体结构和性质并以界面相互隔开的均匀组成部分。从广义上讲，构成物质的原子（或分子）的聚合状态（相状态）发生变化的过程均称为相变。钢或合金等固态材料在外界条件（温度或压强等）发生变化时，内部组织或结构会发生变化，如从液相到固相的凝固过程、从液相到气相的蒸发过程，其内部组织或结构会发生变化，即发生从一种相状态到另一种相状态的转变，这种转变称为固态相变。相变前的相状态称为旧相或母相，相变后的相状态称为新相。相变发生后，新相与母相之间必然存在某些差别。这些差别或者表现在晶体结构上（如同素异构转变），或者表现在化学成分上（如调幅分解），或者表现在表面能上（如粉末烧结），或者表现在应变能上（如形变再结晶），或者表现在界面能上（如晶粒长大），或者几种差别兼而有之（如过饱和固溶体脱溶沉淀）。

固态相变的种类很多，许多材料在不同条件下会发生几种不同类型的相变过程。掌握材料固态相变的规律，就可以采取特定的工艺措施（如加热和冷却等工艺）控制相变过程，并可以根据性能要求开发出新型材料。

12.1　固态相变概论

12.1.1　固态相变的主要分类

目前，常见的固态相变主要分类方法有以下几种。

1. 热力学分类

相变的热力学分类是按温度或压力等对化学势的偏微分商在相变点的数学特性——连续或非连续，将相变分为一级相变、二级相变或 n 级相变。

1）一级相变

相变时新旧两相的化学势相等，但化学势的一级偏微商不等的相变称为一级相变。设 α 代表母相，β 代表新相，μ 为化学势，T 为温度，P 为压力，则有

$$\mu\alpha = \mu\beta$$

$$\left(\frac{\partial \mu_\alpha}{\partial T}\right)_P \neq \left(\frac{\partial \mu_\beta}{\partial T}\right)_P ;\ \left(\frac{\partial \mu_\alpha}{\partial P}\right)_T \neq \left(\frac{\partial \mu_\beta}{\partial P}\right)_T$$

由于
$$\left(\frac{\partial \mu}{\partial T}\right)_P = -S ;\ \left(\frac{\partial \mu}{\partial P}\right)_T = V$$

所以，一级相变时，具有体积和熵的不连续变化，即

$$S_\alpha \neq S_\beta ;\ V_\alpha \neq V_\beta$$

材料的凝固、熔化、升华以及同素异构转变等均属于一级相变。几乎所有伴随晶体结构变化的固态相变都是一级相变。

2）二级相变

相变时新旧两相的化学势相等，且化学势的一级偏微商也相等，但化学势的二级偏微商

不等的相变称为二级相变。即

$$\mu\alpha=\mu\beta;\ \left(\frac{\partial\mu_\alpha}{\partial T}\right)_P=\left(\frac{\partial\mu_\beta}{\partial T}\right)_P;\ \left(\frac{\partial\mu_\alpha}{\partial P}\right)_T=\left(\frac{\partial\mu_\beta}{\partial P}\right)_T$$

$$\left(\frac{\partial^2\mu_\alpha}{\partial T^2}\right)_P\neq\left(\frac{\partial^2\mu_\beta}{\partial T^2}\right)_P;\ \left(\frac{\partial^2\mu_\alpha}{\partial P^2}\right)_T\neq\left(\frac{\partial^2\mu_\beta}{\partial P^2}\right)_T;\ \frac{\partial^2\mu_\alpha}{\partial T\partial P}\neq\frac{\partial^2\mu_\beta}{\partial T\partial P}$$

由于

$$\left(\frac{\partial^2\mu}{\partial T^2}\right)_P=-\left(\frac{\partial S}{\partial T}\right)_P=-\frac{1}{T}\left(\frac{\partial H}{\partial T}\right)_P=-\frac{C_P}{T}$$

$$\left(\frac{\partial^2\mu}{\partial P^2}\right)_T=\left(\frac{\partial V}{\partial P}\right)_T=\frac{V}{V}\left(\frac{\partial V}{\partial P}\right)_T=VK$$

$$\left(\frac{\partial^2\mu}{\partial T\partial P}\right)=\left(\frac{\partial V}{\partial T}\right)_P=\frac{V}{V}\left(\frac{\partial V}{\partial T}\right)_P=V\lambda$$

式中，$K=\frac{1}{V}\left(\frac{\partial V}{\partial P}\right)_T$ 为等温压缩系数；$\lambda=\frac{1}{V}\left(\frac{\partial V}{\partial T}\right)_P$ 为等压膨胀系数；$C_P=\left(\frac{\partial H}{\partial T}\right)_P$ 为等压比热。

可见，$S_\alpha=S_\beta$；$V_\alpha=V_\beta$；$C_{P\alpha}\neq C_{P\beta}$；$K_\alpha\neq K_\beta$；$\lambda_\alpha\neq\lambda_\beta$，即在二级相变时，无相变潜热和体积改变，只有比热 C_P、压缩系数 K 和膨胀系数 λ 的不连续变化。材料的部分有序化转变、磁性转变及超导体转变均属于二级相变。

3）高级相变

二级以上的相变为高级相变，一般高级相变很少，大多数相变为低级相变，涉及理想气体无序相到有序相的玻色凝聚相变就是三级相变。

2. 按平衡状态图分类

根据材料的平衡状态图，可将固态相变分为平衡相变和非平衡相变。

1）平衡相变

平衡相变是指在缓慢加热或冷却时所发生的能获得符合平衡状态图的平衡组织的相变。固态材料中所发生的平衡相变主要有以下几种。

(1) 同素异构转变和多形性转变。纯金属在温度和压力改变时，由一种晶体结构转变为另一种晶体结构的过程称为同素异构转变。在固溶体中发生的同素异构转变称为多形性转变。例如，钢在加热或冷却时发生的铁素体向奥氏体或奥氏体向铁素体的转变即属于这种多形性转变。

(2) 平衡脱溶沉淀。在缓慢冷却条件下，由过饱和固溶体中析出过剩相的过程称为平衡脱溶沉淀。设 A－B 二元合金的平衡状态图如图 12－1 所示，当 b 成分的合金被加热至 T_1 温度时，β 相将全部溶入 α 相中而形成单一固溶体。若自 T_1 温度缓慢冷却，β 相将沿固溶度曲线 MN 不断析出，这一过程即为平衡脱溶沉淀。其特点是母相(α)不消失，但随着新相(β)析出，母相的成分和体积分数不断变化，新相的结构和成分与旧相不同，且新相的成分一般也有变化。

(3) 共析相变。合金在冷却时由一个固相分解为两个不同固相的转变称为共析相变（或称珠光体型转变）。如图 12－1 中 c 成分的合金自 γ 状态缓慢冷却，当低于临界温度时将发生共析相变，即 $\gamma\rightarrow\alpha+\beta$。共析相变类似于合金结晶时的共晶反应，其两个生成相的结构和成分都与母相不同，加热时也可发生 $\alpha+\beta\rightarrow\gamma$ 转变，称为逆共析相变。例如，钢在冷却时由奥氏体(γ)向珠光体($\alpha+Fe3C$)的转变($\gamma \rightarrow \alpha+Fe3C$)及加热时由珠光体向奥氏体的转变($\alpha+Fe3C \rightarrow \gamma$)即属于这种共析与逆共析型相变。

(4) 调幅分解。某些合金在高温下具有均匀单相固溶体,但冷却到某一温度范围时可分解成为与原固溶体结构相同但成分不同的两个微区,如 $\alpha \rightarrow \alpha1+\alpha2$,这种转变称为调幅分解。调幅分解的特点是,在转变初期形成的两个微区之间并无明显界面和成分突变,但是通过上坡扩散,最终使原来的均匀固溶体变成不均匀固溶体。

(5) 有序化转变。固溶体(包括以中间相为基的固溶体)中,各组元原子在晶体点阵中的相对位置由无序到有序(指长程有序)的转变称为有序化转变。在 Cu-Zn、Cu-Au、Mn-Ni、Fe-Ni、Ti-Ni 等许多合金系中都可发生这种有序化转变。

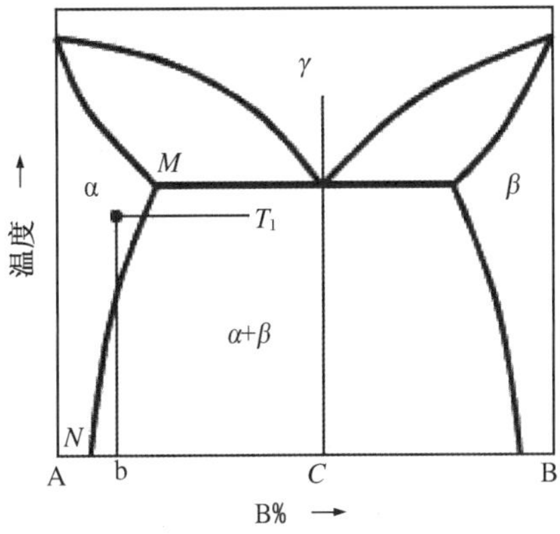

图 12 - 1　具有脱溶沉淀的二元合金平衡状态图

2) 非平衡相变

若加热或冷却速度很快,上述平衡相变将被抑制,固态材料可能发生某些平衡状态图上不能反映的转变并获得被称为不平衡或亚稳态的组织,这种转变称为非平衡相变。固态材料中发生的非平衡相变主要有以下几种。

(1) 伪共析相变。图 12 - 2 是 Fe-C 平衡状态图的左下部分。当奥氏体(γ)自高温缓慢冷却到 GSE 线以下时将析出铁素体(α)或渗碳体(Fe3C),同时奥氏体的碳含量向 S 点靠拢,当达到 S 点时将通过共析相变转变为珠光体($\alpha+Fe3C$)。但若以较快速度冷却,使上述转变来不及进行,非共析成分的奥氏体被过冷到 GS 和 ES 的延长线以下温度(图中影线区)时将同时析出铁素体和渗碳体。这种转变过程和转变产物类似于共析相变,但转变产物中铁素体量与渗碳体量的比值(或转变产物的平均成分)不是定值,而是随奥氏体碳含量变化而变化,故称为伪共析相变。

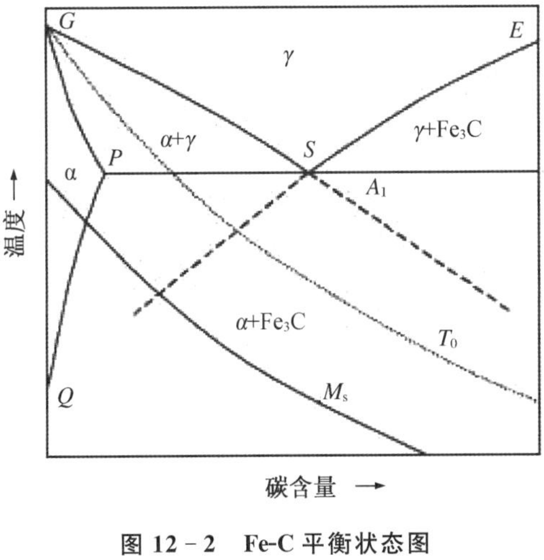

图 12 - 2　Fe-C 平衡状态图

(2) 马氏体相变。同样以 Fe-C 合金为例,若进一步提高冷却速度,使伪共析相变也来不及进行而将奥氏体过冷到更低温度，则由于在低温下铁原子和碳原子都已不能或不易扩散，故奥氏体只能以不发生原子扩散、不引起成分改变的方式，通过切变由 γ 点阵改组为 α 点阵，这种转变称为马氏体相变，转变产物称为马氏体(为区别于平衡相变所形成的 α 相，称其为 α' 相)，其成分与母相奥氏体相同。图 12-2 中的 T_0 是成分相同的 α' 相与 γ 相自由能相等的温度曲线，在 T_0 点以下 α' 相的自由能低于 γ 相的自由能，γ 相应该转变为 α' 相，即发生马氏体相变。但实际上由于种种原因，钢中的马氏体相变不在 T_0 点附近而在比 T_0 点低约 250℃的 M_S 点(称为马氏体相变开始温度)发生。

(3) 贝氏体相变。以钢为例，当奥氏体被冷却至珠光体转变和马氏体相变之间的温度范围时，由于温度较低，铁原子已不能扩散，但碳原子尚具有一定的扩散能力，因此出现了一种独特的碳原子扩散，而铁原子不扩散的非平衡相变，这种相变称为贝氏体相变(或称为中温转变)。其转变产物也是 α 相与碳化物的混合物，但 α 相的碳含量和形态及碳化物的形态和分布均与珠光体不同，称其为贝氏体。

(4) 非平衡脱溶沉淀。如图 12-1 所示的合金平衡状态图，若 b 成分的合金自 T_1 温度快冷时，β 相在冷却过程中来不及析出，则冷到室温时便得到过饱和的 α 固溶体。若在室温或低于固溶度曲线 MN 的某一温度下溶质原子尚具有一定的扩散能力，则在上述温度等温时，过饱和 α 固溶体仍可能发生分解，逐渐析出新相。但在析出的初期阶段，新相的成分和结构均与平衡脱溶沉淀相有所不同，这一过程称为非平衡脱溶沉淀(或时效)。

3. 按原子迁移情况分类

按相变过程中原子迁移情况可将固态相变分为扩散型相变和非扩散型相变。

1) 扩散型相变

相变时，相界面的移动是通过原子近程或远程扩散而进行的相变称为扩散型相变，也称为“非协同型”转变。只有当温度足够高、原子活动能力足够强时，才能发生扩散型相变。温度越高，原子活动能力越强，扩散距离也就越远。同素异构转变、多形性转变、脱溶型相变、共析型相变、调幅分解和有序化转变等均属于扩散型相变。

扩散型相变的基本特点是：①相变过程中有原子扩散运动，相变速率受原子扩散速度所控制；②新相和母相的成分往往不同；③只有因新相和母相比容不同而引起的体积变化，没有宏观形状改变。

2) 非扩散型相变

相变过程中原子不发生扩散，参与转变的所有原子的运动是协调一致的相变称为非扩散型相变，也称为“协同型”转变。非扩散型相变时原子仅作有规则的迁移以使点阵发生改组。迁移时，相邻原子相对移动距离不超过一个原子间距，相邻原子的相对位置保持不变。马氏体相变及某些纯金属(如铅、钛、锂、钴)在低温下进行的同素异构转变即为非扩散型相变，这类相变均在原子已不能(或不易)扩散的低温下发生。

非扩散型相变的一般特征是：①存在由于均匀切变引起的宏观形状改变，可在预先制备的抛光试样表面上出现浮突现象；②相变不需要通过扩散，新相和母相的化学成分相同；③新相和母相之间存在一定的晶体学位向关系；④某些材料发生非扩散相变时，相界面移动速度极快，可接近声速。

4. 按相变方式分类

按相变方式可以将固态相变分为有核相变和无核相变。

1）有核相变

有核相变是通过典型的形核—长大方式进行的。新相晶核可以在母相中均匀形成，也可以在母相中某些有利部位优先形成。新相晶核形成后不断长大而使相变过程得以完成。新相与母相之间有相界面隔开。大部分的固态相变均属于有核相变。

2）无核相变

无核相变时没有形核阶段。无核相变以固溶体中的成分起伏为开端，通过成分起伏形成高浓度区和低浓度区，但两者之间没有明显的界限，成分由高浓度区连续过渡到低浓度区，以后依靠上坡扩散使浓度差逐渐增大，最后导致由一个单相固溶体分解成为成分不同而点阵结构相同的以共格界面相联系的两个相，如调幅分解即为无核相变。

综上，尽管材料的固态相变类型繁多，但就相变过程的实质而言，其中所发生的变化不外乎以下3个方面：结构、成分和有序化程度。有些相变只具有某一种变化，而有些相变则同时兼有两种或两种以上的变化。同一种材料在不同条件下可发生不同的相变，从而获得不同的组织和性能。例如，共析碳钢平衡转变后具有珠光体组织，硬度约为HRC23；若快速冷却使之转变为马氏体，则硬度可达HRC60以上。具有平衡组织的Al-4%Cu合金，抗拉强度仅为150MPa；若使之发生不平衡脱溶沉淀后，抗拉强度可达350MPa。由此可见，通过改变加热与冷却条件，使之发生某种转变继而获得某种组织，则可在很大程度上改变材料的性能。

12.1.2　固态相变的主要特点

大多数固态相变（除调幅分解）为经典的形核—长大型相变。因此，液态结晶理论及其基本概念原则上仍适用于固态相变。但是，由于相变是在"固态"这一特定条件下进行的，固态晶体的原子呈有规则排列，并具有许多晶体缺陷，因此，固态相变具有许多不同于液态结晶过程的特点。

1. 相界面

固态相变时，新旧两相都为固相。根据界面上新旧两相原子在晶体学上匹配程度的不同，可分为共格界面、半共格界面和非共格界面3种，如图12-3所示。新相与旧相的界面结构对固态相变的形核和长大过程及相变后的组织形态等都有很大的影响。

1）共格界面

若两相晶体结构相同、点阵常数相等，或者两相晶体结构和点阵常数虽有差异，但存在一组特定的晶体学平面可使两相原子之间产生完全匹配。此时，界面上原子所占位置恰好是两相点阵的共有位置，界面上原子为两相所共有，这种界面称为共格界面（见图12-3(a)）。在理想的共格界面条件下（如孪晶界），其弹性应变能和界面能都接近于零。

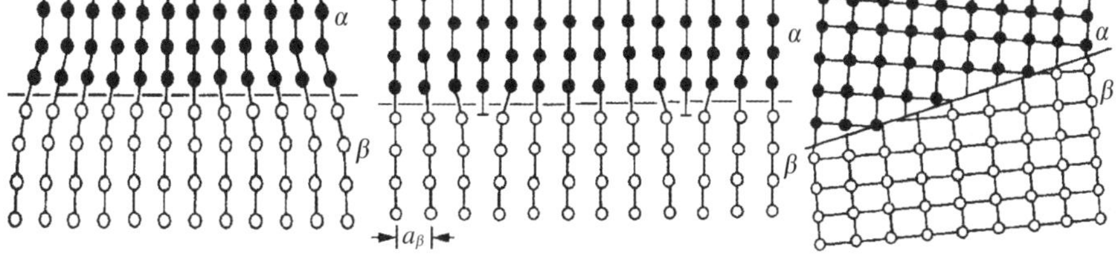

图12-3　固态相变界面结构示意图

实际上，两相点阵总有一定的差别，或者点阵类型不同，或者点阵参数不同，因此两相界面完全共格时，相界面附近必将产生弹性应变。当两相之间的共格关系依靠正应变来维持时，称为第一类共格；而以切应变来维持时，称为第二类共格，两者的晶界两侧都有一定的晶格畸变，如图 12-4 所示。图 12-4 中，(a)为第一类共格界面，靠近晶界处一侧受压缩，另一侧受拉伸；(b)为第二类共格界面，晶界附近有晶面弯曲。

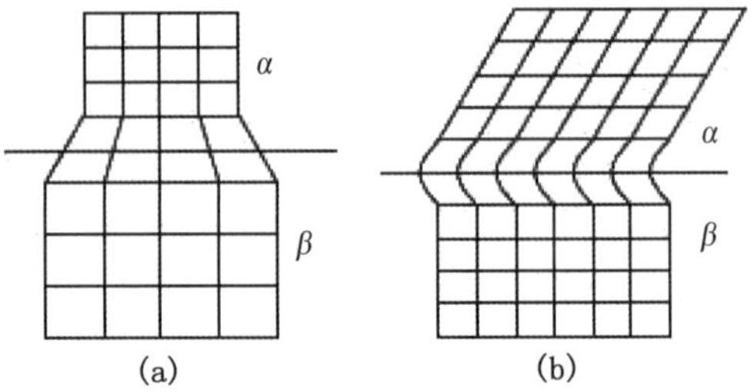

图 12-4　第一类共格界面(a)和第二类共格界面(b)

一般来说，共格界面的特点是界面能较小，但因界面附近有畸变，所以弹性应变能较大。共格界面必须依靠弹性畸变来维持，当新相不断长大而使共格界面的弹性应变能增大到一定程度时，可能超过母相的屈服极限而产生塑性变形，使共格关系遭到破坏。

2) 半共格界面

共格界面上弹性应变能的大小取决于相邻两相界面上原子间距的相对差值 δ(称为错配度)。若以 a_α 和 a_β 分别表示两相沿平行于界面的晶向上的原子间距，在此方向上的两相原子间距之差以 $\Delta a = |a_\beta - a_\alpha|$ 表示，则错配度 δ 为

$$\delta = \frac{|a_\beta - a_\alpha|}{a_\alpha} = \frac{\Delta a}{a_\alpha} \tag{12-1}$$

显然，错配度 δ 越大，弹性应变能就越大；当 δ 增大到一定程度时，便难以继续维持完全的共格关系，于是在界面上将产生一些刃型位错，以补偿原子间距差别过大的影响，使界面弹性应变能降低。此时，界面上的两相原子变成部分保持匹配(见图 12-3(b))，故称为半共格(或部分共格)界面。可以看出，一维点阵的错配可以在不产生长程应变场的情况下用一组刃型位错来补偿。这组位错的间距 D 应为

$$D = \frac{a_\beta}{\delta} \tag{12-2}$$

在界面上除了位错核心部分以外，其他地方几乎完全匹配。在位错核心部分的结构是严重扭曲的，并且点阵面是不连续的。

3) 非共格界面

当两相界面处的原子排列差异很大，即错配度 δ 很大时，两相原子之间的匹配关系便不再维持，这种界面称为非共格界面(见图 12-3(c))。非共格界面结构与大角晶界相似，系由原子不规则排列的很薄的过渡层所构成。

一般认为，错配度小于 0.05 时两相可以构成完全的共格界面；错配度大于 0.25 时易形成非共格界面；错配度介于 0.05～0.25 之间，则易形成半共格界面。

固态相变时两相界面能与界面结构和界面成分变化有关。两相界面上原子排列的不规则性将导致界面能升高，同时界面也有吸附溶质原子的作用。由于溶质原子在晶格中存在

时会引起晶格畸变而产生应变能，而当溶质原子在界面处分布时，则会使界面应变能降低。因此，溶质原子总是趋向于在界面处偏聚，而使总的能量降低。

2. 位向关系与惯习面

为了减少界面能，固态相变过程中的新相与母相之间往往存在一定的晶体学关系，它们通常由原子密度大而彼此匹配较好的低指数晶面相互平行来保持这种位向关系，而且新相往往在母相一定的晶面上开始形成，这个晶面称为惯习面，它可能是相变中原子移动距离最小(即畸变最小)的晶面。

例如，钢中发生由奥氏体(γ)到马氏体(α')的转变时，奥氏体的密排面$\{111\}_\gamma$与马氏体的密排面$\{110\}_{\alpha'}$相平行；奥氏体的密排方向$<110>\gamma$与马氏体的密排方向$<111>\alpha'$相平行，这种位向关系称为 K－S 关系，可记为

$$\{111\}\gamma /\!/ \{110\}\alpha';<110>\gamma /\!/ <111>\alpha'$$

一般来说，当新相与母相之间为共格或半共格界面时必然存在一定的位向关系；若无一定的位向关系，则两相界面必定为非共格界面。但反过来，有时两相之间虽然存在一定的位向关系，但也未必都具有共格或半共格界面，这可能是在新相长大过程中其界面的共格或半共格性已遭破坏所致。

3. 弹性应变能

固态相变时，因新相和母相的比容不同可能发生体积变化。但由于受到周围母相的约束，新相不能自由胀缩，因此新相与其周围母相之间必将产生弹性应变和应力，使系统额外地增加了一项弹性应变能。研究证明，在完整晶体中因相变产生的弹性应变能不仅与新相母相的比容差和弹性模量有关，而且与新相的形状有关。

若将析出相看作旋转椭球体。设旋转椭球体的赤道直径为 a，旋转轴两极之间的距离为 c，这个旋转体的具体形状取决于 c/a 的比值。$c<<a$ 时为圆盘(片)；$c=a$ 时为圆球；$c>>a$ 时为圆棒(针)。图 12－5 示出了新相粒子的几何形状(c/a)对因比容差而产生的应变能(相对值)的影响，从中可以看出，新相呈球状时应变能最大，呈圆盘(片)状时新相应变能最小，呈棒(针)状时新相应变能居中。

除新相与母相的比容差产生体积弹性应变能外，两相界面上的不匹配也产生弹性应变能。这一项弹性应变能以共格界面为最大，半共格界面次之(因形成界面位错而使弹性应变能下降)，而非共格界面则为零。

由上述可知，固态相变时的相变阻力应包括界面能和弹性应变能两项。新相和母相的界面类型对界面能和弹性应变能的影响是不同的。当界面共格时，可以降低界面能，但使弹性应变能增大；当界面不共格时，盘(片)状新相的弹性应变能最低，但界面能较高；而球状新相的界面能最低，但弹性应变能却最大。固态相变时究竟是界面能还是弹性应变能起主导作用取决于具体条件。如过冷度很大，临界晶核尺寸很小，单位体积新相的界面面积很大，则巨大的界面能增加了形核功而成为主要的相变阻力，此时界面能起主导作用。两相界面易取共格方式以降低界面能，而且界面能的降低可超过共格引起的弹性应变能的增加，从而降低总的形核功，易于形核。在过冷度很小的情况下，临界晶核尺寸较大，界面能不起主导作用，易形成非共格界面。此时，若两相比容差别较大，弹性应变能起主导作用，则形成盘(片)状新相以降低弹性应变能；若两相比容差别较小，弹性应变能作用不大，则形成球状相以降低界面能。

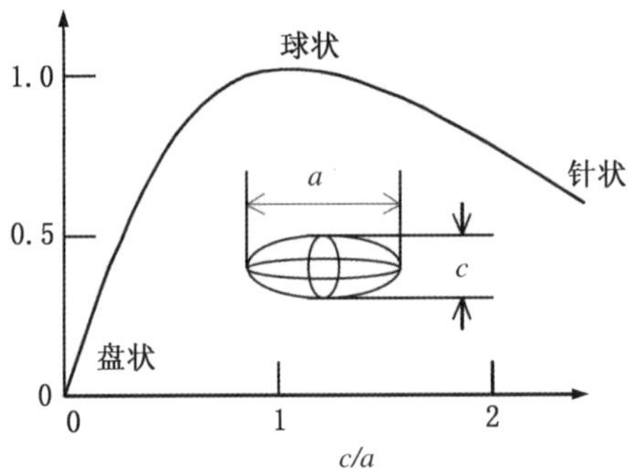

图 12－5　新相形状与相对应变能的关系示意图

4. 过渡相的形成

根据相变热力学，相变是由于新相和母相存在负的自由能差所引起的，并且力求从自由能较高的不稳定母相转变为自由能最低的稳定新相。但是，当稳定的新相与母相的晶体结构差异较大时，两者之间只能形成高能量的非共格界面。此时新相的临界尺寸很小，单位体积新相有较大的界面面积，界面能对形核的阻碍作用很大，并且非共格界面的界面能和形核功均较大，相变不容易发生。在这种情况下，母相往往不直接转变为自由能最低的稳定新相，而是先形成晶体结构或成分与母相比较接近、自由能比母相稍低些的亚稳定的过渡相。此时，过渡相往往具有界面能较低的共格界面或半共格界面，以降低形核功，使形核容易进行。

过渡相虽然在一定条件下可以存在，但其自由能仍高于平衡相，故有继续转变直至达到平衡相为止的倾向，并且这种倾向随温度升高而增大。若经过适当热处理后获得的过渡相组织在室温下使用，这种趋向于平衡状态的转变往往慢得可以忽略不计。

5. 晶体缺陷的影响

固态晶体中存在着晶界、亚晶界、空位及位错等各种晶体缺陷，在其周围点阵发生畸变，储存有畸变能。一般地说，固态相变时新相晶核总是优先在晶体缺陷处形成。这是因为，晶体缺陷是能量起伏、结构起伏和成分起伏最大的区域，在这些区域形核时原子扩散激活能低，扩散速度快，相变应力容易被松弛。例如，晶界就是引起非自发形核的既存位置，具有较低的形核功，因此对相变起催化作用。

位错对相变亦有较明显的催化作用。一般认为，在位错线上形核时，新相出现部位的位错线消失，位错中心的畸变能得到释放，从而使系统自由能降低。这部分被释放的能量可作为克服形成新相界面和相变应变所需的能量，从而使相变加速。位错对相变的催化作用还有另一种方式，即新相形成时位错本身不消失，它依附在新相界面上，构成半共格界面中位错的一部分，结果也会使系统自由能降低。

总之，在固态相变中，从能量的观点来看，均匀形核的形核功最大，空位形核次之，位错形核更次之，晶界非均匀形核的形核功最小。

6. 原子的扩散

在很多情况下，由于新相和母相的成分不同，固态相变必须通过某些组元的扩散才能进行，这时扩散便成为相变的控制因素。但是，固态中原子的扩散速度远远低于液态原子，因此，原子扩散速度对固态相变有显著的影响。受扩散控制的固态相变，在冷却时可以产生很大程度的过冷。随着过冷度的增大,相变驱动力增大,相变速度也增大。但是,当过冷度增大到一定程度后,由于原子扩散能力下降,相变速度反而随过冷度增大而减慢。若进一步增大过冷度,也可使扩散型相变被抑制,在低温下发生无扩散型相变,形成亚稳定的过渡相。例如,碳钢从奥氏体状态快速冷却时,可抑制扩散型相变,而在低温下以切变方式发生无扩散的马氏体相变,则生成亚稳定的马氏体组织。

12.2 固态相变热力学

一切体系都有降低自由能以达到稳定状态的自发趋势。相变热力学条件是发生相变的必要条件。任何相变的热力学都是:终态(新相)的自由能低于始态(母相)的自由能,即 $\Delta G = G_{始态} - G_{终态} < 0$,两者的自由能相差越大,相变驱动力越大。

12.2.1 固态相变的热力学条件

自由能 G 是体系的一个特征函数,根据热力学第一定律和第二定律,近似认为固态相变是个等容过程时,可得

$$\left(\frac{\partial G}{\partial T}\right)_V = -S \tag{12-3}$$

$$\left(\frac{\partial^2 G}{\partial T^2}\right)_V = -\left(\frac{\partial S}{\partial T}\right)_V \tag{12-4}$$

由于 S 总为正值,且 S 总是随着温度的增加而增加,即 $\left(\frac{\partial S}{\partial T}\right)_V$ 为正值,所以 $\left(\frac{\partial G}{\partial T}\right)_V$ 和 $\left(\frac{\partial^2 G}{\partial T^2}\right)_V$ 应总为负值,这意味着自由能 G—温度 T 的特性曲线总是凹面向下。

图 12-6 表示某材料中 α 相和 γ 相的自由能 G 随温度 T 的变化曲线,自由能均随温度升高而降低,但由于两相的熵值大小以及熵值随温度的变化程度不同,两相的自由能曲线可能相交于一点,如在 T_0 处,$G_\alpha = G_\gamma$,即两相处于平衡状态,T_0 为理论转变温度。当温度低于 T_0 时,$G_\alpha < G_\gamma$,γ 相应该转变为 α 相;反之,当温度高于 T_0 时,$G_\gamma < G_\alpha$,α 相应该转变为 γ 相。所以,表观上,相变进行的热力学条件是过冷($\Delta T = T_0 - T_1$)或过热($\Delta T = T_2 - T_0$)的程度。过冷度或过热度越大,产生的自由能差($\Delta G_{\gamma\to\alpha}$ 或 $\Delta G_{\alpha\to\gamma}$)越大,相变的驱动力也越大,有利于相变的进行,因为相变总是朝着自由能降低的方向进行的。

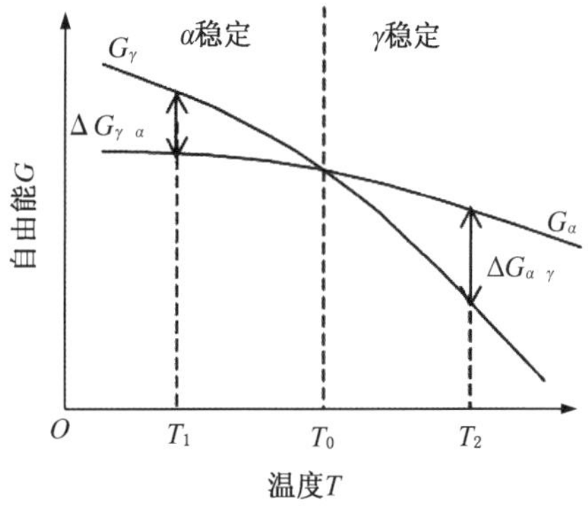

图 12-6 各相自由能与温度的关系

12.2.2 相变势垒

事实上,热力学条件是发生相变的必要条件,即 $\Delta G = G_{始态} - G_{终态} < 0$ 时,相变不一定能进行。要使系统从母相转变为新相,除了要有相变驱动力以外,还必须克服相变势垒。相变势垒是指相变时晶格改组所必须克服的原子间引力。

在图 12-7 中,状态Ⅰ代表不稳定的母相(γ),自由能较高;状态Ⅱ代表较稳定的新相(α),自由能较低。根据热力学条件,α 相比 γ 相的自由能低,存在自由能差 $\Delta G_{\gamma\to\alpha} = G_\gamma - G_\alpha$,

并且 $\Delta G_{\gamma\to\alpha}<0$，$\gamma$ 相有转变为 α 相的自发趋势。但是，相变的进行不仅需要有自由能差 $\Delta G_{\gamma\to\alpha}$，而且还需要有克服因原子间引力而产生的相变势垒 Δg 的附加能量。

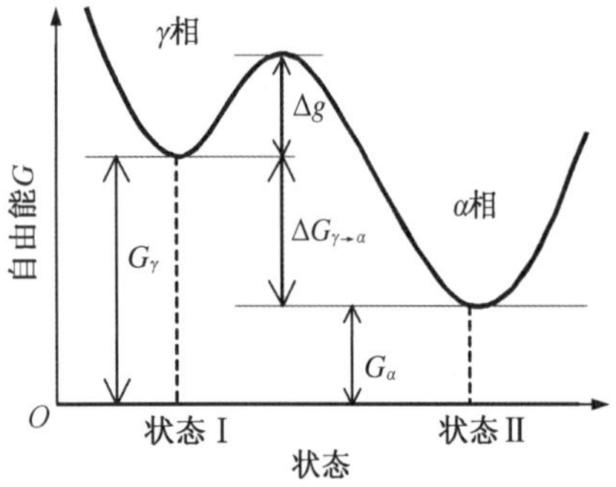

图 12-7　固态相变势垒示意图

晶体中原子可通过不同方式来获得这种附加能量。例如，原子热振动的不均匀性，它使个别原子可能具有很高的热振动能量，足以克服原子间引力而离开平衡位置，即获得附加能量。例如，弹性变形或塑性变形破坏了晶体原子排列的规律性，在晶体中产生内应力，使某些原子获得附加能量而离开平衡位置。

势垒的高低可以近似地用激活能 Q 来表示。激活能就是使晶体原子离开平衡位置迁移到另一个新的平衡或非平衡位置所需要的能量。显然，激活能越大，相变势垒就越高。激活能的大小与温度有关，温度越高，激活能就越小，这是由于原子间距离增大，引力减小所致。所以，温度越高相变愈容易进行。但在更多情况下，势垒的大小是用晶体原子的自扩散系数 D 来表示的，自扩散系数 D 随温度下降呈指数关系下降，如

$$D=D_0\cdot\exp\left(-\frac{Q}{RT}\right)\tag{12-5}$$

式中，D_0 为系数(频率因子)；R 为气体常数；T 为绝对温度；Q 为激活能。可见，自扩散系数越大，克服势垒的能力越强，相变越容易进行。

12.3　固态相变形核与长大

12.3.1　固态相变形核

绝大多数固态相变都是通过形核和长大过程完成的。形核过程中优先在母相中某些微小区域内形成新相所必需的成分和结构，称为核胚；若核胚尺寸超过某一临界值，便能稳定存在并自发长大，成为新相晶核。形核包括均匀形核和非均匀形核。均匀形核是指新相晶核在母相基体中无择优地任意均匀分布。若新相在母相基体中某些特殊区域择优地形核，则为非均匀形核。

无论是均匀形核，还是非均匀形核，晶胚能否成为晶核，由相变驱动力和相变阻力共同决定。任何相变过程，都存在促进和抑制相变的矛盾因素。凡是相变过程导致体系自由能下降的因素是相变驱动力；反之，使体系自由能上升的因素就是相变阻力。固态相变的驱动力有：①体积自由能差；②母相晶体中存在的各类晶体缺陷。固态相变阻力有：①新相形成时出现的相界面能；②新旧相之间的共格应变能。

1. 均匀形核

按照经典形核理论，固态相变均匀形核时，系统自由能的总变化 ΔG 为

$$\Delta G=-V\cdot G_v+S\sigma+V\varepsilon\tag{12-6}$$

式中，V 为新相体积；ΔG_v 为新相与母相间的单位体积自由能差；S 为新相表面积；σ 为新相与母相间的单位面积界面能(简称比界面能或表面张力)；ε 为新相单位体积弹性应变能。式(12-6)右侧第一项 $V\cdot\Delta G_v$ 为体积自由能差即相变驱动力，而 $S\sigma$ 为界面能，$V\varepsilon$ 为弹性应变

能，两者均为形核阻力。可见，只有当 $V \cdot \Delta G_v > S\sigma + V\varepsilon$ 时，式(12-6)右侧才能为负值，即 $\Delta G<0$，新相形核才有可能。这只有在一定的过冷度下，当高能微区中形成大于临界尺寸的新相晶核时才能实现。

若假设新相晶核为球形(半径为 r)时，则式(12-6)可写为

$$\Delta G = -\frac{3}{4}\pi r^3 \Delta G_v + 4\pi r^2 \sigma + \frac{4}{3}\pi r^3 \varepsilon \tag{12-7}$$

令 $\frac{d\Delta G}{dr} = 0$，则可得新相的临界晶核半径 r_c 为

$$r_c = \frac{2\sigma}{\Delta G_v - \varepsilon} \tag{12-8}$$

形成临界晶核的形核功 W 为

$$W = \Delta G_{max} = \frac{16\pi\sigma^3}{3(\Delta G_v - \varepsilon)^2} \tag{12-9}$$

由式(12-8)和式(12-9)可知，当表面能 σ 和弹性应变能 ε 增大时，临界晶核半径 r_c 增大，形核功 W 增高。因此，具有低界面能和高弹性应变能的共格新相核胚，倾向于呈盘状或片状；而具有高界面能和低弹性应变能的非共格新相核胚，则易成等轴状。但若新相核胚界面能的异向性很大(对母相晶面敏感)时，后者也可呈片状或针状。

临界晶核半径和形核功都是自由能差的函数。因此，它们也将随过冷度(过热度)而变化。随过冷度(过热度)增大，临界晶核半径和形核功都减小，新相形核概率增大，新相晶核数量也增多，即相变更容易发生。因此，只有在一定的温度滞后条件下系统才可能发生相变。与克服相变势垒所需的附加能量一样，形核功所需的能量也来自两个方面：一是依靠母相内存在的能量起伏来提供；二是依靠变形等因素引起的内应力来提供。

与液态结晶相似，固态相变均匀形核时的形核率 I 可用下式表示：

$$I = n\nu \exp\left(-\frac{Q+W}{kT}\right) \tag{12-10}$$

式中，n 为单位体积母相中的原子数，ν 为原子振动频率，Q 为原子扩散激活能，k 为玻尔兹曼(Boltzmann)常数，T 为相变温度。固态原子的扩散激活能 Q 较大，固态相变的弹性应变能又进一步增大形核功 W。所以，与液态结晶相比，固态相变的均匀形核率要低得多。同时，固态材料中存在的大量晶体缺陷可提供能量，促进形核。因此，非均匀形核便成为固态相变的主要形核方式。

2. 非均匀形核

母相中存在的各种晶体缺陷均可作为形核位置，晶体缺陷所储存的能量可使形核功降低，形核容易。当新相核胚在母相晶体缺陷处形成时，系统自由能的总变化为

$$\Delta G = -V \cdot G_v + S\sigma + V\varepsilon - \Delta G_d \tag{12-11}$$

与式(12-6)相比，增加了最后一项 ΔG_d。它表示非均匀形核时晶体缺陷消失或减少而降低的能量。晶体缺陷所存储的能量可降低形核功，这些缺陷部位是新相优先形核的部位。下面分别说明晶体缺陷对形核的作用。

1) 晶界形核

多晶体中，两个相邻晶粒的边界叫做界面；3 个晶粒的共同交界是一条线，叫做晶棱；4 个晶粒交于一点，构成一个界隅。界面、界棱和界隅都不是几何意义上的面、线和点，它们都

占有一定的体积。用δ代表边界厚度,L代表晶粒平均直径,可近似地估算界面、界棱和界隅在多晶体中所占的体积分数分别为(δ/L)、$(\delta/L)^2$、$(\delta/L)^3$。

界面、界棱和界隅都可以提供其所储存的畸变能来促进形核。在界面形核时,只有一个界面可供晶核吞食;在界棱形核时,可有3个界面供晶核吞食;在界隅形核时,被晶核吞食的界面有6个。所以,从能量角度来看,界隅提供的能量最大,界棱次之,界面最小。然而,从3种形核位置所占的体积分数来看,界面反而居首位,而界隅最小。全面考虑这两种因素,晶界不同位置非均匀形核率I可综合表达为

$$N = n\nu\left(\frac{\delta}{L}\right)^{3-i}\exp\left(-\frac{Q}{kT}\right)\exp\left(-\frac{A_iW}{kT}\right) \tag{12-12}$$

式中,$i=0$、1、2、3,分别表示界隅形核和界棱形核、界面形核、均匀形核。A_i为在晶界不同位置形核的形核功与均匀形核的形核功之比值,$A_0<A_1<A_2<1$,$A_3=1$。

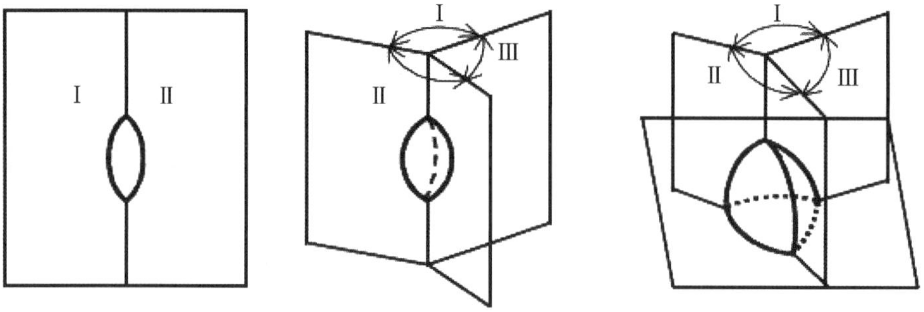

图 12-8 界面上非共格晶核的形状

(a) 界面形核;(b) 界棱形核;(c) 界隅形核

为了减少晶核表面积,降低界面能,非共格形核时各界面均呈球冠形。界面、界棱和界隅上的非共格晶核应分别呈双凸透镜片、两端尖的曲面三棱柱体和球面四面体等形状,如图12-8所示。而共格和半共格界面一般呈平面。前已述及,界面两侧的新相与母相存在一定的晶体学位向关系。大角晶界形核时,因为不能同时与晶界两侧的晶粒都具有一定的晶体学位向关系,所以新相晶核只能与一侧母相晶粒共格或半共格,而与另一侧母相晶粒非共格,结果将使晶核形状发生改变,一侧为球冠形,另一侧则为平面,如图12-9所示。

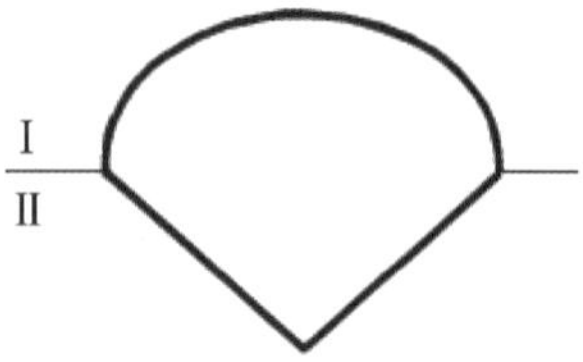

图 12-9 一侧共格的界面形核示意图

设α为母相,β为新相,则晶界形核时系统自由能的总变化可表达为

$$\Delta G = -V\cdot\Delta G_v + S_{\alpha\beta}\sigma_{\alpha\beta} + V\varepsilon - S_{\alpha\alpha}\sigma_{\alpha\alpha} \tag{12-13}$$

式中,$S_{\alpha\beta}$为β相表面积;$\sigma_{\alpha\beta}$为β相与α相的单位界面积的界面能;$S_{\alpha\alpha}$为被β相吞食掉的α相晶界面积;$\sigma_{\alpha\alpha}$为α相晶界的单位面积界面能。将式(12-13)整理为

$$\Delta G = -V\cdot\Delta G_v + V\varepsilon + S_{\alpha\beta}\sigma_{\alpha\beta}\left(1-\frac{S_{\alpha\alpha}}{S_{\alpha\beta}}\cdot\frac{\sigma_{\alpha\alpha}}{\sigma_{\alpha\beta}}\right) \tag{12-14}$$

令$\chi=\dfrac{\sigma_{\alpha\alpha}}{\sigma_{\alpha\beta}}$,由此可导出晶界形核的形核功$W$为

$$W=\Delta G_{\max}=\frac{16}{3}\cdot\frac{\pi\sigma_{\alpha\beta}^{3}\left(1-\frac{S_{\alpha\alpha}}{S_{\alpha\beta}}\cdot\chi\right)^{3}}{(\Delta G_{v}-\varepsilon)^{2}} \tag{12-15}$$

对于界面形核，由界面张力平衡(见图 12-10(a))可知，界面能之间存在下列关系：

$$2\sigma_{\alpha\beta}\cos\theta=\sigma_{\alpha\alpha}$$
$$\chi=\frac{\sigma_{\alpha\alpha}}{\sigma_{\alpha\beta}}=2\cos\theta \tag{12-16}$$

若晶核为双球冠形，R 为曲率半径，则有

$$S_{\alpha\alpha}=\pi R^{2}\sin^{2}\theta=\pi R^{2}(1-\cos^{2}\theta)\qquad S_{\alpha\beta}=4\pi R^{2}(1-\cos\theta) \tag{12-17}$$

根据式(12-15)，当 $1-\frac{S_{\alpha\alpha}}{S_{\alpha\beta}}\chi=0$ 时，$W=0$。满足这一条件时，由式(12-17)得

$$\frac{1}{2}\chi^{2}+\chi-4=0 \tag{12-18}$$

该二次方程式的解为 $\chi=2$、$\chi=-4$。由此可知，界面形核时，只要 $\chi=\frac{\sigma_{\alpha\alpha}}{\sigma_{\alpha\beta}}\geqslant 2$，形核便不再需要额外的能量。

对于界隅形核，为计算方便可将晶核近似地看成正四面体(见图 12-10(b))，正四面体棱边长度为 L，四面体中心 O 至顶点距离为 r。图中 OA 的延长线与 BEF 平面相交于 D，D 点应是 ΔBEF 的中心，$BD\perp AD$。由 O 作 AB 的垂线 OC。因 $\Delta AOC\backsim\Delta ABD$，所以有

$$\frac{OC}{BD}=\frac{AC}{AD}$$

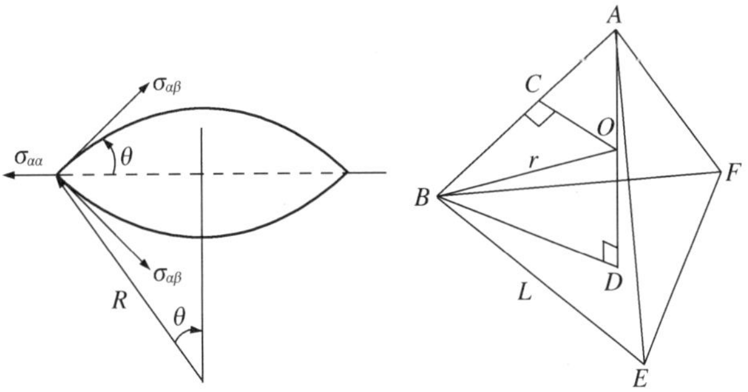

(a)　　(b)

图 12-10　界面和界隅晶核表面面积及被吞食的晶界面积

(a) 界面形核；(b) 界隅形核

又因 $AC=\frac{1}{2}L$，$BD=\frac{2}{3}\cdot\frac{\sqrt{3}}{2}L=\frac{1}{\sqrt{3}}L$，$AD=\sqrt{L^{2}-\frac{1}{3}L^{2}}=\sqrt{\frac{2}{3}L^{2}}$，所以

$$OC=\frac{AC\cdot BD}{AD}=\frac{1}{2\sqrt{2}}L$$

而 ΔOAB 是 6 个被吞食的界面之一，其面积为 $S_{1}=\frac{1}{2}L\cdot OC=\frac{1}{4\sqrt{2}}L^{2}$。所以被吞食的总面积 $S_{\alpha\alpha}=6S_{1}=\frac{3}{2\sqrt{2}}L^{2}$。四面体晶核的表面积为 $S_{\alpha\beta}=4\cdot\frac{1}{2}\cdot\frac{\sqrt{3}}{2}L^{2}=\sqrt{3}L^{2}$，所以

$$\frac{S_{\alpha\alpha}}{S_{\alpha\beta}}=\frac{3}{2\sqrt{2}} \tag{12-19}$$

将此式带入式(12-15)，当 $W=0$，即 $1-\frac{S_{\alpha\alpha}}{S_{\alpha\beta}}\chi=0$ 时，$1-\frac{\sqrt{3}}{2\sqrt{2}}\chi=0$，得

$$\chi=\frac{2\sqrt{2}}{\sqrt{3}} \tag{12-20}$$

即当 $\chi=\frac{\sigma_{\alpha\alpha}}{\sigma_{\alpha\beta}}\geqslant\frac{2\sqrt{2}}{\sqrt{3}}$ 时，界隅形核无能量阻碍。

对于晶棱形核，计算结果表明，当 $\chi=\frac{\sigma_{\alpha\alpha}}{\sigma_{\alpha\beta}}\geqslant\sqrt{3}$ 时，晶棱形核无能量阻碍。上述分析结果表明，界隅形核的能量障碍最小。然而，界隅能否成为优先形核位置，还要看过冷度和 $\frac{\sigma_{\alpha\alpha}}{\sigma_{\alpha\beta}}$ 数值。当过冷度较大时，形核驱动力增大，形核功减小，无论哪种位置能量障碍都不大，此时，体积分数较大的界面对形核的贡献必然较大。当 $\frac{\sigma_{\alpha\alpha}}{\sigma_{\alpha\beta}}\geqslant 2$ 时，所有位置都没有能量障碍，界面也就成为对形核贡献最大的位置。

2）位错形核

位错促进形核，有以下 3 种形式。

第一种形式：新相在位错线上形核，新相形成处的位错线消失，释放出来的畸变能使形核功降低，从而促进形核。如果近似把围绕位错形成的新相晶核看成半径为 r 的圆柱，则单位长度由于位错线消失而释放的畸变能应为

$$A\ln\frac{r}{r_0}=A(\ln r-\ln r_0)=A\ln r \tag{12-21}$$

对于刃型位错，$A=Gb^2/4\pi(1-\nu)$；对于螺型位错，$A=Gb^2/4\pi$。这里，r_0 为假想的位错中心小孔半径，G 为切变模量，b 为柏氏矢量，ν 为泊松比。可见，位错的畸变能与柏氏矢量 b 有关，b 值越大，位错促进形核的作用也就越大。

此时单位长度晶核柱的自由能的变化应为

$$\Delta G=-A\ln r-\pi r^2(\Delta G_v-\varepsilon)+2\pi r\sigma \tag{12-22}$$

由式(12-22)可导出晶核临界半径 r_c 为

$$r_c=\frac{2\pi\sigma\pm\sqrt{4\pi^2\sigma^2-8\pi A(\Delta G_v-\varepsilon)}}{4\pi(\Delta G_v-\varepsilon)} \tag{12-23}$$

当 ΔG_v 及 A 值较大，$4\pi^2\sigma^2<8\pi A(\Delta G_v-\varepsilon)$ 时，r_c 无实根。在这种情况下，位错形核没有能量障碍。

第二种形式：位错线不消失，依附在新相界面上，成为半共格界面中的位错部分，补偿了错配，因而降低了界面能，故使新相形核功降低。

第三种形式：在新相与基体成分不同的情况下，由于溶质原子在位错线上偏聚（形成气团），有利于沉淀相晶核的形成，因此对相变起催化作用。

根据估算，当相变驱动力甚小而新相和母相之间的界面能约为 $2\times10^{-5}\mathrm{J/cm^2}$ 时，均匀形核的形核率仅为 $10^{-70}/(\mathrm{cm^3\cdot s})$；如果晶体中位错密度为 $10^8/\mathrm{cm}$，则由位错促成的非均匀形核的形核率约高达 $10^8/(\mathrm{cm^3\cdot s})$。可见，当晶体中存在较高密度位错时，固态相变很难

以均匀形核方式进行。

3）空位形核

空位通过影响扩散或利用本身能量提供形核驱动力而促进形核。此外，空位群可凝聚成位错而促进形核。例如，在过饱和固溶体脱溶分解的情况下，当固溶体从高温快速冷却下来，与溶质原子被过饱和地保留在固溶体内的同时，大量过饱和空位也被保留下来。它们一方面促进溶质原子扩散，同时又作为沉淀相的形核位置而促进非均匀形核，使沉淀相弥散分布于整个基体中。而在晶界附近常有“无析出带”，无析出带中看不到沉淀相，这是因为靠近晶界附近的过饱和空位扩散到晶界而消失，因此，这里未发生非均匀形核。而远离晶界处仍保留较多的空位，沉淀相易于在此形核长大。

12.3.2　固态相变晶核长大

1. 晶核长大机制

新相晶核的长大，实质上是界面向母相方向的迁移。固态相变类型不同，其晶核长大机制也不同。对于共析相变和脱溶转变等固态相变，由于新相和母相的成分不同，新相晶核的长大必须依赖于溶质原子在母相中作长程扩散，使界面附近成分符合新相要求时新相晶核才能长大。发生这类相变时，必然伴随有传质过程。相反，对于同素异构转变和马氏体相变等固态相变，其新相和母相的成分相同，晶核长大时不需要有传质过程，界面附近的原子只需作短程扩散，甚至完全不需要扩散亦可使新相晶核长大。

若新相晶核与母相之间存在一定的晶体学位向关系，则长大时仍保持这种位向关系。新相的长大机制还与晶核的界面结构（如共格、半共格或非共格界面）有关。事实上，新相晶核完全地与母相匹配，形成完全共格界面的情况极少，通常所见的大多是形成半共格和非共格两种界面。这两种界面有着不同的迁移机制。

1）半共格界面的迁移

因为半共格界面具有较低的界面能，故在长大过程中界面往往保持为平面。例如，马氏体相变，其晶核长大是通过半共格界面上母相一侧原子的切变来完成的，其特点是大量原子有规则地沿某一方向作小于一个原子间距的迁移，并保持原有的相邻关系不变，如图 12－11 所示。这种晶核长大过程也称为协同型长大或位移式长大。由于相变过程中原子迁移都小于一个原子间距，故又称为无扩散型相变。以均匀切变方式进行的协同型长大，其结果导致抛光试样表面产生倾动，如图 12－12 所示。

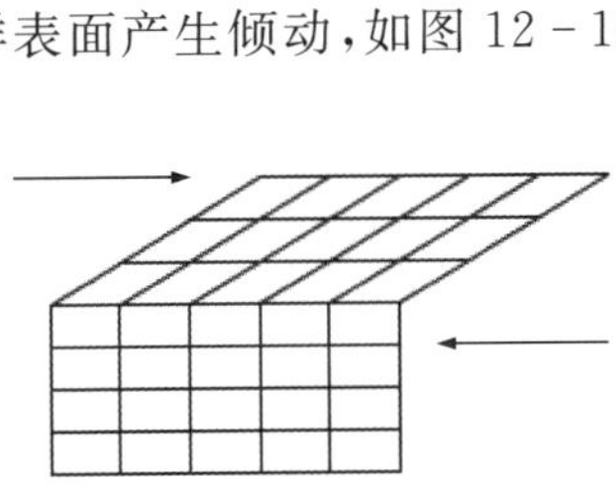

图 12－11　切边造成协调型长大示意图

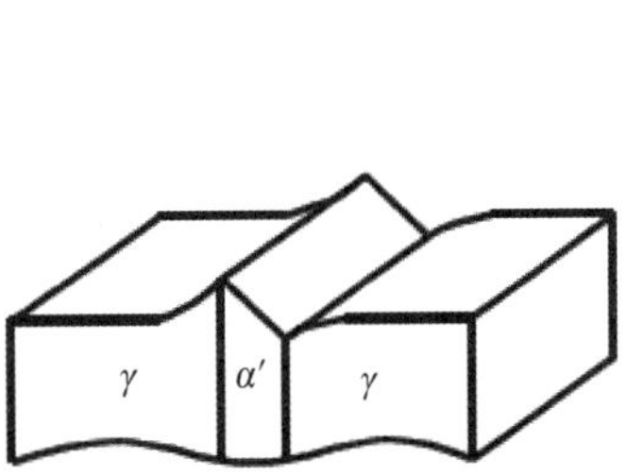

图 12－12　马氏体相变的表面倾动示意图

除上述切变机制外，还可通过半共格界面上的界面位错运动，使界面作法向迁移，从而实现新相晶核的长大。包含界面位错的半共格界面的可能结构如图 12－13 所示。图 12－13(a) 为平界面，界面位错处于同一平面上，其刃型位错的柏氏矢量 $\boldsymbol{b}$ 平行于界面。此时，若界面沿法线方向迁移，界面位错必须攀移才能随界面移动，这在无外力作用或温度不是足够高时难以实现，故其牵制界面迁移，阻碍晶核长大。但若如图 12-13(b)所示，界面位错分布于阶梯状界面上，相当于其刃型位错的柏氏矢量 **b** 与界面成某一角度。这样，位错的滑移运动就可使台阶跨过界面侧向迁移，造成界面沿其法线方向推进，从而使新相长大，如图 12-14 所示。这种晶核长大方式称为台阶式长大。

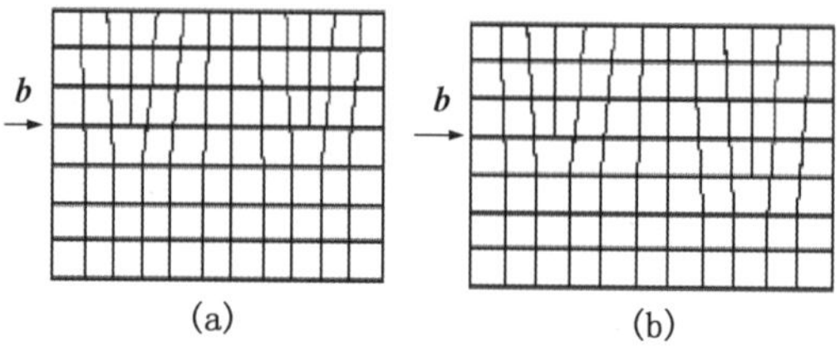

图 12-13　半共格界面的可能结构

(a) 平界面；(b) 阶梯界面

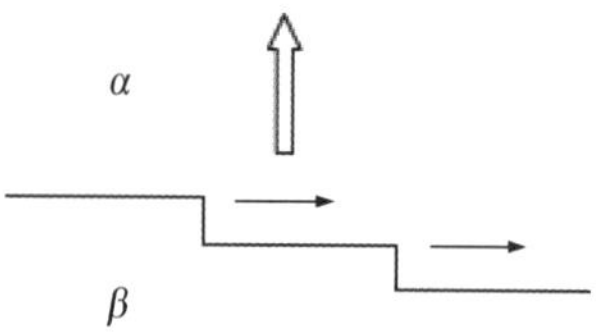

图 12-14　晶核以台阶方式长大示意图

2）非共格界面的迁移

在许多情况下，新相晶核与母相之间呈非共格界面，界面处原子排列紊乱，形成不规则排列的过渡薄层，其可能结构如图 12-15 (a)所示。这种界面上原子的移动不是协同的，即无一定先后顺序，相对位移距离不等，其相邻关系也可能变化。这种界面可在任何位置接受原子或输出原子，随母相原子不断向新相转移，界面本身便沿其法向推进，从而使新相逐渐长大。但也有人认为，在非共格界面的微观区域中也可能呈现台阶状结构(见图 12-15(b))，这种台阶平面是原子排列最密的晶面，台阶高度约相当于一个原子层，通过原子从母相台阶端部向新相台阶转移，使新相台阶发生侧向移动，从而引起界面垂直方向上的推移，使新相长大。由于这种非共格界面的迁移是通过界面扩散进行的。因此，这种相变又称为扩散型相变。

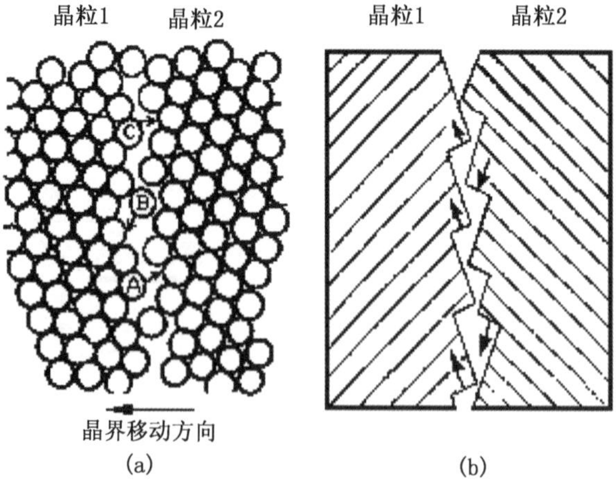

图 12-15　非共格界面的可能结构

(a) 原子不规则排列的过渡薄层；(b) 台阶式非共格界面

应该指出，固态相变不一定都属于单纯的扩散型或无扩散型。例如，钢中贝氏体相变，既有扩散型相变特征，又有无扩散型相变特征；也可以说，既符合半共格界面的迁移机制，又有溶质原子的扩散行为。

2. 新相长大速度

新相长大速度决定于界面移动速度。对于无扩散型相变，其界面迁移是通过点阵切变完成的，不需要原子扩散，故其长大激活能为零，因此新相长大速度很高。而对于扩散型相变，其界面迁移需要借助原子的扩散，故新相长大速度较低。扩散型相变中的新相长大又分两种情况：一是新相形成时无成分变化，只有原子的近程扩散；二是新相形成时有成分变化，新相长大需要通过溶质原子的长程扩散。下面分别讨论这两种情况。

1）无成分变化的新相长大

假设降温冷却，由母相 γ 转变为新相 α 时，新相与母相成分相同。新相长大可以看成 γ 与 α 相界面的移动，其实质是两相界面附近原子的短程扩散。当母相中的原子通过短程扩散越过相界面进入新相时便导致相界面向母相中迁移，使新相逐渐长大。显然，其长大速率受界面扩散（短程扩散）所控制。前面图 12－7 示出了 γ 和 α 两相的自由能差 $\Delta G_{\gamma\to\alpha}$ 和相变势垒 Δg。若以 Δg 表示 γ 相中的一个原子越过相界跳到 α 相上所需的激活能，则振动原子中能够具有这一激活能的概率应为 $\exp\left(-\dfrac{\Delta g}{kT}\right)$，若原子的振动频率为 ν_0，则 γ 相中的原子能够越过相界跳到 α 相上的频率 $\nu_{\gamma\to\alpha}$ 为

$$\nu_{\gamma\to\alpha}=\nu_0\exp\left(-\frac{\Delta g}{kT}\right) \tag{12-24}$$

即单位时间内将有 $\nu_{\gamma\to\alpha}$ 个原子从 γ 相中跳到 α 相上去。同理，α 相中的原子也可以越过相界跳到 γ 相上去，但其所需的激活能应为（$\Delta g+\Delta G_{\gamma\to\alpha}$）。其中，$\Delta G_{\gamma\to\alpha}$ 为 γ 相中的原子越过相界跳到 α 相上所引起的自由能变化，即原子由 γ 相跳到 α 相上去的驱动力。因此，α 相中的一个原子能够越过相界跳到 γ 相上去的频率 $\nu_{\alpha\to\gamma}$ 应为

$$\nu_{\alpha\to\gamma}=\nu_0\exp\left(-\frac{\Delta g+\Delta G_{\gamma\to\alpha}}{kT}\right) \tag{12-25}$$

即单位时间内可能有 $\nu_{\alpha\to\gamma}$ 个原子从 α 相中跳到 γ 相上去。这样，原子从 γ 相跳到 α 相的净跳跃频率为 $\nu=\nu_{\gamma\to\alpha}-\nu_{\alpha\to\gamma}$。若原子跳一次的距离为 λ，每当相界上有一层原子从 γ 相中跳到 α 相上去，α 相便增厚 λ，则在单位时间内 α 相的长大速度为

$$u=\lambda\nu=\lambda\nu_0\exp\left(-\frac{\Delta g}{kT}\right)\left[1-\exp\left(-\frac{\Delta G_{\gamma\to\alpha}}{kT}\right)\right] \tag{12-26}$$

当过冷度很小时，$\Delta G_{\gamma\to\alpha}\to 0$。根据近似计算，$e^{x}\approx 1+x$（当 $|x|$ 很小时），所以

$$\exp\left(-\frac{\Delta G_{\gamma\to\alpha}}{kT}\right)\approx 1-\frac{\Delta G_{\gamma\to\alpha}}{kT} \tag{12-27}$$

将式（12－27）代入式（12－26）中则有

$$u=\frac{\lambda\nu_0}{k}\left(\frac{\Delta G_{\gamma\to\alpha}}{T}\right)\exp\left(-\frac{\Delta g}{kT}\right) \tag{12-28}$$

可见，当过冷度很小时，新相长大速度与新相和母相的自由能差成正比。但实际上两相自由能差是过冷度或温度的函数，故新相长大速度随温度降低而增大。

当过冷度很大时，$\Delta G_{\gamma\to\alpha}>>kT$，根据 $e^{-x}=\dfrac{1}{e^{x}}\to 0$（$x$ 很大时），式（12－26）变为

$$u = \lambda\nu_0 \exp\left(-\frac{\Delta g}{kT}\right) \tag{12-29}$$

由此可见，长大速度决定于原子越过相界的激活能 Δg。对于非共格界面，Δg 的值等于晶界扩散激活能；对于半共格界面则可认为大致等于原子在母相中的激活能（实际稍小些）。所以，原子越过非共格界面的激活能远小于越过半共格界面的激活能。由式（12－29）可知，当过冷度很大时，新相长大速度随温度降低呈指数函数减小。

综上，在整个相变温度范围内，新相长大速度与温度的关系如图 12－16 所示，出现两头小中间大的趋势，即过冷度与新相长大速度有极大值的关系。

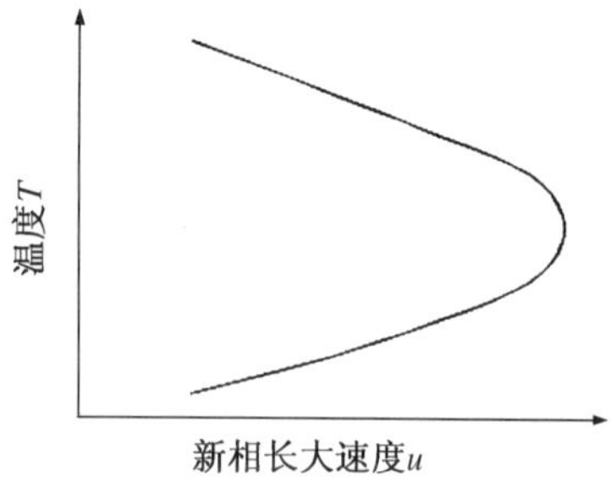

图 12－16　新相长大速度与温度的关系曲线

2）有成分变化的新相长大

仍以降温冷却转变为例。当新相 α 和母相 γ 的成分不同时，新相的长大必须通过溶质原子的长程扩散来实现，故其长大速度受扩散所控制。生成新相时的成分变化有两种情况：一种是新相 α 中溶质原子的浓度 C_α 低于母相 γ 中的浓度 C_γ；另一种则相反，新相 α 中溶质原子的浓度 C_α 高于母相 γ 中的浓度 C_γ，如图 12－17 所示。在某一转变温度下，相界面上新相 α 和母相 γ 的成分由平衡状态图所确定，设其分别为 C_α 和 C_γ。由于 C_γ 大于或者小于母相 γ 的原始浓度 C_∞，故在界面附近的母相 γ 中存在一定的浓度梯度（$C_\gamma - C_\infty$）或（$C_\infty - C_\gamma$）。在这个浓度梯度的推动下，将引起溶质原子在母相 γ 内的扩散，以降低其浓度差，结果便破坏了相界面上的浓度平衡（C_α 和 C_γ）。为了恢复相界面上的浓度平衡，就必须通过相间扩散，使新相长大。因此，新相长大过程需要溶质原子由相界处扩散到母相内远离相界的区域（见图 12－17(a)），或者由母相内远离相界的区域扩散到相界处（见图 12－17(b)）。在这种情况下，相界面的移动速度将由溶质原子的扩散速度所控制，即新相长大速度取决于原子的扩散速度。以图 12－17(b)为例，假定 γ 和 α 的相界面为一平面，设在 dt 时间内相界面向 γ 相一侧推移 dx 距离，则新增加的 α 相单位界面面积所占体积内所需的溶质量为 $|C_\gamma - C_\alpha| dx$。这部分新增加的溶质量是依靠溶质原子在 γ 相中的扩散所提供的。设溶质原子在 γ 相中的扩散系数为 D，并假设其不随位置、时间和溶度而变化，相界面附近 γ 相中的溶度梯度为 $\left(\frac{\partial C_\gamma}{\partial x}\right)_{x_0}$，由 Fick 第一定律可知，扩散通量为 $D\left(\frac{\partial C_\gamma}{\partial x}\right)_{x_0} dt$，故有

$$|C_\gamma - C_\alpha| dx = D\left(\frac{\partial C_\gamma}{\partial x}\right)_{x_0} dt$$

则

$$u = \frac{dx}{dt} = \frac{D}{|C_\gamma - C_\alpha|}\left(\frac{\partial C_\gamma}{\partial x}\right)_{x_0} \tag{12-30}$$

这表明新相长大速度 u 与扩散速度 D 和相界面附近母相中溶度梯度 $\left(\frac{\partial C_\gamma}{\partial x}\right)_{x_0}$ 成正比，而与两相在相界面上的平衡浓度差 $|C_\gamma - C_\alpha|$ 成反比。当温度下降时，扩散系数 D 急剧减小，因此，新相长大速度亦随温度下降而降低。此外，当温度不变时，新相长大速度还随时间延长

而发生变化，这是因为 $\left(\frac{\partial C_\gamma}{\partial x}\right)_{x_0}$ 值将随着晶核的长大而不断降低。

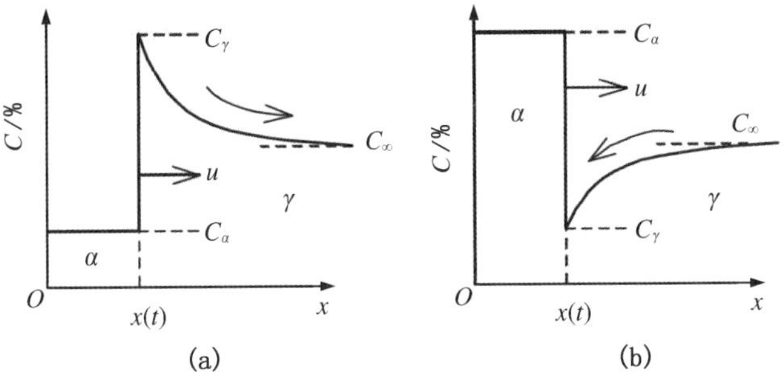

图 12－17　新相长大过程中溶质原子的溶度分布

12.4　固态相变动力学

相变动力学模型可精确地描述相变过程中各相变参量随时间或温度的变化关系。近年来，随着高精度检测技术的发展，相变动力学无论是从实验上还是从理论模型上都得到了广泛的关注和长足的发展。尽管研究相变动力学的实验方法简单易行，但是相变动力学的数学模型因其可预见性和可操作性而备受材料科学家的关注和青睐。

12.4.1　固态相变速率

假设新相以固定的速率 $\dot{N}$ 连续形核，并且形核后以固定的速度 v 长成各向同性的球状。形核的孕育期为 τ($t<\tau$，则形核率为零，整个系统的体积为 V。在某个时间 t 由母相 α 转变成新相 β 的体积为

$$V^\beta = \frac{4}{3}\pi v^3 (t-\tau)^3 \tag{12-31}$$

在未转变的母相中，在 $d\tau$ 的时间间隔内形成的新相核心数量为 $\dot{N}Vd\tau$ 。在相变开始阶段，新相核心之间距离较大，各核心互不干扰，则

$$\begin{aligned} dV^\beta &= \frac{4}{3}\pi v^3 (t-\tau)^3\ \dot{N}Vd\tau \\ V^\beta &= \frac{4}{3}\pi V\int_0^t v^3 (t-\tau)^3\ \dot{N}d\tau \end{aligned} \tag{12-32}$$

因为 $\dot{N}$ 、v 都是与时间无关的常数，所以相变的体积分数可以写成

$$f = \frac{V^\beta}{V} = \frac{\pi}{3}\dot{N}v^3t^4 \tag{12-33}$$

由式(12－33)可见，f 随时间增长而迅速增加，在相变的开始阶段，相变体积分数增加得很快。但随着时间的延长，新相之间要相互接触，相变体积分数应收敛于最大值 1，所以式(12－33)只在 $f<<1$ 的相变初始阶段有效。

Johnson 和 Mehl 以及 Avrami 考虑到相变到一定程度，相邻的已相变区将碰撞，形成共同界面后就会停止长大，其他地方则继续长大，直至全部相变完成。因此计算相变分数时，

需要把已经相变的区域从母相中剔除，修正后得到

$$dV^{\beta'} = \frac{V - V^{\beta'}}{V} dV^{\beta} \tag{12-34}$$

$dV^{\beta'}$ 为经剔除已形成相之后的真实的新相体积。相变的体积分数 $f = V^{\beta'}/V$，则

$$df = \frac{V - V^{\beta'}}{V} d\left(\frac{V^{\beta}}{V}\right) = (1 - f) d\left(\frac{V^{\beta}}{V}\right) \tag{12-35}$$

对式(12－35)积分得到

$$f = 1 - \exp\left(-\frac{\pi}{3}\dot{N}v^3t^4\right) \tag{12-36}$$

式(12－36)在 t 很小的时候与式(12－33)是等价的。在 t 无限大时，f 趋近于 1。在一般情况下，形核率和长大速度都随时间而变化。

根据形核和长大过程所做的假设不同，可以写成更一般的形式：

$$f = 1 - \exp(-Kt^n) \tag{12-37}$$

即为经典的 Avrami 公式(也称 Johnson—Mehl—Avrami 公式)。式(12－37)中，K 为速度常数，与温度密切相关；n 是与相变类型有关的常数，在相当大的温度区间内可以看做与温度无关。

12.4.2 钢中过冷奥氏体转变动力学

1. 过冷奥氏体等温转变动力学

将奥氏体迅速冷却到临界点以下某一温度等温，并保持一段时间，在等温过程中发生的相变称为过冷奥氏体的等温转变。过冷奥氏体等温转变图——TTT 曲线(time-temperature-transformation)可以综合反映过冷奥氏体在不同过冷度下的等温转变过程：转变开始和终了时间、转变产物的类型及转变量与温度和时间的关系等。

1) TTT 曲线的建立

相变过程包括 3 个方面：晶体结构、化学成分和某种物理性质的跃变。只要发生一种变化，就可以认为发生了相变。通过各种现代分析测试手段，很容易确定上述变化是什么时候开始，进行到什么程度，以及什么时候结束，从而获得在某一外界条件下，新相转变量与转变时间之间的关系。

(1) 金相硬度法。通过观察金相组织并测定硬度，确定过冷奥氏体在不同等温温度下，各转变阶段的转变产物及体积分数，根据转变产物体积分数的变化来确定过冷奥氏体等温转变的起止时间，从而绘制出等温转变图。如果利用电子显微镜和定量金相显微等先进测试手段，可以获得更为精确而可靠的结果。

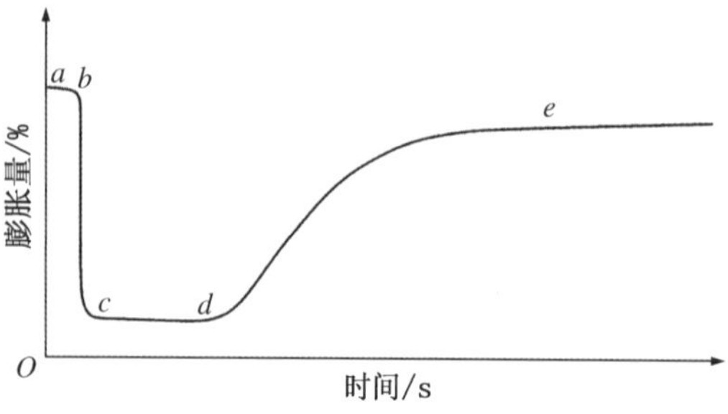

图 12－18 等温转变时膨胀量与时间的关系

(2) 膨胀法。利用膨胀仪，测定钢在相变时发生的比体积变化来确定过冷奥氏体在等温转变过程中的起止时间。通常使用直径 3～5mm，长 10～50mm 的圆形小试样，奥氏体化后，分别在不同温度下等温停留，此时膨胀仪将自动记录等温转变时引起的膨胀效应与时间的关系曲线。如图 12－18 示，其中 bc 段是过冷奥氏体的纯冷却收缩，cd 是等温转

变前的孕育期，从 d 开始发生相变，至 e 点相变结束。将所得到的一系列膨胀量—时间曲线加以整理便可绘制出 TTT 曲线。

膨胀法的优点是测定时间段所需试样小，还能测出先共析渗碳体的析出线。但当膨胀曲线变化比较平缓时，转折点不易准确测出。

(3) 磁性法。磁性法的基本原理是基于奥氏体的顺磁性，又根据奥氏体的分解产物铁素体或珠光体、贝氏体及马氏体等均具有铁磁性的特点，通过相变引起的顺磁性到铁磁性的变化来确定转变的起止时间及转变量与时间的关系。

将被测试样(Φ3mm×330mm)放在磁场里，当试样呈非铁磁性的奥氏体状态时，不受磁场力的影响。如果在试样中出现铁磁性相，则试样受磁力作用而发生偏转，偏转角度大小与铁磁相数量成正比。磁性法的优点是测量时间短、所需试样少。但不能测定出先共析渗碳体的析出线和亚共析钢珠光体转变的开始线，因为渗碳体的居里点约为 200℃，而珠光体和铁素体都是铁磁相，因而无法区别。

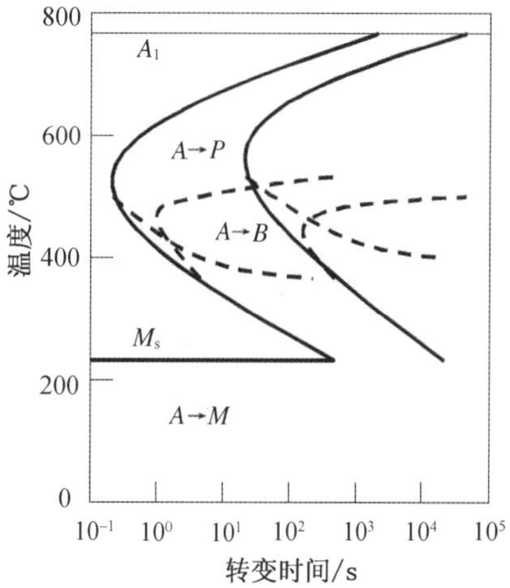

图 12-19　两个 C 曲线合并成一个 C 曲线

2) TTT 曲线的基本类型

钢的成分和奥氏体化条件的不同，TTT 曲线的形状和位置发生变化，变化规律遵循“两个凡是”：凡是增加过冷奥氏体稳定性的因素均使 TTT 曲线右移；凡是扩大奥氏体相区的因素均使 TTT 曲线下移，反之亦然。

第一种，具有单一的“C”形曲线。碳钢以及含有 Si、Ni、Cu、Co 等合金元素的钢均属于此种钢(图 12-19)，其鼻尖温度为 500～600℃。实际上是由两个邻近的 C 曲线合并而成的(如图中虚线所示)，在鼻尖以上等温时，形成珠光体，在鼻尖以下等温时，形成贝氏体。

第二种和第三种，曲线呈双“C”形。若钢中加入能使贝氏体转变温度范围下降，或使珠光体转变温度范围上升的合金元素(如 Cr、Mo、W、V 等)时，则随合金元素含量增加，珠光体转变曲线与贝氏体转变曲线逐渐分离。当合金元素含量足够高时，两曲线将完全分开，在珠光体转变和贝氏体转变之间出现一个过冷奥氏体稳定区。

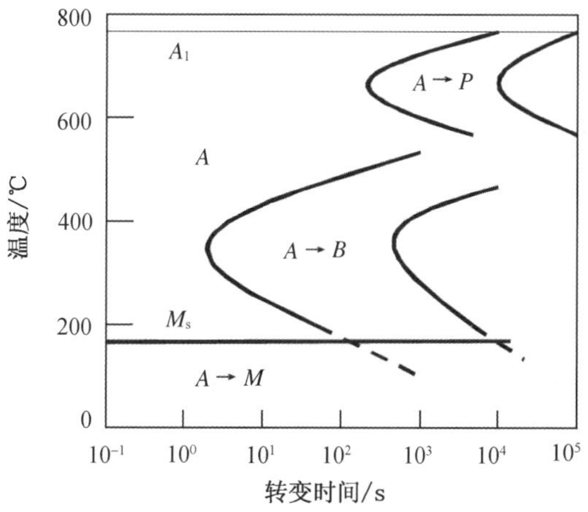

图 12-20　第二种类型的 C 曲线

若加入的合金元素不仅能使珠光体转变与贝氏体转变分离，而且能使珠光体转变速度显著减慢，但对贝氏体转变速度影响较小时，则得到如图 12-20 所示的等温转变图(第二种)；反之，若加入的合金元素能使贝氏体转变速度显著减慢，而对珠光体转变速度影响不大时，则得到如图 12-21 所示的等温转变图(第三种)。

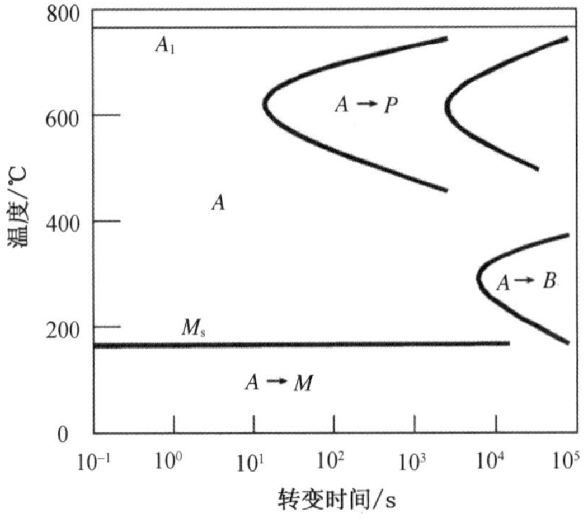

图 12-21　第三种类型的 C 曲线

第四种，只有贝氏体转变的 C 曲线。在含 Mn、Cr、Ni、W、Mo 量高的低碳钢中，扩散型的珠光体转变受到极大阻碍，因而只出现贝氏体转变的 C 曲线（见图 12-22）。

第五种，只有珠光体转变的 C 曲线（见图 12-23）。常出现于中碳高铬钢中。

第六种，在 M_S 点以上整个温度区间内不出现 C 曲线。这类钢通常为奥氏体钢，高温下稳定的奥氏体组织能全部过冷至室温。

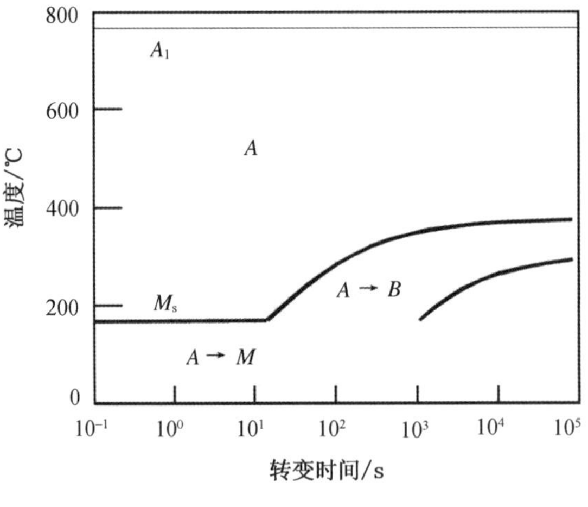

图 12-22　第四种类型的 C 曲线

3）TTT 曲线的影响因素

（1）合金元素的影响。如上所述，合金元素对 TTT 曲线的影响最大。一般来说，除 Co 和 Al 以外的合金元素使 TTT 曲线右移，即增加过冷奥氏体的稳定性。各种合金元素对 TTT 曲线的影响示于图 12-24 中。但是，合金元素的作用大小还与其在奥氏体中的溶解状态、形成的碳化物状态、奥氏体化温度、合金元素含量及多种合金元素的相互作用等因素有关。

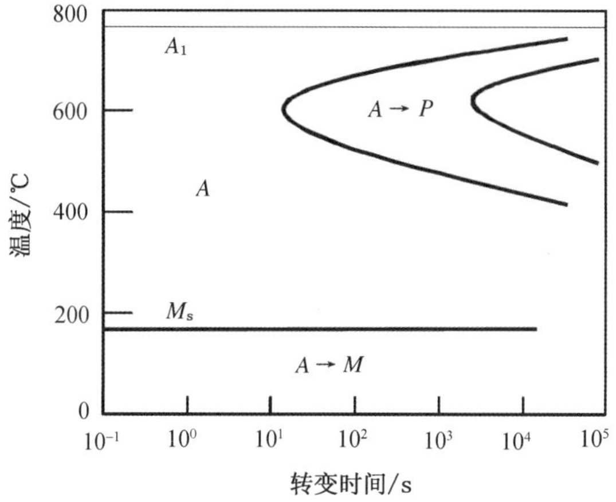

图 12－23　第五种类型的 C 曲线

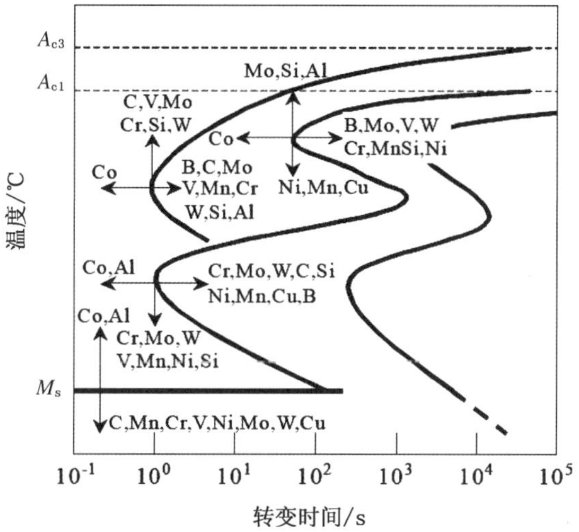

图 12－24　合金元素对过冷奥氏体等温转变图的影响

(2) 奥氏体晶粒尺寸的影响。由于珠光体转变的形核位置主要是奥氏体晶界,奥氏体晶粒细小时,其晶界总面积增大,有利于形核,从而促进转变,使珠光体转变曲线左移。而贝氏体转变中 α 相的形核位置可以是晶界,也可以在晶内,所以奥氏体晶粒尺寸对贝氏体转变的影响较小。

(3) 原始组织、加热温度和保温时间的影响。工业用钢在相同加热条件下,原始组织越细小,所得到的奥氏体成分越均匀,冷却时新相形核及长大过程中所需的扩散时间就越长,TTT 曲线因此右移,并且 M_s 点下降。当原始组织相同时,提高奥氏体化温度或延长奥氏体化时间,将能促使碳化物溶解、奥氏体成分均匀化和奥氏体晶粒长大,导致 TTT 曲线右移。

(4) 奥氏体塑性变形的影响。奥氏体的塑性变形会显著影响珠光体转变动力学。一般来说,形变量越大,珠光体转变孕育期就越短,即加速珠光体转变。形变加速珠光体转变的原因可分为 3 种情况:①相变前形变奥氏体处于完全再结晶状态时,其原因是再结晶细化了奥氏体晶粒;②相变前形变奥氏体处于加工硬化状态时,其原因是形变促进了晶界与晶内(如滑移带、孪晶)形核;③相变前形变奥氏体中析出大量细小的形变诱发碳化物时,其原因是形变诱发碳化物促进了珠光体的晶内形核。

2. 过冷奥氏体连续冷却转变动力学

TTT 曲线可以直接用来指导等温热处理工艺的制订。但是实际热处理常常是在连续冷却条件下进行的，此时过冷奥氏体的转变规律与 TTT 曲线差别很大。连续冷却时，过冷奥氏体是在一个温度范围内进行转变的，几种转变往往相互重叠，得到不均匀的混合组织。过冷奥氏体的连续冷却转变图一CCT 曲线(continuous-cooling-transformation)则是分析连续冷却过程中奥氏体的转变过程以及转变产物的组织和性能的重要依据。

1) CCT 曲线的建立

测定 CCT 曲线一般较测定 TTT 曲线困难，其原因有：①维持恒定冷却速度十分困难，因为在任何一种均匀介质中都难以维持恒定的冷却速度，并且过冷奥氏体在转变过程中还要释放相变潜热，使冷却速度发生改变，而冷却速度的改变，曲线的形状、位置均会改变；②在连续冷却时，转变产物往往是混合的，各种组织的精确定量也比较困难；③在快速冷却时，保证测量时间、温度的精度也很困难。因此，目前仍有许多钢的 CCT 曲线有待进一步精确测定。

通常综合应用膨胀法、端淬法、金相硬度法、热分析法和磁性法来测定 CCT 曲线。端淬法是以往应用较多的方法之一，而快速膨胀仪的问世为 CCT 曲线的测定提供了许多方便。快速膨胀仪所用试样尺寸通常为 Φ3mm×10mm 的小试样。采用真空感应加热方法加热试样，以程序控制冷却速度，在 800～500℃范围内平均冷却速度可从 100 000℃/min 变化到 1℃/min。从不同冷却速度的膨胀曲线上可确定转变开始(转变量为 1%)、各种中间转变量和转变终了(转变量为 99%)所对应的温度和时间。将数据记录在温度—时间半对数坐标系中，连接相应的点，便得到连续冷却转变图，即 CCT 曲线。为了提高测量精度，常用金相硬度法或热分析法进行定点校对。

2) 冷却速度对转变产物的影响

图 12-25 为 0.46%C 钢的 CCT 曲线，图中标注的符号意义与 TTT 曲线相同。自左上方至右下方的若干曲线代表不同冷速的冷却曲线。这些冷却曲线依次与铁素体、珠光体和贝氏体转变终止线相交处所标注的数字，分别代表以该速度冷却至室温后组织中铁素体、珠光体和贝氏体所占的体积百分数。冷却曲线下端的数字代表以该速度冷却所获组织的室温维氏硬度。常在图的右上角注明奥氏体化温度和时间。

现根据图 12-25 讨论在 3 种典型的冷却速度(见图 12-25 中的(a)、(b)及(c)冷却线)下，过冷奥氏体的转变过程和转变产物组成，并说明冷却速度对转变产物的影响。以速度(a)冷却时，直至 M_S 点(360℃)仍无扩散型相变发生。从 M_S 点开始马氏体转变，冷至室温后的组织为马氏体加少量残余奥氏体，硬度为 HV685；以速度(b)冷却时，2s 后在 630℃开始析出铁素体，3s 冷却至 600℃铁素体转变量达 5%时开始珠光体转变，6s 冷却至 480℃珠光体转变量达 50%时进入贝氏体转变区，10s 冷却至 305℃贝氏体转变量为 13%，随后开始马氏体转变，冷却至室温后仍有部分奥氏体残留下来。室温组织由 5%铁素体、50%珠光体、13%贝氏体、30%马氏体和 2%残余奥氏体所组成，硬度为 HV350。以速度(c)冷却时，80s 冷却至 720℃时开始析出铁素体，105s 冷却至 680℃形成 35%铁素体并开始珠光体转变，115s 冷却至 655℃转变终了，获得 35%铁素体和 65%珠光体的混合组织，硬度为 HV200。

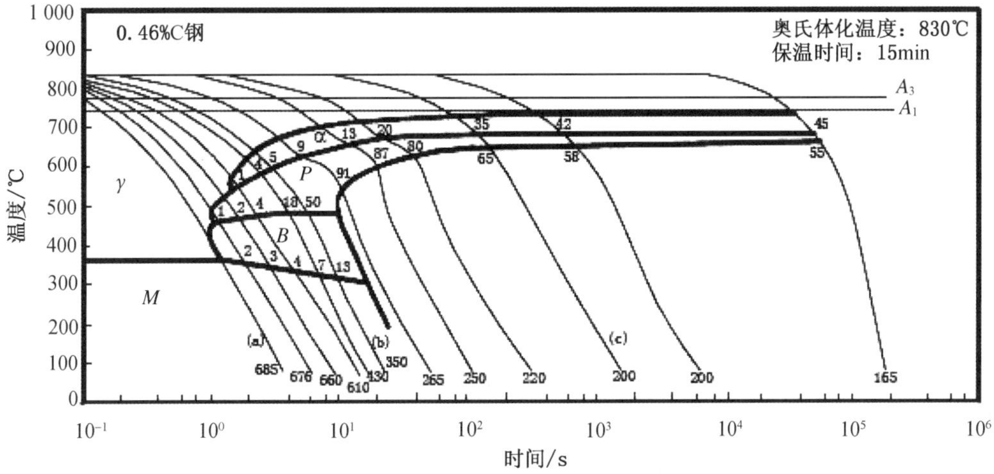

图 12－25　中碳钢(0.46%C)的过冷奥氏体连续冷却转变图

3）与 TTT 曲线的比较

与等温转变 TTT 曲线相比，过冷奥氏体的连续冷却转变 CCT 曲线有如下特点。

(1)连续冷却转变 CCT 曲线都处于同种材料的等温转变 TTT 曲线的右下方。这是由于连续冷却转变时转变温度较低、孕育期较长所致。

(2)从形状上看，连续冷却转变 CCT 曲线不论是珠光体转变区还是贝氏体转变区都只有相当于等温转变 TTT 曲线的上半部。

(3)碳钢连续冷却时可使中温的贝氏体转变被抑制。共析碳钢的 CCT 曲线表示于图 12－26，图中的细线为共析碳钢的 TTT 曲线。由图可见，共析碳钢的 CCT 曲线只有高温的珠光体转变区和低温的马氏体转变区，而无中温的贝氏体转变区。这是由于贝氏体转变的孕育期较长所致。例如，以 90℃/s 的速度冷却时，到 a 点有 50%奥氏体转变为珠光体，在 a～b 之间转变中止，从 b 点开始剩余奥氏体发生马氏体转变。同时还可看到，CCT 曲线的 P_s 曲线和 P_f 曲线(珠光体转变开始线和终了线)均向右下方移动。

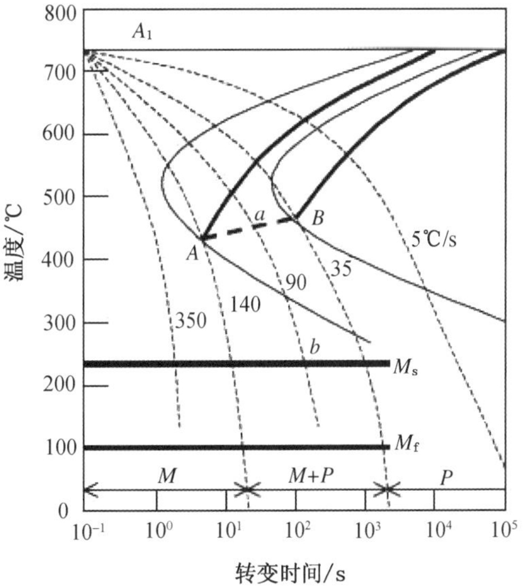

图 12－26　共析碳钢的 CCT 图

(4) 合金钢连续冷却时可以有珠光体转变而无贝氏体转变，也可以有贝氏体转变而无珠光体转变，或者两者兼而有之。具体图形由加入钢中合金元素的种类和含量而定。合金元素对连续冷却转变 CCT 曲线的影响规律与对等温转变 TTT 曲线的影响相似。

4）钢的临界冷却速度

在连续冷却中，使过冷奥氏体不析出先共析铁素体(亚共析钢)或先共析碳化物(过共析

钢高于 A_{cm} 点奥氏体化)以及不转变为珠光体或贝氏体的最低冷却速度分别称为抑制先共析铁素体或先共析碳化物析出及抑制珠光体或贝氏体转变的临界冷却速度。它们可以分别用与 CCT 曲线中先共析铁素体或先共析碳化物析出线及珠光体或贝氏体转变开始线相切的冷却曲线所对应的冷却速度来表示。

为获得完全的马氏体组织,冷却速度应大于某一临界值而使过冷奥氏体在冷却过程中不发生分解。在连续冷却时,使过冷奥氏体不发生分解,完全转变为马氏体(包括残余奥氏体)的最低冷却速度称为临界淬火速度。图 12-26 中通过 A 点的冷却速度(140℃/s)是不发生珠光体转变而获得完全马氏体组织的最低冷却速度,即共析碳钢的临界淬火速度。

临界淬火速度代表钢件淬火冷却形成马氏体的能力,是决定钢件淬透层深度的重要因素,也是合理选用钢材和正确制定热处理工艺的重要依据之一。临界淬火速度主要取决于钢的连续冷却转变 CCT 曲线的形状和位置。根据钢的成分不同,临界淬火速度可以是抑制先共析铁素体析出的临界冷却速度,也可以是抑制珠光体转变或贝氏体转变的临界冷却速度。凡是使 CCT 曲线右移的各种因素,都将降低临界淬火速度,提高形成马氏体的能力,容易获得完全的马氏体组织。

第 13 章　逆共析相变

共析相变是一种典型的平衡转变，其转变产物为符合状态图的平衡组织，无论是金属材料还是陶瓷材料都可发生共析相变。而最具代表性的共析相变则是钢中的珠光体转变，即冷却时由奥氏体(γ)向珠光体($\alpha+Fe_3C$)的转变($\gamma\rightarrow\alpha+Fe_3C$)，产生这种转变的热处理工艺称为退火或正火。发生珠光体转变的前提是首先加热至临界点以上形成奥氏体组织，称为奥氏体化。一般情况下，都是以平衡组织($\alpha+Fe_3C$)为原始组织进行奥氏体化，在临界点以上发生逆共析相变($\alpha+Fe_3C\rightarrow\gamma$)。本章首先介绍逆共析相变，即钢中奥氏体的形成。

钢件在热处理、热加工等热循环过程中，将使钢的组织结构和性能发生改变。钢加热时奥氏体的形成是热循环的基础。大部分都需要先将钢件加热到临界点以上进行奥氏体化，或部分奥氏体化，然后以一定的冷却速度和方式冷却下来，使钢件获得所需要的组织和性能。

13.1　奥氏体及其形成条件

13.1.1　奥氏体的组织和结构

奥氏体是碳原子在 γ-Fe 中形成的固溶体。碳原子在 γ-Fe 点阵中处于由铁原子组成的八面体中心间隙位置，即面心立方晶胞的中心或棱边中点，如图 13-1 所示。若将所有的八面体间隙位置均填满碳原子计算，单位晶胞中应含有 4 个 Fe 原子和 4 个碳原子，其原子百分比为 50%，重量百分比为 20%。但实际上，碳在奥氏体中最大溶解度的原子百分比仅为 10%，重量百分比仅为2.11%，相当于在 2.5 个晶胞中才有一个碳原子。这是因为碳原子半径为 0.77Å，而 γ-Fe 点阵中八面体间隙半径仅为 0.5Å，小于碳原子半径。碳原子进入由铁原子组成的八面体间隙位置后将引起点阵畸变，使其周围的间隙位置不能够都填满碳原子。实际上，碳在奥氏体中呈统计性均匀分布，存在着浓度起伏。碳原子的进入，将使奥氏体点阵发生对称膨胀，因而点阵常数随碳含量升高而增大，如图 13-2 所示。

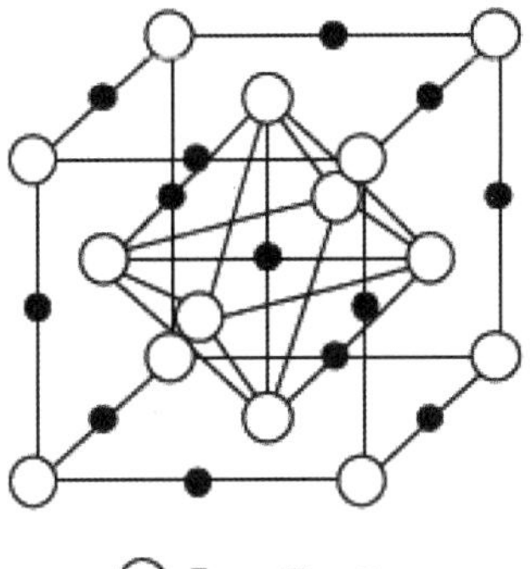

图 13-1　碳原子在 γ-Fe 点阵中可能存在的间隙位置

奥氏体的组织形态与原始组织、加热速度及加热转变的程度有关，通常是由等轴状的多边形晶粒所组成，晶内常会出现相变孪晶。在加热转变刚刚结束时的奥氏体晶粒比较细小，晶粒边界呈不规则的弧形，经过加热一段时间或者保温一段时间，晶粒将长大，晶粒边界趋向平直化，呈等轴多边形。图 13-3 为 12CrNi3 钢奥氏体化后快冷(淬火)得到的金相组织，虽然基体已转变为马氏体组织(如后述)，但仍可以通过腐蚀显示出淬火前奥氏体晶粒的晶界。

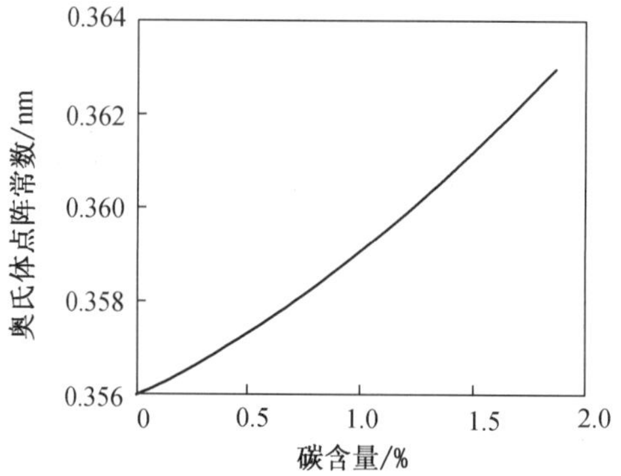

图 13-2　奥氏体点阵常数和碳含量的关系

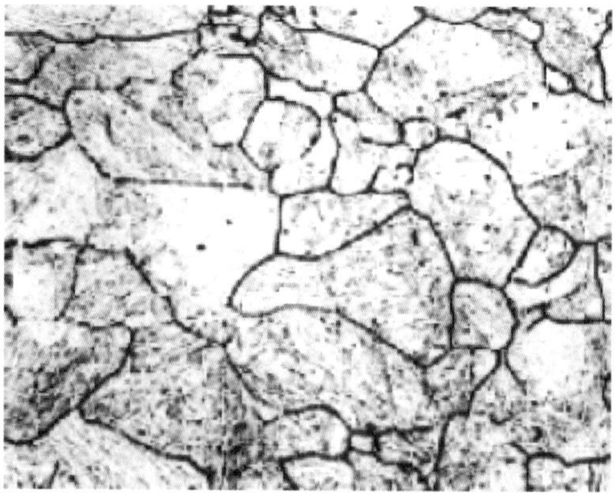

图 13-3　12CrNi3 钢的原奥氏体晶粒组织

合金钢中的奥氏体除碳原子外，还有合金元素原子。合金元素如 Mn、Si、Cr、Ni、Co 等在 γ-Fe 中取代铁原子的位置而形成置换固溶体。它们的存在也会引起晶格畸变和点阵常数变化。

13.1.2　奥氏体的性能

奥氏体是钢中的高温稳定相，但若钢中加入足够量的能够扩大 γ 相区的元素，则可使奥氏体在室温成为稳定相。因此，奥氏体可以是钢在使用时的一种组织状态，以奥氏体状态使用的钢称为奥氏体钢。

在钢的各种组织中，具有面心立方点阵的奥氏体的硬度和屈服强度均不高，碳的固溶也不能有效地提高其硬度和强度；因面心立方点阵滑移系统多，所以奥氏体的塑性很好，易于变形，即加工成形性好；又因面心立方点阵是一种最密排的点阵结构，致密度高，所以奥氏体的比体积最小；奥氏体中铁原子的自扩散激活能大，扩散系数小，因此奥氏体钢的热强性好，可作为高温用钢；奥氏体具有顺磁性，而奥氏体的转变产物均为铁磁性，所以奥氏体钢又可作为无磁性钢；奥氏体的线膨胀系数大，因此奥氏体钢也可用来制作热膨胀灵敏的仪表元件；奥氏体的导热性能差，故奥氏体钢加热时，不宜采用过大的加热速度，以免因温差热应力过大而引起工件开裂。

13.1.3 奥氏体形成的条件

根据 Fe—Fe_3C 平衡状态图(见图 13-4),奥氏体(γ)是高温稳定相,状态图中的 *GSEJNG* 区域是奥氏体稳定存在的区域,*S* 点为共析成分点(碳含量为 0.77%)。具有共析成分的钢称为共析钢。碳含量低于共析成分的钢称为亚共析钢,碳含量高于共析成分而低于 2.11%(*E* 点)的钢称为过共析钢。*E* 点即为碳在奥氏体中的最大溶解度。温度低于 A_1 点(727℃)时,碳钢的平衡组织为珠光体($\alpha+Fe_3C$)(共析钢)或珠光体加铁素体(α)(亚共析钢)或珠光体加渗碳体(Fe_3C)(过共析钢)。而珠光体是铁素体与渗碳体的混和物,所以从相组成来说,A_1 点以下的平衡相为铁素体和渗碳体。温度高于 A_1 点时,共析钢的珠光体将转变为单相的奥氏体。随温度继续升高,亚共析钢的过剩相铁素体将不断转变为奥氏体,过共析钢的过剩相渗碳体也将不断溶入奥氏体中,使奥氏体量逐渐增多,其成分分别沿 *GS* 线(A_3)和 *SE* 线(A_{cm})变化。当加热到 *GSE* 线以上时,平衡相均为单相的奥氏体。

Fe-Fe_3C 平衡状态图是热力学上达到平衡时的状态图,但实际的相变并不是按照状态图中所示的温度进行的,往往存在一定的温度滞后,且温度滞后的程度随加热或冷却速度的增大而增大。因此,实际加热和冷却时的相变临界点不在同一温度上。为了区别,通常把实际加热时的相变临界点标以字母 *c*(如 A_{c1}、A_{c3}、A_{cm}),把冷却时的相变临界点标以字母 *r*(如 A_{r1}、A_{r3}、A_{cm})。

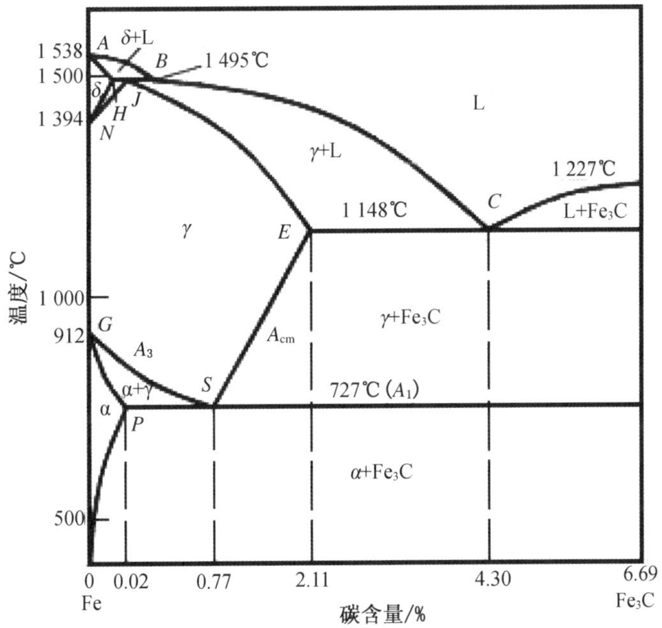

图 13-4 Fe-Fe_3C 合金平衡状态的示意图

13.2 奥氏体的形成机制

13.2.1 共析钢奥氏体的形成

珠光体向奥氏体转变的驱动力为自由能差,通过扩散完成。共析钢的奥氏体与珠光体的自由能相等的温度是 A_1 点(727℃),根据固态相变热力学条件,必须加热到 A_1 点以上,即要有一定的过热度(ΔT),奥氏体才会自发地形成。根据 $Fe\text{-}Fe_3C$ 平衡状态图,由铁素体和渗碳体两相组成的珠光体加热到 A_{c1} 稍上温度时将转变为单相奥氏体,即

相组成:	$(\alpha+Fe_3C)\rightarrow\gamma$		
碳含量:	0.02%	6.69%	0.77%
点阵结构:	体心立方	复杂斜方	面心立方

由于奥氏体与铁素体及渗碳体的碳含量和点阵结构相差很大,因此,奥氏体的形成是一个由 α 到 γ 的点阵重构、渗碳体的溶解及碳在奥氏体中的扩散重新分布的过程。

1. 奥氏体形核

奥氏体的形成符合一般的固态相变规律,是通过形核和长大完成的。根据扩散理论,奥氏体的晶核是依靠系统内的能量起伏、浓度起伏和结构起伏形成的。

从图 13-4 中的 GS 线可知,奥氏体中与铁素体相平衡的碳含量随温度升高而下降。铁素体中的最大碳含量为 0.02%(在 A_1 温度),而为使铁素体转变为奥氏体,铁素体的最低碳含量必须是:727℃为 0.77%、740℃为 0.66%、780℃为 0.40%、800℃为 0.32%,等等,均远远高于铁素体中的最大碳含量。实际上,在微观体积内由于碳原子的热运动而存在着浓度起伏。所以,在平均碳浓度很低的铁素体中,存在着高碳微区,其碳浓度可能达到该温度下奥氏体能够稳定存在的成分(由 GS 线决定)。如果这些高碳微区因结构起伏和能量起伏而具有面心立方点阵结构和足够高的能量时,就有可能转变成该温度下稳定存在的奥氏体临界晶核。但是,这些晶核要保持下来并进一步长大,必须要有碳原子持续不断地供应。

奥氏体晶核的形核位置通常在铁素体和渗碳体的两相界面上。这是因为:①在两相界面处,碳原子的浓度差较大,有利于获得形成奥氏体晶核所需的碳浓度;②在两相界面处,原子排列不规则,铁原子有可能通过短程扩散由母相点阵向新相点阵转移,从而促使奥氏体形核,即形核所需的结构起伏较小;③在两相界面处,杂质及其他晶体缺陷较多,具有较高的畸变能,新相形核时可能消除部分晶体缺陷而使系统的自由能降低。并且新相形核时产生的应变能也较容易借助相界(晶界)流变而释放。

珠光体团边界与铁素体和渗碳体的相界面一样,也是奥氏体的形核部位。此外,在快速加热时,由于过热度大,奥氏体临界晶核尺寸减小,且相变所需的浓度起伏也减小,因此新相奥氏体也可在铁素体内的亚晶界上形核。

2. 奥氏体晶核长大

当奥氏体在铁素体和渗碳体两相界面上形核后,便形成了 γ/α 和 γ/Fe_3C 两个新的相界面。奥氏体的长大过程即为这两个相界面向原来的铁素体和渗碳体中推移的过程。假定奥氏体与渗碳体及铁素体的相界面是平直的,则奥氏体在 A_{c_1} 以上 T_1 温度形核时,相界面处各相中的碳浓度可由 $Fe\text{-}Fe_3C$ 状态图来确定,如图 13-5 (a)所示。可见,在相界面处,与奥氏体相接触的铁素体碳浓度为 $C_{\alpha/\gamma}$(下标符号中,前者表示该相(如 α),后者表示与之相接触的相(如 γ),后同),与渗碳体相接触的铁素体碳浓度为 $C_{\alpha/\mathrm{cem}}$(沿 QP 延长线变化),与铁素体相接触的奥氏体碳浓度为 $C_{\gamma/\alpha}$,与渗碳体相接触的奥氏体碳浓度为 $C_{\gamma/\mathrm{cem}}$,与奥氏体相接触的渗碳体碳浓度为 $C_{\mathrm{cem}/\gamma}$(恒定不变,即 6.69%)。

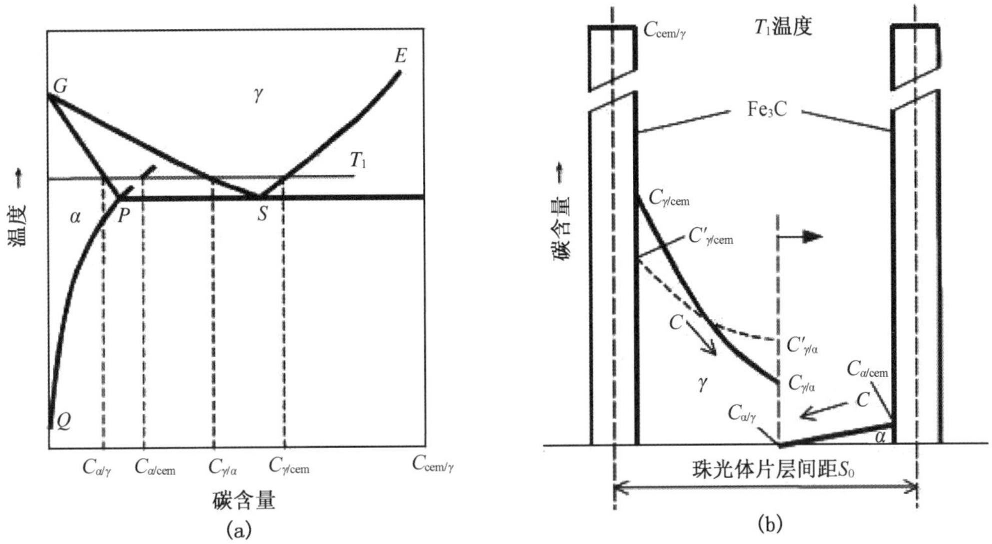

图 13－5 共析钢奥氏体晶核长大示意图

(a) T_1 温度下各相中的碳的浓度；(b) 相界面推移示意图

若垂直于相界面截取一纵截面，则沿纵截面各相中的碳浓度分布如图 13－5(b)所示。可见，由于新相奥氏体两个相界面(γ/α 和 γ/cem)的碳浓度不等($C_{\gamma/\text{cem}} > C_{\gamma/\alpha}$)，在奥氏体中就形成一个浓度差($C_{\gamma/\text{cem}} - C_{\gamma/\alpha}$)，使 C 原子从高浓度的 γ/cem 相界面处向低浓度的 γ/α 相界面处扩散，结果破坏了在该温度(T_1)下相界面的平衡浓度，同时奥氏体中碳的浓度梯度趋于减小，如图中 $C'_{\gamma/\text{cem}} - C'_{\gamma/\alpha}$ 虚线所示。为了维持原来相界面处的局部碳浓度平衡，在 γ/cem 相界面处的渗碳体必须溶入奥氏体以供应碳量，使其碳浓度恢复至 $C_{\gamma/\text{cem}}$。同时，在 γ/α 相界面处的铁素体必须转变为奥氏体，使其碳浓度降至 $C_{\gamma/\alpha}$。这样，奥氏体的两个相界面便自然地同时向渗碳体和铁素体中推移，使奥氏体不断长大。

与此同时，在铁素体中也进行着碳的扩散。如图 13－5(b)所示，在铁素体、奥氏体和渗碳体三相共存时，在铁素体中也存在着碳浓度差($C_{\alpha/\text{cem}} - C_{\alpha/\gamma}$)，也会引起碳从 α/Fe_3C 相界面处向 α/γ 相界面处扩散，这种扩散也促进奥氏体的长大。

综上，奥氏体中的碳浓度差是奥氏体在铁素体和渗碳体相界面上形核的必然结果，它是相界面推移的驱动力，相界面推移的结果是 Fe_3C 不断溶解，α 相逐渐转变为 γ 相。

3. 剩余碳化物溶解

在奥氏体晶体长大过程中，由于 γ/cem 相界面处的碳浓度差($C_{\text{cem}/\gamma} - C_{\gamma/\text{cem}}$)远远大于 γ/α 相界面处的碳浓度差($C_{\gamma/\alpha} - C_{\alpha/\gamma}$)，所以只需溶解一小部分渗碳体就可以使其相界面处的奥氏体达到饱和，而必须溶解大量的铁素体才能使其相界面处奥氏体的碳浓度趋于平衡。所以，长大中的奥氏体溶解铁素体的速度始终大于溶解渗碳体的速度(见后述)，故在共析钢中总是铁素体先消失，有剩余渗碳体残留下来。

关于渗碳体溶入奥氏体中的机制，一般认为是通过 Fe_3C 中的碳原子向 γ 中扩散和铁原子向贫碳 Fe_3C 扩散及 Fe_3C 向 γ 晶体点阵改组来完成的。

4. 奥氏体均匀化

在铁素体全部转变为奥氏体，且残留 Fe_3C 全部溶解之后，碳在奥氏体中的分布仍然是不均匀的。原来为渗碳体的区域碳浓度较高，而原来为铁素体的区域碳浓度较低。而且，这种碳浓度的不均匀性随加热速度增大而愈加严重。因此，只有继续加热或保温，借助于碳原子的扩散，才能使整个奥氏体中碳的分布趋于均匀。

综上，奥氏体的形成过程可以分为 4 个阶段(见图 13－6)：①奥氏体形核；②奥氏体晶核向 α 及 Fe_3C 两个方向长大；③剩余碳化物溶解；④奥氏体均匀化。

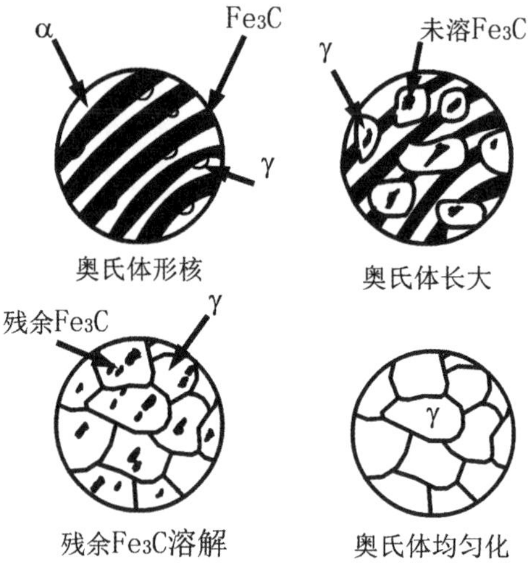

图 13－6　奥氏体形成的 4 个阶段

13.2.2　非共析钢奥氏体的形成

与共析钢不同，亚共析钢及过共析钢的平衡组织向奥氏体转变过程中，均存在先共析相。所以其奥氏体转变过程包括共析组织和先共析相奥氏体转变两部分。

亚共析钢的组织是铁素体和珠光体。当加热到 A_{c_1} 温度时，珠光体首先向奥氏体转变，而其中的先共析铁素体相暂时保持不变。奥氏体晶核在相界面处形成，奥氏体晶核长大吞噬珠光体，直至珠光体完全消失，成为奥氏体和先共析铁素体的两相组织。随着加热温度的升高，奥氏体向铁素体扩展，也即先共析铁素体溶入奥氏体中，最后全部变成细小的奥氏体晶粒。过共析钢的平衡组织由渗碳体和珠光体组成，其平衡组织可为片状珠光体和粒状珠光体。

13.2.3　非平衡组织奥氏体的形成

非平衡组织是指淬火及回火不充分的组织，主要包括马氏体、贝氏体及回火马氏体等。这里只讨论马氏体向奥氏体的转变。马氏体向奥氏体的转变，也要经历形核、长大、渗碳体溶解和奥氏体均匀化 4 个阶段，只不过马氏体被加热到 A_{c_1} 以上时，会同时形成针状和球状两种奥氏体。

针状奥氏体在马氏体板条之间形核。当马氏体板条之间存在碳化物时，针状奥氏体优先在碳化物和基体交界处形核。球状奥氏体优先在马氏体板条束之间以及原奥氏体晶界上形核。低、中碳合金马氏体向奥氏体转变的规律基本如此。加热温度和加热速度对奥氏体的形态有很大影响。

马氏体向奥氏体转变，主要是转变为球状奥氏体。球状奥氏体主要在原始奥氏体晶界、马氏体群边界和夹杂物边界上形成。针状奥氏体只不过是在奥氏体初始阶段的一种过渡性组织形态。在随后的保温或升温过程中，针状奥氏体会进一步发生变化，或者通过再结晶转变为球状奥氏体，或者通过合并长大的机制变成粗大等轴晶粒奥氏体。后者往往会与原奥氏体晶粒重合，即产生所谓的组织遗传现象。

非平衡组织加热转变不仅与加热前的组织状态有关，还与加热过程有关。因为非平衡组织在加热过程中，要发生从非平衡到平衡或准平衡组织状态的转变，而转变过程与钢件的化学成分以及加热速度等过程有关。

13.3　奥氏体形成动力学

研究相变动力学的目的是研究相的转变速度。钢的成分、原始组织、加热温度等均影响转变速度。研究等温形成动力学可使问题得到简化，但是连续加热过程更符合大多数热处理加热的实际情况。

13.3.1　奥氏体等温形成动力学

奥氏体形成速度取决于形核率 I 和长大速度 G，在等温条件下 I 和 G 均为常数。随着温度升高，形核率 I 和长大速度 G 均增大。表 13－1 示出了共析碳钢奥氏体形核率 I 和长大速度 G 与加热温度的关系。

表 13－1　奥氏体的形核率 I、长大速度 G 与温度的关系

转变温度/℃	形核率 I/($1/mm^3 \cdot s$)	长大速度 G/($mm \cdot s^{-1}$)	转变一半所需时间/s
740	2 280	0.000 5	100
760	11 000	0.010	9
780	51 500	0.026	3
800	616 000	0.041	1

由表可见，当温度从 740℃升高到 800℃时，形核率 I 增大了 270 多倍，而长大速度 G 增大了 80 余倍。因此，随温度升高，奥氏体的形成速度迅速增大。

1）形核率 I

在奥氏体均匀形核条件下，形核率 I 与温度 T 之间的关系可表示为

$$I = C \cdot \exp(-\frac{Q+W}{kT}) \tag{13-1}$$

式中，C 为常数；Q 为扩散激活能；T 为绝对温度；k 为波尔兹曼常数；W 为临界晶核的形核功。在忽略应变能时，形核功 W 可表示为

$$W = A \cdot \frac{\sigma^3}{\Delta G_v^2} \tag{13-2}$$

式中，A 为常数；σ 为奥氏体与珠光体的比界面能；ΔG_v 为奥氏体与珠光体的单位体积自由能差。

由式(13－1)和式(13－2)可见，当奥氏体形成温度 T 升高时，一方面使形核率 I 以指数函数关系迅速增大；另一方面，随温度升高相变驱动力 ΔG_v 增大而使形核功 W 减小，导致形核率 I 进一步增大。此外，随温度升高，原子扩散系数也增大，原子扩散速度加快，不仅有利于铁素体向奥氏体的点阵重构，而且也促进渗碳体的溶解，因而也加速了奥氏体的形核。从

图13－5(a)中还可看出，随温度升高，$C_{\gamma/\alpha}$与$C_{\alpha/\gamma}$之差减小，奥氏体形核所需的碳浓度起伏减小，也有利于提高奥氏体的形核率。因此，奥氏体形成温度升高，即相变过热度增大，可以使奥氏体形核急剧增加，这对于形成细小的奥氏体晶粒是有利的。

2）长大速度 G

根据奥氏体的形成机制，奥氏体晶核形成后，其线生长速度应等于相界面的推移速度，若忽略碳原子在铁素体中的扩散对相界面移动速度的影响，则可由扩散定律导出奥氏体形成时的相界面推移速度为

$$G=-K\overline{D}{}_{\mathrm{C}}^{\gamma}\frac{\mathrm{d}C}{\mathrm{d}x}\cdot\frac{1}{\Delta C_{\mathrm{B}}} \tag{13-3}$$

式中，K 为常数；$\overline{D}{}_{\mathrm{C}}^{\gamma}$为碳在奥氏体中的扩散系数；$\frac{\mathrm{d}C}{\mathrm{d}x}$为相界面处奥氏体中碳的浓度梯度；$\Delta C_{\mathrm{B}}$为奥氏体与铁素体的相界面处或奥氏体与渗碳体的相界面处的两相浓度差；式中负号表示下坡扩散。

在等温转变时，$\overline{D}{}_{\mathrm{C}}^{\gamma}$、$\frac{\mathrm{d}C}{\mathrm{d}x}$均为常数（由铁一碳平衡相图确定），则式(13－3)可改写成

$$G=\frac{K'}{\Delta C_B} \tag{13-4}$$

式中，K'为常数。式(13－4)同时适用于奥氏体向铁素体和奥氏体向渗碳体中推移的速度。由于在一个珠光体片层间距内形成奥氏体的同时，类似过程也在其他片层中进行，所以可用一个片层间距内的奥氏体的长大速度代替奥氏体长大的平均速度。此时 $\frac{\mathrm{d}C}{\mathrm{d}x}\approx\frac{C_{\gamma/\mathrm{cem}}-C_{\gamma/\alpha}}{S_0}$，其中 S_0 为珠光体片层间距，$C_{\gamma/\mathrm{cem}}-C_{\gamma/\alpha}$为奥氏体两个相界面之间的浓度差，可由状态图中 GS 线和 ES 线确定，这样便可按式(13－4)近似估算奥氏体向铁素体及渗碳体中的推移速度。但由于式(13－4)忽略了碳在铁素体中的扩散，所以计算值往往比实验值偏小，并且温度升高时两者误差增大。其原因是：当铁素体中的碳扩散到 γ/α 相界面处时，在相界面处形成高浓度区，使相界面浓度差 $C_{\gamma/\alpha}-C_{\alpha/\gamma}$减小，因而有利于奥氏体向铁素体中推移。

根据式(13－4)，当奥氏体形成温度为 780℃时，奥氏体向铁素体中的推移速度为

$$G_{\gamma\to\alpha}\approx\frac{K'}{0.41-0.02} \tag{13-5}$$

奥氏体向渗碳体中的推移速度为

$$G_{\gamma\to\mathrm{cem}}\approx\frac{K'}{6.69-0.89} \tag{13-6}$$

两者之比为

$$\frac{G_{\gamma\to\alpha}}{G_{\gamma\to\mathrm{cem}}}=\frac{6.69-0.89}{0.41-0.02}\approx14.9 \tag{13-7}$$

即奥氏体的相界面向铁素体中的推移速度比向渗碳体中的推移速度快约 15 倍。而在通常情况下，片状珠光体中的铁素体片厚度约为渗碳体片厚度的 7 倍。所以，奥氏体等温形成时，总是铁素体先消失，$\alpha\to\gamma$ 转变结束后，还有相当数量的剩余渗碳体未完全溶解，还需要经过剩余渗碳体溶解和奥氏体均匀化过程才能获得成分均匀的奥氏体。

与温度升高有利于奥氏体形核一样，奥氏体的长大速度亦随温度升高而增大。这是因为温度升高时，①原子扩散系数 D 成指数函数关系增大（见式(13－5)），而且奥氏体两相界

面之间的碳浓度差($C_{\gamma/\text{cem}}-C_{\gamma/\alpha}$)增大(见图 13-5(a)中的 *SG* 线及 *SE* 线),增大了碳在奥氏体中的浓度梯度,因而增加了奥氏体的长大速度;②铁素体中有利于奥氏体形核部位增多,原子扩散距离相对缩短,有利于奥氏体长大;③奥氏体与铁素体的相界面浓度差($C_{\gamma/\alpha}-C_{\alpha/\gamma}$)及奥氏体与渗碳体的相界面浓度差($C_{\text{cem}/\gamma}-C_{\gamma/\text{cem}}$)均减小(见图 13-5(a)),因而加速了奥氏体长大时的相界面推移速度。

综上,奥氏体形成温度升高时,奥氏体的形核率 *I* 和长大速度 *G* 均增大。所以,奥氏体形成速度随形成温度升高呈单调增大。

3) 奥氏体等温形成动力学曲线

将一组共析碳钢试样迅速加热至 A_{c1} 点以上不同温度,保温不同时间后在盐浴中急冷至室温,测出每个试样中的马氏体转变量(即高温加热保温时的奥氏体形成量),作出各温度下奥氏体形成量与保温时间的关系曲线,即为奥氏体等温形成动力学曲线,如图 13-7(a)所示。可见,加热温度越高,奥氏体等温形成动力学曲线就越向左移,奥氏体等温形成的开始及终了时间就越短。

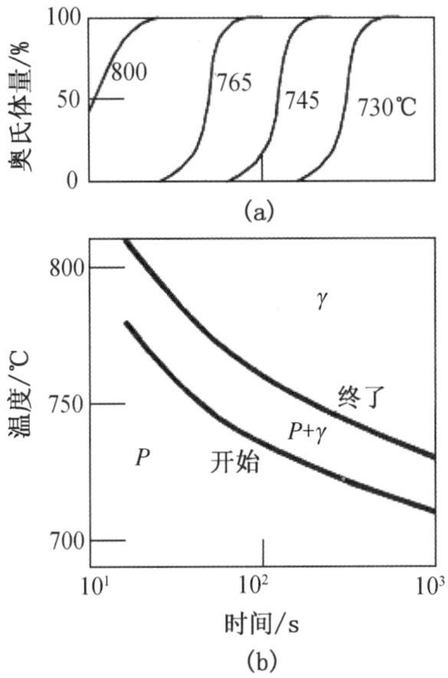

图 13-7　共析碳钢奥氏体等温形成动力学曲线(a)和等温形成图(b)示意图

将上述各加热温度下的奥氏体等温形成动力学曲线综合绘在温度与时间坐标系中,即可得到奥氏体等温形成图,如图 13-7(b)所示。但这里的转变"终了"只表示珠光体到奥氏体的转变刚刚完成(即 α 相全部转变为 γ 相)时的情况。实际上,此时仍有部分剩余碳化物存在,需要继续保温才能完全溶解。而且在碳化物完全溶解之后,还需要继续保温才能使奥氏体的成分均匀化。若将剩余碳化物溶解及奥氏体成分均匀化过程全部标出,则共析碳钢的奥氏体等温形成图如图 13-8 所示。

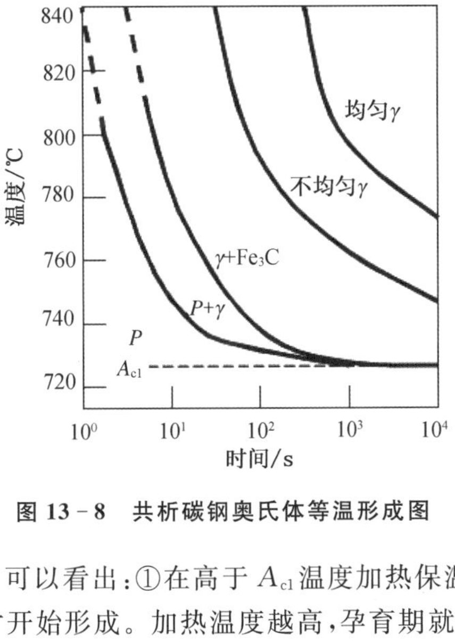

图 13-8　共析碳钢奥氏体等温形成图

从图 13-7 和图 13-8 可以看出:①在高于 A_{c1} 温度加热保温时,奥氏体并不立即形成,而是经过一定的孕育期后才开始形成。加热温度越高,孕育期就越短;②奥氏体形成速度在开始时较慢，以后逐渐增大，当奥氏体形成量约为50%时最大，以后又逐渐减慢；③加热温度越高，形成奥氏体所需的全部时间就愈短，即奥氏体形成速度就越快；④在珠光体中的铁素体全部转变为奥氏体后，还需要一段时间使剩余碳化物溶解和奥氏体均匀化。而在整个奥氏体形成过程中，剩余碳化物溶解，特别是奥氏体成分均匀化所需的时间最长。

对于亚共析钢或过共析钢，当珠光体全部转变为奥氏体后，还有过剩相铁素体或过剩相渗碳体的转变。这些转变也需要通过碳原子在奥氏体中扩散及奥氏体与过剩相之间的相界面推移来实现。也可以把过剩相铁素体转变终了曲线或过剩相渗碳体溶解终了曲线标在奥氏体等温形成图中。与共析钢相比，过共析钢的碳化物溶解和奥氏体成分均匀化所需的时间要长得多。

4）影响奥氏体形成速度的因素

（1）加热温度的影响。加热温度的影响如前所述，即加热温度越高，奥氏体形成速度就越快。而且随加热温度的升高，奥氏体的形核率 I 及长大速度 G 均增大，但 I 的增大速率高于 G 的增大速率（见表13－1）。因此，奥氏体形成温度越高，获得的起始晶粒度就越细小。同时，随加热温度升高，奥氏体向铁素体中的相界面推移速度与奥氏体向渗碳体中的相界面推移速度之比增大。例如，温度为780℃时，两者之比为14.9，而当温度升高至800℃时，两者之比增大到19.1（由式（13－4）计算）。因此，奥氏体形成温度升高时，在珠光体中的铁素体相消失（即全部转变为奥氏体）的瞬间，剩余渗碳体量增大，刚形成的奥氏体的平均碳含量降低（见表13－2）。所以，实际热处理时加热速度越大（或过热度越大），钢中可能残留的碳化物数量就越多。

表13－2　奥氏体形成温度对基体碳含量的影响

奥氏体形成温度/℃	735	760	780	850	900
基体碳含量（α 相消失时）/%	0.77	0.69	0.61	0.51	0.46

综上，随着奥氏体形成温度的升高，奥氏体的起始晶粒细化；同时，相变的不平衡程度增大，在铁素体相消失的瞬间，剩余渗碳体量增多，因而奥氏体基体的平均碳含量降低。这两个因素均有利于改善淬火钢尤其是淬火高碳工具钢的韧性。

（2）碳含量的影响。钢中碳含量越高，奥氏体形成速度就越快。因为碳含量增高时，碳化物数量增多，铁素体与渗碳体的相界面面积增大，因而增加了奥氏体的形核部位，使形核率增大。同时，碳化物数量增多后，使碳的扩散距离减小，并且随奥氏体中碳含量增加，碳和铁原子的扩散系数增大，这些因素都加速了奥氏体的形成。但是，在过共析钢中由于碳化物数量过多，随碳含量增加会引起剩余碳化物溶解和奥氏体均匀化的时间延长。

（3）原始组织的影响。在钢的成分相同的情况下，原始组织中碳化物的分散度越大，则相界面就越多，形核率也就越大。同时，由于珠光体的片层间距减小，奥氏体中碳的浓度梯度增大，使碳原子的扩散速度加快，而且碳原子扩散距离也减小，这些都增大奥氏体的长大速度。因此，钢的原始组织越细小，奥氏体的形成速度就越快。例如，奥氏体形成温度为760℃，若珠光体的片层间距从0.5μm减至0.1μm时，奥氏体的长大速度增加约7倍。原始组织中碳化物的形状对奥氏体的形成速度也有一定的影响。与粒状珠光体相比，由于片状珠光体的相界面较大，渗碳体呈薄片状，易于溶解，所以加热时奥氏体容易形成。

（4）合金元素的影响。钢中加入合金元素并不影响珠光体向奥氏体的转变机制，但影响碳化物的稳定性及碳在奥氏体中的扩散系数，并且多数合金元素在碳化物和基体之间的分布是不均匀的，所以合金元素将影响奥氏体的形核和长大、碳化物溶解、奥氏体均匀化的速度。

强碳化物形成元素如 Mo、W、Cr 等降低碳在奥氏体中的扩散系数，并形成特殊碳化物且不易溶解，所以显著减慢奥氏体的形成速度。非碳化物形成元素 Co 和 Ni 增大碳在奥氏体中的扩散系数，加速奥氏体的形成。Si 和 Al 对碳在奥氏体中扩散的影响不大，所以对奥氏体的形成速度无显著影响。

钢中加入合金元素可能改变相变临界点 A_1、A_3、A_{cm}的位置，即改变相变时的过热度，从而影响奥氏体的形成速度。如 Ni、Mn、Cu 等降低 A_1 点，相对地增大了过热度，故使奥氏体的形成速度增大；Cr、Mo、Ti、Si、Al、W、V 等提高 A_1 点，相对地减小了过热度，所以减慢了奥氏体的形成速度。

钢中加入合金元素还可影响珠光体片层间距和碳在奥氏体中的溶解度，从而影响相界面浓度差和奥氏体中的浓度梯度以及形核功等，从而影响奥氏体的形成速度。

研究证明，钢中合金元素在原始组织各相中的分布是不均匀的。在退火状态下，碳化物形成元素（如 Mo、W、V、Ti、Cr 等）主要集中在碳化物相中，而非碳化物形成元素（如 Co、Ni、Si 等）则主要集中在铁素体相中。合金元素的这种不均匀分布现象直至碳化物完全溶解后还显著地保留在奥氏体中。因此，合金钢的奥氏体均匀化过程，除了碳的均匀化以外，还包括了合金元素的均匀化。由于合金元素的扩散系数比碳原子的扩散系数小 1 000～10 000 倍，同时碳化物形成元素还降低碳原子在奥氏体中的扩散系数，如若形成特殊碳化物（如 VC、TiC 等）则更难于溶解。因此，合金钢的奥氏体均匀化过程比碳钢要长得多。鉴于上述原因，合金钢淬火加热时，为了使奥氏体均匀化，需要加热到更高温度和保温更长时间。

13.3.2 连续加热时奥氏体的形成

钢在连续加热时珠光体向奥氏体的转变与等温加热转变大致相同，亦经过形核、长大、剩余碳化物溶解、奥氏体均匀化 4 个阶段，其影响因素也大致相同。但由于奥氏体的形成是在连续加热条件下进行的，所以与等温转变相比，尚有如下特点。

1）在一定的加热速度范围内，相变临界点随加热速度增大而升高

奥氏体形成的开始温度及终了温度均随加热速度增大而升高。所有相变临界点（A_{c1}、A_{c3}、A_{cm}）在快速加热条件下均向高温移动，如图 13－9 所示。加热速度越大，转变温度就越高。但当加热速度为 10^5～10^6℃/s 时，含 0.2%～0.9%碳钢的转变温度均为 1 130℃。

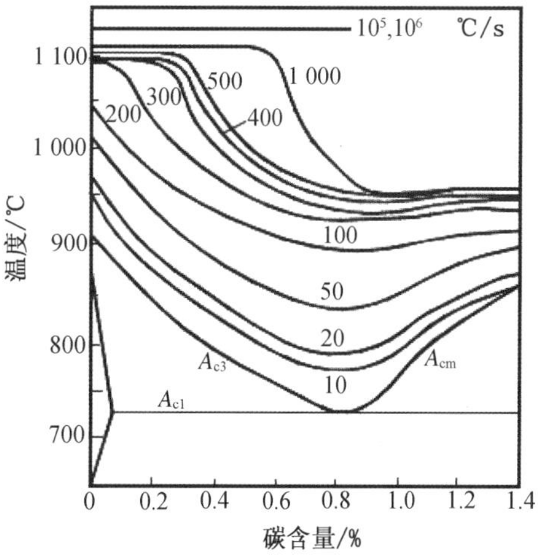

图 13－9 快速加热时的非平衡 Fe—C 状态图

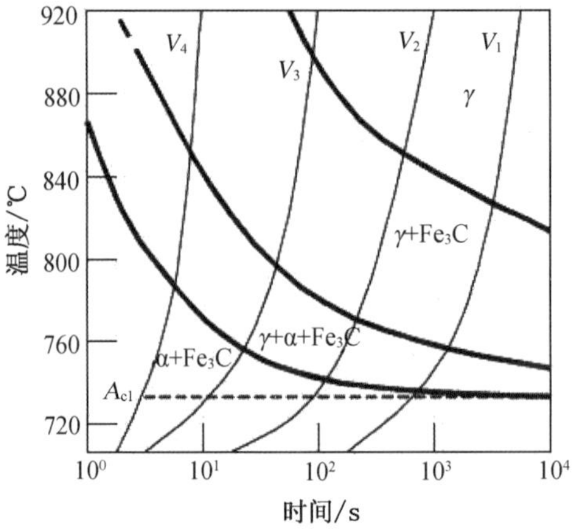

图 13-10 共析碳钢连续加热时的奥氏体形成图

2）相变是在一个温度范围内完成的

连续加热时奥氏体形成的各个阶段分别在一个温度范围内完成，而且随加热速度增大，各个阶段的转变温度范围均向高温推移并扩大。因此，在连续加热时尤其是加热速度很大时，难以用 Fe—Fe_3C 状态图来判断钢加热时的组织状态。

3）奥氏体形成速度随加热速度增大而增大

图 13-10 为共析碳钢在连续加热时的奥氏体形成图。图中各加热曲线与转变曲线的交点表示不同加热速度下各个阶段转变开始及终了的时间和温度。可见，加热速度越快，转变开始和终了的温度就越高，转变所需的时间就越短，即奥氏体的形成速度就越快。同时还看到，连续加热时珠光体向奥氏体转变的各个阶段都不是在恒定温度下进行的，而是在一个相当大的温度范围内进行的，加热速度越快，奥氏体转变温度范围就越大。

4）奥氏体成分的不均匀性随加热速度增大而增大

连续加热时，随加热速度增大，奥氏体形成温度升高，与铁素体相平衡的奥氏体碳浓度 $C_{\gamma/\alpha}$ 减小，而与渗碳体相平衡的奥氏体碳浓度 $C_{\gamma/cem}$ 则增大（见图 13-5(a)）。在快速加热条件下，因为碳化物来不及充分溶解，碳及合金元素来不及充分扩散，造成奥氏体中碳及合金元素的浓度很不均匀。当加热温度一定时，随着加热速度增大，转变时间缩短，使奥氏体内原为铁素体区域和原为渗碳体区域的碳含量差别增大，并且剩余碳化物数量增多，导致奥氏体基体的平均碳含量降低。加热速度快，保温时间短，对于亚共析钢将导致淬火后得到碳含量低于平均成分的马氏体碳含量和尚未完全转变的铁素体及碳化物的碳含量，对于高碳钢则会出现碳含量低于共析成分的低、中碳马氏体及剩余碳化物的碳含量。前者常常是有害的，是应当避免的，可以通过细化原始组织使其减轻；而后者则有助于使高碳钢的马氏体韧化，应当加以利用。

5）奥氏体起始晶粒大小随加热速度增大而细化

超快速加热时相变过热度很大，奥氏体不仅在铁素体和碳化物的相界面上形核，而且也可在铁素体内的亚晶界上形核。据测定，铁素体亚晶界处的碳浓度可达 0.2%～0.3%，在 800～840℃以上可能形成奥氏体晶核。所以，超快速加热时奥氏体的形核率急剧增大，并且加热时间极短，奥氏体晶粒来不及长大，经适时淬火后可获得超细化的原始奥氏体晶粒，并获得超细化的淬火马氏体组织。

综上，在连续加热时，随加热速度增大，奥氏体的形成温度升高，使奥氏体的起始晶粒细化。同时，剩余碳化物数量增多，使奥氏体基体的平均碳含量降低。这两个因素都可以使淬火马氏体获得韧化和强化。近年发展起来的快速加热、超快速加热和脉冲加热淬火等强韧化处理新工艺均是建立在这个理论基础上的。

13.4　奥氏体晶粒长大及其控制

奥氏体化的目的是获得成分均匀和一定晶粒大小的奥氏体组织。多数情况下希望获得细小的奥氏体晶粒，有时也需要得到较大的奥氏体晶粒。因此，为获得所期望的奥氏体晶粒尺度，必须了解奥氏体晶粒的长大规律，掌握控制奥氏体晶粒度的方法。

13.4.1　奥氏体晶粒度

可以用奥氏体晶粒直径或单位面积中奥氏体晶粒数目来表示奥氏体晶粒大小。为了方便起见，实际生产上习惯用奥氏体晶粒度来表示奥氏体晶粒大小。对于钢来说，如不特别指明，奥氏体晶粒度一般是指奥氏体化后的奥氏体实际晶粒大小。奥氏体晶粒度通常分为 8 级标准评定，1 级最粗，8 级最细，超过 8 级以上者称为超细晶粒。奥氏体晶粒度级别 N 与奥氏体晶粒大小的关系为

$$n = 2^{N-1} \tag{13-8}$$

式中，n 为放大 100 倍的视野中每平方英寸（6.45cm^2）所含的平均奥氏体晶粒数目。奥氏体晶粒越细小，n 就越大，N 也就越大。表 13-3 是奥氏体晶粒度级别与其他各种表示方法的对照表。

表 13-3　晶粒度级别对照表

晶粒度级别	放大 100 倍时每平方英寸面积内晶粒数 n	平均每个晶粒所占面积/mm^2	晶粒平均直径 d/mm	弦平均长度/mm
1	1	0.062 5	0.250	0.222
2	2	0.031 2	0.177	0.157
3	4	0.015 6	0.125	0.111
4	8	0.007 8	0.088	0.078 3
5	16	0.003 9	0.062	0.055 3
6	32	0.001 95	0.044	0.039 1
7	64	0.000 98	0.031	0.026 7
8	128	0.000 49	0.022	0.019 6
9	256	0.000 244	0.015 6	0.013 8
10	512	0.000 122	0.011 0	0.009 8

奥氏体晶粒度有 3 种：

（1）起始晶粒度。在临界温度以上，奥氏体形成刚刚完成，其晶粒边界刚刚相互接触时的晶粒大小。

(2) 实际晶粒度。在某一加热条件下所得到的实际奥氏体晶粒大小。

(3) 本质晶粒度。根据标准试验方法，在 930±10℃保温足够时间(3～8h)后测得的奥氏体晶粒大小。经上述试验，奥氏体晶粒度在 5～8 级者称为本质细晶粒钢，而奥氏体晶粒度在 1～4 级者称为本质粗晶粒钢。

本质晶粒度只是表示钢在一定条件下奥氏体晶粒长大的倾向性，与实际晶粒度不尽相同。例如，对于本质细晶粒钢，当加热温度超过 950～1 000℃时也可能得到十分粗大的实际晶粒。而对于本质粗晶粒钢，当加热温度略高于临界点时也可能得到比较细小的奥氏体晶粒。但在一般情况下，本质细晶粒钢热处理后获得的实际晶粒往往是细小的。图 13 - 11 示出了这两种钢的奥氏体晶粒随加热温度升高而长大的情况。可见，本质细晶粒钢在 930～950℃以下加热时，奥氏体晶粒的长大倾向很小，所以其加热温度范围较宽，生产上易于掌握。这种钢可在 930℃高温下渗碳后直接淬火，而不至引起奥氏体晶粒粗大。但是，对于本质粗晶粒钢，必须严格控制加热温度，以防止过热而引起奥氏体晶粒粗大。

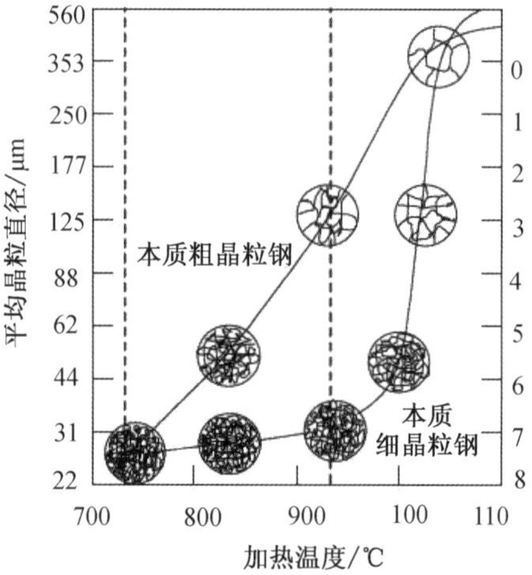

图 13 - 11 加热温度对奥氏体晶粒大小的影响

奥氏体起始晶粒的大小，决定于奥氏体的形核率 I 和长大速度 G。单位面积内的奥氏体晶粒数目 n 与 I 和 G 之间的关系可用下式表示：

$$n = K(\frac{I}{G})^{\frac{1}{2}} \tag{13-9}$$

式中，K 为系数。可见，I/G 值越大，则 n 就越大，奥氏体晶粒就越细小。这说明增大形核率 I 或降低长大速度 G 是获得细小奥氏体晶粒的重要途径。

奥氏体实际晶粒度取决于钢材的本质晶粒度和实际加热条件。通常，在一般的加热速度下，加热温度越高，保温时间越长，最后得到的奥氏体实际晶粒就越粗大。

13.4.2 奥氏体晶粒长大原理

因为晶界能量高，为了减少总的晶界面积，降低界面能，在一定温度条件下奥氏体晶粒会发生相互吞并而使晶粒长大的现象。所以，奥氏体晶粒长大在一定条件下是一个自发过程。奥氏体晶粒长大是通过晶界推移实现的，是晶粒长大动力和晶界推移阻力相互作用的结果。

1) 晶粒长大动力

奥氏体晶粒的长大动力是由奥氏体晶粒大小的不均匀性产生的。理想状态的晶界如图 13－12 所示。晶粒呈六边形，晶界成直线，三条晶界相交于一点并且互成 120°角，在二维平面上每个晶粒均有 6 个邻接晶粒。处于这种状态下的奥氏体晶粒不易长大。但实际上，奥氏体晶粒的大小是不均匀的。因此，直径小于平均晶粒直径的晶粒，其邻接晶粒数可能小于 6；而直径大于平均晶粒直径的晶粒，其邻接晶粒数可能大于 6。为了保持界面张力平衡，相交于一点的三条晶界应互成 120°角。因此，在一定温度条件下，由于界面张力平衡作用，凡邻接晶粒数小于 6 的晶粒的晶界将弯曲成正曲率弧，使晶界面积增大，界面能升高。而为了减少晶界面积以降低界面能，晶界有由曲线（曲面）变成直线（平面）的自发趋势，因此，将导致该晶粒缩小，直至消失；而邻接晶粒数大于 6 的晶粒的晶界也因界面张力平衡而弯曲成负曲率弧，同样，为了减少界面面积，降低界面能，该晶粒将长大，从而吞并小晶粒。进一步提高加热温度或延长保温时间，大晶粒将继续长大。所以，奥氏体晶粒长大就是这种无数个小晶粒被吞并和大晶粒长大的综合结果。这种长大过程称为奥氏体的聚集再结晶。

奥氏体晶粒的长大驱动力 F 与晶粒大小和界面能大小有关。半径为 R 的晶粒，晶界面积为 $4\pi R$，总的界面能为 $4\pi R\gamma$。晶界向曲率中心移动，界面面积减小，界面能降低。界面能随晶粒半径的变化为

$$\frac{dG}{dR}=-\frac{d(4\pi R^2\sigma)}{dR}=-8\pi R\sigma \quad (13-10)$$

式中，σ 为单位面积晶界界面能（比界面能）；R 为晶界曲率半径，若晶粒为球形时，R 即为其半径。晶粒半径变化 dR 时，将引起界面能变化 dG，驱动力 F 为

$$F=-\frac{dG}{4\pi R^2 dR}=\frac{2\sigma}{R} \quad (13-11)$$

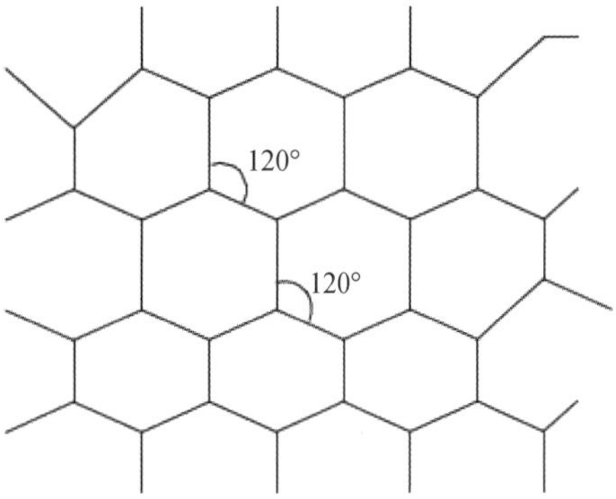

图 13－12　二维金属中晶粒的稳定形状

由式(13－11)可知，由界面能提供的作用于单位面积晶界的驱动力 F 与界面能 σ 成正比，而与界面曲率半径 R 成反比，力的方向指向曲率中心。当晶界平直时，$R=\infty$，则驱动力为零。

界面能减小，驱动力则变小。界面处溶入降低界面能的合金元素，驱动力将变小，界面移动将减小。如在奥氏体中的固溶稀土元素多偏聚在晶界，就会降低奥氏体界面能，若加入 0.5%Ce 可使奥氏体晶界能降低到不加时的 70%左右，能够细化晶粒。

2）晶界推移阻力

在实际材料中，在晶界或晶内往往存在很多细小难溶的第二相沉淀析出粒子。推移中的晶界如遇到第二相粒子时将发生弯曲，导致晶界面积增大，界面能升高，因此这些第二相粒子将阻碍晶界迁移，起着钉扎晶界的作用。如图 13－13 所示，设晶粒 A 和晶粒 B 的晶界为一个与 y 轴平行而与 x 轴垂直的平面，沿 x 轴方向移动，与半径为 r 的第二相粒子相遇。当晶界迁移到 y 轴（即第二相粒子的直径平面位置）时，因第二相粒子的存在省去了部分晶界而使两晶粒的界面能达到最低。当晶界再向前移动时（如位置Ⅱ），晶界将逐渐脱离第二相粒子，晶界面积将逐渐增大，同时为了保持界面张力平衡，必须使与第二相粒子相交处的晶界与第二相粒子界面始终保持垂直，即角 $\theta_1=\theta_2$，从而引起第二相粒子附近的晶界发生弯曲，导致晶界面积增大，界面能升高。

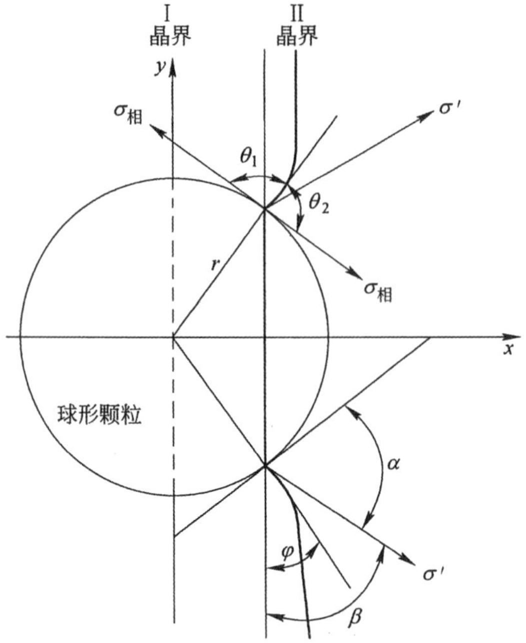

图 13-13　晶界移动时与第二相粒子的交互作用示意图

弥散析出的第二相粒子越细小，粒子附近晶界的弯曲曲率就越大，晶界面积的增大就越多，因此界面能的增大也就越多。显然，这个使系统自由能增加的过程是不可能自发进行的。所以，沉淀析出的第二相粒子的存在是晶界推移的阻力。推导过程如下：

设晶界从Ⅰ位移到Ⅱ时，处于平衡态。此时，晶界移动的阻力大小应等于界面总张力在水平方向上的分力，及与 σ' 在水平上的分力平衡。第二相粒子与晶界接触的长度为 $2\pi r\cos\varphi$，总的线张力为 $2\pi r\cos\varphi\sigma'$，在水平方向上的分力 $F_{分} = 2\pi r\cos\varphi\sigma'\sin\beta$。已知 $\beta = 90^\circ + \varphi - \alpha$，所以

$$F_{分} = 2\pi r \cos\varphi \sigma' \cos(\alpha - \varphi) \tag{13-12}$$

平衡时，阻力 $G = F_{分}$。可见 $F_{分}$ 是 φ 的函数：

$$F_{分} = f(\varphi) \tag{13-13}$$

取 $\dfrac{\mathrm{d}F_{分}}{\mathrm{d}\varphi} = 0$，计算得到

$$F_{\max} = \pi r\sigma'(1 + \cos\alpha) \tag{13-14}$$

设在单位体积中有 N 个半径为 r 的微粒，其所占体积分数为 f，可以证明颗粒的最大阻力为

$$G_m = \frac{3f\sigma'(1 + \cos\alpha)}{2r} \tag{13-15}$$

当 $\alpha = 90^\circ$ 时，最大阻力为

$$G_m = \frac{3f\sigma'}{2r} \tag{13-16}$$

可见，粒子半径越小，单位体积中体积分数越大，其对晶界推移的阻力就越大。

由上述可知，在有第二相粒子存在的情况下，奥氏体的长大过程要受到弥散析出的第二

相粒子的阻碍作用。随奥氏体晶粒长大过程的进行，奥氏体总的晶界面积逐渐减小，晶粒长大动力逐渐降低，直至晶粒长大动力和第二相弥散析出粒子的阻力相平衡时奥氏体晶粒便停止长大。在一定温度下，奥氏体晶粒的平均极限半径 R_{Lim} 决定于第二相沉淀析出粒子的半径 r 及其单位体积中的数目 f，即

$$R_{Lim} = \frac{4r}{3f} \tag{13-17}$$

由此可解释本质细晶粒钢在 950℃ 以上加热时奥氏体晶粒突然长大的现象(见图 13－11)。这是因为，在 950℃ 以上，阻止晶粒长大的难溶第二相粒子发生聚合长大或溶解于奥氏体中，失去了抑制晶粒长大的作用，奥氏体晶粒便迅速长大。

另外，由于沉淀析出粒子的分布是不均匀的，所以晶粒长大的阻力亦是不均匀的，往往可能在局部区域晶界推移阻力很小，晶粒异常长大，出现晶粒大小极不均匀的现象，即所谓的“混晶”。由于混晶造成的晶粒大小不均匀，又导致晶粒长大驱动力的增大，当晶粒长大驱动力超过晶界推移阻力时，其中较大的晶粒将吞并周围较小的晶粒而长大，形成更为粗大的晶粒。

总之，奥氏体晶粒长大是一种自发过程，其主要表现为晶界的推移，高度弥散的难溶第二相粒子对晶粒长大起很大的抑制作用。为了获得细小的奥氏体晶粒，必须保证钢中含有足够数量和足够细小的难溶第二相粒子。

13.4.3　影响奥氏体晶粒长大的因素及晶粒细化

如前所述，形核率 I 与长大速度 G 之比值 I/G 越大，奥氏体的起始晶粒就越细小。在起始晶粒形成之后，实际晶粒度则取决于奥氏体晶粒在继续保温或升温过程中的长大倾向。而起始晶粒越细小，大小越不均匀，界面能越高，则奥氏体晶粒长大的倾向就越大。晶粒长大主要表现为晶界迁移，实质上是原子在晶界附近的扩散过程，它将受到诸多因素的影响。

1. 加热温度和保温时间的影响

加热温度越高，保温时间越长，奥氏体晶粒将越粗大，如图 13－14 所示。由图中可见，在每个温度下都有一个加速长大期，当奥氏体晶粒长到一定尺寸后，长大过程将减慢直至停止。加热温度越高，奥氏体晶粒长大进行得就越快。

奥氏体晶粒长大速度 u 与晶界迁移速率及晶粒长大驱动力成正比，即

$$u = K \cdot \exp\left(-\frac{Q_{\mathrm{m}}}{RT}\right) \cdot \frac{\sigma}{D} \tag{13-18}$$

式中，K 为常数；R 为气体常数；T 为绝对温度；Q_{m} 为晶界移动激活能或原子扩散跨越晶界激活能；σ 为比界面能；D 为奥氏体晶粒直径。可见，随着加热温度升高，晶粒长大速度 u 呈指数函数关系迅速增大。同时，晶粒越细小，界面能越高，晶粒长大速度 u 就越大。但当晶粒长大到一定程度后，由于 D 增大，晶粒长大速度将减慢，这与图 13－14 的结果一致。

2. 加热速度的影响

加热速度越大，过热度就越大，即奥氏体实际形成温度就越高。由于随着形成温度升高，奥氏体的形核率与长大速度之比值 I/G 增大(见表 13－1)，所以快速加热时可以获得细小的奥氏体起始晶粒。而且，加热速度越快，奥氏体起始晶粒就越细小。但由于起始晶粒细小，加之温度较高，奥氏体晶粒很容易长大，因此不宜长时间保温，否则晶粒反而更加粗大。所以，在保证奥氏体成分均匀的前提下，快速加热并短时保温能获得细小的奥氏体晶粒。

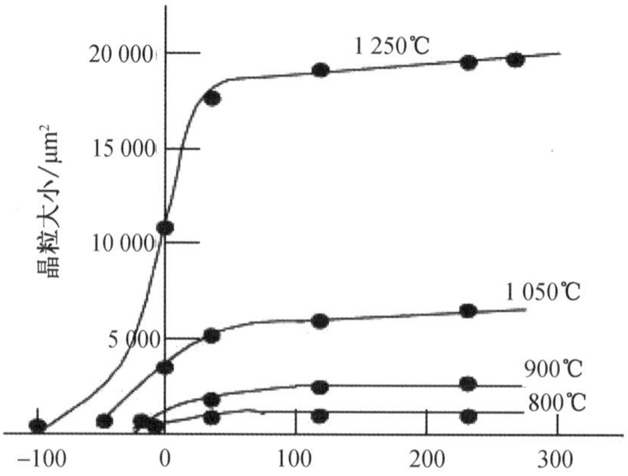

图 13-14 奥氏体晶粒大小与加热温度和保温时间的关系

3. 钢中碳含量的影响

在钢中碳含量不足以形成过剩碳化物的情况下，加热时奥氏体晶粒随钢中碳含量增加而增大。这是因为，钢中碳含量增加时，碳原子在奥氏体中的扩散速度及铁原子的自扩散速度均增大，故奥氏体晶粒长大的倾向增大。但是，当碳含量超过一定限度时，由于形成未溶解的二次渗碳体，反而阻碍奥氏体晶粒的长大。在这种情况下，随钢中碳含量的增加，二次渗碳体的数量增加，奥氏体晶粒反而细化。通常，过共析钢在 $A_{c_1} \sim A_{c_{cm}}$ 加热时可以保持较为细小的晶粒，而在相同加热温度下，共析钢的晶粒长大倾向（即过热敏感度）最大，这是因为共析钢的加热组织中不含有过剩碳化物。

4. 合金元素的影响

钢中加入适量形成难溶化合物的合金元素如 Nb、Ti、Zr、V、Al、Ta 等，将强烈地阻碍奥氏体晶粒长大，使奥氏体晶粒粗化温度显著升高。上述合金元素在钢中形成熔点高、稳定性强、不易聚集长大的 NbC、NbN、Nb(C，N)、TiC 等化合物，它们弥散分布于奥氏体基体中，阻碍晶粒长大，从而保持细小的奥氏体晶粒。形成易溶化合物的合金元素如 W、Mo、Cr 等也阻碍奥氏体晶粒的长大，但其影响程度为中等。不形成化合物的合金元素如 Si 和 Ni 对奥氏体晶粒长大的影响很小，Cu 和 Co 几乎没有影响。而 Mn、P、O 和含量在一定限度以下的 C 可增大奥氏体晶粒长大的倾向。当几种合金元素同时加入时，其相互影响十分复杂。

5. 冶炼方法的影响

钢的冶炼方法也影响奥氏体晶粒长大的倾向。用 Al 脱氧的钢，奥氏体晶粒长大倾向较小，属于本质细晶粒钢。Al 细化奥氏体晶粒的主要原因是钢中形成大量难溶的六方点阵结构的 AlN，它们弥散析出，阻碍奥氏体晶粒长大。但当钢中残余 Al（固溶 Al）含量超过一定限度时反而会引起奥氏体晶粒粗化。用 Si、Mn 脱氧的钢，因为不形成弥散析出的高熔点第二相粒子，没有阻碍奥氏体晶粒长大的作用，所以奥氏体晶粒长大倾向较大，属于本质粗晶粒钢。

6. 原始组织的影响

原始组织主要影响奥氏体起始晶粒度。一般来说，原始组织越细，碳化物弥散度越大，所得到的奥氏体起始晶粒就越细小。

第 14 章　共析相变

钢中的珠光体转变是最具代表性的共析相变，在热处理实践中极为重要。研究珠光体转变的规律，不仅与为了获得珠光体转变产物的退火和正火等热处理工艺有关，而且与为了避免产生珠光体转变产物的淬火和等温淬火等热处理工艺也有密切的联系。

14.1　珠光体的组织特征

共析碳钢加热奥氏体化后缓慢冷却，在稍低于 A_1 温度时奥氏体将分解为铁素体与渗碳体的混合物，称为珠光体，其典型形态呈片状或层状，如图 14－1 所示。片状珠光体是由一层铁素体与一层渗碳体交替紧密堆叠而成的。在片状珠光体组织中，一对铁素体片和渗碳体片的总厚度称为"珠光体片层间距"，以 S_0 表示(见图 14－2(a))。片层方向大致相同的区域称为"珠光体团"或"珠光体晶粒"(见图 14－2(b))。在一个奥氏体晶粒内可以形成几个珠光体团。

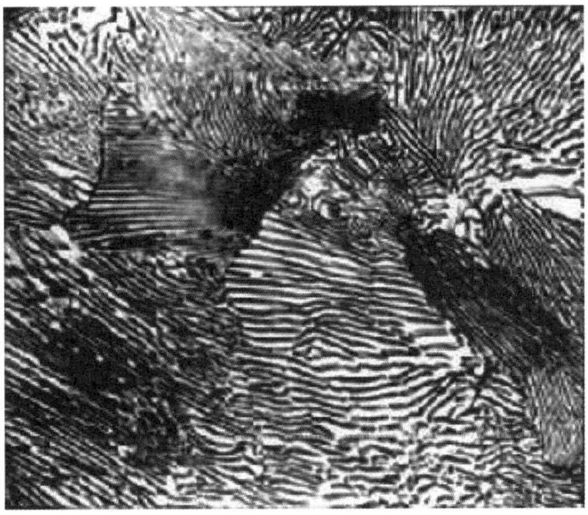

图 14－1　共析碳钢的片状珠光体组织

随着珠光体转变温度下降，片状珠光体的片层间距 S_0 将减小。按照 S_0 的大小，工业上常将奥氏体分为呈片层状交替紧密堆叠的铁素体和渗碳体，其组织分为：片状珠光体，其 S_0 为 150～450nm；索氏体，其 S_0 为 80～150nm；屈氏体，其 S_0 为 30～80nm。虽然片状珠光体、索氏体、屈氏体的组织形态在光学显微镜下观察差别较大，但是，在电子显微镜下观察都具有片层状特征，它们之间的差别只是片层间距不同而已。

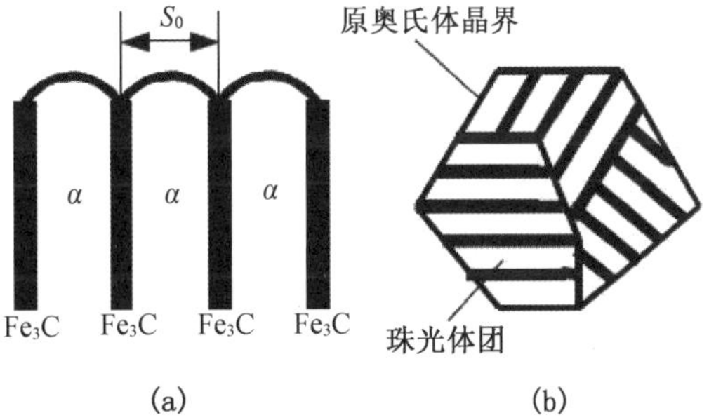

图 14－2　片状珠光体的片层间距和珠光体团示意图

(a) 珠光体片层间距；(b) 珠光体团

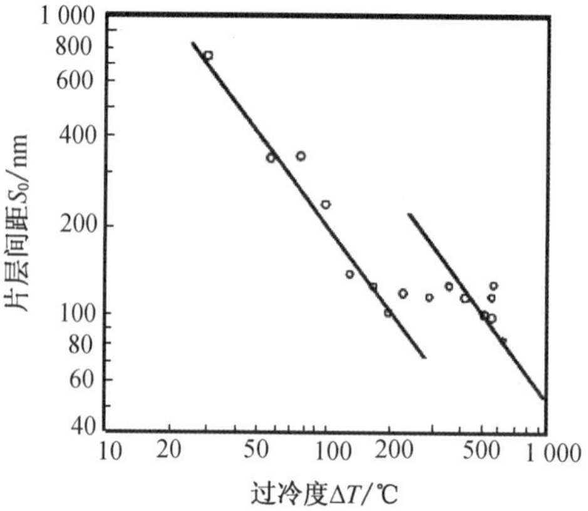

图 14-3　T12 钢珠光体片层间距与过冷度的关系

珠光体的片层间距大小主要取决于珠光体的形成温度。在连续冷却条件下，冷却速度越大，珠光体的形成温度越低，即过冷度越大，则片层间距就越小，如图 14-3 所示。其原因是：由于形成温度降低，碳原子的扩散能力下降，不易进行较大距离的迁移，因而只能形成片层间距较小的珠光体。但片层间距减小，则使铁素体与渗碳体的相界面积增大，即界面能增加，而这部分增加的能量由增大过冷度所得到的化学自由能差来提供。因此，在一定过冷度下，有一定的片层间距。随着过冷度增大，珠光体片层间距减小。碳钢中珠光体片层间距 S_0 与过冷度 ΔT 的关系可以用下面经验公式表示：

$$S_0 = \frac{8.02}{\Delta T} \times 10^3 \text{nm} \tag{14-1}$$

若过冷奥氏体在连续冷却过程中分解，珠光体是在一个温度范围内形成的，则在高温形成的珠光体较粗，低温形成的珠光体较细。这种珠光体组织的不均匀将导致力学性能的不均匀，从而影响钢的切削加工性能。因此，应采用一定温度的等温处理（等温正火或等温退火）的方法，来获得粗细相近的珠光体组织，以提高钢的切削性能。试验证明，奥氏体晶粒大小对珠光体的片层间距没有明显影响，但影响珠光体团的大小。随着珠光体片层间距的减小，珠光体中渗碳体片的厚度减薄。而且，当珠光体的片层间距相同时，随着钢中碳含量的降低，渗碳体片也将变薄。

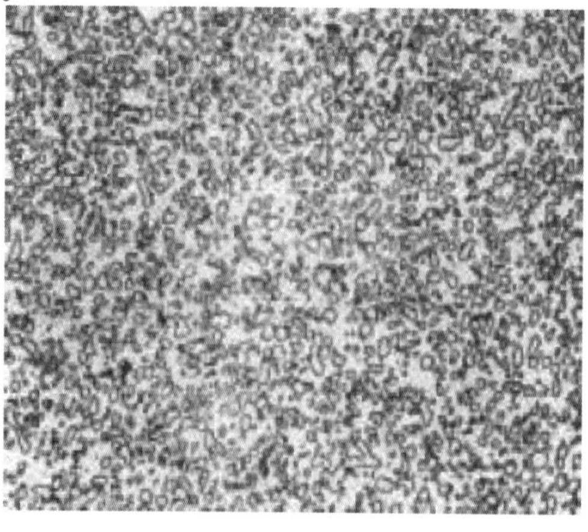

图 14-4　T12A 钢的粒状珠光体组织

工业用钢中也可见到如图 14-4 所示的在铁素体基体上分布着粒状渗碳体的组织，称为“粒状珠光体”或“球状珠光体”，一般是经过球化退火处理后获得的。随着钢中的原始组织和退火工艺不同，粒状珠光体的形态也不一样。粒状珠光体中碳化物的大小、形态和分布，常常对最终热处理后的组织和性能产生影响。

14.2　珠光体转变机制

14.2.1　珠光体的形成过程

1. 片状珠光体的形成过程

奥氏体过冷到 A_1 点以下将发生珠光体转变。由于珠光体转变温度较高，Fe 原子和 C 原子都能长距离扩散，珠光体是在晶界上形核，形核功较小，所以在较小的过冷度下就可以发生珠光体转变。当共析碳钢由奥氏体转变为珠光体时，将由均匀固溶体(奥氏体)转变为点阵结构的、与母相截然不同的碳含量很低的铁素体和碳含量很高的渗碳体的两相混合物，即

相组成：$\gamma \rightarrow (\alpha$	$+Fe_3C$	$)$
碳含量：0.77%	0.02%	6.69%
点阵结构：面心立方	体心立方	复杂斜方

因此，珠光体的形成过程包含着两个同时进行的过程：其一是通过碳的扩散形成低碳铁素体和高碳渗碳体；其二是晶体点阵重构，由面心立方点阵的奥氏体转变为体心立方点阵的铁素体和复杂斜方点阵的渗碳体。

共析钢过冷奥氏体发生珠光体转变时，多半在奥氏体晶界上形核，也可在晶体缺陷比较密集的区域形核。这是由于这些部位有利于产生能量、成分和结构起伏，新相晶核易在这些高能量、接近渗碳体碳含量和类似渗碳体晶体点阵的区域产生。但当奥氏体中碳浓度很不均匀或有较多未溶渗碳体存在时，珠光体晶核也可在奥氏体晶粒内产生。

以渗碳体为领先相，片状珠光体的形成过程如图 14-5 所示。均匀奥氏体冷却至 A_1 点以下时，由于能量、成分和结构起伏首先在奥氏体晶界上形成一小片渗碳体晶核。渗碳体晶核刚形成时可能与奥氏体保持共格关系，为减小应变能而呈片状。这种片状晶核按非共格扩散方式长大时，共格关系即被破坏。渗碳体晶核不仅沿纵向长大，而且也向横向长大(见图 14-5(a))。渗碳体横向长大时，吸收两侧奥氏体中的 C 而使其碳浓度降低，当奥氏体的碳含量降低到足以形成铁素体时，就在渗碳体片两侧形成铁素体片(见图 14-5(b))。新生成的铁素体片除了伴随渗碳体片纵向长大外，也向横向长大。铁素体横向长大时，向侧面奥氏体中排出多余的 C 而使其碳浓度增高，从而促进在铁素体侧面形成新的渗碳体片。如此循环进行下去，就形成了渗碳体片和铁素体片相间的片层状组织，即珠光体。珠光体的横向长大是靠渗碳体片和铁素体片不断增多来实现的。此时，在晶界其他部位及在长大着的珠光体与奥氏体的相界上也可能产生新的具有另一长大方向的渗碳体晶核(见图 14-5(c))。在奥氏体中，各种不同取向的珠光体不断长大，同时在晶界上或相界上又不断产生新的晶核并不断长大(见图 14-5(d))。直到各个珠光体群相碰，奥氏体全部转变为珠光体时，珠光体形成即告结束(见图 14-5(e))。

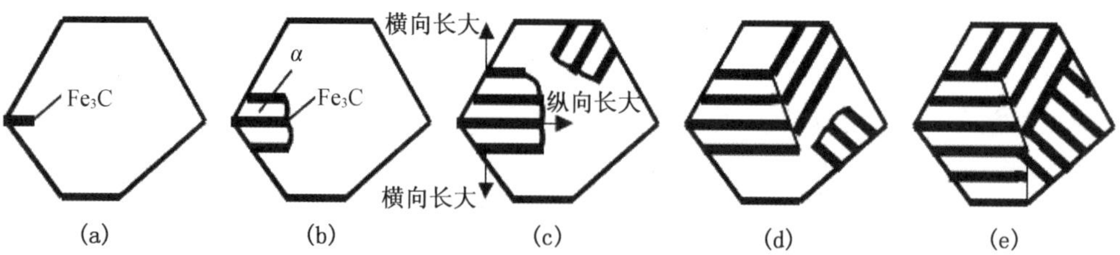

图 14-5 片状珠光体的形成过程示意图

由上述珠光体的形成过程可知，珠光体形成时，纵向长大是渗碳体片和铁素体片同时连续地向奥氏体中延伸，而横向长大是渗碳体片与铁素体片交替堆叠增多。

随珠光体形成温度降低，渗碳体片和铁素体片逐渐变薄缩短，同时两侧连续形成速度及其纵向长大速度都发生改变，珠光体群的轮廓也由块状逐渐变为扇形，继而为轮廓不光滑的团絮状，即由片状珠光体逐渐变为索氏体或屈氏体。

当共析成分过冷奥氏体(平均碳浓度为 C_γ)在 A_1 点稍下温度 T_1 刚刚形成珠光体时，在三相(奥氏体、渗碳体、铁素体)共存情况下，奥氏体中的碳浓度是不均匀的，可由状态图确定，如图 14-6(a)所示。即与铁素体相接触的奥氏体碳浓度 $C_{\gamma/\alpha}$ 较高，与渗碳体相接触的奥氏体碳浓度 $C_{\gamma/\mathrm{cem}}$ 较低，因此在与铁素体和渗碳体相接触的奥氏体中产生碳浓度差($C_{\gamma/\alpha}-C_{\gamma/\mathrm{cem}}$)，从而引起界面附近奥氏体中碳的扩散，其扩散情况如图 14-6(b)所示。碳在奥氏体中扩散的结果，导致铁素体前沿奥氏体的碳浓度 $C_{\gamma/\alpha}$ 降低，渗碳体前沿奥氏体的碳浓度 $C_{\gamma/\mathrm{cem}}$ 增高，破坏了 T_1 温度下奥氏体与铁素体及渗碳体界面碳浓度的平衡。为维持这一平衡，铁素体前沿的奥氏体必须析出铁素体，使其碳浓度增高恢复至平衡浓度 $C_{\gamma/\alpha}$；渗碳体前沿的奥氏体必须析出渗碳体，使其碳浓度降低恢复至平衡浓度 $C_{\gamma/\mathrm{cem}}$。这样，珠光体便纵向长大，直至过冷奥氏体全部转变为珠光体为止。同时，由于奥氏体中碳浓度差($C_\gamma-C_{\gamma/\mathrm{cem}}$)和($C_{\gamma/\alpha}-C_\gamma$)的存在，还将发生远离珠光体的奥氏体(碳浓度为 C_γ)中的碳向与渗碳体相接触的奥氏体界面处(碳浓度为 $C_{\gamma/\mathrm{cem}}$)扩散，以及与铁素体相接触的奥氏体界面处(碳浓度为 $C_{\gamma/\alpha}$)的碳向远离珠光体的奥氏体中扩散，如图 14-6(c)所示。此外，已形成的珠光体，其中铁素体的碳浓度在奥氏体界面处为 $C_{\alpha/\gamma}$，在渗碳体界面处为 $C_{\alpha/\mathrm{cem}}$，也形成碳的浓度差($C_{\alpha/\gamma}-C_{\alpha/\mathrm{cem}}$)，所以在铁素体中也要产生碳的扩散。这些扩散都促使珠光体中的渗碳体和铁素体不断长大，即促进了过冷奥氏体向珠光体的转变。

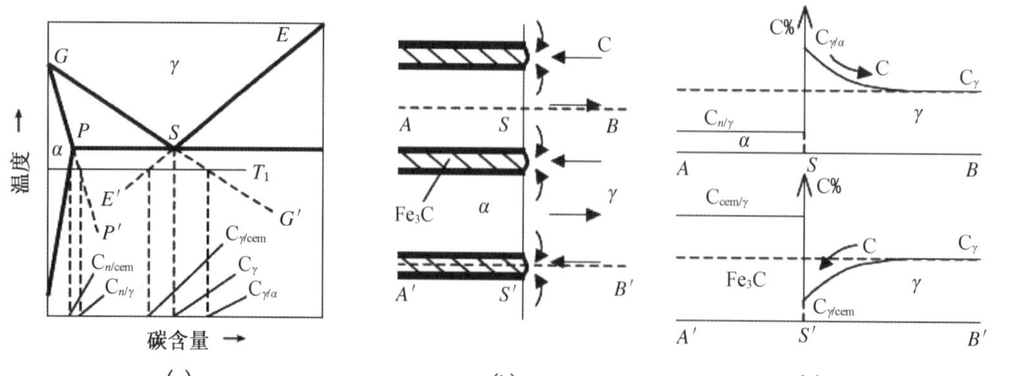

图 14-6 片状珠光体形成时碳的扩散示意图

过冷奥氏体转变为珠光体时，晶体点阵重构是由部分 Fe 原子的自扩散完成的。

2. 粒状珠光体的形成过程

粒状珠光体是通过片状珠光体中渗碳体的球状化而获得的。若将片状珠光体加热至略高于 A_1 点的温度，则得到奥氏体加未完全溶解渗碳体的混合组织。此时，渗碳体已不保持完整片状，而是凹凸不平、厚薄不匀，部分已经断开。在此温度下保温将使片状渗碳体球状化。片状渗碳体球状化的原因是：由于第二相颗粒在基体中的溶解度与其曲率半径有关，所以与非球状渗碳体尖角处（曲率半径较小部位）相接触的奥氏体具有较高的碳浓度，而与渗碳体平面处（曲率半径较大部位）相接触的奥氏体具有较低的碳浓度，在渗碳体界面附近的奥氏体中存在浓度差，因此界面附近奥氏体中的碳原子将从渗碳体的尖角处向渗碳体的平面处扩散。这种扩散的结果，破坏了界面处的碳浓度平衡。为恢复界面碳浓度平衡，渗碳体的尖角处将溶解而使其曲率半径增大，而渗碳体的平面处将长大而使其曲率半径减小，以至逐渐成为各处曲率半径相近的颗粒状渗碳体，从而得到在奥氏体基体上分布着颗粒状渗碳体的组织。然后缓慢冷却至 A_1 点以下时，奥氏体将转变为珠光体。此时，领先相渗碳体不仅可以在奥氏体晶界上形核，而且也可以从已存在的颗粒状渗碳体上长出，但这时已不能长成片状，最后得到渗碳体呈颗粒状分布的粒状珠光体。

另外，由于片状渗碳体中有位错存在，并可形成亚晶界或高位错密度区，在其与基体（如片状珠光体加热至略低于 A_1 点时为铁素体）相接触处则形成凹坑，如图 14－7 所示。在凹坑两侧的渗碳体与平面部分的渗碳体相比，具有较小的曲率半径。同理，与凹坑相接触的基体中具有较高碳浓度，将引起碳在基体中的扩散，并以渗碳体的形式在附近平面渗碳体上析出。为维持界面平衡，凹坑两侧的渗碳体尖角将逐渐被溶解，而使曲率半径增大。这样又破坏了此处相界表面张力（$\sigma_{cem/\alpha}$ 与 $\sigma_{cem/cem}$）的平衡。为了维持表面张力平衡，凹坑将因渗碳体继续溶解而加深。在渗碳体片的另一面也可发生上述溶解过程，如此不断进行，直至渗碳体片溶穿而断裂。而后，断裂的渗碳体片又按尖角处溶解、平面处析出长大方式而球状化。

对组织为片状珠光体的钢进行塑性变形，将增大珠光体中铁素体和渗碳体的位错密度和亚晶界数量，有促进渗碳体球状化的作用。

上述使片状渗碳体球状化，获得球状珠光体的热处理工艺称为球化退火。

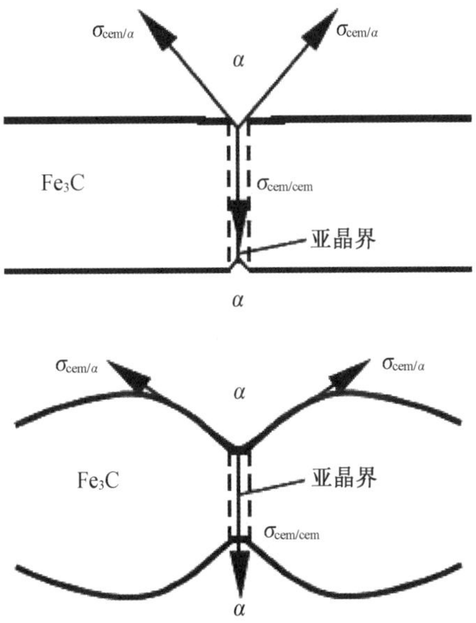

图 14－7　片状渗碳体断裂机制示意图

14.2.2　亚（过）共析钢的珠光体转变

亚（过）共析钢的珠光体转变基本上与共析钢的珠光体转变相似，但需要考虑伪共析转变、先共析铁素体析出和先共析渗碳体析出等问题。

1）伪共析转变

图 14－8 是 $Fe\text{-}Fe_3C$ 平衡状态图的左下部分示意图，图中 *GSE* 线以上为奥氏体区，*GS* 线以左为先共析铁素体区，*ES* 线以右为先共析渗碳体区。由图可知，亚共析钢自奥氏体区缓慢冷却时，将沿 *GS* 线析出先共析铁素体。随着铁素体的析出，奥氏体的

碳浓度逐渐向共析成分(S 点)接近,最后具有共析成分的奥氏体在 A_1 点以下转变为珠光体。过共析钢的情况与此类似,只不过析出的先共析相为渗碳体。

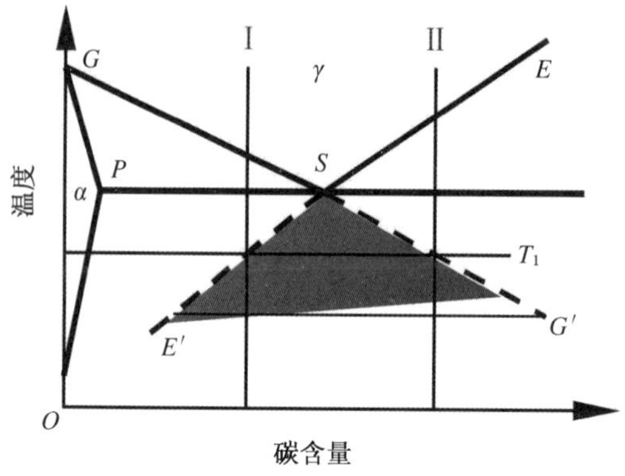

图 14-8 先共析相的析出温度范围

如果将亚共析钢或过共析钢(如合金Ⅰ或Ⅱ)自奥氏体区以较快速度冷却下来,在先共析铁素体或先共析渗碳体来不及析出的情况下,奥氏体被过冷到 T_1 温度以下区域,由于 GSG' 线和 ESE' 线分别为铁素体和渗碳体在奥氏体中的溶解度曲线,在此温度以下保温时,将自奥氏体中同时析出铁素体和渗碳体。在这种情况下,过冷奥氏体将全部转变为珠光体型组织,但合金的成分并非是共析成分,并且其中铁素体和渗碳体的相对含量也与共析成分珠光体不同,随奥氏体的碳含量变化而变化。这种转变称为"伪共析转变",其转变产物称为"伪共析组织",$E'SG'$ 线以下的阴影区域称为"伪共析转变区"。由图可见,过冷奥氏体转变温度越低,其伪共析转变的成分范围就越大。

2) 亚(过)共析钢先共析相的析出

先共析相的析出是与碳在奥氏体中的扩散密切相关的。亚共析钢或过共析钢(见图 14-8中合金Ⅰ或Ⅱ)奥氏体化后冷却到先共析铁素体区(GSE' 线以左区域)或先共析渗碳体区(ESG' 线以右区域)时,将有先共析铁素体或先共析渗碳体析出。析出的先共析相的量决定于奥氏体碳含量和析出温度或冷却速度。碳含量越高(或越低),冷却速度越大,析出温度越低,则析出的先共析铁素体(或先共析渗碳体)的量就越少。

在亚共析钢中,当奥氏体晶粒较细小,等温温度较高或冷却速度较慢时,铁原子可以充分扩散,所形成的先共析铁素体一般呈等轴块状,如图 14-9(a)所示。当奥氏体晶粒较粗大,冷却速度较快时,先共析铁素体可能沿奥氏体晶界呈网状析出,如图 14-9(b)所示。块状和网状铁素体形成时与奥氏体无共格关系。当奥氏体成分均匀、晶粒粗大、冷却速度又比较适中时,先共析铁素体有可能呈片(针)状,沿一定晶面向奥氏体晶内析出,此时铁素体与奥氏体有共格关系,如图 14-9(c)、(d)所示。

在过共析钢中,先共析渗碳体的形态可以是粒状、网状或针(片)状。但过共析钢在奥氏体成分均匀、晶粒粗大的情况下,从奥氏体中直接析出粒状渗碳体的可能性很小,一般为网状或针(片)状渗碳体,此时将显著增大钢的脆性。因此,过共析钢的退火加热温度必须在 A_{cm} 点以下,以避免网状渗碳体的形成。为了消除已经形成的网状或针(片)状渗碳体,应当加热到 A_{cm} 点以上,使渗碳体全部溶于奥氏体中,然后快速冷却,使先共析渗碳体来不及析出而发生伪共析转变,得到伪共析组织,然后再进行球化退火处理。

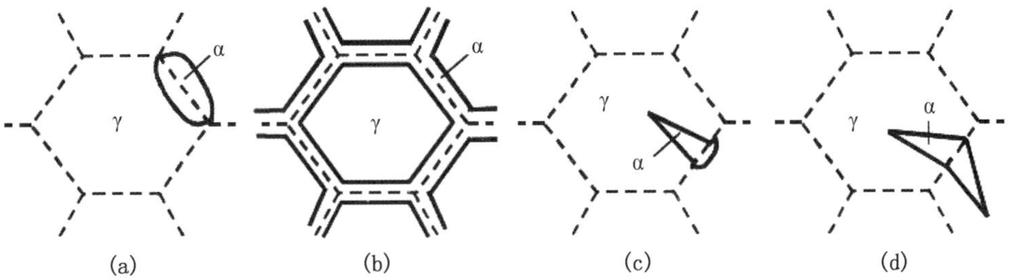

图 14－9 亚共析钢的先共析铁素体形态示意图

工业上将具有片(针)状铁素体或渗碳体加珠光体的组织称为魏氏组织,前者称为魏氏组织铁素体,后者称为魏氏组织渗碳体。魏氏组织及经常与其伴生的粗大晶粒组织会使钢的力学性能、尤其是塑性和冲击性能显著降低,并使钢的脆性转折温度升高。在这种情况下,必须消除魏氏组织及粗大晶粒组织,常用的方法是采用细化晶粒的正火、退火以及锻造,等等。

14.3 珠光体转变动力学

珠光体转变也是形核和长大过程,转变速度也取决于形核率和长大速度。因此,珠光体等温转变动力学也符合 Johnson－Mehl 方程或 Avrami 方程。

14.3.1 珠光体的形核率 *I* 和长大速度 *G*

1) 形核率 I 与转变温度 T 的关系

在均匀形核条件下,珠光体的形核率 I 与转变温度 T 之间有如下关系:

$$I = C \cdot \exp(-\frac{Q+W}{kT}) = C_1\exp(-\frac{Q}{kT}) \cdot C_2\exp(-\frac{W}{kT}) \tag{14-2}$$

式中,C_1 和 C_2 为常数;其余各参数的意义同式(9－1)。可见,随转变温度 T 降低,原子扩散能力减弱,由于 Q 基本不变,式(14－2)中的第一项 $C1\exp(-\frac{Q}{kT})$ 将减小,使形核率 I 减小;另一方面,随转变温度 T 降低,过冷度增大,奥氏体与珠光体的自由能差增大,即相变驱动力 $\Delta G\text{v}$ 增大,使临界形核功 W 减小(见式(9－2)),式(14－2))中的第二项 $C_2\exp(-\frac{W}{kT})$ 将增大,使形核率 I 增大。其综合作用的结果,导致珠光体的形核率 I 对转变温度 T 有极大值。

2) 长大速度 G 与转变温度 T 的关系

研究证明,在转变温度较高时珠光体团一般长大成等轴类球形,各个方向上的长大速度 G 基本相等,可由下式表示:

$$G = \frac{K \cdot D_C^\gamma}{S_0} \tag{14-3}$$

式中,S_0 为珠光体的片层间距;D_C^γ 为 C 在奥氏体中的扩散系数;K 为常数(包含浓度梯度 $C_{\gamma/\alpha}-C_{\gamma/\text{cem}}$的影响)。由于 S_0 反比于过冷度 ΔT,而 K 正比于 ΔT(见图 14－6(a)),所以式(14－3)可改写为

$$G = \frac{K \cdot D_C^\gamma}{S_0} = K' \cdot \Delta T^2 \cdot D_C^\gamma \tag{14-4}$$

由此可见，随着转变温度 T 降低，过冷度 ΔT 增大，使靠近珠光体的奥氏体中的碳浓度差（$C_{\gamma/\alpha}-C_{\gamma/cem}$）增大，加速了 C 原子的扩散速度，而且珠光体的片层间距 S_0 减小，使 C 原子的扩散距离缩短，这些因素都促使长大速度 G 增大；另一方面，随转变温度 T 降低，C 原子的扩散系数 D_C^{γ} 减小，使长大速度 G 减小。因此，综合上述因素的影响，珠光体团的长大速度 G 对转变温度 T 也有极大值。

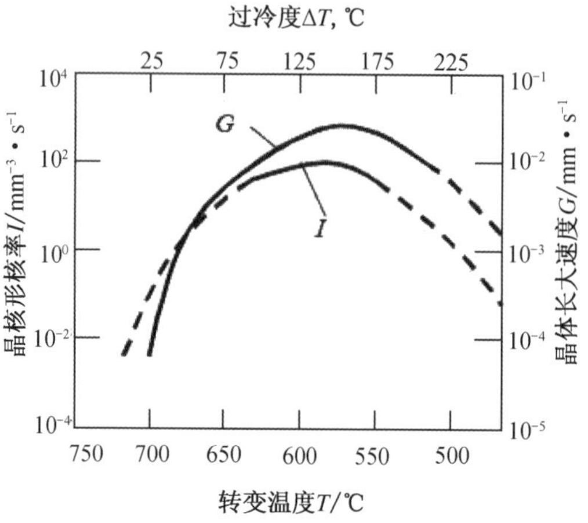

图 14-10 共析钢的形核率和晶体长大速度与转变温度的关系

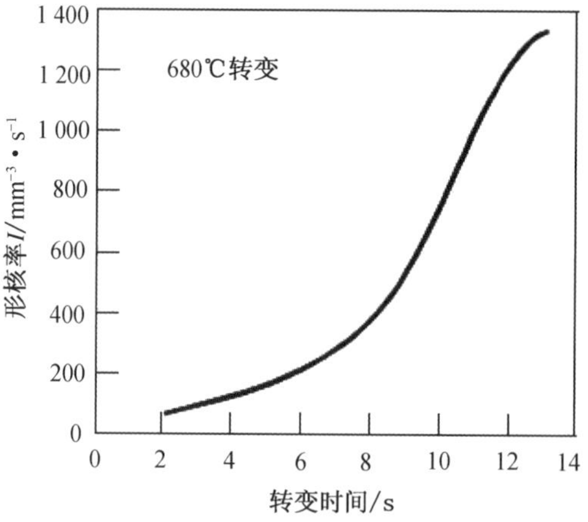

图 14-11 共析钢珠光体形核率与转变时间的关系

图 14-10 示出了共析钢珠光体的形核率 I 和长大速度 G 与转变温度 T 之间的关系，由图可见，两者都具有极大值特征，即 I 和 G 均随 T 降低而先增大后减小，其极大值约在 550℃。

3）形核率 I 和长大速度 G 与转变时间的关系

当转变温度一定时，珠光体的形核率 I 与转变时间的关系如图 14-11 所示，即随转变时间延长，形核率 I 逐渐增大。而等温保持时间对珠光体的长大速度 G 则无明显的影响，温度一定时，G 为定值。

14.3.2 珠光体转变动力学图

综合不同温度下珠光体的形核率和长大速度与时间的关系，共析钢的珠光体等温转变动力学曲线如图 14－12 中实线所示，虚线表示贝氏体转变动力学曲线及马氏体相变开始温度(后述)。由图中实线可知：各温度下珠光体等温转变开始前都有一段孕育期，随等温温度降低，孕育期逐渐缩短，至某一温度时，孕育期最短，而后随温度降低，孕育期反而增长。一般在 550℃时孕育期最短，转变速度最快，此处即为 TTT 曲线的“鼻尖”温度。

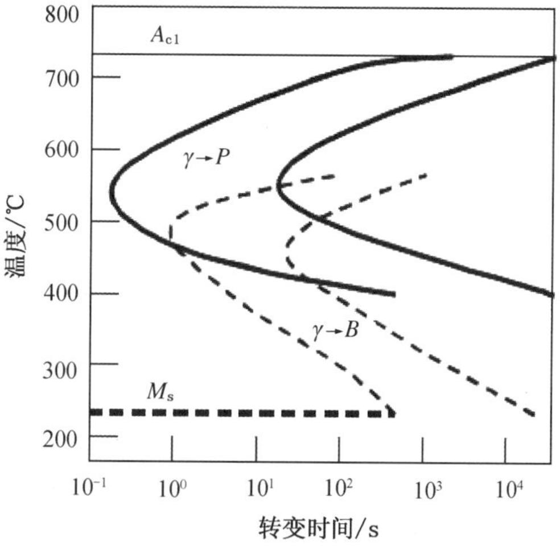

图 14－12　共析钢的珠光体等温转变动力学曲线

14.3.3　先共析相的长大动力学

研究指出：在亚共析钢中，先共析铁素体在奥氏体晶界上的长大方向有两个：一是沿奥氏体晶界长大(长度方向)；二是向奥氏体晶内长大(厚度方向)。用热发射显微镜直接测定碳含量为 0.1%的 Fe-C 合金的铁素体厚度方向长大动力学，发现其厚度与转变时间呈抛物线关系，即

$$S = \alpha t^{\frac{1}{2}} \tag{14-5}$$

式中，S 为铁素体片的半厚度；t 为铁素体长大时间；α 为系数。

先共析铁素体的转变动力学曲线也呈“C”字形，通常位于珠光体转变动力学曲线的左上方，并且随着钢中碳含量的增高，先共析铁素体的析出线移向右下方。

同样，对于过共析钢，若奥氏体化温度在 A_{cm}点以上，则在等温转变过程中于珠光体转变动力学曲线的左上方有一条先共析渗碳体析出线。这条先共析渗碳体析出线，随钢中碳含量的增高，逐渐移向左上方。

14.3.4　影响珠光体转变动力学的因素

凡是影响珠光体形核率和长大速度的因素，都影响珠光体转变动力学。

1. 化学成分的影响

1) 碳含量的影响

对于亚共析钢，随着奥氏体中碳含量的增高，析出先共析铁素体的孕育期增长，析出速度减慢。同时，珠光体转变的孕育期亦随之增长，转变速度减慢。这是因为，在相同转变条件下，随着奥氏体中碳含量的增高，铁素体的形核率减少，铁素体长大时所需扩散离去的碳原子的量增大，因而使铁素体析出速度减慢。

对于过共析钢，在完全奥氏体化(加热温度高于 A_{cm})情况下，随着钢中碳含量的增高，碳在奥氏体中的扩散系数增大，渗碳体的形核率增大，先共析渗碳体析出的孕育期缩短，析出速度增大。珠光体转变的孕育期亦随之缩短，转变速度增大。所以相对来说，共析钢的过冷奥氏体最稳定。如果不完全奥氏体化(加热温度在 A_1 和 A_{cm} 之间)，加热组织为不均匀奥氏体加残余碳化物，则具有促进珠光体形核和晶体长大的作用，使珠光体转变时的孕育期缩短，转变速度加快。

2) 合金元素的影响

钢中加入合金元素可以显著改变珠光体转变动力学图。综合各种合金元素对珠光体转变动力学的影响，可以得出：在钢中的合金元素充分固溶于奥氏体中的情况下，除了 Co 以外，其他所有的常用合金元素皆使钢的 TTT 曲线右移，珠光体转变孕育期增长，即推迟珠光体转变的进行；除了 Ni、Mn 以外，其他所有的常用合金元素皆使珠光体转变的“鼻尖”温度移向高温。这是因为大多数合金元素都降低珠光体转变的形核率和长大速度，因而影响珠光体的形成速度。

2. 加热温度和保温时间的影响

加热温度和保温时间主要是通过改变奥氏体的成分和组织状态来影响珠光体转变的。若奥氏体成分不均匀，则有利于在高碳区形成渗碳体，在低碳区形成铁素体，并加速碳在奥氏体中的扩散，促进先共析相和珠光体的形成。钢中存在的未溶渗碳体，既可以作为先共析渗碳体的非均匀晶核，也可以作为珠光体领先相的晶核，因而也加速珠光体转变。所以，提高加热温度或延长保温时间，相当于增加奥氏体中碳和合金元素的含量，都使珠光体转变的孕育期增长，转变速度降低。另一方面，随着温度升高和保温时间延长，奥氏体的成分越加均匀，奥氏体晶粒也越加粗大。这些都会导致珠光体的形核位置减少，降低形核率和长大速度，从而推迟珠光体转变。所以，加热温度低，保温时间短，均将加速珠光体的转变。

3. 奥氏体晶粒度的影响

奥氏体晶粒细小，单位体积内的晶界面积增大，珠光体的形核部位增多，将促进珠光体的形成。同理，细小的奥氏体晶粒也将促进先共析铁素体和先共析渗碳体的析出。

4. 应力和塑性变形的影响

对奥氏体施加拉应力或进行塑性变形，将造成晶体点阵畸变和位错密度增高，有利于 C 和 Fe 原子的扩散及晶体点阵重构，所以促进珠光体的形核和晶体长大，加速珠光体的转变。奥氏体塑性变形的温度越低，珠光体转变速度就越大。

对奥氏体施加等向压应力，将使原子迁移阻力增大，C 和 Fe 原子的扩散及晶体点阵重构困难，将降低珠光体的形成温度，减慢珠光体的形成速度。

14.4 珠光体转变产物的力学性能

14.4.1 珠光体的力学性能

共析碳钢在获得单一片状珠光体的情况下，其力学性能与珠光体的片层间距、珠光体团直径、珠光体中铁素体的亚晶粒尺寸以及原始奥氏体晶粒大小有密切的关系。珠光体的片层间距主要取决于珠光体的形成温度，随形成温度降低而减小。而珠光体团直径不仅与形成温度有关，还与奥氏体晶粒大小有关，随形成温度降低及奥氏体晶粒细化而减小。所以，共析钢珠光体的力学性能主要取决于奥氏体化温度和珠光体形成温度。随珠光体的片层间距及珠光体团直径减小，珠光体的强度、硬度及塑性均提高。

随着珠光体形成温度的变化，珠光体片层间距的变化远大于珠光体团直径的变化，因此片层间距的影响更为重要。珠光体的强度、硬度和塑性升高的原因是：珠光体的片层间距减小时，铁素体片与渗碳体片都变薄，相界面增多，在外力作用下，抗塑性变形能力增大。而且由于铁素体和渗碳体片很薄，在外力作用下可以滑移而产生塑性变形，也可以产生弯曲，使钢的塑性变形能力增大。珠光体团直径的减小，表明单位体积内片层排列方向增多，使局部发生大量塑性变形而引起应力集中的可能性减少，因而既提高了强度又提高了塑性.

如果钢中的珠光体是在连续冷却过程中形成的，珠光体的片层间距大小不等，高温形成的大，低温形成的小，则使抗塑性变形的能力不均匀。珠光体片层间距较大的区域，抗塑性变形能力较小，在外力作用下，往往首先在这些区域产生过量变形，出现应力集中而破裂，使钢的强度和塑性都降低。

在成分相同的条件下，与片状珠光体相比，粒状珠光体的强度、硬度稍低，而塑性较高。其主要原因是：粒状珠光体中铁素体与渗碳体的相界面较片状珠光体少，强度和硬度稍低；而铁素体呈连续分布、渗碳体呈粒状分散在铁素体基体上，对位错运动的阻碍作用较小，使塑性提高。粒状珠光体的切削性好，对刀具的磨损小，冷挤压时的成型性也好，加热淬火时的变形和开裂的倾向性小，所以，高碳钢在机械加工和热处理前常常要求获得粒状珠光体组织。中碳和低碳钢的冷挤压成型加工也要求具有粒状碳化物的原始组织。

粒状珠光体的性能还取决于碳化物颗粒的形态、大小和分布。一般来说，当钢的成分一定时，碳化物颗粒越细小，硬度和强度就越高；碳化物颗粒越接近等轴状，分布越均匀，韧性越好。在相同抗拉强度下，粒状珠光体比片状珠光体的疲劳强度有所提高。

14.4.2　铁素体加珠光体的力学性能

如前所述，亚共析钢经过珠光体转变后得到的转变产物既取决于钢中的碳含量，也取决于奥氏体化温度及冷却速度。在钢的成分一定时，随冷却速度增大，先共析铁素体量减少，珠光体量增多。在完全奥氏体化情况下，随钢中碳含量增高，先共析铁素体量减少，而珠光体量增多，珠光体对钢的强度和韧性的作用增大。

铁素体加珠光体组织的性能取决于铁素体及珠光体的相对量、铁素体晶粒大小、珠光体片层间距以及铁素体化学成分等等。这些因素与强度之间的经验公式如下：

$$\sigma_b(\text{MPa}) = 15.4\{f_\alpha^{\frac{1}{3}}[16 + 74.2\sqrt{(N)} + 1.18d^{-\frac{1}{2}}] + (1 - f_\alpha^{\frac{1}{3}})[46.7 + 0.23S_0^{-\frac{1}{2}}] + 6.3(\text{Si})\} \tag{14-6}$$

$$\sigma_s(\text{MPa}) = 15.4\{f_\alpha^{\frac{1}{3}}[2.3 + 3.8(\text{Mn}) + 1.13d^{-\frac{1}{2}}] + (1 + f_\alpha^{\frac{1}{3}})[11.6 + 0.25S_0^{-\frac{1}{2}}] + 4.1(\text{Si}) + 27.6\sqrt{(\text{N})}\} \tag{14-7}$$

式中，f_α 为铁素体体积百分数；d 为铁素体晶粒平均直径(mm)；S_0 为珠光体平均片层间距(mm)；$f_\alpha^{\frac{1}{3}}$ 和 $(1 - f_\alpha^{\frac{1}{3}})$ 分别表示铁素体和珠光体的量；(Mn)、(N)、(Si)分别表示锰、氮、硅的重量百分含量。上述公式适用于所有具有铁素体加珠光体组织的亚共析钢，直至全部为珠光体的共析钢。式中指数 1/3 表明屈服强度、抗拉强度随铁素体量和珠光体量的变化是非线性的。

屈服强度主要取决于铁素体晶粒尺寸大小，随珠光体量增加，它对强度的影响减小，而越接近共析成分，珠光体对强度的影响就越大，珠光体片层间距的作用就越明显。当珠光体的片层间距相同时，随珠光体量增加，各种强化机制对屈服强度的贡献如图 14－13 所示。

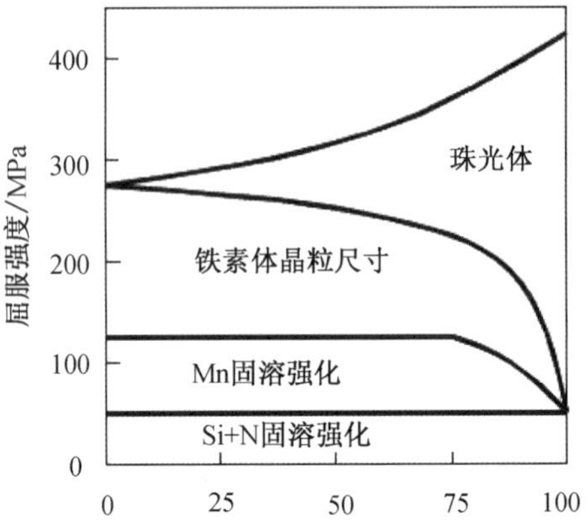

图 14－13 不同珠光体含量时各强化机制对屈服强度的贡献

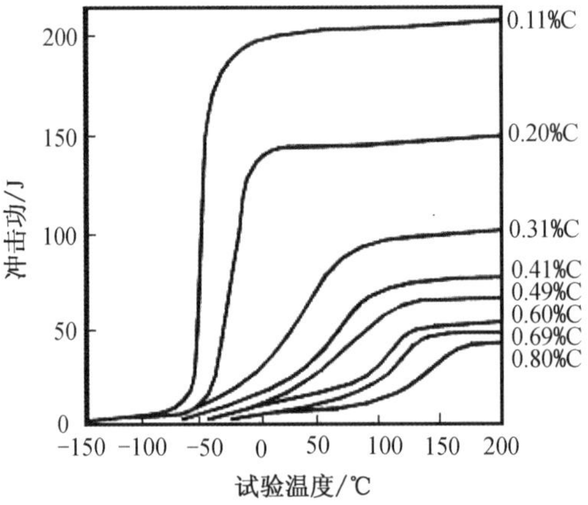

图 14－14 碳含量(珠光体含量)对正火钢的韧脆转化温度和冲击功的影响

塑性则随珠光体量的增多而下降，随铁素体晶粒的细化而升高。增加珠光体的体积百分数，将显著地降低最大均匀应变和断裂时的总应变。在中、高碳的铁素体加珠光体的钢中，脆性转折温度 T_d 与各组织因素和成分之间的关系可由下式给出：

$$T_d(℃) = f_\alpha[-46 - 11.5d^{-\frac{1}{2}}] + (1 - f_\alpha)[-335 + 5.6S_0^{-\frac{1}{2}} - 13.3p^{-\frac{1}{2}} + 3.48 \times 10^6 t] + 48.7(\mathrm{Si}) + 762\sqrt{(N_f)} \quad (14-8)$$

式中，p 为珠光体团尺寸(mm)；t 为珠光体中渗碳体片厚度(mm)；N_f 为固溶状态氮的重量百分含量；其余参数与式(14－6)和式(14－7)相同。可见，脆性转折温度 I 随珠光体量增加而升高。细化铁素体晶粒和珠光体团尺寸、降低硅含量和碳含量对韧性是有益的，而固溶强化对韧性是有害的。如图 14－14 所示，随钢中碳含量增加(珠光体量增加)，脆性转折温度升高，韧性状态下的冲击功显著下降。

14.4.3 形变珠光体的力学性能

珠光体组织在工业上的重要应用之一是“派敦”(Patenting)处理的绳用钢丝、琴钢丝和某些弹簧钢丝。所谓派敦处理，或称铅浴处理，就是使高碳钢奥氏体化后，先在 Ar1 以下适当温度的铅浴中等温，获得细珠光体(索氏体)组织，再经过深度冷拔而获得高强度高韧性的组合。比如含碳质量分数为 0.9%、直径 1mm 的钢丝，预先经 845～850℃奥氏体化和516℃等温索氏体化处理，再经面缩率 80%以上的冷拔变形，抗拉强度可接近 4 000MPa，如图 14-15 所示。

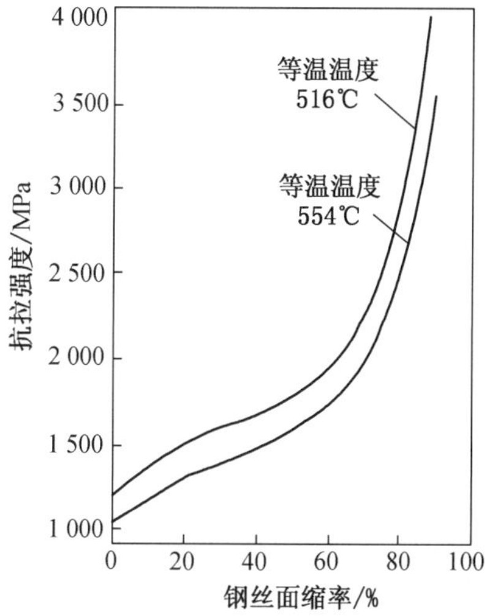

图 14-15　索氏体化等温温度和冷拔变形率对钢丝抗拉强度的影响

这是因为索氏体组织由于片层间距较小，滑移可沿最短途径进行，因而具有良好的冷拔性能。同时由于渗碳体片很薄，在强烈塑性变形时能够弯曲，故塑性变形能力增强。冷塑性变形可使亚晶粒细化，形成由许多位错网组成的位错壁，而且随变形量增大这种位错壁之间的距离减小，强化效果更加显著。

第 15 章　切变共格型相变

切变共格型相变是指在相变过程中，晶体点阵的重组是通过切变即基体原子集体有规律的近程迁移所完成，并且新相与母相保持共格关系的相变。马氏体相变就是最典型的切变共格型相变。最初将钢经奥氏体化后快速冷却，抑制其扩散性分解，在较低温度下发生的无扩散型相变称为马氏体相变。马氏体相变是钢件热处理强化的主要手段，产生马氏体相变的热处理工艺称为淬火。如今，马氏体相变的含义已很广泛，不仅金属材料，在陶瓷材料中也发现马氏体相变。因此，凡是相变的基本特征属于切变共格型的相变都称为马氏体相变，其相变产物都称为马氏体。

15.1　马氏体相变的基本特征

马氏体相变是在低温下进行的一种相变。对于钢来说，此时不仅铁原子及置换型原子不能扩散，而且间隙型碳原子也较难以扩散(但尚有一定程度的扩散)，故马氏体相变具有一系列不同于扩散型相变的特征。

15.1.1　切变共格和表面浮突现象

马氏体相变时在预先磨光的试样表面上可出现倾动，形成表面浮突，这表明马氏体相变是通过奥氏体均匀切变进行的。奥氏体中已转变为马氏体的部分发生了宏观切变而使点阵发生改组，且一边凹陷，一边凸起，带动界面附近未转变的奥氏体也随之发生弹塑性切变应变，如图 15-1(a)所示。若相变前在试样磨面上刻一直线划痕 STR，则相变后产生浮突时该直线变成折线 $S'T'TR$，如 15-1 (b)所示。在显微镜光线照射下，浮突两边呈现明显的山阴和山阳。由此可见，马氏体的形成是以切变方式进行的，同时马氏体和奥氏体之间界面上的原子是共有的，既属于马氏体，又属于奥氏体，而且整个相界面是互相牵制的。这种界面称为切变共格界面，它是以母相的切变来维持共格关系的，故称为第二类共格界面。在具有共格界面的新旧两相中，原子位置有对应关系，新相长大时，原子只作有规则的迁动而不改变界面的共格状态。

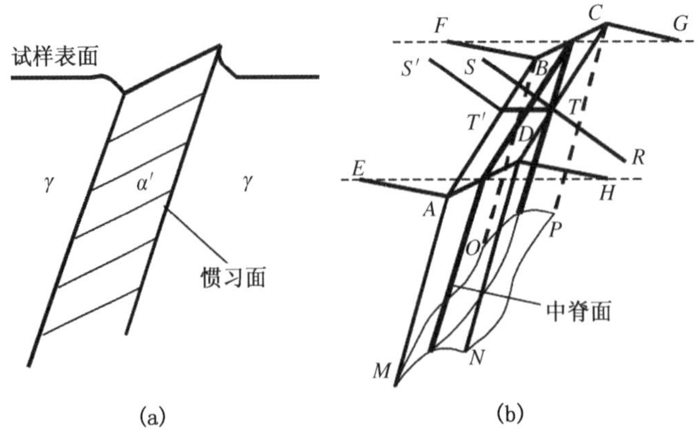

图 15-1　马氏体形成时引起的表面倾动

15.1.2 无扩散性

从马氏体相变的宏观均匀切变现象可以设想，在马氏体相变过程中原子是集体运动的，原来相邻的原子相变后仍然相邻，它们之间的相对位移不超过一个原子间距，即马氏体相变是在原子基本上不发生扩散的情况下发生的。其主要实验证据为：钢中奥氏体转变为马氏体时，仅由面心立方点阵通过切变改组为体心立方（或体心正方）点阵，而无成分变化；另外，马氏体相变可以在相当低的温度（甚至在 4K）下以极快的速度进行，在这样低的温度下，原子扩散速度极小，相变已不可能以扩散方式进行。

15.1.3 具有特定的位向关系和惯习面

1. 位向关系

通过均匀切变形成的马氏体与母相奥氏体之间存在严格的位向关系。在钢中已经发现的位向关系有 K-S 关系、西山关系和 G-T 关系。

1) K-S(Kurdjumov－Sachs)关系

Kurdjumov 和 Sachs 采用 X 射线极图法测出 1.4%C 钢中马氏体(α')与奥氏体(γ)之间存在下列位向关系，即 K-S 关系：

$$\{111\}_\gamma /\!/ \{110\}_{\alpha'};\langle 110\rangle_\gamma /\!/ \langle 111\rangle_{\alpha'}$$

按照 K-S 关系，马氏体在奥氏体中可能有 24 种不同的取向。如图 15－2 所示，在每个 $\{111\}_\gamma$ 面上马氏体可能有 6 种不同的取向，而立方点阵中有 4 种 $\{111\}_\gamma$ 面，因此共有 24 种可能的马氏体取向。

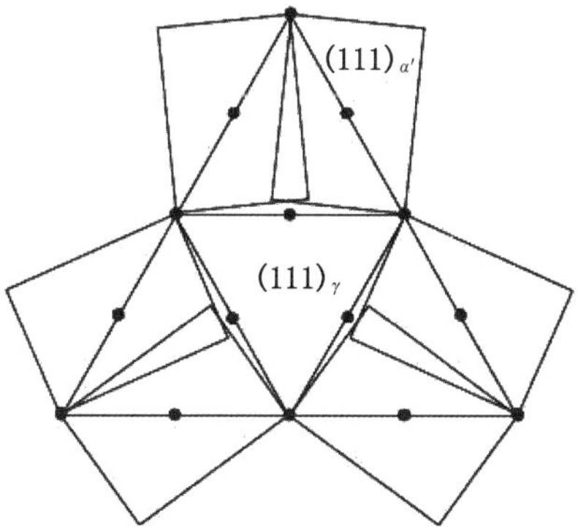

图 15－2 马氏体在(111)面形成时的可能取向

2) 西山(Nishiyama)关系

西山在 Fe-30%Ni 合金单晶中发现，在室温以上形成的马氏体和奥氏体之间存在 K-S 关系，而在－70℃以下形成的马氏体则具有下列位向关系，即西山关系：

$$\{111\}_\gamma /\!/ \{110\}_{\alpha'};\langle 112\rangle_\gamma /\!/ \langle 111\rangle_{\alpha'}$$

按照西山关系，在每个 $\{111\}_\gamma$ 面上马氏体只可能有 3 种不同的取向，所以 4 种 $\{111\}_\gamma$ 面上总共只有 12 种可能的马氏体取向。西山关系和 K-S 关系相比较，晶面的平行关系相同，而晶向却有 5°16′之差，如图 15－3 所示。

3) G-T(Greninger-Troiaon)关系

Greninger 和 Troiaon 精确测量了 Fe-0.8%C-22%Ni 合金奥氏体单晶中的马氏体位

向，结果发现 K-S 关系中的平行晶面和平行晶向实际上均略有偏差，即

$$\{111\}_\gamma /\!/ \{110\}_{\alpha'} \text{差 } 1^\circ;\langle 110\rangle_\gamma /\!/ \langle 111\rangle_{\alpha'} \text{差 } 2^\circ$$

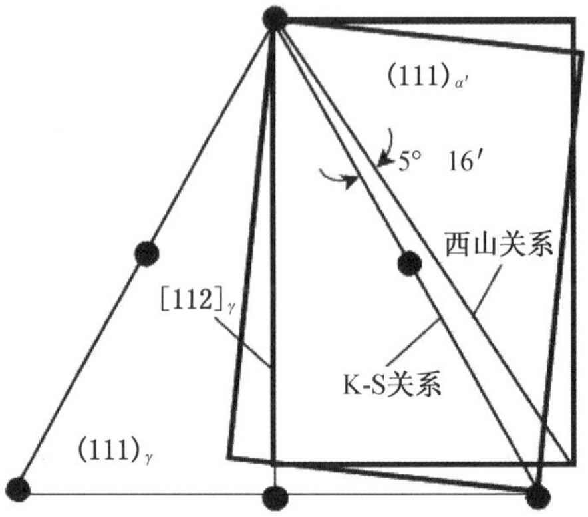

图 15-3 K-S 关系和西山关系的比较

2. 惯习面

马氏体相变不仅新相和母相之间有严格的位向关系，而且马氏体是在母相的一定晶面上开始形成的，这个晶面即称为惯习面，通常以母相的晶面指数表示。

钢中马氏体的惯习面常见的有 3 种：$\{111\}_\gamma$、$\{225\}_\gamma$ 和$\{259\}_\gamma$。惯习面随碳含量及形成温度不同而异。碳含量小于 0.6%时为$\{111\}_\gamma$，碳含量在 0.6%～1.4%之间为$\{225\}_\gamma$，碳含量高于 1.4%时为$\{259\}_\gamma$。随马氏体形成温度的降低，惯习面有向高指数变化的趋势。所以，同一成分的钢也可能出现两种惯习面的马氏体，如先形成的马氏体惯习面为$\{225\}_\gamma$，而后形成的马氏体惯习面为$\{259\}_\gamma$。

15.1.4 转变的非恒温性及可逆性

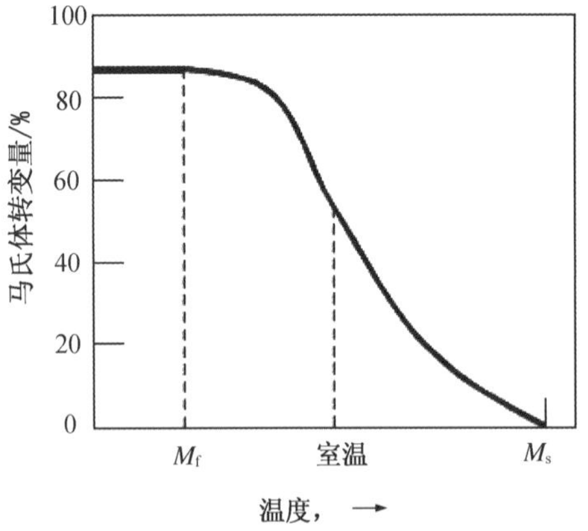

图 15-4 马氏体转变量与转变温度的示意图

必须将奥氏体快速冷却（大于临界冷却速度）至某一温度以下才能发生马氏体相变，这一温度称为马氏体相变开始点，以 M_S 表示。当奥氏体过冷到 M_S 点以下某一温度时马氏体相变即刻开始，不需要孕育期，并且以极大的速度进行。但在此温度下马氏体相变很快停止，即马氏体转变量不再增加。为使马氏体相变得以继续进行，必须不断地降低温度。如停止继续降温，马氏体相变则立即停止。即马氏体相变是在不断降温条件下进行的，马氏体转变量是温度的函数，而与等温时间无关。当冷却至某一温度以下时，马氏体相变便不再继续进行，这个温度称为马氏体相变终了点，用 M_f 表示。一般情况下，如图 15-4 所示，冷却到 M_f 点以下仍不能得到 100%马氏体，而保留的一部分未转变的奥氏体，称为残余奥氏体。可见，若 M_S 点低于室温，则淬火到室温时将得到全部奥氏体；若 M_S 点在室温以上，M_f 点在室温以下，则淬火到室温时将保留相当数量的残余奥氏体；若继续冷却至室温以下，则残余奥氏体将继续转变为马氏体，这种工艺称为冷处理。马

氏体相变有时也会出现等温转变情况，但等温转变都不能使马氏体相变进行到底，所以马氏体相变总是需要在一个温度范围内连续冷却才能完成。

冷却时，奥氏体可以通过马氏体相变机制转变为马氏体，同样，重新加热时，马氏体也可以通过逆向马氏体相变机制转变为奥氏体，即马氏体相变具有可逆性。一般将加热时马氏体向奥氏体的相变称为逆相变。逆相变与冷却时的马氏体相变具有相同的特点，与冷却时的 M_s 及 M_f 相对应，逆相变时也有相变开始点 A_s 及相变终了点 A_f。通常，A_s 比 M_s 高，两者之差因合金成分而异。如 Au-Cd、Ag-Cd 等合金的 A_s 与 M_s 之差较小，仅为 20～50℃；而 Fe-Ni 等合金的 A_s 与 M_s 之差就很大，大于 400℃。

综上，马氏体相变区别于其他相变的最基本的特点只有两个：一是相变以切变共格方式进行；二是相变的无扩散性。其他特点均可由这两个基本特点派生出来。

15.2　马氏体相变热力学及 M_s 点

研究相变热力学是为了求得相变驱动力，从而计算相变开始温度，探索相变机制。依据相变特点，可将马氏体相变热力学分为 3 类。

(1) 由面心立方母相转变为体心立方(正方)马氏体的热力学，主要以铁基合金为代表，其中对 Fe-C 合金进行了较多研究。

(2) 由面心立方转变为六方 ε 马氏体的热力学，如对钴、钴合金的热处理。

(3) 热弹性马氏体热力学，相变驱动力很小，热滞性很小。

15.2.1　马氏体相变热力学条件

马氏体相变也符合一般的相变规律，遵循相变的热力学条件。马氏体相变驱动力是新相马氏体(α')与母相奥氏体(γ)的化学自由能差 $\Delta G_{\gamma\to\alpha'}=G_{\alpha'}-G_{\gamma}$。相同成分的马氏体与奥氏体的化学自由能和温度的关系如第 12 章图 12－6 所示(以 α' 代替图中 α)，图中 T_0 为两相热力学平衡温度，此时 $\Delta G_{\gamma\to\alpha'}=0$。显然，马氏体相变开始点 M_s 必定在 T_0 以下，即 $\Delta G_{\gamma\to\alpha'}<0$，由过冷提供相变所需的化学驱动力。

马氏体相变的阻力也是新相形成时的界面能 $S\sigma$ 及应变能 $V\varepsilon$（见式(12－6)）。但是，由于马氏体相变是通过切变方式进行的，需要克服切变阻力而使母相点阵发生改组，为此需要消耗能量；同时还在马氏体晶体中造成大量位错或孪晶等晶体缺陷，导致能量升高；在周围奥氏体中还将产生塑性变形，也需要消耗能量。这些都使马氏体相变阻力增大。尽管非均匀形核时母相晶体缺陷可提供一定的能量(见式(12－11))，但亦需要新相与母相之间有较大的自由能差。因此，M_s 点的物理意义即为奥氏体和马氏体两相自由能差达到相变所需最小驱动力值时的温度。显然，若 T_0 点一定，M_s 点越低，则相变所需的驱动力就越大；反之，M_s 点高时，相变所需的驱动力则减小。所以，马氏体相变驱动力 $\Delta G_{\gamma\to\alpha'}$ 与(T_0-M_s)成比例，即

$$\Delta G_{\gamma\to\alpha'}=\Delta S(T_0-M_S) \tag{15-1}$$

式中，ΔS 为 $\gamma\to\alpha'$ 相变时的熵变。

A_s 点的定义与 M_s 点类似，为马氏体和奥氏体两相自由能差达到逆相变所需最小驱动力值时的温度，并且逆相变驱动力 $\Delta G_{\alpha'\to\gamma}$ 的大小与(A_s-T_0)成比例。T_0、M_s、A_s 等与合金成分(碳含量或合金元素含量)的关系如图 15－5 所示，它们均为浓度的函数。$\gamma\to\alpha'$ 相变

在 $M_s \sim M_f$ 之间进行，$\alpha' \rightarrow \gamma$ 相变在 $A_s \sim A_f$ 之间进行。试验证明，M_s 和 A_s 之间的温度差可因引入塑性变形而减小。即在 M_s 点以上对奥氏体进行塑性变形会诱发马氏体相变而使 M_s 点上升至 M_d 点。同样，塑性变形也可使 A_s 点下降至 A_d 点。M_d 和 A_d 分别称为形变诱发马氏体相变开始点和形变诱发奥氏体相变开始点，即可获得形变诱发马氏体的最高温度和形变诱发奥氏体的最低温度。显然，按照马氏体相变的热力学条件，M_d 的上限温度为 T_0，而 A_d 的下限温度亦是。

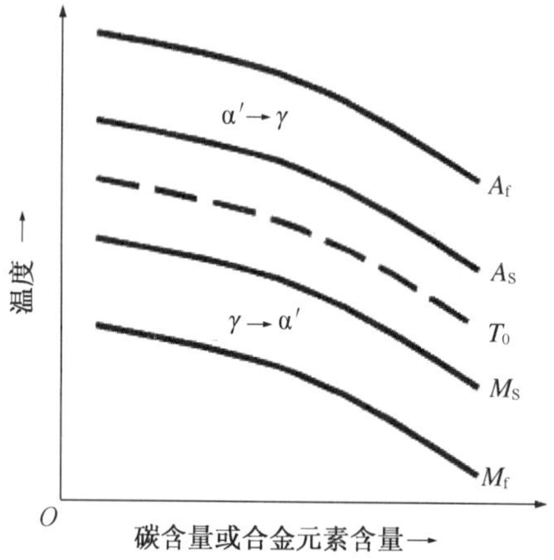

图 15－5 T_0、M_s、A_s 和合金成分的关系

如上所述，在 M_s 点以上、M_d 点以下对奥氏体进行塑性变形将会诱发马氏体相变。按照马氏体相变热力学的观点，可以通过图 15－6 来说明形变诱发马氏体相变。由图可见，在 T_0 点至 M_s 点之间，随着温度下降马氏体相变的化学驱动力增大，当温度为 M_s 点时，相变的化学驱动力正好等于 $\Delta G_{\gamma\rightarrow\alpha'}$，可以发生马氏体相变。而形变所提供的能量为机械驱动力，图中 ab 线代表在化学驱动力上迭加的机械驱动力。设在 T_1 温度下，化学驱动力为 mn 线段，若此时能提供 pm 线段的机械驱动力，则 $pm+mn$ 刚好等于 $\Delta G_{\gamma\rightarrow\alpha'}$。而且 $T_1<T_0$，即处在马氏体热力学稳定区内，所以能够发生马氏体相变。若机械驱动力全部代替化学驱动力，则 m_d 点应上升到 T_0 点。但在大多数材料中，因塑性变形会引起应力松弛，故 m_d 点通常都低于 T_0点。

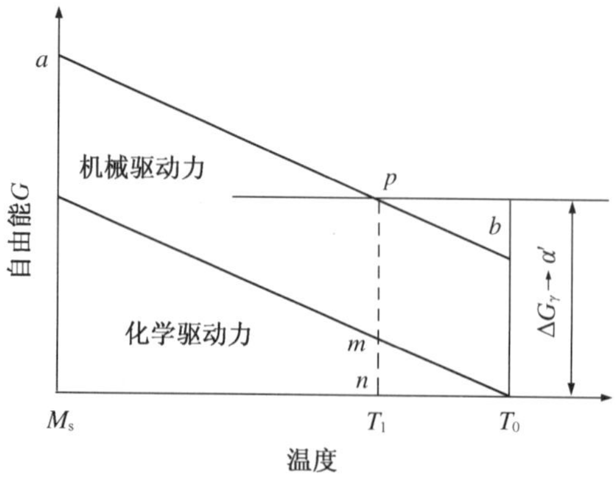

图 15－6 形变诱发马氏体相变热力学条件示意图

15.2.2　影响钢中 M_s 点的主要因素

1. 化学成分的影响

一般说来，M_s 点主要取决于钢的化学成分，其中以碳含量的影响最为显著，随钢中的碳含量增加，马氏体相变的温度范围下降，如图 15－7 所示。随碳含量增加，M_s 点和 M_f 点的变化并不完全一致，M_s 点呈较为均匀的连续下降；而 M_f 点在碳含量小于 0.6%时比 M_s 点下降得更显著，因而扩大了马氏体相变的温度范围（M_s — M_f）。但当碳含量大于 0.6%时，M_f 点下降缓慢，并且因为 M_f 点已下降到 0℃以下，致使淬火后的室温组织中存在有较多的残余奥氏体。

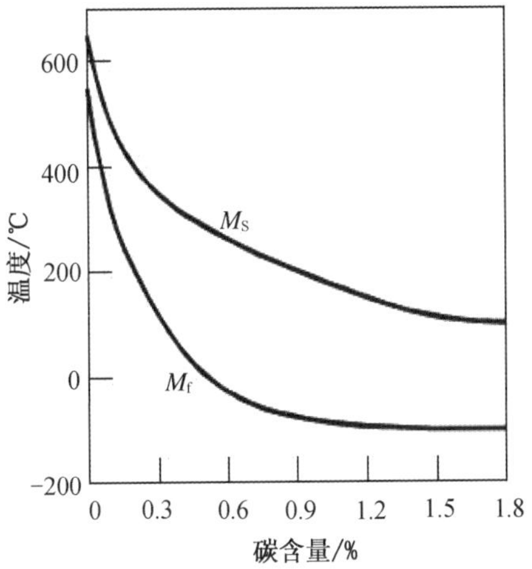

图 15－7　碳含量对 M_s 和 M_f 的影响

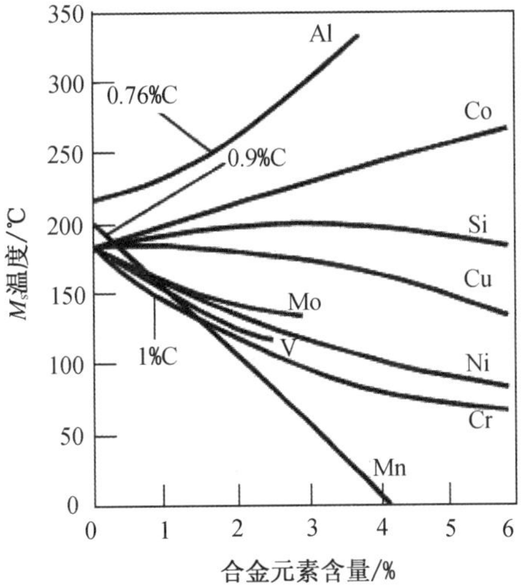

图 15－8　合金元素对铁合金 M_s 点的影响

N 对 M_s 点的影响与 C 类似。N 和 C 一样，在钢中都形成间隙固溶体，对 γ 相和 α 相均有固溶强化作用，但对 α 相的固溶强化作用尤为显著，因而增大了马氏体相变的切变阻力，使相变驱动力增大。同时，C、N 还是稳定 γ 相的元素，它们降低 $\gamma \rightarrow \alpha'$ 相变的平衡温度 T_0，故强烈地降低 M_s 点。

钢中常见的合金元素均使 M_s 点降低，但效果不如碳显著。只有 A1 和 Co 使 M_s 点升高（见图 15－8）。降低 M_s 点的元素按其影响强烈程度顺序排列依次为：Mn、Cr、Ni、Mo、Cu、W、V、Ti。其中，W、V、Ti 等强碳化物形成元素在钢中多以碳化物形式存在，淬火加热时一般溶于奥氏体中甚少，故对 M_s 点影响不大。

合金元素对 M_s 点的影响主要决定于它们对平衡温度 T_0 的影响及对奥氏体的强化作用。凡剧烈降低 T_0 温度及强化奥氏体的元素（如 C）均剧烈地降低 M_s 点。Mn、Cr、Ni 等既降低 T_0 温度又稍增加奥氏体强度，所以也降低 M_s 点。A1、Co、Si、Mo、W、V、Ti 等均提高 T_0 温度，但也程度不同地增加奥氏体强度。所以，若前者作用较大时，则使 M_s 点升高，如 Ai、Co；若后者作用较大时，则使 M_s 点降低，如 Mo、W、V、Ti；当两者作用大致相当时，则对 M_s 点影响不大，如 Si。实际上，钢中合金元素之间相互影响十分复杂，钢的 M_s 点主要还是要靠试验来测定。一般认为，凡是降低 M_s 点的合金元素也同样降低 M_f 点。

2. 形变与应力的影响

前已述及，当奥氏体在 $M_d \sim M_s$ 之间进行塑性变形时会诱发马氏体相变。同样，在 $M_s \sim M_f$ 之间进行塑性变形也可以促进马氏体相变，使马氏体转变量增加。一般来说，形变量越大，形变温度越低，则形变诱发马氏体转变量就越多。

由于马氏体相变时必然产生体积膨胀，因此多向压缩应力将阻止马氏体的形成，因而降低 M_s 点。而拉应力或单向压应力往往有利于马氏体形成，使 M_s 点升高。

3. 奥氏体化条件的影响

加热温度和保温时间对 M_s 点的影响较为复杂。加热温度升高和保温时间延长，有利于碳和合金元素进一步溶入奥氏体中，而使 M_s 点下降，但同时又会引起奥氏体晶粒的长大，并使其晶体缺陷减少，马氏体形成时的切变阻力减小，从而使 M_s 点升高。一般情况下，若不发生化学成分变化，即在完全奥氏体化条件下，提高加热温度和延长保温时间将使 M_s 点有所升高；而在不完全加热条件下，提高温度或延长时间将使奥氏体中的碳及合金元素含量增加，导致 M_s 点下降。

在奥氏体成分一定的情况下，晶粒细化则使奥氏体强度提高，马氏体相变切变阻力增大，使 M_s 点下降。但当晶粒细化并不显著影响切变阻力时，则对 M_s 点没有太大影响。

4. 淬火冷却速度的影响

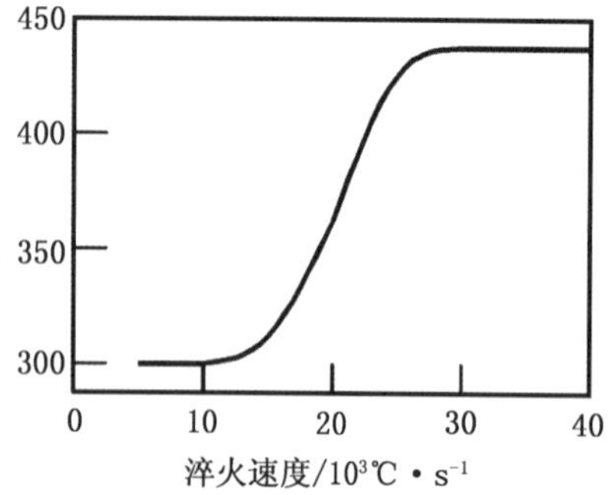

图 15－9 淬火速度对 Fe-0.5%C-2.05%Ni 钢 M_s 点的影响

淬火冷却速度对 M_s 点的影响如图 15－9 所示。在淬火速度较低时，M_s 点保持恒定，形成一个较低的台阶，它相当于钢的名义 M_s 点。在淬火速度很高时，出现 M_s 点保持恒定的另一个台阶。在上述两种淬火速度之间，M_s 点随淬火速度增大而升高。上述现象可解释如下：假设相变之前奥氏体中 C 的分布是不均匀的，在位错等缺陷处发生偏聚，形成“C 原子气团”。这种“气团”大小与温度有关，在高温下原子扩散能力强，C 原子偏聚倾向较小，因此“气团”尺寸也较小。但当温度降低时，原子扩散能力减弱，C 原子的偏聚倾向逐渐增大，因而“气团”尺寸随温度降低而逐渐增大。在正常淬火条件下，这些“气团”可以达到足够大小，对奥氏体起强化作用。而极快的淬火速度抑制“气团”的形成，引起奥氏体弱化，使马氏体相变时的切变阻力降低，因而使 M_s 点升高。但当冷却速度足够大时，“气团”完全被抑制，M_s 点不再随淬火速度增大而升高。

5. 磁场的影响

试验证明，钢在磁场中淬火冷却时，外加磁场将诱发马氏体相变，与不加磁场相比，M_s 点升高，并且相同温度下的马氏体转变量增加。但是，外加磁场只使 M_s 点升高，而对 M_s 点以下的相变行为并无影响。如图 15－10 所示，淬火冷却时外加磁场使 M_s 点升高至 M_s' 点，但转变量增加趋势与不加磁场时基本一致。而在相变尚未结束时撤去外加磁场，则相变立即恢复到不加磁场时的状态，并且马氏体最终转变量也不发生变化。

外加磁场影响马氏体相变的原因主要是外加磁场使具有最大磁饱和强度的马氏体相趋于更稳定。如图 15－10 所示，在磁场中马氏体的自由能降低，而磁场对于非铁磁相奥氏体自由能的影响不大，因此两相平衡温度 T_0 升高，M_s 点也随之升高。也可这样认为，外加磁场实际上是用磁能补偿了一部分化学驱动力，由于磁力诱发而使马氏体相变在 M_s 点以上即可发生。这种现象从热力学角度来看与形变诱发马氏体相变很相似。

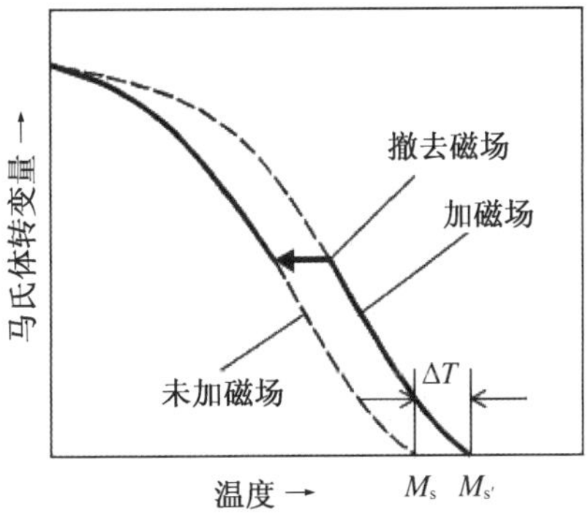

图 15－10　外加磁场对马氏体转变过程的影响

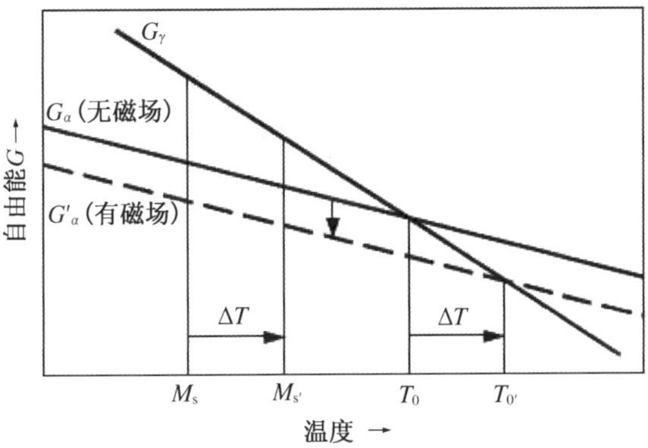

图 15－11　外加磁场引起 M_s 点升高的热力学示意图

15.3　马氏体相变晶体学模型

相变晶体学是相变机制的核心内容。它提供相变时晶体结构的变化过程，解释相变产物的物理本质。因此，如果说相变热力学、动力学的研究是外围战，那么，晶体学的研究是攻坚战。一个世纪以来，人们对马氏体相变晶体学进行了大量的研究工作，但尚未形成统一的的成熟理论，大多为模型或假说。

20 世纪对马氏体的相变晶体学的研究经历了 3 个阶段。

第一阶段，1924 年，Bain 提出了应变模型，该模型不能说明惯习面现象，也不能说明亚结构、表面浮凸等，与实际不符，被摈弃。

第二阶段，从 1930 年开始，提出了一系列切变模型，如 K-S 模型、西山模型、G-T 模型、B-B 双切模型、藤田模型等。这些模型均为针对某一具体发现的事例，设计一种切变模型，以说明相变时原子的具体移动方式，说明位向关系、惯习面等。但是，这些切变模型只能说明个别实验现象，基本与实际不相符。

第三阶段，20 世纪 50 年代初，提出了马氏体相变晶体学唯象学说。它利用 Bain 应变模型和切变模型，研究马氏体中的某些成分，从“不变平面应变”这一基本观点出发，设计了一套可以定量计算的应变模型，以说明母相、新相的点阵结构、位向关系、惯习面(指数)、外形变化、亚结构之间的关系。唯象学说只推测相变过程的表象，而不能描述原子的迁移过程。该学说虽然在 Au-Cd、In-Ti 合金马氏体中得到证实，但是与钢中的马氏体相变基本不符合。

上述 3 个阶段中，共形成了 9 个模型和假说，由于与实际不符，尚不能称为理论。本节仅介绍两个经典的切变模型。

15.3.1 K-S 切变模型和西山模型

20 世纪 30 年代初，库氏和 Sachs 确定了 $\omega_c=1.4\%$的钢中奥氏体与马氏体之间的 K-S 位向关系，据此设计了 K-S 切变模型。根据 K-S 关系，新旧相的密排原子面互相平行，可以认为在相变时，母相的$\{111\}_\gamma$ 面将转变为新相的$\{011\}_\alpha$ 面。因此，首先需要弄清楚$\{111\}_\gamma$和$\{011\}_\alpha$ 面的原子排列情况和堆垛顺序。如图 15-12 所示，底面为密排面$\{111\}_\gamma$。堆垛次序为 ABCABCAB…。• 表示底层原子 A，⊗表示中间层(第二层)原子 B，O 表示顶层(第三层)原子 C。

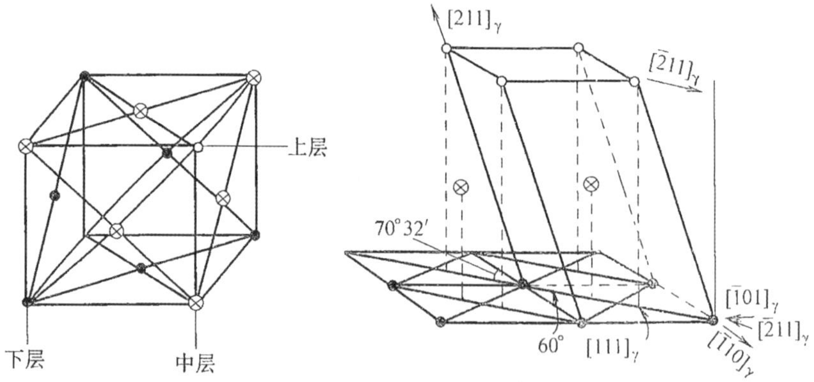

图 15-12 $\{111\}_\gamma$ 面原子堆垛示意图

图 15-13(a)是 $\omega_c=1.4\%$的 Fe-C 马氏体的原子排列情况和堆垛顺序，为体心正方结构(bct)，底面为$\{011\}_\alpha$。图 15-13(b)是体心立方结构的 α-Fe 的原子排列情况和堆垛次序，底面为$\{011\}_\alpha$。

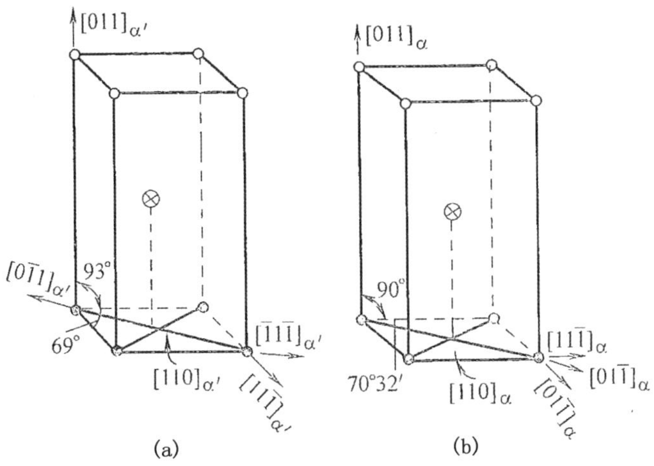

图 15－13　体心正方马氏体(a)和体心立方 α-Fe(b)原子堆垛图

切变分 3 步进行：

1）第一切变

图 15－14 的底面$\{111\}_{\gamma}$是菱形，菱形角为 60°。在$\{111\}_{\gamma}$面上，沿着$\{\bar{2}11\}_{r}$方向移动 0.057mm，O 层原子移动 0.114nm，此时切变角为 19°28′；如果是 $\omega_{c}=1.4\%$的 Fe-C 马氏体（$c/a=1.06$，下同），切变角则为 15°15′。

2）第二切变

在$\{\bar{2}11\}_{\alpha}$面上，沿着$\{1\bar{1}1\}_{\alpha}{}'$方向进行一次小的切变，使 60°角变成 69°角。如果不含碳，则使 60°角变成 70°32′，如图 15－15 所示。切变后即得到了菱形角合适的体心结构，但非真正的马氏体晶格。

3）必要的线性调整

为使其符合实际的马氏体晶格的面间距等晶格参数，必须将其转变为 bcc 的马氏体，晶格参数调整量见表 15－1。

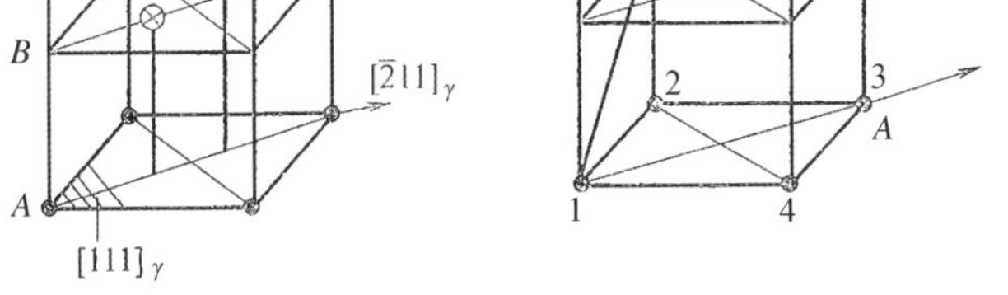

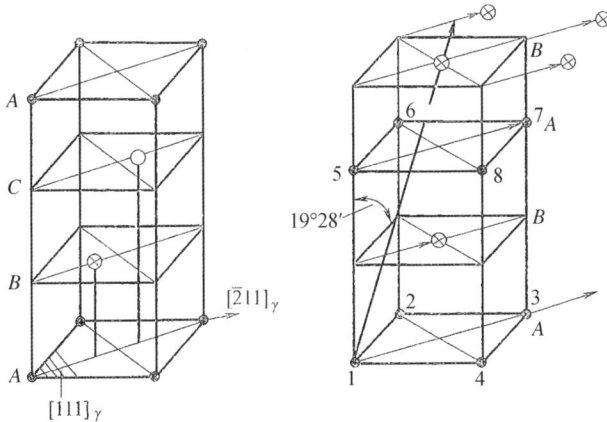

图 15－14　K-S 第一切变示意图

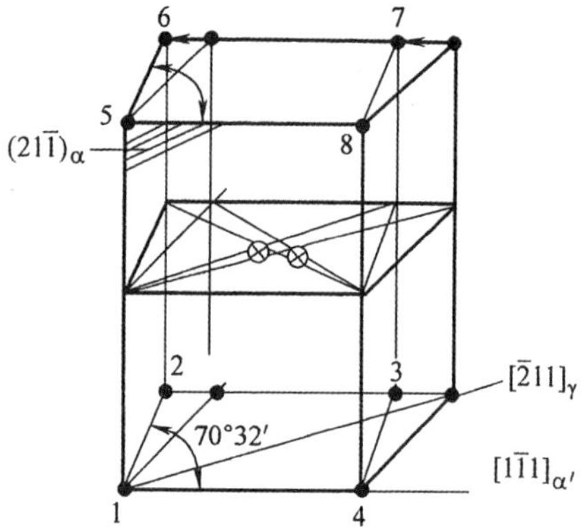

图 15－15　K-S 第二切变示意图

表 15－1　$\gamma_{fcc}\rightarrow\alpha_{bcc}$ 马氏体时主要晶格参数

项目名称	密排面面间距	菱形的边/nm	菱形对角线/nm	菱形的高/nm	菱形角
α	$d_{(001)\alpha}$	$\frac{a}{2}[111]_\alpha$	$a\langle 001\rangle\alpha$	$\frac{a}{2}\langle 111\rangle_\alpha\sin\varphi$	
γ	$d_{(111)\gamma}$	$\frac{a}{2}[110]_\gamma$	$\frac{a}{2}\langle 112\rangle_\gamma$	$\frac{a}{4}\langle 112\rangle_\gamma$	
α	0.202 3	0.247 8	0.404 6	0.233 6	70°32′
γ	0.204 8	0.257 3	0.445 8	0.222 9	60°
调整量	－0.002 5	－0.009 5	－0.041 2	－0.010 7	10°32′
相对变化	－1.23%	－3.69%	－9.24%	4.8%	

将原子的迁移情况投影在底面的菱形上，可以看到切变全过程。图 15－16 表示了 K-S 切变模型的平面投影。图 15－16(a)表示$\{111\}_\gamma$上原子的排列情况，图 15－16(b)表示第一切变后的情况，图 15－16(c)表示第二切变的情况，图 15－16(d)表示经调整后的 $c/a=1.06$ 的体心正方结构，图 15－16(e)表示经过调整成体心立方 α-Fe 的$\{011\}_\alpha$ 面上的原子排列情况。

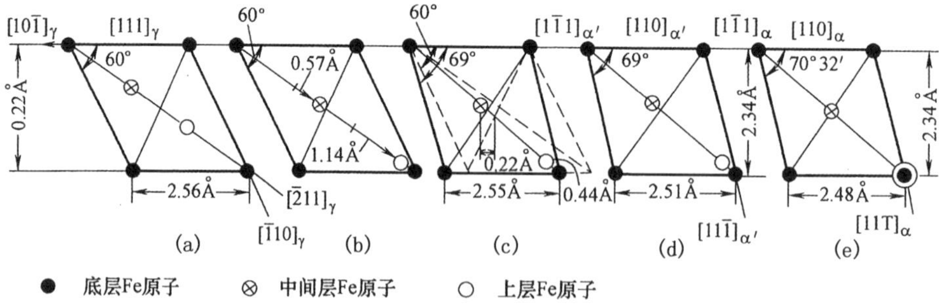

图 15－16　K-S 切变模型的平面投影

这个模型说明了新旧相存在 K-S 关系。但是，按此模型，惯习面应为$\{111\}_\gamma$，而实际上 Fe-C 合金马氏体的惯习面为$\{557\}_\gamma$、$\{225\}_\gamma$、$\{259\}_\gamma$，它也不能解释马氏体中孪晶、位错等亚结构、表面浮凸现象、马氏体组织形貌的变化规律。还有，此模型第一、二切变能量可达到达 320J/mol，这是相变驱动力所不及的。

1934 年，西山通过对 Fe-30Ni 合金马氏体单晶体的研究，测得又一种位向关系，即西山关系，提出了一个类似的切变模型。西山模型的切变过程与 K-S 模型的第一切变相同，即切变角为 19°28′，但不进行第二次切变，而是进行晶格参数调整，如使 $\{11\bar{2}\}_\gamma$ 轴收缩 7.5%，$\{111\}_\gamma$ 收缩 1.9%，$\{1\bar{1}0\}_\gamma$ 轴膨胀 13.3%，使底面的内角由 60°调整到 70°32′（$\omega_c=0\%$ 的奥氏体转变为马氏体，fcc 变为 bcc）。此模型的缺点与 K-S 模型相同，也与实际不符。

15.3.2　马氏体相变的 G-T 模型

马氏体相变的 G-T 模型也是一个具有代表性的模型。A. B. Greninger，A. R. Troiano 于 1949 年测得 Fe-22Ni-0.8C 合金的单相奥氏体转变为马氏体时惯习面为 $\{259\}_\gamma$，垂直于惯习面的平面的倾动值，即倾动角 $\varphi=10°45'$，位向关系与 K-S 关系稍有偏差：

$$\{110\}_{\alpha'} /\!/ \{111\}_\gamma \text{ 差 } 1°;$$

$$\langle 111\rangle_{\alpha'} /\!/ \langle 110\rangle_\gamma \text{ 差 } 2°。$$

据此 G-T 关系，他们以均匀切变和非均匀切变的合成方式，来满足 Fe-Ni-C 合金马氏体相变的晶格重构、外形改变、惯习面等方面的要求，设计了 G-T 模型。

G-T 模型指出，假定有一个沿着惯习面的切变满足倾动角的要求而不能满足晶体结构的要求时，可以在主切变的基础上沿着"马氏体"晶面进行第二次切变，以便满足两方面的要求。沿着惯习面的第一次切变为主切变，是均匀切变，而第二次切变是非均匀切变。均匀切变和非均匀切变的示意图见图 15-17。

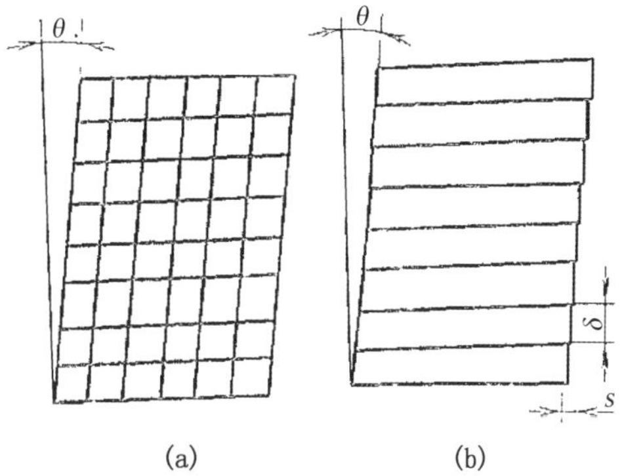

图 15-17　晶面切变示意图

(a) 均匀切变；(b) 非均匀切变

从图 15-17 可见，为了获得宏观切变角 θ，可以采用均匀切变，也可以采用非均匀切变。非均匀切变可以通过 δ 和 s 的调整，采用的方式有滑移和孪生两种。但 δ 值要比晶格常数大得多，非均匀切变不改变晶格类型及参数。

图 15-18 是 G-T 模型的示意图，其中图 15-18(a)表示以惯习面（中脊面）为基准的均匀切变，即主切变。图 15-18(b)表示二次切变（滑移）的发生面，以及切变后外形的变化。二次切变时在经过主切变的"马氏体"中沿着 $\{211\}_\alpha$ 晶面，在 $\{11\bar{1}\}_\alpha$ 方向反复地进行滑移。

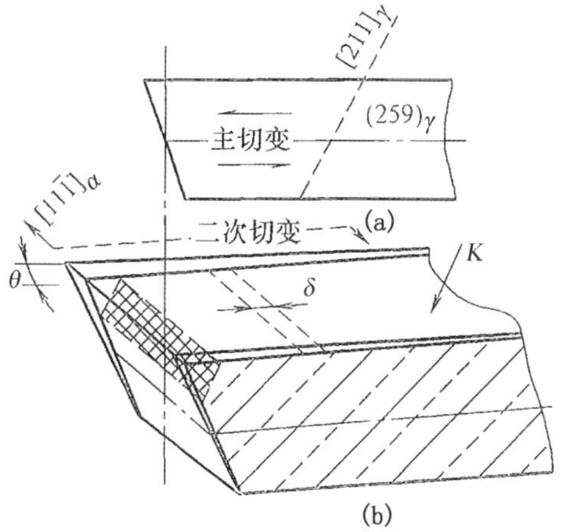

图 15-18　G-T 模型

G-T 模型认为，当非均匀切变区间距 δ 小于一定数值时，配以适当的切变量 s，二次切变不仅能调整马氏体的外形，发生宏观为 θ 的切变，而且，还可以对晶格和位向起调整作用，使其基本上能符合新相的要求。如果从图 15－19 的 K 方向看去，二次切变的情形如图 15－19 所示。其中 θ 为 12～13°，δ 有十几个原子层厚。

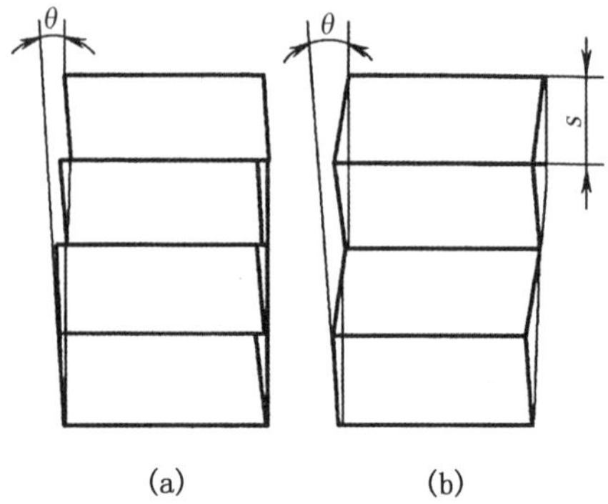

图 15－19　二次切变示意图

(a) 滑移；(b) 孪生

G-T 模型完成两种切变后，并没有完全达到实际马氏体晶格参数的要求，为此，仍需要调整晶格参数。

G-T 模型的缺点仍然是与实际不完全符合，如该合金的惯习面实际是 $\{225\}_\gamma$，而非 $\{259\}_\gamma$。与 $\omega_C 1.4\%$ 的钢中马氏体的惯习面也不相符。虽然预示着马氏体中存在位错和孪晶，但是不能解释马氏体中复杂的缠结位错形态和层错亚结构的成因，而且在许多马氏体中没有孪晶。两次切变消耗的切变能太大，计算共需切变能 248×10^3 J/mol，，这是相变驱动力所不能达到的。

15.4　马氏体相变动力学

马氏体相变速度同样取决于形核率和长大速度，可分为以下几种类型。

15.4.1　降温瞬时形核、瞬时长大

这类马氏体相变又称为降温马氏体相变，是碳钢和低合金钢中最常见的一种马氏体相变，其特点是：第一，当奥氏体被过冷到 M_s 点以下时，在该温度下能够形成马氏体的晶核瞬时即可形成，而且必须不断降温，马氏体晶核才能不断地形成，且晶核形成速度极快；第二，马氏体晶核形成后马氏体的长大速度极快，甚至在极低温度下仍能高速长大，即马氏体长大所需的激活能极小；第三，一个马氏体单晶长大到一定极限尺寸后就不再长大。随着温度降低而继续进行的马氏体相变，不是依靠已有马氏体单晶的进一步长大，而是依靠形成新的马氏体晶核，长成新的马氏体。根据这 3 个特点可以看出，马氏体相变速度仅取决于由冷却速度所决定的马氏体的形核率，而与马氏体晶体的长大速度无关。马氏体转变量仅取决于冷却所到达的温度 T_q，即取决于 M_s 点以下的深冷程度（$\Delta T=M_s-T_q$），与该温度下的停留时间无关。由于降温马氏体相变的速度太快，所以要研究它的形核及长大过程是很困难的。

钢的 M_s 点因成分不同而异，但若 M_s 点高于 100℃，则在 M_s 点以下的相变过程都十分类似。根据大量实验结果归纳出马氏体转变体积分数 X 与冷却温度 T_q 之间关系为

$$X = 1 - 6.956\ 10^{-5}[455 - (M_s - T_q)]^{5.32} \tag{15-2}$$

这个经验公式适用于碳含量近于 1%的碳钢和低合金钢。但是当转变量超过 50%时，计算值比实测值略大，并且在接近 M_s 点处有百分之几的偏差。图 15－20 为不同碳含量的 Fe-C 合金的马氏体相变动力学曲线。

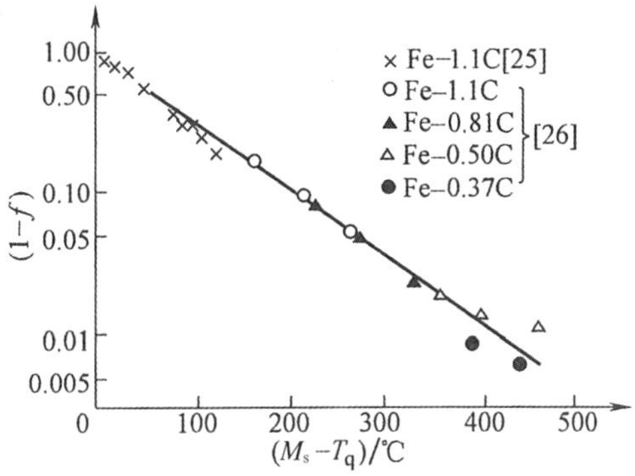

图 15－20　Fe-C 合金的马氏体相变动力学曲线

15.4.2　等温形核、瞬时长大

这类马氏体相变亦称为等温马氏体相变，其主要特点是，马氏体晶核可以等温形成。晶核形成需要有孕育期，形核率随过冷度增大而先增后减，符合一般的热激活形核规律。

马氏体晶核形成后马氏体的长大速度仍然极快，且长大到一定尺寸后也不再长大，故马氏体相变的体积分数同样也取决于马氏体的形核率，与其长大速度无关。因马氏体可以等温形成，故马氏休转变量亦可随等温时间延长而增加。马氏体等温转变动力学也可用时间—温度—转变量(TTT)曲线来表示，与珠光体转变的 TTT 曲线一样也呈“C”字形，有孕育期。随着合金元素含量的增加，C 曲线将右移；合金元素含量减少，C 曲线则左移，有时还移向高温。相变速度随时间延长而先增加后减小，并且随着等温温度降低亦先增加后减小。

与珠光体转变一样，等温马氏体相变也可以被快速冷却所抑制。当冷却速度大于某一临界值时，奥氏体可以被过冷到液氮温度而不发生马氏体相变。

等温马氏体相变的一个重要特征是相变不能进行到底，只能有部分奥氏体可以等温转变为马氏体。这是因为随着等温转变的进行，由于马氏体相变的体积变化引起未转变奥氏体变形，从而使未转变奥氏体向马氏体转变时的切变阻力增大而产生稳定化。因此，必须增大过冷度，即增大相变驱动力才能使相变继续进行。试验证明，等温马氏体的形成，可以是原有马氏体片经等温继续长大，也可以是从奥氏体中重新形核长大。图 15－21(a)为 Fe-23.2Ni-3.62Mn合金的等温转变曲线，它将转变温度作为纵坐标，从而可以将它转换成等温转变图，使之具有 C 曲线的特征，如图 15－21(b)所示。

15.4.3　自触发形核、瞬时长大

M_s 点低于 0℃的 Fe-Ni(-C)合金，在 M_s 点以下将形成惯习面为$\{259\}_\gamma$ 的透镜片状马氏体。当第一片马氏体形成时，有可能激发出大量马氏体而引起爆发式转变，通常用 M_b 代表发生爆发式转变的温度。这种相变突然发生，并伴有响声，同时急剧放出相变潜热，使试样温度升高。当一片$\{259\}_\gamma$ 马氏体形成时，其尖端应力足以促使另一片马氏体的形核和长大，因而呈连锁式反应，马氏体片呈“Z”字形。爆发转变量取决于合金的化学成分，条件合适时

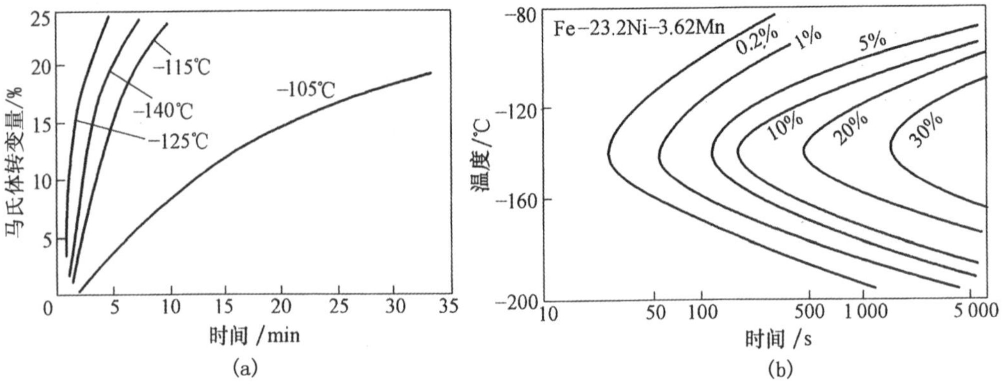

图 15-21 Fe-23.2Ni-3.62Mn 合金的等温转变曲线

爆发转变量可超过 70%，试样温度可上升 30℃，如图 15-22 所示。爆发转变停止后，为使马氏体相变得以继续进行，必须继续降低温度，而后转变曲线的斜率随着爆发转变量增大而减小。

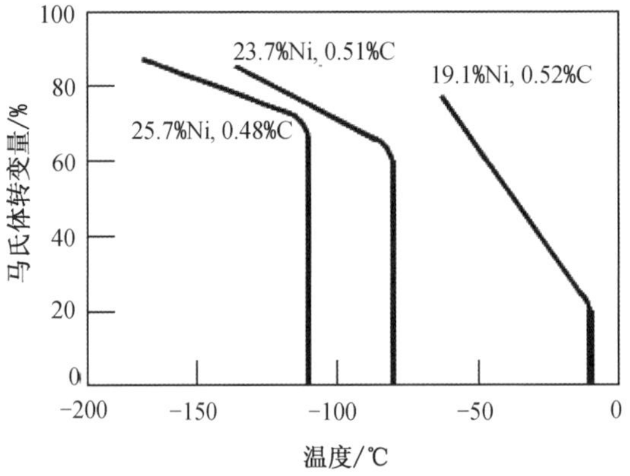

图 15-22 爆发式转变时的马氏体转变量与温度的关系

由于爆发转变时马氏体晶核是由转变开始时形成的第一片马氏体触发形成的，故称为自触发形核。马氏体片的长大速度极快，且与温度无关。

晶界是爆发转变传递的障碍，因此在同样 M_b 温度下，细晶粒合金的爆发转变量较小。马氏体的爆发转变，常因受爆发热的影响而伴有马氏体的等温形成。

概括以上 3 种相变的特点可以看出，主要差别仅在于形核及形核率不同，而形核后的长大速度均极大，且均与相变温度关系不大。

15.4.4 表面马氏体相变

将试样在稍高于其合金 M_s 点的温度保持等温，往往使试样表面形成马氏体。若将马氏体磨去，试样内部仍为奥氏体，故称其为表面马氏体。这是因为在表面形成马氏体时可以不受三向压应力的阻碍；而在试样内部形成马氏体时，由于马氏体的比容大于周围奥氏体而造成三向压应力，使马氏体难以形成。所以，表面马氏体的 M_s 点要比大块试样内部的 M_s 点高。

表面马氏体的形成也是一种等温相变，但与等温形核、瞬时长大的大块材料的等温马氏体相变不同。表面马氏体相变的形核过程也需要有孕育期，但长大速度极慢，且惯习面不是

$\{225\}_\gamma$ 而是 $\{112\}_\gamma$，位向关系为西山关系，形态不是片状而呈条状。

15.5　钢及铁合金中的马氏体的晶体结构及组织形态

15.5.1　钢中马氏体的晶体结构

1. 马氏体点阵常数和碳含量的关系

钢中的马氏体是碳在 α-Fe 中的过饱和固溶体，具有体心正方点阵。通过 X 射线分析测定室温下不同碳含量马氏体的点阵常数，得出点阵常数 c、a 及 c/a 与钢中碳含量呈线性关系，如图 15-23 所示。随钢中碳含量升高，马氏体的点阵常数 c 增大，a 减小，正方度 c/a 增大，图中 a_γ 为奥氏体的点阵常数。上述关系也可用下列公式表示为

$$c = a_0 + \alpha\rho$$
$$c = a_0 - \beta\rho \tag{15-3}$$
$$c/a = 1 + \gamma\rho$$

式中，$a_0 = 2.861$Å（α-Fe 点阵常数）；$\alpha = 0.116$；$\beta = 0.013$；$\gamma = 0.046$；ρ 为马氏体碳含量（重量百分数）。α 和 β 的数值表示碳在 α-Fe 点阵中引起局部畸变的程度。

上述关系对合金钢也适用，并可通过测定 c/a 数值来确定马氏体的碳含量。

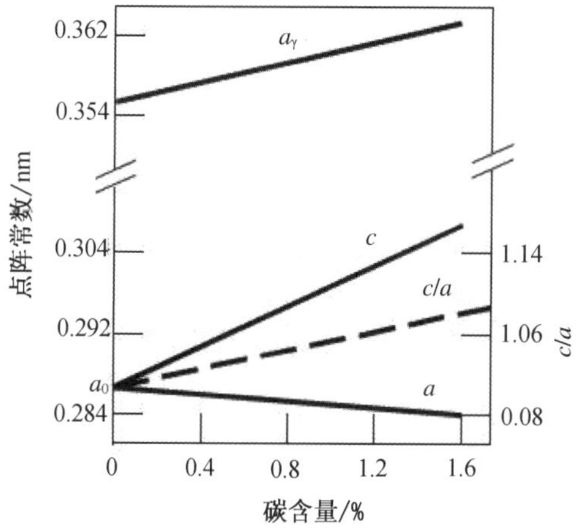

图 15-23　奥氏体和马氏体的点阵常数与碳含量的关系

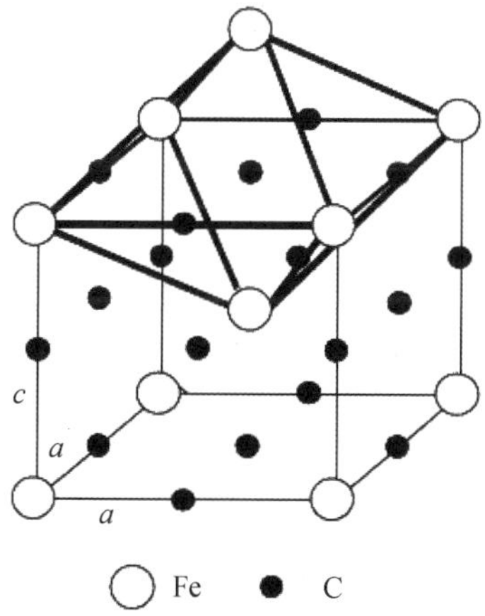

图 15-24　C 原子在马氏体点阵中的可能位置

2. 马氏体的点阵结构及其畸变

C原子在马氏体点阵中的可能位置是分布在 α—Fe 体心立方单胞的各棱边中央和面心位置，如图 15-24 所示。也可视为处于一个由 Fe 原子组成的扁八面体孔隙之中，扁八面体的长轴为 $\sqrt{2}\,a$，短轴为 c，其几何形状如图中粗线所示。根据计算，这个扁八面体的孔隙在短轴方向上半径仅为 0.19 Å，而C原子有效半径为 0.77Å。因此，在平衡状态下，C在 α-Fe 中的溶解度极小(0.006%)。而一般钢中马氏体的碳含量远远超过这个数值，所以引起点阵畸变。C原子溶入这个扁八面体孔隙后，力图使其变成正八面体，结果使短轴方向上 Fe 原子的间距伸长 36%，而在另外两个方向上则收缩 4%，从而使体心立方点阵变成体心正方点阵。由间隙C原子造成的这种非对称畸变称为畸变偶极，可视其为一个强烈的应力场，C原子就在这个应力场中心。

15.5.2 钢及铁合金中马氏体的组织形态

经淬火获得马氏体组织是钢件强韧化的重要基础。由于钢的成分及热处理条件不同，所获得的马氏体形态和亚结构亦不同，继而对钢的组织和力学性能产生影响。下面介绍钢及铁合金中存在的几种典型的马氏体组织。

1. 板条状马氏体

板条状马氏体是低碳钢、中碳钢、马氏体时效钢和不锈钢等合金中形成的一种典型的马氏体组织，其光学显微组织形态如图 15-25 所示。因其显微组织是由许多成群的板条组成的，故称为板条状马氏体。又因为这种马氏体的亚结构主要为位错，通常也称为位错型马氏体。

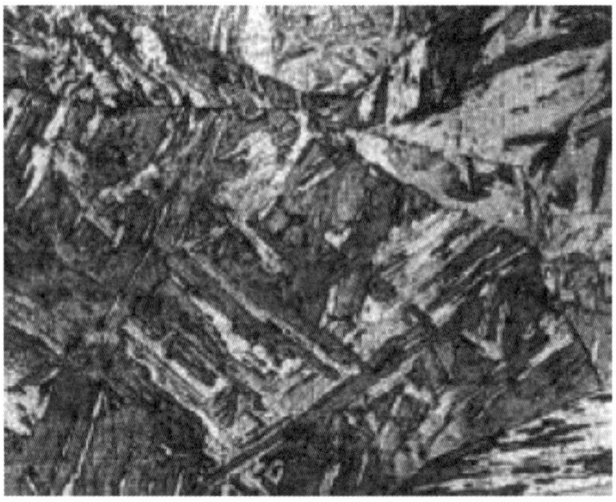

图 15-25　18Ni 马氏体时效钢的板条马氏体组织

板条状马氏体的显微组织构成示意图如图 15-26 所示。板条状马氏体由板条群所组成(见图 15-26 中 A)，板条群的尺寸为 20～35μm，由若干个尺寸大致相同的板条在空间位向大致平行排列所组成，一个原始奥氏体晶粒内可有几个板条群(常为 3～5 个)。一个板条群又可以分成几个平行的区域(见图 15-26 中 B)，称为同位向束，同位向束之间呈大角晶界。一个板条群也可以只由一种同位向束所组成(见图 15-26 中 C)。每个同位向束由若干个平行板条所组成(见图 15-26 中 D)，每一个板条为一个马氏体单晶体，其尺寸约为 0.5μm×5.0μm×20μm。马氏体板条具有平直界面，界面近似平行于奥氏体的$\{111\}_{\gamma}$面，即为其惯习面，相同惯习面的马氏体板条平行排列构成马氏体板条群。现已确定，这些稠密的马氏体板条多被连续的高度变形的残余奥氏体薄膜(～20nm)所隔开，且板条间残余奥氏体薄膜的碳含量较高，在室温下很稳定，它对钢的力学性能会产生显著影响。

相邻马氏体板条一般以小角晶界相间，也可以呈孪晶关系，呈孪晶关系时板条间无残余奥氏体存在。电镜观察证明，马氏体板条内具有高密度位错，其密度为 0.3～0.9×10^{12} cm^{-2}，与剧烈冷作硬化的铁相似，有时也会有少量的相变孪晶存在。在一个马氏体板条群内，马氏体与奥氏体的位向关系均在 K—S 和西山关系之间，并以处于两者之间的 G－T 关系最多。

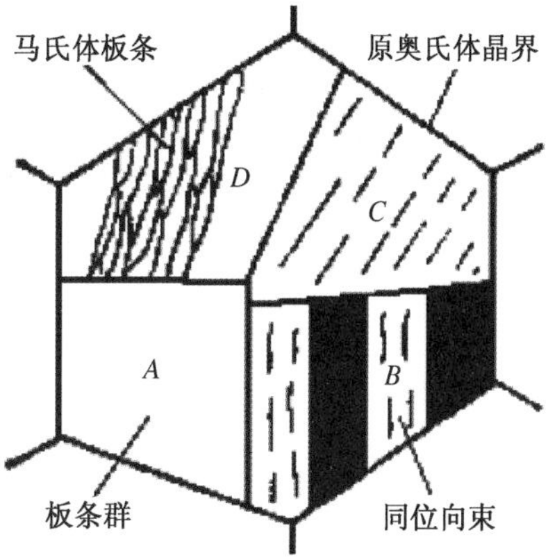

图 15－26　板条马氏体显微组织构成示意图

板条状马氏体的显微组织构成随钢的成分变化而改变。在碳钢中，当碳含量小于 0.3%时，马氏体板条群以及群中的同位向束均很清晰；碳含量在 0.3%～0.6%，板条群清晰，而同位向束不清晰；碳含量升高到 0.6%～0.8%时，板条混杂生成的倾向性很强，无法辨认板条群和同位向束。可见，碳钢中随碳含量升高，板条状马氏体组织的同位向束趋于消失，板条群逐渐变得难于辨认。在 Fe-Ni 合金中，板条状马氏体的组织构成几乎不受 Ni 含量的影响，同位向束始终很清晰。试验证明，改变奥氏体化温度可以显著地改变奥氏体晶粒大小，但对于马氏体板条的宽度几乎无影响，而板条群的大小随奥氏体晶粒增大而增大，且两者之比大致不变。所以一个奥氏体晶粒内生成的马氏体板条群的数量基本不变。随淬火冷却速度增大，马氏体板条群的径和同位向束的宽同时减小。所以，淬火时加速冷却有细化板条状马氏体组织的作用。

2. 片状马氏体

片状马氏体是铁基合金中的另一种典型的马氏体组织，常见于淬火高、中碳钢及高 Ni 的 Fe-Ni 合金中，其光学显微组织形态如图 15－27 所示。片状马氏体的空间形态呈双凸透镜片状，也称为透镜片状马氏体。因其与试样磨面相截在显微镜下呈针状或竹叶状，故又称为针状或竹叶状马氏体。片状马氏体的亚结构主要为孪晶，所以又称为孪晶型马氏体。片状马氏体的显微组织特征为马氏体片之间不相互平行。在一个成分均匀的奥氏体晶粒内，冷却至稍低于 M_s 点时，先形成的第一片马氏体将贯穿整个奥氏体晶粒。

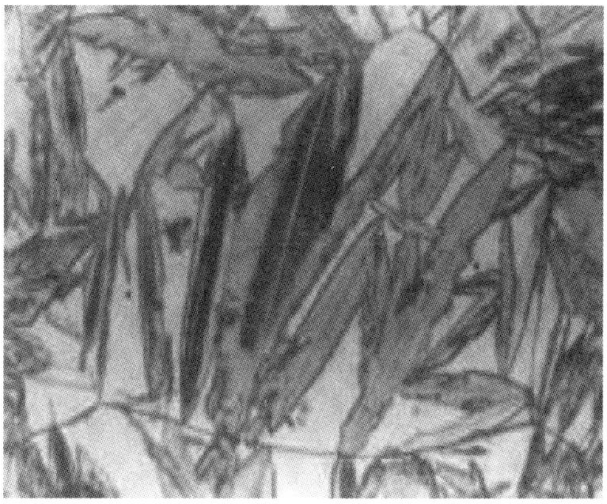

图 15－27　Fe-32Ni 合金的片状马氏体组织

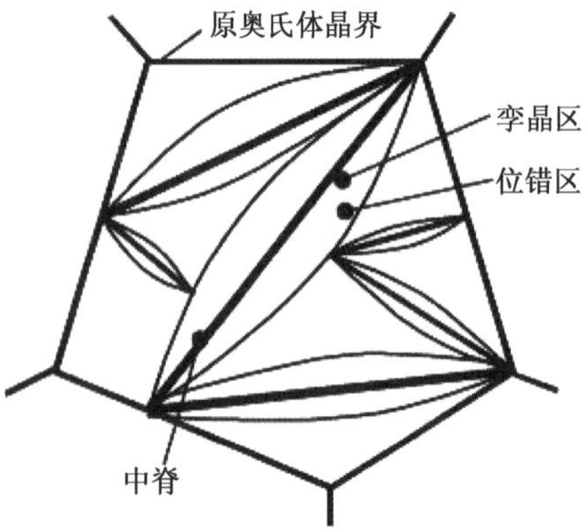

图 15－28　片状马氏体显微组织示意图

而将其分割为两半，使随后形成的马氏体的大小受到限制(见图 15－28)。因此，片状马氏体的大小不一，越是后形成的马氏体片就越小。片状马氏体中常可见到有明显的中脊，其惯习面为(225)γ 或(259)γ，与母相的位向关系为 K－S 关系或西山关系。片状马氏体内有许多相变孪晶，孪晶接合部的带状薄筋称为中脊。相变孪晶的存在是片状马氏体组织的重要特征。孪晶间距大约为 5nm，一般不扩展到马氏体的边界上，在马氏体片的边缘区域则为复杂的位错组列。

根据内部亚结构的差异，可将片状马氏体的亚结构分为以中脊为中心的相变孪晶区(中间部分)和无孪晶区(片的周围部分，存在位错)。孪晶区所占的比例随合金成分变化而异。在 Fe-Ni 合金中，Ni 含量越高(M_s 点越低)，则孪晶区所占的比例就越大。对同一成分的合金，随 M_s 点降低(如改变奥氏体化温度)孪晶区所占的比例也增大。但相变孪晶的密度几乎不改变，孪晶厚度始终约为 5nm。高分辨率电镜观察证实，中脊为高密度的相变孪晶区。

3. 其他马氏体形态

1) 蝶状马氏体

在 Fe-Ni 合金和 Fe-Ni(-Cr)-C 合金中，当马氏体在板条状马氏体和片状马氏体的形成温度范围的温度区域(如后述)形成时，会出现具有特异形态的马氏体，如图 15－29 所示。这种马氏体的立体形态为“V”形柱状，其断面呈蝴蝶形，故称为蝶状马氏体或多角状马氏体。蝶状马氏体两翼的惯习面为{225}γ，两翼相交的结合面为{100}γ。电镜观察证实，蝶状马氏体的内部亚结构为高密度位错，无孪晶存在，与母相的晶体学位向关系大体上符合 K-S 关系。

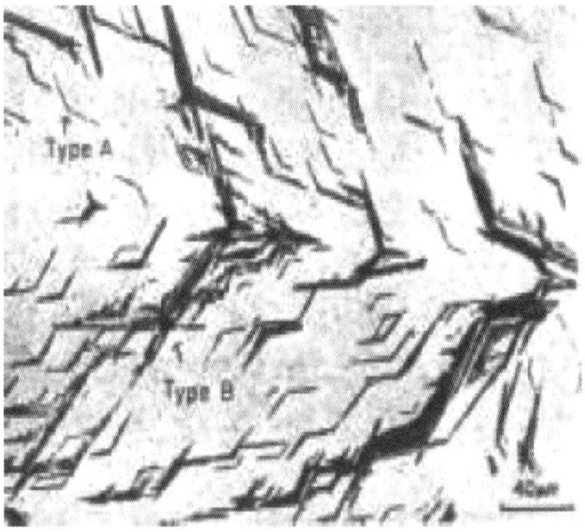

图 15－29　Fe-18Ni-0.7Cr-0.5C 的蝶状马氏体

2) 薄片状马氏体

在 M_s 点极低的 Fe-Ni-C 合金中可观察到一种厚度为 3～10μm 的薄片状马氏体，其立体形态为薄片状，与试样磨面相截呈宽窄一致的平直带状，带可以相互交叉，呈现曲折、分枝等形态，如图 15－30 所示。薄片状马氏体的惯习面为{259}γ，与奥氏体之间的位向关系为 K-S 关系，内部亚结构为{112}α'孪晶，孪晶的宽度随碳含量升高而减小。平直的带中无中脊，这是它与片状马氏体的不同之处。

图 15 - 30　Fe-31Ni-0.28C 合金的薄片状马氏体

3) ε 马氏体

上述各种马氏体都是具有体心立方(正方)点阵结构的马氏体(α')。而在奥氏体层错能较低的 Fe-Mn-C 合金或 Fe-Cr-Ni 合金中有可能形成具有密排六方点阵结构的 ε 马氏体。ε 马氏体的光学显微组织如图 15 - 31 所示。ε 马氏体呈极薄的片状,厚度仅为 100～300nm,其内部亚结构为高密度的层错。ε 马氏体的惯习面为$\{111\}\gamma$,它与奥氏体之间的位向关系为:$\{111\}\gamma /\!/ \{0001\}\varepsilon$,$<110>\gamma /\!/ <1120>\varepsilon$。

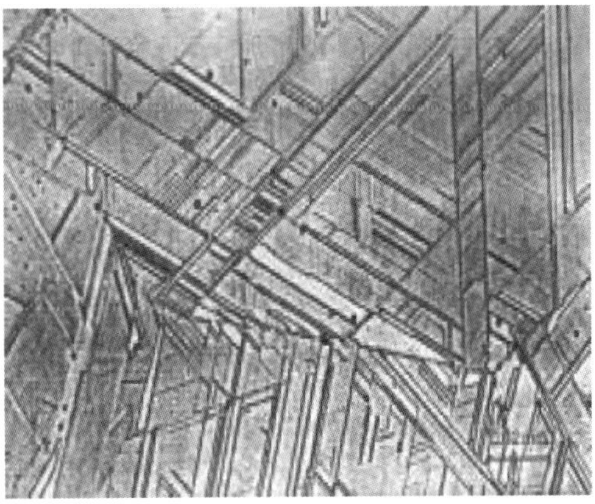

图 15 - 31　Fe-16.4Mn-0.09C 合金的马氏体

15.6　奥氏体的稳定化

所谓奥氏体的稳定化系指奥氏体的内部结构在外界因素作用下发生某种变化而使奥氏体向马氏体的转变呈现迟滞的现象。通常把奥氏体的稳定化分为热稳定化和机械稳定化两类。

15.6.1　奥氏体的热稳定化

淬火时因缓慢冷却或在冷却过程中停留而引起奥氏体的稳定性提高,使马氏体转变迟滞的现象称为奥氏体的热稳定化。

前已述及，在一般冷却条件下降温形成马氏体的转变量只取决于最终冷却温度，而与时间无关。但若在淬火过程中于某一温度停留一段时间后再继续冷却，则马氏体转变量与温度的关系会发生变化。如图 15-32 所示，在 M_s 点以下 T_A 温度停留一段时间后再继续冷却，则马氏体转变并不立即恢复，而是要冷至 M_s'温度后才重新形成马氏体，即要滞后 $\theta(\theta=T_A-M_s')$度后相变才能继续进行。与正常冷却相比，在相同温度 T_R（如室温）下的转变量减少了 $\delta(\delta=M_1-M_2)$或残余奥氏体量增加了 δ。δ 值的大小与测定温度 T_R 有关。奥氏体的热稳定化程度可以用滞后温度间隔 θ 或某一温度下残余奥氏体增量 δ 来度量。

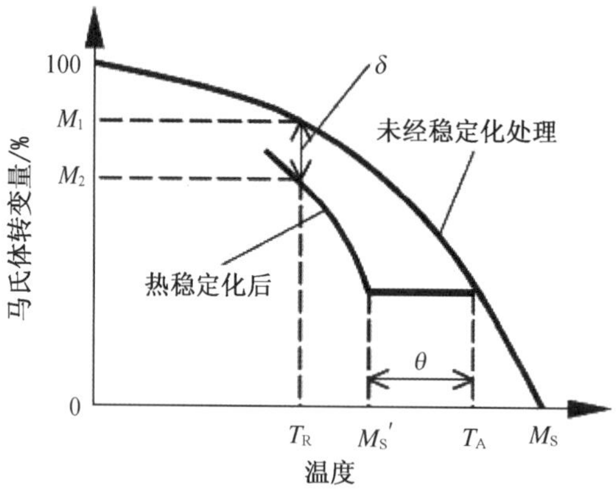

图 15-32　M_s 点以下奥氏体热稳定化现象示意图

研究表明，奥氏体的热稳定化有一个温度上限，常以 M_c 表示。在 M_c 点以上等温停留时并不产生热稳定化，只有在 M_c 点以下等温停留或缓慢冷却时才会引起热稳定化。对于不同的钢种，M_c 点可以低于 M_s 点，也可以高于 M_s 点。对于 M_c 点高于 M_s 点的钢种，在 M_s 点以上等温或缓慢冷却时也会产生热稳定化现象。一般情况下，等温温度越高，淬火后获得的马氏体量就越少，即 δ 值就越大，这说明奥氏体热稳定化程度也就越高。但当等温温度超过一定限度后，随着等温温度的升高，奥氏体稳定化的程度反而下降，这种现象，被称为反稳定化。

影响热稳定化的主要因素是等温温度和等温时间。图 15-33 是 F_e-31N_i-0.01C 合金经奥氏体化后先冷至一定温度使之形成 57%的马氏体，然后再升至不同温度，等温停留一段时间后冷却，所测得的等温停留时间对滞后温度 θ 的影响。由图可见，等温停留温度越高，热稳定化速度越快，能够达到的最大稳定化程度就越低。由图还可以看到，不论在哪一温度停留，热稳定化程度均随着等温时间延长而先增后减，当减至某一数值后不再减小，达到稳定值。等温温度越高，达到稳定时的 θ 值减小。当等温温度趋至 M_c 点时，θ 值趋于零。因此，等温停留时间越短，温度越高，热稳定化程度越大；等温停留时间长时恰恰相反，温度越高，稳定化程度越低。

对于不同成分的钢，温度和停留时间对奥氏体稳定化的影响规律不完全相同。例如，图 15-34 中温度和停留时间对奥氏体稳定化的影响规律不完全相同。图 15-34 中温度和停留时间对 Fe-0.96C-2.97Mn-0.48Cr-0.4Si-0.21Ni 低合金钢奥氏体稳定化的影响就与图 15-33不同。由图可见，该钢在一定的等温温度下，停留时间越长，则达到的奥氏体稳定化程度就越高；等温温度越高，达到最大热稳定化程度所需的时间就越短。

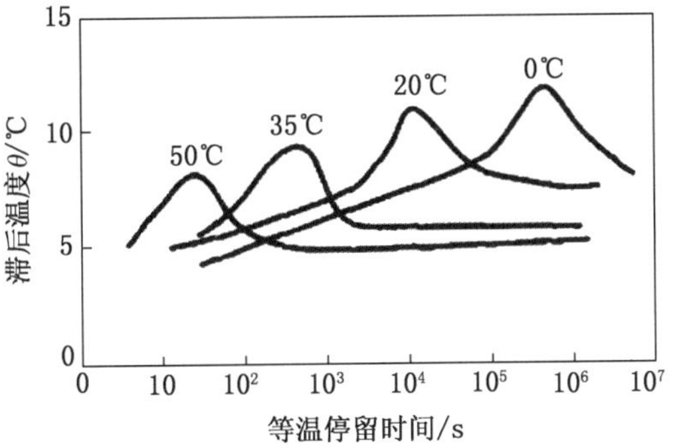

图 15－33　等温温度和停留时间对 Fe-31Ni-0.01C 合金钢奥氏体热稳定化程度的影响(已转变的马氏体量为 57%)

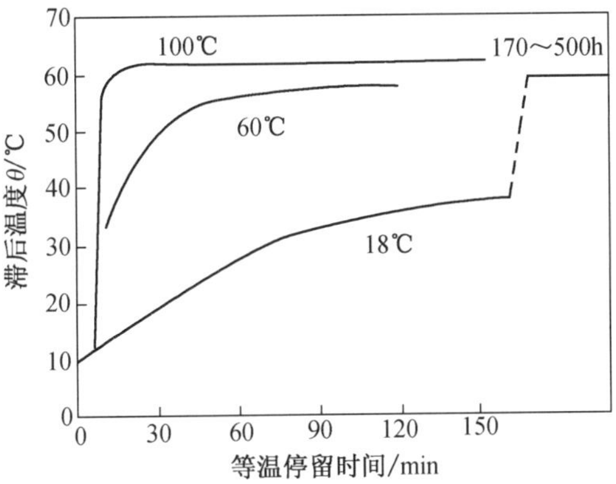

图 15－34　等温温度和停留时间对 Fe-0.96C-2.97Mn-0.48Cr-0.4Si-0.21Ni 低合金钢奥氏体稳定化的影响

已转变的马氏体量对奥氏体的热稳定化程度也有很大影响,奥氏体的热稳定化程度随已转变马氏体量的增多而增大。这说明马氏体形成时对周围奥氏体的机械作用促进了奥氏体热稳定化程度的发展。所以,在研究奥氏体热稳定化的影响因素时,均需固定马氏体的转变量。

化学成分对奥氏体的热稳定化有明显的影响,其中尤以 C 和 N 最为重要。在 Fe-Ni 合金中,只有当 C 和 N 的总含量超过 0.01%时才能发生热稳定化现象。无碳的 Fe-Ni 合金无热稳定化现象。在钢中,碳含量增高可使奥氏体的热稳定化程度增大。钢中常见的碳化物形成元素 Cr、Mo、V 等都有促进热稳定化的作用;而非碳化物形成元素 Ni、Si 等对热稳定化的影响不大。

关于奥氏体热稳定化的机制,人们推测可能与原子的热运动有关,即认为是由于 C、N 原子在适当温度下向晶体点阵缺陷处偏聚(C、N 原子钉扎位错),因而强化了奥氏体,使马氏体相变的切变阻力增大所致。根据马氏体相变的位错形核理论,在等温停留时,C、N 原子向马氏体核胚的位错界面偏聚,包围马氏体核胚,直至足以钉扎它,阻止其长大成马氏体晶核。所以滞后温度 θ 值的意义是为了获得额外的化学驱动力以克服由于 C、N 原子钉扎位错界面而增加的相变阻力所需要的过冷度。按照这个模型,热稳定化程度应与界面钉扎强度(或界面上溶质原子浓度)成正比。这种理论上预见的热稳定化动力学与实验结果基本符合。在

Fe-Ni 合金中测得，奥氏体热稳定化时屈服强度升高 13%，因而使马氏体相变的切变阻力增大，引起 M_s 点下降，而需要的相变驱动力相应地提高 18%。

按上述模型，若将已经热稳定化的奥氏体加热至一定温度以上，这时，由于原子热运动增强，溶质原子又会扩散离去，使热稳定化作用下降甚至消失，这就是所谓的反稳定化。反稳定化的温度因钢种和热处理工艺的不同而不同。高速钢中出现反稳定化的温度为 500～550℃。实际上，高速钢多次回火工艺即为反稳定化理论的实际应用。

热稳定化奥氏体经反稳定化处理后，如重新冷却，随着温度下降，原子热运动减弱，溶质原子向界面偏聚的倾向又逐渐增大，因此，热稳定化现象会再次出现。试验证明，高碳钢（W18Cr4V，Cr12Mn）的热稳定化现象的确是可逆的。

15.6.2 奥氏体的机械稳定化

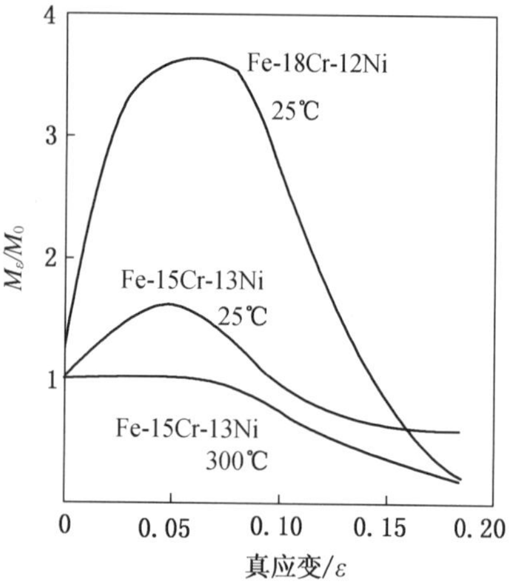

图 15－35 塑性变形对马氏体转变量的影响

M_s：形变奥氏体在液氮中冷处理后的马氏体量；M_0：未形变的奥氏体经相同处理后的马氏体量

在 M_d 点以上温度对奥氏体进行塑性变形，超过一定变形量时会使随后的马氏体转变发生困难，M_s 点降低，残余奥氏体量增多，引起奥氏体稳定化，这种现象称为机械稳定化。低于 M_d 点的塑性变形可以诱发马氏体相变，但也使未转变的奥氏体产生机械稳定化。另外，马氏体相变所引起的相硬化也能引起奥氏体的机械稳定化。如图 15－35 所示，少量的塑性变形可以促进马氏体转变，大量的塑性变形将使马氏体转变量减少，即产生奥氏体机械稳定化现象。塑性变形温度越低，形变量越大，奥氏体的层错能越低，则奥氏体的机械稳定化效应就越大。马氏体相变是通过原子间相互有联系的规则运动来完成的，由于塑性变形引入的晶体缺陷会破坏母相和新相（或其核胚）之间的共格关系，使马氏体相变时的原子运动发生困难，因此增大了奥氏体的稳定性。

分析塑性变形对马氏体相变的影响，也应同时考虑弹性应力的影响。少量的塑性变形之所以会促进马氏体相变，可以认为是由于内应力集中所造成的，内应力集中有助于马氏体核胚的形成，或者促进已存在的马氏体核胚长大。在马氏体爆发式转变中，也有与外加应力一样的效应。由于形成马氏体而产生的内应力，常常会使某些合金出现“自促发”效应。

前已述及，马氏体形成时对其周围奥氏体的机械作用会促进奥氏体热稳定化程度的发展，其实这是一种由于马氏体相变造成未转变的奥氏体发生塑性变形所引起的机械稳定化作用。只要等温停留温度低于 M_s 点，奥氏体的热稳定化必然和由相变所引起的机械稳定化同时存在。

此外，在马氏体转变过程中，因马氏体的形成而引起其相邻奥氏体的协作形变，以及因马氏体形成时伴有 3%左右的体积膨胀，使转变的奥氏体处于受压状态，这些都引起奥氏体的机械稳定化。显然，马氏体的转变量越多，由此引起的机械稳定化程度也越大。

15.7　马氏体的力学性能

15.7.1　马氏体的硬度和强度

钢中马氏体最重要的特性就是高硬度和高强度，其硬度随碳含量增加而升高，如图 15－36 中曲线 3 所示。当碳含量达 0.6%时，淬火钢的硬度(图 10－30 中曲线 1 和 2)接近最大值。但当碳含量进一步增加时，虽然马氏体的硬度会有所提高，但由于残余奥氏体量增加，使淬火钢的硬度反而下降。图 15－36 中曲线 1 为高于 A_{c3}(或 A_{cm})加热淬火时的情况，因碳化物大量溶入奥氏体中使 M_s 点下降，残余奥氏体量增多，导致淬火钢的硬度下降。当加热温度介于 A_{c3}(或 A_{cm})和 A_{c1} 之间时，残余奥氏体量减少，其对淬火钢硬度的影响也减小，导致淬火钢的硬度随碳含量的变化不大(图 15－36 中曲线 2)。合金元素对马氏体硬度的影响不大。使马氏体具有高硬度、高强度的主要因素如下。

1) 相变强化

马氏体相变的切变特性造成了在马氏体晶体内产生大量的微观缺陷(如位错、孪晶及层错等等)，使马氏体强化，称为相变强化。试验证明，无碳马氏体的屈服强度约为 280MPa，与形变强化铁素体的屈服强度很接近。而退火状态铁素体的屈服强度仅约为 120MPa 左右。这表明，马氏体的相变强化使屈服强度提高了 1 倍以上。

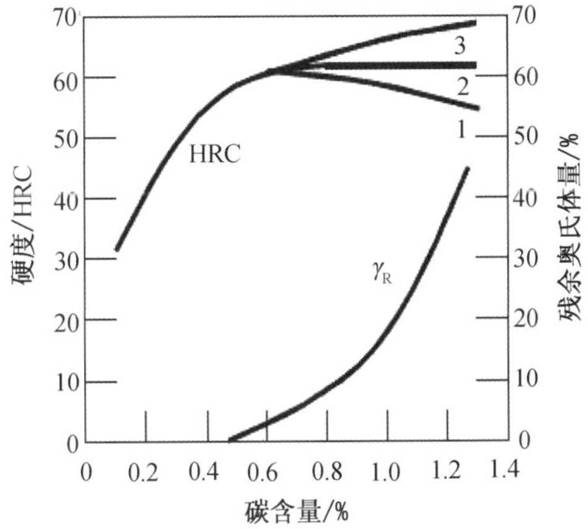

图 15－36　淬火钢的最大硬度与碳含量的关系

1—高于 A_{c3}(A_{cm})淬火；2—高于 A_{c1} 淬火；3—马氏体的硬度

2) 固溶强化

由于马氏体中的过饱和碳原子极易从马氏体晶体中析出而引起时效强化，所以曾专门设计了一系列 M_s 点极低且碳含量不同的 Fe-Ni-C 合金，以保证马氏体相变能在 C 原子不可能发生时效析出的低温下进行。不同碳含量的试样淬火后立即在低温下测量马氏体的强度以了解 C 原子的固溶强化效应，其结果如图 15－37 中虚线所示。可见，当碳含量小于 0.4%时，马氏体的屈服强度随碳含量增加而急剧升高，但当碳含量超过 0.4%时，马氏体的屈服强度则不再随碳含量增加而升高。

为什么 C 原子的固溶强化效应在马氏体中如此强烈，而在奥氏体中却不大？一般认为，奥氏体和马氏体中的 C 原子均处于由 Fe 原子组成的八面体中心，但奥氏体中的八面体为正

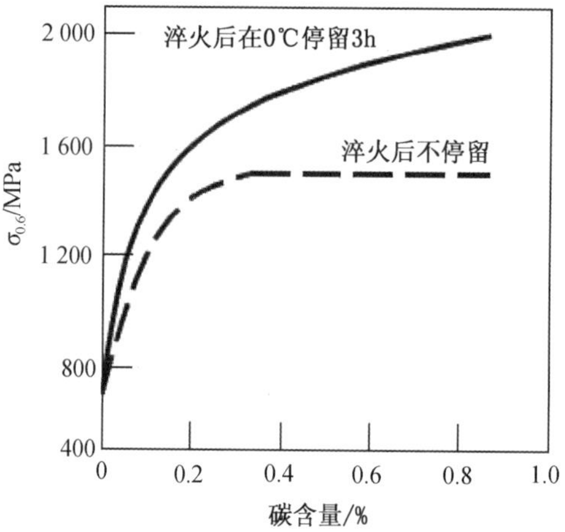

图 15-37 Fe-Ni-C 合金马氏体在 0℃ 时的屈服强度与碳含量的关系

八面体，C 原子的溶入只能使奥氏体点阵产生对称膨胀，并不发生畸变。而马氏体中的八面体为扁八面体，C 原子溶入后发生不对称畸变，形成以 C 原子为中心的畸变偶极应力场，这个应力场与位错产生强烈的交互作用，使马氏体强度升高。但碳含量超过 0.4%以后，可能由于 C 原子之间距离太近，以至畸变偶极应力场之间因相互抵消而降低了强化效果，使马氏体进一步强化的效果显著减小。

应当指出，上述用 M_s 点极低的 Fe-Ni-C 合金所得到的是孪晶马氏体，其中也包含了孪晶对马氏体的强化作用。对于位错型马氏体没有这部分强化作用，故其强度略低。形成置换式固溶体的合金元素对马氏体的固溶强化效应与 C 相比要小得多。

3）时效强化

时效强化也是一个重要的强化因素。理论计算和电阻分析都表明，马氏体在室温下只需几分钟甚至几秒钟就可以通过原子扩散而产生时效强化。在 −60℃ 以上温度，时效就能进行，发生 C 原子偏聚和析出从而产生时效强化作用。因此，对于在 −60℃ 以上形成的含碳马氏体都有可能发生时效强化，即所谓的马氏体自回火现象，在总的强化效果中都包含了时效强化的贡献。在图 15-37 中的实线表明，淬火后在 0℃ 停留时效 3h，马氏体的屈服强度就有了进一步的提高，碳含量越高，时效强化效果就越显著。故当碳含量大于 0.4%时，C 原子可以通过时效强化对马氏体的强度做出贡献。

时效强化是由 C 原子扩散偏聚钉扎位错所引起的。因此，如果马氏体在室温以上形成，则在冷却至室温途中 C 原子的扩散偏聚已经自然形成，产生时效强化。所以，对于 M_s 点高于室温的钢，在通常的淬火冷却条件下，淬火过程中即伴随着自回火。

4）马氏体的形变强化特性

在不同应变量的条件下，马氏体的条件屈服强度与碳含量的关系如图 15-38 所示。可见，当应变量很小时（$\varepsilon=0.02\%$），屈服强度 $\sigma_{0.02}$ 几乎与碳含量无关，并且很低。可是，当应变量为 2%时，屈服强度 $\sigma_{0.02}$ 却随碳含量增加而急剧增大。这表明，马氏体本身比较软，但在外力作用下因塑性变形而急剧产生加工硬化，所以马氏体的形变强化指数很大，加工硬化率很高。碳含量越高，形变强化效果就越明显。马氏体的这种形变强化特性与畸变偶极应力场的强化作用有关。

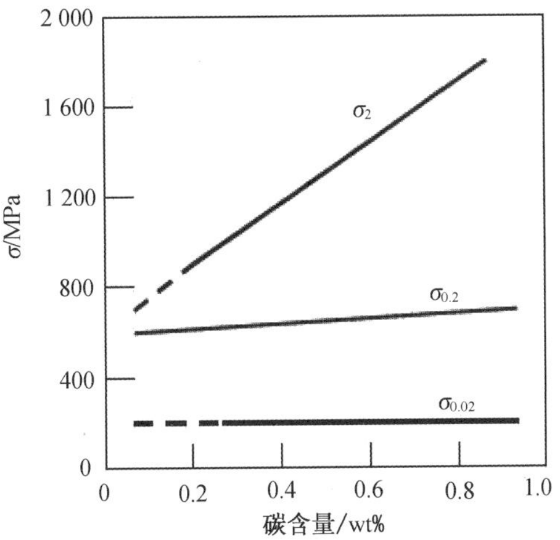

图 15-38　马氏体的屈服强度与碳含量的关系

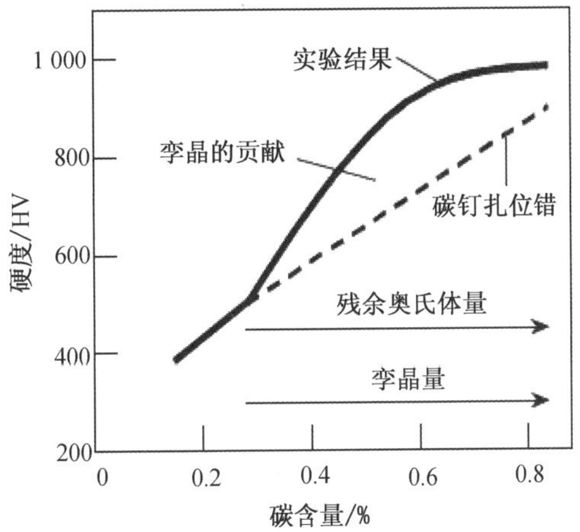

图 15-39　碳含量对 Fe-C 合金马氏体硬度的影响

5）孪晶对马氏体强度的贡献

碳含量低于 0.3%的 Fe-C 合金的马氏体，其亚结构为位错，马氏体的强化主要靠碳原子的固溶强化。碳含量大于 0.3%的马氏体，其亚结构中孪晶量增多，所以除了碳原子的固溶强化以外还附加有孪晶对强度的贡献。图 15-39 示出了碳含量对 Fe-C 合金马氏体硬度的影响，同时示意地表示出亚结构对马氏体硬度（强度）的贡献与碳含量的关系。可见，随马氏体中碳含量的增高，碳原子钉扎位错的固溶强化作用增大，如图中直线所示，小于 0.3%C 为实测值，0.3%C 以上为引伸值（虚线）。随马氏体中碳含量增高，孪晶相对量增大，影线区表示孪晶对马氏体强化的贡献。当碳含量大于 0.8%时，硬度不再上升，这是由于残余奥氏体增多的影响。

上述结果说明，马氏体中存在孪晶时，孪晶对强度有贡献。有人解释，当有孪晶存在时马氏体的有效滑移系仅为体心立方金属的 1/4，故孪晶阻碍滑移而引起强化。

6）原始奥氏体晶粒大小和马氏体板条群大小对马氏体强度的影响

原始奥氏体晶粒越细小，马氏体板条群越细小，则马氏体强度就越高。但对于中碳低合金结构钢，奥氏体从单晶细化至 10 级晶粒度时，马氏体的强度增加不大于 250MPa。所以一般钢中以细化奥氏体晶粒方法来提高马氏体强度的作用并不大，尤其是对硬度很高的钢，奥氏体晶粒大小对马氏体强度的影响更不明显。只有在一些特殊热处理中（如形变热处理或超细化处理），将奥氏体晶粒细化至 15 级或更高时，才能期望使马氏体的强度提高到约 500MPa。

15.7.2 马氏体的韧性

大量试验结果都证明，在屈服强度相同的条件下，位错型马氏体的断裂韧性（K_{IC}）和冲击功（a_k）比孪晶马氏体要好得多，即使经回火后，也仍然具有这种规律。

位错型马氏体具有良好的韧性。低碳钢淬火后通常得到位错型马氏体，但若在低碳钢中加入大量降低 M_s 点的合金元素，淬火后也会得到大量的孪晶马氏体，这时钢的韧性将显著降低。所以，马氏体的韧性主要决定于它的亚结构。

孪晶马氏体之所以韧性差，可能与孪晶亚结构的存在及在回火时碳化物沿孪晶面析出而呈不均匀分布有关。也有人认为可能与碳原子在孪晶界偏聚有关。

综上，马氏体的强度主要决定于碳含量，而马氏体的韧性主要决定于亚结构。低碳位错型马氏体具有高的强度和良好韧性。高碳孪晶型马氏体具有高的强度，但韧性很差。位错型马氏体不仅韧性优良，而且还具有脆性转折温度低、缺口敏感性低等优点。因此，以各种途径强化马氏体时，使其亚结构仍保持位错型，便可兼具优良的强度和韧性。马氏体的形态与 M_s 点有关。因此，目前结构钢成分均限制碳含量在 0.4%以下，使 M_s 点不低于 350℃。对于轴承钢，马氏体中的碳含量宜保持在 0.5%的水平，以降低脆性，提高疲劳寿命。

15.7.3 马氏体的相变诱发塑性

金属及合金在相变过程中塑性增加，往往在低于母相屈服强度时即可发生塑性变形，这种现象称为相变诱发塑性（transformation included plasticity，简称 TRIP）。由马氏体相变所产生的诱发塑性称为马氏体相变诱发塑性。

图 15－40 示出了 0.3%C-4%Ni-1.3%Cr 钢的马氏体相变诱发塑性。该钢经 850℃奥氏体化后，其 M_s 点为 307℃，奥氏体屈服强度为 137MPa。由图中可见，奥氏体化后在 307℃及 322℃下施加应力，在应力低于钢的屈服强度时即产生塑性变形，且塑性随应力加大而增大。在 307℃施加应力时，温度已达到钢的 M_s 点，故有马氏体相变发生。而马氏体相变一旦发生即贡献出诱发塑性，所以随应力增大，马氏体相变在应力诱发下不断进行，因而相变诱发塑性也就不断增大。在 322℃加应力时，虽然在 M_s 点以上，但因应力诱发形成马氏体，所以所呈现的高塑性也是由于马氏体相变所引起的。

马氏体相变所诱发的塑性还可以显著提高钢的韧性。如图 15－41 所示，存在着两个明显的温度区间，在 100～200℃的高温区，因为在断裂过程中没有发生马氏体相变，所以断裂韧性 K_{IC}很低；而在 20～－196℃的低温区，在断裂过程中伴随有马氏体相变，结果使 K_{IC}显著升高。

马氏体相变诱发塑性的原因可解释如下：①因塑性变形引起的局部区域应力集中，由于马氏体的形成而得到松弛，因而能够防止微裂纹的形成，即使微裂纹已经产生，裂纹尖端的应力集中亦会因马氏体的形成而得到松弛，故能抑制微裂纹的扩展，从而使塑性和断裂韧性提高；②在发生塑性变形的区域，有形变马氏体形成，随形变马氏体量增多，形变强化指数不断提高，这比纯奥氏体经大量变形后接近断裂时的形变强化指数还要大，从而使已发生塑性变形的区域难以继续发生变形，故能抑制颈缩的形成。

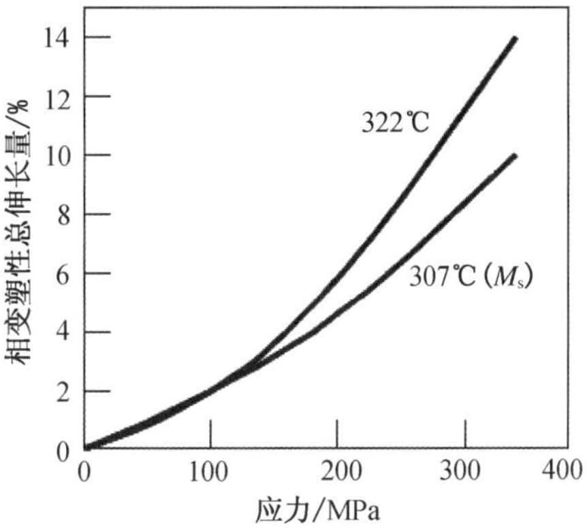

图 15－40　0.3%C-4%Ni-1.3%Cr 钢在不同温度下应力与总伸长的关系

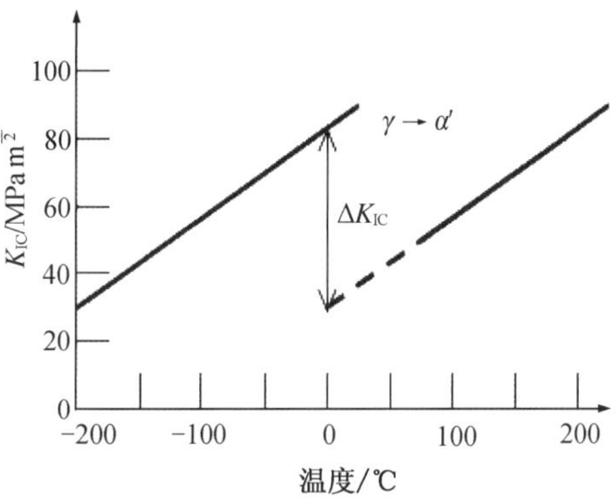

图 15－41　0.6%C-9%Cr-8%Ni-2%Mn 钢在不同温度下的断裂韧性

应用马氏体相变诱发塑性理论已经设计出相变诱发塑性钢，这种钢符合 $M_d > 20℃ > M_s$，即钢的马氏体相变开始点低于室温，而形变马氏体相变开始点高于室温。这样，当钢在室温变形时便会诱发形变马氏体形成，而马氏体相变又诱发塑性，因此这类钢具有很高的强度和塑性。

第 16 章　贝氏体相变

16.1　贝氏体相变的基本特征和组织形态

16.1.1　贝氏体相变的基本特征

1. 贝氏体相变的温度范围

与马氏体相变的 M_s 点相对应，贝氏体相变也有一个上限温度 B_s 点，奥氏体必须过冷到 B_s 点以下才能发生贝氏体相变。与马氏体相变一样，贝氏体相变也不能进行完全，总有残余奥氏体存在。等温温度越靠近 B_s 点，能够形成的贝氏体量就越少。

2. 贝氏体相变的产物

贝氏体相变产物也是由 α 相与碳化物两相组成，但与珠光体不同，贝氏体不是层片状组织，且组织形态与形成温度密切相关。碳化物的分布状态随形成温度不同而异，较高温度形成的上贝氏体，其碳化物是渗碳体，一般分布在铁素体条之间；较低温度形成的下贝氏体，其碳化物既可以是渗碳体，也可以是 ε-碳化物，主要分布在铁素体条内部。在低、中碳钢中，当贝氏体形成温度较高时，也可能形成不含碳化物的无碳化物贝氏体。随贝氏体的形成温度下降，贝氏体中铁素体的碳含量升高。

3. 贝氏体相变动力学

贝氏体相变也是一种形核和长大过程。与珠光体相变一样，贝氏体可以在一定温度范围内等温形成，也可以在某一冷却速度范围内连续冷却转变。贝氏体等温形成时，需要一定的孕育期，其等温转变动力学曲线也呈“C”字形。

4. 贝氏体相变的扩散性

贝氏体相变是扩散型相变。相变中有碳原子的扩散，而且碳的扩散速度决定了贝氏体相变速率并影响贝氏体组织形貌。贝氏体相变时只有碳原子的扩散而无铁原子及合金元素的扩散，至少是合金元素与铁元素并未发生长距离的扩散。由此可见，贝氏体相变的扩散性指的是碳原子的扩散。

5. 贝氏体相变的晶体学特征

与马氏体相变相类似，贝氏体中铁素体形成时也能在平滑试样表面上产生浮突现象，这说明 α—Fe 是按切变共格方式长大的。贝氏体中铁素体具有一定的惯习面，并与母相奥氏体之间保持一定的晶体学位向关系。上贝氏体的惯习面为 $\{111\}\gamma$，下贝氏体的惯习面一般为 $\{225\}\gamma$。贝氏体中铁素体与奥氏体之间存在 K-S 位向关系。贝氏体中渗碳体与奥氏体以及贝氏体中渗碳体与铁素体之间亦存在一定的晶体学位向关系。

16.1.2　钢中贝氏体的组织形态

贝氏体组织形态随钢的化学成分及形成温度不同而异，其主要形态为上贝氏体和下贝氏体两种，还有一些其他形态的贝氏体。

1. 上贝氏体

在贝氏体相变区较高温度范围内形成的贝氏体称为上贝氏体。对于中、高碳钢来说，上贝氏体在350～550℃的温度区间形成。

典型的上贝氏体组织在光镜下观察时呈羽毛状、条状或针状，少数呈椭圆形或矩形，如图16-1所示。在电镜下观察时可看到上贝氏体组织为一束大致平行分布的条状铁素体和夹于条间的断续条状碳化物的混合物(见图16-2)，在条状铁素体中有位错缠结存在。条状铁素体多在奥氏体的晶界形核，自晶界的一侧或两侧向奥氏体晶内长大。条状铁素体束与板条马氏体束很相近，束内相邻铁素体板条之间的位向差很小，束与束之间则有较大的位向差。条状铁素体的碳含量接近平衡浓度，而条间碳化物均为渗碳体型碳化物。

图16-1　T8钢的上贝氏体组织

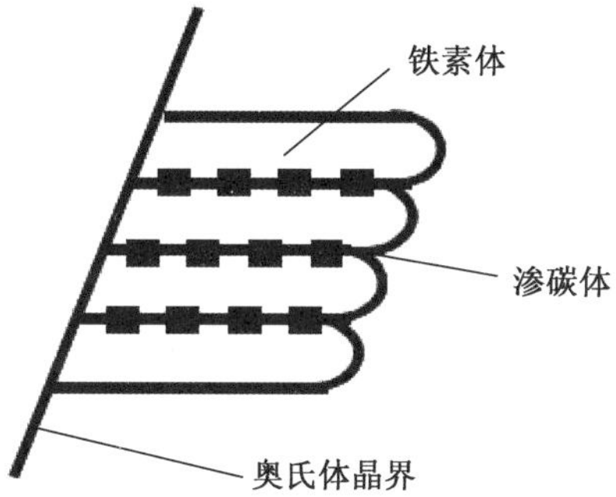

图16-2　钢中典型贝氏体组织示意图

一般情况下，随钢中碳含量增加，上贝氏体中的铁素体条增多并变薄，条间渗碳体的数量增多，其形态也由粒状变为链珠状、短杆状，直至呈断续条状。当碳含量达到共析浓度时，渗碳体不仅分布在铁素体条之间，而且也在铁素体条内沉淀，这种组织称为共析钢上贝氏体。随着相变温度下降，上贝氏体中的铁素体条变薄，渗碳体细化且弥散度增大。

上贝氏体中的铁素体形成时可在抛光试样表面形成浮突。上贝氏体中铁素体的惯习面为$\{111\}_\gamma$，与奥氏体之间的位向关系为K-S关系。碳化物的惯习面为$\{227\}_\gamma$，与奥氏体之间也存在一定的位向关系。因此，一般认为碳化物是从奥氏体中直接析出的。

值得指出的是，在含有Si或Al的钢中，由于Si和Al具有延缓渗碳体沉淀的作用，使铁素体条之间的奥氏体为碳所富集而趋于稳定,因此很少沉淀或基本上不沉淀出渗碳体,形成在条状铁素体之间夹有残余奥氏体的上贝氏体组织。

2. 下贝氏体

在贝氏体相变区较低温度范围内形成的贝氏体称为下贝氏体。对于中、高碳钢,下贝氏体在 350℃～M_s 之间形成。碳含量很低时,其形成温度可能高于 350℃。

典型的下贝氏体组织在光镜下呈暗黑色针状或片状,而且各个片之间都有一定的交角,如图 16－3 所示。其立体形态为透镜状,与试样磨面相交而呈片状或针状。下贝氏体既可以在奥氏体晶界上形核,也可以在奥氏体晶粒内部形核。在电镜下观察可以看出,在下贝氏体铁素体片中分布着排列成行的细片状或粒状碳化物,并以 55°～60°的角度与铁素体针长轴相交,如图 16－4 所示。通常,下贝氏体的碳化物仅分布在铁素体片的内部。

图 16－3　GC_r15 钢的下贝氏体组织

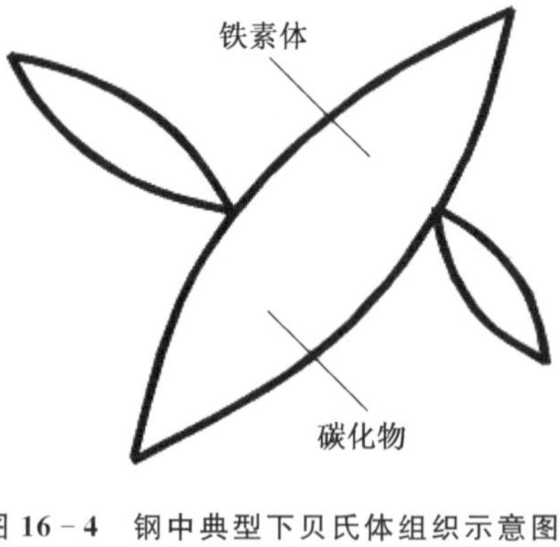

图 16－4　钢中典型下贝氏体组织示意图

下贝氏体形成时也会在光滑试样表面产生浮突,但其形状与上贝氏体组织不同。上贝氏体的表面浮突大致平行,从奥氏体晶界的一侧或两侧向晶粒内部伸展;而下贝氏体的表面浮突往往相交呈"∧"形,而且还有一些较小的浮突在先形成的较大浮突的两侧形成。

下贝氏体中铁素体的碳含量远远高于平衡碳含量。下贝氏体铁素体的亚结构与板条马氏体和上贝氏体铁素体相似,也是缠结位错,但位错密度往往高于上贝氏体铁素体,而且未发现有孪晶亚结构存在。

下贝氏体中铁素体与奥氏体之间的位向关系为 K-S 关系。下贝氏体中铁素体的惯习面比较复杂，有人测得为{111}γ，也有人测得为{254}γ及{569}γ。

下贝氏体中的碳化物也可以是渗碳体。但当温度较低时，初期形成 ε-碳化物，随着时间延长，ε-碳化物转变为 θ-碳化物。由于下贝氏体中铁素体与 θ-碳化物及 ε-碳化物之间均存在一定的位向关系，因此一般认为碳化物是从过饱和的铁素体中析出的。

3. 粒状贝氏体

低、中碳合金钢以一定速度连续冷却或在上贝氏体相变区高温范围内等温时可形成粒状贝氏体，如在正火、热轧空冷或焊缝热影响区组织中都可以发现这种组织。

粒状贝氏体在刚刚形成时，是由块状铁素体和粒状（岛状）富碳奥氏体所组成的。富碳奥氏体可以分布在铁素体晶粒内部，也可以分布在铁素体晶界上。在光镜下较难识别粒状贝氏体的组织形貌，在电镜下则可看出粒状（岛状）物大多分布在铁素体之中，常常具有一定的方向性。这种组织的基体是由条状铁素体合并而成的，铁素体的碳含量很低，接近平衡浓度，而富碳奥氏体区的碳含量则很高。铁素体与富碳奥氏体区的合金元素含量与钢的平均含量相同，这表明在粒状贝氏体形成过程中有碳的扩散而无合金元素的扩散。

富碳奥氏体区在随后冷却过程中可能发生以下 3 种情况：部分或全部分解为铁素体和碳化物的混合物；部分转变为马氏体，这种马氏体的碳含量甚高，常常是孪晶马氏体，故岛状物是由 $\gamma+\alpha'$ 所组成；或者全部保留下来，成为残余奥氏体。

4. 无碳化物贝氏体

无碳化物贝氏体一般形成于低碳钢中，是在贝氏体相变区最高温度范围内形成的。无碳化物贝氏体由大致平行的单相条状铁素体所组成，所以也称为铁素体贝氏体或无碳贝氏体。条状铁素体之间有一定的距离，条间一般为由富碳奥氏体转变而成的马氏体，有时是富碳奥氏体的分解产物或者全部是未转变的残余奥氏体。可见，钢中通常不能形成单一的无碳化物贝氏体组织，而是形成与其他组织共存的混合组织。

无碳化物贝氏体形成时也会出现表面浮突，其铁素体中也有一定数量的位错。无碳化物贝氏体与奥氏体之间的位向关系为 K-S 关系，惯习面为{111}γ。

5. 低碳低合金钢中的 B_{I}、B_{II}、B_{III}

在某些低碳低合金高强度钢中的贝氏体可明显地分为 3 类：B_{I}、B_{II} 和 B_{III}，它们的铁素体均为条状，但碳化物的形态和分布不同，如图 16－5 所示。B_{I} 在 600～500℃等温形成，没有碳化物存在，相当于无碳化物贝氏体；B_{II} 在 500～450℃等温形成，碳化物主要以杆状或断续条状分布在条状铁素体之间，相当于上贝氏体；B_{III} 在 450℃～M_s 点等温形成，碳化物呈粒状均匀分布于整个条状铁素体组织内部，类似于下贝氏体。在连续冷却时，也可形成这 3 类贝氏体。冷却速度较慢时，形成 B_{I}；冷却速度居中时，形成 B_{II}；冷却速度较快时，形成 B_{III}。B_{III} 组织具有较好的综合力学性能，特别是钢中获得 B_{III} 加板条马氏体组织时，强度和韧性都高，是一种有工程应用价值的组织形态。

16.2 贝氏体相变机制

国际上研究贝氏体相变机理的有两大学派：切变学派和扩散学派。切变学派的典型代表是中国学者柯俊及其合作者 Cottrell。切变学派的观点是贝氏体相变产生表面浮凸效应。他们认为，基体原子和置换原子是无扩散的，只有间隙原子发生扩散，这种观点在 20 世纪 50～60 年

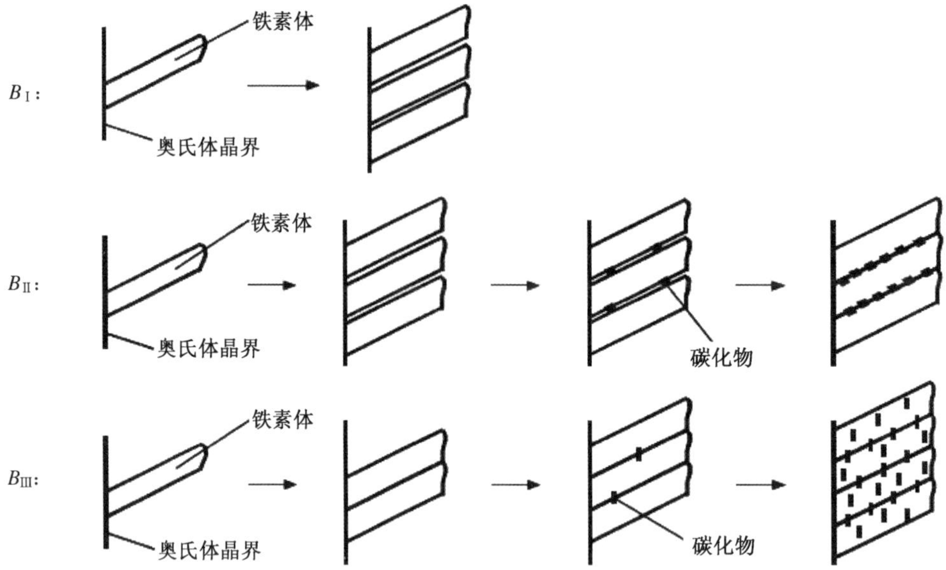

图 16－5 低碳低合金钢中的 3 类贝氏体形成过程示意图

代为许多人所接受并发展。扩散学派的代表人物是美国著名物理冶金学家 Aaronson 及其合作者，他们从热力学的观点出发，认为贝氏体相变驱动力不能满足切变所需的能量，贝氏体相变是共析转变的变种。贝氏体是非层片共析体。贝氏体相变机制的争论一直没有停息，各学派都用新的实验证据充实自己，反驳对方，至今还没有完全统一的认识和结论。

贝氏体相变是介于马氏体转变和珠光体转变之间的相变，无论其组织结构还是相变机制都有其复杂性。因此，各学派提出的理论欠全面是不可避免的。20 世纪 80 年代以来，人们从辩论中得到许多启示，并提出一些新的模型和新的观点，如过渡机制模型、混合机制模型等。1990 年，Aaronson 提出切变长大和扩散长大主要是通过台阶机制来实现的，这一观点缩小了两派之间的分歧。可以期望，相对完善并能为各学派所接受的贝氏体相变机制在不久的将来就会实现。

16.2.1 恩金贝氏体相变假说

恩金在研究中发现：①0.23%C 钢奥氏体化后在 250℃ 等温形成下贝氏体，测得下贝氏体中铁素体的碳浓度为 0.15%，远远超过该温度下铁素体的饱和碳浓度。据此认为，这种铁素体实质上是低碳马氏体；②中碳钢(0.5%C～3.5%Cr)在 300℃ 等温形成下贝氏体，随着贝氏体转变量增加，剩余奥氏体中的碳浓度升高。这说明在贝氏体相变过程中碳原子不断地由 α 相通过 α/γ 界面向 γ 相中扩散，导致剩余 γ 相中的碳浓度升高；③电解分离贝氏体中的碳化物，测得碳化物中合金元素含量与钢的原始含量相同。据此认为，在贝氏体相变过程中铁及合金元素原子不发生扩散。

综合上述实验结果，恩金认为，贝氏体相变应属于马氏体相变性质，由于随后回火析出碳化物而形成贝氏体，提出了贫富碳理论假说。该假说认为，在贝氏体相变发生之前奥氏体中已经发生了碳的扩散重新分配，形成了贫碳区和富碳区。在贫碳区发生马氏体相变而形成低碳马氏体，然后马氏体迅速回火形成过饱和铁素体和渗碳体的机械混合物，即贝氏体。在富碳区中首先析出渗碳体，使其碳浓度下降成为贫碳区，然后从新的贫碳区通过马氏体相变形成马氏体，而后又通过回火成为铁素体加渗碳体的两相机械混合物(贝氏体)。而在相变过程中铁及合金元素的原子是不发生扩散的。

在 M_s 点以上温度等温，过冷奥氏体中的贫碳区发生马氏体相变的原因可解释如下：如图 16－6 所示，马氏体相变开始点 M_s 随碳浓度增加而下降，当 C_γ 浓度的奥氏体(a 点)冷却至 M_s 点以下时将发生马氏体相变。但是，当冷却至 M_s 点以上的 T_1 温度(b 点)等温时，在孕育期内由于碳原子的扩散重新分配，在奥氏体内形成富碳区和贫碳区，其 M_s 点亦随之发生变化。当贫碳区的碳浓度减小到 C_1 以下时，其 M_s 点就升高到 T_1 以上温度，因此，贫碳区(c 点)在 T_1 温度下就能够通过马氏体相变转变为马氏体。此时的马氏体为过饱和 α 相，在热力学上是不稳定的，在随后的等温过程中发生回火转变，马氏体分解成为 α 相和渗碳体的机械混合物，即贝氏体。等温温度越高，α 相的过饱和度就越小，贫碳区的 M_s 点就越高。贝氏体相变温度范围的上限 B_s 点就是无碳奥氏体的 M_s 点。

恩金假说能够解释贝氏体的形成、B_s 点的意义和贝氏体中铁素体的碳浓度随等温温度变化而变化等现象，但没有解释贝氏体的形态变化和组织结构等问题。

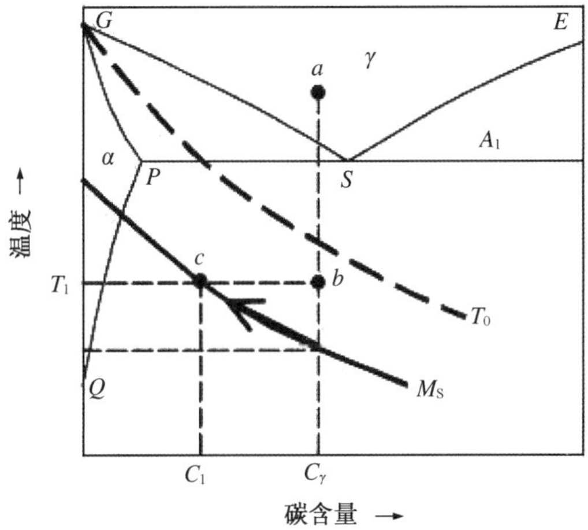

图 16－6　Fe-Fe$_3$C 平衡状态图

16.2.2　柯俊贝氏体相变假说

根据相变理论，形成马氏体时系统自由能的总变化 ΔG 应为

$$\Delta G = -V \cdot \Delta G_v + S\sigma + E \qquad (16-1)$$

式中，ΔGv 为单位体积奥氏体与马氏体的化学自由能差；V 为参与相变者的体积；S 为新相表面积；σ 为奥氏体与马氏体之间的表面张力；E 为弹性能。弹性能 E 包括：①因奥氏体与马氏体比容不同而产生的应变能；②维持两相共格所需的切变弹性能；③在奥氏体中产生塑性变形所需的能量；④共格界面移动时克服奥氏体中障碍所消耗的能量等等。根据热力学条件，马氏体相变只在 ΔG 为负值，即在 M_s 点以下才能进行。那么，在 M_s 点以上温度以马氏体相变机制进行转变的贝氏体相变是如何满足热力学条件的?

柯俊认为，在 M_s 点以上温度，若相变的进行能够使 ΔGv 值增大，使 E 值减小，从而使 ΔG 达到负值时，马氏体型相变也可以发生。如图 16－7 所示，高碳奥氏体自由能 G_γ^H 和高碳马氏体自由能 G_α^H 分别高于低碳奥氏体自由能 G_γ^L 和低碳马氏体自由能 G_γ^L，由高碳奥氏体

(γ^{H})转变为高碳马氏体(α'^{H})时的相变开始点为 M_S^H,由低碳奥氏体(γ^{L})转变为低碳马氏体(α'^{L})时的相变开始点为 M_S^L,其相应的单位体积化学自由能差分别为 $\Delta G_V^H(G_\gamma^H - G_{\alpha'}^H)$ 和 $\Delta G_V^L(G_\gamma^L - G_{\alpha'}^L)$。如果相变时伴随有碳的脱溶,由高碳奥氏体 ($\gamma^H$) 转变为低碳马氏体(α'^{L})时,则在此温度下单位体积的化学自由能差将增大为 $\Delta G_V^{HL}(G_\gamma^H - G_{\alpha'}^L)$;若相变所需的临界驱动力相同,即 $\Delta G_V^H = \Delta G_V^L = \Delta G_V$,则相变开始点将上升至 M_S^{HL},并且因为碳的脱溶以及奥氏体和贝氏体的比容差小于奥氏体和马氏体的比容差,所以弹性能 E 亦减小。因此,在 M_s 点以上至 B_s 点之间的温度区域,奥氏体若按照由高碳奥氏体 (γ^H) 转变为低碳马氏体(α'^{L}),同时伴随有碳脱溶的方式转变为贝氏体,则可以使 ΔG 为负值,即有可能在原 M_s 点(即 M_S^H)以上的温度(即 M_S^{HL})发生马氏体型相变。

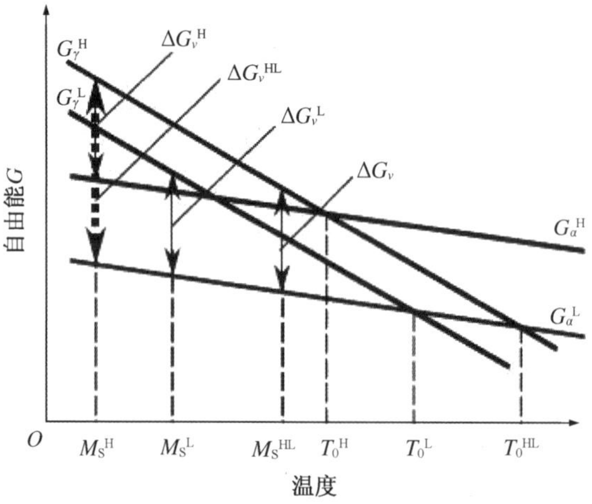

图 16-7　碳含量对自由能一温度曲线的影响

该假说认为,贝氏体相变时,α 相的不断长大和碳从 α 相中的不断脱溶这两个过程是同时发生的,α 相长大时与奥氏体保持第二类共格关系。不过贝氏体的长大速度远比同类共格切变型的马氏体的长大速度低,这是因为贝氏体的长大速度受碳原子的扩散脱溶所控制。贝氏体相变为有扩散(碳原子)、有共格的相变。贝氏体相变的主要驱动力是因碳脱溶而增加的化学自由能差。碳从 α 相中的脱溶可以有两种方式:①碳通过相界面从 α 相扩散到 γ 相中;②碳在 α 相内脱溶沉淀为碳化物。

柯俊贝氏体相变假说能够解释:①在 M_s 点以上温度 α 相可以通过马氏体型相变机制形成;②按马氏体型相变机制形成的贝氏体的长大速度远低于马氏体的长大速度;③在不同温度下形成的贝氏体有着截然不同的组织形态。

16.2.3　贝氏体相变台阶机制

Aaronson 等认为,贝氏体是通过台阶机制长大的,台阶长大机制如图 16-8 所示,与半共格界面台阶迁移机制类似。台阶的水平面为 α-γ 的半共格界面,界面两侧的 α 和 γ 有一定的位向关系,半共格界面上存在刃型位错,刃型位错的柏氏矢量与界面平行。台阶的横向移动使半共格界面向上推移,台阶的移动则受控于碳在奥氏体中的扩散速度。贝氏体相变中台阶的确是客观存在的事实,已被实验所证实。

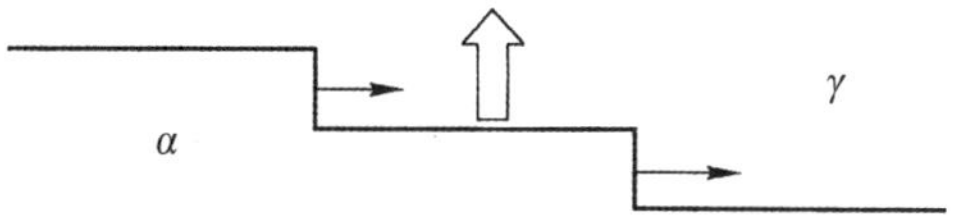

图 16-8　台阶长大机制示意图

台阶机制的主要障碍是贝氏体相变时所观察到的表面浮凸。为此，Aaronson 认为，贝氏体相变所出现的浮凸不是切变造成的，而是由铁素体与奥氏体比体积不同引起的。

16.3　贝氏体相变动力学及其影响因素

16.3.1　贝氏体等温相变动力学

与珠光体一样，贝氏体也可以等温形成，其等温转变动力学图也呈"C"字形，如图 16-9 所示。在 C 曲线的"鼻尖"温度，贝氏体相变的孕育期和转变时间最短。在有些钢中，贝氏体等温转变动力学图与珠光体等温转变动力学图部分重叠，整个过冷奥氏体等温转变图只呈现一个"鼻尖"，如图 16-10 所示。此时，在一定温度区域内，过冷奥氏体具有混合转变的特征，如在较低温度等温时，先形成一部分贝氏体，随后再发生珠光体转变；在较高温度等温时，可先形成一部分珠光体，接着再发生贝氏体相变。

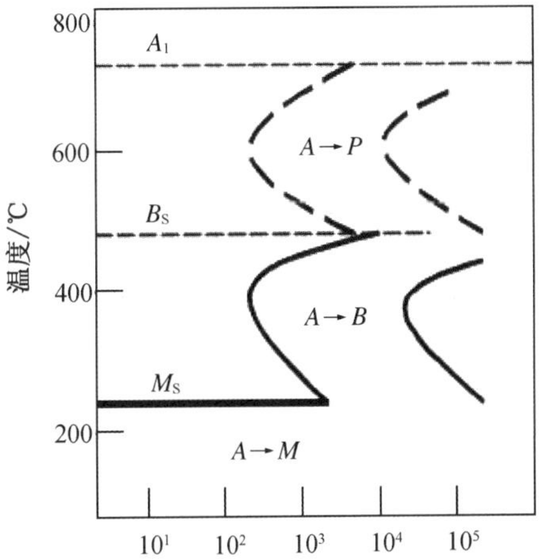

图 16-9　某合金钢等温转变动力学示意图(珠光体转变与贝氏体转变已分离)

16.3.2　贝氏体相变时碳的扩散

贝氏体相变是在碳原子还能进行扩散的中温区发生的。与马氏体相变不同，贝氏体相变主要受碳的扩散所控制，相变速度 u 与相变温度 T 之间存在下列关系：

$$u = u_0 \exp\left(-\frac{Q}{kT}\right) \tag{16-2}$$

式中，Q 为扩散激活能；k 为玻尔兹曼常数；u_0 为常数。

为达到一定转变量所需的时间 τ 与温度 T 之间存在下列关系：

$$\tau = \tau_0 \exp\left(\frac{Q}{kT}\right) \tag{16-3}$$

取对数得到

$$\lg\tau = \lg\tau_0 + \frac{Q}{k}\left(\frac{1}{T}\right) \tag{16-4}$$

即所需时间的对数与温度的倒数成正比。

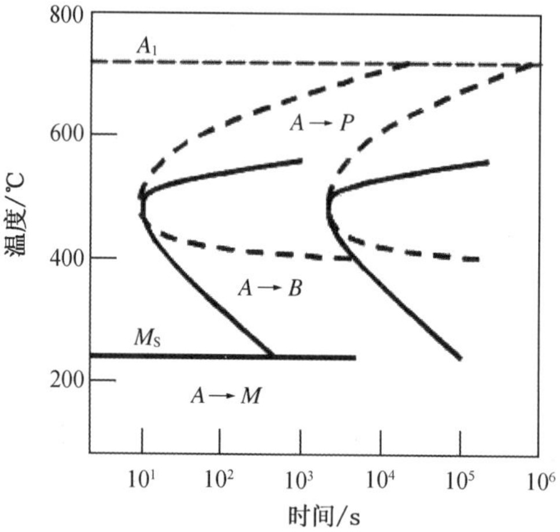

图 16－10　某合金钢等温转变动力学示意图(贝氏体和珠光体的转变曲线轮廓合为一条 C 曲线)

几种钢的测量结果表明，贝氏体转变 50％所需时间 τ_{50} 的倒数与 $1/T$ 之间存在直线关系，如图 16－11 所示。值得注意的是，在上、下贝氏体的分界处(约 350℃左右)直线都有一个转折，这表明，控制上、下贝氏体相变的扩散过程激活能是不同的。可以根据直线的斜率由式(16－4)计算出贝氏体相变的激活能。经测定得出，共析钢的上、下贝氏体的激活能分别为 126kJ/mol 和 75kJ/mol，而碳在奥氏体和铁素体中的扩散激活能分别为 126kJ/mol 和 84kJ/mol。因此可以认为，上、下贝氏体相变分别受碳在奥氏体和铁素体中的扩散速度所控制，即上贝氏体铁素体的长大速度主要取决于其前沿奥氏体中碳的扩散速度；而下贝氏体相变的速度，则主要决定于铁素体内碳化物沉淀的速度。

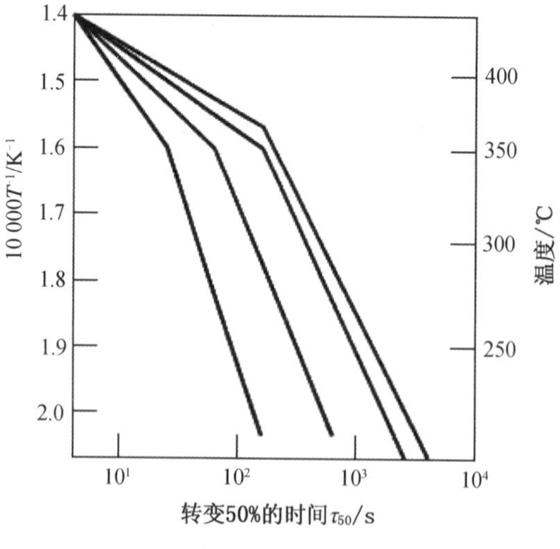

图 16－11　几种钢的 $\lg\tau_{50}$—$1/T$ 的关系曲线

16.3.3　影响贝氏体相变动力学的因素

1. 化学成分的影响

随钢中碳含量的增加，贝氏体相变速度减慢，等温转变C曲线右移，而且“鼻尖”温度下移。这是因为碳含量增高，形成贝氏体时需要扩散的碳的数量增加。钢的常用合金元素中，除了Co和Al加速贝氏体相变速度以外，其他合金元素如Mn、Ni、Cu、Cr、Mo、W、Si、V及少量B都延缓贝氏体的形成，同时也使贝氏体相变温度范围下降，其中以Mn、Cr、Ni的影响最为显著。钢中同时加入多种合金元素，其相互影响比较复杂。

2. 奥氏体晶粒大小和奥氏体化温度的影响

由于奥氏体晶界是贝氏体的优先形核部位，所以一般来说，随奥氏体晶粒增大，贝氏体相变孕育期增加，形成一定数量贝氏体所需的时间增加，相变速度减慢。

提高奥氏体化温度或延长时间，一方面使碳化物溶解趋于完全，使奥氏体成分均匀性提高，同时又使奥氏体晶粒长大，因而贝氏体相变速度减慢。但是，温度过高或保温时间过长时，又有加速贝氏体相变的作用，即形成一定数量贝氏体所需的时间缩短。

3. 应力和塑性变形的影响

研究表明，拉应力使贝氏体相变加速。随应力增加，贝氏体相变速度提高。当应力超过其屈服强度时，贝氏体相变速度的提高尤为显著。

塑性变形的影响比较复杂。在高温区(1 000～800℃)对奥氏体进行塑性变形，将使贝氏体相变孕育期延长，相变速度减慢，相变不完全程度增加。在中温区(600～300℃)对奥氏体进行塑性变形，则贝氏体相变孕育期缩短，相变速度加快。高温变形时可能产生两种相反的作用：一方面，塑性变形使奥氏体的晶体缺陷密度增高，有利于碳的扩散，故使贝氏体相变加速；另一方面，奥氏体的塑性变形会产生多边化亚结构，破坏晶粒取向的连续性，对铁素体的共格长大不利，故使贝氏体相变减慢。当后者占优势时，贝氏体相变将减慢。中温塑性变形不仅使奥氏体中的缺陷密度增高，有利于碳的扩散，而且造成内应力，有利于贝氏体铁素体按切变机制形成，故加快贝氏体相变速度。中温塑性变形不仅促进碳化物析出，而且可以细化贝氏体铁素体晶粒。而高温塑性变形只能细化贝氏体铁素体晶粒。

4. 奥氏体冷却时在不同温度停留的影响

过冷奥氏体在冷却过程中不同温度下停留时对贝氏体相变的影响，可以分为以下3种情况，如图16-12所示。

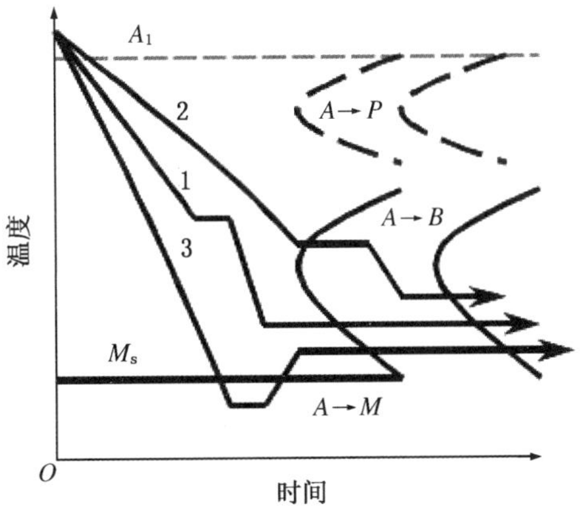

图16-12　冷却时不同温度停留的3种情况

(1) 在珠光体相变与贝氏体相变之间的过冷奥氏体稳定区停留(曲线 1)时会加速随后的贝氏体相变速度。实验发现,在过冷奥氏体稳定区停留后有碳化物析出,因此认为,由于碳化物析出降低了奥氏体中碳和合金元素的浓度,即降低了奥氏体的稳定性,所以使贝氏体相变加速。

(2) 在贝氏体形成温度范围的高温区停留,形成部分上贝氏体后再冷却至贝氏体相变的低温区(曲线 2)时,将使下贝氏体相变的孕育期延长,降低其转变速度,减少最终贝氏体转变量。这表明高温停留和发生部分贝氏体相变,增大了未转变奥氏体的稳定性。

(3) 在 M_s 点稍下温度或在贝氏体形成温度范围的低温区停留,先形成少量的马氏体或下贝氏体后再升高至较高温度(曲线 3)时,先形成的马氏体或下贝氏体都将使随后的贝氏体(下贝氏体或上贝氏体)相变加速。其原因是由于较低温度下的部分相变使奥氏体点阵发生畸变(或应变),从而加速了贝氏体的形核,即所谓应变促发形核,加速了贝氏体的形成。

16.4 钢中贝氏体的力学性能

16.4.1 影响贝氏体力学性能的主要因素

1. 贝氏体中铁素体的影响

贝氏体的强度与贝氏体中铁素体的晶粒大小符合 Hall－Petch 公式,即贝氏体中铁素体晶粒(或亚晶粒)越细小,贝氏体的强度就越高,而且韧性有时还有所提高。贝氏体中铁素体的晶粒大小主要取决于奥氏体晶粒大小(影响铁素体条的长度)和形成温度(影响铁素体条的厚度),但以后者为主。贝氏体形成温度越低,贝氏体铁素体晶粒的整体尺寸就越小,贝氏体的强度和硬度就越高。

贝氏体铁素体往往较平衡状态铁素体的碳含量稍高,但一般小于 0.25%。贝氏体铁素体的过饱和度主要受形成温度的影响,形成温度越低,碳的过饱和度就越大,其强度和硬度增高,但韧性和塑性降低较少。

贝氏体铁素体的亚结构主要是缠结位错。随着相变温度降低,位错密度增大,强度和韧性增高,并随着贝氏体铁素体的亚结构尺寸减小,强度和韧性也增高。

2. 贝氏体中渗碳体的影响

根据弥散强化机理,碳化物颗粒尺寸越细小,数量越多,对强度的贡献就越大。在渗碳体尺寸相同的情况下,贝氏体中渗碳体数量越多,则硬度和强度就越高,韧性和塑性就低。渗碳体的数量主要取决于钢中的碳含量。贝氏体中渗碳体可以是片状、粒状、断续杆状或层状。一般来说,渗碳体为粒状时贝氏体的韧性较高,为细小片状时其强度较高,为断续杆状或层状时其脆性较大。当钢的成分一定时,随相变温度降低,渗碳体的尺寸减小,数量增多,渗碳体形态也由断续杆状或层状向细片状变化,硬度和强度增高,但韧性和塑性降低较少。随着等温时间延长或进行较高温度的回火,渗碳体将向粒状转化。通常,渗碳体等向均匀弥散分布时,强度较高,韧性较好。若渗碳体定向不均匀分布,则强度较低,且脆性较大。在上贝氏体中渗碳体易发生定向不均匀分布,且颗粒较粗大,而在下贝氏体中渗碳体分布较为均匀,且颗粒较细小,所以上贝氏体的强度和韧性要比下贝氏体低很多。

3. 其他因素的影响

由于奥氏体化温度不同,引起奥氏体的化学成分及其晶粒度发生变化,也会影响贝氏体的性能。另外，由于贝氏体相变的不完全性，导致贝氏体铁素体条间出现残余奥氏体、珠光体及马氏体(回火马氏体)等非贝氏体组织，也会影响贝氏体的性能。

16.4.2 贝氏体的强度和硬度

根据上述分析可以得出，贝氏体的强度和硬度随相变温度降低而升高，如图 16－13 所示。

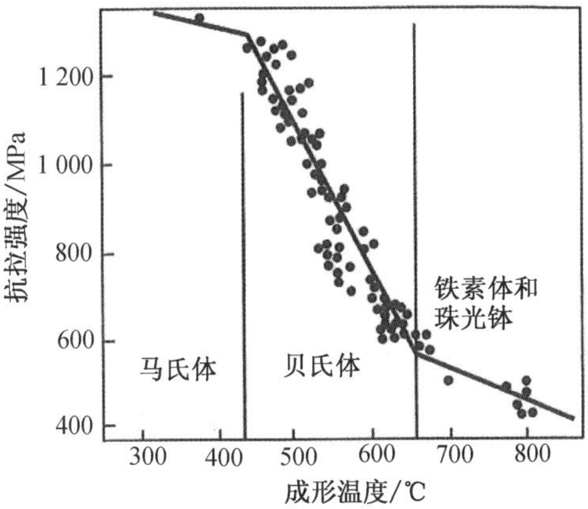

图 16－13 贝氏体抗拉强度与形成温度的关系

贝氏体的屈服强度还可用下述经验公式表示：

$$\sigma_{0.2}(\text{MPa}) = 15.4 \times [-12.6 + 11.3d^{-\frac{1}{2}} + 0.98n^{\frac{1}{4}}] \qquad (16-5)$$

式中，d 为贝氏体中铁素体晶粒尺寸(mm)；n 为每平方毫米截面中碳化物颗粒数。

式(16－5)仅适用于细小弥散碳化物的分布状态，只有在碳化物间距小于贝氏体中条状铁素体厚度尺寸时，碳化物弥散度才成为有效的强化因素。所以，低碳上贝氏体的强度实际上完全由贝氏体铁素体的晶粒尺寸所控制。只有在下贝氏体或高碳上贝氏体中，碳化物的弥散强化才有比较明显的贡献。

另外，由于中、高碳钢特别是高碳钢的下贝氏体组织具有高的强度和韧性，因此可望具有高的耐磨性。试验表明，钢中的下贝氏体是最耐磨的组织形态之一。

16.4.3 贝氏体的韧性

韧性是高强度材料的一项重要的性能指标。在低碳钢中，上贝氏体的冲击韧性比下贝氏体要低，并且贝氏体组织从上贝氏体过渡到下贝氏体时脆性转折温度突然下降，其原因可能有以下几方面。

(1) 在上贝氏体中存在粗大碳化物颗粒或断续条状碳化物，也可能存在高碳马氏体(由未转变奥氏体在冷却过程中形成)，所以容易形成大于临界尺寸的裂纹，并且裂纹一旦扩展，便不能由贝氏体中铁素体之间的小角度晶界来阻止，而只能由大角度贝氏体“束”界或原始奥氏体晶界来阻止。因此，上贝氏体组织中裂纹扩展迅速。

许多中碳合金钢经等温处理获得上贝氏体组织时，其冲击韧性急剧降低，这种现象称为“贝氏体脆性”。其产生原因是由于上贝氏体中铁素体条之间的碳化物分布不均匀。此外，在出现贝氏体脆性的相变温度范围内钢的宏观硬度增高，表明这种脆性也与过冷奥氏体在该温度范围内转变不完全、在随后冷却过程中部分转变为马氏体有关。

(2) 在下贝氏体组织中,较小的碳化物颗粒不易形成裂纹,即使形成裂纹也难以达到临界尺寸,并且即使形成解理裂纹,其扩展也将受到大量弥散碳化物颗粒和位错的阻止。因此,裂纹形成后也不易扩展,常常被抑制而必须形成新的裂纹,因而脆性转折温度降低。所以,下贝氏体组织尽管强度较高,但其冲击韧性要比强度稍低的上贝氏体组织要高得多,如图 16-14 所示。

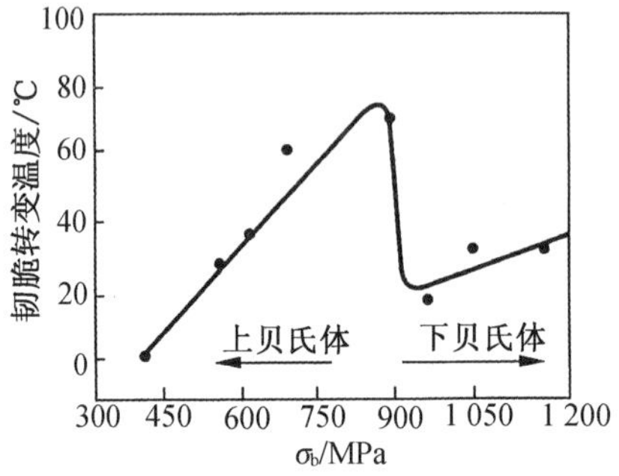

图 16-14　贝氏体的韧脆转变温度与抗拉强度的关系

(ω_c 为 0.1%~0.5%的 05Mo-B 钢)

对于具有回火脆性的钢,等温淬火获得贝氏体与淬火回火处理获得马氏体相比,如果在回火脆性温度范围内回火,当硬度或强度相同时,贝氏体组织的冲击韧性高于回火马氏体;当等温淬火温度较低,获得下贝氏体组织时,可保持较高的冲击韧性,优于淬火回火处理的;当等温淬火温度较高,获得上贝氏体组织时,不仅强度降低而且冲击韧性也明显下降,甚至低于淬火回火处理的,如图 16-15 所示。因此,等温淬火处理只有获得下贝氏体加残余奥氏体组织时,钢件才能具有较高的冲击韧性和较低的脆性转折温度。

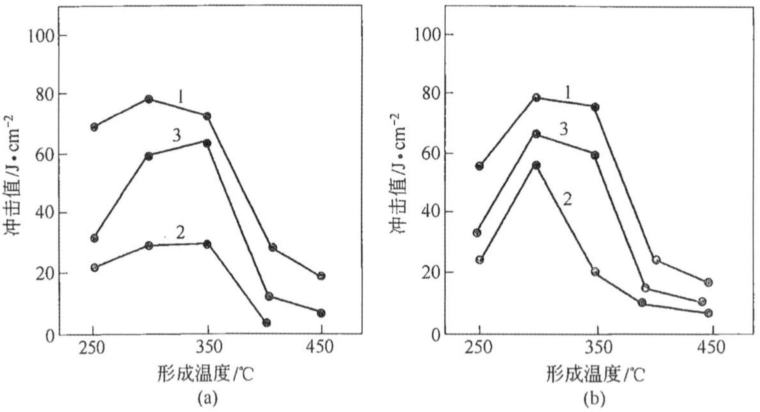

图 16-15　贝氏体韧性与形成温度的关系(图中 1~3 表示碳质量分数在 0.27%~0.42%之间逐渐增加)

(a) 等温 30min;(b) 等温 60min

若钢的碳含量或合金元素含量较高,M_s 点较低,淬火后获得孪晶马氏体时,与淬火低温回火处理相比,等温淬火获得的下贝氏体组织常常具有较高的冲击韧性。

第 17 章　脱溶沉淀型转变

工程上大量应用的金属及合金通过固溶和时效处理等来提高材料的强度等性能。时效硬化是普遍现象，并具有重要的实际意义，工业上广泛采用时效硬化型合金都是为了达到这一目的而设计和制造出来的。时效硬化的实质是过饱和固溶体发生脱溶沉淀。时效可以提高合金的强度、硬度，比如铝合金、镁合金、耐热合金、沉淀硬化不锈钢和马氏体时效钢等都是经过时效处理进行强化的，还有的合金通过固溶与分解得到优良的物理性能。

本章主要介绍合金的时效过程的热力学和动力学、时效时合金组织和性能的变化规律，以及影响时效的因素。

17.1　脱溶沉淀与时效

脱溶是固溶处理的逆过程，从过饱和固溶体中析出第二相（沉淀相）或形成溶质原子聚集区及亚稳定过渡相的过程称为脱溶或沉淀，这是一种扩散型相变。具有这种转变的最基本条件是，合金在平衡状态图上有固溶度的变化，并且固溶度随温度降低而减少，固溶处理和时效工艺示意图如图 17-1 所示。

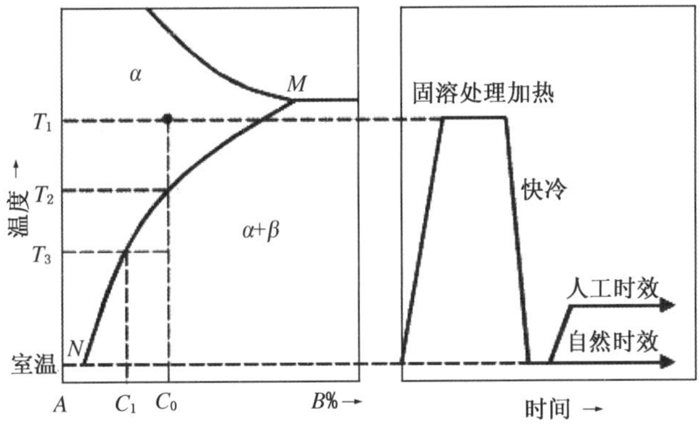

图 17-1　固溶处理与时效处理的工艺过程示意图

以图 17-1 为例，将 C_0 成分的合金自单相 α 固溶体状态缓慢冷却到固溶度线（MN）以下温度（如 T_3）保温时，β 相将从 α 相固溶体中脱溶析出，α 相的成分将沿固溶度线变化为平衡浓度 C_1，这种转变可表示为：$\alpha(C_0) \rightarrow \alpha(C_1) + \beta$。$\beta$ 为平衡相，可以是端际固溶体，也可以是中间相，反应产物为（$\alpha + \beta$）双相组织。将这种双相组织加热到固溶度线以上某一温度（如 T_1）保温足够时间，将获得均匀的单相固溶体 α 相，这种处理称为固溶处理。

若将经过固溶处理后的 C_0 成分合金进行急冷处理，抑制 α 相分解，在室温下获得亚稳的过饱和 α 相固溶体。这种过饱和固溶体在室温或较高温度下等温处理时，亦将发生脱溶，但脱溶相往往不是状态图中的平衡相，而是亚稳相或溶质原子聚集区。这种脱溶可显著提高合金的强度和硬度，称为沉淀强(硬)化或时效强(硬)化，是强化合金材料的重要途径之一。

合金在脱溶过程中，其力学性能、物理性能和化学性能等均随之发生变化，这种现象称为时效。室温下产生的时效称为自然时效，高于室温的时效称为人工时效。

17.2 脱溶沉淀和脱溶物结构

合金经固溶处理并淬火获得亚稳过饱和固溶体，若在足够高的温度下进行时效，最终将沉淀析出平衡脱溶相。但平衡相结构一般与基体相有较大的差异，不是一开始就析出平衡相，而是先析出某些势垒较低的亚稳过渡相，最后才转化成稳定的平衡相。因此，合金脱溶是按照一定的脱溶顺序进行的。值得注意的是，同一种合金在高温和低温下的脱溶顺序和产物不尽相同，不同的合金也有各自的脱溶顺序和产物。由于固态相变比较困难，合金脱溶析出的早期产物或过渡相往往与基体是共格的或半共格的，合金通常以这些弥撒析出物使合金硬化。对于 A1-4%Cu 合金，其室温平衡组织为 α 相固溶体和 θ 相(CuAl2)。该合金经固溶处理并淬火冷却获得过饱和 α 相固溶体后，加热到 170℃进行时效，其脱溶顺序为 G. P. 区→θ''相→θ'相→θ 相，即在平衡相(θ)出现之前，有 3 个过渡脱溶物相继出现。

下面以 A1－Cu 合金为例，介绍时效过程中过渡相和平衡相的形成及其结构。

17.2.1 G. P. 区的形成及其结构

在 Al-Cu 合金中，G. P. 区代表 Cu 原子的偏聚区，为纪念 Guinier 和 Preston 的工作而得名。但现在 G. P. 区一词已成为通用名词了，可用来泛指任何固溶体中的溶质原子偏聚区。

Guinier 和 Preston 于 1938 年分别独立地分析了 Al-Cu 合金时效初期的单晶体，发现在母相 α 固溶体的{100}面上出现一个原子层厚度的 Cu 原子聚集区，由于与母相保持共格联系，Cu 原子层边缘的点阵发生畸变，产生应力场。G. P. 区具有以下特点：①在过饱和固溶体的分解初期形成，且形成速度很快，通常为均匀分布；②其晶体结构与母相过饱和固溶体相同，并与母相保持第一类共格关系；③在热力学上是亚稳定的。

Al－Cu 合金中 G. P. 区的显微组织及其结构模型如图 17－2 所示。结构模型为 G. P. 区的右半部(左半部与其对称)的横截面，图面平行于 Al 原子点阵的 $(100)_\alpha$ 面，而与 $(010)_\alpha$ 和 $(001)_\alpha$ 面垂直。Cu 原子层在 $(001)_\alpha$ 面上形成，这是因为 $<001>_\alpha$ 方向上的弹性模数最小。Cu 原子的半径较小，约为 A1 原子半径的 87%，所以 Cu 原子层附近的 A1 原子层将沿 $[001]_\alpha$ 方向以 Cu 原子层为中心向内收缩。最邻近 Cu 原子层的 A1 原子层的收缩量最大，与 Cu 原子层的间距为 d_1，小于原始 A1 原子间距 d_0；次近邻各 A1 原子层亦有不同程度的收缩。距离 Cu 原子层越远，A1 原子层的收缩量就越小，其影响范围约为 16 个 A1 原子层。

由于 G. P. 区与母相保持共格，故其界面能较小，而弹性应变能较大。因此，G. P. 区的形状与溶质和溶剂的原子半径差有关。根据计算，当析出物体积一定时，其周围的弹性应变能按球状→针状→圆盘状的顺序依次减小。一般认为，当溶质与溶剂的原子半径差不大于3%时析出物呈球状，而当原子半径差大于 5%时析出物呈圆盘状。由于 Cu 与 A1 的原子半径差约高达 11.5%，故在 Cu 原子层形成时产生的弹性应变能较大，因而 A1-Cu 合金中的 G. P. 区呈圆盘状。而 A1-Ag 和 Al-Zn 合金中，溶质和溶剂的原子半径差很小，G. P. 区形成

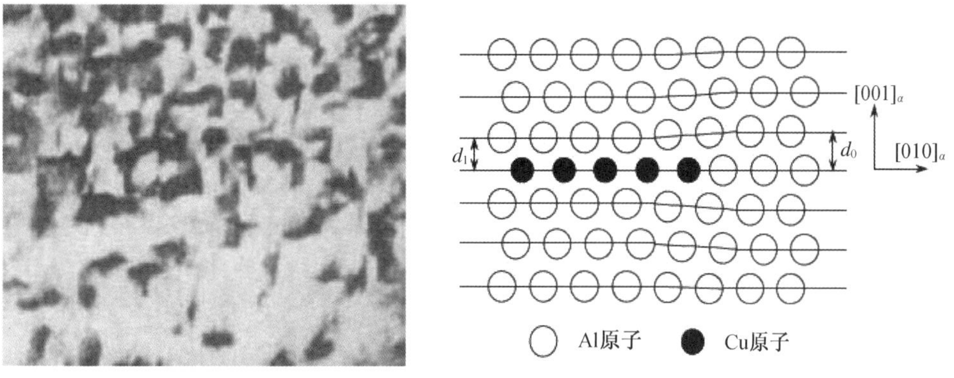

(a)　　(b)

图 17-2　Al-Cu 系合金中 G. P. 区(图(a))及其机构模型(图(b))

时所产生的弹性应变能较小，所以 G. P. 区呈球状。

G. P. 区的大小与合金成分、时效温度和时效时间等因素有关。例如，A1-Cu 合金在 25℃时效时，G. P. 区直径＜5nm；100℃时效时，G. P. 区直径为 15～20nm；而在 200℃时效时，G. P. 区直径可达 80nm。在 25～100℃时效时，G. P. 区的厚度约为 0.4nm。

试验证明，G. P. 区的数目比位错数目(密度)要大得多。据此认为，G. P. 区的形核主要是依靠浓度起伏的均匀形核，而依靠位错的不均匀形核则不起主要作用。

17.2.2　过渡相的形成及其结构

1. θ''相的形成与结构

G. P. 区形成之后，当时效时间延长或时效温度提高时，将形成过渡相。从 G. P. 区转变为过渡相的过程可能有两种情况：一是以 G. P. 区为基础逐渐演变为过渡相，如 A1-Cu 合金；二是与 G. P. 区无关，过渡相独立地形核长大，如 Al-Ag 合金。

在 A1-Cu 合金中，随着时效的进行，一般是以 G. P. 区为基础，沿其直径方向和厚度方向(以厚度方向为主)长大形成过渡相 θ''相。θ''相具有正方点阵，点阵常数为 $a=b=4.04$Å，与母相 α 相同，$c=7.8$Å，较 α 相的两倍(8.08Å)略小。θ''相的晶胞的 5 层原子面中，中央一层为 100%Cu 原子层，最上和最下的两层为 100%A1 原子层，而中央一层与最上、最下两层之间的两个夹层则由 Cu 和 A1 原子混合组成(Cu 为 20%～25%)，总成分相当于 $CuAl_2$。θ''相与基体 α 相仍保持完全共格关系。θ''相仍为薄片状，片的厚度约 0.8～2nm，直径约为 14～15nm。随着 θ''相的长大，在其周围基体中产生的应力和应变也不断地增大。θ''是以 $\{100\}_\alpha$ 为惯习面的完全共格的薄片状脱溶物，它与基体的取向关系是：

$$(001)_{\theta''} \parallel (001)_\alpha$$

$$[001]_{\theta''} \parallel [001]_\alpha$$

随着 θ''相的产生与发展，G. P. 区便逐渐减少而消失，θ''相也可能从基体中生核，并借助 G. P. 区的溶解而长大。

2. θ'相的形成与结构

在 A1-Cu 合金中，随着时效过程的进展，薄片状 θ''相周围的共格关系部分遭到破坏，θ''相转变为新的过渡相(θ'相)。θ'相也具有正方点阵，点阵常数为 $a=b=4.04$Å，$c=5.8$Å。θ'相的成分近似于 $CuAl_2$。

θ'相的点阵虽然与基体 α 相不同，但彼此之间仍然保持着部分共格关系，两点阵各以其{001}面联系在一起，如图 17－3 所示。θ'相和 α 相之间具有下列取向关系：

$$(100)_{\theta'} \parallel (100)_{\alpha}$$
$$[001]_{\theta'} \parallel [001]_{\alpha}$$

θ'相与基体 α 相保持部分共格关系，而 θ''相与 α 相则保持完全共格关系，这是两者的主要区别之一。

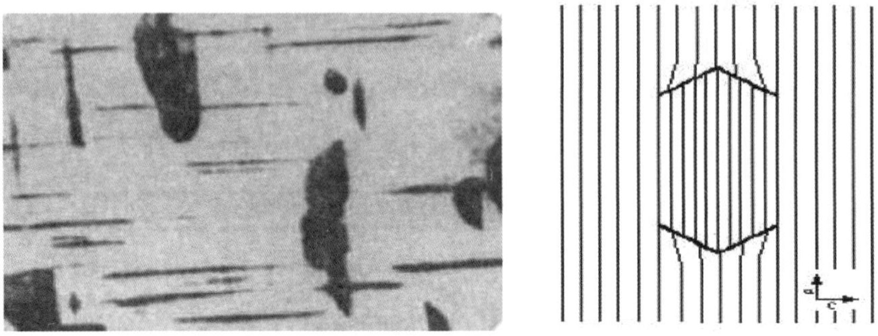

(a)　　(b)

图 17－3　Al-Cu 合金的 θ'相以及 θ'相与基体的部分共格关系示意图

17.2.3　平衡相的形成及其结构

在 A1-Cu 合金中，随着 θ'相的成长，其周围基体中的应力和应变不断增大，弹性应变能也越来越大，因而 θ'相逐渐变得不稳定。当 θ'相长大到一定尺寸后将与 α 相完全脱离，成为独立的平衡相，称为 θ 相。θ 相也具有正方点阵，不过其点阵常数与 θ'相及 θ''相相差甚大。θ 相的点阵常数为 $a=b=6.066$Å，$c=4.874$Å，与基体无共格关系，呈块状。其他时效硬化型合金也与 A1-Cu 合金一样，出现中间亚稳的过渡相，但不一定都有上述 4 个阶段。表 17－1 列出了几种时效硬化型合金的析出系列。

表 17－1　几种时效硬化型合金的析出系列

基本金属	合金	析出系列	平衡析出相
Al	Al-Ag	G. P. 区(球)→γ'(片)	→γ(Ag_2Al)
	Al-Cu	G. P. 区(盘)→θ''(盘)→θ'	→θ($CuAl_2$)
	Al-Znl-Mg	G. P. 区(球)→M'(片)	→M($MgZn_2$)
	Al-Mg-Si	G. P. 区(杆)→β'	→β(Mg_2Si)
	Al-Mg-Cu	G. P. 区(杆或球)→$_s{}'$	→s(Al_2CuMg)
Cu	Cu-Be	G. P. 区(盘)	→γ(CuBe)
	Cu-Co	G. P. 区(球)	→β
Fe	Fe-C	ε(η)-碳化物	→θ(Fe_3C)
	Fe-N	α''(盘)	→Fe_4N

17.3　脱溶热力学和动力学

17.3.1　脱溶的热力学分析

脱溶时的能量变化符合一般的固态相变规律。脱溶的驱动力是新相($\alpha(C_1)+\beta$)和母相 $\alpha(C_0)$的化学自由能差，脱溶的阻力是形成脱溶相的界面能和应变能。Al-Cu 合金在某一温度下脱溶时各个阶段的化学自由能一成分关系如图 17－4 所示。由图可见，C_0 成分的合金在该温度下形成 G. P. 区时，可用公切线法确定基体和脱溶相的成分分别为 $C_{\alpha1}$ 和 $C_{G.P.}$；同理，形成 θ''相时，基体和脱溶相的成分分别为 $C_{\alpha2}$ 和 $C_{\theta''}$；形成 θ'相时，基体和脱溶相的成分分别为 $C_{\alpha3}$ 和 $C_{\theta'}$；形成 θ 相时，基体和脱溶相的成分分别为 $C_{\alpha4}$ 和 C_{θ}。各公切线与过 C_0 的垂线的交点 b、c、d 和 e 分别代表 C_0 成分母相 α 中形成 G. P. 区、θ''相、θ'相和 θ 相时两相的系统自由能，因此采用图解法可求得形成 G. P. 区、θ''、θ' 和 θ 相的相变驱动力分别为 $\Delta G_1=a—b$、$\Delta G_2=a—c$、$\Delta G_3=a—d$ 和 $\Delta G_4=a—e$。由图可见，$\Delta G_1<\Delta G_2<\Delta G_3<\Delta G_4$，即形成 G. P. 区时的相变驱动力最小，而析出平衡相时的相变驱动力最大。

尽管形成 θ 相时相变驱动力最大，但由于 θ 相与基体非共格，形核和长大时的界面能较大，所以不易形成。而 G. P. 区与基体完全共格，形核和长大时的界面能较小，并且 G. P. 区与基体间的浓度差较小，较易通过扩散形核并析出，如图 17－5 所示。因 G. P. 区最易形成，故实际最先形成 G. P. 区，之后随着时间推移逐渐再向自由能更低的亦即更稳定的状态转化，如图 17－6 所示。

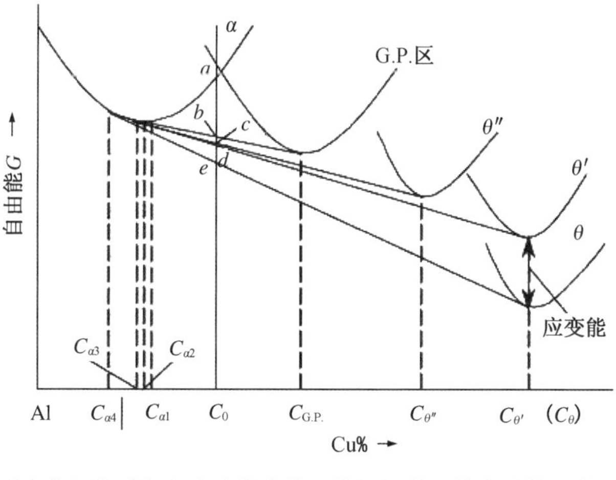

图 17－4　Al-Cu 系合金析出过程各个阶段在某一等温温度下的自由能—成分关系曲线示意图

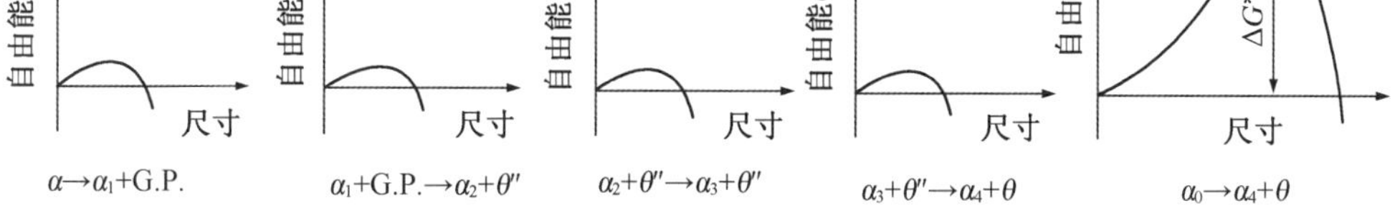

图 17－5　形成的每种过渡相激活能势垒与平衡相直接析出所需的激活能势垒相比

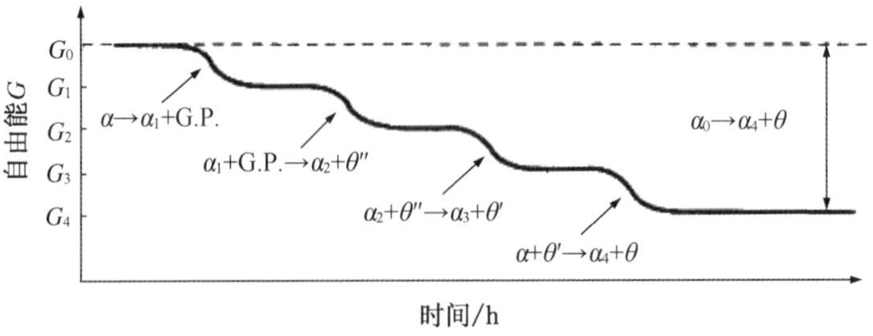

图 17-6 合金总的自由能随时间变化的示意图

17.3.2 脱溶动力学及其影响因素

1. 等温脱溶曲线

如前所述，过饱和固溶体的脱溶驱动力是化学自由能差，脱溶过程是通过原子扩散进行的。因此与珠光体及贝氏体转变一样，过饱和固溶体的等温脱溶动力学曲线也呈 C 字形，如图 17-7 所示。图中，G. P.、β' 和 β 分别表示 G. P. 区、过渡相和平衡相；$T_{G.P.}$、$T_{\beta'}$ 和 T_β 分别表示 G. P. 区、过渡相 β' 和平衡相 β 完全固溶的最低温度；$\tau_{G.P.}$、$\tau_{\beta'}$ 和 τ_β 分别表示在 T_1 温度下开始形成 G. P. 区、过渡相 β' 和平衡相 β 所需的时间。

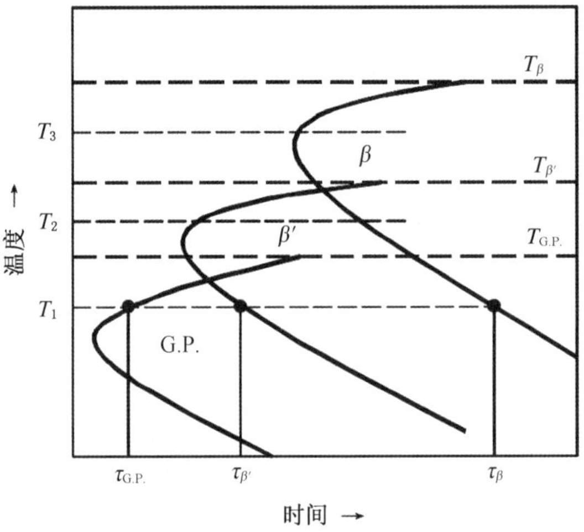

图 17-7 等温脱溶 C 曲线示意图

从等温脱溶 C 曲线可以看出，无论是 G. P. 区、过渡相和平衡相，都要经过一定的孕育期后才能形成。随等温温度升高，原子扩散迁移率增大，脱溶速度加快；但温度升高时固溶体的过饱和度减小，临界晶核尺寸增大，因而又有使脱溶速度减慢的趋势，所以脱溶动力学曲线呈 C 字形。在接近 $T_{G.P.}$、$T_{\beta'}$ 或 T_β 温度下需要经过很长时间才能分别形成 G. P. 区或 β' 相、β 相。

在较低温度(如 T_1)下时效时，时效初期形成 G. P. 区，经过一段时间后形成过渡相 β'，最终形成平衡相 β。当时效温度高于 $T_{G.P.}$.(如 T_2)时，仅形成过渡相 β' 和平衡相 β；而当时效温度高于 $T_{\beta'}$(如 T_3)时，则仅形成平衡相 β。由此可归纳出脱溶过程的一个普遍规律：时效温度越高，固溶体的过饱和度就越小，脱溶过程的阶段也就越少；而在同一时效温度下合金的溶质原子浓度越低，其固溶体过饱和度就越小，则脱溶过程的阶段也就越少。

2. 影响脱溶动力学的因素

凡是影响形核率和长大速度的因素，都会影响过饱和固溶体脱溶过程动力学。

1）晶体缺陷的影响

试验发现，实际测得的 A1-Cu 合金中 G. P. 区的形成速度比按 Cu 在 A1 中的扩散系数计算出的形成速度高 10^7 倍之多。这是因为固溶处理后淬火冷却所冻结下来的过剩空位加快 Cu 原子的扩散。即 G. P. 区形成时，Cu 原子是按空位机制扩散的，故其扩散系数与空位扩散激活能以及空位浓度有关，而空位浓度又与形成空位所需的激活能及固溶处理温度和固溶处理后的冷却速度有关。当固溶处理后的冷却速度足够快，在冷却过程中空位未发生衰减时，扩散系数 D 可由下式求出：

$$D = A\exp\left(-\frac{Q_{\mathrm{D}}}{kT_{\mathrm{A}}}\right)\exp\left(-\frac{Q_{\mathrm{F}}}{kT_{\mathrm{H}}}\right) \tag{17-1}$$

式中，A 为常数；k 为玻尔兹曼常数；Q_{D} 为空位扩散激活能；Q_{F} 为空位形成激活能；T_{A} 为时效温度；T_{H} 为固溶处理温度。

按式(17－1)计算所得的扩散系数与实测值基本符合。可见，固溶处理加热温度越高，加热后的冷却速度越快，所得到的空位浓度就越高，G. P. 区的形成速度也就越快。在母相晶粒边界出现的无析出区，就是因为晶界附近空位极易扩散至晶界而消失所致。随时效时间的延长和 G. P. 区的形成，固溶体中的空位浓度不断降低，故使新的 G. P. 区的形成速度越来越小。

A1-Cu 合金中的 θ'' 相、θ' 相及 θ 相的析出也是需要通过 Cu 原子的扩散来实现的，因此也与固溶体中的空位浓度有关。

位错、层错以及晶界等晶体缺陷具有与空位相似的作用，往往成为过渡相和平衡相的非均匀形核的优先部位。其原因：一是可以部分抵消过渡相和平衡相形核时所引起的点阵畸变；二是溶质原子在位错处发生偏聚，形成溶质高浓度区，易于满足过渡相和平衡相形核时对溶质原子浓度的要求。

塑性形变可以增加晶内缺陷，故固溶处理后的塑性形变可以促进脱溶过程。

2）合金成分的影响

在相同的时效温度下，合金的熔点越低，脱溶速度就越快。这是因为熔点越低，原子间结合力就越弱，原子活动性就越强。所以低熔点合金的时效温度较低，如 Al 合金在 200℃以下，而高熔点合金的时效温度较高，如马氏体时效钢在 500℃左右。

一般来说，随溶质浓度(固溶体过饱和度)增加，脱溶过程加快。溶质原子与溶剂原子性能差别越大，脱溶速度就越快。有些元素对时效各个阶段的影响是不同的，如 Cd、Sn 极易与空位结合，故使空位浓度下降，使 G. P. 区形成速度显著降低。但 Cd、Sn 又是内表面活性物质，极易偏聚在相界面而使界面上形成的 θ' 相的界面能显著降低，故能促进 θ' 相沿晶界析出。

3）时效温度的影响

时效温度是影响过饱和固溶体脱溶速度的重要因素。时效温度越高，原子活动性就越强，脱溶速度也就越快。但是随着时效温度升高，化学自由能差减小，同时固溶体的过饱和度也减小，这些又使脱溶速度降低，甚至不再脱溶。因此，可以通过提高温度来加快时效过程，缩短时效时间。例如，将 A1-4%Cu-0.5%Mg 合金的时效温度从 200℃提高到 220℃，时效时间可以从 4h 缩短为 1h。但时效温度又不能任意提高,否则强化效果将会减弱。

17.3.3 脱溶颗粒的粗化

在给定温度下,随着时效的连续进行,就有小颗粒被溶解,溶质沉积在大颗粒上使它们长大,以降低总的界面能,这个过程被称为颗粒粗化或 Ostwald 熟化。颗粒熟化特点有:一是析出的新相总量不再变化;二是界面能的减少驱动着颗粒粗化;三是大颗粒不断长大,小颗粒不断缩小以致消失。

1. 颗粒粗化的驱动力

设在 α 母相中析出半径 r 的球形 β 颗粒,其体积为 V,β/α 的相界面面积为 S,则其自由能为

$$G = V(G_V + G_e) + S_\gamma \tag{17-2}$$

式中,G_V,G_e 分别是单位体积新相的化学自由能、弹性应变能;γ 是比界面能。则其中某一组元,例如溶质的化学位可表示为

$$\mu = \frac{\partial G}{\left(\dfrac{\partial V}{\Omega}\right)} \tag{17-3}$$

式中,Ω 为摩尔体积,即每摩尔溶质原子对应的新相体积。由式(17-2)、式(17-3)得

$$\mu = \Omega(G_V + G_e) + \Omega\left(\frac{\partial S}{\partial V}\right)\gamma \tag{17-4}$$

式中,$\partial S/\partial V$ 为每增加一个单位体积引起的表面积的增加,对于球形颗粒为

$$\frac{\partial S}{\partial V} = \frac{d(4\pi r^2)}{d\left(\dfrac{4}{3}\pi r^3\right)} = \frac{2}{r} \tag{17-5}$$

所以

$$\mu = \Omega(G_V + G_e) + \frac{2\Omega\gamma}{r} \tag{17-6}$$

显然,溶质原子在球形颗粒中的化学位与颗粒半径有关。半径越小、越高,这样的颗粒越不稳定。

设在 α 母相中析出半径 r_1 和 r_2 的两个球形 β 相颗粒,彼此相邻,则两者化学位的差异为

$$\Delta\mu = \mu_1 - \mu_2 = 2\Omega\gamma\left(\frac{1}{r_2} - \frac{1}{r_1}\right) \tag{17-7}$$

这即为溶质原子从小颗粒向大颗粒扩散、进而造成颗粒粗化的驱动力。

2. 粗化过程和粗化速率

颗粒粗化过程是小颗粒不稳定,会溶解到基体中,溶质原子通过基体向大颗粒扩散,使小颗粒不断缩小、大颗粒不断增大。

通过分析溶质原子在母相中的扩散,可以求出颗粒的粗化速率。颗粒长大速率可从流进界面的扩散流求得。其中,颗粒长大速率为

$$\frac{\mathrm{d}V_1}{\Omega\mathrm{d}t} = \frac{\mathrm{d}\left(\dfrac{4}{3}\pi r_1^3\right)}{\Omega\mathrm{d}t} = \frac{4\pi r_1^2}{\Omega}\frac{\mathrm{d}r_1}{\mathrm{d}t} \tag{17-8}$$

根据稳准态近似扩散方程的解,并利用 α 相基体中小颗粒附近与大颗粒附近的溶度差:

$$C_2 - C_1 = \frac{2\gamma\Omega C_1}{RT}\left(\frac{1}{r_2} - \frac{1}{r_1}\right) \tag{17-9}$$

式中，C_1、C_2 分别为 r_1，r_2 颗粒的溶质溶度。

单位时间内由母相流进界面的扩散流为

$$D_\alpha 4\pi r_1^2 \frac{C_2 - C_1}{r_1} = 4\pi D_\alpha r_1 \frac{2\gamma\Omega C_1}{RT}\left(\frac{1}{r_2} - \frac{1}{r_1}\right) \tag{17-10}$$

由于式(17-.8)与式(17-10)相等，并且 $C_1 = C_0$，C_0 即为脱溶相的平衡溶解度，得颗粒粗化速率为

$$\frac{\mathrm{d}r_1}{\mathrm{d}t} = \frac{2D_\alpha\gamma\Omega^2 C_0}{RTr_1}\left(\frac{1}{r_2} - \frac{1}{r_1}\right) \tag{17-11}$$

17.4　脱溶后的显微组织

17.4.1　连续脱溶及其显微组织

在合金的脱溶过程中，脱溶物附近基体中的浓度变化为连续的，故称为连续脱溶。连续脱溶又可分为均匀脱溶和非均匀脱溶两种。均匀脱溶的析出物较均匀地分布在基体中，而非均匀脱溶的析出物的晶核优先在晶界、亚晶界、滑移面、孪晶界面、位错线及其他晶体缺陷处形成。实际合金几乎都属于非均匀脱溶，而均匀脱溶是很少见的。常见的非均匀脱溶有滑移面析出和晶界析出。这里的滑移面是切应力所造成的，而切应力一般是在固溶淬火时形成的，在固溶淬火后时效处理前施以冷变形也可以形成切应力。

某些时效型合金(如铝基、钛基、铁基，镍基等)在晶界析出的同时，还会在晶界附近形成一个无析出区，如图 17-8 所示。有些无析出的区宽度很小，只在电镜下才能观察到。无析出区的存在将降低合金的屈服强度，易于在该区发生塑性变形，导致晶间破坏。另外，相对于晶粒内部而言，无析出区是阳极，易于发生电化学腐蚀，从而使应力腐蚀加速。

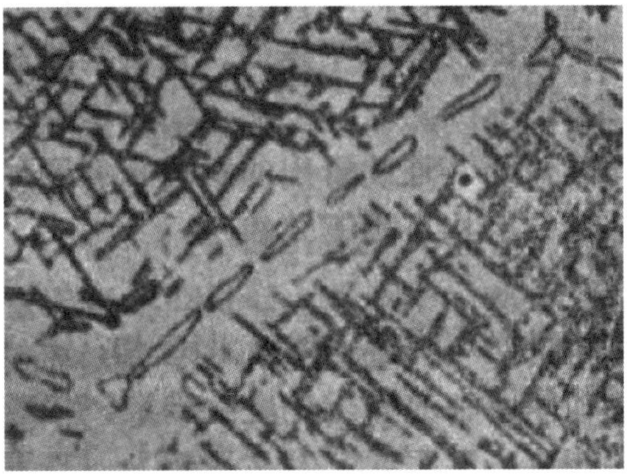

图 17-8　Al-20%Ag 合金的晶界析出及无析出区

电镜观察发现，在固溶处理状态下无析出区中无位错环存在，而其他区域都有大量的位错环。因此认为，无析出区的形成很可能是由于该区位错密度低而不易形核所致。避免出现无析出区的办法是采用一定量的预变形，使该区产生位错，如 Al-7%Mg 合金时效前，经 15%拉伸变形便可消除晶界附近的无析出区。

当析出过渡相到达平衡相时，析出物与基体相之间的共格关系逐渐被破坏，由完全共格

变为部分共格，甚至为非共格关系。虽然如此，在连续脱溶的显微组织中，析出物与基体相之间往往仍然保持着一定的晶体学位向关系，其截面一般呈针状。此外，连续脱溶产物还有呈球状(等轴状)、立方体状的。

17.4.2 非连续脱溶及其显微组织

非连续脱溶也称为胞状脱溶，脱溶时两相耦合成长，与共析转变很相似。因其脱溶物中的 α 相和母相 α 之间的溶质浓度不连续而称为非连续脱溶。若 α_0 为原始 α 相，β 为平衡脱溶相，α_1 为胞状脱溶区的 α 相，则非连续脱溶可表示为 $\alpha_0 \rightarrow \alpha_1 + \beta$。

非连续脱溶的显微组织特征是在晶界上形成界限明显的领域，称为胞状物、瘤状物，如图 17-9 所示。胞状物一般由两相所组成：一相为平衡脱溶物，大多呈片状；另一相为基体，系贫化的固溶体，有一定的过饱和度。由图可见，非连续脱溶的胞状物与片状珠光体很相似。这种胞状物可在晶界一侧生长，也可在晶界两侧同时生长。

图 17-9 7Co-Ti 合金界面上的胞状析出

非连续脱溶形成胞状物时一般伴随着基体的再结晶。如前所述，G. P. 区和过渡相析出时均与基体保持共格关系，所以，随着析出的进行，所产生的应力和应变逐渐增大，当达到一定程度时，基体就会发生回复以至再结晶，这种再结晶称为应力诱发再结晶。由于析出及其伴生的应力和应变以及应力诱发再结晶通常优先发生于晶界上，因此这种析出又称为晶界再结晶反应型析出，简称为晶界反应型析出。

这种再结晶从晶界开始后逐渐向周围扩展，直至整个基体。在发生再结晶的区域，其应力、应变和应变能显著降低。胞状物中的析出物为平衡相，它与基体间的共格关系完全被破坏，也不再存在晶体学位向关系(形成再结晶织构者除外)。基体中的溶质原子浓度降至平衡值。这种再结晶与一般的再结晶一样，亦为扩散型的形核和长大过程。

非连续脱溶的机制如图 17-10 所示。在过饱和固溶体 α 相中，溶质原子首先在晶界处发生偏聚，接着以质点形式脱溶析出 β 相，并将部分晶界固定住。随脱溶过程的进行，β 相将呈片状长入与其无位向关系的母相 α 晶粒中。在片状 β 相的两侧将出现溶质原子贫化区(α_1 相)，而在 α_1 相外侧，沿母相晶界又可形成新的 β 相晶核。此时，在 β 相和 α_1 相以外的母相仍保持原有浓度 α_0。随脱溶过程继续进行，β 相不断向前长成薄片状，并与相邻的 α_1 相组成类似珠光体的、内部为层片状而外形呈胞状的组织(见图 17-9)。胞状组织与珠光体组织的区别在于：由共析转变形成的珠光体中的两相($\gamma \rightarrow \alpha + Fe_3C$)与母相在结构和成分上完全不同，而由非连续脱溶所形成的胞状物的两相（$\alpha_0 \rightarrow \alpha_1 + \beta$）中必有一相的结构与母相相同，只是其溶质原子浓度不同于母相而已。

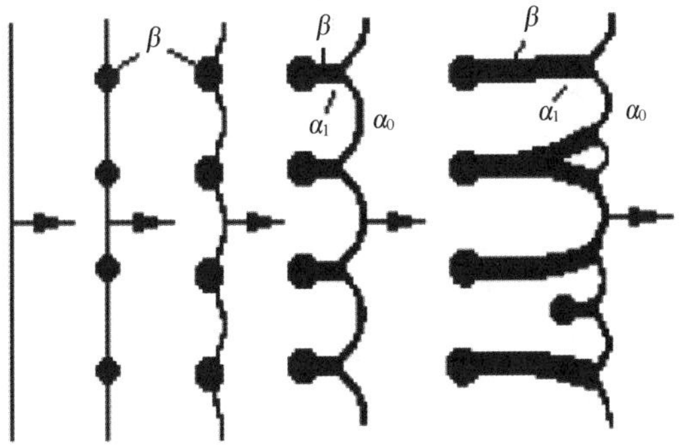

图 17－10　非连续脱溶的机理示意图

过饱和固溶体的非连续脱溶与连续脱溶相比，除界面浓度变化不同外，还有以下三点区别：一是前者伴生再结晶，而后者不伴生再结晶。在连续脱溶过程中，虽然应力和应变也是不断增加的，但一般未达到诱发再结晶的程度；二是前者析出物集中于晶界上，至少在析出过程初期如此，并形成胞状物；而后者析出物则分散于晶粒内部，较为均匀；三是前者属于短程扩散，而后者属于长程扩散。

17.4.3　脱溶沉淀后的显微组织变化

在过饱和固溶体的时效过程中，可以形成各种各样不同的显微组织。过饱和固溶体脱溶产物的显微组织的变化顺序可能有 3 种情况，如图 17－11 所示。

1. 连续非均匀脱溶加均匀脱溶

在图 17－11 中，1(a)表示首先发生连续非均匀脱溶（一般为滑移面析出和晶界析出），接着发生连续均匀脱溶。此时，连续均匀脱溶物的尺寸尚小，还不能用光镜分辨出来。1(b)表示随时间延长，连续均匀脱溶物已经长大，能以光镜分辨。晶界和滑移面上的连续非均匀脱溶物也已经长大，在晶界两侧形成了无析出区，这说明已经发生了过时效。1(c)表示随时效过程进一步发展，析出物已经发生粗化和球化，连续非均匀脱溶和均匀脱溶的析出物已经难以区别，基体中的溶质浓度已经贫化，但基体未发生再结晶。

2. 非连续脱溶加连续脱溶

图 17－11 中 2(a)表示首先发生非连续脱溶，接着发生连续脱溶。从 2(a)到 2(c)表示非连续脱溶的胞状组织（包括伴生的再结晶）从晶界扩展至整个基体。2(d)表示析出物发生了粗化和球化，基体中溶质已发生贫化，并已经发生了再结晶而使基体晶粒细化。

3. 仅发生非连续脱溶

从图 17－11 中 3(a)到 3(c)表示非连续脱溶的胞状组织（包括伴生的再结晶）从晶界扩展至整个基体。3(d)表示析出物粗化和球化。

一般来说，脱溶产物显微组织变化的顺序并不是一成不变的，而是与下列因素有关：合金的成分和加工状态；固溶处理的加热温度和冷却速度；时效温度和时效时间；固溶处理后和时效处理前是否施以冷加工变形，等等。

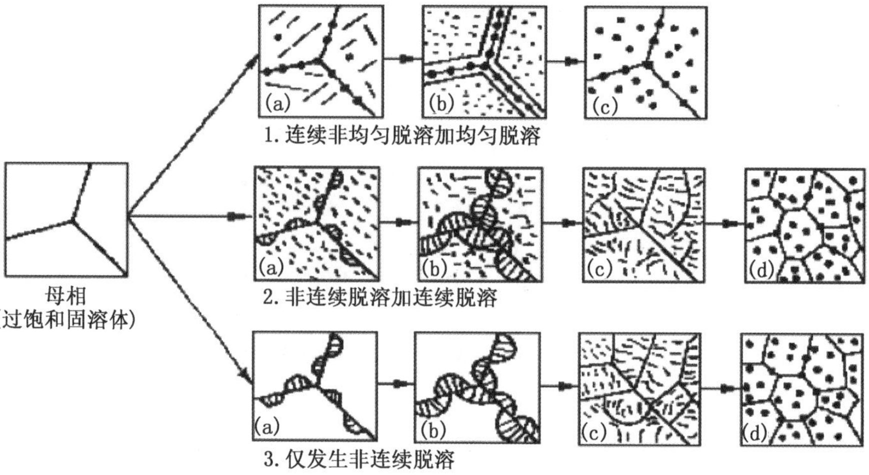

图 17-11 脱溶析出产物显微组织变化的顺序示意图

17.5 脱溶时效时的性能变化

固溶处理所得到的过饱和固溶体在时效过程中,其力学性能、物理性能以及化学性能均随组织和结构的变化而变化。对于结构材料而言,最重要的是硬度和强度,因此,这里着重讨论硬度和强度在时效过程中的变化。

17.5.1 冷时效和温时效

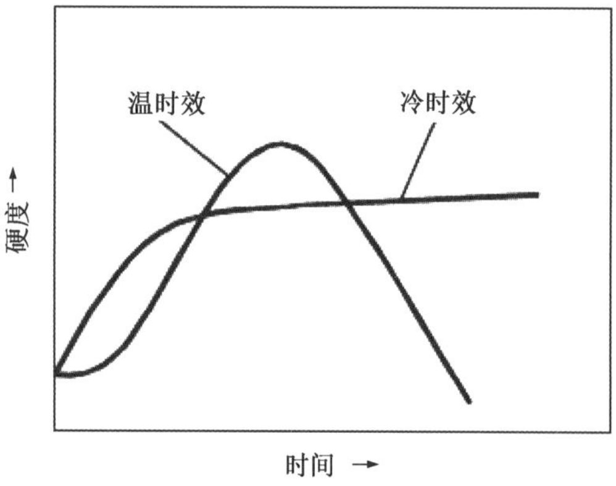

图 17-12 冷时效和温时效硬化变化示意图

由于固溶强化效应,固溶处理所得到的过饱和固溶体的硬度和强度均较纯溶剂更高。在时效初期,虽然过饱和度有所下降,但强度并没有明显降低,反而由于第二相的析出,随着时效时间的延长,硬度会持续升高,习惯上称其为时效硬化。

按时效硬化曲线的形状不同,可分为冷时效和温时效,如图 17-12 所示。冷时效是指在较低温度下进行的时效,其硬度变化曲线的特点是硬度一开始就迅速上升,达一定值后硬度缓慢上升或者基本上保持不变。冷时效的温度越高,硬度上升就越快,所能达到的硬度也就越高。在 Al 基和 Cu 基合金中,冷时效过程中主要形成 G. P. 区。温时效是指在较高温度下发生的时效,其硬度变化规律是:开始有一个停滞阶段,硬度上升极其缓慢,称为孕育期,一般认为这是脱溶相形核准备阶段,接着硬度迅速上升,达到一极大值后又随时间延长而下降。温时效过程中将析出过渡相和平衡相。温时效的温度越高,硬度上升就越快,达最大值的时间就越短,但所能达到的最大硬度反而就越低。冷时效与温时效的温度界限视合金而异,Al 合金一般约在 100℃左右。

冷时效与温时效往往是交织在一起的。图 17-13 示出了不同成分的 Al-Cu 合金在

130℃时效时硬度与脱溶相的变化规律。由图可见，A1-Cu 合金的时效硬化主要依靠形成 G. P. 区和 θ''相，尤其以形成 θ''相的强化效果最大，当出现 θ' 相以后合金的硬度下降。

脱溶时效后合金的硬度变化是由以下 3 个因素共同决定的：①固溶体过饱和度的下降；②基体的回复与再结晶；③脱溶沉淀相的析出。前两个因素均使硬度随时效时间延长而单调下降，而第三个因素则使硬度升高，但当析出相与母相的共格关系被破坏以及析出相粗化后，硬度又将下降。在时效前期，弥散析出相所引起的硬化超过了另外两个因素所引起的软化，因此硬度将不断升高并可达到某一极大值。在时效后期，由于析出相所引起的硬化小于另外两个因素所引起的软化，故导致硬度下降，此即为温时效。若时效时仅形成 G. P. 区，硬度将单调上升并趋于一恒定值，此即为冷时效。

在其他一些时效型合金中，甚至会出现多个硬度峰，其原因可能是在不同时间内形成几种不同的 G. P. 区、过渡相以至平衡相所致。

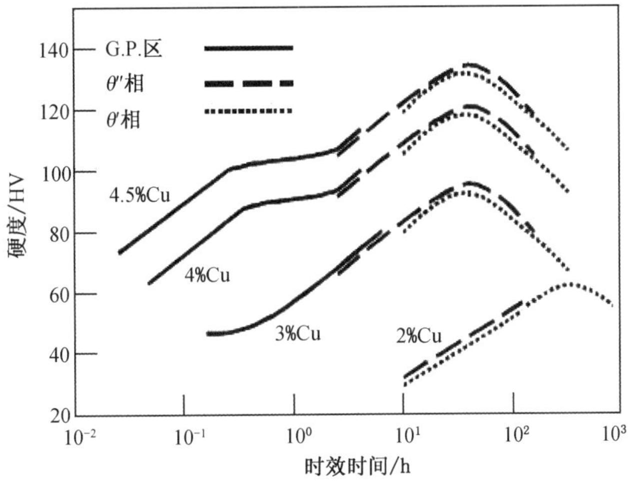

图 17 - 13　Al-Cu 合金在 130℃ 时效时的硬度和析出相的关系

17.5.2　时效硬化机制

时效硬化是由于母相中的位错与析出相之间的交互作用引起的。这里，可以按位错通过析出相的方式不同将时效硬化机制分为以下 3 类。

1. 内应变强化

脱溶相与母相的晶体结构和点阵常数不同，两者保持共格时必将在析出相周围产生不均匀畸变，即形成不均匀应力（应变）场，应力（应变）场阻止位错的运动，使合金的强度提高。内应力的强化随析出相增多而增强。

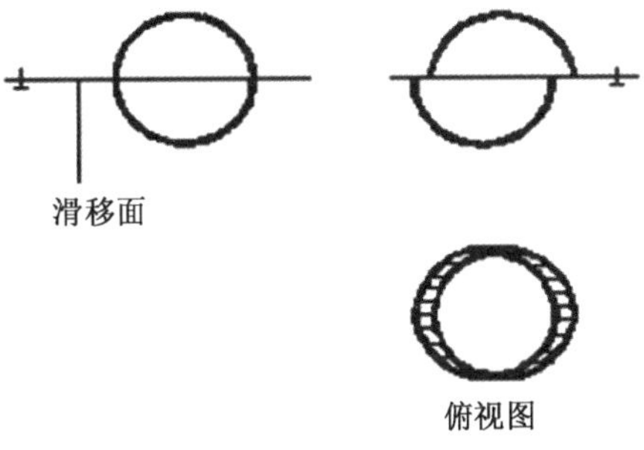

图 17 - 14　位错线切过析出相示意图

2. 切过析出相颗粒强化

若析出相颗粒位于位错线的滑移面上，且析出相不太硬时，位错线可以切过析出相颗粒而强行通过，如图 17 - 14 所示。位错线切过析出相颗粒时，不仅需要克服析出相颗粒所造成的应力场，还由于析出相颗粒被切成两部分而增加了表面能及改变了析出相内部原子之间的邻近关系，因而使能量升高，引起强化。

3. 绕过析出相强化

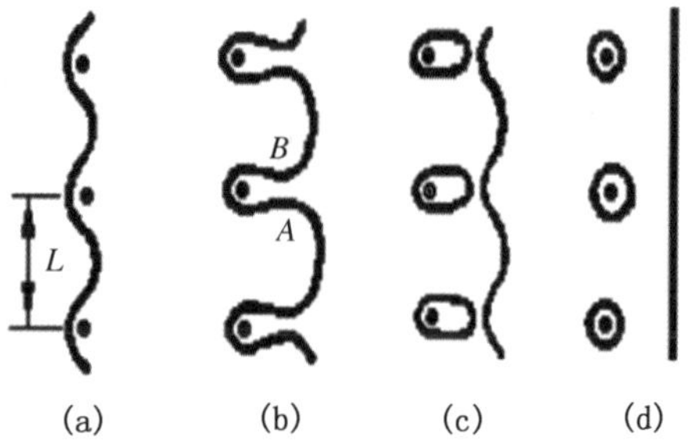

图 17－15 位错线绕过析出相示意图

Orowan 指出，随着析出相的聚集长大，析出相颗粒的间距不断增大。当析出相颗粒间距足够大，且析出相颗粒又很硬，位错不能切过时，在外力作用下位错线将在两个析出相颗粒之间凸出，如图 17－15(a)所示。当凸出部分的曲率半径小于 1/2 间距时，无须进一步增加外力，位错线即可继续向前扩展。如图 17－15(b)所示，方向相反的位错段 A、B 相遇时将相消而重新连接成一根位错线并在析出相颗粒周围留下位错圈，如图 17－15(c)所示。绕过析出相颗粒的位错线在外力作用下将继续前进，如图 17－15(d)所示。位错线按此方式向前移动时所需的切应力 τ 为

$$\tau = \frac{2G\boldsymbol{b}}{L} \tag{17-12}$$

式中，G 为切变模量；$\boldsymbol{b}$ 为柏氏矢量；L 为相邻析出相颗粒间距。可见，位错移动所需的切应力 τ 与析出相颗粒间距 L 成反比，L 越小，则 τ 越大。当时效进行到一定程度后，随着析出相颗粒的聚集长大，颗粒间距 L 增大，切应力 τ 随之减小，即硬度和强度下降，这就是所谓的过时效的本质。

位错绕过析出相颗粒时所留下的位错圈将使下一根位错线通过该处时变得困难，从而引起形变强化。

按照上述硬化机制可以对图 17－13 所示的时效硬化曲线解释如下：时效初期形成的 G. P. 区与母相保持共格关系，具有内应变强化效应，再加上切过强化效应而使硬度显著升高。随着时效时间的延长，G. P. 区数量增多，硬度也不断升高。当 G. P. 区数量达到某一平衡值时硬度不再增加，出现一个平台，随后析出的 θ'' 相也与母相保持共格关系，在其周围也形成强内应力场。另外，位错线也可以切过 θ'' 相，故 θ'' 相的析出使硬度和强度进一步升高，并随 θ'' 相数量及尺寸的增加而增加。当 θ'' 相粗化到位错线能够绕过时，随着颗粒尺寸和颗粒间距的增大，硬度开始下降，出现了过时效现象。析出 θ' 相时，由于 θ' 相是不均匀形核，与母相保持半共格关系，且形成后很快粗化到位错线可以绕过的尺寸，半共格关系也很快被破坏，因此 θ' 相出现不久硬度即开始下降；θ 相的析出只能导致硬度下降。

17.5.3 回归现象

将低温时效处理后的合金重新加热到固溶度曲线以下较高温度并迅速冷却，时效硬化会立即消除，硬度恢复到固溶处理状态，这种现象称为回归。回归现象的实质是：通过时效形成的 G. P. 区在加热到稍高于 G. P. 区固溶度曲线的温度时，G. P. 区发生溶解，而过渡相和平衡相则由于保温时间过短而来不及形成，再次快冷至室温后仍获得过饱和固溶体。

回归过程十分迅速，其原因是淬火铝合金中存在大量空位。G. P. 区的形成受空位扩散所控制，大量的空位集中于脱溶区及其附近，故溶质原子的扩散加速，因而回归过程迅速。回归后重新时效时，时效速度大大下降，这是因为回归处理温度比淬火温度低得多，快冷至室温后保留的过剩空位少得多，因而扩散减慢，时效速度显著下降。

实际生产中可利用回归现象。例如，当需要工件恢复塑性以便于冷加工，或为了避免淬火变形和开裂而不宜重新进行固溶处理时，可以利用回归现象。

17.5.4　应变时效

低碳钢经过一定的冷加工塑性变形后，在室温下放置或在稍高的温度下进行人工时效处理，合金性能发生变化的现象称为应变时效，也称形变时效或机械时效。产生应变时效的原因是，形变后 C、N 间隙原子偏聚在位错线附近，形成“柯氏气团”，起钉扎位错的作用，导致强度提高，韧性下降。应变时效脆化事故往往是灾难性的，需要防止其发生。应变时效是由钢中间隙原子 C、N 原子引起的，主要是氮，因为碳在 100℃以下的作用不大。当铁中含 0.0001%(质量分数)的氮时，就会出现时效现象，而含 0.002%的氮的应变时效达到最大值。

17.6　调幅分解

失效过程中常发生一类特殊的相变，即调幅分解。调幅分解与形核－长大型相变不同，它是一类连续型相变。连续型相变仅发生在原来的晶体结构和转变后的晶体结构都相同的系统中。它是一种扩散型相变，但是没有形核势垒，由母相中大范围的原子发生轻微的重新排列，形成涨落，连续地长大形成为新相。

调幅分解又称拐点分解(在自由焓－成分曲线上存在拐点，在拐点处 $\frac{d^2G}{dx^2}=0$)，在具有溶解度间隔和拐点曲线的合金中，通过上坡扩散，不经形核，按扩散－偏聚机制转变，进行溶质原子的聚集，单相固溶体自发、连续地分解成两种结构与原固溶体相同但成分有明显差别的亚稳共格固溶体的转变，称为调幅分解。调幅分解是固溶体分解的一种特殊形式，调幅分解产物只有溶质的富集区与贫化区，两者之间没有清晰的界面，因而使合金具有强韧性或具有某些理想的磁性等物理性能。

调幅分解现象，首先是在 Ni 基、Al 基、Cu 基等有色金属中被发现，近年来，在 Fe 基合金中也发现了调幅分解现象。应当指出：在许多合金系中低温时效时，G. P. 区一般是通过调幅分解的方式进行的。高碳马氏体在 100℃以下回火，也存在调幅分解过程，所有的永磁合金几乎都有调幅分解转变。

经调幅分解的组织由两相组成，并且保持着晶体学位向关系。两相的晶体结构完全相同，仅仅化学成分不同，分解时产生的应力和应变相对较小，共格关系不容易破坏。

第 18 章　回火转变

所谓回火就是在淬火处理后将工件加热到低于临界点的某一温度，保温一定时间，然后冷却到室温的一种热处理操作。钢件淬火后获得的组织主要是马氏体或马氏体加残余奥氏体，在室温下这两种组织都处于亚稳状态，并有向铁素体加碳化物的稳定状态转变的趋势。加热到某一温度并保温，将加速由亚稳状态向稳定状态的转变过程。实质上，钢在回火时所发生的马氏体分解以及二次硬化现象等也是一种过饱和固溶体的脱溶过程。回火的目的是为了获得所需要的稳定组织和性能，并消除或减少淬火内应力。

18.1　淬火碳钢回火时的组织转变

淬火钢在热力学上具有从非平衡状态向平衡状态转变的自发倾向。该体系非平衡状态与平衡状态的自由能差，为之提供了这种转变的驱动力。只不过在室温下这种转变在动力学上表现得十分缓慢，我们不易察觉而已。A_1 临界点以下温度的加热回火，将使这种自发转变明显起来。下面我们以碳钢为例来说明淬火钢回火时的组织转变。

碳钢的回火过程可分为以下 5 个有区别而又相互重叠的阶段：

① 碳原子的偏聚——回火的预备阶段(25～100℃以下)；

② 马氏体的分解——回火第一阶段(100～250℃)；

③ 残余奥氏体的转变——回火第二阶段(200～300℃)；

④ 碳化物的形成——回火第三阶段(250～400℃)；

⑤ α 相的回复再结晶和碳化物的聚集长大——回火第四阶段(400℃以上)。

由于采用的试验方法和精度不同，不同文献给出的各阶段温度范围会有一些差异，甚至对回火阶段的划分也不尽相同。

18.1.1　碳原子的偏聚

25～100℃的温度范围属于回火的预备阶段，也称为回火的前期阶段或时效阶段。在这个阶段，发生碳原子的偏聚，低碳板条马氏体中的碳原子主要偏聚于位错的张应力区，高碳片状马氏体中的碳原子主要偏聚于孪晶面等一定的晶面上。

在 25～100℃的范围内，虽然铁和合金元素原子尚难以扩散，但碳、氮原子尚能做短距离的扩散，在转变为稳定组织的自发倾向驱使下，马氏体中过饱和的碳、氮原子会自发地进行偏聚(集团化)。

Fe-16.7Ni-0.82C 合金经奥氏体化后快冷至－195℃，然后在－195～100℃各个温度下回火 3h，考察其硬度变化。结果发现，温度超过－80℃，硬度就开始上升。80℃回火 3h 后，硬度由原来的 54HRC 上升到 58HRC，如图 18－1 所示。检查其显微组织，并未发现该过程中有任何第二相析出。因此推断出，100℃以下回火其硬度的提高是由碳原子的偏聚引起的。由于镍不是碳化物的形成元素，也不溶于渗碳体，因此镍在如图 18－1 所示的 Fe-Ni-C

合金中的作用只是把 M_s 点降低到－40℃左右，以保证在淬火过程中不会发生自回火。在－196℃测量可以保证试样在测量时不会发生第二相析出。

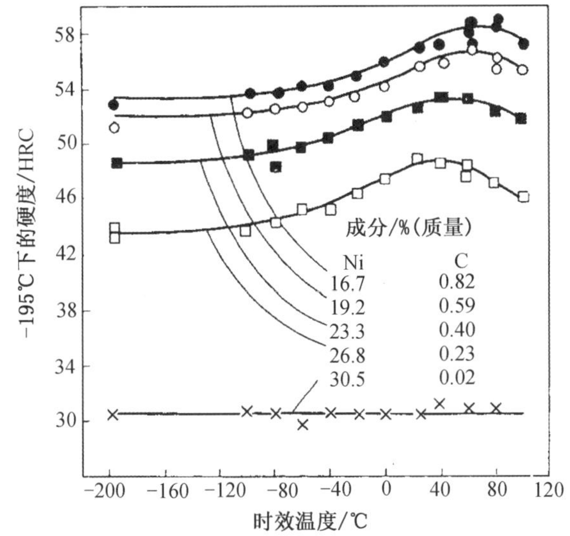

图 18－1　Fe-Ni-C 马氏体在不同温度时效 3h 后于－196℃测得的硬度

含碳量 0.25％的低碳马氏体，间隙原子进入马氏体晶格中位错线附近的张应力区，降低了系统的弹性能，马氏体晶格呈现 bcc 结构，而不是 bct 结构。只有当奥氏体中含碳量大于 0.25％，晶格缺陷中容纳的碳原子达到饱和时，多余的碳原子才形成碳原子偏聚团，从而才显示出一定的正方度。

高碳的片状马氏体，由于低能量的位错位置很少，除少量碳原子向位错线偏聚外，大量碳原子将向垂直于马氏体 C 轴的 $(100)_M$ 面或孪晶面 $\{112\}_M$ 上富集。马氏体中的碳原子选择性地转向同一晶向（如 $[100]_M$）的八面体间隙并进一步发生偏聚，形成凸透镜状的碳原子偏聚团，称为“弘津气团”。弘津气团趋向于在同一晶面上出现，并形成若干个小片组成的碳原子片状畴，畴的尺寸约为几个纳米。

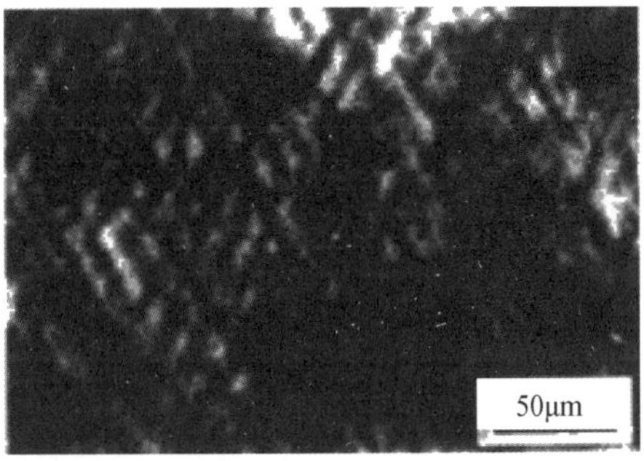

图 18－2　Fe-15Ni-1C 合金马氏体在室温时效 48d 后的调幅组织（TEM 照片）

对 Fe-Ni-C 合金马氏体的 TEM 研究表明，在室温下短时间失效后，一个精细尺度、粗花呢织物状的碳浓度调幅组织沿马氏体的＜203＞方向形成，马氏体内形成一些微小富碳区和贫碳区，相间地有规则地分布，如图 18－2 所示。富碳区和贫碳区的间距在 1～5nm。间距还随时效时间的延续而增加。例如，Fe-25Ni-0.4C 和 Fe-15Ni-1C 马氏体在室温时效 1 个月后，分别达到 5nm 和 9nm 左右。这表明室温回火马氏体是以调幅分解机制进行分解的。

130℃碳原子迁移 0.2nm 的距离仅需要 2.0ms，室温下碳原子迁移 0.2nm 的距离则需要 20s。这表明，碳原子在室温仍有一定的扩散能力。因此，从 M_s 到室温，碳可很快地完成原子偏聚过程。这一过程很难用一般测试手段观察检验出来，而只能用内耗法、电阻法等进行研究。正因如此，在发现回火的其他 4 个阶段以前的很长一个时期内，人们没法发现碳原子的偏聚。这也正是将这个阶段成为回火预备阶段的主要原因。

18.1.2 马氏体的分解

100～250℃的温度范围属于碳钢回火的第一阶段。在这个阶段，中、高碳马氏体将分解为由碳含量过饱和的 ω(C)＝0.2%～0.3%的 α 相和与之共格的 ε 亚稳碳化物组成的回火马氏体；而 ω(C)≤0.2%的低碳马氏体不发生马氏体的分解，碳原子将继续偏聚而不析出。随着中、高碳马氏体中碳浓度的降低，其晶格常数 c 减小，a 增大，正方度 c/a 减小。

图 18－3 表示 c/a 与回火温度及回火时间的关系，从中可以看出，ω(C)＝0.96%的钢在不同温度回火后马氏体中含碳量与晶格常数的变化。从图中可以看出，随着回火温度的升高，马氏体中含碳量不断降低，正方度不断减少；回火温度越高，回火初期碳浓度下降越多，最终马氏体碳浓度越低。可见，回火温度对马氏体的分解起重要作用。

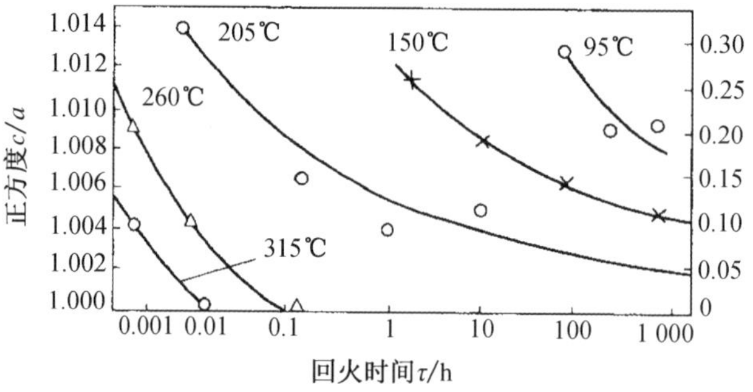

图 18－3 含碳为 0.96%的钢回火时马氏体中的碳含量曲线

1. 高碳马氏体的分解

实验测得的高碳(1.4%C)马氏体的正方度与回火温度之间的关系，如表 18－1 所示。由表可见，当回火温度低于 125℃时，α 相呈现两种正方度，即由于碳化物析出，同时出现碳含量不同的两种 α 相：一种与未经回火的淬火高碳马氏体接近(c/a＝1.062～1.054)，对应的碳含量为 1.4%～1.2%；另一种为低碳马氏体(c/a＝1.012～1.013)，对应的碳含量为 0.27%～0.29%。当回火温度高于 125℃时，α 相的正方度只有一种，即只存在一种 α 相，而且随回火温度升高，c/a 逐渐减小，α 相中碳含量逐渐降低。这表明，由于回火温度不同，碳化物析出可以有两种不同方式，即双相分解和单相分解。

表 18－1 高碳(1.4%C)马氏体正方度和碳含量及回火温度的关系

回火温度/℃	回火时间	a/Å	c/Å	c/a	C/%
室温	10 年	2.846	2.880,3.02	1.012,1.062	0.27,1.4
100	1h	2.846	2.882,3.02	1.013,1.054	0.29,1.2
125	1h	2.846	2.886	1.013	0.29
150	1h	2.852	2.886	1.012	0.27
175	1h	2.857	2.884	1.009	0.21
200	1h	2.859	2.878	1.006	0.14
225	1h	2.861	2.872	1.004	0.08
250	1h	2.863	2.870	1.003	0.06

1）高碳马氏体的双相分解

回火温度在 125～150℃以下，马氏体以双相分解方式进行分解。此时，随着碳化物的析出，出现两种正方度不同的 α 相，即具有高正方度的保持原始碳含量的未分解的马氏体及具有低正方度的碳已部分析出的 α 相。随着回火时间延长，即随着碳化物析出，两种 α 相的碳含量均不发生改变，只是高碳区越来越少，而低碳区越来越多。

图 18－4 为马氏体的双相分解示意图。图中，在碳原子富集区，经过有序化后析出碳化物晶核并依靠周围 α 相提供的碳原子而长大成碳化物颗粒。由于碳化物的析出，在其周围出现低碳（C_1）的 α 相，而远处的 α 相仍保持原有碳含量 C_0，如图 18－5 所示。由于温度较低，碳原子不能作远距离扩散，高碳区与低碳区之间的浓度差不易消失，已经析出的碳化物不能继续长大，马氏体的继续分解只能依靠在其他高碳区析出新的碳化物颗粒，并在其周围形成新的低碳区。所以，随着分解过程的进行，高碳区越来越少，低碳区越来越多。当高碳区完全消失时双相分解即告结束，此时，α 相的平均碳含量亦降至 C_1。经过测定，低碳区的碳含量 C_1 与马氏体原始碳含量及分解温度均无关，为一恒定值，为 0.25％～0.30％。

双相分解的速度与温度有关，温度越高，分解速度就越快。经计算得出在不同温度下马氏体分解一半所需时间，如表 7.2 所示。可见，提高温度将使高碳马氏体的双相分解速度大大加快。

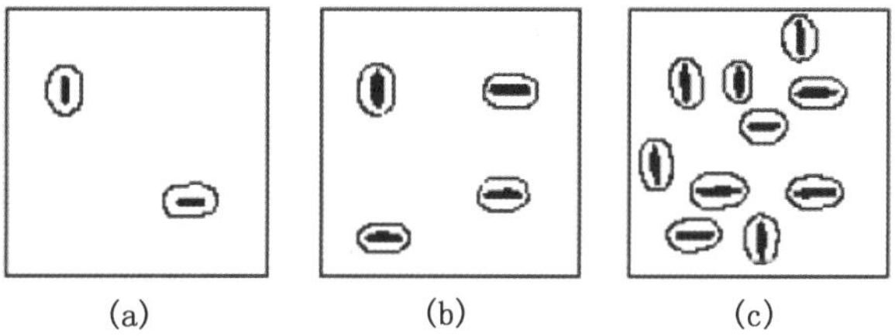

图 18－4　马氏体双向分解示意图

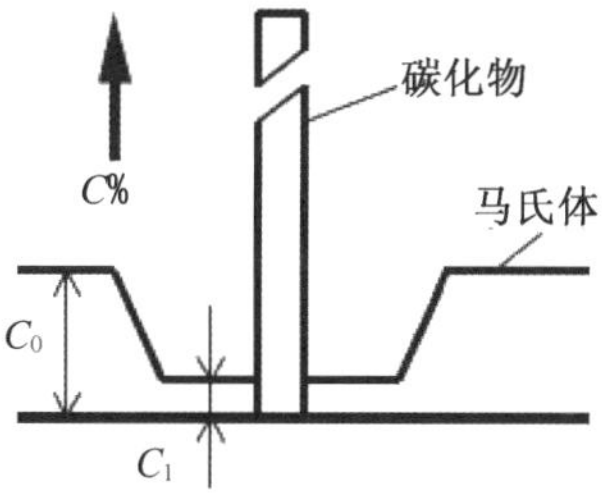

图 18－5　马氏体双向分解时碳的分布示意图

表 18－2　不同温度回火时马氏体的半分解期

温度/℃	0	20	40	60	80	100	120
时间	340 年	6.4 年	2.5 月	3 天	8 小时	50 分钟	8 分钟

2）高碳马氏体的单相分解

回火温度高于 125～150℃时，马氏体将以单相分解亦即连续分解方式进行分解。此时，碳原子的活动能力增强，能够进行较长距离的扩散。因此，已经析出的碳化物有可能从较远区域获得碳原子而长大，α 相内的碳浓度梯度也可以通过碳原子的扩散而消除。所以，在分解过程中不再存在两种不同碳含量的 α 相，α 相的碳含量及正方度随分解过程的进行不断下降。当温度达到 300℃时，正方度 c/a 接近 1，此时 α 相中的碳含量已经接近平衡状态，马氏体的脱溶分解过程基本结束。

2. 低碳马氏体的分解

低碳钢的 M_s 点较高，在淬火形成马氏体的过程中，除了可能发生碳原子向位错的偏聚外，在最先形成的马氏体中还可能发生自回火，析出碳化物。钢的 M_s 点越高，淬火冷却速度越慢，则自回火析出的碳化物就越多。淬火后在 100～200℃之间回火时，低碳板条状马氏体不析出碳化物，C 原子仍然偏聚在位错线附近，这是由于 C 原子偏聚的能量状态低于析出碳化物的能量状态。当回火温度高于 200℃时，才有可能通过单相分解析出碳化物，使 α 基体中的碳含量降低。

3. 中碳钢马氏体的分解

中碳钢在正常淬火时得到板条位错马氏体与片状孪晶马氏体的混合组织，故回火时也兼具低碳马氏体与高碳马氏体的分解特征。

综上，在此阶段，随着回火温度的升高，固溶于正方马氏体中的过饱和碳不断以微小碳化物（ε-碳化物，后述）的形式析出，使马氏体的碳含量不断下降，最终变成立方马氏体，并且立方马氏体的碳含量与淬火钢的碳含量无关。如图 18－6 所示，原始碳含量不同的马氏体，随着碳化物的不断析出，在高于 200℃以后其碳含量趋于一致。马氏体经过分解后获得的立方马氏体加 ε-碳化物的混合组织称为回火马氏体。

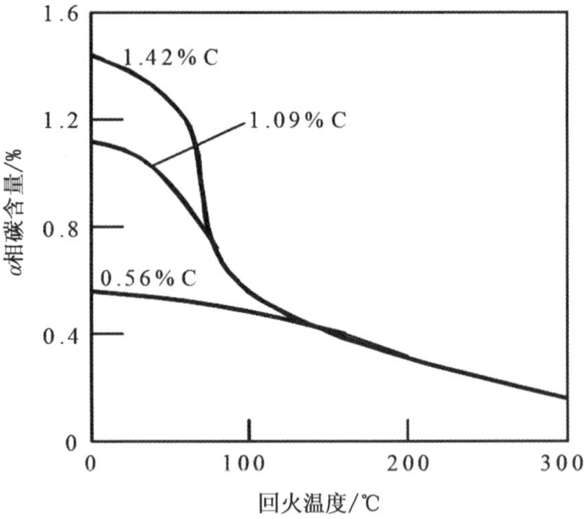

图 18－6 不同碳含量马氏体回火时碳浓度的变化

18.1.3 残余奥氏体的转变

200～300℃温度范围属于回火的第二阶段。在这个阶段，将发生残余奥氏体的转变。含碳量大于 ω(C)0.4%的钢中的残余奥氏体或者在 M_s 点以上的温度范围内转变为下贝氏体，或者在 M_s 点以下的温度范围内转变为马氏体。残余奥氏体有可能在回火加热过程中等温转变为马氏体，也有可能在回火冷却过程中降温转变为马氏体。含碳量低于 ω(C)0.4%的钢淬火后不出现残余奥氏体，故不存在残余奥氏体的转变问题。

还应指出，残余奥氏体与过冷奥氏体并无本质区别，它们的 C 曲线很相似，只是两者的物理状态不同而使转变速率有所差异而已。残余奥氏体处于亚稳态，向贝氏体转变的速度加快，而向珠光体转变的速度则减慢。在珠光体形态温度范围内回火时，残余奥氏体将先析出先共析碳化物，随后分解为珠光体；在贝氏体形成温度范围内回火时，残余奥氏体则转变为贝氏体；在马氏体形成温度范围内回火时，残余奥氏体则转变为马氏体。在珠光体和贝氏体转变温度区之间也存在一个残余奥氏体的稳定区。

18.1.4　碳化物析出与转变

250～400℃的温度范围属于回火的第三个阶段。在这个阶段，将有渗碳体（θ 碳化物）形成，α 相的含碳量逐渐降至 $\omega(C)=0.1\%$ 以下，位错重新排列，密度下降，孪晶逐渐消失，但仍保持着马氏体的外形。碳含量 $\omega(C)$ 低于 0.2% 的低碳马氏体在 200℃以上回火时，将在碳偏聚区直接析出 θ 碳化物；高碳马氏体在 250℃以上回火时，将通过 ε 碳化物和 χ 碳化物等亚稳碳化物的转化，在 $(112)_{\alpha'}$ 和 $(110)_{\alpha'}$ 晶面上及马氏体晶界上形成稳定的渗碳体（θ 碳化物）。

低碳马氏体因 M_s 点较高，故在淬火冷却过程中已形成的马氏体可能发生自回火，在碳的偏聚区直接析出渗碳体。

高碳马氏体在回火温度高于 250℃时，ε 碳化物将逐渐回溶于基体。新的亚稳 χ 碳化物将通过独立形核长大的方式在孪晶界面上析出。χ 碳化物呈薄片状，具有单斜点阵，其组成为 Fe_5C_2，可用 χ-Fe_5C_2 表示。χ 碳化物的惯习面为 $\{112\}_{\alpha'}$，与基体 α' 之间存在的位向关系为 $(100)_{\chi}//()_{\alpha'}$，$(010)_{\chi}//(101)_{\alpha'}$，$[011]_{\chi}//[11]_{\alpha'}$。

回火温度进一步升高时，ε 碳化物和 χ 碳化物又将转变为稳定的 θ 碳化物，即渗碳体 Fe_3C。ε-$Fe_{2.4}C$ 转变为 θ-Fe_3C 时是通过 ε-$Fe_{2.4}C$ 溶解、θ-Fe_3C 独立形核长大的方式进行的。χ-Fe_5C_2 转变为 θ-Fe_3C 时既可能是通过原位转变的方式进行的，也可能是通过 χ-Fe_5C_2 溶解 θ-Fe_3C 而独立形核长大的方式进行的。θ-Fe_3C 具有正交点阵，惯习面为 $\{110\}_{\alpha'}$ 或 $\{112\}_{\alpha'}$，呈条片状，其与基体之间亦存在 Багаряцкнй 位向关系：$(001)_{\theta}//()_{\alpha'}$，$[010]_{\theta}//[]_{\alpha'}$，$[100]_{\theta}//[]_{\alpha'}$。所以，淬火高碳钢回火过程中的碳化物转变序列可能为：$\alpha'\rightarrow(\alpha+\varepsilon)\rightarrow(\alpha+\varepsilon+\chi)\rightarrow(\alpha+\varepsilon+\chi+\theta)\rightarrow(\alpha+\chi+\theta)\rightarrow(\alpha+\theta)$。回火过程中碳化物的转变主要决定于回火温度，但也与回火时间有关，随着回火时间的延长，发生碳化物转变的温度降低，如图 18-7 所示。

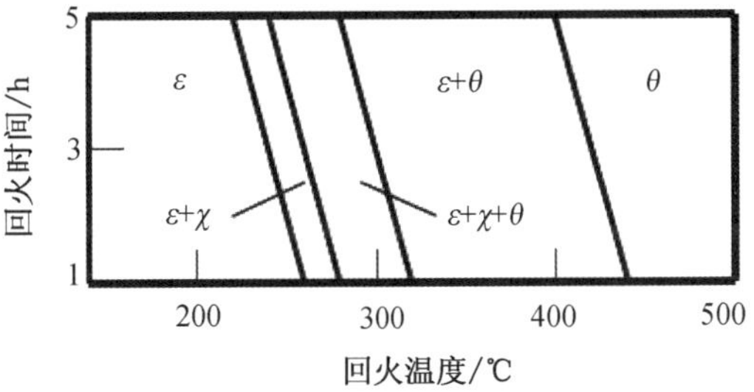

图 18-7　淬火高碳钢回火时 3 种碳化物的析出范围

渗碳体的形成也经历了形核与长大两个过程。随着回火温度的升高，扩散速度加快，渗碳体的形核与长大过程也加快、渗碳体的初始形态呈极薄的片状，在 400℃左右回火时。渗碳体聚合、变粗并开始球化。温度继续升高，粒状渗碳体不断长大。回火温度越高，渗碳体颗粒的尺寸越大。

高碳钢淬火所得到的片状马氏体的亚结构主要是孪晶。当回火温度高于250℃时，马氏体片中的孪晶开始消失，但沿孪晶界面析出的碳化物仍显示出孪晶特征。当回火温度达到400℃时。孪晶全部消失，出现胞块。但 α 相仍保留着马氏体的形貌特征。在300～350℃，α 相的碳浓度已降低到 $\omega(C)=0.1\%$左右。

18.1.5 α 相状态变化及碳化物聚集长大

回火温度高于400℃时，片状渗碳体将逐渐球化并聚集长大，铁素体基体也将发生回复和再结晶。一般将等轴铁素体加尺寸较大的粒状渗碳体的混合组织称为回火索氏体。

1. 内应力消失

淬火时，由于热应力和组织应力引起塑性变形使晶内缺陷及各种内应力增加。淬火后存在于工件内部的应力按其作用范围及大小分为3类。第一类内应力：由于工件内外温度不一致和相变不同时而造成的宏观区域性的内应力；第二类内应力：由于工件中几个晶粒内的温度不一致和相变不同时而造成的微观区域性的内应力；第三类内应力：由于碳原子过饱和固溶使晶格畸变以及保持共格关系使晶格弹性畸变所引起的内应力。

回火过程中，随回火温度升高，原子活动能力增强，晶内缺陷及各种残余内应力均逐渐下降。回火温度越高，内应力下降就越快，下降程度也就越大。实验证明，对于淬火碳钢，马氏体在300℃左右分解完毕，第三类残余内应力也将随之消失；当回火温度达到500℃时，第二类残余内应力也基本消失；当回火温度高于550℃时，第一类残余内应力接近于全部消除。因为此时 ε-FexC 已经变为渗碳体，碳化物与 α 相的共格关系已被破坏，而且渗碳体颗粒也有一定程度的长大。

2. 回复与再结晶

中低碳钢淬火所得到的板条马氏体中存在大量位错，密度可达$(0.3\sim0.9)\times10^{12}cm^{-2}$，与冷变形金属相似，而且马氏体晶粒形状为非等轴状，所以在回火过程中，将发生回复与再结晶。在回复过程中，α 相中的位错胞和胞内位错线将通过滑移和攀移而逐渐消失，晶体中的位错密度降低，剩余位错将重新排列成二维位错网络，形成由它们分割而成的亚晶粒。回复开始的温度尚无法确定，但回火温度高于400℃后，α 相的回复已十分明显。回复后的 α 相形态仍呈板条状，只是板条宽度由于相邻板条合并而增加。回火温度高于600℃时，回复后的 α 相开始发生再结晶。一些位错密度很低的胞块将长大成等轴 α 相晶粒。这种位错密度很低的等轴 α 相新晶粒将逐步取代板条状 α 相晶粒。颗粒状碳化物均匀分布在等轴 α 相晶粒内。经过再结晶，板条特征完全消失。

高碳钢淬火所得到的片状马氏体的亚结构主要是孪晶。当回火温度高于250℃时，马氏体片中的孪晶开始消失，但沿孪晶界面所析出的碳化物仍显示出孪晶特征；当回火温度达到400℃时，孪晶全部消失，出现胞块，但片状马氏体的特征依然存在；当回火温度高于600℃时也将发生再结晶而使片状特征消失。由于碳化物能钉扎晶界，阻止再结晶的进行，故高碳马氏体 α 相的再结晶温度高于中低碳钢。

3. 碳化物的聚集长大

淬火碳钢高温回火时，渗碳体将发生聚集长大。当回火温度高于400℃时，碳化物已经开始聚集和球化。当温度高于600℃时，细粒状碳化物将迅速聚集并粗化。碳化物的球化、长大过程，是按照小颗粒溶解、大颗粒长大的机制进行的。

如果已经析出的碳化物粒子的大小不一，则由于其溶解度不同，将在 α 基体内形成浓度梯度，如图 18 - 8 所示。基体中的合金元素原子和碳原子均由小颗粒碳化物处向大颗粒碳化物处扩散，结果导致小颗粒碳化物溶解，大颗粒碳化物长大。若碳化物呈杆状或薄片状，则由于各碳化物部位的曲率半径 r 不同，其溶解度也不同。r 较小的碳化物部位将溶解，r 较大的碳化物部位将长大，这将使杆或片发生断裂，导致碳化物球化。

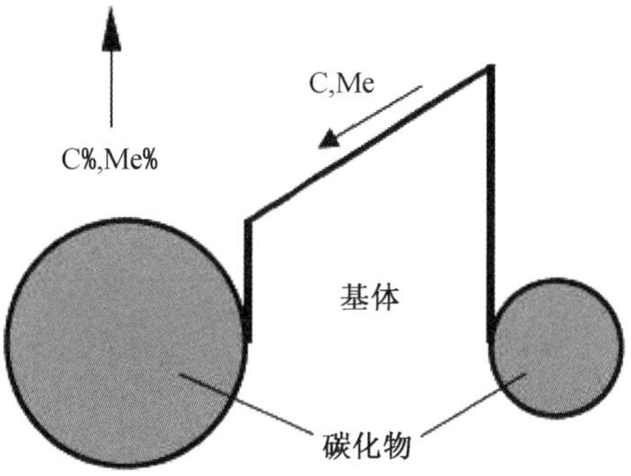

图 18 - 8　碳化物粗化机理示意图

总之，淬火钢的回火转变是以上 5 个过程综合作用的结果，难以用明确的温度范围将它们截然分开，它们有时是相互交错，有时是同时进行。为了简明起见，将淬火组织在回火过程中的组织转变总结于表 18 - 3 中。

表 18 - 3　铁基合金淬火后回火过程的组织转变

阶段	回火温度/℃	组织转变
回火预备阶段（碳原子偏聚）	25～100	板条马氏体中的 C，N 原子在位错线附近间隙位置偏聚，当 ω(C)<0.25%时钢中不出现碳原子集群；高碳片状马氏体中碳原子在孪晶面上富集，碳原子集群化，形成预脱溶原子团进而可能形成长程有序化或调幅结构
回火第一阶段（马氏体分解）	100～250	ω(C)>0.2%的马氏体开始析出与基体共格的 ε-$Fe_{2.4}C$，淬火马氏体分解转变为由含碳量稍微过饱和的 ω(C)=0.25%～0.3%的 α 相和 ε 碳化物组成的回火马氏体；ω(C)<0.2%的马氏体不发生分解，碳原子继续偏聚而不析出
回火第二阶段（残留奥氏体转变）	200～300	ω(C)>0.4%的钢中残留奥氏体转变为下贝氏体或马氏体；ω(C)<0.4%淬火钢中无此转变
回火第三阶段（渗碳体形成）	250～400	高碳马氏体回火析出的 ε—Fe_xC 碳化物回溶，χ— Fe_5C_2 独立形核长大。随着回火温度的提高，或者 χ— Fe_5C_2 回溶，θ—Fe_3C 或者独立形核长大，或者 χ— Fe_5C_2 原位转变为 θ—Fe_3C；低碳马氏体的碳原子偏聚直接形成 θ—Fe_3C。α 相内的孪晶小时，出现位错胞及胞内位错线

（续表）

阶段	回火温度/℃	组织转变
回火第四阶段（α 相的状态变化和渗碳体的聚集长大）	400～600	α 相开始回复，内应力消除，位错胞及胞内位错线逐渐消失，通过多变化形成亚晶粒，但 α 相仍保持板条状或片状马氏体形态；渗碳体开始聚集、变粗并球化
	500～600	在含 Ti、Cr、Mo、V、Nb、W 的钢中，Fe_3C 回溶，形成合金碳化物，产生弥散强化；参与的奥氏体在回火加热时被催化，冷却时转变为马氏体，产生二次淬火。在弥散强化和二次淬火综合作用下，出现二次硬化
	600～700	α 相再结晶和晶粒长大，形成等轴状铁素体，球状 Fe_3C 粗化

18.2　合金元素对回火转变的影响

合金元素对钢的回火转变以及回火后的组织和性能都有很大影响，这种影响可归纳为 3 个方面：①延缓钢的软化，提高钢的回火抗力；②引起二次硬化现象；③影响钢的回火脆性。本节只讨论前两个方面，最后一个方面将在后面 18.3 节中讨论。

18.2.1　回火抗力的提高

如前所述，一般淬火钢回火时会导致硬度的降低。钢抵抗回火硬度降低的能力称为回火抗力。合金元素一般都能提高钢的回火抗力。

图 18－9 为几种常见合金元素对含 $\omega(C)=0.2\%$ 的钢回火引起的硬度增量 ΔHV（即回火抗力）的影响。由图可见，在回火温度和回火时间相同的情况下，合金钢回火后的硬度要比含碳量相同的碳钢高，表明合金元素确实提高了钢的回火抗力。在 200℃ 以下进行低温回火时合金钢的回火抗力提高得不明显，这是由于合金元素对碳原子的偏聚及亚稳碳化物的析出影响不大造成的。在 300℃ 以上进行中高温回火时，合金钢的回火抗力明显提高，而且合金元素含量越多、回火温度越高，回火抗力提高越大。这是由于合金元素对 300℃ 以上中、高温回火转变过程产生较大影响所致。

合金元素提高回火抗力的原因主要有以下几点：①大多数合金元素（特别是强碳化物形成元素）能降低碳原子的扩散速度，从而降低马氏体的分解速度；②有的非碳化物形成元素（如 Ni、P 等）溶入马氏体起到增强固溶强化作用，使马氏体不易分解；③有的非碳化物形成元素（如 Si、Co 等）溶入碳化物使之更稳定，推迟其向渗碳体的转变；④有的碳化物形成元素（如 Cr 等）溶入渗碳体使之不易聚集长大；⑤有的碳化物形成元素（如 Mo、W、V、Ti、Nb 等）形成细小的特殊合金碳化物使硬度更高。

18.2.2　二次淬火

当钢中存在较多合金元素时，淬火后将产生大量残余奥氏体。例如，高速工具钢淬火后的残余奥氏体可能高达 20％～30％。如果回火保温时残余奥氏体没有分解，在随后的冷却中残余奥氏体将转变为淬火马氏体，这一现象称为二次淬火。

此前已经提到淬火时冷却中断或冷速较慢均将引起奥氏体热稳定化，即使得奥氏体不

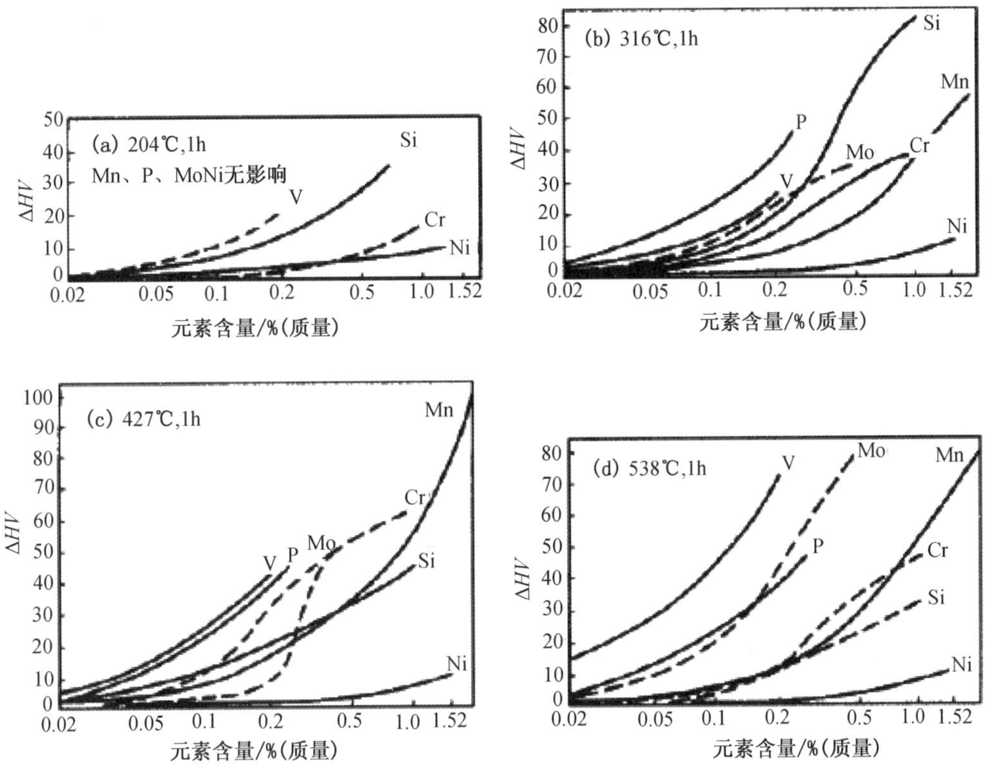

图 18-9　几种常见合金元素对含 0.2%C 钢回火引起的硬度增量(ΔHV)

易转变为马氏体而使淬火到室温时的残余奥氏体量增多。

奥氏体的热稳定化现象可以通过回火加以消除。将淬火零件加热到某一温度进行回火,如在回火过程中残余奥氏体未发生分解,则在回火后的冷却过程中残余奥氏体将转变为马氏体,亦即回火使残余奥氏体恢复了转变为马氏体的能力。这一现象被称为反稳定化或催化。出现催化的温度因钢种热处理工艺不同而异,高速钢出现催化的温度为 500~550℃,高速钢多次回火工艺即为催化理论的实际应用。W18Cr4V 高速钢在 1 280℃加热淬火冷却至室温的过程中,将产生奥氏体热稳定化,M_s 点降至室温以下,残余奥氏体可高达 23%,淬火后被加热到 560℃回火。由于 560℃正好处于高速钢的珠光体与贝氏体转变之间的奥氏体稳定区(见图 18-10),故在回火加热过程中残余奥氏体不会发生转变,但在回火冷却过程中部分残余奥氏体将转变为淬火马氏体。再次在 560℃回火又可使部分残余奥氏体在冷却时转变为马氏体,同时使前一次回火形成的二次淬火马氏体得到回火。经过 3~4 次 560℃每次 1h 的回火即可使残余奥氏体全部转变为马氏体。由于残余奥氏体是在回火加热过程中被催化、在冷却过程中被转化为二次淬火马氏体的,故每次转化的数量有限,需要多次才能将残余奥氏体全部转变为马氏体,并对二次淬火马氏体进行回火,所以淬火高速钢必须经过 3~4 次 500℃每次 1h 的回火,才能达到

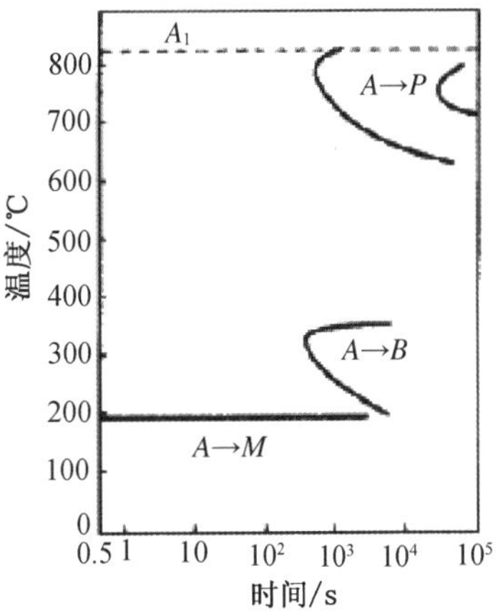

图 18-10　W18Cr4V 高速钢 TTT 曲线

目的，而绝不能采用一次 560℃回火 3～4h 的错误工艺。

对于催化的本质目前有几种解释。一种观点认为虽然回火时残余奥氏体没有发生分解，但实际上已从奥氏体中析出了碳化物而使奥氏体的碳含量及合金元素含量下降，使残余奥氏体的马氏体转变点从室温提高到室温以上，因此在回火后冷却到室温的过程中就有可能转变为马氏体。如果回火温度足够高(如 600℃以上)，回火时间足够长(在 2～3h 以上)，则在回火过程中析出一些碳化物是完全可能的，电镜观察也证实了在回火时有碳化物析出。但是还不能解释为何在较低温度短时间回火中无碳化物析出的情况下也有催化现象，且碳化物析出学说也不能解释下述的催化与热稳定化的可逆性。柯俊得出，淬火态 W18Cr4V 经 560℃×1h 回火后冷至 250℃停留 5min，残余奥氏体又将变得稳定，在继续冷却到室温时不再转变为马氏体，只有将其再次加热到 560℃回火 1h 才能使残余奥氏体重新获得转变为马氏体的能力。这样的热稳定化与催化可以多次反复。基于这一事实，柯俊等认为催化现象是热稳定化的逆过程，是碳、氮等原子与位错的交互作用引起的。淬火时在 M_C 点以下缓冷或等温停留，为降低畸变能，碳、氢原子将进人位错膨胀区形成所谓 Cottrell 气团并对位错起钉扎作用，使马氏体切变阻力增大而产生奥氏体热稳定化。若将已经发生热稳定化的残余奥氏体加热到 M_C 点以上进行回火，则为了增加熵以降低系统的自由能，碳、氮等原子将从位错逸出而使 Cottrell 气团瓦解，这就消除了热稳定化而使残余奥氏体恢复了转变为马氏体的能力，亦即引起了催化。由此可见，过冷奥氏体在 M_C 点以下中断冷却或缓冷将引起热稳定化；残余奥氏体在 M_C 点以上回火则将引起催化。

除碳化物析出理论及 Cottrell 气团理论外也有人认为回火消除了马氏体转变所引起的相硬化而使残余奥氏体恢复了转变为马氏体的能力。

18.2.3 二次硬化

一些高合金钢在一次或多次回火后硬度上升的现象，称为二次硬化。这种二次硬化现象主要是由于碳化物弥散析出所致，残余奥氏体转变为马氏体或贝氏体的二次淬火也起到了重要作用。

图 18－11 是 W18Cr4V 高速钢经 1 280℃淬火再经不同温度回火后的硬度。由图可见，当回火温度高于 150℃时，由于马氏体固溶度的降低和合碳化物的析出、聚集与长大，硬度不断下降。当回火温度超过 300～400℃时，硬度重新回升，在 550℃左右达到最高点。这主要是因为随着回火温度的升高，通过合金元素的富集析出了较 θ 碳化物更稳定的弥散分布的特殊合金碳化物。这些细小弥散的特殊合金碳化物是通过渗碳体不断回溶于 α 基体，独立形核长大析出的，与基体保持共格关系，从而使回火硬度得到显著提高。如前所述，高速钢在 550℃左右回火加热时残余奥氏体被催化，回火冷却时转变为马氏体，产生二次淬火效应，也给二次硬化做出重要贡献。但二次硬化的主要原因是由于某些特殊合金碳化物弥散析出，这样一个观点已是大家公认的了。随回火温度的进一步升高，合金碳化物也将发生聚集长大而使硬度重新下降。

二次硬化效应的大小取决于引起二次硬化的合金碳化物的种类、数量、大小和形态，并不是已经提到过的合金碳化物都能有效地引起二次硬化的。电镜观察等证实，有明显的二次硬化效应的合金碳化物是 M_2C 及 MC 型碳化物。Mo、W、V、Ti、Nb 等元素均能形成 M_2C 和 MC 这两种类型的碳化物，故有明显的二次硬化效应。

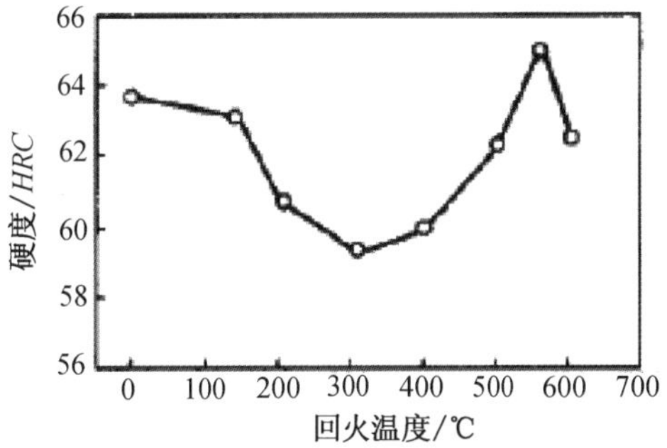

图 18-11　1 280℃淬火后的回火温度对高速钢 W18Cr4V 的硬度的影响

铬不能形成 M_2C 及 MC 型碳化物，故碳化铬与碳化铁一样，弥散析出时虽也能产生硬化效应，但很弱，甚至没有作用。这是由于 Cr_7C_3 碳化物在 550℃下迅速粗化所致。只是在铬含量足够大时，才能显示出明显的二次硬化效应。

凡能促进这两种类型的碳化物弥散析出的因素均能促进二次硬化效应。如 Co、Ni 虽不能形成碳化物，但在含 Mo、W 等合金元素的钢中，Co 和 Ni 都能促进 M_2C 的析出(阻止 α 多边形化，使之保留高密度位错，便于其他元素的碳化物在位错处析出，同时使 α 固溶体含有过饱和程度较高的碳)，故能提高二次硬化效应。又如高速钢淬火后采用 320～380℃低温回火可以促进 560℃回火时 M_2C 碳化物的析出，故可使 560℃回火后的硬度提高。M_2C 及 MC 碳化物均在位错区呈细针状高度弥散析出，且与 α 保持共格联系。例如，用 W6Mo5Cr4V2 高速钢试验得出，引起二次硬化的 VC 细丝直径仅 2nm，长 10～20nm。碳化物间距仅 1～2nm。如回火温度高，回火时间长，引起二次硬化的合金碳化物已经长大，则硬度将下降。因此凡能提高合金碳化物析出时的弥散度的因素也均能提高二次硬化效应，例如对高速钢采用中温形变淬火等。此外，凡是能抑制碳化物长大的因素均能提高二次硬化效应的稳定性，即将碳化物的聚集长大阶段推向高温，如加人 Nb，Ta 等。

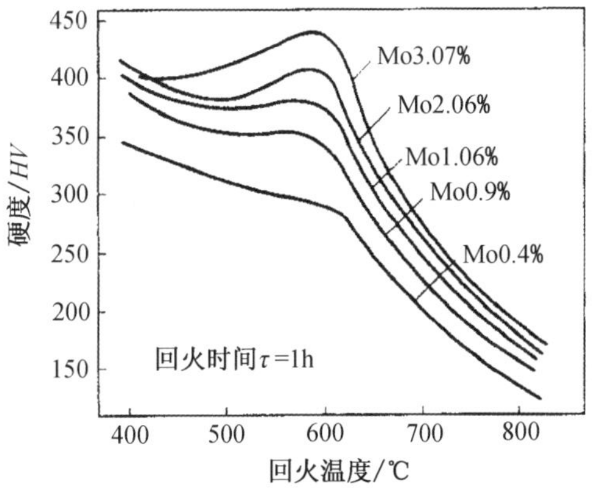

图 18-12　回火温度及 Mo 含量对低碳 Mo 钢(0.1%C)马氏体回火后硬度的影响

能够引起二次硬化的合金碳化物的量决定于马氏体的成分。图 18-12 是马氏体中的 Mo 含量对二次硬化效应的影响，由图可见，碳含量固定不变时，随 Mo 含量的增加，二次硬化效应不断增加，这是因为 Mo 含量的增加使回火时析出的 Mo_2C 增多。

合金碳化物越稳定越细小，强化效果就越大。二次硬化效应在工业上有十分重要的意义。例如，工具钢靠它可保持高的红硬性，某些耐热钢靠它可维持高温强度，某些结构钢和不锈钢靠它可以改善力学性能。等温淬火所得贝氏体在回火时也有二次硬化现象。贝氏体回火时的二次硬化效应大于马氏体，但由于贝氏体的硬度低于马氏体，故贝氏体回火后所能达到的最高硬度仍低于马氏体。同时加入多种碳化物形成元素可使析出颗粒更小，密度更大，而且所用合金元素总量还有所下降。这一原理对于发展在高温下使用的铬钢具有重要意义。因为欲提高抗氧化性，必须加入铬，而铬的二次硬化效果并不强，即使大量加入也是如此，但是如果同时再加人一些钼、钒、钛等元素，则会收到很好的强化效果。

二次硬化时，由于较粗渗碳体微粒溶解，所以屈服强度的升高伴有韧性增大，这是很有意义的现象。随着回火时间的延长，由于特殊碳化物部分粗化，屈服强度通常下降而韧性增加，因此，有可能选择最佳回火时间，获得最佳化时的高韧性和高屈服极限。

18.2.4 合金钢回火时碳化物的转变

合金钢淬火马氏体的回火一般也分为5个阶段，但后4个阶段发生的温度范围可能会偏向更高一些的温度，特别是碳化物的转变与碳钢会有较大的不同。

合金钢淬火马氏体回火时，随着回火温度的升高或回火时间的延长，碳原子也会从马氏体中不断析出形成亚稳碳化物，逐渐转变为渗碳体；与此同时，合金元素将在基体和渗碳体之间重新分配，非碳化物形成元素不断向 α 相中富集，碳化物形成元素不断向渗碳体中扩散，使渗碳体逐渐转变为合金渗碳体，只要成分条件和回火条件合适，还可能进一步形成亚稳特殊碳化物和稳定特殊碳化物。因此随着回火温度的升高或回火时间的延长，合金钢淬火马氏体回火时碳化物的转变顺序可能为

平均成分		平均成分		合金化		亚稳		稳定
ε-碳化物	→	渗碳体	→	渗碳体	→	特殊碳化物	→	特殊碳化物
(<150℃)		(150～400℃)		(400～550℃)		(>500℃)		

钢中能否形成特殊碳化物，取决于所含合金元素的性质和含量、碳或氮的含量以及回火温度和回火时间等条件。合金钢在回火过程中，通常都是渗碳体通过亚稳碳化物再转变为稳定特殊碳化物的。例如，高Cr高碳钢淬火后，在回火过程中的碳化物转变过程为

$$(Fe,Cr)_3C \rightarrow (Fe,Cr)_3C+(Cr,Fe)_7C_3 \rightarrow (Cr,Fe)_7C_3 \rightarrow$$
$$(Cr,Fe)_7C_3+(Cr,Fe)_{23}C_6 \rightarrow (Cr,Fe)_{23}C_6。$$

特殊碳化物也是按两种机制形成的。一种为原位转变，即碳化物形成元素首先在渗碳体中富集，当其浓度超过合金渗碳体的溶解度极限时，渗碳体的点阵就改组成特殊碳化物的点阵。低铬钢中的 $(Fe,Cr)_3C$ 转变为 $(Cr,Fe)_7C_3$ 就属于这种类型，提高回火温度会加速碳化物转变过程。另一种为单独形核长大，即直接从 α 相中析出特殊碳化物，并同时伴有合金渗碳体的溶解。含有强碳化物形成元素V、Ti、Nb、Ta等的钢及高Cr钢均属于这种类型。例如，1 250℃淬火的0.3%C、2.1%V钢，低于500℃回火时析出合金渗碳体，其中V含量很低。由于固溶V强烈阻止 α 相继续分解，此时只有40%左右的碳以渗碳体形式析出，其余60%仍保留在 α 相中。当回火温度高于500℃时，从 α 相中直接析出VC，随回火温度进一步升高，VC大量析出，渗碳体大量溶解，回火温度达700℃时，渗碳体全部溶解，碳化物全部转化为VC。

18.3 回火时力学性能的变化

淬火钢回火后，随着回火温度的不同，力学性能将发生变化，这种变化是显微组织变化的必然结果。

18.3.1 硬度和强度的变化

各种碳钢在回火时硬度和强度的变化基本相似，总的趋势是，随着回火温度升高，硬度和强度降低，如图18-13所示。低碳钢在淬火时已经产生碳原子向位错线偏聚和析出少量碳化物的自回火现象，所以在200℃以下回火时其组织变化较小，硬度变化不大。但在低温

回火时，随着回火温度升高，碳原子偏聚的倾向增大，屈服强度、尤其是弹性极限也随回火温度升高（低于 250℃）而增大。在 300～450℃ 回火时，各种碳钢的弹性极限最高。高碳钢（>0.8%C）在 100℃ 回火时硬度稍有上升，这是由于 C 原子偏聚以及 ε-碳化物析出造成的；而在 200～300℃ 回火时出现的硬度“平台”则是残余奥氏体转变（使硬度上升）和马氏体大量分解（使硬度下降）这两个因素综合作用的结果。

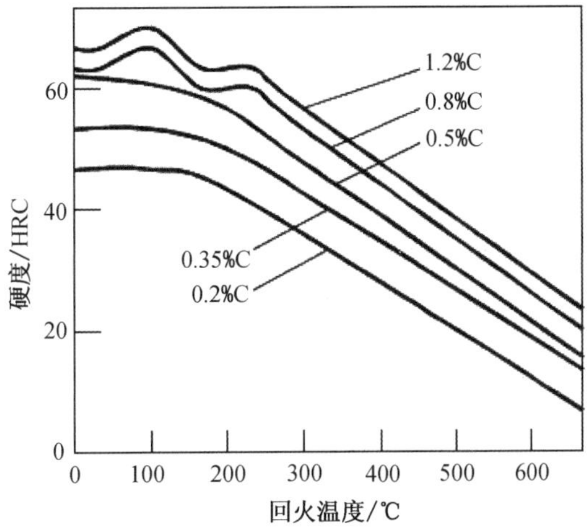

图 18－13　回火温度对各种淬火碳钢硬度的影响

钢中加入合金元素会出现硬度减小和强度降低的趋势。由于合金元素有提高回火稳定性的作用，与相同碳含量的碳钢相比，在高于 300℃ 回火时，如果回火温度和回火时间相同，则合金钢常常具有较高的强度。加入强烈形成碳化物的合金元素还可以在高温（500～600℃）回火时析出细小弥散的特殊碳化物，产生二次硬化现象。

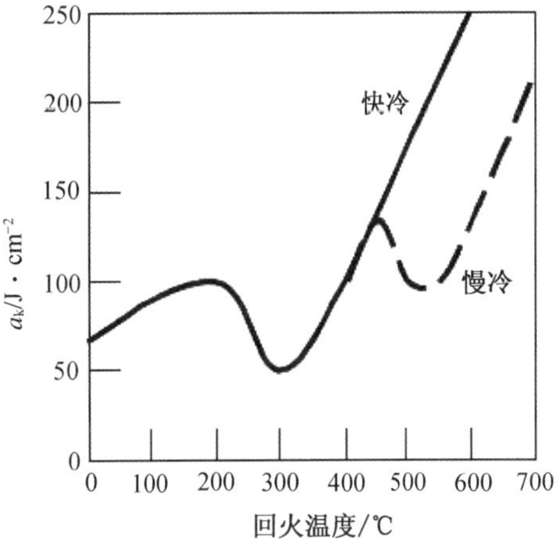

图 18－14　CiNi 钢冲击韧性与回火温度的关系

18.3.2　塑性和韧性的变化

淬火钢在回火时，随回火温度升高，由于淬火内应力消除、碳化物聚集长大和球化及 α 相回复和再结晶，在硬度和强度不断下降的同时，塑性（断面收缩率、延伸率）不断上升。但高碳钢在低温（低于 300℃）回火时其塑性几乎等于零，而低碳马氏体却具有良好的综合性能。

淬火钢在回火时的冲击韧性并不一定随回火温度升高而单调地增高，许多钢可能在两个温度区域内出现韧性下降的现象，如图 18－14 所示。这种随回火温度升高，冲击韧性反而下降的现象，称为“回火脆性”。

18.3.3　第一类回火脆性

1. 第一类回火脆性的主要特征及影响因素

工件淬火后在 200～350℃ 回火时产生的脆性称为第一类回火脆性，又称不可逆回火脆性、低温回火脆性。如在出现第一类回火脆性后再加热到更高温度回火，可以将脆性消除，使冲击韧度重新升高。此时若再在200～350℃温度范围内回火将不再会产生这种脆性。由此可见.第一类回火脆性是不可逆的，故又可称之为不可逆回火脆性。

1）第一类回火脆性的主要特征

第一类回火脆性的特点是：

(1) 只要在此温度范围内回火，其韧性的降低是无法避免的。

(2) 具有不可逆性，即将已产生这种脆性的工件在更高温度回火后，其脆性会消失。若在此温度范围内再行回火，脆性将不会重复出现。因此低温回火脆性又称不可逆回火脆性。

(3) 脆性出现的同时，不会影响其他力学性能的变化规律。

几乎所有的钢均存在第一类回火脆性，如含碳不同的Cr－Mn钢回火后的冲击韧度均在350℃出现一低谷(见图18－15，图18－16)。第一类回火脆性不仅降低室温冲击韧性，而且还使冷脆转变温度50%PATT升高，断裂韧性K_{IC}下降，如Fe-0.28C-0.64Mn-4.82Mo钢经225℃回火后K_{IC}为117.4MN·$m^{-3/2}$，而经300℃回火后由于出现了第一类回火脆性，使K_{IC}降至73.5MN·$m^{-3/2}$。出现第一类回火脆性时大多为沿晶断裂，但也有少数为穿晶解理断裂。

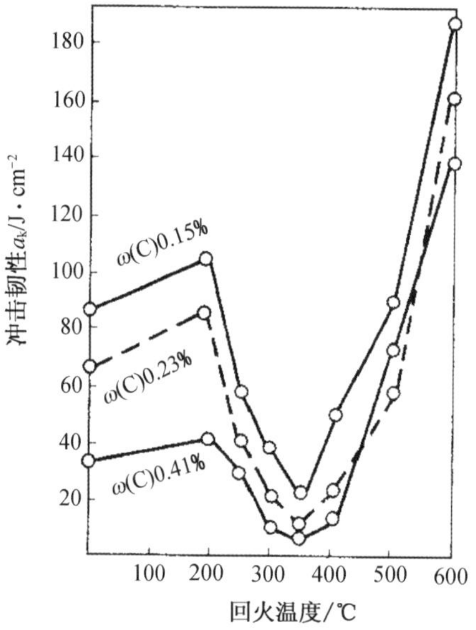

图18－15 碳含量对Cr1.4%-Mn1.1%-Si0.2%钢第一类回火脆性的影响

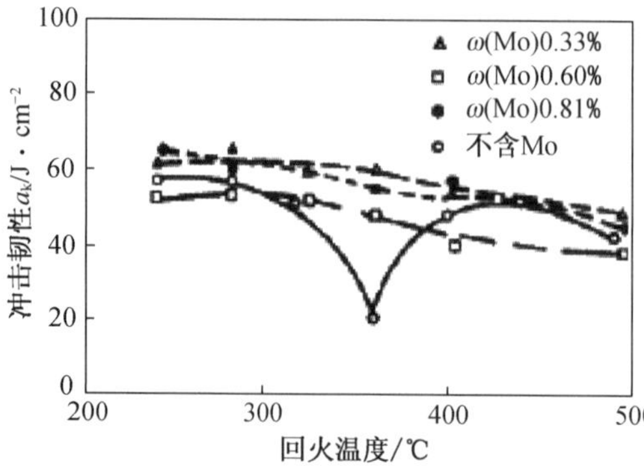

图18－16 Mo对Si－Mn钢回火后冲击韧性的影响

2）影响第一类回火脆性的因素

影响第一类回火脆性的主要因素是化学成分。可以将钢中元素按其作用分为3类：

（1）有害杂质元素，如S、P、As、Sb、Cu、N、H、O等。钢中存在这些元素时均将导致出现第一类回火脆性。

（2）促进第一类回火脆性的元素有Mn、Si、Cr、Ni、V等。这些类型的合金元素能促进第一类回火脆性的发展，还有可能将第一类回火脆性的发生推向较高的温度。

（3）减弱第一类回火脆性的元素有Mo、W、Ti、Al等。钢中含有这些合金元素时第一类回火脆性将被减弱，其中尤以Mo的效果最显著。此外，奥氏体晶粒越粗大，残余奥氏体量越多，则第一类回火脆性就越严重。

除化学成分外，影响第一类回火脆性的因素还有奥氏体晶粒的大小以及残余奥氏体量的多少。奥氏体晶粒越细，第一类回火脆性越弱；残余奥氏体量越多回火脆性则越严重。

2. 第一类回火脆性形成机制

关于第一类回火脆性的形成机制有很多说法。最初认为，残余奥氏体转变是第一类回火脆性的起因，因为这类回火脆性出现的温度范围正好与残余奥氏体转变的温度区间相对应，而且提高残余奥氏体分解温度的元素，也使发生这类回火脆性的温度移向高温。因此认为，残余奥氏体转变为回火马氏体或贝氏体时可导致钢的脆化，而且残余奥氏体分解时沿晶界析出的碳化物也会使钢的韧性明显降低，但这种观点不能说明残余奥氏体量很少的钢（如低碳低合金钢）也会出现第一类回火脆性。

后来的研究工作认为，由于钢中ε-FexC转变为χ-Fe5C2或θ-Fe3C的温度与产生回火脆性的温度相近，因此认为第一类回火脆性是新生成的碳化物沿板条马氏体的条界、束界和群界或在片状马氏体的孪晶带和晶界上析出而引起的。继续升高回火温度，由于碳化物的聚集长大和球化，改善了各类界面的脆化性质，因而又使冲击韧性提高。这种观点已为许多实验所证实。

此外还有晶界偏聚理论，即认为奥氏体化时杂质元素P、S、As、Sn、Sb等在晶界、亚晶界偏聚导致晶界弱化是引起第一类回火脆性的原因。杂质元素在奥氏体晶界的偏聚已为电子探针和俄歇谱仪探测结果所证实。前面所述的第二类元素能促进杂质元素在奥氏体晶界的偏聚，故能促进第一类回火脆性的发展。第三类元素能阻止杂质元素在奥氏体晶界的偏聚，故能抑制第一类回火脆性的发展。

3. 防止或减轻第一类回火脆性的方法

目前，还不能用热处理方法或合金化方法去完全消除第一类回火脆性，但可以采取以下措施来减轻第一类回火脆性的发生。

（1）降低钢中杂质元素的含量。

（2）用Al脱氧或加入Nb、V、Ti等合金元素以细化奥氏体晶粒。

（3）加入Mo、W等能减轻第一类回火脆性的合金元素。

（4）加入Cr、Si以调整发生第一类回火脆性的温度范围，使之避开所需的回火温度。

（5）采用等温淬火工艺代替淬火加回火工艺。

18.3.4 第二类回火脆性

1. 第二类回火脆性的主要特征及影响因素

在450～600℃之间出现的回火脆性称为第二类回火脆性，也称高温回火脆性。试验表明，出现这种回火脆性时，钢的冲击韧性降低，脆性转折温度升高，但抗拉强度和塑性并不改变，对许多物理性能(如矫顽力、比重、电阻等)也不产生影响。

1）第二类回火脆性的主要特征

第二类回火脆性对回火后的冷却速度敏感。从产生回火脆性的温度缓慢冷却时发生第二类回火脆性，而快速冷却时则可消除或减弱第二类回火脆性。即回火后的冷却速度对第二类回火脆性有很大的影响。

第二类回火脆性是可逆的。将已经处于脆化状态的试样重新回火加热并快速冷却至室温，则可消除脆化，回复到韧化状态，使冲击韧性提高。与此相反，对处于韧化状态的试样，再经脆化处理，又会变成脆化状态，使冲击韧性降低，所以也称第二类回火脆性为“可逆回火脆性”。

处于第二类回火脆性状态的钢，其断口呈晶间断裂，这表明第二类回火脆性与原奥氏体晶界存在某些杂质元素有密切关系。

2）影响第二类回火脆性的因素

(1) 化学成分的影响。钢的化学成分是影响第二类回火脆性的最重要的因素，按其作用可分为3类。

第一类：引起第二类回火脆性的杂质元素有P、S、B、Sn、Sb、As等。但当钢中不含Ni、Cr、Mn、Si等合金元素时杂质元素的存在不会引起第二类回火脆性，如一般碳钢就不存在第二类回火脆性。

第二类：促进第二类回火脆性的合金元素有Ni、Cr、Mn、Si、C等。这类元素单独存在时也不会引起第二类回火脆性，必须与杂质元素同时存在时才能引起第二类回火脆性。当杂质元素含量一定时，这类元素含量越多，脆化就越严重。当两种以上元素同时存在时，脆化作用就更大。

第三类：抑制第二类回火脆性的合金元素有Mo、W、V、Ti以及稀土元素La、Nd、Pr等。这类合金元素可以抑制第二类回火脆性的发生，但加入量有一最佳值，超过最佳值后，其抑制效果减弱，如Mo的最佳加入量为0.5%～0.75%。图18-17为Mo含量对0.026%P-0.3%C-3%Ni-1%Cr钢的ΔFATT影响。由图可见，Mo含量超过最佳值后，随Mo含量增加，ΔFATT也增加。W的扼制作用较Mo小，为达到同样扼制效果，W的加入量应为Mo的2～3倍。

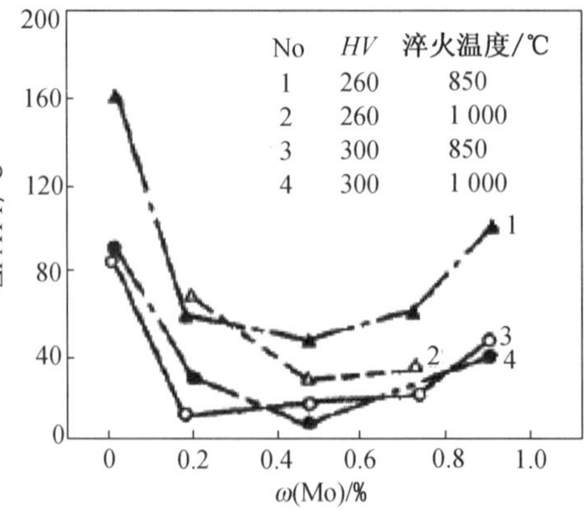

图18-17 Mo含量对0.026%P-0.3%C-3%Ni-1%Cr钢ΔFATT的影响(500℃,1 000h)

(2) 热处理工艺参数的影响。第二类回火脆性的脆化速度和脆化程度均与回火温度和回火时间密切相关。温度一定时，随回火时间延长，脆化程度增大。在 550℃以下，回火温度越低，脆化速度就越慢，但能达到的脆化程度也越大；在 550℃以上，随回火温度升高，脆化速度减慢，能达到的脆化程度下降。所以，第二类回火脆性的等温脆化动力学曲线亦呈“C”字形，鼻尖温度为 550℃。

如前所述，第二类回火脆性与回火后的冷却速度密切相关。缓慢冷却将使脆性增加，冷却速度越低，脆化程度就越大，如图 18－18。而快速冷却则可消除或减轻第二类回火脆性。

(3) 组织因素的影响。与第一类回火脆性不同，不论钢具有何种原始组织，经脆化处理后均可产生第二类回火脆性，但以马氏体组织的回火脆性最为严重，贝氏体组织次之，珠光体组织最小。第二类回火脆性还与奥氏体晶粒度有关；奥氏体晶粒越粗大，则回火脆性敏感性就越大。

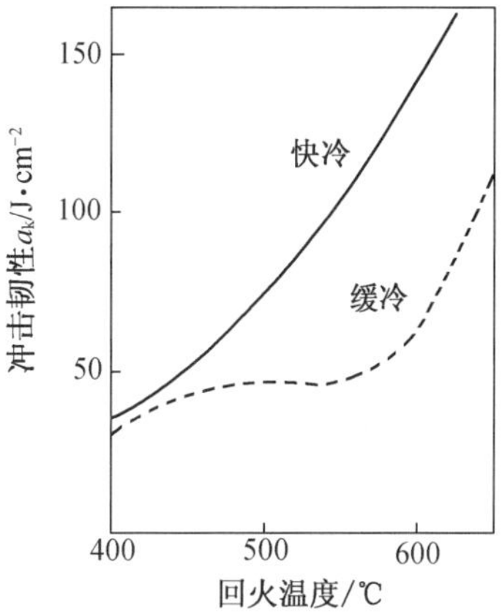

图 18－18 回火温度及回火后冷速对 30CrMoSi 钢冲击韧性的影响

2. 第二类回火脆性形成机理

根据上述特征来看，第二类回火脆性的脆化过程必然是一个受扩散控制的、发生于晶界的、能使晶界弱化的、与马氏体及残余奥氏体无直接关系的可逆过程。而可逆过程只可能有两种情况，即脆性相沿晶界的析出与回溶以及溶质原子在晶界上的偏聚与消失，因此提出了脆性相析出理论和杂质元素偏聚理论。

1) 脆性相析出理论

最初认为，碳化物、氧化物、磷化物等脆性相沿晶界析出引起第二类回火脆性。其理论依据是脆性相在 α-Fe 中的溶解度随温度降低而减小，在回火后的缓冷过程中脆性相沿晶界析出而引起脆化。温度升高时，脆性相重新回溶而使脆性消失。这一理论可以解释回火脆性的可逆性以及脆化与原始组织无关的现象，但无法解释等温脆化以及化学成分对回火脆性的影响。

2) 杂质元素偏聚理论

近年来，随着俄歇谱仪以及电子探针等探测表面极薄层化学成分的新技术的发展，已经证明，钢在呈现第二类回火脆性时，沿原始奥氏体晶界的极薄层内确实偏聚了某些合金元素(如 Cr、Ni 等)及杂质元素(如 Sb、Sn、P 等)，如图 18－19 所示，而且回火脆化倾向随杂质元素在原始奥氏体晶界上偏聚程度的增大而增大。处于韧化状态时，未发现有合金元素或杂质元素在原始奥氏体晶界上的偏聚。因此认为，Sb、Sn、P 等杂质元素向原始奥氏体晶界的偏聚是产生第二类回火脆性的主要原因。促进第二类回火脆性的合金元素(如 Cr、Ni 等)与杂质元素的亲和力适中，在回火时其本身也向晶界偏聚，同时将杂质元素带至晶界，引起脆化；抑制第二类回火脆性的合金元素(如 Mo 等)与杂质元素的亲和力很大，在晶内就形成稳定的化合物而析出，故能起到净化晶界的作用而抑制回火脆性的发生；若合金元素与杂质元素的亲和力不大时，即使其向晶界偏聚，也不能将杂质元素带至晶界，故不会引起脆化。杂质元素晶界偏聚理论能较好地解释回火脆性的可逆性、晶间断裂和粗大晶粒的回火脆性倾向性大等现象。

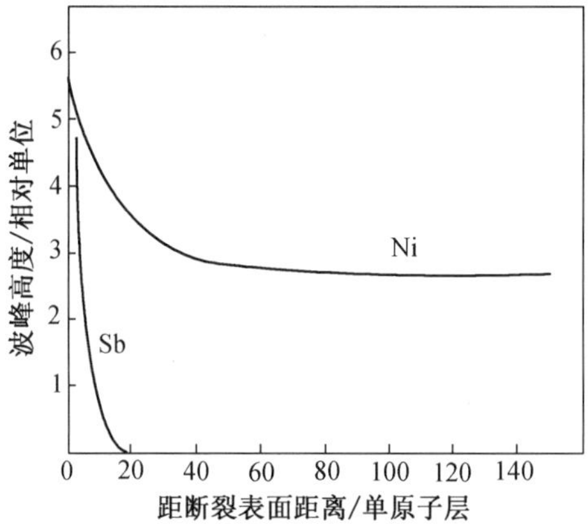

图 18-19 Ni-Cr 钢中 Sb 与 Ni 在晶界的富集

运用这种“杂质偏聚”导致高温回火脆性的观点，可以较好地解释为什么在 600～650℃ 回火后快冷能避免脆性。偏聚过程是原子定向扩散的过程，当在 600℃ 以上的温度回火时，由于原子热运动的加剧和无规则扩散的加速而减小了偏聚倾向，且快冷时来不及偏聚，结果不出现脆性。实际上，当在 600～650℃ 以上的温度回火时，Sb 的偏聚完全消失，P 的偏聚可降至很低的水平，随后在水中冷却时基本上不发生偏聚。

可见，偏聚是杂质和合金元素相互作用的结果。可以设想，若杂质原子与合金元素原子的相互吸引力大于杂质原子与铁原子的相互吸引力，杂质和合金元素的偏聚都将增加。例如，P 和 Ni、P 和 Cr、Sb 和 Ni、Sb 和 Mn 及其他“杂质－合金元素”对，它们的偏聚就是相互作用，彼此促进的结果。

若钢中同时含有两个或两个以上这些元素，回火脆性倾向就更加强烈。例如，镍和铬在钢中共同存在时会引起锑的偏聚，超过镍或铬分开作用的总和。这是含有 Ni、Cr 或 Mn 的合金钢为什么很容易产生回火脆化的一个重要原因。

但 Mo 和 W 可以降低高温回火脆性倾向。钢中加入约 0.5%的 Mo 或约 1.0%的 W，可以基本上防止高温回火脆性，少量 Ti 也有减弱高温回火脆性的作用。

3. 防止和减轻第二类回火脆性的方法

根据以上所述，可以采取以下措施来防止或减轻第二类回火脆性。

(1) 选用高纯度钢，降低钢中杂质元素的含量。

(2) 加入能细化奥氏体晶粒的合金元素(如 Nb、V、Ti 等)以细化奥氏体晶粒，增加晶界面积，降低单位晶界面积杂质元素的含量。

(3) 加入适量能抑制第二类回火脆性的合金元素(如 Mo、W 等)。

(4) 避免在 450～600℃ 温度范围内回火，在 600℃ 以上温度回火后应采取快冷。

(5) 对亚共析钢采用亚温淬火方法，在淬火加热时，使 P 等元素溶入残留的 α 相中，降低 P 等元素在原奥氏体晶界上的偏聚浓度。

(6) 采用形变热处理方法，细化奥氏体晶粒并使晶界呈锯齿状，增大晶界面积，减轻回火时杂质元素向晶界的偏聚。

思考题和习题(应力单位均为 MPa)

(1) 试论述金属塑性成形方法的特点。

(2) 选择日常所见的机械或零件,试分析一下它所采用的加工方法。如果认为是塑性加工件,能否分析一下其所用成形方法。

(3) 考虑表 1-1 所示的圆棒拉拔和正挤压工艺,为什么它们的应变状态相同,但应力状态各不相同?

(4) 说明实际金属晶体结构中常见缺陷。

(5) 单晶体中塑性变形时沿什么样的晶面和晶向容易发生滑移? 说明原因。

(6) 假设有一简单立方结构的双晶体,如题图 1 所示,如果该金属的滑移系是{100}＜100＞,问在正应力 σ 作用下,该双晶体中的哪一个晶体首先发生滑移? 为什么?

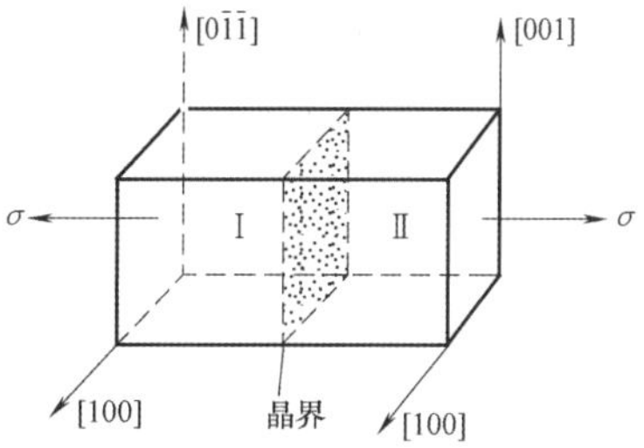

题图 1　简单立方结构的双晶体

(7) 简述滑移与孪生变形机制的异同。

(8) 单晶体在拉伸和压缩变形时,滑移面分别是怎样转向的? 用图示说明。

(9) 多晶体的塑性变形有哪几种方式? 有什么特点?

(10) 试用位错理论说明晶体滑移的机制。

(11) 什么是加工硬化? 说明其产生原因及利弊?

(12) 什么是"制耳"现象? 说明其产生的原因。

(13) 说明影响金属材料塑性的因素有哪些?

(14) 说明静态回复的温度、机制及在生产上的应用。

(15) 什么是二次再结晶? 什么条件下容易发生?

(16) 根据加工温度的不同,金属的塑性变形方法有哪 3 种? 其应用情况如何?

(17) 什么是塑性? 常见的塑性指标有哪些? 为何说塑性指标只有相对意义?

(18) 说明轧制试验法测试金属塑性的过程,其特点是什么?

(19) 简要说明碳素钢的化学成分及其对塑性的影响。

(20) 说明晶粒大小对塑性的影响机制。

(21) 简述变形温度对金属塑性的影响。

(22) 什么是热效应和温度效应? 其对塑性变形有什么影响?

(23) 简述变形程度对金属塑性的影响。

(24) 为什么说应力状态对塑性影响的实质是静水压力的影响?

(25) 说明改善金属塑性的对策。

(26) 什么是金属的超塑性? 其变形特点如何?

(27) 超塑变形与普通塑性变形的力学特性有何异同？

(28) 超塑变形分为哪几类？各自有什么特点？

(29) 简述超塑变形的应用情况。

(30) 简述超塑变形的机制。

(31) 如何完整地表示受力物体内任一点的应力状态和应变状态，并说明原因。

(32) 已知 $oxyz$ 坐标系中物体内某点的应力坐标为(4,3,−12)，其应力分量为

$$\sigma_{ij}=\begin{bmatrix}100 & 40 & -20\\ 40 & 50 & 30\\ -20 & 30 & -10\end{bmatrix}$$

① 将应力分量画在单元体上；

② 求出通过该点且方程为 $x+3y+z=1$ 的平面上的正应力和剪应力；

③ 求出其主应力，主轴方向，主剪应力，最大剪应力，应力偏张量及球张量，八面体应力和等效应力；

④ 现将直角坐标系改成圆柱坐标系，原点不变，取原 x 轴为极轴，试求其应力分量 $\sigma_{lk}(l,k=\rho,\theta,z)$，并判断它是否是轴对称状态(提示：$\sigma_{lk}$ 也就是原坐标系中 ρ，θ，z 方向各微分面上的应力分量)。

(33) 设某物体内的应力场为

$$\left.\begin{aligned}\sigma_x&=-6xy^2+c_1x^3\\ \sigma_y&=-\frac{3}{2}c_2xy^2\\ \tau_{xy}&=-c_2y^3-c_3x^2y\\ \sigma_z&=\tau_{yz}=\tau_{zx}=0\end{aligned}\right\}$$

试求系数 c_1，c_2，c_3(提示：应力场必须满足平衡方程)。

(34) 题图 2 为圆锥形模具的正挤压。冲头 P 以 $\dot{w}_0=-1\text{m/s}$ 的速度向左推移。假设，材料不可压缩，变形区限制在 $a-a$ 及 $b-b$ 线之间的锥台区内，区内各质点的速度矢量都指向锥顶点 O，而且所有垂直于 z 轴的平面上的 z 向速度分量均布。

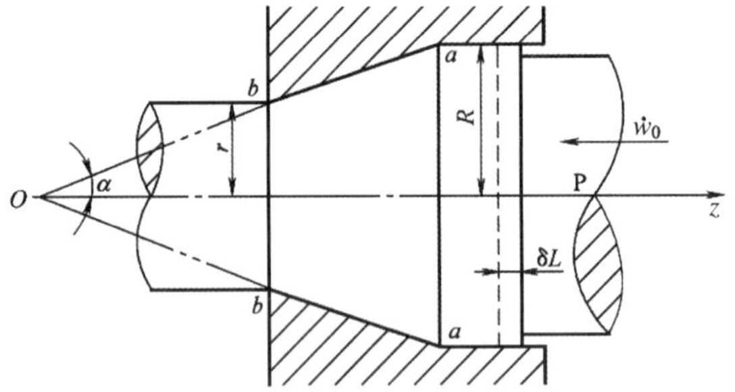

题图 2 圆锥形模具的正挤压

试求：①变形区内的速度场和应变速率场；

②在某时刻后 10^{-4}s 时间之内的位移场及应变场。

(35) 试判断下列应变场能否存在：

① $\varepsilon_x=xy^2$，$\varepsilon_y=x^2y$，$\varepsilon_z=xy$，$\gamma_{xy}=0$，$\gamma_{yz}=\frac{1}{2}(z^2+y)$，$\gamma_{zx}=\frac{1}{2}(x^2+y^2)$；

② $\varepsilon_x=x^2+y^2$，$\varepsilon_y=y^2$，$\varepsilon_z=0$，$\gamma_{xy}=2xy$，$\gamma_{yz}=\gamma_{zx}=0$。

(36) 已知平面应变状态下，变形体某点的位移函数为 $u_x=\frac{1}{4}+\frac{3}{200}x+\frac{1}{40}y$，$u_y=\frac{1}{5}$

$+\frac{1}{25}x-\frac{1}{200}y$,试求该点的应变分量 $\varepsilon_x,\varepsilon_y,\gamma_{xy}$,并求出主应变 $\varepsilon_1,\varepsilon_2$ 的大小与方向。

(37) 设一试棒均匀连续拉伸 5 次,每拉一次断面收缩 20%,试用相对伸长、断面收缩率和对数应变分别求出各次的应变值和总应变值。并分析一下哪一种应变表达式比较合理。

(38) 常用的屈服准则有哪两个? 各有什么物理意义? 分别写出其数学表达式。

(39) 两个屈服准则有何差别? 在什么状态下两个屈服准则相同? 什么状态下差别最大?

(40) 如用纯剪应力状态,也即薄壁管扭转试验来确定屈服准则中的常数 C,在试验中得到屈服时剪应力为 K,试写出屈雷斯加和米塞斯准则的表达式。

(41) 已知平面变形时,式(17-15)中的系数 $\beta=1.155$,单向应力及某些轴对称状态时 $\beta=1$。试分析平面应力时 β 是否有确定的值。

(42) 一直径为 ϕ 50mm 的圆柱形试样在无摩擦的光滑平板间镦粗,当总压力达到 314kN 时试样屈服。现设在圆柱体周围加上 1 000N/cm^2 的静水压力,试求试样屈服时所需的总压力。

(43) 一薄壁管,内径 ϕ 80mm,壁厚 4mm,承受内压 p,材料的屈服应力为 200N/mm^2,假定管壁上的径向应力 $\sigma_r=0$。试用屈雷斯加和米塞斯屈服准则分别求出下列情况下管子屈服时的 p:

①管子两端自由;②两端封闭;③两端不封闭且加 100kN 的压力。

(44) 试判断下列应力状态是使材料处于弹性状态还是处于塑性状态?

$$[\sigma_{ij}]=\begin{bmatrix}-5\sigma_s & 0 & 0\\ 0 & -5\sigma_s & 0\\ 0 & 0 & -4\sigma_s\end{bmatrix}$$

$$[\sigma_{ij}]=\begin{bmatrix}-0.8\sigma_s & 0 & 0\\ 0 & -0.8\sigma_s & 0\\ 0 & 0 & -0.2\sigma_s\end{bmatrix}$$

$$[\sigma_{ij}]=\begin{bmatrix}-\sigma_s & 0 & 0\\ 0 & -0.5\sigma_s & 0\\ 0 & 0 & -1.5\sigma_s\end{bmatrix}$$

(45) 有一方断面梁,边长为 A,且是理想弹塑性材料,屈服应力为 σ_s,承受纯弯曲。试求:①该梁上下表面层进入塑性状态时的弯矩为 M_{el};②该梁全部断面都进入塑性状态时的弯矩 M_{pl};③如果弯矩大于 M_{pl},会产生什么现象?

(46) 题图 3 所示的薄壁圆管受拉力 F 和扭矩 M 的作用而屈服,试写出此情况下的米塞斯屈服准则和屈雷斯加屈服准则的表达式。

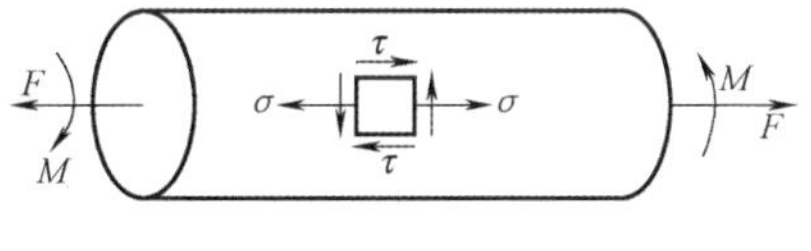

题图 3　薄壁圆管受力示意图

(47) σ'_1、σ'_2、σ'_3 为应力偏量,试证明用应力偏量表示米塞斯屈服条件时,其形式为

$$\sqrt{\frac{3}{2}(\sigma'^2_1+\sigma'^2_2+\sigma'^2_3)}=\sigma_s^2$$

(提示:$\sigma'_1+\sigma'_2+\sigma'_3=0$)

(48) 试用应力的第一、第二不变量 J_1、J_2 来表示米塞斯屈服条件。

(49) 证明应力分量

$$\sigma_1 = \frac{2}{3}\sigma_s\cos(\varphi - \frac{\pi}{3}) + \sigma_m$$

$$\sigma_2 = \frac{2}{3}\sigma_s\cos(\varphi + \frac{\pi}{3}) + \sigma_m$$

$$\sigma_3 = -\frac{2}{3}\sigma_s\cos\varphi + \sigma_m$$

恒满足米塞斯条件,又当 $\sigma_1 \geqslant \sigma_2 \geqslant \sigma_3$ 时,对 φ 有什么限制?

(50) 已知二端封闭的薄壁圆筒,半径为 r,厚度为 t,受内压 p 及轴向拉应力 σ 的作用,试求此时圆筒的屈服条件,并在 p—σ 平面上画出屈服轨迹。

(51) 已知半径为 50mm,厚为 3mm 的薄壁圆管,保持 $\frac{\tau_{r\theta}}{\sigma_z} = 1$,材料拉伸屈服极限为 400MPa,试求此圆管屈服时轴向载荷 P 和扭矩 M_s。

(52) 已知薄壁圆球,其半径为 r_0,厚度为 t_0,受内压 p 的作用,试求使用屈雷斯加条件时,p 值为多少时发生屈服?

(53) 将米塞斯条件用主应力写出,并研究两种特殊情况:① $\sigma_1 = \sigma_2$ 和② $\sigma_2 = \sigma_s$,将这两种特殊情况中所写出的屈服条件与根据屈雷斯加条件所得的结果相比较。

(54) 用一直径为 φ10 mm 的黄铜试样进行拉伸试验,记录下的最大载荷为 27.5kN,出现缩颈时的断面收缩率 $\varphi = 20\%$,试求其真实应力—应变曲线方程并绘出相应的曲线。

(55) 已知材料的应力—应变曲线方程为 $S = B \in^{0.4}$,直杆已有相对伸长 $\varepsilon = 0.25$,试问:相对伸长再增加多少材料才能发生缩颈?

(56) 塑性变形时应力应变关系有何特点? 为什么说塑性变形时应力和应变之间的关系与加载历史有关?

(57) 试说明增量理论与全量理论的关系和各自的使用范围?

(注:以下 59-63 题均假设材料服从米塞斯屈服准则)

(58) 有一薄壁管材料的屈服应力为 σ_s,承受拉力和扭矩的联合作用而屈服。现已知轴向正应力分量 $\sigma_z = \sigma_s/2$,试求剪应力 $\tau_{z\theta}$ 以及应变增量各分量之间的比值。

(59) 设处于塑性状态的 5 个质点,其主应力状态分别为:① $(2\sigma,\sigma,0)$;② $(\sigma,0,-\sigma)$;③ $(0,-\sigma,-2\sigma)$;④ $(\sigma,0,0)$;⑤ $(0,-\sigma,-\sigma)$。现设在某一极短时间内产生很小的变形,且各点都是 $\varepsilon_1 = 2\times10^{-3}$,试求其余的主应变分量。

(60) 已知塑性状态下某质点的应力张量为 $\begin{bmatrix} -50 & 0 & 5 \\ 0 & -150 & 0 \\ 5 & 0 & -350 \end{bmatrix}$ (N/mm^2),应变分量 $d\varepsilon_x = 0.1\delta$($\delta$ 为一无限小量,下同)。试求应变增量的其余分量。

(61) 某理想塑性材料,屈服应力为 150N/mm^2,已知某点的应变增量为 $d\varepsilon_{ij} = \begin{bmatrix} 0.1 & 0.05 & -0.05 \\ 0.05 & 0.1 & 0 \\ -0.05 & 0 & -0.2 \end{bmatrix}\times\delta$,平均应力为 $\sigma_m = 50$N/mm^2,试求该点的应力状态。

(62) 有一刚塑性硬化材料,其硬化曲线、即等效应力—应变曲线为 $\bar{\sigma} = 200(1+\bar{\varepsilon})$ N/

mm^2。某质点承受两向应力,应力主轴始终不变。试按下列两种加载路线分别求出最终的塑性全量主应变 $\varepsilon_1, \varepsilon_2, \varepsilon_3$:

① 主应力从 0 开始直接按比例加载到最终主应力状态为(300,0,−200)N/mm^2;

② 主应力从 0 开始按比例加载到(−150,0,100)N/mm^2,然后按比例变载到(300,0,−200)N/mm^2。

(注意:如把加载路线在 $\sigma_1 - \sigma_2$ 坐标平面上画出,即可发现第二种加载路线中含有卸载过程。)

(63) 已知二端封闭的长薄壁管容器,半径为 r、壁厚为 t,由内压力 p 引起塑性变形,若轴向、切向、径向塑性应变增量分别为 $d\varepsilon_z^p$ 、$d\varepsilon_\theta^p$ 、$d\varepsilon_r^p$,如果忽略弹性应变,试求各塑性应变增量之间的比值(即 $d\varepsilon_z^p : d\varepsilon_\theta^p : d\varepsilon_r^p$)。(提示:先求出应力偏量)

(64) 主应力法求解塑性加工问题的原理是什么,为什么说这是一种近似计算方法?

(65) 一 20 号钢圆柱毛坯,原始尺寸为 ϕ 50mm × 50mm,在室温下压缩至高度 $h =$ 25mm,设接触表面摩擦切应力 $\tau = 0.2S$ 。已知 $S = 746 \in^{0.20}$ MPa,试求所需的变形力 P 和单位流动压力 p。

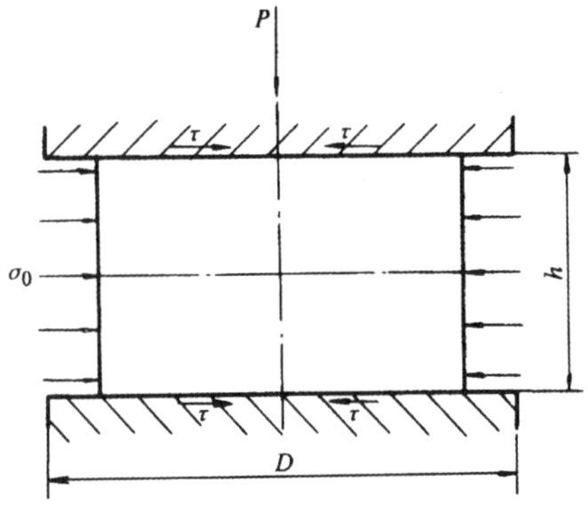

题图 4　圆柱体镦粗

(66) 在平砧上镦粗长矩形截面的钢坯,宽度为 a、高度为 h、长度 $l >> a$,若接触面上摩擦条件符合库伦摩擦定律,试用主应力法推导单位流动压力 p 的表达式。

(67) 镦粗一圆柱体,侧面作用有均布压应力 σ_0 ,如题图 4 所示。设摩擦切应力满足常摩擦条件,试用主应力法求解单位流动压力 p。

(68) 试求圆锥凹模拉拔圆棒时的单位拉拔力(采用球形坐标,如题图 5 所示)。设材料为理想刚塑性材料,近似塑性条件为 $\sigma_r + p = S (p > 0)$,图中 A 为轴向投影面积。

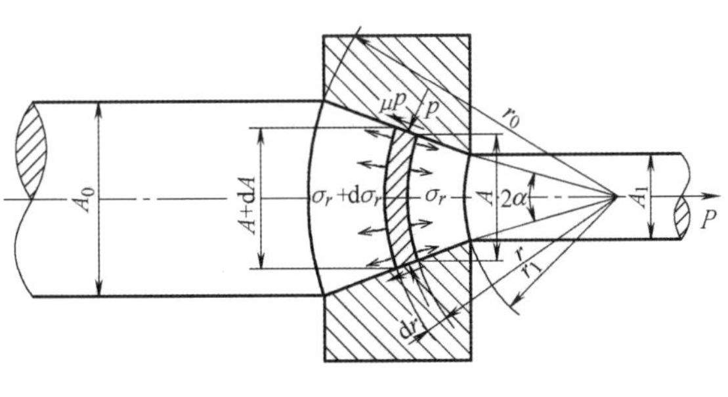

题图 5　拉拔时基元体受力分析

(69) 何谓速度间断线(或速度不连续),它具有哪些速度特性?

(70) 何谓速端图? 如何绘制速端图?

(71) 上限法求解变形力有哪几种基本方法,它们的基本要点是什么?

(72) 试比较板条平面应变挤压时,题图 6 所示的两种 Johnson 上限模式的上限解。

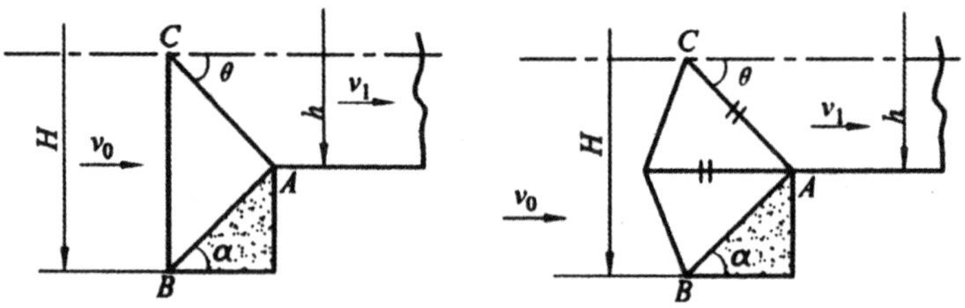

题图 6 平面应变挤压时的两种 Johnson 上限模式($H/h=2,\theta=\alpha=\pi/4$)

(73) 试绘出题图 7 所示板条平面应变拉拔时的速端图，标明沿各速度不连续线的速度不连续量的位置，并计算出刚性三角形块 ΔBCD 的速度表达式。

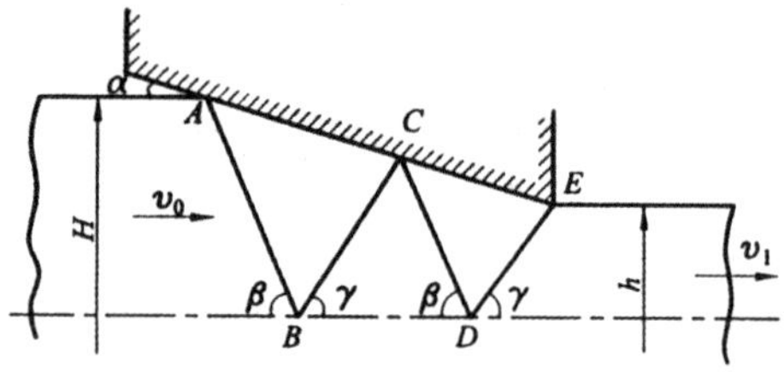

题图 7 平面应变拉拔的 Johnson 上限模式

(74) 试按题图 8 所示的板条不对称平面应变挤压的 Johnson 上限模式，绘制速端图，并确定流出速度的大小及方向(γ 角)。

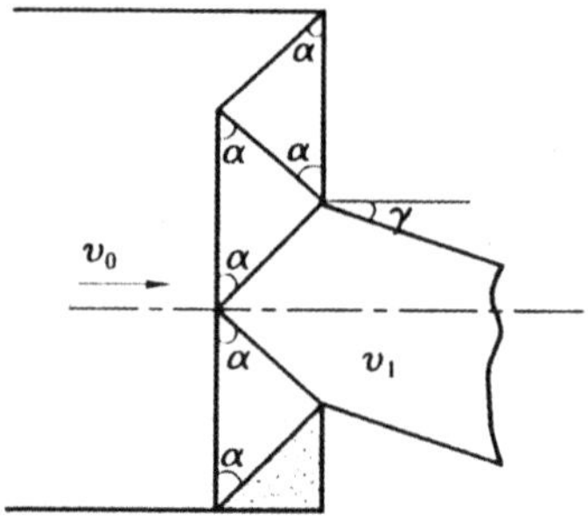

题图 8 不对称平面应变挤压的 Johnson 上限模式($\alpha=\pi/4$)

(75) 题图 9 为平锤头平面应变局部压缩薄板坯的示意图，设接触摩擦应力 $\tau_f=mK$，试用 Avitzur 上限模式求其不计侧鼓时的单位流动压力 p(或 n_σ)的表达式。

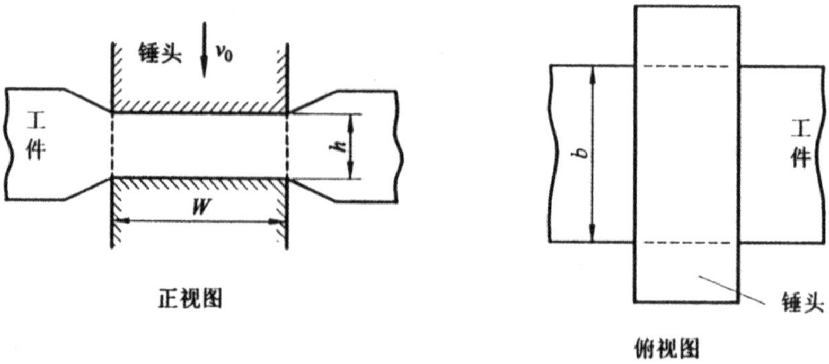

题图 9 平锤头平面应变局部压缩薄板坯示意图

附录 A　下标符号及求和约定

1. 下标符号

张量分析中为了便于标记及公式推导，通常用一组带下标的符号表示，这一符号称为下标符号。例如，直角坐标系的 3 个坐标轴 x，y，z 可写为 x_1，x_2，x_3，用下标符号可简记为 x_i（$i=1,2,3$）；直线的方向余弦 l，m，n 可写成 l_x，l_y，l_z 并记为 l_i（$i=x,y,z$）；9 个应力分量 σ_{xx}，σ_{xy}…可记为 σ_{ij}（$i,j=x,y,z$），等等。若一个下标符号有 m 个下标，每个下标取 n 个值，则该下标符号就代表了 n^m 个元素。例如，a_{ij}（$i,j=1,2,3$）有 $3^2=9$ 个元素。

2. 求和约定

运算中常遇到若干变量进行求和的表达式，如空间中的平面方程为

$$Ax+By+Cz=p$$

可以采用下标符号将 ABC 写成 a_1，a_2，a_3，记为 a_i，将 x，y，z 记为 x_i，则空间平面方程可简写为

$$a_1x_1+a_2x_2+a_3x_3=\sum_{i=1}^{3}a_ix_i=p$$

进一步地，可以通过进行“求和约定”将求和记号 $\sum$ 省略，具体约定如下：若表达式中某一项的某个下标重复出现，则表示对该下标自 1 至 n 的所有元素求和。重复出现的下标称为哑标，若有不重复出现的下标，则称为自由标。这样，上面的方程可简化为

$$a_ix_i=p\ (i=1,2,3)$$

另外一些例子：$l_1^2+l_2^2+l_3^2=1$ 可简记为 $l_il_i=1$（$i=1,2,3$）；$J_1=\sigma_{xx}+\sigma_{yy}+\sigma_{zz}$ 可简记为 $J_1=\sigma_{ii}$（$i=x,y,z$）。

下面再举一些例子：

例 1　$p=\dfrac{\partial u_i}{\partial x_i}$（$i=1,2,3$），这里 i 重复出现，因此

$$p=\frac{\partial u_1}{\partial x_1}+\frac{\partial u_2}{\partial x_2}+\frac{\partial u_3}{\partial x_3}$$

例 2　$y=a_{ij}x_{ij}$（$i,j=1,2,3$），这里 i、j 都重复出现，均需求和，故上式为 9 项之和：

$$y=a_{11}x_{11}+a_{12}x_{12}+a_{13}x_{13}+a_{21}x_{21}+a_{22}x_{22}+a_{23}x_{23}+a_{31}x_{31}+a_{32}x_{32}+a_{33}x_{33}$$

例 3　$y_i=a_jx_{ij}$（$i,j=1,2,3$）。下标 i 在等式两边的各项中都只出现一次，是自由标，不需求和，它只表示此式代表了 3 个式子，每个式子中 i 只取一个值。下标 j 在等号右面的一项中重复出现，是哑标，需求和，它表示每个等式是 3 项之和。因此上式就是

$$y_1=a_1x_{11}+a_2x_{12}+a_3x_{13}\qquad(\text{即 } i=1;\ j=1,2,3)$$

$$y_2=a_1x_{21}+a_2x_{22}+a_3x_{23}\qquad(\text{即 } i=2;\ j=1,2,3)$$

$$y_3=a_1x_{31}+a_2x_{32}+a_3x_{33}\qquad(\text{即 } i=3;\ j=1,2,3)$$

例 4 $\left(\frac{\partial \sigma_{ij}}{\partial x_i}\right)=0\,(i,j=1,2,3)$。这里 i 是哑标，j 是自由标，展开为

$$\frac{\partial \sigma_{11}}{\partial x_1}+\frac{\partial \sigma_{21}}{\partial x_2}+\frac{\partial \sigma_{31}}{\partial x_3}=0 \quad (i=1,2,3;\ j=1)$$

$$\frac{\partial \sigma_{12}}{\partial x_1}+\frac{\partial \sigma_{22}}{\partial x_2}+\frac{\partial \sigma_{32}}{\partial x_3}=0 \quad (i=1,2,3;\ j=2)$$

$$\frac{\partial \sigma_{13}}{\partial x_1}+\frac{\partial \sigma_{23}}{\partial x_2}+\frac{\partial \sigma_{33}}{\partial x_3}=0 \quad (i=1,2,3;\ j=3)$$

例 5 $y_{ij}=a_{ik}x_{kj}\,(i,j,k=1,2,3)$. 这里 i、j 都是自由标，k 为哑标，故代表 9 个等式，每式是 3 项之和：

$$y_{11}=a_{11}x_{11}+a_{12}x_{21}+a_{13}x_{31} \quad (i=1,j=1;k=1,2,3)$$

$$y_{12}=a_{11}x_{12}+a_{12}x_{22}+a_{13}x_{32} \quad (i=1,j=2;k=1,2,3)$$

……………………………

例 6 $y_{ij}=a_{ik}b_{lj}x_{kl}\,(i,j,k,l=1,2,3)$。这里 i、j 是自由标，k、l 是哑标，所以此式代表 9 个等式，每个等式是 9 项之和。下面仅写出 $i=j=1$ 的一式：

$y_{11}=a_{11}b_{11}x_{11}+a_{12}b_{11}x_{21}+a_{13}b_{11}x_{31}+a_{11}b_{21}x_{12}+a_{12}b_{21}x_{22}+a_{13}b_{21}x_{32}+a_{11}b_{31}x_{13}+a_{12}b_{31}x_{23}+a_{13}b_{31}x_{33}$

3. Kronecker 符号 δ_{ij}

Kronecker 符号 δ_{ij} 是张量分析中的基本符号，它可用来将两个下标不同的元素（或项）进行合并表达。该符号的定义为：$i=j$ 时，$\delta_{ij}=1$；$i\neq j$ 时，$\delta_{ij}=0\,(i,j=1,2,3)$。$\delta_{ij}$ 用矩阵表示即为单位矩阵

$$\delta_{ij}=\begin{bmatrix}1&0&0\\0&1&0\\0&0&1\end{bmatrix}$$

例如：

$$y=x_{ij}\delta_{ij}=x_{11}+x_{22}+x_{33}$$

$$y=a_{ij}x_{ij}\delta_{ij}=a_{11}x_{11}+a_{22}x_{22}+a_{33}x_{33}$$

附录B　张量简介

1. 标量、矢量和张量

由空间一点坐标的实函数所确定的物理量称为标量。标量可为正值或负值。物理中的一些概念及其相关量值，如物体的质量、温度、力所做的功等都属于标量。若某一物理量只有一个分量，其值不随坐标系的变换而改变，则称之为绝对标量。有些物理量，如位移、速度、力等，包含有大小和方向两个物理含义，需要用3个量，即它们在坐标系内用3个分量来表示，这些物理量称为矢量。在三维问题中，每一个矢量可以按基矢量分解成3个分量，而每一分量是与点的坐标有关的数。在直角坐标系中，每一矢量可由3个标量所成的数组来确定，矢量在直角坐标轴上的投影就是矢量在此坐标系中的分量。在不同的坐标系中，分量有不同的数值，但同一个矢量在新、老坐标系的分量间恒满足转换(变换)关系。

若矢量在某一坐标系中已确定，则该矢量在任一坐标系中的分量就可求得。矢量分量的变换公式是齐次线性的，因此，在某一坐标系中等于零的矢量，在一切坐标系中亦必等于零。

矢量的另一种定义是把矢量看作一个实体，它是各个分量与基矢量的组合。矢量的实体不因坐标转换而变化。

与矢量类似，张量可以看作是矢量的扩展。张量可定义为由若干个当坐标系改变时满足转换关系的分量组成的集合。张量变换至新坐标系时所乘转换系数的个数称为张量的阶数，等于分量指标个数。标量是零阶张量，矢量是一阶张量，$\boldsymbol{t}_{ij}$是二阶张量，等等。有些简单的物理量，例如距离、时间、温度等，只用一个标量就可以表示出来。有些物理量，如位移、速度、力等空间矢量，则需要用坐标系中的3个标量，即它们在坐标系内的3个分量来表示。还有一些比较复杂的物理量，如应力状态、应变状态等，则需要用坐标系中的3个矢量，即9个分量才能完整地表示出来，为二阶张量。

张量的决定性特征是它在不同坐标系中的分量之间可以用一定的线性关系来换算。下面以直角坐标系的变换公式为例进行说明。设坐标系$Ox'_1x'_2x'_3$(记为x'_k系)的各坐标轴在坐标系$Ox_1x_2x_3$(记为x_i系)中的方向余弦如如下表所示。

	x_1	x_2	x_3
x'_1 轴的方向余弦	$l_{1'1}$	$l_{1'2}$	$l_{1'3}$
x'_2 轴的方向余弦	$l_{2'1}$	$l_{2'2}$	$l_{2'3}$
x'_3 轴的方向余弦	$l_{3'1}$	$l_{3'2}$	$l_{3'3}$

上述9个方向余弦可记为l_{kl}或l_{ij}($k,l=1',2',3'$；$i,j=1,2,3$)，k,l表示x'_k系的轴号，i,j表示x_i系的轴号。x_i系各轴在x'_k系中的方向余弦可记为l_{ik}或l_{jl}。由于$\cos(x'_k,x_i)=\cos(x_i,x_{k'})$，所以$l_{ki}=l_{ik}$，$l_{lj}=l_{jl}$。

一阶张量即矢量的坐标变换公式就是矢量转轴公式。设某矢量在 x_i 坐标系中的分量为 p_i，则在 x'_k 系中的分量 p'_k 为

$$p'_k = p_i l_{ki} \qquad (i, k = 1, 2, 3) \tag{a}$$

设某二阶张量在 x_i 系中的分量为 p_{ij}，在 x'_k 系中的分量为 p'_{kl}，则它们之间有如下变换关系：

$$p'_{kl} = p_{ij} l_{ki} l_{lj} \qquad (i, j, k, l = 1, 2, 3) \tag{b}$$

按求和约定展开，即可得到 9 个分量的变换式，每式为 9 项之和。

下面来证明应力状态的 9 个分量符合张量定义。这里用 x、y、z 表示 x_i 系的 3 根轴，用 x'、y'、z' 表示 x'_k 系的轴，并使两个坐标系共原点为 O，且所讨论的点在 O 上，如图 B-1 所示。设 x_j 系内该点的应力分量为 σ_{ij}，现在来求 x'_k 系中的应力分量 σ_{kl}。取斜切微分面 ABC 垂直于 x'_k 系中的 x' 轴，如能求得该面上的全应力 $S_{x'}$，则它在 x'_k 系中的 3 个分量就是 x'_k 系中的应力分量 $\sigma_{x'}$，$\tau_{x'y'}$，$\tau_{x'z'}$。

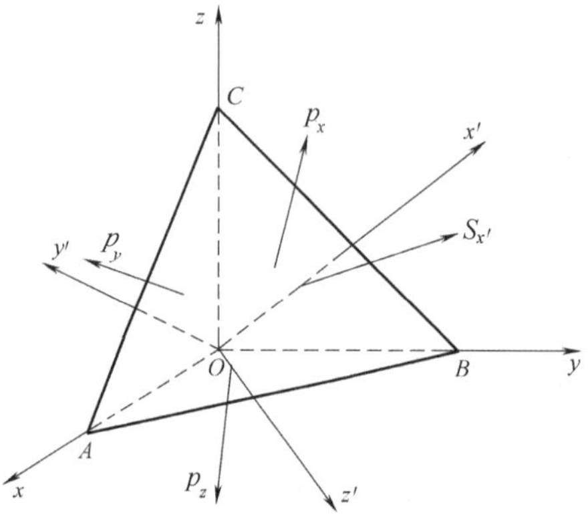

图 B-1

ABC — x' 面；OBC — x 面；OCA — y 面；OAB — z 面

为了简化推导，这里采用一些最简单的矢量运算。将原坐标系中的应力分量合成 3 个微分面（x 面、y 面、z 面）上的全应力矢量 p_x、p_y、p_z，它们和 ABC 面上的 $S_{x'}$ 应使四面体 $OABC$ 保持平衡。设 ABC 面的面积为 1，则四面体上 x 面、y 面、z 面的面积就是 x' 轴在原坐标系中的 3 个方向余弦 $l_{x'x}$，$l_{x'y}$，$l_{x'z}$，简记为 $l_{x'i}$。根据矢量平衡条件 $\sum \boldsymbol{p} = 0$，将有

$$S_{x'} = l_{x'x} p_x + l_{x'y} p_y + l_{x'z} p_z = l_{x'i} p_i$$

由矢量代数可知，$S_{x'}$ 的分量 $S_{x'j}$（$j = x, y, z$）必为 3 个矢量 $l_{x'i} p_i$ 的分量之和。考虑到这 3 个矢量的分量 $l_{x'i} p_{ij}$ 就是 $l_{x'i} \sigma_{ij}$，因此有

$$S_{x'j} = l_{x'i} \sigma_{ij} \tag{c}$$

显然，$S_{x'j}$ 是矢量 $S_{x'}$ 在原坐标系中的分量，现在用矢量的坐标变换公式(a)，将它变换到 $x_{k'}$ 系中去变成 $S_{x'l}$（$l = x', y', z'$），并注意到 $S_{x'l}$ 就是 x'_k 系中 x' 面上的 3 个应力分量 $\sigma_{x'x'}$，$\tau_{x'y'}$，$\tau_{x'z'}$，可以简记成 $\sigma_{x'l}$，按式(a)及(c)有

$$S_{x'l} = S_{x'j} l_{lj} = (l_{x'i} \sigma_{ij}) l_{lj}$$

也即

$$\sigma_{x'l} = \sigma_{ij} l_{x'i} l_{lj} \tag{d}$$

应指出，上式中如下标 l 取 x'，并考虑到 $l_{x'x} = l$，$l_{x'y} = m$，$l_{x'z} = n$，展开后就是任意斜截微

分面上的正应力公式。

用同样方法可以得到 x'_k 系中 y' 面和 z' 面上的应力分量：

$$\sigma_{y'l} = \sigma_{ij} l_{y'i} l_{lj} \tag{e}$$

$$\sigma_{z'l} = \sigma_{ij} l_{z'i} l_{lj} \tag{f}$$

令 $k = x', y', z'$，则(d)(e)(f)三式可简记为

$$\sigma_{kl} = \sigma_{ij} l_{ki} l_{lj} \quad (k, l = x', y', z'; \; i, j = x, y, z)$$

上式和张量的定义式(b)完全相同，所以应力状态是二阶张量。

二阶张量还可用其他方法来定义：如果在任意直角坐标系中有 9 个量 p_{ij}，能使该坐标系中的两个矢量 $\boldsymbol{a}$、$\boldsymbol{b}$ 的分量 a_i、b_i $(i = 1, 2, 3)$ 具有如下线性关系：

$$b_i = p_{ij} a_j \tag{g}$$

则 p_{ij} 必定构成一个二阶张量，现举例说明。

在直角坐标系中的物体内有一任意点 P，它是矢径 $\boldsymbol{r}$ 的端点(见图 B-2)，P 的坐标 x_i 就是 $\boldsymbol{r}$ 的三个分量。设 P 点产生了很小的位移 $\boldsymbol{u}$，它的分量 u_i 是矢径 $\boldsymbol{r}$ 的分量 x_i 的函数，即 $u_i = f_i(x_i)$

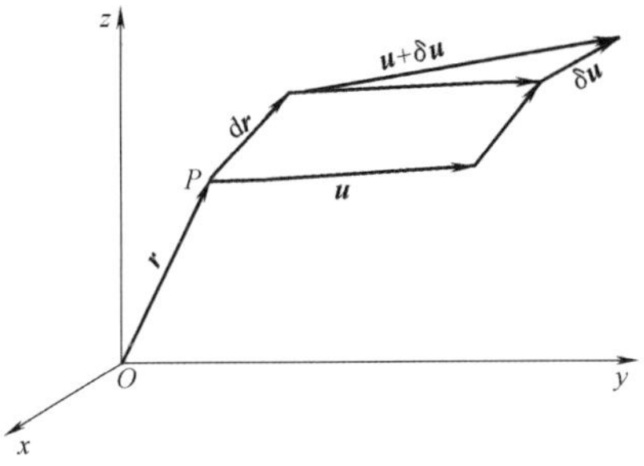

图 B-2

现设矢径 $\boldsymbol{r}$ 有一增量 $\mathrm{d}\boldsymbol{r}$，其分量为 $\mathrm{d}x_i$，则位移矢量 $\boldsymbol{u}$ 也将有一个增量 $\delta\boldsymbol{u}$，其分量为

$$\delta u_i = f_i(x_i + \mathrm{d}x_i) - f_i(x_i)$$

将上式用泰勒公式展开并略去高次项，即有

$$\delta u_i = \frac{\partial u_i}{\partial x_j} \mathrm{d}x_j \quad (i, j = 1, 2, 3)$$

上式中 δu_i 和 $\mathrm{d}x_j$ 在任意直角坐标系中都定义两个矢量 $\delta\boldsymbol{u}$ 和 $\mathrm{d}\boldsymbol{r}$，故由定义式(g)可知，9 个偏导数 $\frac{\partial u_i}{\partial x_j}$ 必定构成二阶张量。这个张量就是相对位移张量。

2. 张量的基本性质

(1) 张量的分量一定可以组成某些函数 $f(p_{ij})$，这些函数的值不随坐标而变，即

$$f(p_{ij}) = f(p'_{kl})$$

这样的函数就叫做张量的不变量。对于二阶张量，基本的独立不变量有 3 个，如用 C_1，C_2，C_3 表示，则

$$C_1 = p_{ii}, \; C_2 = p_{ij} p_{ji}, \; C_3 = p_{ij} p_{jk} p_{ki}$$

由这 3 个基本的不变量可以导出很多其他的不变量，例如应力张量的第二不变量 J_2 就是：

$$J_2 = \frac{1}{2}(C_2 - C_1^2)$$

应力张量中的主应力、主剪应力、八面体应力等也都是不变量。

(2) 几个同阶张量各对应的分量之和或差定义另一同阶张量。因此，张量可以叠加，也可以分解。应力张量分解成偏张量和球张量即为一例。两个相同的张量之差叫零张量，它的分量都是零。

(3) 如某张量具有性质 $p_{ij} = p_{ji}$，就叫对称张量。应力、应变张量及惯性矩张量等都是对称张量。如某张量具有性质 $p_{ij} = -p_{ji}$，则叫反对称张量，这时 $i=j$ 的分量必为零。刚体绕固定点转动张量就是反对称张量。如某张量 $p_{ij} \neq p_{ji}$，就叫非对称张量。上述的相对位移张量就是非对称张量。

将一个非对称张量 p_{ij} 叠加上一个零张量 $(p_{ji} - p_{ji})/2$，就可以作如下的分解：

$$p_{ij} = p_{ij} + \frac{1}{2}(p_{ji} - p_{ji}) = \frac{1}{2}(p_{ij} + p_{ji}) + \frac{1}{2}(p_{ij} - p_{ji})$$

上式等号后边的第一项 $\frac{1}{2}(p_{ij} + p_{ji})$ 是对称张量，第二项 $\frac{1}{2}(p_{ij} - p_{ji})$ 一定是反对称张量。这就是说，非对称张量一定可以分解成一个对称张量和一个反对称张量。在本书前面的章节中就是用上述方法将非对称的相对位移张量分解成对称的应变张量和反对称的刚体转动张量。

(4) 二阶对称张量的一个重要特点是它一定有 3 个主轴，如取主轴为坐标轴，则两个下标不同的分量都将为零，只留下下标相同的 3 个分量，叫做主值。这一点可以用好几种方法来证明。例如，在讨论应力张量时，用如下的方程解出主应力和主方向：

$$\sigma^3 - J_1\sigma^2 - J_2\sigma - J_3 = 0 \tag{h}$$

$$\left.\begin{aligned}
&(\sigma_x - \sigma)l + \tau_{yx}m + \tau_{zx}n = 0 \\
&\tau_{xy}l + (\sigma_y - \sigma)m + \tau_{zy}n = 0 \\
&\tau_{xz}l + \tau_{yz}m + (\sigma_z - \sigma)n = 0 \\
&l^2 + m^2 + n^2 = 1
\end{aligned}\right\} \tag{i}$$

现在来证明应力张量的特征方程式(h)必有 3 个实根，而由式(i)解得的 3 个主方向一定是相互垂直的。

设 σ_1 主轴方向的方向余弦为 l_1，m_1，n_1，将它们代入式(i)中的前 3 式，可得下列的前 3 式；同样，由 σ_2 及其方向余弦 l_2，m_2，n_2 可得到下列后 3 式。将下列前 3 式分别乘以 l_2，m_2，n_2，后 3 式分别乘以 $-l_1$，$-m_1$，$-n_1$，即

$$\left.\begin{aligned}
&(\sigma_x - \sigma_1)l_1 + \tau_{yx}m_1 + \tau_{zx}n_1 = 0 \\
&\tau_{xy}l_1 + (\sigma_y - \sigma_1)m_1 + \tau_{zy}n_1 = 0 \\
&\tau_{xz}l_1 + \tau_{yz}m_1 + (\sigma_z - \sigma_1)n_1 = 0 \\
&(\sigma_x - \sigma_2)l_2 + \tau_{yx}m_2 + \tau_{zx}n_2 = 0 \\
&\tau_{xy}l_2 + (\sigma_y - \sigma_2)m_2 + \tau_{zy}n_2 = 0 \\
&\tau_{xz}l_2 + \tau_{yz}m_2 + (\sigma_z - \sigma_2)n_2 = 0
\end{aligned}\right| \quad \text{乘以} \quad \begin{aligned} &l_2 \\ &m_2 \\ &n_2 \\ &-l_1 \\ &-m_1 \\ &-n_1 \end{aligned}$$

将上列 6 式加起来，整理后得

$$(\sigma_2 - \sigma_1)(l_1l_2 + m_1m_2 + n_1n_2) = 0$$

如 $\sigma_1 \neq \sigma_2$，则有

$$l_1 l_2 + m_1 m_2 + n_1 n_2 = 0 \tag{j}$$

由解析几何可知，上式即表明 σ_1 主轴与 σ_2 主轴是相互垂直的。用同样方法可证明 σ_3 主轴与 σ_1、σ_2 主轴都是相互垂直的。

为了证明式(h)必有 3 个实根，可先假定它有一对共轭复根，即

$$\sigma_1 = a + ib, \sigma_2 = a - ib \tag{k}$$

如将上面的 σ_1、σ_2 逐次代入式(i)，则解得的两组方向余弦 l_1，m_1，n_1 和 l_2，m_2，n_2 也一定是对应的共轭复数。例如，若 $l_1 = c + id$，则必有 $l_2 = c - id$，于是 $l_1 l_2 = c^2 + d^2 > 0$。这就是说，它们对应的乘积都是正数，由式(j)可知这是不可能的，所以，$\sigma_1 \neq \sigma_2$ 时，主应力不可能是复数。如果 $\sigma_1 = \sigma_2$，则由式(k)可知，虚部系数 b 必为零，于是，σ_1、σ_2、σ_3 在任意情况下都必须是实数。

参考文献

[1] (日)下地光雄，郭淦钦. 液态金属[M]. 北京:科学出版社，1987.
[2] 赵莉萍. 金属材料学[M]. 北京:北京大学出版社，2012.
[3] 李绍成，陈绍麟. 金属液态成形技术[M]. 南京:东南大学出版社，2001.
[4] 李言祥. 材料加工原理[M]. 北京:清华大学出版社，2005.
[5] (英)B·R·潘普林.晶体生长[M]刘如水，沈德中，译.北京:中国建筑工业出版社，1981:12.
[6] 张克从.晶体生长[M]. 北京:科学出版社，1981.
[7] 姚连增.晶体生长基础[M].合肥:中国科学技术大学出版社，1995:12.
[8] 常国威，王建中.金属凝固过程中的晶体生长与控制[M].北京:冶金工业出版社，2002.
[9] 仲维卓，华素坤.晶体生长形态学[M].北京:科学出版社，1999.
[10] R. S. Wagner. Acta Metallurgica，Vol. 8，1960.
[11] B. Chalmers. Principles of Solidification. New York，John Wiley，1964.
[12] M. C. 弗莱明斯，关玉龙. 凝固过程[M]. 北京:冶金工业出版社，1981.
[13] 冈本平. 铸件的凝固:铸物[J]，No. 10～12，1977；No. 1，No. 2，1978.
[14] J. A. Spittle，D. M. Lloyd. Solidification and Casting of metals，1979.
[15] 李庆春，陈玉勇，蒋祖龄. 混合稀土和镧对 AL-4.5%Cu 合金平板铸件凝固参数、二次枝晶间距及力学性能的影响[J]. 机械工程学报，1985，21(4).
[16] Versnyder F L，Shank M E. Development of columnar grain and single crystal high temperature materials through directional solidification [J] Materials Science and Engineering 1970，6(4);213-247.
[17] Versnyder F L，Barlow R B，Sink L W，et al. Directional solidification in the precision casting of gas turbine parts [J]. Modern Casting，1967，52(6)；68-75.
[18] Erickson J S，Owczarski W A，Curran P M. Advances in fabricating aerospace structures. Process speeds up directional solidification [J]，Metal Progress，1971，99(3)；58-60.
[19] Giamei A F，Tschinkel J G. Liquid metal cooling；a new solidification technique [J]. Metallurgical Transactions，1976，7A(9)；1427-1434.
[20] Nakagawa Y G，Murakami K，Ohtomo A，et al. Directional growth of eutectic composite by fluidized bed quenching [J]. Transactions of the Iron and Steel Institute of Japan，1980，20(9)；614-623.
[21] 李建国，毛协民，傅恒志，等. Al-Cu 合金高梯度定向顶骨过程中的形态转变[J]. 材料科学与进展，1991，5(6);461-466.
[22] 张卫国，刘林，黄太文，等.定向凝固 ZMLMC 法温度梯度的测定及其对凝固组织的影响[J]. 铸造技术，2006，27(11);1165-1168.
[23] 李言祥. 材料加工原理[M]. 北京:清华大学出版社，2005.
[24] 徐洲，姚寿山. 材料加工原理[M]. 北京:北京科学出版社，2003.
[25] 中国金属学会编译组. 化学冶金进展评论[M]. 北京:冶金工业出版社，1985.
[26] 张伟强.金属电磁凝固原理与技术[M].北京:冶金工业出版社，2004.
[27] 范金辉，翟启杰.物理场对金属凝固组织的影响[J].中国有色金属学报，2002(12)：11-16.
[28] Pfann W G. Principle of Field Freezing[J]. Trans. Met. Soc. AIME，1962，224:1139-1143.

[29] Vorhoeven J D. The Effect of an Electric Field Upon the Solidification of Bismuth-Tin Alloys[J]. Trans Met Soc AIME, 1965, 233:1156-1163.
[30] Crossley Fa, Fisher R D,Metcalfe A G. Viscous shear as an agent for grain refinement in cast metal [J]. Trans Met Soc AIME, 1961, 221: 419-420.
[31] 贺幼良,杨院生,胡壮麒.电磁场作用下的金属凝固与成形[J].材料导报, 2000(7):16-19.
[32] Misra A K. Misra technique applied to solidification of cast iron[J]. Metall Trans A, 1986, 17A: 358-359.
[33] Misra A K. Effect of electric potentials on solidification of near eutectic Pb-Sb-Sn alloy [J]. Materials Letters, 1986, 4(3):176-177.
[34] 徐雁允,顾根大,安阁英.电场对 Al-Cu 合金共晶片间距的影响[J].铸造, 1991,40(3):529.
[35] Ahmed S,Mc Kannan E. Control of morphology in nickel base super-alloys through alloy design and densification processing under electric field [J]. Mater Sci Techn, 1994,10:941-946.
[36] 顾根大.电场作用下金属定向凝固行为的研究[D].哈尔滨:哈尔滨工业大学,1989.
[37] 徐洲,赵连城.金属固态相变原理[M].北京:科学出版社,2004.
[38] 徐祖耀.相变原理[M].北京:科学出版社,1999.
[39] 曹明盛.物理冶金基础[M].北京:冶金工业出版社,1988.
[40] 冯端.金属物理学(第二卷相变)[M].北京:科学出版社,1998.
[41] 徐祖耀,李麟.材料热力学[M].北京:科学出版社,2000.
[42] 戚正风.金属热处理原理[M].北京:机械工业出版社,1987.
[43] 胡光立,谢希文.钢的热处理[M].西安:西北工业大学出版社,1993.
[44] 赵连城.金属热处理原理[M].哈尔滨:哈尔滨工业大学出版社,1987.
[45] 刘云旭.金属热处理原理[M].北京:机械工业出版社,1981.
[46] D. A. 波特,K. E. 伊斯特林.金属和合金中的相变[M].北京:冶金工业出版社,1988.
[47] 刘春旸.钢铁热处理[M].北京:冶金工业出版社,1982 年.
[48] 林慧国,傅代直.钢的奥氏体转变曲线——原理、测试与应用[M].北京:机械工业出版社,1988.
[49] 康大韬,郭成熊.工程用钢的组织转变与性能图册[M].北京:机械工业出版社,1992.
[50] 张世中.钢的过冷奥氏体转变曲线图集[M].北京:冶金工业出版社,1993.
[51] 徐祖耀.马氏体相变与马氏体[M].北京:科学出版社,1999.
[52] 邓永瑞.马氏体转变理论[M].北京:科学出版社,1993.
[53] 田容璋.金属热处理[M].北京:冶金工业出版社,1985.
[54] 雷廷权,赵连城,等.钢的组织转变(译文集续集)[M].北京:机械工业出版社,1985.
[55] 俞德刚,王世道.贝氏体相变理论[M].上海:上海交通大学出版社,1998 .
[56] 徐祖耀,刘世楷.贝氏体相变与贝氏体[M].北京:科学出版社,1991.
[57] 方鸿生.贝氏体相变[M].北京:科学出版社,1999.
[58] 康沫狂,杨思品,管敦惠.钢中贝氏体[M].上海:上海科学技术出版社,1990.
[59] 康煜平.金属固态相变及应用[M].北京:化学工业出版社,2007.
[60] 张贵锋,黄昊.固态相变原理及应用[M].北京:冶金工业出版社,2011.
[61] 刘宗昌,任慧平,安胜利,等.马氏体相变[M].北京:科学出版社,2012.
[62] 董湘怀.金属塑性成形原理[M].北京:机械工业出版社,2011.
[63] 汪大年.金属塑性成形原理[M].北京:机械工业出版社,1986.
[64] 俞汉清, 陈金德.金属塑性成形原理[M].北京:机械工业出版社,1999.
[65] 李尚健.金属塑性成形过程模拟[M].北京:机械工业出版社,1999.
[66] 彭大暑.金属塑性加工原理[M].长沙:中南大学出版社,2004.

[67] 王仁,熊祝华,黄文彬.塑性力学基础[M].北京:科学出版社,1982.
[68] 闫洪,周天瑞.塑性成形原理[M].北京:清华大学出版社,2006.
[69] 黄克智,薛明德,陆明万.张量分析[M].北京:清华大学出版社,2003.